FORTSCHRITTE DER BOTANIK

BEGRÜNDET VON FRITZ VON WETTSTEIN

UNTER ZUSAMMENARBEIT
MIT MEHREREN FACHGENOSSEN
UND MIT DER
DEUTSCHEN BOTANISCHEN GESELLSCHAFT

HERAUSGEGEBEN VON

ERWIN BÜNNING
TÜBINGEN

ERNST GÄUMANN
ZÜRICH

ACHTZEHNTER BAND
BERICHT ÜBER DAS JAHR 1955

MIT 30 ABBILDUNGEN

SPRINGER-VERLAG
BERLIN · GÖTTINGEN · HEIDELBERG
1956

Softcover reprint of the hardcover 1st edition 1956
BERLIN · GÖTTINGEN · HEIDELBERG 1956
ISBN-13: 978-3-642-94666-0   e-ISBN-13: 978-3-642-94665-3
DOI: 10.1007/ 978-3-642-94665-3

BRÜHLSCHE UNIVERSITÄTSDRUCKEREI GIESSEN

Auf eigenen Wunsch scheidet

HERR PROFESSOR RENNER

aus der Redaktion der „Fortschritte der Botanik" aus, um sich
jetzt ganz seinen eigenen Forschungsarbeiten widmen zu können.

Nur die Mitarbeiter und der Verlag der „Fortschritte" wissen,
wie viele Bemühungen RENNERS in den Bänden 12 bis 17 der
„Fortschritte" enthalten sind. Für diese Arbeit danken im
Namen vieler Fachkollegen der bisherige und der neue Mit-
herausgeber sowie der Verlag.

Inhaltsverzeichnis

Seite

---

[1] Der Beitrag folgt in Band XIX.

---

[1] Der Beitrag folgt in Band XIX.

Die Abschnitte A und B sind von E. GÄUMANN und die Abschnitte C und D sowie das Sachverzeichnis von E. BÜNNING redigiert.

A. Morphologie.

1. Morphologie und Entwicklungsgeschichte der Zelle.

Von Lothar Geitler, Wien.

Mit 1 Abbildung.

Protistenkerne. Die Mitose von Dinoflagellaten, im besonderen von *Ceratium*, war lange Zeit infolge ihrer Unübersichtlichkeit (hohe Chromosomenzahl, dichte Packung der Chromosomen, kleine Spindel) falsch oder unklar interpretiert worden: es schien Querteilung der Chromosomen vorzuliegen. Die Erklärung für die Mißdeutungen liegt darin, daß die Metaphase infolge Raummangels nicht die gewohnte Ausbreitung der Chromosomen in einer Ebene zeigt, daher bisher als solche verkannt wurde, dafür aber die Anaphase als Metaphase mißverstanden wurde; dazu kommt, daß die Chromosomen nicht, wie gewöhnlich, in der Meta-, sondern erst in der späten Anaphase maximal verkürzt sind, d. h. in der Metaphase noch $\pm$ prophasische Ausbildung besitzen (Skoczylas). Auf diese Weise maskiert, findet eine normale prophasische Längsspaltung und anaphasische Chromatidentrennung statt, wie dies seinerzeit schon Belar auf Grund der habituellen Ähnlichkeit der Mitose mit der von Gregarinen postuliert hatte. — Die vielfach abenteuerlichen Vorstellungen eines besonderen Kernbaues und einer aberranten Mitose bei Hefen sind auf Grund eingehender Untersuchungen der Meiose und Mitose von *Schizosaccharomyces octosporus* erneut abzulehnen: der Kernbau fügt sich, abgesehen von habituellen Eigentümlichkeiten in das gewohnte Schema ein und ist im wesentlichen der gleiche wie bei höheren Ascomyceten (Widra u. de Lamater; vgl. auch Fortschr. Bot. **15**, 1). Einen ganz normalen Verlauf der Meiose zeigen auch Myxomyceten (Wilson u. Ross). Bei *Eudorina* mit intranucleärer Spindelbildung wirkt Colchizin wie bei den höheren Pflanzen, wodurch die grundsätzliche Übereinstimmung des mitotischen Geschehens auch in dieser Hinsicht offensichtlich wird (Hinz).

Bakterien. Mit exakter Methodik durchgeführte Nuclealfärbung und fortlaufende Lebendbeobachtungen ergaben für Actinomyceten das Vorhandensein von Nucleoiden, die sich gesetzmäßig vermehren und bei der Zellteilung regelmäßig verteilt werden (Hagedorn). Aus dem Ausbleiben einer entsprechenden Reaktion bei Colchizinierung wird geschlossen, daß kein Spindelapparat vorhanden ist und die Nucleoidteilung somit keine Mitose darstellt. Dies hat nicht zu bedeuten, daß die Nucleoide sich nicht identisch reproduzieren.

Plastiden. Die Frage, ob bei den Blütenpflanzen in den jüngsten Plastiden ein Primärgranum vorhanden ist (Fortschr. Bot. **13**, 21; bei

den Moosen enthalten schon die jüngsten Plastiden mehrere Grana —
Fortschr. Bot. 17, 3), wurde im Zusammenhang mit der Art der Teilung
der Plastiden und ihrer Grana sowie dem unterschiedlichen Verhalten
in Leuko- und Chloroplasten eingehend behandelt (BARTELS, BÖING,
FASSE-FRANZISKET, GRAVE). Ein Primärgranum findet sich tatsächlich
auch in jungen Leukoplasten. In Leukoplasten, die schon mehrere
Grana enthalten, können diese dadurch optisch maskiert sein, daß sie
die gleiche Lichtbrechung wie das Stroma besitzen; sie lassen sich dann
durch künstliche Quellung des Stromas sichtbar machen. Zwischen

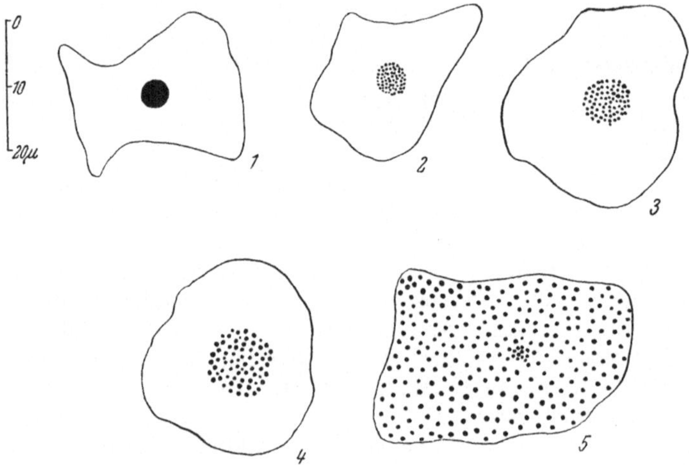

Abb. 1. Chromatophor mit kompaktem Pyrenoid von *Nothotylas valvata* (*1*), mit aufgelockertem Pyrenoid
von *Anthoceros laevis* (*2*), *Dendroceros* sp. (*3*), *Anth. husnoti* (4) und mit maximaler Zerstreuung von *Megaceros
tjibodensis.* Nach KAJA.

Leuko-, Chromo- und Chloroplasten besteht hinsichtlich ihres Granabaues
grundsätzliche Übereinstimmung (Bestätigung der alten SCHIMPERschen
Auffassung von der Wesensgleichheit aller Plastiden). Die Kontinuität
des Primärgranums und die Entstehung der sekundären Grana aus ihm
läßt sich auch für Chloroplasten verfolgen oder wahrscheinlich machen
(doch kann Chlorophyll auch im Stroma auftreten). Welche Beziehungen
zu den Lamellen der Plastiden bestehen, bleibt noch unklar. Es folgt aus
den Ergebnissen auch nicht notwendig, daß die Grana eine genetische
Struktur im Sinne der Chromosomen im Kern darstellen. Übrigens sind
Grana bei *Anthoceros* lichtoptisch nicht nachweisbar (KAJA) und bei
manchen Algen auch elektronenoptisch nicht vorhanden (Fortschr. Bot.
17, 2); in beiden Fällen findet sich aber Lamellenbau; er ist vermutlich
für jede ausgewachsene Plastide charakteristisch[1]. Die Teilung der
Plastiden erfolgt je nach dem Alter verschieden: in den jungen Stadien
geschieht sie durch Einschnüren und Ausziehen der Trennungszone zu
einem langen Faden, der später durchreißt; in älteren bildet sich eine

---

[1] In der neuesten Literatur wird ohne ersichtlichen Grund „das Plastid" geschrieben (Analogiebildung zu vulgär „das Etikett" ?).

breite, sich scharf abhebende Querzone, die sich vor dem Durchreißen nur mäßig verlängert.

Die Anthocerotales besitzen bekanntlich nicht „Chlorophyllkörner", sondern nach Art gewisser Algen große Plattenchromatophoren, die bei den meisten Arten in der Einzahl je Zelle vorhanden sind und zudem — als einzige Fälle unter den Kormophyten — Pyrenoide enthalten. Das Pyrenoid besteht bei *Anthoceros* aus einer großen Zahl von Einzelkörpern — was auch von Algen bekannt ist — , die Einzelkörper bilden Stärke und können sich unter Umständen (vermutlich mit steigendem Alter) voneinander trennen und sich über weite Räume im Chromatophor zerstreuen (ein ganz analoges Verhalten zeigt die Volvocale *Pyramidomonas montana* in verschiedenen Lebenszuständen). Es handelt sich also, auch bei *Anthoceros*, um die extreme Ausbildung eines zusammengesetzten Pyrenoids. Wie KAJA feststellt, zeigt sich beim Vergleich verschiedener Vertreter der Anthocerotales eine art- und z. T. gattungsspezifisch verschiedene Ausbildung, die der intraindividuellen Variation überlagert ist: bei *Nothotylas* ist ein kompaktes Pyrenoid vorhanden, *Anthoceros laevis*, *Dendroceros* und *Anth. husnoti* zeigen (durchschnittlich) eine steigende Auflockerung, bei *Megaceros* ist das Pyrenoid in einzelne, über die ganze Fläche des Chromatophors zerstreute Teilkörper aufgelöst (Abb. 1)[1].

Die Frage, wie sich die Plastiden der Gameten bei und nach der Befruchtung verhalten, behandelt, soweit Angaben vorliegen, für das gesamte Pflanzenreich YUASA. Bei den Blütenpflanzen gibt es bekanntlich die beiden Fälle: die Plastiden werden nur durch die Eizelle oder auch durch die männlichen Gameten übertragen. Das erste Verhalten findet sich, abgesehen von Angiospermen bei *Mnium*, *Catharinaea*, *Selaginella* und Eufilicinen, während des andere Verhalten, abgesehen von Fällen von Isogamie, wo es selbstverständlich ist, auch bei anisogamen Chlorophyceen, bei Rhodo- und Phaeophyceen, bei Hepaticae und bei *Sphagnum* vorkommt. Bei der isogamen *Ulva* sollen die männlichen und weiblichen Plastiden in der Zygote fusionieren; solche Fusionen sollen auch bei *Chlamydomonas*, *Spirogyra* und *Anthoceros* stattfinden (ob nicht die männliche Plastide in den Fällen, wo die Zygote schließlich nur mehr eine Plastide enthält, degeneriert?).

Chromosomen. Die Längsdifferenzierung der Chromosomen in eu- und heterochromatische Abschnitte bietet bekanntlich einen Beweis mehr für die Chromosomenindividualität. Unter bestimmten physiologischen Zuständen, die z. B. durch Kältebehandlung hervorgerufen werden, sind die sonst in den mittleren Mitosestadien von den euchromatischen nicht verschiedenen heterochromatischen Abschnitte mit Substanz

---

[1] Wie KAJA zu der Vorstellung gelangt, diese Teilpyrenoide wären mit den Grana der Plastiden der höheren Pflanzen homolog, würden „ein eigenes Steuerungssystem" darstellen und ihre identische Reproduktion wäre sehr wahrscheinlich (S. 150), ist nicht einzusehen, zumal die Pyrenoide ergastische Inhaltskörper des Chromatophors sind. Übrigens kommen Grana auch in pyrenoidführenden Algenchromatophoren vor (DANGEARD z. T. in Bestätigung älterer Beobachtungen des Ref. für *Closterium*, *Spirogyra*, *Cladophora*, *Ulva* u. a.; neuerdings METZNER, Fortschr. Bot. **17**, 2).

unterbeladen und werden dann auch in der Meta- und Anaphase erkennbar; man nennt solche heterochromatische Abschnitte Spezialsegmente (Fortschr. Bot. **16**, 7, 8; **17**, 9 u. frühere). Ein Spezialsegment, dessen heterochromatische Natur allerdings nicht exakt bewiesen ist, findet sich auch bei sommer- und winterannuellen Gersten, wobei bemerkenswerterweise die ersteren die Kältereaktion deutlicher als die anderen zeigen (MECHELKE). Eine auffallende, für jedes Chromosom konstante Längsdifferenzierung in der Metaphase tritt auch nach Fixierung und Färbung mit einem Gemisch von Essigorcëin und Salzsäure als Querstreifenmuster bei *Cypripedilum, Trillium, Fritillaria* u. a. hervor (YAMASAKI). Es ist dem Bild der Spezialsegmente sehr ähnlich, doch besteht der Unterschied, daß — zufolge der allerdings noch nicht feststehenden Deutung — die heterochromatischen Abschnitte dick, die euchromatischen unterbeladen sind, das Verhalten also genau umgekehrt wie sonst ist. Kältebehandlung bewirkt keine Veränderung, ebensowenig Vorbehandlung mit 8-Oxychinolin. Vorbehandlung mit Ammoniak-Wasser, das allgemein den Spiralbau der Chromosomen sichtbar macht, und Behandlung mit Colchizin verhindern die Entstehung des Musters, ebenso erscheinen die Chromosomen homogen bei üblicher Fixierung mit NAWASCHINs Gemisch. Es handelt sich zweifellos um eine charakteristische Baueigentümlichkeit der Chromosomen, die auf diese Weise zutage tritt; sollte sie mit der Differenzierung in Eu- und Heterochromatin identisch sein, so wären mit der neuen Methodik wichtige neue Einblicke zu erwarten. — Eine praktisch wertvolle und nach der Meinung der Autoren (LaCour, zusammen mit CHAYEN) vielleicht auch mikrotechnisch auswertbare Doppelfärbung, auf die Eu- und Heterochromatin verschieden ansprechen, gelingt mit Anilinblau und Orange-G. In Mikrotomschnitten durch Wurzelspitzen von *Fritillaria*- und *Trillium*-Arten färben sich die Chromosomen in den mittleren Mitosestadien gelb, in der Telo-, Inter- und Prophase färbt sich das Heterchromatin gelb, das Euchromatin aber blau. Unter Kältebehandlung, die den bekannten Schwund des Heterochromatins in den mittleren Mitosestadien hervorruft, verliert in diesen das Heterochromatin die Fähigkeit zur Gelbfärbung und färbt sich blau.

Die unter Umständen sich einstellende Störung der bestimmten Mengenbeziehung zwischen Chromosomen bzw. Chromonemen und Desoxyribosenucleinsäure (DNS; Fortschr. Bot. **16**, 5; **17**, 10) beleuchtet das Auftreten von Nucleinkörpern (Proteinkörpern, die DNS enthalten) in den Kernen während der Oogenese von Tipuliden (BAYREUTHER). Diese Körper sind nicht Teile von Chromosomen, sondern Stoffwechselprodukte des Kerns, werden aber an heterochromatischen Abschnitten von Chromosomen gebildet und zeigen eine positive Korrelation mit der Größe der heterochromatischen Abschnitte. Solche extrachromosomale, DNS-haltige Körper wurden schon früher beobachtet (vgl. z. B. die Befunde STICHs, Fortschr. Bot. **16**, 5) und es sind auch unsichere Fälle von Pflanzen bekannt (*Drosera*-Tentakel, Pollenmutterzellen; Lit. bei BAYREUTHER). Aus ihrem Vorkommen muß auf eine von der

Chromosomenreduplikation unabhängige DNS-Synthese geschlossen werden. Dies bedeutet nicht, daß eine bestimmte Relation zwischen DNS und Chromonema bzw. Genwirkung grundsätzlich nicht besteht; sie kann nur überlagert werden durch in dieser Hinsicht akzessorische physiologische Momente.

Unter der Voraussetzung einer einem Chromonema zugeordneten bestimmten Menge DNS (Fortschr. Bot. **17**, 10) stellen SCHRADER u. HUGHES-SCHRADER bemerkenswerte Überlegungen an. Die Tatsachen, die bei Tieren bekannt wurden, sind folgende. Innerhalb der Gattung *Thyanta* (Hemiptere) zeigen sechs Arten ungefähr die gleiche Menge DNS, und zwar auch *Th. calceata*, welche die doppelte Chromosomenzahl wie die anderen fünf Arten besitzt; ihre Chromosomen sind aber deutlich kleiner. Bei *Arvelius*, der zur gleichen Familie gehört und den gleichen Chromosomensatz wie die fünf *Th.*-Arten hat, findet sich die doppelte Menge. Schwankungen bis zu 50% kommen innerhalb der gleichen Gattung bei Mantiden vor (HUGHES-SCHRADER). Vergleicht man verschiedene Tierklassen miteinander, so finden sich Verhältniszahlen bis zu 1:70 (MIRSKY u. RIS). Bei dem Versuch einer phylogenetischen Erklärung ist zweierlei zu unterscheiden: 1. *Thyanta calceata* ist offenbar nicht polyploid, sondern ihr scheinbar verdoppelter Chromosomensatz ist durch Fragmentation, allerdings nicht transversale, sondern longitudinale, d. h. Verselbständigung der Chromatiden zustande gekommen; dabei ist die Vorstellung zugrunde zu legen, daß jedes Chromosom aus einer größeren, über die lichtoptisch erkennbare Zahl hinausgehende Zahl von Chromonemen aufgebaut ist; damit läßt sich 2. die starke Schwankung des DNS-Gehalts überhaupt erklären: es ist nicht anzunehmen, daß die Anzahl der Gene so stark schwankt wie die DNS-Menge, wohl aber kann der Grad der Polytänie starken Schwankungen unterworfen sein. Die Gedankengänge, obwohl begreiflicherweise noch stark hypothetisch, sind von großer Tragweite. Die Konzeption der longitudinalen Fragmentation wurde übrigens an Tieren gewonnen, die Chromosomen mit diffusem Centromer besitzen und deren Chromatiden sich auch ontogenetisch sehr selbständig verhalten; es gibt aber auch solche Pflanzen (*Luzula*, Fortschr. Bot. **13**, 10; **15**, 4; **17**, 5; das diffuse Centromer wurde neuerdings auch für *Heleocharis* nachgewiesen; BATTAGLIA).

Inkonstanz somatischer Chromosomenzahlen. Die schon früher gelegentlich beobachtete Erscheinung, daß in somatischen Geweben von Blütenpflanzen zufällige, unregelmäßige Schwankungen der Chromosomenzahl in der gleichen Pflanze und im gleichen Gewebe vorkommen, findet sich verbreitet unter Araceen (SHARMA u. DAS, MOOKERJEA) sowie bei Liliaceen, Amaryllidaceen und Dioscoreaceen, und zwar typischerweise bei solchen, die nur vegetative Fortpflanzung besitzen; vielfach sind die abweichenden Zahlen niedriger als die normalen und kommen wohl durch non-disjunction zustande; manche Pflanzen können auch bei gleichbleibender Chromosomenzahl den Karyotypus verändern; alle Veränderungen können bei bloß vegetativer Fortpflanzung allenfalls zur Bildung neuer Sippen beitragen (A. K. SHARMA u.

A. SHARMA; hier weitere Lit.). Bei *Hymenocallis calathinum* variiert die diploide Chromosomenzahl in der Wurzelspitze von 23—83, in den Pollenmutterzellen von 69—86; die Ursache sind Spindelanomalien (SNOAD).

Regelmäßige Abweichungen von der normalen Chromosomenzahl in verschiedenen Individuen und in der gleichen Pflanze treten bei der Composite *Xanthisma texanum* auf (BERGER u. WITKUS, WITKUS, LOWERY u. BERGER, BERGER, MCMAHON u. WITKUS). Es gibt Pflanzen, die im Sproß 8, 9, 10, 11 oder 12 Chromosomen enthalten, in der Wurzel besitzen sie aber alle nur 8 Chromosomen. Es handelt sich um ein in der Einzahl oder zwei-, drei- oder vierfach vorhandenes überzähliges (akzessorisches, B-) Chromosom, das im Gegensatz zu den meisten anderen bekannten Fällen von B-Chromosomen nicht heterochromatisch ist. In der Meiose werden die überzähligen Chromosomen weitergegeben, die jungen Embryonen enthalten daher die entsprechende Zahl; nach der Differenzierung der Wurzelanlage im Embryo werden sie aber in dieser eliminiert, und zwar dadurch, daß ihre Einordnung in die Metaphaseplatte unterbleibt und sie an der Anaphase nicht teilnehmen (es tritt also gerade an dieser Stelle der Entwicklung ein offenbar vorhandener Centromeren-Defekt in Erscheinung); sie gelangen ins Plasma und werden hier resorbiert. Ähnliche, aber nicht identische eigenartige Fälle des Verhaltens von B-Chromosomen und damit des Auftretens verschiedener Chromosomenzahlen in Sproß und Wurzel oder auch in der Meiose sind von anderen Pflanzen schon bekannt (vgl. BERGER, MCMAHON u. WITKUS und Fortschr. Bot. **13**, 13). — Bei *Ranunculus ficaria* treten B-Chromosomen nur in Diploiden auf; sie zeigen im allgemeinen normalen Formwechsel und werden auch in der 1. Pollenmitose nicht, wie in vielen anderen Fällen, unter Nicht-Trennen dem generativen Kern zugeteilt, sondern teilen sich in der 1. und 2. Pollenmitose normal (MCLEISH bei LA COUR). Bei *Festuca pratensis* lassen sich in Kreuzungen bis zu 19 B-Chromosomen in einer Pflanze vereinigen; in höherer Zahl vorhanden bewirken sie Störungen (BOSE-MARK).

Meiose. An experimentell hergestellten autotetraploiden Pflanzen von *Solanum lycopersicum* erfolgt im Zygotän der Pollenmutterzellen Bivalentenbildung, wobei eine Art sekundärer Paarung von je zwei homologen Bivalenten erfolgen kann; außerdem kann zwischen den gepaarten homologen Bivalenten Partnerwechsel eintreten (GOTT-SCHALK). Die Erscheinung ist schon länger bekannt, läßt sich aber im vorliegenden Fall besonders gut analysieren. — Die Meiose von *Sphagnum*, die bisher noch nicht untersucht wurde, zeigt bestimmte Eigentümlichkeiten: so wird die Spindel in der I. Metaphase vierpolig-tetraedrisch, die Chromosomenplatte nimmt entsprechende Gestalt an; die Aufteilung in zwei Tochtergruppen erfolgt aber normal, die Interkinesekerne stehen mit ihren langen Achsen senkrecht aufeinander (SORSA). Eine genauere Untersuchung mit aufschlußreicherem Bildmaterial wäre erwünscht. — Genaue Pachytänanalysen bei *Salvia*-Arten ergeben eine sehr verschiedene, artspezifische Verteilung des Heterochromatins (LINNERT).

Chromomeren lassen sich mit Sicherheit an diesem Objekt nicht nachweisen; wo sie vorhanden zu sein scheinen, sind sie auch anders deutbar: meist würde es sich um bloße optische Täuschungen handeln, die durch lokalisierte Spiralisierung hervorgerufen werden würden[1]. Tatsächlich ist der Begriff „Chromomer" durch die Befunde LIMA DE FARIAS (Fortschr. Bot. **17**, 7, Abb. 2), denenzufolge es Chromomeren verschiedener „Dignität" gibt, eher schwerer als leichter faßbar geworden. Ihn allgemein fallen zu lassen bzw. ihn durch andere Deutungen zu ersetzen, die ja doch auch nicht erwiesen sind, dürfte sich nicht empfehlen und wäre zumindest verfrüht. Als besonders unentbehrlich hat sich der Begriff des Chromomers wieder bei der genauen Analyse des Baues der Centromeren (Kinetochoren, Spindelansatz-Regionen) der Pachytänchromosomen von *Secale* und *Agapanthus* erwiesen: die Centromeren sind zusammengesetzte Bildungen, die — im Pachytän — aus Fibrillen und bestimmten Chromomeren aufgebaut erscheinen [LIMA DE FARIA 1955 (2); vgl. auch Fortschr. Bot. **13**, 13]. Ihr komplexer Bau wird besonders deutlich gemacht durch ein Chromosomenfragment mit unvollständigem Centromer bei *Secale*: dieses Fragment nimmt, obwohl es nur einen kleinen Centromerenrest mit unvollständigem Chromomerenbestand besitzt, an den mitotischen Bewegungen teil [LIMA DE FARIA 1955 (1)]. In modifizierter Weise komplex erscheint das Centromer auch in den mittleren Meiosestadien, wo es offenbar gefaltet ist [LIMA DE FARIA 1955 (2)]. Im übrigen zeigt die genaue Untersuchung, daß in Anaphase I von *Tradescantia* das Centromer geteilt ist und der Zusammenhalt der Schwesterchromatiden an den proximalen Enden der Arme, nicht aber am Centromer erfolgt; das gleiche Verhalten wird bei verschiedenen Pflanzen besonders auffallend in der II. Metaphase und läßt sich in günstigen Fällen auch für somatische Mitosen feststellen [LIMA DE FARIA 1953 (1), 1955 (4)]. Die präanaphasische Trennung der Tochtercentromeren ist auch darüber hinaus nicht ganz unbekannt, wurde aber wenig beachtet (Diatomeen, *Salamandra*; Lit. bei GEITLER 1951 (2), siehe Fortschr. Bot. **14**, 2).

Karyologie des Endosperms. Die spätere Entwicklung des Endosperms verläuft bei vielen Pflanzen offenbar nicht so einfach und übersichtlich wie ihr Beginn. Während sich zunächst die Kerne unter Erhaltenbleiben der gegebenen Chromosomenzahl (z. B. 3n, 5n) normal teilen, stellen sich später — wie im großen seit langem bekannt — verschiedenartige Mitoseanomalien ein. So können auf dem Weg der Restitutionskernbildung höher polyploide Kerne entstehen, es kann aber auch durch eine Art von Spindelspaltung, die nicht einmal symmetrisch verlaufen muß, zur Bildung unterzähliger Kerne kommen (vgl. Fußnote 1, S. 463 bei GEITLER). Außerdem können polyploide Riesenkerne durch Endomitose artige Vorgänge gebildet werden (solche Kerne treten besonders auffallend im Endosperm von *Zea* auf (Fortschr. Bot.

---

[1] Damit wäre auch der Begriff „Heterochromatin" einer Revision zu unterziehen, wie dies bei LINNERT auch geschieht. — Bemerkenswert, aber übereinstimmend mit sonstigen Erfahrungen, ist eine gewisse Labilität in der Ausbildung des Heterochromatins im Pachytän.

14, 8)[1]. Ob wirkliche Amitosen, d. h. nicht nur pathologische Durchschnürungen ohne weiteren Effekt vorkommen, bleibt dagegen noch fraglich, wiewohl ihr Vorkommen, allerdings für den extremen Fall des flüssigen *Cocos*-Endosperms, wieder angegeben und gegen — den Autoren bekannte — Einwendungen (verkannte Mitoseanomalien) verteidigt wird (CUTTER, WILSON u. FREEMAN). DUTT findet dagegen in ausdrücklicher Opposition gegen ältere Angaben CUTTERs nur Mitosen. Das Vorkommen echter Amitosen ist aus allgemeinsten Gründen fast ausgeschlossen (doch kann Kernzerfall in zufällig gleich große Stücke gewiß unter Umständen vorkommen).

Trotz der Spärlichkeit genauerer Daten und nur stichprobenweisen Befunden steht schon jetzt fest, daß es sich bei den verschiedenartigen Teilungsvorgängen, die den Aufbau des Endosperms bewirken, nicht oder jedenfalls nicht immer um beliebige, bedeutungslose Zufälligkeiten handelt, sondern daß sie gesetzmäßig ablaufen und funktionell wesentlich sind. So differenziert sich in der chalazalen Region bei *Allium ursinum* aus dem jungen triploiden Endosperm eine Gruppe von zunächst hexa-, dann 12- und schließlich vermutlich 24-ploiden Riesenkernen in plasmareichen Riesenzellen mit der hochaktiven Funktion eines „Basalapparats". Diese Kerne besitzen eine Art permanenter Prophasestruktur und entstehen unter Wachstum ohne Mitosen, jedoch anscheinend nicht auf die sonst bekannte Weise der Endomitose bei Angiospermen (Fortschr. Bot. **15**, 6ff; vgl. auch STEFFEN). Die bedeutende Größe der Kerne beruht im übrigen nicht nur auf Endopolyploidisierung, sondern auf der von Anfang an gegebenen übernormalen Größe der Chromosomen im Endosperm, — wie überhaupt in diesem Milieu — und schon im unbefruchteten Embryosack — ganz besondere Bedingungen herrschen müssen, die besondere, nur in dieser Umgebung realisierbare Kernstrukturen nach sich ziehen (GEITLER; WOESS, HASITSCHKA unveröff.). Hexa- und 12-ploide Kerne können in anderen Regionen des Endosperms von *Allium ursinum* übrigens auch infolge von Mitosestörungen entstehen. Hexaploide Mitosen treten auch im jungen, noch kaum differenzierten Endosperm von *Zea* auf (PUNNETT); für diese läßt sich aus der „Paarbildung" der endomitotisch entstandenen Schwesterchromosomen in Pro- und Metaphase, d. h. dem bestehenbleibenden Zusammenhalt der endomitotischen Tochterchromosomen schließen, daß die Hexaploidie durch typische Endomitose im „Ruhe"-kern entstanden ist. — Das gleiche ergibt sich aus Gründen der Analogie mit dem Verhalten des genau untersuchten Endothels der Samenanlagen von *Pedicularis palustris* für deren sehr differenziertes Endosperm (STEFFEN): von Triploidie ausgehend erreicht es im mikropylaren Bereich Hexaploidie und im chalazalen Bereich 12-Ploidie; die Kerne des chalazalen Haustoriums dürften durch Endoploidisierung 96-ploid, die des mikropylaren Haustoriums sogar 192- oder 384-ploid werden; — ein besonders schöner Fall des komplizierten Aufbaues eines Endosperms,

---

[1] Es gibt auch große, offenbar nicht endopolyploide, aber auffällig spezifisch gebaute Kerne in Endospermen [z. B. bei *Gagea*, GEITLER, Chromosoma **3**, 271 (1948)].

der, unbeschadet des Umstands, daß es sich „nur" um eine bald zugrundegehende Bildung handelt, gesetzmäßig durchgeführt wird.

Viele Endosperme sind im übrigen für Vitalbeobachtungen besonders geeignet. Bei Anwendung einer bestimmten Methodik gelingen langfristige Beobachtungen des normalen Mitoseablaufs (BAJER; BAJER u. MOLÉ-BAJER 1954), die sich durch kinematographische Aufnahmen noch vertiefen lassen (BAJER u. MOLÉ-BAJER 1956). Die zahlreichen wertvollen Einzeltatsachen, die sich hierbei ergeben, reichen allerdings, wie zu erwarten, noch immer nicht aus, um ein geschlossenes Bild der Mitosemechanik zu vermitteln. Doch bilden sie die notwendige Voraussetzung für eine künftige befriedigende Lösung (vgl. Fortschr. Bot. **16**, 6).

Verschiedenes. *Endomitose.* In der Samenanlage von *Pedicularis palustris* erfolgt nach der Befruchtung endomitotische Polyploidisierung, die im Endothel 32-Ploidie und in angrenzenden Zellenschichten Oktoploidie ergibt (STEFFEN). Der exakte Nachweis gelingt durch Verfolgung der rhythmisch wiederkehrenden, für die Angiospermen kennzeichnenden endomitotischen Teilungsstruktur, die in einer Art Zerstäubung, vor allem der Chromozentren besteht (Fortschr. Bot. **15**, 7). Schon vor Einsetzen der Polyploidisierung erfolgt zusammen mit einer Vergrößerung des Kernvolumens Zunahme der Menge des Chromatins und eine beträchtliche Vermehrung der Nucleolarsubstanz. Die Größe des Nucleolus nimmt dann, wie bekannt, während der Endomitosen weiter zu; genaue Messungen ergeben keine ganz klare Beziehung zur Polyploidiestufe. (Über die endomitotische Polyploidisierung im Endosperm vgl. oben).

Strukturelle Geschlechtschromosomen, d. h. nicht durch ihre äußerliche Morphologie, sondern durch ihre unterschiedliche Ausbildung des Heterochromatins verschiedene und in dieser Hinsicht heteromorphe homologe Chromosomen, die mit der Geschlechtsbestimmung in Zusammenhang stehen, kommen bei *Mnium* in Form eines XY-Paares vor (TATUNO u. SEGAWA).

Moosprotonema. Mit steigendem Alter laufen in den Zellen des Caulonemas von *Funaria* charakteristische, mit der plasmatischen Differenzierung und der Membranbräunung einhergehende Veränderungen ab (BOPP). Kern und Plastiden verändern mit zunehmendem Alter ihre Form gleichsinnig von ± kreisförmigen über ellipsoidische zu lang-spindelförmigen Umrissen; grobmechanische Beeinflussung durch die Raumverhältnisse in der Zelle kommen als Ursache nicht in Betracht (die Längsachsen liegen aber parallel zur Längsachse der Zellen und zur Wachstumsrichtung: ob nicht eine ausgerichtete submikroskopische cytoplasmatische Struktur maßgebend ist? Analoge Erscheinungen finden sich in vielen entsprechenden Fällen, z. B. in den Rhizoiden von *Equisetum*). Der Kern nimmt in älteren Zellen an Volumen beträchtlich zu, und zwar stärker als das Zellvolumen. In solchen Kernen älterer Zellen treten um den Nucleolus herum chromozentrenartige Körper auf, die in jungen Zellen noch fehlen; in den ältesten Zellen wird der Nucleolus aufgelöst, die Chromozentren liegen dann frei. Da eine genaue Analyse der Kernstruktur noch fehlt, läßt sich nicht sagen, worauf die quantitativen und qualitativen Veränderungen beruhen, wieweit funktionelle Zusammenhänge bestehen und wann Degenerationsvorgänge einsetzen.

Kern-Plasma-Relation. Ein interessantes Problem ergibt sich bei den Diatomeen aus der fortschreitenden Zellverkleinerung im Laufe der Teilungen: sinken Kern- und Plasmavolumen im gleichen Maß oder verschiebt sich das Verhältnis? Wie bekannt, wird der Kern im Vergleich zum Gesamtvolumen der Zelle im Laufe der Verkleinerung größer. Anläßlich von Untersuchungen über die Physiologie der Auxosporenbildung von *Melosira* (die eine Bestätigung der bekannten Befunde über das Zusammenwirken äußerer und innerer — in der Zellgröße liegender — Faktoren bringen) glaubt BRUCKMAYER-BERKENBUSCH festgestellt zu haben, daß das Kernvolumen gegenüber dem Plasmavolumen zunimmt, also die Kern-Plasma-Relation sich zugunsten des Kerns verschöbe. Der Beweis fehlt: denn die Autorin vergleicht einfach die ausplanimetrierten Flächen der Projektion in die Ebene von Kern und Zelle in der Meinung, daß dies ein Maß für das Verhältnis von Kern- und Plasmavolumen geben kann. Abgesehen davon daß z. B. ein Dickenunterschied des Plasmawandbelags in großen und kleinen Zellen nicht berücksichtigt erscheint und überhaupt keine Gewähr dafür besteht, daß Plasma- und Zellvolumen in einem konstanten Verhältnis zueinander stehen, läßt sich nichts darüber aussagen, ob das Plasma in großen und kleinen Zellen irgendwie gleichwertig ist: es könnte, falls es in kleineren Zellen an Menge zurücktritt, z. B. wasserärmer sein oder weniger ergastische Inhaltskörper führen.

Gestalt der Zelle in Meristemen. In mehreren Einzeluntersuchungen wird seit einiger Zeit die methodisch nicht leichte Frage nach der Gestalt undifferenzierter, im Gewebeverband stehender Zellen behandelt. Die Veränderungen während der Teilung untersucht am Beispiel des Vegetationskegels von *Elodea densa* (die er *Anacharis* nennt) erneut MATZKE und gibt ein aufschlußreiches Resumé auch über die Gestalten interphasischer Zellen (vgl. auch MATZKE u. DUFFY). Es ergibt sich im allgemeinen, daß die interphasischen Zellen meist 14-flächig sind (unter 400 Zellen waren es 101), aber daß kein bestimmter geometrischer Typus vorherrscht. Im Fall von *Elodea densa* kommen, nach Häufigkeiten geordnet, meist 14-, 13-, 15- und 12-flächige Zellen vor (die Gesamtvariation beträgt 9—21); die Flächen können 3- bis 9eckig sein, wobei die verschiedensten Kombinationen auftreten können (z. B. fanden sich unter 400 Zellen 38 mit der Kombination von 4 viereckigen, 4 fünfeckigen und 6 sechseckigen Flächen). Vor und während der Zellteilung nimmt die Zahl der Flächen im Durchschnitt zu. Gleitendes Wachstum kommt nicht vor. Die Gestaltung und das Geschehen ist nicht unmittelbar mit den in anorganischen Systemen (z. B. Seifenschäumen) vergleichbar, sondern wesentlich komplizierter und „eigenwilliger", wenn auch — begreiflicherweise — im großen ganzen eine bestimmte Ordnung herrscht. Immerhin lassen sich unter besonderen Bedingungen auch in Schäumen regelmäßige 14-flächige Waben herstellen (DODD). Eine genaue Nachahmung der in Geweben realisierten morphologischen Verhältnisse ist aber gar nicht zu erwarten.

Literatur.

BAJER, A.: Experientia (Basel) **11**, 221 (1955. — BAJER, A., and J. MOLÉ-BAJER: Acta Soc. Bot. Pol. **23**, 69—110 (1954). — Chromosoma **7**, 558—607 (1956. — BARTELS, F.: Planta (Berlin) **45**, 426—454 (1955). — BATTAGLIA, E.: Caryologia (Pisa) **6**, 319—332 (1954). — BAYREUTHER, K.: Chromosoma **7**, 508—557 (1956). — BERGER, C. A., and E. R. WITKUS: Bull. Torrey Bot. Club **81**, 489—491 (1954). — BERGER, C. A., R. M. McMAHON and E. R. WITKUS: Bull. Torrey Bot. Club **82**, 377—382 (1955). — BÖING, J.: Protoplasma (Wien) **45**, 55—72 (1955). — BOPP, M.: Planta (Berlin) **45**, 573—590 (1955). — BOSEMARK, N. O.: Hereditas (Lund) **40**, 425—437 (1954). — BRUCKMAYER-BERKENBUSCH, HILDEGARD: Arch. Protistenkde. **100**, 183—311 (1955).

CUTTER, V. M. JR., KATHARINE S. WILSON and BESSIE FREEMAN: Amer. J. Bot. **42**, 109—115 (1955).

DANGEARD, P.: Le Botaniste, Ser. **35**, 109—123 (1951). — DODD, J. D.: Amer. J. Bot. **42**, 566—569 (1955). — DUTT, MRIDULA: Nature (London) **171**, 799 (1953).

FASSE-FRANZISKET, URSULA: Protoplasma (Wien) **45**, 194—227 (1955).

GEITLER, L.: Österr. bot. Z. **102**, 460—475 (1955). — GOTTSCHALK, W.: Z. Indukt. Abstammgslehre **87**, 1—24 (1955). — GRAVE, GISELA: Protoplasma (Wien) **44**, 273—298 (1954).

HAGEDORN, H.: Zbl. Bakter. II, **108**, 353—375 (1955). — HINZ, F.: Wiss. Z. Univers. Greifswald, III. Math.-nat. Reihe 4/5, 327 (1953/54). — HUGHES-SCHRADER, SALLY: Chromosoma **5**, 544—554 (1953).

KAJA, H.: Protoplasma (Wien) **44**, 136—153 (1954).

LA COUR, L. F.: John Innes Hort. Inst Ann. Rep. 1954, 18—23. — LIMA DE FARIA, A.: Chromosoma **6**, 33—44 (1953); — (1) **7**, 51—77 (1955). — (2) Chromosoma **7**, 78—89 (1955). — (3) Hereditas (Lund) **41**, 209—226. — (4) Hereditas (Lund) **41**, 238—240. — LINNERT, GERTRUD: Chromosoma **7**, 90—128 (1955).

MATZKE, E. B.: Proc. Nat. Acad. Sci. USA **42**, 26—33 (1956). — MATZKE, E. B., and REGINA M. DUFFY: Amer. J. Bot. **42**, 937—945 (1955). — MECHELKE, F.: Kulturpflanze 3, 127—135 (1955). — MIRSKY, A. E., and H. RIS: J. Gen. Phys. **34**, 451—462 (1951). — MOOKERJEA, ARCHANA: Caryologia (Pisa) **7**, 221—291 (1954/55)

PUNNETT, H. H.: J. of Hered. **44**, 257—259 (1953).

SCHRADER, F., and SALLY HUGHES-SCHRADER: Chromosoma **7**, 469—496 (1956). — SHARMA, A. K., and ARCHANA SHARMA: Nature (London) **177**, 335—336 (1956). — SHARMA, A. K., and N. K. DAS: Agronomia lusitana **16**, 23—48 (1954). — SKOCZYLAS, O.: Diss. Techn. Hochsch. Darmstadt, Auszugsdruck D 17, 1954 (ohne Paginierung). — SNOAD, B.: Heredity (London) **9**, 129—134 (1955). — SORSA, V.: Hereditas (Lund) **41**, 250—258 (1955). — STEFFEN, K.: Planta (Berlin) **45**, 379 bis 394 (1955).

TATUNO, S., and M. SEGAWA: J. Sci. Hiroshima Univ. **7**, 1—9 (1955).

WIDRA, A., and D. DE LAMATER: Amer. J. Bot. **42**, 423—435 (1955). — WILSON, C. M., and I. K. ROSS: Amer. J. Bot. **42**, 743—749 (1955). — WITKUS, E. R., T. J. LOWERY and C. A. BERGER: Bull. Torrey Bot. Club **82**, 367—376 (1955).

YAMASAKI, NORIKO: Chromosoma **7**, 620—626 (1956). — YUASA, A.: Sci. Papers Coll. Gen. Educ. Univ. Tokyo 4, 119—126 (1954).

2. Morphologie einschließlich Anatomie.

Von Wilhelm Troll und Hans Weber, Mainz.

Mit 8 Abbildungen.

Vorbemerkung.

Der vorliegende Bericht umfaßt nur Arbeiten, die sich auf die Vegetationsorgane (Sproßachse, Blatt, Wurzel) beziehen. Die Abschnitte „Infloreszenzen", „Blüte" und „Frucht" gelangen im folgenden Band zur Darstellung.

I. Sproßbildung und Sproßbau.

1. Bau und Wachstum des Sproßscheitels.

Über die Histologie der Sproßscheitel gymnospermer Pflanzen liegen jetzt so zahlreiche Untersuchungen vor, daß sich ein geschlossenes Bild abzuzeichnen beginnt. Insbesondere läßt sich, wie Seeliger in einem Überblick über die Literatur ausführt, eine Entwicklungstendenz feststellen, die von der ungeschichteten Scheitelstruktur der Cycadales zu den in Tunica und Corpus gegliederten Vegetationspunkten der Gnetales führt. Damit aber wird der Anschluß an die bei den Angiospermen allgemein herrschenden Verhältnisse erreicht, wie dies in einem früheren Bericht (Fortschr. Bot. **16**, 18) schon dargelegt wurde. Für *Ephedra* und *Gnetum* hat zuletzt Fagerlind den geschichteten Bau bestätigt. Aber bereits innerhalb der Coniferales läßt sich bei manchen Formen eine Gliederung des Scheitels in Tunica und Corpus beobachten (Fortschr. Bot. **16**, 17). In *Thujopsis dolabrata* konnte Seeliger für die Cupressaceen ein eindrucksvolles Beispiel dieser Art beschreiben (Abb. 2). Was daran besonders bemerkenswert erscheint, ist die frühzeitige Ausbildung eines schmalen zentralen, oft nur aus 1—2 Zellreihen bestehenden Markstranges, dessen Differenzierung bereits etwa $80\,\mu$ unterhalb der Scheitelspitze einsetzt. Ähnlich früh scheint die Ausgliederung einer Marksäule auch bei *Pinus lambertiana* zu erfolgen, wie es einem Querschnittsbild zu entnehmen ist, das Sacher (1) von einem Sproßscheitel bringt.

Boke hat in Fortführung seiner Kakteen-Studien den Vegetationspunkt von *Rhipsalis cassytha* untersucht und gefunden, daß dieser nur für kurze Zeit aktiv ist. Bereits bei einer Sproßlänge von etwa 5 mm wird das Spitzenwachstum eingestellt. Sämtliche Zellen der Tunica wachsen dann zu Trichomen aus. Wenn dennoch 3—15 cm lange Triebe entstehen, beruht dies auf interkalarer Entwicklung. In vergleichender Betrachtung der Sproßscheitel von *Helianthus annuus* und *Evonymus japonica* geht Codaccioni (2) vor allem auf den von Plantefol postulierten sog. Initialring ein, dessen Existenz sie mit ihren Ergebnissen zu beweisen sucht. Gleiches gilt für weitere Arbeiten aus der PLANTEFOLSchen Schule (GRANDET, GUÉRINDON, LANCE). Näheres hierzu wurde schon in Fortschr. Bot. **17, 18** berichtet.

Um die Frage zu entscheiden, ob heterotrophe Lebensweise irgendeine Auswirkung auf die Organisation des Sproßscheitels zur Folge hat, hat CUTTER die Vegetationspunkte einer Reihe von parasitischen und saprophytischen Angiospermen (*Neottia, Cassytha, Loranthus, Cuscuta* u. a.) studiert. In allen Fällen jedoch zeigte sich der normale geschichtete Bau ohne nennenswerte Besonderheiten.

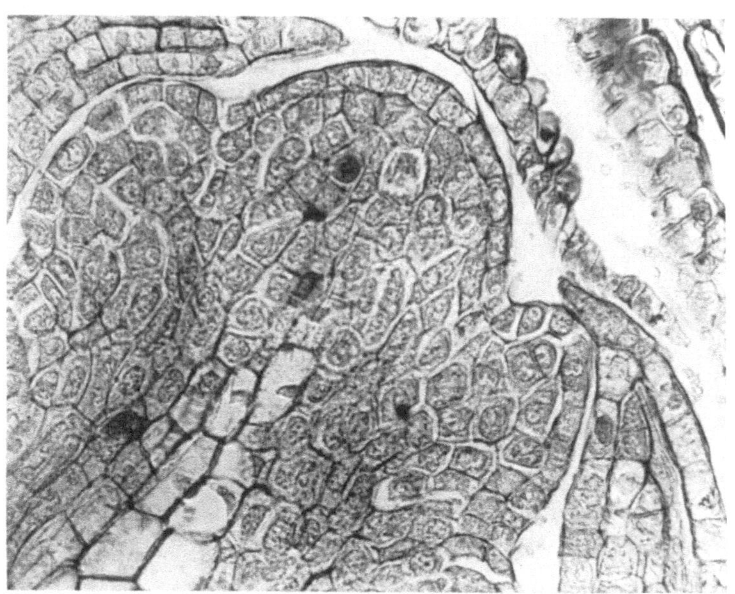

Abb. 2. *Thujopsis dolabrata.* Sproßvegetationskegel mit Blattanlagen. Die Gliederung in Tunica und Corpus tritt deutlich hervor. Nach SEELIGER.

Daß die Sproßvegetationspunkte zahlreicher Pflanzen im Verlauf der Blattausgliederung einem ausgeprägten Plastochronformwechsel unterliegen, ist eine viel beobachtete Erscheinung. Dabei kann der Durchmesser des Scheitels, gemessen oberhalb des jüngsten Blattprimordiums, beträchtliche Veränderungen erfahren. So fand WHITE an jungen Exemplaren von *Acer pseudoplatanus* den Vegetationspunkt unmittelbar vor dem Sichtbarwerden eines Primordienpaares als kegelförmige Kuppe mit einem Diameter von $270\,\mu$. Mit der Bildung der Blattanlagen jedoch flacht er sich stark ab unter Verringerung des Durchmessers auf $75\,\mu$, um darauf wieder zu der alten Form und Größe auszuwachsen. Entsprechendes schildert SUSSEX für den Vegetationspunkt von *Solanum tuberosum*. Extremer noch erscheint der Formwechsel bei jungen Pflanzen von *Drosera rotundifolia* [FAVARD (1)]. Deren sehr kleiner Scheitel wird mit der Bildung eines Blattprimordiums nahezu völlig aufgebraucht, um sich hernach wieder zu restaurieren. Ähnliches gilt nach ROUGIER für den Vegetationspunkt von *Aquilegia vulgaris.* Es besteht darin Übereinstimmung mit dem Verhalten monokotyler Gewächse, worauf früher schon hingewiesen wurde (Fortschr. Bot. **14**, 18). Was an WHITE⁸ Untersuchungen an *Acer*-Keimpflanzen überrascht, ist die Mitteilung, daß während der Sproßentwicklung vom 6. bis zum 14. Knoten keinerlei Erstarkungsformwechsel festzustellen sei. Dies steht im Gegensatz zu dem Verhalten der monokotylen Pflanzen, bei denen die Volumenzunahme des Vegetationskegels gerade beim jungen Sproß mit aller Deutlichkeit nachweisbar ist (Fortschr. Bot. **16**, 21). Aber auch zahlreiche dikotyle Gewächse, namentlich deren krautige Vertreter, zeigen eine solche Sproßscheitelerstarkung, wie sie in Fortschr. Bot. **13**, 35 am Beispiel von *Brassica oleracea* (TROLL u. RAUH) schon dargelegt und jüngst wieder für *Pulsatilla vulgaris* gefunden wurde (STUERNER).

Über die Differenzierung der Meristeme im Sproßvegetationskegel liegen neue Untersuchungen von HEGEDÜS (1) vor. Zum Zwecke einer genaueren Kennzeichnung des meristematischen Zustandes eines Gewebes schlägt er die Einführung der „cytokaren Verhältniszahl" vor. Sie stellt das Verhältnis von Zelldurchmesser zum Durchmesser des Zellkernes dar und soll eine gute Charakteristik für die Differenzierungsstufe eines Meristems liefern. Dies wird für *Asarum europaeum* näher ausgeführt und zahlenmäßig belegt. Je weiter die Differenzierung fortgeschritten ist, desto größer erscheint die Zahl. Auf Grund dieses cytokaren Verhältnisses und des prokambialen Differenzierungsprozesses wird ein neuer Meristemtyp aufgestellt, nämlich das „Übergangsmeristem", in dem sich die Ausbildung des Prokambiums vollzieht. In einer weiteren Arbeit führt HEGEDÜS (2) diese Betrachtungsweise am Beispiel von *Stratiotes aloides* auch für die Wurzelspitze durch.

2. Blatt- und Knospenanlegung.

An *Thujopsis* hat SEELIGER die Bildung der Blattprimordien und der Achselknospen studiert. Die Blätter werden etwa $25\,\mu$ unterhalb des Scheitels angelegt; ihr Wachstum geht von antiklinalen und periklinalen Teilungen aus, die sich in den äußeren Corpus-Lagen abspielen. Die Tunica folgt dieser Entwicklung anfänglich lediglich durch Einziehen antiklinaler Wände, erst später kommt es infolge periklinaler Aufspaltung ihrer an der Spitze des Primordiums gelegenen Elemente zur Entstehung eines Blattsaumes. Bei den Pinaceen, deren Sproßscheitel einer Tunica entbehren, erfolgen die ersten Teilungsschritte, die zur Bildung eines Primordiums führen, gewöhnlich periklin in der äußersten Zellage des Scheitelgewebes. Dies bestätigt für die Knospenschuppen von *Pinus lambertiana* SACHER (1), der im übrigen eine sorgfältige Analyse der gesamten Ontogenese dieser Organe bringt und außerdem (2) näher auf die Entwicklung der Kurztriebe der genannten Kiefer eingeht.

Die Ausgliederung der Seitenknospen bei *Thujopsis*, die bereits in den Achseln des zweitjüngsten Primordienpaares sichtbar werden, geht ebenfalls auf die Teilungstätigkeit der äußersten Corpuszellen zurück (SEELIGER). Ähnlich scheint die Anlegung der Achselsprosse bei *Acer pseudoplatanus* zu erfolgen (WHITE) sowie bei verschiedenen anderen Holzgewächsen wie *Magnolia, Liriodendron, Alnus* u. a. (GARRISON). Rein axillär werden die Seitenknospen ferner bei *Hibiscus cannabinus* angelegt, wenn sie später auch etwas auf die Blattbasis verschoben erscheinen [KUNDU u. RAO (2)]. Im wesentlichen das gleiche Verhalten erwähnt BOKE für *Rhipsalis cassytha*. Bei unverzweigten Varietäten von *Corchorus capsularis* sind nach KUNDU u. RAO(1) keine meristematischen Bezirke in den Blattachseln mehr erkennbar.

Bemerkenswert in dieser Hinsicht sind noch Untersuchungen von CHAMPAGNAT (1, 2) an *Chaenorrhinum*. Bekanntlich zeichnet sich diese

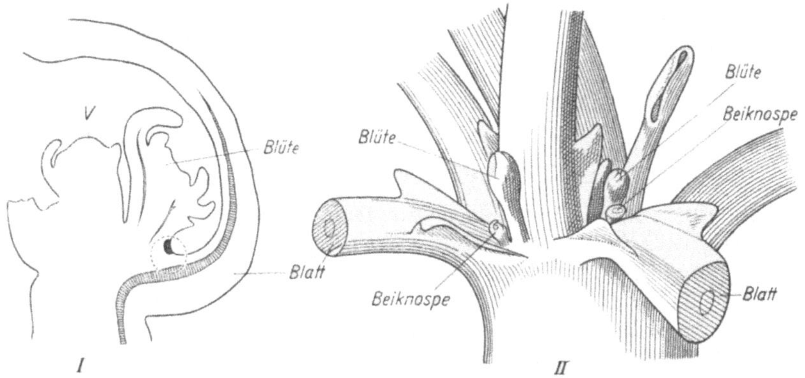

Abb. 3. *I Chaenorrhinum minus*. Längsschnitt durch eine junge Knospe. Unterhalb der Blütenanlage ist durch Kreisumrandung eine kleine Gewebszone hervorgehoben, aus der die Anlage des Beisprosses hervorgeht. *V* Vegetationspunkt. Näheres im Text. *II Limosella aquatica*. Spitzenbereich einer Rosette, die Anordnung der Blüten und Beisprosse zeigend. *I* nach CHAMPAGNAT (1); *II* nach TROLL u. HARTL.

Scrophulariacee durch den Besitz von Beisprossen aus, die auch im blühenden Bereich der Pflanze angetroffen werden (TROLL u. HARTL). Die primären Achseltriebe (Primanknospen) werden schon sehr früh angelegt; die ersten Zellteilungen, die zu ihrer Bildung führen, zeichnen sich wieder in den äußeren Corpus-Schichten ab. Die Beiknospen treten später auf, und zwar im blühenden Bereich (der allein studiert wurde) an der Basis der Blütenanlage auf der dem Tragblatt zugewandten (phylloskopen) Seite (Abb. 3, I). Erst wenn die Petalen bereits ausgegliedert sind, erkennt man hier eine kleine Gruppe von etwa 3 Epidermiszellen und 3 angrenzenden subepidermalen Elementen, die „dedifferenziert" werden und die nun die Initialen für den Beisproß abgeben. Dessen Bildung setzt wiederum mit periklinaler Wandbildung in der subepidermalen Schicht ein, während die Epidermis dem Wachstum mit antiklinalen Teilungen folgt. Sie wird zur Tunica des neuen Vegetationspunktes. Ähnlich verzögert wie bei *Chaenorrhinum* zeigt sich die Beiknospenentwicklung bei *Limosella* (Abb. 3, II), wofür TROLL u. HARTL nähere Angaben bringen. Auch für die Beisproßbildung von *Juglans cinerea* ergibt sich ein ähnliches Bild. Doch weist GARRISON darauf hin, daß hier Haupt- und Beiknospe auf ein gemeinsames primäres Achselmeristem zurückzuführen sind.

Die meisten der in diesem Abschnitt genannten Autoren haben zugleich die Leitbündelversorgung der jungen Seitenorgane, insbesondere die der Blätter, studiert und festgestellt, daß die Prokambiumstränge im allgemeinen streng akropetal differenziert werden, was mit zahlreichen älteren Untersuchungen in Einklang steht (Fortschr. Bot. **17**, 27). Neu bestätigt werden diese Befunde weiter durch McGahan für *Xanthium chinense* und durch Favard (2) für *Drosera rotundifolia*. Auch Sterling konnte beim Studium der Embryogenese von *Phaseolus lunatus* beobachten, daß das Prokambium sich deutlich akropetal zu den Anlagen der Kotyledonen und der Primärblätter hin entwickelt. Demgegenüber betont aber Hegedüs (1) wieder, daß in zahlreichen von ihm untersuchten Fällen die Prokambiumbündel sich von den Primordien her basipetal differenzieren und so erst Anschluß an das vorhandene Leitsystem gewinnen. Ob diese beiden gegensätzlichen Auffassungen zu Recht nebeneinander bestehen, läßt sich heute kaum entscheiden.

3. Phyllokladienproblem.

Hierauf wurde schon im vorhergehenden Band dieser Berichte (Forschr. Bot. **17**, 24) mit einigen kritischen Bemerkungen zu einer Arbeit von Schlittler hingewiesen. Bekanntlich steht einer sog. Vorblatt-Theorie die wohlbegründete Sproßtheorie gegenüber, die den in Frage stehenden Organen den Charakter von Sproßachsen zuschreibt. Jetzt hat Kaussmann (2) in umfassenden histogenetischen Untersuchungen weitere Beweise für die letztgenannte Auffassung erbracht. So konnte er u. a. für eine Reihe von Asparageen überzeugend darlegen, daß die Anfangsentwicklung der Phyllokladien in jeder Weise mit derjenigen einer Sproßachse übereinstimmt. Der Vegetationspunkt zeigt den normalen geschichteten Bau, ist also stets in Tunica und Corpus gegliedert und im übrigen radiär gestaltet. Die spätere Histogenese verläuft dann allerdings ähnlich, wie es vom Blatt her bekannt ist, besonders im Hinblick auf das subepidermale Spitzen- und Randwachstum. Außerdem tritt frühzeitig ein Wechsel von akroplaster zu basiplaster Entwicklung ein. Aber dies sind nur Analogien, die über die Sproßnatur der Phyllokladien nicht hinwegtäuschen können. Damit dürfte auch der neuerliche Deutungsversuch des Phyllokladiums von *Myrsiphyllum asparagoides* (= *Asparagus medeoloides*) als Vorblatt eines nicht entwickelten Achseltriebes durch Iterson gegenstandslos geworden sein. Für *Ruscus* weist Kaussmann nach, daß Infloreszenztragblatt und Inflorenszenzanlage von den Flachsprossen flächenständig ausgegliedert werden. Irgendwelche Anhaltspunkte dafür, daß hier Verwachsungen eines Vorblattes mit einem Achselsproß vorliegen könnten, ergaben sich nicht.

4. Blattstellung.

Zur weiteren Unterbauung der in diesen Berichten wiederholt besprochenen Plantefolschen Blattstellungstheorie (Theorie der multiplen Blattschrauben) hat Deschatres jetzt die Gattung *Sedum* unter-

sucht und gefunden, daß die einzelnen Arten 2—5 derartige Blattschrauben besitzen, die sich bis in die Blütenkelche hinein fortsetzen.
Weitere Beispiele behandeln im PLANTEFOLschen Sinne BUGNON,
CODACCIONI (1), LEVACHER sowie BUGNON, DESCHATRES u. LOISEAU.
M. SNOW revidiert ihre früheren an *Rhoeo discolor* gemachten Beobachtungen und gelangt auf Grund experimenteller Studien zu der Feststellung,
daß die spirodistiche Anlegung der Blattorgane dieser Pflanze nach
einer "space-filling"-Theorie verständlich sei. Danach bestehen keine
grundsätzlichen Unterschiede gegenüber dem Verhalten der Dikotyledonen, für die von M. u. R. SNOW schon früher die Auffassung vertreten
und wiederholt begründet wurde, daß die jüngsten Blattanlagen am
Vegetationspunkt jeweils in dem nächst verfügbaren Raum entstehen
(Fortschr. Bot. **16**, 23; vgl. auch R. SNOW). Eine abschließende Klärung
erfährt das Problem der Spirodistichie mit diesen Ausführungen freilich
keineswegs.

Für die Ölpalme wird die Blattstellungsdivergenz von HENRY mit
8/21 angegeben. Über die Blattanordnung an den Achselknospen von
mehr als 100 dikotylen Pflanzen bringt FURUYA zahlreiche Einzel-
angaben.

5. Wuchsformen.

Merkwürdigerweise sind bis heute die verschiedenen Vertreter
einzelner Verwandtschaftsbereiche nur selten genauer auf ihre Wuchsformen hin vergleichend untersucht worden, obwohl gerade ein solches
Vorgehen manchen Aufschluß über die Gestaltungsverhältnisse, aber
auch über die systematischen Zusammenhänge verspricht. Für die
Gattung *Calendula* weist z. B. MEUSEL darauf hin, daß von Sträuchern
mit mehr oder weniger verholzten Trieben *(C. suffruticosa)* über mehr-
jährig-krautige Pflanzen *(C. lusitanica* u. a.) bis zu zweiphasig und
schließlich einphasig wachsenden Annuellen *(C. officinalis* bzw. *C.
arvensis)* eine ausgeprägte Wuchsformenreihe existiert. Unter zwei-
phasigen Annuellen versteht MEUSEL solche Gewächse, die, wie er es
für *Calendula officinalis* näher ausführt, in zwei deutlich voneinander
unterscheidbaren Intervallen blühende Triebe entwickeln.

Der Wuchsform von *Veronica officinalis* hat KAUSSMANN (1) eine
Studie gewidmet. Ihr ist u. a. zu entnehmen, daß der kriechende Sproß
im ersten Jahre gegen Ende der Vegetationsperiode an seiner Spitze
eine oder zwei achselständige Infloreszenzen treibt, um im folgenden
Jahr das Wachstum monopodial fortzusetzen (Kriechpflanze nach
TROLL, Abb. 4). Bemerkenswert dabei ist, daß die sproßbürtige Wurzelbildung sich auch auf den blühenden Bereich erstreckt, eine Erscheinung,
die sonst nur verhältnismäßig selten zu beobachten ist. Über die
Gestaltung der Lufttriebe von *Dentaria polyphylla,* insbesondere über
deren Beblätterung bringt SCHAEPPI einige Angaben. Daß *Artemisia
campestris* gelegentlich bewurzelte Ausläufer treiben kann, teilt GRAM
mit. Allerdings scheint dieser Fall nur selten einzutreten. Recht häufig
dagegen ist nach SCHALYT (1, 2) bei Wermut-Arten der südrussischen
Steppe *(A. semiarida, A. taurica;* aber auch bei *Salsola laricifolia)*

Zerklüftung und Zerteilung der Sproßbasis zu beobachten, was hier als Mittel zur vegetativen Vermehrung anzusehen ist. Über spalierartig niederliegende Wuchsformen von zwei *Juniperus*-Arten *(J. turkestanica, J. sabina)* aus dem Ala-tau-Gebirge (Kirgisien) berichtet SEREBRJAKOV. In *Anagallis Kochii* schließlich hat HESS eine neue interessante submers lebende Primulacee beschrieben, die er in Süd-Angola fand. Die bis 50 cm lange Sproßachse trägt 2—5 cm lange, fadenartige Blattorgane, die eine Breite von nur 0.1 mm erreichen.

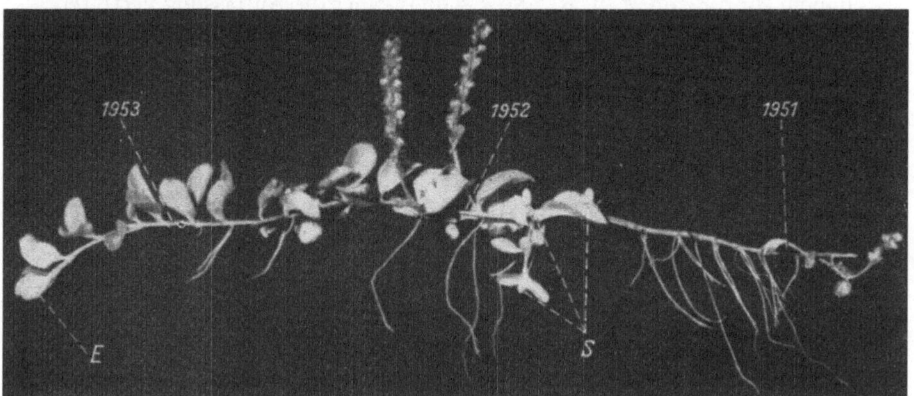

Abb. 4. *Veronica officinalis.* 3 Jahrgänge umfassender monopodialer Kriechtrieb. Näheres im Text. Nach KAUSSMANN (1).

Recht eigentümlich sind zuweilen die Vorgänge, in deren Verlauf die Sproßscheitel geophiler Pflanzen in optimale Bodentiefe gebracht werden. Für *Iris vicaria* und verwandte Arten hat RODIONENKO gezeigt, daß bei Keimlingen die Sproßspitze zunehmend in die Primärwurzel versenkt wird, indem das Rindenparenchym der Wurzel zur Auflösung gelangt. Der Zentralzylinder bleibt dabei erhalten, er legt sich in Windungen oder bildet zuweilen sogar Schlingen, bis schließlich die junge Zwiebel die peripheren Wurzelteile sprengt und sich nunmehr homorhiz bewurzelt (Abb. 5, I-IV). Dieser Fall, der sehr an das Verhalten mancher *Oxalis*-Arten, etwa an das von HILDEBRAND für *O. rubella* geschilderte, erinnert (vgl. TROLL, Vergl. Morphologie I, 1, S. 746), wäre einer eingehenden Nachprüfung wert. Interessant sind auch die Hinweise auf die unterirdischen Achsen südafrikanischer Iridaceen durch LEWIS. Aus der Vielzahl der behandelten Pflanzen verdient die bis heute problematisch gebliebene *Moraea* hervorgehoben zu werden, die ihrer subterranen Dornwurzeln wegen bekannt geworden ist (SCOTT 1897; vgl. auch TROLL, Vergl. Morphologie I, 3, S. 2279). Neu ist für *M. ramosissima* die Beobachtung, daß jene Organe nach anfänglich negativ-geotropischem Wachstum umbiegen und sich nun positiv-geotropisch verhalten, wobei dann aber die Bildung dornartiger Seitenwurzeln zweifellos zum Erlöschen kommt. Leider sind von dieser Pflanze bis heute keine Jugendstadien bekannt geworden.

In dem tropischen *Lycopodium carolinianum var. tuberosum* liegt eine heterophylle Pflanze vor, die gegenüber anderen Lycopodien vor allem durch den Besitz einer unterirdischen Sproßknolle ausgezeichnet ist (LEGROS). Diese stellt nach BALLARD ein Dauerorgan dar, das dadurch zustande kommen soll, daß zu Beginn der Trockenzeit die Sproß-spitze unter beträchtlicher Erstarkung in den Boden hineinwächst. Beim Eintreten günstigerer Bedingungen entwickelt der Vegetationspunkt wieder einen Lufttrieb, oder es gehen auch aus bis dahin an der Knolle befindlichen ruhenden Knospen neue Luftsprosse hervor.

Eigenartig sind auch die „Knollen", die sich meist in größerer Zahl an den Langtrieben des tropischen Kletterfarns *Polypodium bifrons* vorfinden. Gestützt auf lükkenhafte Angaben von ULE u. SENN konnte sie TROLL (Vergl. Morphologie I, 1, S. 507) als Kurztriebe deuten, die sich unter extremer dorsiventraler Abflachung krugförmig einwölben. Diese Auffassung hat jetzt RAUH auf Grund neuer entwicklungsgeschichtlicher Untersuchungen vollauf bestätigt. Er hält diese Bildungen in Analogie zu den Urnenblättern von *Dischidia rafflesiana* für

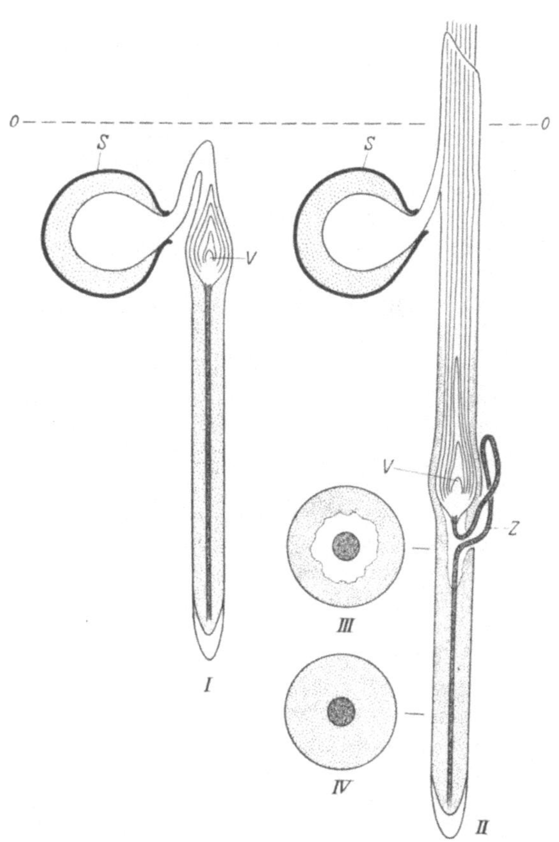

Abb. 5. *Iris vicaria*. *I—II* Keimstadien (halbschematisch). Man erkennt das Einsenken der jungen Zwiebel in die Primärwurzel, deren Rindenparenchym zur Auflösung gelangt. *III—IV* Querschnitte durch die Primärwurzel in der bezeichneten Höhe. *O* Bodenoberfläche; *S* Samen mit Testa, Endosperm und haustorialem Ende des Kotyledos; *V* Sproßvegetationspunkt; *Z* Zentralzylinder der Primärwurzel. Umgezeichnet nach RODIONENKO.

wasserspeichernde und humussammelnde Organe. Weitere Wuchsformenstudien RAUHs beziehen sich auf das südamerikanische Dünengras *Sporobolus virginicus* sowie auf die peruanische Zwiebelpflanze *Hymenocallis amancaës*. Die letztere ist durch Heterorhizie gekennzeichnet und bringt alljährlich neu einen Kranz unverzweigter positiv-geotropischer Zugwurzeln sowie eine Anzahl reich verästelter Nährwurzeln hervor, die anfänglich negativ-geotropische Wuchsrichtung aufweisen.

6. Weitere Untersuchungen zur Sproßanatomie.

a) Leitgewebe. Wenn RESCH in einer früheren Arbeit (Fortschr. Bot. **17**, 29) am Beispiel von *Vicia faba* zeigen konnte, daß Siebröhren-element und Geleitzelle eine cytologische Einheit bilden, so weist er jetzt darauf hin, daß auch die Gefäße mit den sie umgebenden lebenden Peritrachealzellen entwicklungsgeschichtlich zusammengehören. Sehr wahrscheinlich kommt jenen Begleitelementen u. a. eine besondere Bedeutung für die Differenzierung der Gefäßwandung zu, wenigstens während der Endphase dieses Prozesses. Denn in manchen Fällen, so bei den Tracheiden der Nebenblätter von *Vicia faba*, bleibt der Proto-plast bis in die letzten Differenzierungsstufen hinein funktionstüchtig (RESCH). Das scheint auch bei Gefäßen von *Corchorus capsularis* (Varietät Japan) der Fall zu sein. Doch wird man EAMES u. MAC DANIELS zustimmen müssen, wenn sie die betreffende Angabe MIAs kritisieren, derzufolge es sich dort um ausgereifte Tracheiden handeln soll. Entsprechendes gilt für Gefäße von *Vitis*-Ranken, in denen eben-falls Protoplasten festgestellt wurden (SHAH).

Mit dem Bau des Xylems beschäftigen sich noch zahlreiche weitere Arbeiten, doch kann auf sie nur verwiesen werden. BOUTELJE beschreibt eingehend die Holzelemente von *Librocedrus, Fitzroya* und verwandten Gattungen vor allem in systematischer Sicht. Entsprechendes erörtern CHEADLE für Gramineen, Juncaceen und Restionaceen, CANRIGHT für Magnoliaceen, MOSELY u. BEEKS für Garryaceen. Auf die Gefäße und Holzfasern des auf den Fidschi-Inseln aufgefundenen, mit den Ma-gnoliaceen verwandten Baumes *Degenaria* weisen LEMESLE u. DUCHAIGNE hin. PARÈS hat seine Gefäßstudien (Fortschr. Bot. **17**, 28) auf weitere Arten *(Boussingaultia, Bryonia, Acanthus)* ausgedehnt. Erwähnt seien auch BANNANs Untersuchungen über die jahreszeitlich verschiedene Tätigkeit des Kambiums im Stamm von *Thuja occidentalis*, Betrach-tungen über die Markstrahlharzgänge von *Pinus elliottii* (MERGEN u. ECHOLS) sowie von *Picea* und *Larix* (DIANNELIDIS) und schließlich eine interessante Jahresringchronologie von nahezu 300 jährigen Buchen aus dem Spessart und dem Bayrischen Wald (JAZEWITSCH).

Lediglich aus kurzzelligen Tracheiden besteht das Leitgewebe im Achsenkörper von *Arceuthobium minutissimum*, einer winzigen, fast völlig endophytisch auf *Pinus excelsa* (Himalaya) lebenden Loranthacee. Siebelemente sollen hier nach DATTA gänz-lich fehlen. Gleiches konnten früher schon THODAY u. JOHNSON (1930) für *Arceu-thobium pusillum* feststellen.

Was das Phloem betrifft, so haben HUBER u. GRAF einige Literatur-angaben überprüft, denen zufolge bei *Pirus* (HOLDHEIDE) und bei *Austrobaileya* (BAILEY u. SWAMY) Geleitzellen fehlen sollen. Für das letztere Beispiel konnten sie dies bestätigen, hier scheinen weitgehend Parenchymzellen die Funktion der Geleitzellen zu übernehmen. Für *Pirus* dagegen fanden sie, daß jeder Siebröhre eine, wenn auch nur kurze Geleitzelle anhaftet. Im übrigen betonen die Autoren, daß die Gestaltung der Geleitzellen mannigfaltiger ist, als es bisher angenommen wurde. Wertvolle Phloemstudien liegen weiter von ESAU u. CHEADLE vor, in denen besonders auf das Vorkommen antiklinaler Wandbildung in sekundären Siebmutterzellen eingegangen wird.

b) Verschiedenes. Eine ganze Reihe von Arbeiten enthält insgesamt eine Fülle von Detailbeobachtungen, die im einzelnen nicht referiert werden können. So werden u. a. die anatomischen Verhältnisse von Xanthorrhoeaceen (FAHN), der Berberidacee *Bongardia chrysogonum* (TÖREN) und von verschiedenen *Mentha*-Arten (FIKENSCHER u. HEGNAUER, ROOTH u. HEGNAUER) erörtert. EHRENDORFER stellt die Unterschiede im anatomischen Bau von Licht- und Dunkelkeimen der Kartoffel zusammen. KNOBLOCH weist in fast allen Stammabschnitten von *Cichorium intybus*, bis in die Infloreszenzäste hinein, eine Endodermis nach, die im Rosettenbereich der Achse sogar über Casparysche Streifen verfügt. Wertvoll sind auch die Untersuchungen von BRAUN über die Entstehung netzartiger Borkenmuster.

II. Blatt.

1. Blattentwicklung und Blattgestaltung.

Seit A. W. EICHLER (1861) werden im Aufbau des Angiospermenblattes zwei Abschnitte unterschieden, nämlich Unterblatt und Oberblatt, welch letzteres wiederum in Stiel und Spreite gegliedert sein kann. Daß diese Unterscheidung berechtigt ist, konnte durch zahlreiche Untersuchungen bestätigt werden. Aufbauend auf der umfassenden Darstellung TROLLs (Vergl. Morphologie I, 2) hat jetzt WEBERLING (1) insbesondere die Bildungen des Unterblattes bei Compositen einer eingehenden Analyse unterzogen. Im einzelnen sind hier Blattöhrchen (vaginale Öhrchen), Stipeln und sog. Scheidenlappen voneinander zu trennen. Die weitverbreiteten Öhrchen stellen Verlaubungserscheinungen des Blattgrundes dar. Von ihnen sind die Stipeln vorallem durch ihre frühzeitige Anlegung und proleptische Entwicklung verschieden. Dies gilt auch für die bisher nur wenig beachteten rudimentären Stipeln. Solche sind bei den meist für nebenblattlos gehaltenen Cruciferen und bei den übrigen Rhoeadales mit Ausnahme der Papaveraceen weit verbreitet. Auch bei den Coriariaceen wurden sie nachgewiesen [WEBERLING (2)]. Wo bei Cruciferen an den Stengelblättern Öhrchen auftreten (z. B. bei *Lepidium perfoliatum*), gehören diese, anders als bei Compositen, dem Oberblatt an. Auf die der Entwicklung des Oberblattes vorauseilende histologische Differenzierung der Stipeln weist am Beispiel von *Tilia pseudorubra* HEGEDÜS (3) kurz hin, während JACQUETTY einige Angaben über die Ausbildung der Ochrea von *Fagopyrum* und PIZZOLONGO über die Entwicklung derjenigen von *Platanus* bringen.

Daß im adulten Zustand ungeteilte Blattorgane auf fiederspaltige Anlagen zurückgehen können (,,getarnte Fiederblätter'', nach TROLL), ist schon für eine Reihe von Pflanzen bekannt (*Tropaeolum, Tilia* u. a.). Nach HELM trifft dies auch für die mannigfach gestalteten Blätter in den einzelnen Sippen von *Lactuca sativa* zu. Den verschiedenen Blattformen liegen hier recht einheitlich gebaute Primordien zugrunde.

Von dem Gedanken ausgehend, daß es bei einer systematisch zusammengehörigen Pflanzengruppe wie der der Sarraceniales *(Droseraceae, Nepenthaceae, Sarraceniaceae)* möglich sein müßte, die mannigfaltigen Blattformen einheitlich zu deuten, hat MARKGRAF die Blattgestalt zahlreicher Vertreter analysiert und ihre einzelnen Abschnitte zu homologisieren versucht. Der basale, mehr oder weniger verbreiterte Flügelteil der Blätter stellte danach in allen Fällen eine Bildung des Unterblattes dar, das Fangorgan wäre dem Oberblatt homolog und als

Abb. 6. *Norantea guianensis*. Abschnitt einer Infloreszenz. Die sackartigen Brakteen stellen Hypoascidien dar. Nat. Größe. Nach WEBER (3).

eigentliche Spreite anzusehen. Ein „echter" Stiel fehlt häufig oder ist nur angedeutet. Eine Blattspitze ist stets nachweisbar; bei *Nepenthes* handelt es sich dabei — in voller Übereinstimmung mit den älteren Befunden TROLLs — um das dornartige unifaziale Spreitenende.

Das eigentlich organographische Problem, nämlich das der Schlauchbildung, wird in der Arbeit von MARKGRAF nur am Rande berührt. Wenn es sich bei den Kannen von *Nepenthes* und den Schläuchen von *Sarracenia* um peltate Bildungen handelt, die unifaziale Strukturen zur Voraussetzung haben, so liegen in den eigentümlichen löffel- oder kannenförmigen Brakteen der Marcgraviaceen sog. Hypoascidien vor. Sie kommen dadurch zustande, daß die bifaziale Lamina nach der adaxialen Seite eine sackartige Ausbuchtung erfährt. Über die diesbezüglichen Organe von *Norantea* handelt eine Untersuchung von WEBER (3), in der die am Grunde der Aussackung paarweise vorhandenen Nektardrüsen besondere Berücksichtigung finden (Abb. 6). Diese sind den Drüsen homolog, die in ähnlicher Gestaltung auf der Unterseite der Laubblätter angetroffen werden.

Die *Theorie des unifacialen Blattbaues* wies bislang noch eine sehr fühlbare Lücke auf, dies insofern, als die Frage nach dem Zustandekommen der Unifacialität im Verlauf der Frühentwicklung des Blattes offen geblieben war. Durch Untersuchungen von TROLL u. MEYER konnte die Kenntnis der unifacialen Blattstrukturen nunmehr auch nach dieser Richtung vervollständigt und gezeigt werden, daß die gegen die geltende Auffassung neuerdings von ROTH (Fortschr. Bot. **16**, 33) erhobenen Einwände nicht stichhaltig sind.

Als allgemeinsten Befund haben TROLL u. MEYER die Erkenntnis gewonnen, daß *die unifacialen Blattstrukturen, also auch die unifacialen Stiele, durchweg in abgeflachter Form angelegt* werden. Zu diesem frühen Zeitpunkt ist eine morphologische Differenzierung in dem Sinne, wie sie das Blatt später, zumal im entwickelten Zustand, aufweist, noch nicht eingetreten. Insbesondere ist auch der spätere Randverlauf noch nicht festgelegt. Die Ränder des Primordiums können somit wohl zu den definitiven Blatträndern werden; in unifacialen Blattabschnitten ist dies jedoch nicht der Fall, im Gegenteil: hier kommt es weiterhin überhaupt zu keiner Randentwicklung. Für diese ist das Auftreten subepidermaler Randzellen maßgebend. Deren Bildung unterbleibt bei Unifacialität. Der fundamentale Irrtum in ROTHs Darlegungen besteht darin, daß die primordialen Randbildungen ausnahmslos mit den Rändern des entwickelten Organs identifiziert werden.

Von entscheidender Bedeutung für die sachgerechte Auffassung der obwaltenden Verhältnisse ist die Analyse der im axialen Bereich des Blattes vonstatten gehenden Dickenentwicklung. Diese erfolgt auf Grund der Tätigkeit eines besonderen Verdickungsmeristems. Als Ventralmeristem wird das Verdickungsmeristem bei bifacialen Blättern bzw. Blattabschnitten bezeichnet. Es findet sich dort (und das ist der Grund für seine Bennung) auf der von den beiden Rändern begrenzten Ventralseite der Anlage vor.

Bei unifacialer Struktur ist eine Ventralseite nicht vorhanden. Die Verdickung erfolgt indes auch hier mittels eines ähnlich arbeitenden Meristems. Wo dieses eine lebhafte Aktivität entfaltet, füllt es im Verlauf seiner Tätigkeit die anfangs auf der adaxialen Seite der Anlage gelegene Furche zunehmend aus, mit dem Ergebnis, daß eine Abrundung eintritt. Dies ist der Grund dafür, daß TROLL u. MEYER es als R u n d u n g s m e r i s t e m angesprochen haben.

Große Bedeutung für das Verständnis des unifacialen Blattstielbaues hat die Tatsache, daß die Tätigkeit des Rundungsmeristems eine vorzeitige Hemmung erfahren kann. Solche Stiele behalten die anfängliche Furchung auch im entwickelten Zustand mehr oder weniger vollständig bei. SCHRÖDINGER hat in solchen Fällen von ,,sekundärer Abflachung'' gesprochen. Der Ausdruck ist aber mißverständlich, weil er die Vorstellung erweckt, als wäre die Anlage ursprünglich rund, wo sie sich in Wirklichkeit von vornherein in abgeflachter oder gefurchter Gestalt darbietet. Es wird sich also empfehlen, SCHRÖDINGERs Begriff der ,,sekundären Abflachung'' fallen zu lassen und statt dessen den der applanat- bzw. sulkat-unifacialen Struktur einzuführen.

Im Zuge des erwähnten Hemmungsprozesses wird teilweise auch die Ausbildung der sonst im Bereich des vom Rundungsmeristem erzeugten Gewebes entstehenden Bündel unterdrückt, mit dem Resultat, daß der Bündelbogen, statt sich zu schließen, auf der adaxialen Seite offen bleibt. Unifaciale Stiele dieser Art gleichen auf Querschnitten oft auffallend bifacialen Stielen und können dann leicht mit solchen verwechselt werden. Dieser Täuschungsmöglichkeit ist ROTH zum Opfer gefallen, deren Argumentation also die erforderliche Kritik vermissen läßt. Damit aber werden die gesamten Folgerungen, die sie aus ihren Untersuchungen gezogen hat und die u. a. die TROLLsche Erklärung des Peltationsphänomens einbegreifen, hinfällig.

Die Untersuchungen von TROLL u. MEYER bestätigen erneut, daß für die Beurteilung des Blattbaues stets die Verfolgung des Randverlaufes wird maßgebend bleiben müssen. Zwischen bifacialer und unifacialer Struktur zu unterscheiden ist also erst von dem Zeitpunkt an möglich, zu dem die Ränder des Organs in Gestalt der subepidermalen Randzellenreihen angelegt werden, ein Vorgang, der im Bereich der unifacialen Blattabschnitte eben unterbleibt.

In einem Beitrag zur Typologie des Monokotylenblattes konnte TROLL unter Heranziehung entwicklungsgeschichtlicher Befunde THIELKES (Fortschr. Bot. 13, 42) den morphologischen Wert der unifacialen Vorläuferspitze von Monokotylenblättern klären. Wie sich zeigte, ist sie

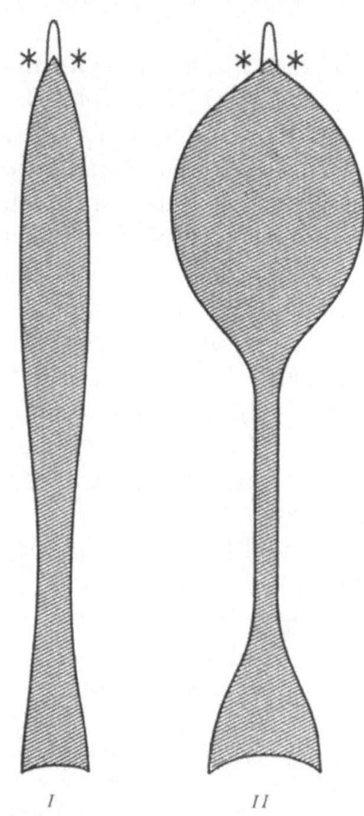

Abb. 7. Blattform von *Dracaena*-Arten (*I*) und von *Hosta japonica* (*II*), schematisch. Das verlängerte, sich zur assimilierenden Fläche verbreiternde Unterblatt schraffiert hervorgehoben; Grenze zwischen Unterblatt und Oberblattrudiment mit ** bezeichnet. Nach TROLL.

dem Oberblatt homolog, das an solchen Blattorganen zu einem mehr oder weniger umfangreichen Rudiment verkümmert ist. Für den Aufbau des Gesamtorgans kommt im wesentlichen das sonst auf den Scheidenteil beschränkte Unterblatt auf, das insbesondere die assimilierende Fläche des Blattes bildet und sich sogar in Stiel und Spreite zu differenzieren vermag (Abb. 7).

Stiel und Spreite sind sonach analoge Begriffe, dies insofern, als die damit bezeichneten Blattglieder nicht überall denselben morphologischen Wert (im Sinne von Homologie) besitzen. Vielmehr haben wir zwischen einer aus der Unterblatt- und einer aus der Oberblattanlage hervorgehenden Stiel- und Spreitenbildung zu unterscheiden. Wir können demgemäß von einer Oberblattspreite und einer Unterblattspreite bzw. von einem Oberblattstiel und einem Unterblattstiel sprechen. Derselbe Befund läßt sich auch durch den Begriff der vaginalen Stiel- und Spreitenbildung zum Ausdruck bringen.

In den Grundzügen ergeben sich also die durch die nachfolgenden schematischen Übersichten erläuterten drei Möglichkeiten:

I.   Oberblatt { Spreite / Stiel
Unterblatt: Scheide bzw. Blattgrund + Stipeln

II.   Oberblatt: Spreite
Unterblatt { Stiel / Scheide

III.   Oberblatt: rudimentär (Vorläuferspitze)
Unterblatt { Spreite / Stiel / Scheide

Im Rahmen dieser Studien hat auch der Bau von Blattorganen, die nach dem Muster etwa der Schwertblätter von *Iris* gestaltet sind, seine Erklärung gefunden. Entscheidend dabei ist die Überwindung der bloß deskriptiven Behandlung zugunsten einer Durchdringung der Entwicklungsgeschichte nach baugesetzlichen (typologischen) Gesichtspunkten.

Verwandte Probleme tauchen bei der Untersuchung der Laubblätter von *Podophyllum* und *Diphylleia (Berberidaceae)* auf, die von ROTH auf Grund falsch verstandener entwicklungsgeschichtlicher Daten unrichtig gedeutet wurden. Interpretiert man die Entwicklungsgeschichte mit TROLL u. MEYER nach den Gesichtspunkten eines exakt durchgeführten Vergleiches, so ordnet sich auch das Verhalten dieser Blattorgane zwanglos der von der klassischen Theorie vertretenen Auffassung ein.

In einer Serie von Arbeiten haben sich JENTYS-SZAFEROWA und Schüler von ihr (BIALOBRZESKA, MILKOWSKA, TRUCHANOWICZ) unter Anwendung biometrischer Methoden mit der sich an Kurz- und Langtrieben oder auch an verschieden alten Baumteilen manifestierenden Variabilität der Blattgestalt verschiedener Bäume (*Betula, Ulmus, Quercus* u. a.) beschäftigt. BIALOBRZESKA hat dabei ihre Untersuchungen an *Betula* auf weitere Organe, insbesondere auf die Früchte ausgedehnt. Auf die umfangreichen Meßergebnisse kann hier nur verwiesen werden.

2. Nervaturverhältnisse.

Verhältnismäßig wenig ist bis heute über die Histogenese der Blattnervatur bekannt. Wertvolle Beiträge dazu liefert PRAY, der seine Studien am Blatt von *Liriodendron* fortgesetzt [(1); vgl. Fortschr. Bot. 17, 30] und auf die Blattorgane von *Hosta (Liliaceae)* ausgedehnt hat (2, 3). In beiden Fällen entwickelt sich das Prokambium akropetal, stets in Verbindung mit bereits vorhandenem Leitgewebe. Eine Ausnahme machen jedoch die feineren Kommissuralnerven, die die Interkostalfelder durchziehen. Sie entstehen simultan; über ihre Bildung und Lokalisation im Mesophyll des *Hosta*-Blattes gibt Abb. 8 Auskunft. Das Phloem wird stets früher differenziert als die Elemente des Xylems, welch letztere im allgemeinen diskontinuierlich auftreten, was in Einklang mit älteren Beobachtungen steht. Auffallend für freie Nervenendigungen (letzter Ordnung) bei *Hosta* ist es, daß hier die Geleitzellen

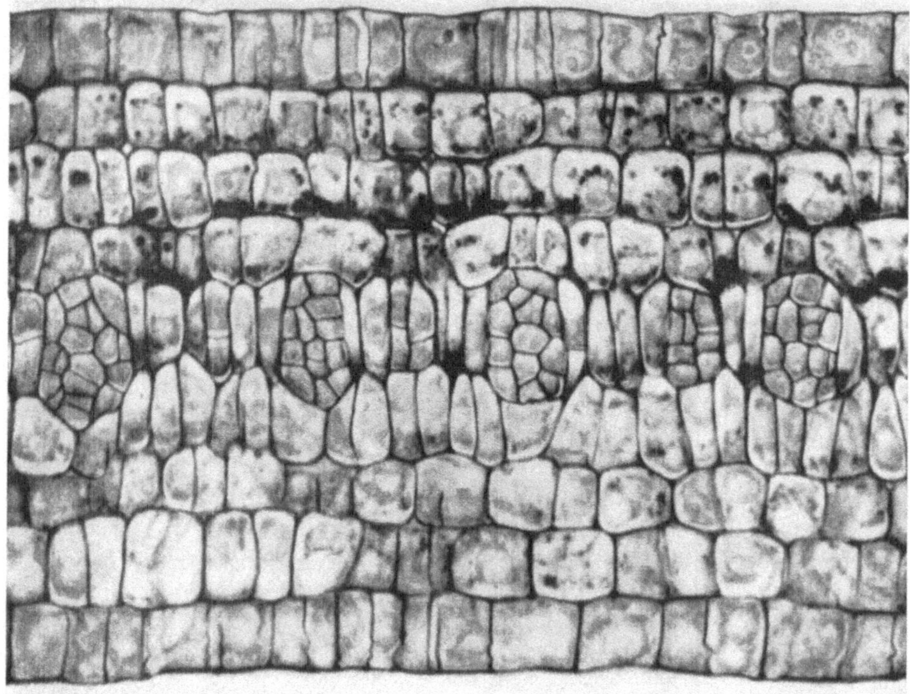

Abb. 8. *Hosta caerulea.* Schnitt durch ein junges Blatt, parallel zu den Hauptnerven. Man erkennt, quer getroffen, die in Bildung begriffenen Kommissuralnerven. Nach PRAY (3).

die Siebröhren an Größe beträchtlich übertreffen. Ähnliches wurde von ESAU bei *Zea mays* und früher schon von FISCHER (1885) bei verschiedenen Dikotyledonen beobachtet.

Im Zusammenhang mit freien Nervenendigungen stehen zuweilen ausgeprägte Sklereiden. Dies hat FOSTER z. B. für die Blätter von *Mouriria* nachgewiesen (Fortschr. Bot. **13**, 31). Jetzt hat er in der Rutacee *Boronia serrulata* ein weiteres Beispiel dafür beschrieben und durch eindrucksvolle Abbildungen belegt (1902 hatte schon H. SCHULZE kurz auf diese Erscheinung hingewiesen). Bei *Boronia* werden die verzweigten Idioblasten zuerst an der Spitze des jungen Blattes sichtbar, von wo die Differenzierung weiterer solcher Elemente basipetal fortschreitet. Wo sie an die terminalen Gefäße angrenzen, sind sie mit diesen durch feine Tüpfel verbunden.

3. Weitere Untersuchungen zur Blattanatomie.

In einer vergleichenden Betrachtung geht GATHY auf die Anatomie der Nadeln von Kurz- und Langtrieben verschiedener *Larix*-Arten ein. In der Ausbildung der einzelnen Gewebselemente der beiderlei Blattorgane zeigen sich gewisse Verschiedenheiten, die näher erörtert werden. Für das Lemon-Gras *(Cymbopogon flexuosus)* wird gezeigt, daß die ölführenden Zellen in Reihen angeordnet sind, die sich sowohl in der Spreite als auch im Scheidenteil des Blattes befinden; sie unterscheiden sich von den benachbarten Parenchymelementen durch größere Länge (BALBAA u. JOHNSON). Blattanatomische Details von zahlreichen *Elaphoglossum*-Arten bringt BELL. Weiterhin liegt ein Überblick über das Vorkommen und die Verteilung von Hydropoten und analogen Bildungen an den Blättern einer größeren Zahl von Wasserpflanzen vor (LYR u. STREITBERG).

Die Stomata-Dichte der Hochblätter von *Bougainvillea* (1) und der Laubblätter von *Hypoestes phyllostachya* (2) hat KENDA studiert. Die Blattorgane der letzteren, zu den Acanthaceen gehörigen Art weisen eine rötliche Fleckung auf, die auf Anthocyanfärbung der oberseitigen Epidermiszellen beruht. Außerdem ist in diesem Bereich die Palisadenschicht durch chloroplastenarmes Schwammparenchym ersetzt. Während die grünen Blatteile unterseits etwa 180 Spaltöffnungen pro mm² zeigen, ist deren Zahl an den rot gefärbten Stellen auf etwa 60 reduziert. Oberseits finden sich Stomata überhaupt nur in den grünen Arealen. Im ganzen handelt es sich bei den roten Flecken um Zonen gehemmter Gewebsentwicklung, wie sie sonst allgemein bei vielen Hochblättern beobachtet wird. Für solche hat WEBER (2) im Zusammenhang mit Infloreszenzstudien in den sog. phyllomorphen Sepalen verschiedener Rubiaceen *(Mussaenda, Warscewiczia)* eindrucksvolle Beispiele geschildert. Ob im Falle von *Hypoestes* die Hemmung der Spaltöffnungsentwicklung mit dem Vorhandensein von Anthocyan und mit dem vermutlich geringeren Gehalt an Ascorbinsäure in den betreffenden Blatteilen in Zusammenhang steht, bedarf weiterer Untersuchung.

III. Wurzel.

1. Wurzelvegetationspunkt.

Während über die histologische Gliederung des Sproßscheitels und über die sich dort abspielenden Wachstumsprozesse weitgehend Klarheit herrscht, können die über die Wurzelspitze vorliegenden Befunde heute kaum anders als verwirrend bezeichnet werden. Zwar hatten VON GUTTENBERG und seine Schüler versucht, zunächst für die Dikotylen, dann auch für die Monokotylen zu einer einheitlichen Auffassung des Aufbaues und der Tätigkeit der Wurzelvegetationspunkte zu gelangen. Sie vermuteten, daß jede Wurzelentwicklung nach einem gleichbleibenden Grundschema erfolgt, indem sie von einer zentralen, als Scheitelzelle bezeichneten Schlußzelle ausgeht. Doch war diese Darstellung nicht unwidersprochen geblieben (Fortschr. Bot. **16**, 41). Gegen die

Allgemeingültigkeit der „Scheitelzelltheorie" wendet sich neuerdings auch POPHAM (1), der für *Pisum sativum* auf das Vorhandensein eines deutlich ausgeprägten, in der älteren Literatur schon beschriebenen sog. apikalen Transversalmeristems hinweist. Ein solches ist auch auf einem Schnittbild ersichtlich, das POPHAM u. HENRY für die sproßbürtigen Wurzeln von *Kalanchoe* bringen. Ebensowenig konnte sich BRUCH in ihrer Arbeit über die Fenchelwurzel für die GUTTENBERGsche Theorie entscheiden.

Indessen kommen VON GUTTENBERG, BURMEISTER u. BROSELL in einer neuen, durch klare Abbildungen ergänzten Studie auf die Scheitelzellkonzeption zurück. Insbesondere werden darin die früheren, an Dikotyledonen gewonnenen Ergebnisse (Fortschr. Bot. **12**, 32) durch embryologische Untersuchungen an *Helianthus annuus* und *Anoda triangularis* erweitert. Die Autoren glauben, nunmehr eine endgültige Lösung des Problems der Primärwurzelentwicklung gefunden zu haben: „Das Bild hat sich nur insofern verändert, als die zentrale Zelle zunächst nur die Scheitelzelle für das Periblem darstellt (achsenparallele Teilung), später aber eine initiale Platte bildet, die zentral die Kolumella ergänzt (quere Teilung), an den Seiten aber auch die seitlichen Haubeninitialen und damit das Dermatogen erneuert und darüber das Periblem aufbaut. Abgesehen von den ältesten Teilungen der ganzen ‚Kappe‘, die das Plerom umfaßt, geht die ganze Neubildung ursprünglich auf die einzige zentrale Zelle zurück, die wir schon im jungen Embryo im Scheitel der Hypophyse antreffen ... Historisch betrachtet ist sie also eine Scheitelzelle."

Mit der Gewebedifferenzierung in Wurzelspitzen befassen sich POPHAM (2) *(Pisum sativum)*, TORREY *(Pisum sativum)* und BRUCH *(Foeniculum vulgare)*. Alle drei Autoren geben genaue Meßwerte für die einzelnen Differenzierungszonen an. BRUCH hat auch die Entstehung der primären Ölgänge in der Fenchelwurzel verfolgt. Diese werden ausschließlich vom Perizykel gebildet. Die ersten Schrägteilungen von Perizykelzellen, die zur Entstehung solcher Gänge führen, treten in einer Entfernung von $40\,\mu$ von der Initialregion auf. Bereits in einem Abstand von $150—160\,\mu$ von der Wurzelspitze konnte in den zuerst gebildeten Intercellularen ätherisches Öl nachgewiesen werden.

2. Weitere Untersuchungen zur Wurzelanatomie.

An dieser Stelle soll zunächst auf die interessante Tatsache hingewiesen werden, daß einzellige, ganz mit Wurzelhaaren übereinstimmende Rhizoiden an den Ausläufern einer Composite, der in Argentinien beheimateten *Wedelia glauca*, auftreten (BURKART u. CARERA). Sie vermögen aus sämtlichen Epidermiszellen hervorzugehen, weshalb sie ein dichtes samtartiges Indument bilden. Die Primärachse ist zu ihrer Erzeugung anscheinend nicht befähigt, nicht einmal das Hypokotyl, das nackt bleibt und sich deshalb in der Halsregion scharf von der behaarten Primärwurzel abgrenzt.

Mehrzellige Wurzelhaare sind bisher nur für einige Crassulaceen bekannt geworden, so für verschiedene *Bryophyllum*-Arten (HABERLAND, 1915; JURIŠIĆ, 1934). Die älteren Befunde konnten jetzt durch POPHAM u. HENRY für *Kalanchoe fedtschenkoi* bestätigt und durch Mikrophotographien belegt werden. LUHAN bringt einen Überblick über die verschiedenen Ausbildungsformen des Abschlußgewebes an den Wurzeln der von ihr untersuchten Alpenpflanzen. Die Befunde gehen jedoch kaum über das in früheren Arbeiten Mitgeteilte (Fortschr. Bot. **16**, 43, u. **17**, 33) hinaus. Zahlreiche Autoren haben sich mit der Anatomie der *Rauwolfia*-Wurzel beschäftigt, die in der letzten Zeit als Droge in Europa zunehmende Bedeutung gewonnen hat, und haben Einzelheiten darüber veröffentlicht (SCHINDLER, TREASE u. EVANS, YOUNGKEN, ESDORN u. VON NOLDE, FEUELL, WAN). Die Wurzelanatomie von weiteren Arzneipflanzen haben JACKSON u. WALLIS *(Datura stramonium, D. tatula)* sowie MORISIO u. NEGRO *(Aconitum napellus)* studiert. Wertvoll ist eine Serie neuer amerikanischer Arbeiten über Entstehung und Histologie der Wurzelknöllchen bei Leguminosen, doch kann auf sie in diesem Zusammenhang nur hingewiesen werden (HARRIS, ALLEN u. ALLEN; ALLEN, ALLEN u. NEWMAN; ALLEN u. ALLEN; ALLEN, GREGORY u. ALLEN; vgl. auch die Arbeit von BOND, referiert in Fortschr. Bot. **13**, 53, an die die genannten Autoren weitgehend anknüpfen). Von der Anlegung der endogenen Wurzelsprosse bei *Chamaenerion angustifolium (Oenotheraceae)* handelt EMERY.

3. Radikation und Wurzelsysteme[1].

In mehr als 20 jähriger Arbeit hat SCHALYT ein umfangreiches Material zusammengetragen, das uns ein recht geschlossenes Bild über die Ausbildung und Ausbreitung der Wurzelsysteme südrussischer Wiesen-, Steppen- und Wüstenpflanzen vermittelt. Wenn es auch nicht möglich ist, auf die Fülle der zu weiteren Untersuchungen anregenden Beobachtungen einzugehen, so seien doch einige Hinweise gegeben. In den Wiesen und Steppen des Waldsteppengebietes breitet sich die Hauptmasse der Wurzeln in den oberflächlichen, humusreichen Bodenschichten aus. Doch bringen zahlreiche Gräser, z. B. *Nardus stricta*, daneben Wurzeln hervor, die tiefer in den Boden eindringen und selbst Ortsteinschichten zu durchwachsen vermögen. Oft werden bereits vorhandene Wurzelkanäle dazu ausgenutzt. So verhalten sich auch *Stipa Lessinggiana, St. capillata, St. ucrainica, Festuca sulcata, Koeleria gracilis, Agropyrum pectiniforme* u. a. in den südlichen Trockensteppen (Stalino-Gebiet, Askania-Nova). Während diese Gramineen unmittelbar unter der Bodenoberfläche ein dichtes, fein verzweigtes Wurzelnetz entwickeln, dringen einzelne stärkere Wurzeln bis in Tiefen von mehr als 2,5 m vor. Aber auch perennierende Dikotyledonen mit ausgeprägter Pfahlwurzel können in den oberen Bodenschichten zarte, horizontal streichende Seitenwurzeln besitzen, was bisher vielfach übersehen wurde *(Salvia aethiopis, Statice latifolia, St. sareptana, Crambe tatarica* u. a.;

---

[1] Vgl. hierzu auch den Abschnitt „Wuchsformen" auf S. 17.

vgl. Abb. 9, I-II). Ob es sich bei diesen noch um die schon an der Keimpflanze regelmäßig vorhandenen Seitenwurzeln handelt, wie sie nach WEBER (1) besonders klar bei *Falcaria vulgaris* auftreten (Abb. 9, III), erscheint fraglich. Vermutlich liegen hier kurzlebige adventive Organe vor, die alljährlich — unter günstigen Bedingungen — neu gebildet werden. Doch ist diese Erscheinung bisher kaum untersucht.

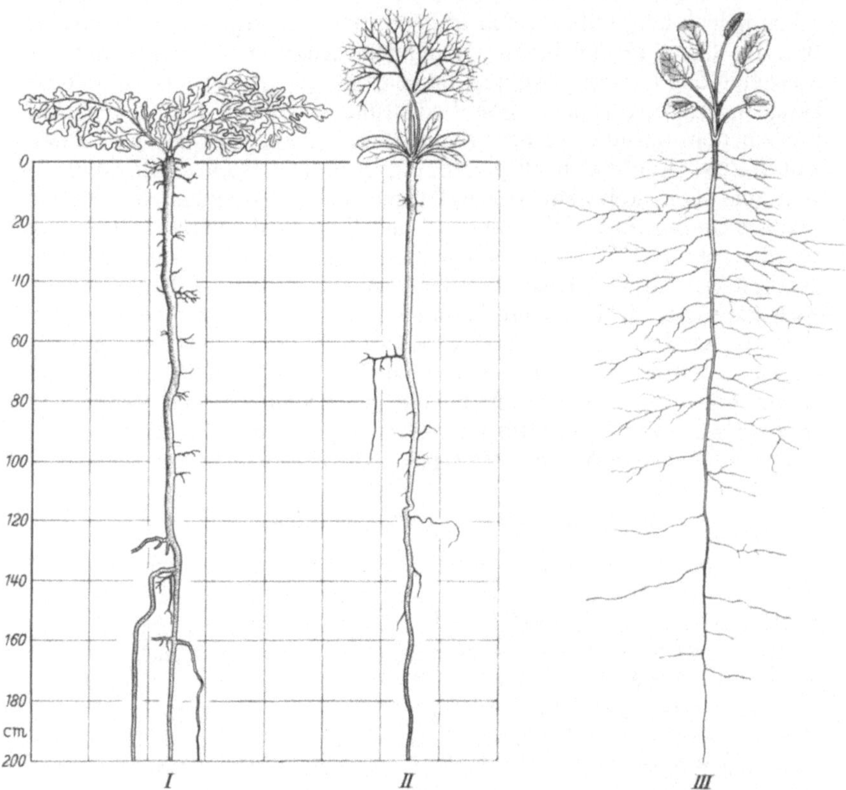

Abb. 9. *I—II* Wurzelsysteme von *Crambe tatarica* (*I*) und *Statice latifolia* (*II*). *III* Keimpflanze von *Falcaria vulgaris*. Erläuterungen im Text. *I—II* nach SCHALYT (1); *III* nach WEBER (1).

Die halophytische *Anabasis salsa* ist nach SCHALYT (2) dadurch interessant, daß die junge Pflanze anfangs über eine wohlentwickelte pfahlartige Primärwurzel verfügt. Unter dem Einfluß des periodisch steigenden salzhaltigen Grundwassers stirbt diese jedoch ab und wird hernach durch sproßbürtige Wurzeln ersetzt. Es bestehen hier Parallelen zu dem Verhalten zahlreicher dikotyler Sumpfpflanzen. Allerdings ist bei diesen die Primärwurzel im allgemeinen von vornherein nur schwach entwickelt. — Eine besondere Studie hat SCHALYT (3) dem Wurzelsystem der Eiche (im Steppengebiet) gewidmet. Ältere Bäume (20 jährig und älter) weisen eine kräftige, bis über 4 m tief gehende Pfahlwurzel auf und zahlreiche starke weitreichende Seitenwurzeln sowie ein dichtes in

Bodennähe befindliches, zuweilen filzartiges Netz von feinen, reich verästelten Seitenwurzeln. Eine solche Radikation ermöglicht die Wasseraufnahme aus allen Bodenschichten, woraus sich die hohe Dürreresistenz der Eiche in den südukrainischen Trockengebieten erklärt. Weitere Angaben über die Wurzelsysteme verschiedener Gehölze in den Waldschutzstreifen längs des südukrainischen Kanals finden sich bei LOGGINOW, SCHALYT u. KONOZ.

Literatur.

ALLEN, E. K., O. N. ALLEN and A. S. NEWMAN: Amer. J. Bot. **40**, 429 (1953). — ALLEN, E. K., K. F. GREGORY and O. N. ALLEN: Canad. J. Bot. **33**, 139 (1955). — ALLEN, O. N., and E. K. ALLEN: Abnorm. a. Path. Plant Growth (Upton) **6**, 209 (1954).

BALBAA, S. I., and C. H. JOHNSON: J. Amer. Pharmaceut. Assoc., Sci. Ed. **44**, 89 (1955). — BALLARD, F.: Amer. Fern J. **1950**, 74. — BANNAN, M. W.: Canad. J. Bot. **33**, 113 (1955). — BELL, P. R.: Ann. of Bot. **19**, 173 (1955). — BIALO-BRZESKA. M.: Ann. Sect. dendrol. Soc. Bot. Pologne **10**, 165 (1955). — BOKE, N. H.: Amer. J. Bot. **42**, 1 (1955). — BOUTELJE, J. B.: Acta Horti Bergiani **17**, 177 (1955). — BRAUN, H. J.: Z. Bot. **43**, 205 (1955). — BRUCH, H.: Beitr. Biol. Pflanz. **32**, 1 (1955). — BUGNON, F.: Bull. Soc. bot. France **102**, 105 (1955). — BUGNON, F., R. DESCHATRES et J. E. LOISEAU: Bull. Soc. bot. France **101**, 403 (1954). — BURKART, A., u. N. N. CARERA: Darwiniana (San Isidoro, Prov. Buenos Aires) **10**, 113 (1953).

CANRIGHT, J. E.: J. Arnold Arbor. **36**, 213 (1955). — CHAMPAGNAT, M.: (1) Ann. Sci. Nat. Bot., Sér. 11, **15**, 21 (1955). — (2) Ann. Sci. Nat. Bot., Ser. 11, **15**, 111 (1955). — CHEADLE, V. I.: J. Arnold Arbor. **36**, 141 (1955). — CODACCIONI, M.: (1) Rev. gén. Bot. **61**, 740 (1954). — (2) C. r. Acad. Sci. (Paris) **240**, 905. — CUTTER, E. G.: Phytomorphology **5**, 231 (1955).

DATTA, R. M.: Experientia (Basel) **10**, 486 (1954). — DESCHATRES, M. R.: Rev. gén. Bot. **61**, 501 (1954). — DIANNELIDIS, TH.: Forstwiss. Zbl. **72**, 308 (1953).

EAMES, A. J., and L. H. MACDANIELS: Nature (London) **176**, 39 (1955). — EHRENDORFER, K.: Bodenkultur (Wien) **8**, 20 (1954). — EMERY, A. E. H.: Phytomorphology **5**, 139 (1955). — ESAU, K.: Plant anatomy. New York 1953. — ESAU, K., u. V. I. CHEADLE: Acta bot. neerl. **4** (1955). — ESDORN, I., u. I. VON NOLDE: Die Rauwolfia-Drogen des Handels. Hamburg (Staatsinst. Angew. Bot.) 1955.

FAGERLIND, F.: Sv. bot. Tidskr. **48**, 449 (1954). — FAHN, A.: J. Linnean Soc. London, Bot. **357**, 158 (1954). — FAVARD, A.: (1) C. r. Acad. Sci. (Paris) **240**, 225 (1955). — (2) C. r. Acad. Sci. (Paris) **240**, 338 (1955). — FEUELL, A. J.: Colon. Plants a. Anim. Products **5**, 1 (1955). — FIKENSCHER, L. H., en E. HEGNAUER: Pharmac. Weekbl. **89**, 193 (1954). — FOSTER, A. S.: Amer. J. Bot. **42**, 551 (1955). — FURUYA, M.: J. Fac. Sci. Univ. Tokyo, Sect. 3, **6**, 159 (1953).

GARRISON, R.: Amer. J. Bot. **42**, 257 (1955). — GATHY, P.: Cellule **56**, 331 (1954). — GRAM, K.: Bot. Tidsskr. **51**, 93 (1954). — GRANDET, J.: C. r. Acad. Sci. (Paris) **240**, 1003 (1955). — GUÉRINDON, A.: (1) C. r. Acad. Sci. (Paris) **239**, 1526 (1954). — (2) C. r. Acad. Sci. (Paris) **240**, 558 (1955). — GUTTENBERG, H. VON, J. BURMEISTER u. H.-J. BROSELL: Planta (Berlin) **46**, 179 (1955).

HARRIS, J. O., E. K. ALLEN and O. N. ALLEN: Amer. J. Bot. **36**, 651 (1949. — HEGEDÜS, A.: (1) Acta bot. (Budapest) **1**, 47 (1954). — (2) Bot. Közlemények (Budapest) **45**, 29 (1954). — (3) Bot. Közlemények (Budapest) **45**, 221 (1954). — HELM, J.: Kulturpflanze **2**, 72 (1954). — HENRY, P.: Rev. gén. Bot. **62**, 127 (1955). — HESS, H.: Ber. schweiz. bot Ges. **63**, 213 (1953). — HUBER, B., u. E. GRAF: Ber. dtsch. bot. Ges. **68**, 303 (1955).

ITERSON, G. VON: Acta bot. neerl. **4**, 389 (1955). — JACKSON, B. P., and T. E. WALLIS: J. of Pharmacy a. Pharmacol. **7**, 384 (1955). — JACQUETTY, Y.: C. r. Acad. Sci. (Paris) **240**, 1133 (1955). — JAZEWITSCH, W. VON: Forstwiss. Zbl. **72**, 234 (1953). — JENTYS-SZAFEROWA, J.: Acta Soc. Bot. Poloniae **24**, 207 (1955).

KAUSSMANN, B.: (1) Arch. Freunde Naturgesch. Mecklenburg 1, 81 (1954). —
(2) Bot. Studien (Jena) 3 (1955). — KENDA, G.: (1) Phyton (Horn, N.-Ö.) 5, 313
(1954). — (2) Phyton (Horn, N.-Ö.) 6, 33 (1955). — KNOBLOCH, I. W.: Phytomorphology 5, 146 (1955). — KUNDU, B. C., and N. S. RAO: (1) Ann. of Bot., N. s.
18, 367 (1954). — (2) Amer. J. Bot. 42, 830 (1955).

LANCE, A.: C. r. Acad. Sci. (Paris) 239, 1664 (1954). — LEGROS, N. G.: Rec.
Trav. Fac. Sci. Univ. Montpellier, Sér. Bot. 7, 49 (1955). — LEMESLE, R., et A.
DUCHAIGNE: C. r. Acad. Sci. (Paris) 240, 1122 (1955). — LEVACHER, P.: C. r. Acad.
Sci. (Paris) 240, 656 (1955). — LEWIS, B. A.: Ann. South Afric. Museum 40, 15
(1954). — LOGGINOW, B. I., M. S. SCHALYT u. P. TH. KONOZ: Schrift. Waldbau-
institut Akad. Wiss. Ukrain. SSR. 4, 22 (1953), (ukrain.). — LOISEAU, J. E., R.
DESCHATRES et F. BUGNON: C. r. Acad. Sci. (Paris) 240, 651 (1955). — LUHAN, M.:
Ber. dtsch. bot. Ges. 68, 87 (1955). — LYR, H., u. H. STREITBERG: Wiss. Z. Univ.
Halle 4, 471 (1955).

MARKGRAF, F.: Planta (Berlin) 46, 414 (1955). — McGAHAN, M. W.: Amer. J.
Bot. 42, 132 (1955). — MERGEN, F., and R. M. ECHOLS: Science (Lancaster, Pa.)
121, 306 (1955). — MEUSEL, H.: Wiss. Z. Univ. Halle 4, 643 (1955). — MIA, A. J.
Nature (London) 175, 177 (1955). — MILKOWSKA, A.: Ann. Sect. dendrol. Soc. bot.
Pologne 10, 97 (1955). — MORISIO, L., e G. NEGRO: Giorn. Batter. 47, 445 (1955). —
MOSELEY, M. F., and R. M. BEEK: Phytomorphology 5, 314 (1955).

PARÈS, Y.: Rec. Trav. Fac. Sci. Univ. Montpellier, Sér. Bot. 7, 83 (1955).—
PIZZOLONGO, P.: Ann di Bot. 24, 340 (1953). — PLANTEFOL, L.: C. r. Acad. Sci.
(Paris) 240, 649 (1955). — POPHAM, R. A.: (1) Amer. J. Bot. 42, 267 (1955). —
(2) Amer. J. Bot. 42, 529 (1955). — POPHAM, R. A., and R. D. HENRY: Ohio J. Sci.
55, 301 (1955). — PRAY, T. R.: (1) Amer. J. Bot. 42, 18 (1955). — (2) Amer. J. Bot.
42, 611 (1955). — (3) Amer. J. Bot. 42, 698 (1955).

RAUH, W.: Abh. Akad. Wiss. u. Lit. Mainz, Math.-Naturwiss. Kl. 1955, 45. —
RESCH, A.: Planta (Berlin) 45, 307 (1955). — RODIONENKO, G. J.: Dokl. Akad.
Nauk SSSR. 92, 1021 (1953) (russ.). — ROOTH, A. G., en R. HEGNAUER: Pharmac.
Weekbl. 90, 413 (1955). — ROUGIER, J.: C. r. Acad. Sci. (Paris) 240, 654 (1955).

SACHER, J. A.: (1) Amer. J. Bot. 42, 82 (1955). — (2) Amer. J. Bot. 42, 784
(1955). — SCHAEPPI, H.: Vjschr. naturforsch. Ges. Zürich 100, 57 (1955). —
SCHALYT, M. S.: (1) Schrift. Bot. Komarow-Inst. Akad. Wiss. UdSSR, Ser. III
(Geobot.) 6, 205 (1950). — (2) Schrift. Bot. Komarow-Inst. Akad. Wiss. UdSSR,
Ser. III (Geobot.) 8, 71 (1952) (russ.). — (3) Schrift. Waldbau-Inst. Akad. Wiss,
Ukrain. SSR. 4, 61 (1953), (ukrain.). — SCHINDLER, H.: Dtsch. Apotheker-Ztg. 94,
689 (1954). — SEELIGER, I.: Flora (Jena) 142, 183 (1954). — SEREBRJAKOV, J. G.:
Bjul. Moskov. Obsc. Ispyt. Prir., U. S., Otdel Biol. 59, 41 (1954) (russ.). — SHAH,
J. J.: Curr. Sci. 23, 65 (1954). — SNOW, M.: Philos. Transact. Roy. Soc. London,
Ser. B 239, 45 (1955). — SNOW, M., and R. SNOW: Proc. Roy. Soc. (London) 144, 222
(1955). — SNOW, R.: Endeavour (London) 14, 190 (1955). — STERLING, C.: Bull.
Torrey Bot. Club 82, 325 (1955). — STUERNER, E.: Diss. Tübingen 1955. —
SUSSEX, J. M.: Phytomorphology 5, 253 (1955).

TÖREN, J.: Rev. Fac. Sci. Univ. Istanbul, Ser. B 19, 83 (1955). — TORREY, J. G.
Amer. J. Bot. 42, 183 (1955). — TREASE, G. E., and W. C. EVANS: Pharmac. J.
172, 351 (1954). — TROLL, W.: Beitr. Biol. Pflanz. 31, 525 (1955). — TROLL, W., u.
D. HARTL: Abh. Akad. Wiss. u. Lit. Mainz, Math.-Naturwiss. Kl. 1955, 143. —
TROLL, W., u. H.-J. MEYER: Planta (Berlin) 46, 286 (1955). — TRUCHANOWICZ, J.:
Ann. Sect. dendrol. Soc. bot. Pologne 10, 121 (1955).

WAN, A. S. C.: J. of Pharmac. a. Pharmacol. 7, 167 (1955). — WEBER, H.:
(1) Die Bewurzelungsverhältnisse der Pflanzen. Freiburg 1953. — (2) Abh. Akad.
Wiss. u. Lit. Mainz, Math.-Naturwiss. Kl. 1955, 449. — (3) Beitr. Biol. Pflanz. 32,
313 (1956). — WEBERLING, F.: (1) Beitr. Biol. Pflanz. 32, 27 (1955). — (2) Flora
(Jena) 142, 629 (1955). — WHITE, D. J. B.: Ann. of Bot. N. S. 19, 437 (1955).

YOUNGKEN, H. W.: (1) J. Amer. Pharmaceut. Assoc., Sci. Ed. 43, 70 (1954). —
(2) J. Amer. Pharmaceut. Assoc., Sci. Ed. 43, 141 (1954).

3. Entwicklungsgeschichte und Fortpflanzung.

Von Kurt Steffen, Marburg a. d. Lahn.

Mit 2 Abbildungen.

I. Allgemeine Entwicklungsgeschichte.

1. L-Phase und Involutionsformen der Bakterien sowie Pleuropneumonie-ähnliche Organismen (PPLO). Unter der Einwirkung physikalischer oder chemischer Reize verändern die Bakterien ihre Form (Involutionsformen alter Nomenklatur), sterben entweder ab oder bilden kugel- oder spindelförmige large bodies. Letztere haben drei Möglichkeiten der Weiterentwicklung: 1. Sie gehen zugrunde (Lyse), 2. sie wandeln sich nach Fortfall oder Überwindung der Schädigung in ihre bakterielle Ausgangsform zurück (unvollständiger L-Cyclus) oder 3. sie gehen in die L-Phase der Bakterien über, vermehren sich in derselben und werden evtl. stabil (vollständiger L-Cyclus). Bartmann u. Höpken (2) schlagen nun in Anlehnung an Gamaleia vor, alle abweichenden Bakterienformen als heteromorph zu bezeichnen und dadurch den durch die Deutungstendenz vorbelasteten Begriff „Involutionsformen" ganz zu vermeiden. Nach der Vermehrungsfähigkeit wären heteromorphe Vermehrungsformen wie die L-Phase und heteromorphe Endformen zu unterscheiden, wie sie unter Mangelbedingungen und Penicillineinwirkung z. B. bei einem von den Verff. untersuchten *Faecalis*-Stamm auftreten. Letztere können nach Aufhören oder Überwindung der Schädigung in die Ausgangsformen zurückkehren. Nach Ansicht des Referenten lassen sich unter dem Oberbegriff „Heteromorphe Endformen" die Begriffe „Involutionsformen" unter Einengung auf irreversible Degenerationserscheinungen und der unvollständige L-Cyclus subsummieren.

Es kommen also bei den Bakterien zwei Entwicklungsabläufe, die celluläre und die L-Phase vor [zusammenfassende Darstellungen bei Klieneberger-Nobel (1 u. 2), Dienes u. Weinberger, Tulasne (1 u. 2), Tulasne, Minck u. Lavillaureix, Winkler]. Beide Phasen können ineinander übergehen (photographische Belege u. a. bei Dienes u. Smith, Stempen u. Hutchinson, von Prittwitz u. Gaffron (1), Taubeneck u. Müller, Vadász u. Juhász (1), Höpken u. Bartmann]. In der cellulären Phase des Bakterienwachstums bleibt stets die Zelle als Lebenseinheit erhalten, während bei der L-Phase („L" zu Ehren des Lister-Institutes) der Teilungsmodus aufgegeben wird, und die Vermehrung durch Knospung oder durch Granula [formes naines Klieneberger-Nobel (3), Tulasne (1), Carrere, Roux u. Mandin] erfolgt, die als lebensfähige Untereinheiten in den kugeligen Umwandlungsformen (large bodies) entstehen sollen [Klieneberger-Nobel (1 u. 2)].

Gegen letztere Auffassung haben sich KELLENBERGER, LIEBER-MEISTER u. BONIFAS auf Grund von Ultrafiltrationsuntersuchungen gewendet. Nach ihrer Auffassung können die filtrierbaren Formen rein zahlenmäßig nicht aus spontan lysierenden oder künstlich aufgebrochenen large bodies entstanden sein.

Das L-Wachstum kann spontan oder unter dem Einfluß von Temperaturreizen oder schädigender Agentien (besonders von Penicillin PIERCE, DIENES, PULVERTAFT), eventuell auch nach Einwirkung von Immunseren und Bakteriophagen auftreten.

Die Induktion des L-Wachstums erfolgt relativ leicht, die Weiterzüchtung über viele Passagen ist jedoch oft sehr schwierig. Die Zahl der gebildeten L-Organismen ist von dem Entwicklungszustand der Ausgangsbakterienkultur abhängig (mehr als 10% Ausbeute bei Penicillingabe nach Ende des exponentiellen Wachstums) (LIEBERMEISTER u. KELLENBERGER).

Die L-Organismen wachsen gut auf Serum- oder Ascites-Nährböden [DIENES, KLIENBERGER-NOBEL (2)] bzw. in Nährlösungen (CARRERE, ROUX u. MANDIN, ABRAMS). Das wirksame Prinzip des Ascites- oder Serumzusatzes dürfte das Cholesterin oder seine Ester sein. Doch gibt es auch L-Phasen Stämme, die nicht serumbedürftig sind (O. u. G. KANDLER).

Da die L-Organismen sich wesentlich langsamer als die Normalformen vermehren, sind sie an sich schwer zu isolieren. Erfolgt jedoch die Induktion des L-Wachstums durch Penicillin, so werden die Normalformen ausgeschaltet, und es bleiben nur die Penicillin-resistente L-Phase und die noch umstrittenen Kleinformen übrig, die jedoch dem L-Cyclus nicht anzugehören scheinen (RAETTIG, RAETTIG u. BUSSE). Unter der Penicillineinwirkung können morphologisch und physiologisch unterscheidbare L-Typen aus derselben Grundform entstehen, deren Tendenz zum Stabilwerden unterschiedlich ist (zuletzt O. u. G. KANDLER). Hört die Einwirkung des formverändernden Agens auf, so kann die L-Phase, falls sie nicht stabilisiert wurde, wieder in die Normalform übergehen. Wenn man z. B. die Penicillinwirkung durch Penicillinase aufhebt (BRINGMANN, HÖPKEN u. BARTMANN, TAUBENECK u. MÜLLER), läßt sich auch der Vorgang der Rückverwandlung mikrokinematographisch am selben Objekt erfassen.

Die morphologischen Veränderungen, die die Normalformen beim Übergang in die L-Phase erfahren, sind je nach Objekt sowie nach Aggregatzustand und Gesamtsalzgehalt des Kulturmediums verschieden. So können z. B. bei *Proteus vulgaris* terminale kugelige und spindelförmige Anschwellungen in der Mitte des Bakterienkörpers auftreten [HÖPKEN u. BARTMANN, SCHELLENBERG (1 u. 2)]. Meistens bilden diese Anschwellungen Ausstülpungen, die dann, was typisch für die L-Phase ist, unter der Agaroberfläche weiterwachsen und dort neue Knospen bilden. Die vergrößerten L-Organismen können jedoch auch direkt mit Knospen in den Agar eindringen (Abb. 10A, c-e). Die auf dem Agar verbleibenden Körper wachsen blasenförmig heran und zerplatzen später (Abb. 10 A, f). Nach den zunächst wohl vorsichtig zu bewertenden Angaben von VADÁSZ u. JUHÁSZ (1 u. 2) soll bei *Salmonella enteritidis* Plasma aus der spindelförmigen Anschwellung austreten und sich in kleinere Portionen unterteilen. Die dabei entstehenden Partikel haben nach ihrer Auffassung unterschiedliche Potenz. Nur ein Teil von ihnen soll sich unter Einschaltung atypischer Übergangsformen wieder in die Normalform verwandeln können. Bei der L-Phase von *Proteus* läßt sich schwer entscheiden, ob während des Wachstums im Agar (vgl. Abb. 10 A, c—e) die Knospen abgeschnürt werden oder ob ein

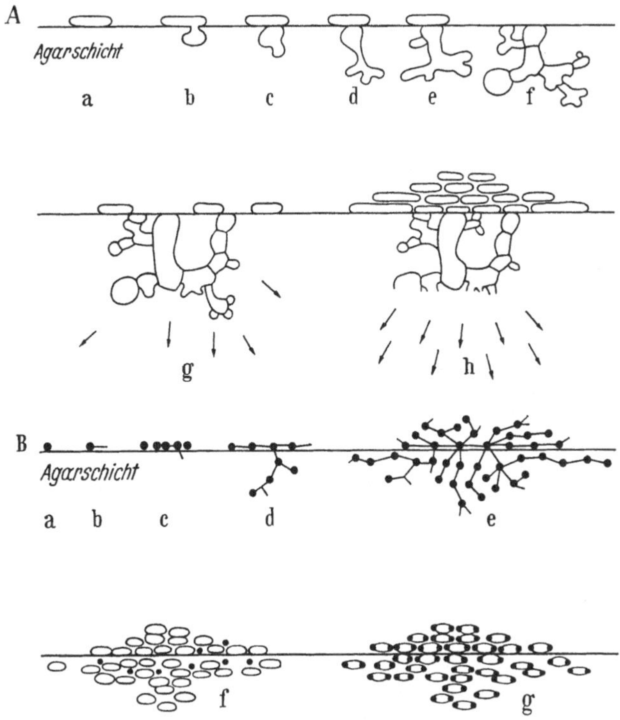

Abb. 10. Vergleich der Wachstumsmodi der L-Phase und der PPLO nach BARTMANN u. HÖPKEN. Schematische Darstellung. Die Hauptwachstumsrichtung ist durch Pfeile angedeutet.

A. L-Phase von *Bacterium proteus*. *a* L-Organismus, *b* L-Organismus dringt mit Knospe in den Agar ein, *c—e* Bildung von Sekundärknospen, *f* Sekundärknospe erreicht die Agaroberfläche. Der auf der Agaroberfläche liegende Rest des L-Organismus ist bereits geplatzt, *g* von dem aufwärtswachsenden Zellzug sind Zellen abgeschnürt worden, die auf der Agaroberfläche liegen, *h* die peripheren Zellen sind auf der Agaroberfläche zu large bodies herangewachsen. Sie werden durch die im Zentrum abgegebenen Zellen weiter nach außen gedrängt. B. PPLO. *a* Conidioid, *b—e* Asterococcus-artiges Wachstum auf und im Agar, *f* alternde Kolonie in Einzelzellen aufgelöst, zwischen ihnen einzelne Conidioide, *g* alte Kolonie mit großen Zellen, in denen lokale Plasmaverdichtungen auftreten, die von den Autoren als Alterserscheinungen nicht als Verbreitungseinheiten gedeutet werden.

syncytialer Zustand erhalten bleibt (HÖPKEN u. BARTMANN). Hat der Zellverband eine gewisse Größe erreicht, so gelangen einige Zellzüge an die Oberfläche (Abb. 10 A, f), wo sie Zellen abschnüren (Abb. 10 A, g). Diese wachsen nun auf der Agaroberfläche zu großen Körpern (large bodies) heran (Abb. 10 A, h), die nur noch zu Zerfallteilungen befähigt sein sollen. Durch nachdrängende Zellen werden diese large bodies peripher verschoben, so daß allmählich die typische L-Kolonie mit einem dunklen, zapfenförmig in den Agar hineinreichenden Zentrum und der

Ringzone aus large bodies entsteht. In diesen großen Körpern treten Granula auf, die von einem Teil der Autoren als minimale Verbreitungseinheiten angesehen werden [KLIENEBERGER-NOBEL (1), TULASNE (1), RUBIO HUERTOS, KÜSTER u. FLAIG]. Diese sollen wieder zu large bodies heranwachsen können. HÖPKEN u. BARTMANN u. a. nehmen jedoch an, daß die Vermehrung der L-Phase durch die kleinen Zellen aus dem Zentrum der Agarkolonie („kleine Körper" = heteromorphe Vermehrungsformen) erfolgt. Die Regeneration der Normalform findet über atypische Zwischenformen statt. Normalform und L-Phase unterscheiden sich im Lipoid- und DNS-Gehalt. So beträgt z. B. der Lipoidgehalt der Normalform von *Proteus* 6—8, der der zugehörigen L-Phase 24,3% des Trockengewichts. Bei der Normalform sind von den Gesamtnucleinsäuren 50% DNS, bei der L-Phase dagegen 88% (VENDRELY u. TULASNE). Nach O. KANDLER, MÜLLER u. ZEHENDER erfolgt bei der Umwandlung in die large bodies eine Verschiebung des Quotienten RNS/DNS zugunsten von DNS.

Die L-Phase ist zeitweilig als primitiver Sexualvorgang, später als Regeneration [KLIENEBERGER-NOBEL (2 u. 3), DIENES u. WEINBERGER], als vollendete Anpassung an neue Stoffwechselbedingungen (WINKLER) oder als Degenerationsprozeß gedeutet worden. Es ist tatsächlich schwierig, die L-Phase morphologisch von den degenerativen Involutionsformen zu unterscheiden. Noch schwieriger ist sie gegen die Pleuropneumonie-ähnlichen Organismen (PPLO) abzugrenzen, zumal beide large bodies bilden können und neuerdings von G. u. O. KANDLER behauptet wird, daß die L-Phase unter bestimmten Kulturbedingungen dieselbe Kolonieform wie die PPLO annehmen kann. Zwar sind sich alle Autoren darin einig, daß den PPLO eine echte Zellwand fehlt, jedoch rechtfertigen die wenigen Angaben, die der L-Phase eine Membran zuschreiben (RUBIO HUERTOS, KÜSTER u. FLAIG, STEMPEN, TAUBENECK) noch keine Unterscheidung auf Grund dieses Merkmals.

Die etwa zwei Dutzend bisher beschriebenen, teils saprophytischen teils tierpathogenen (Lungenseuche der Rinder und Ziegen, Agalaktie der Ziegen) PPLO sind nur serologisch, nicht morphologisch unterscheidbar [zusammenfassende Darstellungen über PPLO bei EDWARD (2), KLIENEBERGER-NOBEL (4), POETSCHKE]. Die pleomorphen, an der Grenze der Sichtbarkeit stehenden, durch grobe Bakterienfilter filtrierbaren Organismen sind Penicillin-resistent, jedoch Streptomycin- und Tetracyclinempfindlich. Ihre systematische Stellung ist unsicher (LIEBERMEISTER, TULASNE u. BRISON). Sie werden entweder mit den großen Virus-Arten der Lymphogranuloma-Psittacose-Gruppe (RUSKA u. POPPE; GERBER; YAMAMOTO, ADLER u. CORDY) in Verbindung gebracht oder als stabil gewordene L-Phasen unbekannter Bakterienvorfahren [TULASNE (1 u. 2), TULASNE u. BRINGMANN, TULASNE u. BRISON, DIENES u. WEINBERGER] oder als ursprüngliche Organismen, von denen sich die Bakterien [EDWARD (2)] und eventuell auch die Viren [G. u. O. KANDLER (1)] ableiten, aufgefaßt. Als Vermehrungsweise wird multipler Zerfall oder Sprossung angenommen. Durch indirekte Methoden konnte GERBER wahrscheinlich machen, daß bei den aus Abwässern isolierten A-Organismen die kleinen Formen zu großen heranwachsen und dann in viele kleine Formen zerfallen. Aussagen über die Art dieses Zerfalls lassen sich jedoch nur durch direkte Beobachtungen machen. Durch phasenkontrast- und elektronenmikroskopische Untersuchungen [G. u. O. KANDLER (1), G. u. O. KANDLER u. HUBER] wurde multi- und unipolare Sprossung des coccoiden Impfmaterials nachgewiesen, dessen Durchmesser etwa 0,3—0,5 μ beträgt. BARTMANN u. HÖPKEN (1) präzisieren die Art des Wachstums, indem sie feststellen, daß jeweils eine fädige mit einer kugeligen Einheit abwechselt *(Asterococcus,* Abb. 10 B, a—e). Da keine echten Zellwände vorkommen, handelt es sich bei dem entstehenden Pseudomycel (Abb 10 B, e) um ein Syncytium. Die Länge der fädigen Elemente ist der Agarkonzentration umgekehrt proportional [BARTMANN u. HÖPKEN (1), FREUNDT, KLIENEBERGER-NOBEL (4)]. Bei Agarkultur wachsen die PPLO sowohl auf wie im Agar (Abb. 10 B, e). In alternden Kulturen wird der Verband in Einzelzellen aufgelöst, die heranwachsen (Abb. 10 B, f) und in dem zuerst homogenen Plasma lokale Verdichtungen erkennen lassen (Abb. 10 B, g). Die so gebildeten stark elektronenstreuenden Granula von 0,2 μ Durchmesser liegen in dem vakuolisierten Plasma und werden als filtrierbare Dauerformen der PPLO angesehen. Vielleicht sind sie sogar mit den Elementarteilchen der Viren homologisierbar. Nach KLIENEBERGER-NOBEL u. CUCKOW sind diese kleinsten reproduktiven Einheiten kugelige oder scheibenförmige [125—250 mμ Durchmesser KLIENEBERGER-NOBEL (4), MORTON u. Mitarbeiter] oder längliche, stäbchenförmige (FREUNDT) Gebilde von einheitlicher Elektronenstreuung. Beim Wachstum treten dichtere Körper an beiden Enden der stabförmigen und mehrere an der Peripherie der rundlichen Verbreitungseinheiten auf. An den so markierten Stellen bilden sich durch Sprossung die schon oben beschriebenen Wuchsformen, die im Prinzip in flüssigem und auf festem Substrat gleich sind. (KLIENEBERGER-NOBEL u. CUCKOW, CUCKOW u. KLIENEBERGER-NOBEL). Zur Zeit fehlt noch der schlüssige Beweis, daß die von KLIENEBERGER-NOBEL u. CUCKOW im Elektronenmikroskop beobachteten auswachsenden Elementareinheiten aus den Altersformen stammen. Es ist mit Recht eingewendet worden, daß auch größere Einheiten, wenn sie plastisch sind, filtrabel sind und der Verbreitung dienen können. BARTMANN u. HÖPKEN (1) halten die Granula in den alternden Zellen (Abb. 10 B, g) für Alterserscheinungen und glauben, daß die Vermehrung nur durch Fragmentation des Pseudomycels zu coccoiden Formen („Conidioide" Abb. 10 B, a u. f) erfolgt. Die Existenz von Minimaleinheiten scheint demnach unbestritten zu sein, ihre Entstehung ist jedoch ungeklärt.

Nach BARTMANN u. HÖPKEN (1) lassen sich folgende morphologische Merkmale zur Unterscheidung von PPLO und L-Phase in Agarkultur anführen: 1. die L-Kolonie ist größer, 2. die Myelinstrukturen sind bei der L-Kolonie größer, 3. die L-Phase wächst nur unter dem Agar und 4. bei der L-Phase besteht keine Tendenz zur Fadenbildung. Die Identifizierung der PPLO kann durch Kultur auf Penicillin-freiem Medium erfolgen [über Diagnoseschwierigkeiten vgl. auch von PRITTWITZ u. GAFFRON

(2)]. Wahrscheinlich wird man auf dem Wege der Erforschung der Kulturansprüche und der Stoffwechselphysiologie zu weiteren Unterscheidungsmerkmalen kommen [EDWARD (1)]. Ansätze dazu sind vorhanden [G. u. O. KANDLER (2), EDWARD u. FITZGERALD]. Versuche über Substratverwertung und über die Empfindlichkeit gegenüber Atmungsgiften haben ergeben, daß sich bei der Umwandlung in die L-Phase keine qualitativen Änderungen des Atmungsstoffwechsels im Vergleich zu dem der bakteriellen Ausgangsform vollziehen (O. KANDLER, ZEHENDER u. MÜLLER (1)]. Die PPLO hingegen verfügen über einen anderen Abbauweg und ein anderes Endoxydasesystem. Sie sind charakterisiert durch das Unvermögen, organische Säuren und Aminosäuren zu oxydieren, und durch ihre hohe Resistenz gegenüber Atmungsgiften (KCN, DNP, Azid, Arsenit u. Arsenat). Der RNS-Gehalt der PPLO ist gegenüber der Bakterienphase und der stabilen L-Phase von *Proteus* stark reduziert [O. KANDLER, ZEHENDER u. MÜLLER (2)]. Zu bedenken ist jedoch, daß Kulturansprüche und Leistungen von L-Phasen verschiedener Herkunft unterschiedlich sein können. Ob und wie weit serologische Methoden zur Unterscheidung von PPLO und L-Phase herangezogen werden können, muß erneut geklärt werden, da sich Widersprüche ergeben haben [VON PRITTWITZ u. GAFFRON (3)].

Als Involutionsformen werden anomale Bakterienzellformen bezeichnet, die unter der Einwirkung von Giften und antagonistisch wirkenden Bakterienstämmen, bei Reaktionsänderungen des Mediums und nach Temperaturschocks entstehen. Im ersten Stadium der Umwandlung sind die Involutionsformen nur wenig verändert und noch entwicklungsfähig. Diese erste Phase wird für ein Jugendstadium mit unkontrolliertem Wachstum gehalten (RIPPEL-BALDES, BUSCH u. RADLER). In fortgeschrittenen Stadien sind die Involutionsformen nicht mehr lebensfähig und müssen als reine Degenerationsformen angesehen werden (RADLER u. RIPPEL-BALDES).

Während der noch entwicklungsfähigen Phase der Involutionsformen zeigen diese gegenüber den normalen Formen einen verminderten Gehalt an Gesamtnucleinsäuren (RIPPEL-BALDES u. BUSCH), aber einen erhöhten an RNS. Quali- und quantitative Unterschiede im Gehalt an freien Aminosäuren treten nicht auf, jedoch scheint die Zunahme von cyclischen Aminosäuren für die Involutionsformen charakteristisch zu sein (RIPPEL-BALDES, BUSCH u. RADLER). Zwischen den Involutionsformen der Bakterien und Pilze dürfte kein grundsätzlicher Unterschied bestehen.

Die kugeligen Endstadien der Involutionsformen sollen nach RADLER u. RIPPEL-BALDES mindestens eine Membran besitzen. Da inzwischen besonders für die jungen Stadien der L-Phase auch eine Membran beschrieben wurde (STEMPEN, TAUBENECK), scheint eine Unterscheidung durch Fehlen oder Besitz einer Membran nicht mehr möglich zu sein. Die L-Phase wird am besten durch ihre Fähigkeit zur Vermehrung identifiziert.

2. Vegetative Fortpflanzung bei Moosen. Ein gutes Beispiel für die Regenerationsfähigkeit der Lebermoose bildet *Sphaerocarpus texanus*

[DILLER, FULFORD u. KERSTEN (1 u. 2) SCHULER u. Mitarbeiter]. Die Regeneration geht bei Kultur in flüssigem Medium entweder von einer Zelle aus, die einen vielzelligen Komplex (besonders bei Zusatz von Erdextrakt zum Medium) bildet, oder von einem wenig bis vielzelligen Komplex an der Spitze des Lappens, der sekundär meristematisch wird. Aber auch meristematisch gewordene Spitzen der Oberflächenschuppen und die auf beiden Thallusseiten vorkommenden Filamente können Thalli bilden. Außer durch diese Adventivbildungen erfolgt die vegetative Vermehrung wie üblich durch progressives Absterben und Freiwerden der Thalluslappen. — Bei den Brutkörpern von *Lunularia cruciata* kommt es zur Bildung von Adventivthalli, wenn durch experimentellen Eingriff die Hemmwirkung der apikalen Vegetationspunkte aufgehoben wird(NARAYANASWAMI u. LARUE, LARUE u. NARAYANASWAMI). Die Rhizoide der Lebermoose sind im allgemeinen einzellig. Bei haploidem *Anthoceros laevis* treten in ihnen selten bei diploidem häufig Querwände auf (BAUER). Nur bei diploiden Kulturen können diese Zellaggregate als Brutknospen funktionieren und neue Thalli bilden. Nach Verdoppelung der Chromosomenzahl ist also eine neue Art der vegetativen Fortpflanzung aufgetreten. — Bereits von CORRENS u. HILL war die Vermutung ausgesprochen worden, daß die Paraphysen der Laubmoose der vegetativen Verbreitung dienen könnten. Untersuchungen von REESE haben diese Vermutung bestätigt. Bei *Bryum capillare* und *Funaria hygrometrica* entsteht das Protonema stets aus den Basalzellen, bei *Aulacomnium palustre* aus jeder lebenden Zelle, die an eine tote angrenzt. — Bei *Pogonatum perichaetiale* entstehen auf den Blättern ohne Zwischenschaltung eines Protonemastadiums 1—4 Adventivsprosse (CHOPRA u. SHARMA). Sie werden jeweils zwischen zwei Assimilationslamellen durch meristematisch gewordene Zellen der Lamellenträgerschicht gebildet und stehen wie die Adventivsprosse von *Atrichum undulatum* (GEMMAL) in direkter Verbindung mit der Oberfläche des Blattes, von dem sie die Nährstoffe für ihr Wachstum beziehen.

II. Spezielle Entwicklungsgeschichte.

Myxomycetes. Mit dem Einsetzen der stationären Phase des Myxomycetenwachstums beginnen sich die Myxamoeben zu strecken und radial zu orientieren. Während der Aggregation wandern die Zellen zunächst als Individuen später als Plasmastränge zum Aggregationszentrum. Der Aggregationsprozeß wird durch Vitamine, Aminosäuren, Enzyminhibitoren und Atmungsgifte kaum beeinflußt (BRADLEY, SUSSMAN u. ENNIS, HIRSCHBERG u. MERSON). Die Zellaktivität dürfte also in diesem Stadium relativ gering sein. Das Aggregat wandelt sich dann in ein organisiertes Pseudoplasmodium um, das auf der Oberfläche des Substrates kriecht und später einen Fruchtkörper bildet. Die Wanderung der peripheren Zellen zum Aggregationszentrum erfolgt chemotaktisch durch einen sehr instabilen, leicht diffundierenden Stoff, der von BONNER Acrasin genannt wurde (vgl. auch Fortschr. Bot. **15**, 433 u. **17**, 748). Daß dieser chemotaktisch wirksame Stoff artspezifisch ist, konnte SHAFFER zeigen. Die Populationsdichte bestimmt die Zahl der Aggregationszentren in Populationen gleicher Größe. Die zur maximalen Zentrenbildung nötige Populationsdichte ist artkonstant (SUSSMAN u. NOEL), kann jedoch durch Zusatz von Histidin erniedrigt und durch Zugabe von Adenin erhöht werden (BRADLEY, SUSSMAN u. ENNIS). Die Bildung eines Aggregationszentrums ist vom Vorhandensein einer speziellen Initiatorzelle abhängig. Bei *Dictyostelium discoideum* kommt eine Initiatorzelle auf 2200 reagierende Zellen. Erbliche Modifikationen sind aggregationslose Mutanten, bei denen die Amöben nicht mehr aggregieren können, ferner fruchtkörperlose Varietäten, die zwar aggregieren aber keine Fruchtkörper bilden können [SUSSMAN u. SUSSMAN, SUSSMAN (1)] und schließlich solche, die aberrante Fruchtkörper bilden [SUSSMAN (2)]. Bei der Varietät "Fruity" z. B. führt die große Zahl von Initiatorzellen (1 auf 24 reagierende Zellen) zur verfrühten Bildung von Aggregaten, die nur wenige Individuen umfassen und darum auch nur zu winzigen Fruchtkörpern werden.

Die synergistische Wirkung von zwei zusammen kultivierten, morphologisch defekten *Dictyostelium*-Stämmen läßt sich weder durch Syngamie noch durch Heterocaryosis erklären, da keine Rekombinationen vorkommen. Daß ein Stoffaustausch durch Diffusion über längere Entfernungen stattfindet, ist unwahrscheinlich, da die synergistische Wirkung bereits von einer $30\,\mu$ dicken Agarschicht (zweifacher Durchmesser der Amöben!) gehemmt wird, während die chemotaktisch wirkenden, zur Aggregation führenden Stoffe durch Membranen von $200\,\mu$ diffundieren (SUSSMAN u. LEE). Wollte man annehmen, daß eine bestimmte geometrische Anordnung der Partner für eine synergistische Wirkung nötig sei, so nähert man sich damit der Auffassung, daß für den Stoffaustausch ein direkter Zellkontakt erforderlich ist [vgl. auch die zusammenfassende Darstellung bei SUSSMAN(3)].—Die Sporangienbildung wird bei *Didymium eunigripes* durch Grünlicht gehemmt (LIETH), während andere Lichtqualitäten außer Infrarot fördernd wirken (vgl. Fortschr. Bot. **17**, 60). *Didymium* muß also über zwei lichtabsorbierende Systeme verfügen.

Der Zeitpunkt der Reduktionsteilung im Entwicklungsgang der Myxomyceten war bisher umstritten. Durch die Untersuchungen von WILSON u. ROSS wird nachgewiesen, daß die Meiose bei den *Exosporeae* in der reifenden Spore, bei den *Myxogastres* jedoch vor der Sporenbildung im reifenden Sporangium (gleichzeitig mit der Capillitienbildung) abläuft. Auch über den Modus der Capillitienbildung und deren taxonomischen Wert herrscht keine Einigkeit unter den Autoren. WELDEN stellte bei seinen Untersuchungen an *Badhamia gracilis* und *Didymium iridis* fest, daß die innere Membran der doppelwandigen Peridie röhrenförmige Fortsätze ins Sporangiuminnere entsendet. Bei *Didymium* werden solche Fortsätze auch von der Columella gebildet und anastomisieren mit den peridialen. Bei *Badhamia* entsteht das Capillitiennetz durch Anastomosen zwischen den peridialen Tubuli und den zentralen Vacuolen. Da bei *Didymium* nur sehr kleine Vacuolen gebildet werden, entstehen im Capillitiumnetz nach der Anastomose kleine knotenförmige Anschwellungen. Bei *Badhamia* wird das Kanalsystem mit Exkretionsprodukten, besonders $CaCO_3$ angefüllt, das sich hier nach Wasserverlust niederschlägt. Bei *Didymium* wird das $CaCO_3$ zur Sporangiumwand oder zur Columella transportiert, so daß das Capillitium bei dieser Art kalkfrei ist. Nach den bisherigen Ergebnissen dürfte die gleiche Art der Capillitienbildung bei *Didymium iridis* und *D. nigripes* (CADMAN), *Badhamia gracilis*, *Physarella mirabilis* und *Stemonites fusca* (BISBY) vorkommen. Die für *Hemiarcyria* und *Trichia* (HARPER u. DODGE) beschriebene, abweichende Bildungsart könnte, wenn sie bestätigt wird, ein taxonomisches Merkmal sein, das die genannten Arten von den übrigen abgrenzt. — Bei *Badhamia* entstehen durch Einschluß von zwei Kernen oder einer Teilungsfigur manchmal zweikernige Sporen (WELDEN).

Cyanophyceae. Die Querwandbildung erfolgt bei den Cyanophyceen nicht durch die Einfaltung der Längsmembran, sondern durch konzentrische, sich irisblendenartig verengernde Auflagerungen. Dies ging aus elektronenmikroskopischen Aufnahmen an noch nicht ganz geschlossenen Quermembranen hervor (METZNER). Nach Chromsäurebehandlung wurde bei *Oscillatoria* im elektronenmikroskopischen Bild ober- und unterhalb der Querwände eine Porenreihe sichtbar, aus der vermutlich Schleim ausgeschieden wird. SCHULZ kam auf Grund seiner Bewegungsstudien und seiner elektronenmikroskopischen Membranuntersuchungen zu der Auffassung, daß Schleimausscheidung zum mindesten an der Bewegung der Oscillatorien beteiligt ist. — Auf den äußeren Teilen des büschelförmigen Thallus von *Tolypothrix distorta var. penicillata* wurde als Bewuchs ein Organismus gefunden, der im Bau des Protoplasten weitgehende Ähnlichkeit mit den Cyanophyceen zeigt, aber in seiner Entwicklungsgeschichte und durch die Fähigkeit die Zellbreite zu ändern, von diesen abweicht [GEITLER (2)]. Dieser *Coryophanon* genannte Organismus (Abb. 11) besteht aus einer einzigen polarisierten Zelle, die sich am oberen Ende gabeln kann und deren an der Basis zwiebelartig verdickte Membran sich im Alter becherförmig ablöst (Abb. 11 d—f). Die Festheftung auf dem *Tolypothrix*-Faden erfolgt durch eine Kittsubstanz und häufig durch einen in die *Tolypothrix*-Scheide eingesenkten Fuß (Abb. 11 d—f). Wenn die Zellen eine bestimmte Länge erreicht haben, gliedern sie sich durch Querwände in stäbchenförmige Zellen (Abb. 11 f). Die Stäbchen weichen durch den Besitz von Cyanophycinkörnern und durch das Fehlen von Epiplasten von den vegetativen Zellen ab. Die Stäbchenketten werden als Ganzes verbreitet (Abb. 11 a), die leeren Membranbecher bleiben zurück (Abb. 11 e). Die Stäbchenketten legen sich der Länge nach dem Substrat an (Abb. 11 a u. b), jede Stäbchenzelle wächst unter rechtwinkliger Drehung ihrer Achse (Polaritätsänderung!) zu einem neuen Organismus aus (Abb. 11 c u. d). Dabei werden herzförmige, runde und ellipsoidische Zwischenstadien durchlaufen. Da an der Umwandlung in die Zylinderform der basale, bereits verdickte Teil der Stäbchenzelle nicht teilnimmt, entsteht hier die zwiebelförmige Anschwellung (Abb. 11 e). Durch den Wachstumszug der Unterlage werden die reihenweise auftretenden Keimlinge voneinander isoliert. — *Cyanophanon* läßt sich als progressiv entwickelte Dermocarpacee vom Typ *Stichosiphon* auffassen. Die erwachsene Pflanze wäre homolog dem Sporangieninhalt, der basale Becher der Sporangienwand und die Stäbchen der Endosporen der Dermatocarpaceen, die hier allerdings verspätet gebildet würden. Die Gattung wird als Vertreter einer neuen Reihe *Cyanophanales* betrachtet, die an die *Dermocarpales* anzuschließen oder als Anhang zu den Cyanophyceen zu gelten hätte.

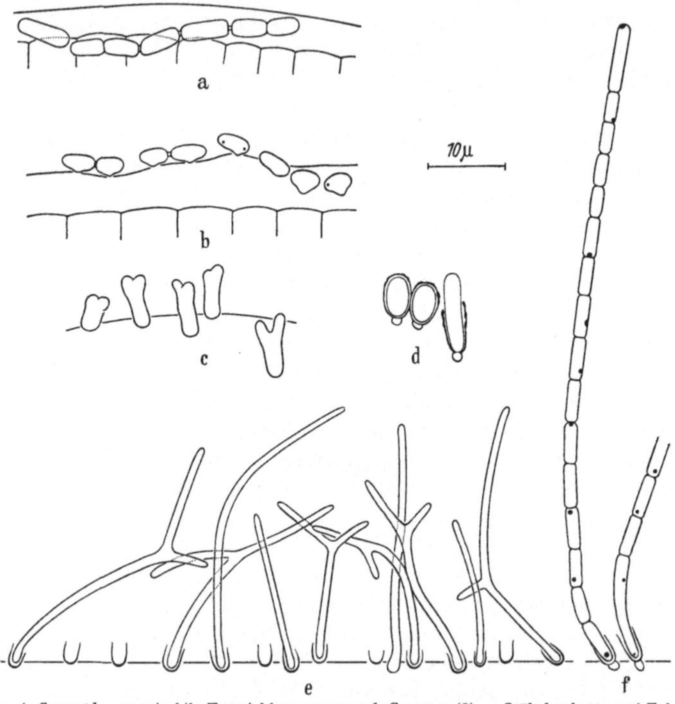

Abb. 11 *a—f. Cyanophanon mirabile*, Entwicklungsgang nach GEITLER (2). *a* Stäbchenkette auf *Tolypothrix*-Faden, *b* Zellen der Kette z. T. schon isoliert, auskeimend und in *Tolypothrix*-Scheide eindringend. In zwei Zellen sind noch Cyanophycinkörner sichtbar. *c* gegabelte Keimlinge, *d* „abnorm" große Keimlinge mit deutlicher Fußbildung. Der rechte Keimling durchbricht die Membran, die als Basalbecher zurückbleibt. *e* einzellige, z. T. gegabelte erwachsene Pflanzen. Die leeren Membranbecher deuten auf in Fortpflanzung eingetretene Fäden, die den Becher verlassen haben. *f* Organismen in Fortpflanzung, zur Stäbchenkette aufgeteilt. Beachte Fuß, Membranbecher und Cyanophycinkörner.

Eugleninae. Eine zusammenfassende Darstellung über Systematik und Biologie liegt von HUBER-PESTALOZZI vor. — Die Kielbildungen, die bei Vertretern der farblosen Eugleninengattungen *Tropidoscyphus, Gyropaique, Rhabdomonas, Petalomonas, Sphenomonas* und der neuen Gattung *Helikotropis* vorkommen, scheinen keine direkte Beziehung zum Interkalarwachstum der Körperhülle (vgl. auch Fortschr. Bot. **17**, 62 u. 144) zu haben (POCHMANN). Vermutlich entstehen sie durch differentielles Membranwachstum, wobei jedoch Sprengungen, wie sie beim Interkalarwachstum vorkommen, grundsätzlich unterbleiben. POCHMANN möchte das in den Kielen abgelagerte Paramylon als Baumaterial für das Membranwachstum ansehen.

Bacillariophyceae. HUSTEDT konnte zeigen, daß bei gewissen *Eunotia*-Arten den Zellen direkt nach der Auxosporenbildung die transapikalen Einschnürungen fehlen und daß diese erst nach mehreren Zellteilungen wieder auftreten. Die in einer Population beobachteten Formen sind also als Glieder einer Entwicklungsreihe und nicht als Varietäten zu werten. — Bei *Melosira* gibt es nach BRUCKMAYER-BERKENBUSCH keine minimale Zellgröße, unterhalb derer keine Auxosporenbildung mehr möglich ist. — *Navicula pelliculosa* bildet bei Si-, P- und N-Mangel im Kulturmedium nach Aufhören der Teilungen gelatinöse Hüllen, die aus einem Polyuronid bestehen [J. C. LEWIN (1 u. 2)].

Xanthophyceae. Durch RIETHs Untersuchungen an *Vaucheria dichotoma f. arternensis* (= *V. sescuplicaria* nach CHRISTENSEN) werden strittige Fragen in der Entwicklungsgeschichte geklärt. Bei der Eireifung wird im Normalfall kein Plasma ausgestoßen, die Befruchtung findet im Oogon statt. Die polarisierte Keimung der Oospore ist durch eine präformierte, basal gelegene Rißstelle erklärlich (vgl. dazu auch Fortschr. Bot. **17**, 73). *V. dichotoma* ist monoezisch, wie aus Einsporkulturen hervorging.

Chlorophyceae. Eine zusammenfassende Darstellung der Entwicklungsgeschichte der Chloro-, Phaeo- und Rhodophyceen wurde von DREW, eine Literaturzusammenfassung der letzten fünf Jahre von BOURELLY veröffentlicht.

1. *Volvocales. Haematococcus pluvialis* encystiert sich, wenn die Vermehrung gehemmt ist, die Kohlenstoffassimilation jedoch normal verläuft [daher ist die Encystierung auch lichtabhängig DROOP (1)]. Das Pigment Astaxanthin (= Hämatochrom) kann auch im Dunkeln gebildet werden [DROOP (2)].

2. *Chlorococcales.* Eine neue zu den *Oocystaceae* gehörende Gattung *Rhapalocystis* wurde beschrieben (SCHUSSNIG). Sie unterscheidet sich von *Oocystis* durch die erhöhte Anzahl von Autosporen (32—64) und durch das Auftreten einer Restzelle am basalen Ende des Sporangiums. Das Schwärmen von *Pediastrum duplex* wird durch einen hitzebeständigen Stoff induziert (MONER).

3. *Ulotrichales.* Eine neue in der Litoralzone von Schweden und Südengland gefundene *Enteromorpha*-Art *(E. intermedia)* nimmt anatomisch eine Mittelstellung zwischen der *Clathrata*- und der *Prolifera-, Ahlneriana*-Gruppe ein (BLIDING). Sie hat einen homophasischen Generationswechsel und ist diözisch sowie anisogam. Männliche und weibliche Gameten können sich parthenogenetisch entwickeln. Die viergeißligen Zoosporen (Unterschied zu *E. biflagellata*, die als Subspecies oder Varietät der neuen Art vorgeschlagen wird) werden zu 16 in der sporogenen Zelle gebildet. — Die Kopulation der Gameten von *Ulva lactuca* dürfte durch Oberflächenkräfte ausgelöst werden (LEVRING, vgl. auch Fortschr. Bot. **17**, 71). Dies wird aus Versuchen mit Dupunol, einem auf Fettalkoholsulfonat-Basis beruhenden Netzmittel geschlossen. Die Dupunol-Moleküle scheinen mit der Oberfläche der weiblichen Gameten zu reagieren, diese zu blockieren und so die Kopulation zu verhindern. Die Oberfläche der männlichen und weiblichen Gameten

muß also verschieden sein. Als Folgeerscheinung der Netzmittelwirkung werden Enzyme aktiviert, die Atmung steigt an und die positive Phototaxis schlägt in negative um, wie nach normaler Befruchtung. Nach der normalen Befruchtung werden Polysaccharidsulfate als Zellwandbestandteile gebildet und erst später Zellulose eingebaut. — In einer *Prasiola*-Kultur traten peripher in Abständen voneinander große hyaline Zellen unbekannter Funktion auf (R. A. LEWIN).

4. *Cladophorales.* Während bei marinen *Chaetomorpha*-Arten alle Zellen des Fadens dasselbe Geschlecht haben, findet bei der isogamen Süßwasserform *Ch. okamurai* die Gametenkopulation im selben Gametangium oder zwischen Gameten aus Gametangien desselben Fadens statt (HIROSE). Es scheint eine enge Beziehung zwischen sexuellem und phototaktischem Verhalten zu bestehen. Während zweier Monate (September und Oktober) verlieren nämlich die Gameten ihre positive Phototaxis und gleichzeitig ihre Kopulationsfähigkeit. Alle sofort auskeimenden Schwärmer (Zoosporen, Planozygoten und Parthenogameten) sind negativ, alle kopulationsbedürftigen positiv phototaktisch. Die negative Phototaxis und das zweimalige Auftreten von Zoosporen (Mai und September) weichen von der Norm ab.

5. *Conjugales.* Bei dem heterothallischen *Cosmarium botrytis var. subtumidum* (vgl. Fortschr. Bot. **17**, 72) wird das durch ein einzelnes Gen [STARR (1)] bedingte Geschlecht im ersten Teilungsschritt der Meiose durch Segregation bestimmt [STARR (2)]. Von *Closterium parvulum* wurde eine homothallische Rasse gefunden [STARR(3)].

Phaeophyceae. Fehlen bei der Keimung der *Fucus*-Zygoten die sonst Polarität-induzierenden Lichtreize, so entstehen die basalen Pole benachbarter Zygoten einander zugekehrt (positiver Gruppeneffekt). Durch CO_2-, O_2- und H^+-Gradienten ist dieser Gruppeneffekt nicht zu erklären (JAFFE). — Die Zwergform von *Fucus vesiculosus f. balticus* und *f. muscoides* dürften Regenerate angeschwemmter Pflanzen sein (BAUCH). — Die bisher gebräuchliche Unterscheidung der Gattungen im *Cystoseiro-Cystophyllum* Komplex auf Grund der Vesikelstellung ist unbefriedigend. Nach neueren entwicklungsgeschichtlichen Untersuchungen (FENSHOLT) lassen sich zwei Gruppen unterscheiden. Die erste, für die der Name *Cystoseira* beibehalten wird, ist charakterisiert durch eine fadenförmige, mehrzellige Zunge im Konzeptakel, durch die sukzessive Entleerung der relativ kleinen (70—78 μ) Oogonien, durch einen funktionstüchtigen und sieben überzählige Kerne, die vor dem Freiwerden des Eies aus dem Eiplasma ausgestoßen werden, und schließlich durch die Teilung der primären Rhizoidzelle des Embryos in vier Zellen. Die zweite Gruppe besitzt im Gegensatz zur ersten eine ungeteilte Zungenzelle, die großen (300 × 350 μ) Oogonien werden gleichzeitig entleert, der Eikern und die sieben überzähligen Kerne bleiben im Eiplasma eingeschlossen, die primäre Rhizoidzelle teilt sich in 32 Zellen. Dieser zweite Entwicklungstyp wird als typisch für die neu aufgestellte Gattung Myagropsis angesehen, und dieser werden nach Streichung der Gattung *Cystophyllum Ceratophyllum sisymbrioides* als *M. myagroides* und *C. turneri* als *M. yendoi* zugeordnet. —

Der antithetische Generationswechsel von *Chordaria flagelliformis* wurde von CARAM untersucht. Der mikroskopisch kleine Gametophyt bildet in plurilokulären Behältern ungleich große Schwärmer, die als Gameten gedeutet werden. Die größeren können, wenn obige Annahme stimmt, auf parthenogenetischem Wege wieder haploide Gametophyten bilden. Eine Gametenverschmelzung wurde nicht beobachtet, nur das Auskeimen von Zygoten zu Diplonten. Auf dem Diplonten entstehen die Zoosporen in unilokulären Sporangien.

Rhodophyceae. *Bangioideae.* Die entwicklungsgeschichtliche Nachuntersuchung des vorläufig zu den *Bangioideae* gestellten *Campsopogon* ergab, daß die von THAXTER beschriebenen Makrosporen unbewegliche Monosporen sind. Ihr Keimungsmodus scheint vom Substrat (solider Untergrund oder *Leptothrix*-Watten) beeinflußt zu werden (JONES). Der Entwicklungsgang von *Porphyra capensis* (vgl. Fortschr. Bot. **17**, 76) konnte durch folgende Beobachtung geschlossen werden: Die Carposporen von *Porphyra* entwickeln sich zu *Conchocelis*-Thalli, deren Monosporen zu *Porphyra*-Pflanzen auskeimen (GRAVES). — *Porphyridium cruentum* ist wegen des Verhaltens der Monosporen (Amoeboidie, positive Phototaxis) zwischen Formen mit nackten Sporen, *Bangia* und *Porphyra*, und solche mit behäuteten, *Chlorothece*, einzuordnen (VISCHER). — Die atmophytische *Rhodospora* bildet wahrscheinlich sukzedan bis zu 32 Autosporen, womit eine frühere Angabe berichtigt wird [GEITLER (1)]. — Als Vertreter einer neuen Gattung wird das in der Membran von *Desmarestia* lebende *Calacodictyon reticulatum* beschrieben. Es vermehrt sich vegetativ durch Zellen, die sich isolieren und die Wirtsmembran nach außen durchbrechen (J. FELDMANN).

Lichenes. Bisher waren nur tropische Arten als obligate Basidiolichenen bekannt. Nach den Untersuchungen GEITLERs (4) gehört auch *Clavaria mucida* zu dieser Gruppe. Obwohl eine große Anzahl Algen *(Protococcales, Heterocontae, Cyanophyceae)* auf dem *Clavaria*-Thallus vorkommen, bildet der Pilz nur mit einer *Coccomyxa*-artigen Protococcale einen Flechtenthallus. Die Verbindung zwischen den Partnern ist in dem krustenförmigen Stroma besonders eng, Haustorien werden jedoch nicht gebildet. Der Fruchtkörper ist frei von Gonidien. Bei Cyanophyceenflechten treten entweder obligat in allen Algenzellen intraplasmatische Haustorien *(Pyrenopsidaceae)* auf oder die Pilzhyphen wirken nur als Appressorien. Bei einer nicht näher zu bestimmenden Collematacee *(Lempholemma*-Art?*)* wurde die Beeinflussung der *Nostoc*-Zellen durch den Pilz studiert [GEITLER (3)]. Neben der durch den Pilz bedingten Tendenz zur Isolierung, Formveränderung und Zellvergrößerung wurden besonders häufig intraplasmatische Haustorien gefunden. Danach dürfte die beschriebene Art als Übergangsform zu den *Pyrenopsidaceae* mit obligaten Haustorien anzusehen sein. — Für taxonomische Zwecke verwertbar sind das Apikalsystem der Schläuche (Unterteilung der Familie *Peltigeraceae* GALINOU) und das Excipulum, das sich bei der Gattung *Verrucaria* als echte Perithecienwand herausgestellt hat (CHRISTIANSEN). Letzteres Merkmal findet zur Abgrenzung der Familie *Verrucariaceae* innerhalb der *Sphaeriales* Verwendung. —

Die Altersbestimmung der Flechten ist wegen ihres langsamen Wachstums und ihrer Tendenz zur Bildung von Kollektivindividuen schwierig. Bei Arten mit deutlicher Individuumsgrenze ist die Altersbestimmung durch die Methode der datierten Unterlage möglich, die bereits von NYLANDER angewendet und von BESCHEL (1) ausgebaut wurde. Die Extremwerte für die Lebensdauer betragen bei epiphyllen, tropischen Arten ein, bei epipetren, arktischen Arten etwa 1000 (z. B. *Rhizocarpon geographicum* 1300) Jahre [BESCHEL (2)].

Bryophyta. *Hepaticae.* Die monotypische, im West-Himalaya vorkommende *Sewardiella* ist von besonderem Interesse, weil sie eine Mittelstellung zwischen foliosen und thallösen Jungermaniaceen einnimmt. Sie könnte sich von der foliosen *Fossombronia* durch kongenitale Verwachsung der dorsiventralen Blätter ableiten, wobei *Petalophyllum* als Übergangsform anzusehen wäre (MEHRA u. VAHIST). Für die Verwandtschaft der drei genannten Gattungen sprechen Stellung und Entwicklung der Sexualorgane, Bau des Sporophyten, Ausbildung von Knollen, Vorkommen von Mycorrhiza und derselben Chromosomenzahl (2n = 18) (PANDÉ u. Mitarbeiter, PANDÉ, SRIVASTAVA u. MISRA).

Pteridophyta. *Filicinae.* Bei *Pteridium aquilinum* treten in Agarjedoch nicht in Erdkulturen fünf abnorme Prothallienformen auf (STEEVES, SUSSEX u. PARTANEN). Drei von ihnen, die Filament-, Nadelkissen- und koralloide Form können Antheridien und normale Prothallien durch Regeneration bilden. Wenn die Filament- und die Nadelkissenform als abnorme Jugendstadien angesehen werden, ist es verständlich, daß auf ihnen keine Archegonien entstehen, wohl aber auf den kompakten, koralloiden Altersformen. Durch ihre geringe Fähigkeit zur Regeneration und durch ihre Unfähigkeit zur Bildung von Geschlechtsorganen sind die parenchymatösen und filamentösen Pseudocallusformen von den drei vorher beschriebenen unterschieden. Da diese tumorähnlichen Formen tri- oder tetraploid, die selten vorkommenden Regenerate jedoch diploid sind, könnte eine Beziehung zwischen Polyploidiegrad und Fähigkeit zur Regeneration bestehen (PARTANEN, SUSSEX u. STEEVES). — Der experimentell erzeugte Bastard *Dryopteris filix-mas* × *D. paleacea* zeigt die Eigenschaften (Apogamie, Fehlen der Archegonien, Restitutionskernbildung im achtzelligen Archespor) des einen Elters *(D. paleacea)*. Die apogame Fortpflanzung dürfte eine Entwicklungsbeschleunigung gegenüber der sexuellen bedeuten (DÖPP).

Angiospermae. *Apomixis.* Von BATTAGLIA (2) wurde aus cytologischen Erwägungen und aus Prioritätsgründen eine neue Nomenklatur vorgeschlagen. Danach wäre die Sporenentwicklung, wenn sie mit normaler Meiosis erfolgt, als Eusporie, bei Meiosestörungen jedoch als Aneusporie zu bezeichnen. Die generative Aposporie, wobei aus einer Sporenmutterzelle unter Ausfall der Meiosis eine Spore entsteht, sollte als apomeiotische Sporie der somatischen Sporie gegenübergestellt werden. Bei letzterer entsteht die Spore aus somatischem Gewebe (= somatische Aposporie der gebräuchlichen Nomenklatur). Das neue System hat, obwohl es gut durchdacht ist, geringe Aussicht auf Einführung, da durch die Verknüpfung des Begriffes Spore mit dem Phasenwechsel und der Meiosis eine neue Nomenklatur für vegetative Fortpflanzung in derselben Phase notwendig würde. — Apomiktische Endospermentwicklung wurde bei einer fakultativ parthenokarpen Feigensorte beobachtet (ZAMOTAJLOV). Embryonen können nachträglich durch einfache Befruchtung gebildet werden. Hier würde sich also die Pseudogamie im Gegensatz zu den meisten Fällen auf die zusätzliche Bildung von Embryonen beziehen. — Untersuchungen an amerikanischen *Rubus*-Arten (EINSET; PRATT u. EINSET; vgl. auch Fortschr. Bot. **17**, 99) zeigten, daß die diploide Art, *R. allegheniensis*, sich normal sexuell fortpflanzt, daß polyploide Arten jedoch fakultativ pseudogam sind. Somatische und generative Aposporie treten besonders bei Arten mit ungeraden Vielfachen des Haploidsatzes auf. Die Somatisierungstendenz im mehrzelligen Archespor scheint mit dem Polyploidiegrad zuzunehmen. — Auch bei polyploiden Rassen von *Tripsacum dactyloides (Gramineae)* wurde fakultative Pseudogamie beobachtet (FARQUHARSON) Polyembryonie kann durch Synergidenbefruchtung oder Befruchtung eines zusätzlichen Embryosackes bedingt sein. — Bei *Poa nervosa* wurde durch GRUN obligate generative Aposporie (ohne Pseudogamie!) gefunden, so daß jetzt bei der Gattung *Poa* neben der normalen sexuellen Fortpflanzung (MÜNTZING u. NYGREN) alle Grade der Apomixis bekannt sind. Daß auch bei Apomikten Reste sexueller Potenz vorhanden sind, scheint aus den Untersuchungen von JUHL-NOODT an *Poa pratensis* hervorzugehen. — Bei dem pseudogamen *Pennisetum ciliare* entstehen monosporische, vierkernige, unreduzierte Embryosäcke auf dem Wege der somatischen Aposporie und in seltenen Fällen achtkernige, wahrscheinlich reduzierte (SNYDER, HERNANDEZ u. WARMKE). Beachtenswert ist, daß im zweikernigen unreduzierten Embryosack die beiden Kerne wie beim *Oenothera*-Typ am mikropylaren Ende liegen bleiben und nicht polar verteilt werden. Vierkernige Embryosäcke sind im übrigen außer bei den Onagraceen bisher nur bei *Pennisetum ciliare, P. setaceum, P. villosum, Panicum maximum* und *Cenchrus setigerus* beschrieben worden. Polyembryonie ist bei *Pennisetum ciliare* durch Entwicklung von Embryonen aus Zwillingsembryosäcken derselben Samenanlage bedingt. Gelegentlich vorkommende sexuelle Entstehung von Embryonen läßt sich nicht ausschließen. — Auch bei *Pennisetum clandestinum* wurden aposporische (allerdings keine vierkernige) Embryosäcke neben reduzierten beobachtet (NARAYAN). — Bei der tetraploiden pseudogamen *Rudbeckia sullivantii* wird wie bei allen *Rudbeckia*-Arten während der Makrosporenbildung nach dem ersten meiotischen Teilungsschritt ein Restitutionskern gebildet [BATTAGLIA (3)]. Nach drei weiteren Teilungen entsteht ein achtkerniger Embryosack [*Ixeris*-Typ nach BATTAGLIA (1)]. Die Embryonen entstehen entweder parthenogenetisch oder auf dem Wege der Hemigamie. Bei der Hemigamie findet keine Karyogamie statt, der männliche Kern teilt sich meist zweimal, wobei in der Regel vierkernige Suspensorzellen gebildet werden. Zum ersten Mal wurde der Vorgang der Hemigamie auch bei einer eiähnlichen Antipodenzelle nachgewiesen.

Literatur.

ABRAMS, R. Y.: J. Bacter. **70**, 251 (1955).

BARTMANN, K., u. W. HÖPKEN: (1) Zbl. Bakter. I Orig. **163**, 319—332 (1955). — (2) Zbl. Bakter. I Orig. **166**, 30—42 (1956). — BATTAGLIA, E.: (1) Caryologia (Pisa) **2**, 165—204 (1950). — (2) Phytomorphology (Delhi) **5**, 173—177 (1955). — (3) Caryologia (Pisa) **8**, 1—32 (1955). — BAUCH, R.: Flora (Jena) **142**, 1—24 (1955). — BAUER, L.: Ber. dtsch. bot. Ges. **48**, 381—384 (1955). — BESCHEL, R.: (1) Diss. Innsbruck 1950. — (2) Phyton (Horn, N.-Ö.) **6**, 60—68 (1955). — BISBY, G. R.: Amer. J. Bot. **1**, 274—288 (1914). — BLIDING, C.: Bot. Not. (Lund) **1955**, 253—262. — BONNER, J. T.: J. of exper. Zool. **106**, 1—26 (1947). — BOURELLY, P.: Bull. Soc. bot. France **102**, 134—190 (1955). — BRADLEY, S. G., M. SUSSMAN and H. L. ENNIS: J. Protozool. **3**, 33—38 (1956). — BRINGMANN, G.: Zbl. Bater. I Orig. **160**, 507—511 (1954). — BRUCKMAYER-BERKENBUSCH, H.: Arch. Protistenkde **100**, 183—211 (1954).

CADMAN, E.: J. Trans. roy. Soc. Edinburgh **57**, 93—142 (1931). — CARAM, B.: Bot. Tidsskr. **52**, 18—36 (1955). — CARRERE, L., J. ROUX et J. MANDIN: C. r. Soc. Biol. (Paris) **148**, 2050—2052 (1954). — CHOPRA, R. S., and P. D. SHARMA: J. Indian bot. Soc. **35**, 117—119 (1956). — CHRISTIANSEN, M. S.: Bot. Tidsskr. **52**, 133—142 (1955). — CORRENS, C.: Vermehrung der Laubmoose. Jena 1890. — CUCKOW, F. W., and E. KLIENEBERGER-NOBEL: J. gen. Microbiol. **13**, 149—154 (1955).

DIENES, L.: J. Bacter. **57**, 529—546 (1949). — DIENES, L., and W. E. SMITH: J. Bacter. **48**, 125—153 (1944). — DIENES, L., and H. J. WEINBERGER: Bacter. Rev. **15**, 245—288 (1951). — DILLER, V. M., M. FULFORD and H. J. KERSTEN: (1) Bryologist **58**, 173—192 (1955). — (2) Amer. J. Bot. **42**, 819—829 (1955). — DÖPP, W.: Planta (Berlin) **46**, 70—91 (1955). — DREW, M.: Biol. Rev. **30**, 343—390 (1955). — DROOP, M. R.: (1) Arch. Mikrobiol. **21**, 267—272 (1955). — (2) Nature (London) **175**, 42 (1955).

EDWARD, D. G.: (1) J. Gen. Microbiol. **8**, 256—262 (1953). — (2) J. gen. Microbiol. **10**, 27—64 (1954). — EDWARD, D. G., and W. A. FITZGERALD: J. gen. Microbiol. **5**, 576 (1951). — EINSET, J.: Amer. J. Bot. **38**, 768—772 (1951).

FARQUHARSON, L. I.: Amer. J. Bot. **42**, 737—743 (1955). — FELDMANN, J.: Bull. Soc. bot. France **102**, 23—28 (1955). — FENSHOLT, D. E.: Amer. J. Bot. **42**, 305—322 (1955). — FREUNDT, E. A.: Acta path. scand. (Copenh.) **31**, 508—529 u. 561—573 (1952).

GALINOU, M.-A.: C. r. Acad. Sci. (Paris) **241**, 99—101 (1955). — GEITLER, L.: (1) Österr. bot. Z. **102**, 25—29 (1955). — (2) Österr. bot. Z. **102**, 235—272 (1955). — (3) Österr. bot. Z. **102**, 317—321 (1955). — (4) Biol. Zbl. **74**, 145—159 (1955). — GEMMAL, A. R.: Trans. Brit. bryol. Soc. **2**, 203—213 (1953). — GERBER, G.: Z. Naturforsch. **10 b**, 382—384 (1955). — GRAVES, J. M.: Nature (London) **175**, 393—394 (1955). — GRUN, P.: Amer. J. Bot. **42**, 778—784 (1955)

HARPER, R. A., and B. O. DODGE: Ann. Bot. **28**, 1—18 (1914). — HILL, E. J.: Bryologist **6**, 80—81 (1903). — HIROSE, H.: Cytologia **19**, 358—370 (1954). — HIRSCHBERG, E., and G. MERSON: Cancer Res. Suppl. **3**, 76—79 (1955). — HÖPKEN, W., u. K. BARTMANN: Zbl. Bakter. I Orig. **162**, 372—385 (1955). — HUBER-PESTALOZZI, G.: Das Phytoplankton des Süßwassers. Systematik und Biologie. Teil **4**: Euglenophyceen. Stuttgart: E. Schweizerbart 1955. — HUSTEDT, FR.: Arch. Mikrobiol. **21**, 391—400 (1955).

JAFFE, L.: Proc. Nat. Acad. Sci. USA **41**, 267—270 (1955). — JONES, F. R.: J. Linnean Soc. Bot. **55**, 261—270 (1955). — JUHÁSZ, I., and J. VADÁSZ: Nature (London) **176**, 208—209 (1955). — JUHL-NOODT, H.: Züchter **25**, 80—86 (1955).

KANDLER, G., u. O. KANDLER: (1) Arch. Mikrobiol. **21**, 178—201 (1955). — (2) Zbl. Bakter. II. Abt. **108**, 383—397 (1955). — KANDLER, O., u. G. KANDLER: Z. Naturforsch. **11 b**, 252—259 (1956). — KANDLER, G., O. KANDLER u. O. HUBER: Arch. Mikrobiol **21**, 202—216 (1955). — KANDLER, O., J. MÜLLER u. C. ZEHENDER: Arch. Mikrobiol. **24**, 250—265 (1956). — KANDLER, O., C. ZEHENDER u. J. MÜLLER: (1) Arch. Mikrobiol. **24**, 209—218 (1956). — (2) Arch. Mikrobiol. **24**, 219—249

(1956). — KELLENBERGER, E., K. LIEBERMEISTER u. V. BONIFAS: Z. Naturforsch. 11b, 206—215 (1956). — KLIENEBERGER-NOBEL, E.: (1) J. Gen. Microbiol. 3, 434—443 (1949). — (2) J. Gen. Microbiol. 5, 525—530 (1951). — (3) Bacter. Rev. 15, 77—103 (1951). — (4) Biol. Rev. 29, 154—184 (1954). — KLIENEBERGER NOBEL, E., and F. W. CUCKOW: J. Gen. Microbiol. 12, 95—99 (1955).

LARUE, C. D., and S. NARAYANASWAMI: Bull. Torrey Bot. Club 82, 198—217 (1955). — LEVRING, T.: Bot. Not. (Lund) 1955, 40—45. — LEWIN, J. C.: (1) J. Gen. Microbiol. 13, 162—169 (1955). — (2) Plant Physiol. 30, 129—134 (1955). — LEWIN, R. A.: Canad. J. Bot. 33, 5—10 (1955). — LIEBERMEISTER, K.: Z. Natur-forsch. 8b, 757—766 (1953). — LIEBERMEISTER, K., u. E. KELLENBERGER: Z. Natur-forsch. 11b, 200—206 (1956). — LIETH, H.: Arch. Mikrobiol. 24, 91—104 (1956).

MEHRA, P. N., and B. R. VAHIST: Bryologist 53, 89—114 (1950). — METZNER, I.: Arch. Mikrobiol. 22, 45—77 (1955). — MONER, J. G.: Biol. Bull. 107, 236—246 (1954). — MORTON, H. E., J. G. LECCE, J. J. OSKAY and N. H. COY: J. Bacter. 68, 697—717 (1954). — MÜNTZING, A., and A. NYGREN: Hereditas (Lund) 41, 405—422 (1955).

NARAYAN, K. N.: Proc. Indian Acad. Sci. Sect. B. 41, 196—208 (1955). — NARAYANASWAMI, S., and C. D. LARUE: Phytomorphology (Delhi) 5, 356—372 (1955).

PANDÉ, S. K., T. S. MAHABALE, Y. B. RAJÉ and K. P. SRIVASTAVA: Phyto-morphology (Delhi) 4, 365—378 (1954). — PANDÉ, S. K., K. P. SRIVASTAVA and R. N. MISRA: Phytomorphology (Delhi) 5, 57—67 (1955). — PARTANEN, C. R., I. M. SUSSEX and T. A. STEEVES: Amer. J. Bot. 42, 245—256 (1955). — PIERCE C. H.: J. Bacter. 43, 780 (1942). — POCHMANN, A.: Österr. bot. Z. 102, 1—17 (1955). — POETSCHKE, G.: Klin. Wschr. 1954, 241—245. — PRATT, CH., and J. EINSET: Amer. J. Bot. 42, 636—645 (1955). — PRITTWITZ u. GAFFRON, J. VON: (1) Naturwiss. 40, 590—594 (1953). — (2) Naturwiss. 42, 113—115 (1955). — (3) Zbl. Bakter. I Orig. 163, 313—318 (1955). — PULVERTAFT, R. J.: J. of Path. 65, 175—184 (1953).

RADLER, F., u. A. RIPPEL-BALDES: Arch. Mikrobiol. 23, 400—412 (1956). — RAETTIG, H.: J. wiss. Mikrosk. 62, 92—105 (1954). — RAETTIG, H., u. A. BUSSE: Zbl. Bakter. I Orig. 164, 458—465 (1955). — REESE, W. D.: Bryologist 58, 239—241 (1955). — RIETH, A.: Flora (Jena) 142, 156—182 (1955). — RIPPEL-BALDES, A., u. G. BUSCH: Nachr. Akad. Wiss. Göttingen Math.-Phys. Kl. IIb, Biol. Physiol. Chem. Abt. 1954, 23—36. — RIPPEL-BALDES, A., G. BUSCH u. F. RADLER: Arch. Mikrobiol. 23, 423—430 (1956). — RUBIO HUERTOS, M., E. KÜSTER u. W. FLAIG: Zbl. Bakter. I Orig. 162, 24—31 (1955). — RUSKA, H., u. K. POPPE: Z. Naturforsch. 2b, 35—36 (1947).

SCHELLENBERG, H.: (1) Zbl. Bakter. I Orig. 161, 425—433 (1954). — (2) Zbl. Bakter. I Orig. 161, 433—457 (1954). — SCHULER, J. F., V. M. DILLER, M. FULFORD and H. J. KERSTEN: Plant Physiol. 30, 478—482 (1955). — SCHULZ, G.: Arch. Mikrobiol. 21, 335—370 (1955). — SCHUSSNIG, BR.: Österr. bot. Z. 102, 444—459 (1955). — SHAFFER, B. M.: Nature (London) 171, 975 (1953). — SNYDER, L. A., A. R. HERNANDEZ and H. E. WARMKE: Bot. Gaz. 116, 209—221 (1955). — STARR, R. C.: (1) Proc. Nat. Acad. Sci. USA 40, 1060—1063 (1954). — (2) Amer. J. Bot. 42, 577—581 (1955). — (3) Bull. Torrey Bot. Club 82, 261—265 (1955). — STEEVES, T. A., I. M. SUSSEX and C. R. PARTANEN: Amer. J. Bot. 42, 232—245 (1955). — STEMPEN, H.: J. Bacter. 70, 177—181 (1955). — STEMPEN, H., and W. G. HUTCHINSON: J. Bacter. 61, 321—344 (1951). — SUSSMAN, M.: (1) J. Gen. Microbiol. 10, 110—120 (1954). — (2) J. Gen. Microbiol. 13, 295—309 (1955). — (3) In LWOFF, A., and S. H. HUTNER: Biochemistry and Physiology of Protozoa Bd. 2. New York: Akad. Press 1955. — SUSSMAN, M., and FR. LEE: Proc. Nat. Acad. Sci. USA 41, 70—78 (1955). — SUSSMAN, M., and E. NOEL: Biol. Bull. Woods Hole 103, 259—268 (1952). — SUSSMAN, R. R., and M. SUSSMAN: Ann. New York Acad. Sci. 59, 949—960 (1953).

TAUBENECK, U.: Zbl. Bakter. I Orig. 163, 477—483 (1955). — TAUBENECK, U., u. M. R. MÜLLER: Zbl. Bakter. I Orig. 163, 309—312 (1955). — THAXTER, R.: Bot. Gaz. 29, 259—267 (1900). — TULASNE, R.: (1) Rev. Immunol. 15, 223—251

(1951). — (2) Symp. Bact. Cyt. VI. Internat. Congr. Microbiol. Rom **1953**, 144 bis 176. — TULASNE, R., et G. BRINGMANN: Rev. Immunol. **16**, 323—330 (1952). — TULASNE, R., et J. BRISON: Ann. Inst. Pasteur **88**, 237—239 (1955).— TULASNE, R., R. MINCK et J. LAVILLAUREIX: Ann. Inst. Pasteur **85**, 525—527 (1953).

VADÁSZ, J., and I. JUHÁSZ: (1) Acta biol. Hungar. **6**, 171—183 (1955). — (2) Nature (London) **176**, 168 (1955). — VENDRELY, R., et R. TULASNE: Nature (London) **171**, 262 (1953). — VISCHER, W.: Ber. schweiz. bot. Ges. **65**, 459—474 (1955).

WELDEN, A. L.: Mycologia **97**, 714—728 (1955). — WILSON, CH. M., and I. K. ROSS: Amer. J. Bot. **42**, 743—749 (1955). — WINKLER, A.: Die Bakterienzelle. Stuttgart: Gustav Fischer 1955.

YAMAMOTO, R., H. E. ADLER and D. R. CORDY: J. Bacter. **69**, 472—476 (1955).

ZAMOTAJLOV, S. S.: Izv. Akad. Nauk. SSSR, Ser. Biol. **1955**, Nr. 2, 103—121.

4. Submikroskopische Morphologie.

Von Kurt Mühlethaler, Zürich.

Mit 1 Abbildung

Plastiden.

Aus den neueren Arbeiten über die submikroskopische Struktur der Chloroplasten geht ganz allgemein hervor, daß deren Bau nicht so einheitlich ist, wie das früher vermutet wurde. Unterschiede bestehen vor allem in der Anordnung der Granenlamellen in bezug auf die den ganzen Chloroplasten durchziehenden Trägerschichten. Die bis jetzt gefundenen Schichtenstrukturen sind in Abb. 12 (a—d) schematisch zusammengestellt worden. Wie im letzten Bericht erwähnt wurde, fanden Steinmann u. Sjöstrand (1954) bei Aspidistra durchgehende Granensäulen, wobei die einzelnen Granenlamellen zwischen die Trägerschichten eingeschoben sind (Abb. 12 c). Von Hodge, McLean u. Mercer (1955) ist nun eine Arbeit über Mais-Chloroplasten erschienen, die einen vom *Aspidistra*-Typ abweichenden Bau aufweisen. Neu ist der Befund, daß im Mais-Blatt zwei verschiedene Plastidentypen zu finden sind, solche ohne Granen in den das Leitbündel umgebenden Parenchymzellen und solche mit einer ausgeprägten Granenstruktur in den Mesophyllzellen. Beide Chloroplasten-Typen sind geschichtet und weisen einen Lamellenabstand von 125 Å auf (bei *Aspidistra* 65 Å). Die Granen der Mesophyll-Chloroplasten bestehen aus 2—60 Schichten, wobei sich die Zahl der Granenlamellen zu der Zahl der Trägerlamellen wie 2:1 verhält. Beide Plastidentypen besitzen eine Membran, die vor allem in den jungen Stadien oder bei etiolierten Pflanzen gut zu erkennen ist. Bei älteren Plastiden ist sie jedoch nicht mehr deutlich ausgebildet. Unter der Membran folgt eine Zone, die bei neugebildeten Chloroplasten eine leichte Schichtung zeigt. Die Untersuchung an diesen Jungchloroplasten ergab, daß in dieser peripheren Zone die Lamellen vorgebildet werden. Das Innere der Plastiden ist durchgehend geschichtet, wobei das zwischen den Lamellen vorhandene Stroma bei guter Auflösung eine fein granuläre Struktur zeigt. Hier findet man auch die kugelförmigen, osmophilen Körper, die als Lipoidtropfen angesehen werden. Die Stärkekörner sind zur Hauptsache in den granenlosen Chloroplasten der Parenchymzellen rund um die Leitbündel lokalisiert. Nach Rhoades u. Carvalho (1944) sind diese Chloroplasten als Speicherorgane für Kohlehydrate anzusehen. Die aus den umgebenden Mesophyllzellen abwandernden Assimilationsprodukte werden hier eine Zeitlang gespeichert und dann nach Bedarf an das Stoffleitungssystem weitergegeben. Das Fehlen von Grana könnte daher durch diesen Funktionswechsel bedingt

sein. HODGE, MCLEAN u. MERCER (1955) unterteilen sowohl die Trägerschichten wie die Granenlamellen in drei Zonen. Die Mittelschicht
erscheint nach der Osmiumfixierung sehr kontrastreich und soll zur
Hauptsache Protein enthalten (p-Zone). Auf beiden Seiten von dieser
35 Å dicken Schicht folgt die 45 Å breite L-Zone, die Lipoide enthalten
soll. Als dritte Schicht folgt wieder eine feine dunkle Lamelle, die als
C-Zone (Chlorophyll) bezeichnet wurde (siehe Abb. 12a). Obschon
keine endgültigen Beweise vorliegen, wird angenommen, daß das Chlorophyll hier lokalisiert sei.

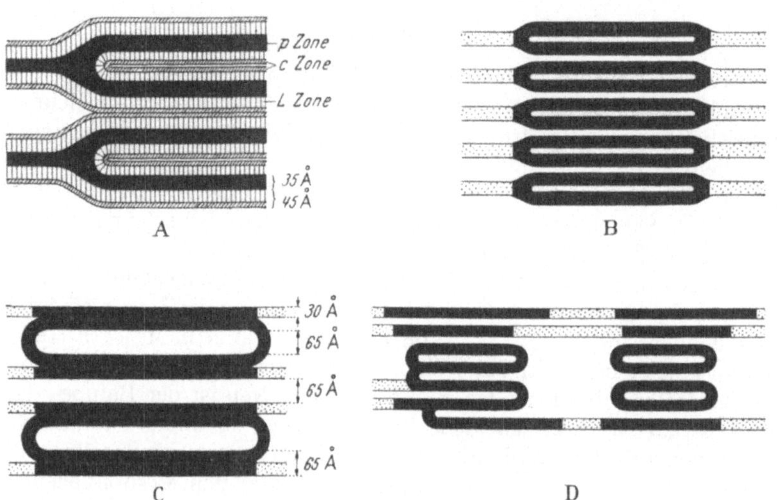

Abb. 12. Schema des lamellaren Aufbaues verschiedener Chloroplasten.
A. Aufbau der Grana- und Intergranalamellen bei *Zea Mays* (nach HODGE, MCLEAN und MERCER 1955).
B. Ausschnitt aus einer Granasäule im Chloroplasten von *Zea Mays*. C. Anordnung der Grana bei *Aspidistra elatior* (Nach STEINMANN und SJÖSTRAND 1955). D. Granastruktur im *Oenothera*-Chloroplasten (nach SITTE und v. WETTSTEIN 1955).

Aus dem Befund, daß die Zahl der Lamellen im Intergrana-Bereich
halb so groß ist wie im Grana-Bereich, wird geschlossen, daß die einzelnen Granenlamellen nicht zwischen die Trägerschichten eingeschoben
sind wie beim *Aspidistra*-Typ, sondern im Granenbereich „aufgespalten",
wie das in Abb. 12a, b angedeutet ist.

Über die Einlagerung der Pigmentmoleküle in den Granen ist immer
noch nichts Sicheres bekannt. Neuere Untersuchungen von TAKASHIMA
(1952) haben ergeben, daß das Chlorophyll an ein Lipoprotein gebunden
ist. Nach dem Schema von HUBERT (1935) und FREY-WYSSLING (1937)
sind die Chlorophyllmoleküle so orientiert, daß die Porphyrin-Köpfe
parallel zu den Granenschichten liegen, während die Karotinoid- und
Lipoidmoleküle senkrecht dazu stehen. Eine solche gerichtete Einlagerung müßte im Chloroplasten eine meßbare Absorptions-Anisotropie
ergeben. GOEDHEER (1955) machte solche Messungen im monochro-
matisch polarisierten Licht an Chloroplasten von *Mougeotia* und *Funaria*
und fand, daß die Absorption in der Ebene des Chloroplasten höher ist

als senkrecht dazu. Das zeigt, daß *in vivo* die Porphyrinringe und Lipoide entsprechend dem bisherigen Schema eingelagert sind. Für die Karotinoide bedarf dieses Schema einer Korrektur, indem sie nicht senkrecht, sondern wie die Porphyrinringe parallel zur Granenlamelle angeordnet sind.

Eine Untersuchung über die Struktur der *Oenothera*-Chloroplasten wurde von STUBBE und v. WETTSTEIN (1955) veröffentlicht. Nach RENNER (1922, 1924 und 1936) tritt bei *Oenothera* als Folge von Artbastardierung häufig Weißbuntheit auf, die darauf beruht, daß eine der beiden elterlichen Plastidensorten mit dem Bastardgenom nicht ergrünungsfähig ist. Die *Oenothera*-Arten müssen also qualitativ verschiedene Plastiden besitzen, deren Eigenschaften unabhängig vom Kern vererbt werden. Die elektronenmikroskopische Untersuchung zeigt, daß die voll entwickelten, grünen *Hookeri*-Plastiden unter ihrem arteigenen Genom eine typische Lamellenstruktur zeigen, wobei 7—10 Schichten ein Lamellenpaket bilden, das den ganzen Chloroplasten durchzieht.

Die Granen liegen in Stapeln von 2—3 Einheiten übereinander, wobei einzelne Granenschichten oft frei im Stroma eingebettet sind, wie das aus Abb. 12c hervorgeht. Andere Plastidenmutationen, wie z. B. die weißen *Suaveolens*-Plastiden im *Hookeri*-Genom degenerieren, bevor sie fertig entwickelt sind. Sie beginnen zu vacuolisieren und bestehen schließlich nur noch aus elektronenmikroskopisch leeren Blasen. Nach MERCER, HODGE, HOPE und McLEAN (1955) kann eine Vacuolisierung auch durch künstliche Quellung erzeugt werden, wenn die Chloroplasten in hypotonische Lösungen eingelegt werden. In den von ihnen untersuchten *Nitella*-Chloroplasten bildeten sich nach kurzer Zeit zwischen den Trägerlamellen große Blasen, was zeigt, daß das Stroma sehr quellungsempfindlich ist. Die Zahl der Lamellen im granenlosen *Nitella*-Plastiden beträgt 40—100 bei einem gegenseitigen Abstand von 70 Å.

Recht wenig weiß man zur Zeit noch über die Umwandlung von Leukoplasten in Chloroplasten oder Chromoplasten. Nach SCHIMPER (1885) soll sich der gleiche Chloroplast nacheinander in die verschiedenen Plastidentypen umwandeln können, ohne seine Funktionstüchtigkeit einzubüßen. Nach FREY-WYSSLING, RUCH u. BERGER (1955) ist aber eine solche Plastiden-Metamorphose nicht möglich, ohne die physiologische Leistung zu beeinträchtigen. So muß man von den Leukoplasten verlangen, daß sie nicht nur farblos sind, sondern auch die Fähigkeit besitzen, Stärke aufzubauen. Die Autoren prüften die Chloroplastenveränderung bei Chlorose, Etiolements und in panaschierten Blättern. Bei *Chlorophytum comosum* geht beim Etiolement der Durchmesser der Chloroplasten von $55\,\mu$ nach drei Tagen auf $20\,\mu$ zurück, wobei die Granen vollständig verschwinden. Ein Wiederergrünen dieser Plastiden erfolgte nicht mehr. Aus den Untersuchungsergebnissen wird geschlossen, daß die Plastidenumwandlungen keine reversiblen Metamorphosen, sondern einen einseitig gerichteten, monotropen Entwicklungsablauf vorstellen, und zwar in der Reihenfolge: Proplastid → Leukoplast → Chloroplast → Chromoplast. Eine Rückverwandlung von Chloroplasten in Leukoplasten und von Chromo- in Chloroplasten ist nicht möglich. Nach BARTELS (1955) weisen die Leukoplasten und Chromoplasten unterirdischer Pflanzenorgane ebenfalls eine Granastruktur auf, die jedoch „optisch maskiert" und im lebenden Zustand nicht immer erkennbar ist. In den Leukoplasten der *Vicia faba*-Wurzel können die Granen sichtbar gemacht werden, wenn durch Quellung ein sprunghafter Unterschied zwischen den Lichtbrechungsindices des Stromas und der Grana entsteht. Durch Färbung mit Rhodamin B oder durch die nach der Lichtexposition erfolgte Pigmentsynthese können sie ebenfalls nachgewiesen werden. Wie die Leukoplasten, so sind auch die in der Wurzel von *Iris* vorhandenen Chromoplasten polygranulär. Nach BARTELS (1955) weisen also alle drei Plastidentypen den gleichen Entwicklungszyklus und die gleiche Struktur auf, die vom Proplastiden mit scheibchenförmigem Primärgranum ausgehen. Zu etwas anderen Ergebnissen kommen STEFFEN u. WALTER [1955 (1)], welche den Feinbau von Chromoplasten in *Solanum capsicastrum* und *Rosa canina* im Elektronenmikroskop untersuchten. Der Plastidenkörper besteht aus einem feinkörnigen Stroma, das von fibrillären Elementen durchzogen ist. Die feinen Stränge weisen bei *Rosa canina* Durchmesser von 100—150 Å oder 200—250 Å auf, während bei *Solanum capsicastrum* auch noch Fibrillen von 300—350 Å beobachtet wurden.

Einen gleichen Schichtenbau wie die Chloroplasten besitzen auch die Algenchromatophoren. Bei *Ankistrodesmus braunii* beträgt die Lamellendicke 80 Å und der gegenseitige Abstand 100—150 Å [STEFFEN u. WALTER 1955 (2)]. Schon im Lichtmikroskop ist eine netzartige Struktur zu erkennen, die, wie das Elektronenmikroskop zeigt, durch ein Auseinanderweichen von Lamellen-Aggregaten verursacht wird. Bei der Teilung wird diese Maschenstruktur an die Tochterorganismen weitergegeben.

Zellwände.

Ein neues Merkmal für die Bestimmung von *Pinus*-Hölzern wurde in den Hoftüpfeln gefunden. Wie die Untersuchung von FREY-WYSSLING, MÜHLETHALER und BOSSHARD (1955) zeigt, ist das für die Bestimmung der *Pinus*hölzer wichtige Merkmal, glatte oder gezähnte Markstrahltracheiden, weitgehend mit den von LIESE u. FAHNENBROCK (1952) zuerst beschriebenen Warzenstrukturen auf der Innenwand der Hoftüpfel gekoppelt. Hölzer mit stark gezähnten MS-Tracheiden weisen, mit Ausnahme der Untergattung *Khasia*, warzentragende Hoftüpfelwände auf. Fehlt die Zähnung, so sind auch die Innenwände der Hoftüpfel glatt.

Eine elektronenmikroskopische Untersuchung über den Zellwandabbau durch Holzvermorschungspilze sowie über die Struktur von Fichtentracheiden und Birkenholzfasern hat MEIER (1955) veröffentlicht. Sämtliche untersuchten Pilze vermochten die Sekundärwand leichter abzubauen als die Primärwand, Übergangslamelle und Tertiärwand. Das deutet darauf hin, daß das fibrilläre Material einer verholzten Zellwand chemisch nicht einheitlich ist. MEIER (1955) erklärt den verschiedenen Abbau damit, daß nur in der Sekundärwand die Mikrofibrillen aus reiner Cellulose bestehen, während sie in den übrigen Wandschichten mit Glucan-Xylan- oder eventuell Mannan-Verbindungen vermischt sind. Eine genaue Abklärung der chemischen Struktur dieser Zellwandschichten ist aber mit großen Schwierigkeiten verbunden, da sie nicht voneinander getrennt werden können.

Von WARDROP (1955) sind die verschiedenen Wachstumsstadien der Zellwände im Parenchym der *Avena*-Koleoptile beschrieben worden. Es wurde besonders untersucht, ob die für das Mosaikwachstum wichtigen Lockerstellen während der Membranstreckung in ihrer Zahl variieren. Aus den statistischen Auszählungen an jungen und alten Zellen ergab sich, daß die einmal angelegten Plasmodesmen während der ganzen Zellentwicklung erhalten bleiben. Durch die Flächendehnung rücken sie aber mehr und mehr auseinander, wobei auch die dazwischenliegenden Wandgebiete aufgelockert werden. Von den Tüpfeln aus, die als Synthesezentren für Cellulose angesehen werden, soll die Einflechtung neuer Fibrillen erfolgen. Diese Wachstumstheorie lehnt sich also sowohl an die von ROELOFSEN u. HOUWINK (1953) aufgestellte "Multi-net-growth-Theorie" wie an das von FREY-WYSSLING u. STECHER (1951) postulierte Mosaikwachstum an. Im Zusammenhang mit den Untersuchungen über das Flächenwachstum war es auch von Interesse zu prüfen, ob eine Wachstumshemmung eine Strukturveränderung in der Membran mit sich bringt (MÜHLETHALER u. LINSKENS 1956). Als Untersuchungsobjekte wurden *Petunia*-Pollenschläuche benützt, die im Griffel von selbststerilen Pflanzen oder frei auf Agar gewachsen waren. Die Zellwand weist eine Streuungstextur auf und wird durch Einlagerung eines cutinähnlichen Stoffes abgedichtet. Vereinzelt wurden auch Pollenschläuche mit zwei Wandschichten beobachtet, was zeigt, daß auch bei Zellen mit extremem Spitzenwachstum die Fähigkeit der Membranbildung auf der ganzen Wandfläche erhalten bleibt. Trotz der Wachstumshemmung findet keine Umorientierung des Fibrillengeflechtes statt. Die Wand ist jedoch dichter ausgebildet als in den auf Agar gekeimten Pollenschläuchen.

In den meisten elektronenmikroskopischen Arbeiten über die Zellwände wird nur die Struktur der Cellulosestränge diskutiert, während die übrigen Wandstoffe nicht berücksichtigt werden. SITTE (1955) hat es unternommen, einmal die Struktur der verkorkten Membranen im Elektronenmikroskop zu studieren. Die Primärwand weist eine typische Streuungstextur auf und enthält als Inkrusten hauptsächlich Pektin. Die darauffolgende Sekundärwand besteht aus etwa 60 Suberinlamellen von je etwa 70 Å Dicke. In dieser Wandschicht fehlt, wie das bereits VAN WISSELINGH (1925) nachwies, die Cellulose vollständig. Erst die darauffolgende Tertiärwand enthält wieder Cellulose. Die Membran ist von zahlreichen Poren durchlöchert, die aber nach dem Absterben der Zelle verschlossen werden.

Zur Chemie und zum submikroskopischen Aufbau der Zellwände, Scheiden und Gallerten von *Cyanophyceen* ist ein Beitrag von METZNER (1955) erschienen. Mit den heute bekannten mikrochemischen Reaktionen gelingt es aber nicht, die verschiedenen Stoffe zu identifizieren.

Im Elektronenmikroskop konnten in den Längs- und Quermembranen auch keine neuen Strukturen gefunden werden. Nach der Behandlung mit Chromsäure treten 10—20 mμ große Poren auf, die siebartig über die ganze Querwand verteilt sind. Die Scheiden zeigten bei allen untersuchten Gattungen eine Faserstruktur mit einem Fibrillendurchmesser von etwa 6—13 mμ. Aus den Aufnahmen junger Querwände kann geschlossen werden, daß diese Membran nicht durch eine Einfaltung der Längsmembran, sondern durch einen Entmischungsprozeß des Plasmas entstehen muß.

Von Bringmann u. Kühn (1955) sowie von Orgell (1955) sind zwei Methoden angegeben worden, um die pflanzliche Cuticula abzulösen. Die ersten Autoren isolierten die Cuticula verschiedener Blüten durch Behandlung mit Kupferoxydammoniak und 4% Essigsäure. Die Häutchen können dann ohne weitere Behandlung im EM untersucht werden. Die Blütenblätter weisen eine große Mannigfaltigkeit der Fältelungstypen auf, die sich aber auf acht Grundmuster zurückführen lassen. Nach Orgell (1955) kann die Cuticula auch durch Einlegen von Blattstücken in 3% Pektinase (p_H 3,5—4,5) frei präpariert werden. Sobald das Gewebe durch die Einwirkung des Fermentes zerfallen ist, kann die Cuticula abfiltriert werden.

Zum Schlusse soll noch eine Arbeit von Hepton, Preston und Ripley (1955) über die Struktur der Siebplatten in *Curcurbita* kurz erwähnt werden. Es ist schon in der älteren Literatur vermutet worden, daß zwischen der Struktur dieser Siebplatten und der Stoffbewegung ein enger Zusammenhang besteht. Aus den EM-Schnitten ist ersichtlich, daß sich das Cytoplasma kontinuierlich von einer Siebröhre in die andere zieht. Die von Münch (1930) postulierte Stoffwechseltheorie wird abgelehnt, da eine Kontinuität der Vacuolen nicht vorhanden ist. Die von Crafts (1951) erwähnten Mikroporen von 200—300 Å Durchmesser fehlen ebenfalls. Nach Hepton, Preston und Ripley (1955) deutet die kontinuierliche Plasmastruktur darauf hin, daß für den Stofftransport nicht nur rein physikalische Kräfte, wie z. B. Diffusion, maßgebend sein können, sondern vitale Prozesse eine ausschlaggebende Rolle spielen.

Literatur.

Bartels, F.: Planta (Berlin) **45**, 426 (1955). — Bringmann, G., u. R. Kühn: Z. Naturforsch. **9 b**, 47 (1955); **10 b**, 317 (1955).

Crafts, A. S.: Bot. Rev. **17**, 203 (1951).

Frey-Wyssling, A.: Protoplasma (Wien) **29**, 279 (1937). — Frey-Wyssling, A., u. H. Stecher: Experientia (Basel) **7**, 420 (1951). — Frey-Wyssling, A., K. Mühlethaler u. H. H. Bosshard: Holz **13**, 245 (1955). — Frey-Wyssling, A., F. Ruch u. X. Berger: Protoplasma (Wien) **45**, 97 (1955).

Goedheer, J. C.: Biochim. et Biophysica Acta **16**, 471 (1955).

Hepton, C. E. L., R. D. Preston and G. W. Ripley: Nature (London) **176**, 868 (1955). — Hodge, A. J., J. D. McLean and F. V. Mercer: J. Biophys. a. Biochem. Cytol. **1**, 605 (1955). — Hubert, R.: Rec. Trav. bot. Néerl. **32**, 323 (1935).

Liese, W., u. M. Fahnenbrock: Holz, **10**, 197 (1952).

Meier, H.: Holz **13**, 323 (1955). — Mercer, F. V., A. J. Hodge, A. B. Hope and J. D. McLean: Austral. J. Biol. Sci. **8**, 1 (1955). — Metzner, I.: Arch. f.

Mikrobiol. **22**, 45 (1955). — Mühlethaler, K., u. H. F. Linskens: Experientia (Basel) (im Druck). — Münch, E.: Die Stoffbewegung in der Pflanze. Jena: G. Fischer 1930.

Orgell, W. H.: Plant Physiology **30**, 78 (1955).

Renner, O.: Z. Abstammgslehre **27**, 235 (1922). — Biol. Zbl. **44**, 309 (1924). — Flora (Jena) **130**, 218 (1936). — Rhoades, M. M., and A. Carvalho: Bull. Torrey Bot. Club **71**, 335 (1944). — Roelofsen, P. A., u. A. L. Houwink: Acta bot. neerl. **2**, 218 (1953).

Schimper, A. F. W.: Jb. wiss. Bot. **16**, 1 (1885). — Steffen, K., u. F. Walter: (1) Naturwiss. **42**, 395 (1955).— (2) Planta (Berlin) **45**, 395 (1955).— Steinmann, E., and F. S. Sjöstrand: Exper. Cell Res. **8**, 15 (1955).— Stubbe,W., u. D. v. Wettstein: Protoplasma (Wien) **45**, 241 (1955). — Sitte, P.: Mikroskopie (Wien) **10**, 178 (1955).

Takashima, S.: Nature (London) **169**, 182 (1952).

Wardrop, A. B.: Austral. J. Bot. **3**, 137 (1955). — Wisselingh, C. van: Handbuch d. Pflanzenanatomie III/2. Berlin: Bornträger 1925.

B. Systemlehre und Pflanzengeographie.

5a. Systematik und Phylogenie der Algen.

Von Bruno Schussnig, Jena.

Eine bedeutende Veröffentlichung systematischen Inhaltes stellen die Beiträge zur Kenntnis der Meeresalgen von G. Funk dar, in denen er seine Beobachtungen aus den Jahren 1950—1954 mit denen seines ersten Buches vom Jahre 1927 vergleicht und die Veränderungen in der Vegetation an den klassischen Standorten feststellt. Dem vorliegenden Werke ging eine Studie über die „Konstanz und Veränderlichkeit der Algenvegetation von Neapel" voraus, auf die sich der Verf. vielfach bezieht. Da es sich dabei um ökologische Fragestellungen handelt, muß in diesem Referat verzichtet werden, darauf einzugehen. Von systematischem Interesse ist es zunächst, darauf hinzuweisen, daß nach den neuesten Feststellungen des Verfassers 289 Rhodophyceen-, 94 Phaeophyceen- und 88 Chlorophyceen-Arten im Golf vorkommen. Die Zahl der Rhodophyceen hat sich um 22, die der Phaeophyceen um 1 Art vermehrt, wobei Verf. bemerkt, daß möglicherweise die Gesamtzahl der Phaeophyceen bei einer längeren Forschungsdauer durch mehrere Beobachter größer ausfallen könnte. Einige Formen werden von Funk neu beschrieben, so *Derbesia sirenarum, D. attenuata, D. minima, Scinaia santa-luciana, Lomentaria verticillata, L. chylocladiella, Cryptonemia longiarticulata, Melobesia confervoides, Nitophyllum micropunctatum, N. rotundum, Antithamnion heterocladum, Pseudocrouania ischiana* nov. gen., nov. spec., *Polysiphonia stichidiosa*. Zu den angeführten Arten in der systematischen Aufzählung, die sich an die von Feldmann anlehnt, sind nicht nur Standortsangaben, sondern vielfach auch morphologische und biologische Anmerkungen zugefügt. Die Literatur ist sehr sorgfältig berücksichtigt.

Dem systematischen Teil folgt ein Kapitel über pathologisch abnorme Formen und „Regenerationen", eines über Epiphytismus und Endophytismus und eines über die Seegraswiesen. Es ist sehr zu begrüßen, daß Funk dem Epiphytismus seine Aufmerksamkeit geschenkt hat, da die epiphytischen und entophytischen Formen nicht immer selbständige Arten, sondern Stadien von Formen darstellen. Die Ermittlung dieser noch fraglichen Zusammenhänge kann für die Systematik von Bedeutung werden.

Was dieses Werk, das sich würdig an die Werke von Feldmann für das westliche Mittelmeer anreiht, besonders anziehend und brauchbar macht, ist der auf 30 Tafeln beigefügte mikrophotographische Atlas. Die einzelnen Aufnahmen sind mit ganz besonderer Sorgfalt ausgeführt und reproduziert und sie werden nicht nur jedem Gast der zoologischen Station in Neapel wertvolle Dienste beim Bestimmen erweisen, sondern sie stellen darüber hinaus eine wertvolle Sammlung von Bildern, die alle nach der Natur hergestellt sind, dar. Wir sind dem Verf. für sein schönes Werk aufrichtig dankbar.

Euglenomonadina (Euglenophyceae). Über diese Flagellatengruppe sind zwei repräsentative Werke geschrieben worden, das eine (1953) von MARY GOJDICS über die Gattung *Euglena,* und das andere stellt die neueste Bearbeitung der gesamten Gruppe durch G. HUBER-PESTALOZZI (1955) dar. In dem Buch der Schwester GOJDICS findet sich in der Einleitung eine Darstellung der Morphologie und Cytologie der Gattung *Euglena.* Es ist nur schade, daß ihr die im gleichen Jahr erschienene Arbeit von POCHMANN über die Pellicularstrukturen und Symmetrieverhältnisse noch nicht bekannt sein konnte. Wertvoll ist die historische Übersicht über die Vorstellungen von der systematischen Stellung von *Euglena* und deren farblosen Verwandten. Verfasserin betont den großen Wert der durch PRINGSHEIM begonnenen Studien anhand von Reinkulturen für die Klarstellung der phylogenetisch-systematischen Zusammenhänge, beschränkt sich jedoch für den Augenblick darauf, die apochlorotischen Formen von *Euglena* der Gattung *Astasia* zuzurechnen. Im Interesse der Übersichtlichkeit eines Werkes, welches die Artsystematik von *Euglena* allein zum Ziele hat, erscheint dieses Vorgehen durchaus berechtigt. Ebenso ist die Gruppierung der Arten auf Grund der Chromatophoren-Morphologie als ein praktisches Ordnungsmittel aufzufassen, welches sich bei der Bestimmungsarbeit gut bewährt.

Die Bearbeitung von HUBER-PESTALOZZI ist wohl die erschöpfendste dieser Art, und sie füllt in meisterhafter Weise eine schon lange empfundene Lücke in der modernen Systematik der pflanzlichen Flagellaten aus. Außer einer kurzen allgemeinen Einleitung finden sich ausführlichere Beschreibungen der Gattungen vor, in denen alles Wissenswerte, bis auf die neueste Zeit, zusammengetragen ist. Dann folgt die Artsystematik.

Die Euglenophyceae führt HUBER-PESTALOZZI als X. Klasse des Gesamtwerkes an und gliedert sie wie folgt:

1. Reihe: Chlorophyllführende Eugleninen
   Fam.   Euglenaceae
           Euglenocapsaceae
2. Reihe: Chlorophyllfreie Eugleninen
   Fam.   Cyclidiopsidaceae (fam. nov.)
           Astasiaceae
           Peranemaceae
           Rhynchopodaceae
           Rhizaspidaceae
           Protaspidaceae

In einem Anhang werden die letzten Nachträge zu den *Eugleninae, Euglenaceae, Euglena, Colacium, Lepocinclis, Phacus, Trachelomonas, Strombomonas, Astasiaceae, Peranemaceae, Peranema, Anisonema* gebracht, in denen nebst morphologischen auch artsystematische Ergänzungen der erwähnten Formen enthalten sind. Dies alles, zusammen mit der reichen Illustration (auf 114 Tafeln!) macht das Werk zu einem bereits erprobten, unentbehrlichen Hilfsmittel bei der Arbeit des Protophytologen und Planktologen.

Chrysomonadinae. Von P. KORNMANN wurde in Kulturversuchen die Morphologie und Entwicklung von *Phaeocystis* untersucht. Die von einer elastischen Grenzschicht umgebenen Gallertkolonien gehen aus der Teilung eines einzelnen Schwärmers hervor, so daß die Zahl der Zellen einer Potenz von zwei entspricht. Die vegetativen Zellen wandeln sich nach Austritt aus der Gallerte in begeißelte Schwärmer um. Außerdem entstehen Mikrozoosporen, die sich selbständig durch Zweiteilung vermehren und ebenfalls neuen Kolonien den Ursprung geben. Von großer Bedeutung für die Systematik ist die mit dem Phasenkontrast und dem Dunkelfeld durchgeführte Bestätigung einer älteren Angabe von v. SCHERFFEL, wonach die monadalen Stadien zwei gleichlange, heterodynamische, aktive Geißeln und außerdem eine dritte kurze und starre Geißel besitzen. Danach ist für *Phaeocystis* die verwandtschaftliche Zugehörigkeit zu den *Prymnesiaceae* erwiesen. *Phaeocystis* ist nach den Untersuchungen von KORNMANN auch deswegen interessant, weil sie zwei Phasen, eine koloniale und eine monadale, besitzt.

Xanthophyceae. In einer Untersuchung über die Morphologie und Ökologie halophiler Vaucherien hat A. RIETH für *Vaucheria dichotoma* und *V. intermedia*, mit Hilfe des Phasenkontrastmikroskopes, die heterokonte Begeißelung der Spermien in einwandfreier Weise festgestellt. Die Insertion der Geißeln ist lateral, bzw. ventral, da die Spermien weinsamenförmig, also dorsoventral, gestaltet sind, wobei die kürzere Geißel nach vorn gerichtet ist, während die längere spiralig, in einer zur Längsachse des Spermiums senkrechten Ebene, um den Körper verläuft. Die pleurokonte und heterokonte Begeißelung der Spermien, zusammen mit der Feststellung von KOCH, daß die Hauptgeißel beflimmert ist, erweisen, daß *Vaucheria* keine Chlorophycee ist, sondern den Xanthophyceen (Heterokonten) zuzurechnen ist. Es bleibt noch immer eine Untersuchung der Geißeln bei den Synzoosporen offen, da die alten Angaben von STRASBURGER und von PASCHER jetzt dringend einer Überprüfung bedürfen.

Für die Frage nach der systematischen Stellung von *Vaucheria* sind die Befunde, die P. DANGEARD an den Chromatophoren von *V. sphaerospora* NORDST. erhoben hat, wichtig. Entgegen einer früheren Angabe von CHADEFAUD, der für eine marine *Vaucheria*-Art eine Stärkekalotte um das Pyrenoid gesehen haben wollte, stellt DANGEARD fest, daß die Substanz, die sich am Pyrenoid kondensiert, extraplastidial und nicht jodophil ist. Mit Jod färbt sich diese fragliche Substanz braun, sie ist somit keine Stärke, was auch mit noch unveröffentlichten chromatographischen Untersuchungen im Laboratorium des Ref. in Übereinstimmung steht, wonach die Plastiden von *Vaucheria* kein Chlorophyll b führen. DANGEARD nimmt auch Stellung zu dem Vorschlag von CHADEFAUD, die Gattung *Dichotomosiphon* aus der Familie der Vaucheriaceen herauszunehmen und sie den Caulerpaceen zuzurechnen. Wenn wir auch DANGEARD zustimmen können, daß diese Zurechnung noch nicht als definitiv betrachtet werden kann, so ist die Loslösung von *Dichoto-mosiphon* aus dem Verwandtschaftskreis von *Vaucheria* sicherlich richtig, denn *Dichotomosiphon* stellt einen siphonalen Chlorophyceentypus dar.

Bezüglich der Gattung *Asterosiphon*, die DANGEARD als eine Xantho-phycee ansieht, besteht noch keine Meinungseinheitlichkeit. LUTHER reiht sie nicht in die Heterokonten ein.

Phytomonadina. In einer vergleichend-morphologischen Unter-suchung von Protistengeißeln mit Hilfe des Elektronenmikroskopes, auf die hier nicht näher eingegangen werden kann, wurde von DOROTHY R. PITELKA u. CAROLINE N. SCHOOLEY (1955) an einer unbestimmten *Platymonas*-Art ein Befund erhoben, der für die systematische Stellung dieser, schon im vorjährigen Bericht besprochenen Gattung von großer Bedeutung ist. Während bei allen bisher, und auch von den beiden Verfasserinnen, untersuchten Phytomonadinen gleichgeartete Geißeln des Peitschentypus (akronematisch) festgestellt werden konnten, besitzt *Platymonas* vier gleichlange Geißeln ohne Akronema. In den Geißeln erblickt man ein dichtes Axonema von ungefähr 190 mμ Dicke, umgeben von einer leicht körnigen Scheidensubstanz, und außerdem eine wechselnde Zahl von Mastigonemen von höchstens 1 μ Länge, welche in zwei Reihen zu beiden Längsseiten der Geißeln entspringen. In besonders günstigen Aufnahmen ließ sich eine klare Periodizität von etwa 10 mμ in der Anordnung der seitlichen Mastigonemen erkennen. Dieser Geißeltypus ist für die echten Phytomonadinen völlig fremd und liefert einen neuerlichen und sehr zwingenden Beweis dafür, daß die Gattung *Platymonas* nicht in die Verwandtschaft der Phytomonadinen gehört.

Chlorophyceae. Eine sehr beachtliche Studie über eine neue phylo-genetisch-systematische Gliederung der Grünalgen hat K. I. MEIER in russischer Sprache veröffentlicht. Diese Abhandlung ist zwar schon 1952 erschienen, gelangte aber erst kürzlich als Sonderabdruck in die Hände des Ref.[1]. Angesichts der Bedeutung dieser Schrift erscheint eine nachträgliche Besprechung als gerechtfertigt, um sie den deutschen Fachkollegen zugänglich zu machen.

Verf. greift auf eine Mitteilung aus dem Jahre 1928 von W. W. MILLER zurück, worin die Idee von der Existenz einer besonderen, durch die axiale Stellung des Chromatophors in der Zelle charakterisierten Reihe innerhalb der Grünalgen ausgesprochen wurde. Diese Mitteilung blieb nicht nur im Ausland, sondern in Rußland selbst unbekannt. In Unkennt-nis davon hat aber F. E. FRITSCH trotzdem, im Zusammenhang mit den Prasiolineen, eine sehr bedeutungsvolle Bemerkung gemacht. Er schreibt: „Formen mit axialem und ± sternförmigem Chromatophor sind bei Volvocalen und Chlorococcalen bekannt und es ist möglich, daß sie zu einer besonderen, schwach entwickelten Reihe gehören, in der *Prasiola* fadenförmige und thallöse Ausbildungen aufweist." WORONI-CHIN stellt 1949 in einem Werke, „Das Leben des Süßwassers" (S. 430), im Abschnitt über die Algen, eine besondere Klasse der *Centroplastineae*

---

[1] Herrn cand. rer. nat. JOST CASPER verdanke ich die sorgfältige Übersetzung ins Deutsche.

auf, zu der er „Algen mit einem zentralen Chromatophor, einem zentralen Pyrenoid und einem excentrisch gelegenen Kern" zählt. Hierher stellt er die Gattungen *Borodinella*, *Nautococcus*, *Apiococcus*, *Prasiola* und *Pleurococcus*. Auch diesem Autor scheint die Mitteilung MILLERs unbekannt gewesen zu sein.

In der vorliegenden Arbeit führt nun K. I. MEIER diesen Gedanken ausführlich aus und kommt zu sehr berücksichtigungswerten Schlußfolgerungen. Zunächst stellt der Verf. fest, daß innerhalb der Grünalgen eine besondere Reihe von Formen existiert, die durch die axiale Lage des Chromatophors gekennzeichnet sind, eine Reihe, die parallel zu derjenigen zu denken ist, welche die Hauptmasse der mit wandständigen Chromatophoren ausgestatteten Grünalgen ausmacht. Beide Reihen, die als *Centroplastae* (MILLER) und *Parietoplastae* (MEIER) gekennzeichnet werden, zeigen die gleichen Stufen gestaltlicher Differenzierung, d. h. beide beginnen mit einzelligen, beweglichen Formen vom Typ etwa der Chlamydomonaden, und schreiten bis zu hochentwickelten, mehrzelligen Gestaltungstypen fort. Zum Unterschied der außerordentlich formenreichen, in voller Entfaltung begriffenen Parietoplastae, werden die formenarmen Centroplastae als eine „erloschene, untergehende" Reihe aufgefaßt. Nur die Conjugaten, bei denen sich eine allmähliche Umgestaltung des massiven, axialen in einen wandständigen Chromatophor vollzogen haben soll (als Reduktionsvorgang gedacht), stellen eine formenreiche, in progressiver Entwicklung begriffene Ordnung vor, die sich an die Centroplastae anschließen dürften.

Ein Vergleich mit den *Xanthophyta*, *Chrysophyta*, *Euglenophyta*, *Bacillariophyta* und *Rhodophyta* ergibt, daß alle Algenstämme mit Ausnahme der Braunalgen zwei Typen von Chromatophoren besitzen, nämlich einen axialen, massiven, in der Regel mit zentralem Pyrenoid versehenen Chromatophor, und einen meist dünneren, wandständigen Chromatophor, der bisweilen in lappenartige, untereinander vereinigte Abschnitte gegliedert ist, dann aber auch in selbständige, mehr oder weniger zahlreiche Chromatophoren zerfällt, wenn der zentrale Chromatophor bis auf die Lappen reduziert wird. Beide Chromatophoren-Typen sind durch Übergänge verbunden und zeigen so die evolutive Abwandlung des Chromatophors an. Eine Abwandlung in umgekehrter Richtung ist nicht bekannt. Die Algen mit wandständigen Chromatophoren werden als progressive Gestaltungsreihen aufgefaßt.

Aus diesen allgemeinen Betrachtungen zieht MEIER den Schluß, daß bei der Aufstellung eines phylogenetischen Systems der Algen, außer allen übrigen Merkmalen, vor allem auch auf die Stellung der Chromatophoren in der Zelle Wert gelegt werden muß. Den Verlauf der Evolution bei den *Chlorophyceen* hat man sich folgendermaßen vorzustellen: Als die primitivsten Typen werden die Chlamydomonaden angenommen. Die Chlamydomonaden vom Typ *Chlamydomonas rotula*, mit typisch axialem, sternförmigem Chromatophor, waren diejenigen Formen, von denen die Grünalgen ausgingen. Aus ihnen entwickelten sich Chlamydomonaden mit wandständigen, becherförmigen Chromatophoren. Es wird angenommen, daß sich die Chlamydomonaden schon sehr früh in zwei divergierende Entwicklungsreihen teilten, in die „axiale" und in die „wandständige". In der Folgezeit begannen beide sich selbständig und parallel weiterzuentwickeln und durchliefen die Stufen der gestaltlichen Differenzierung von monadoiden zu palmelloiden und coccoiden Typen, und weiter zu faden- bis gewebeartigen Formen. Die „wandständige" Linie vollführte eine mächtigere Entfaltung und brachte die Hauptmasse der rezenten Grünalgen hervor. Die „axiale" hingegen „ging zurück" (mit Ausnahme der oben erwähnten Conjugaten). Danach zerfällt der Stamm der Chlorophyta in zwei Klassen: 1. *Centroplastae* und 2. *Parietoplastae*. Die Klasse der Centroplastae zerfällt wiederum in zwei Unterklassen: a) *Centroplastae zoosporineae* mit Vertretern, die ihre beweglichen Zoosporen und Gameten bewahren, obgleich die Tendenz zu rein vegetativer Vermehrung deutlich ausgeprägt ist. b) *Centroplastae azoosporineae*: die Acontae oder Conjugaten; der Geschlechtsakt findet als Konjugation zwischen zwei ganzen Protoplasten statt. Die Klasse der *Parietoplastae* wird ihrerseits in zwei Unterklassen untergeteilt: a) *Parietoplastae cellulineae*, mit zelligem Bau; b) *Parietoplastae siphonineae*, schlauchartig, von nicht-zelligem Bau. Die centroplastidialen Chlamydomonaden, von denen die höheren Grünalgenformen mit Centroplast ausgegangen sind, bezeichnet MEIER als *Centromonadales*. Zu diesen rechnet er aus der Gattung *Carteria* die Untergattung *Pseudagloe*, die zur selbständigen Gattung *Pseudagloë* erhoben wird, mit den Arten *P. micronucleata* KORSH., *P. crucifera* KORSH., *P. multifissa* PASCHER und eventuell *P. polychloris* PASCHER. Aus der Gattung *Chlamydomonas*, Untergattung *Euchlamydomonas*, gehören zu den Centromonadales *Chl. rotula* PLAYFAIR, *Chl. pteromonoides* CHODAT und *Chl. polydactyla* CHODAT. Bei diesen zwei letzteren Arten wie auch bei *Chl. parallelistriata* var. *okensis* KORSH. ist die Tendenz des Überganges zum becherförmigen Chromatophorentyp zu erkennen. Um Verwechslungen zu vermeiden, stellt MEIER für diese Arten den neuen Gattungsnamen *Centromonas*, mit der Typusart *C. rotula*, auf. Aus der Untergattung *Chloromonas* zählt Verf. die Art. *Chl. inversa* in die Gruppe der centroplastidialen Chlamydomonaden und benennt sie, zu Ehren des Initiators aller dieser Gedankengänge, *Milleria*.

Zu den Centromonadales werden schließlich die von KORSHIKOW beschriebenen Gattungen *Nautococcus* und *Apiococcus* gerechnet und sie müssen aus den Volvocales, wohin sie üblicherweise gestellt werden, herausgezogen werden. Dagegen meint MEIER, daß *Nautococcus constrictus* mit dem wandständigen Chromatophor, den zahlreichen Pyrenoiden und dem zentralen Kern, aus der Gattung *Nautococcus* ausgeschieden werden muß.

Für die *Palmellales* mit centroplastidialen Zellen wird die Reihe der *Centropalmellales* aufgestellt, wozu der Verf. *Asterococcus, Characiella* und sonderbarerweise auch *Characiopsis* zählt.

Die Formen der coccalen Differenzierungsstufen mit centroplastidialen Zellen werden als *Centrococcales* zusammengefaßt, mit den Gattungen *Trebouxia* DE PUYMALY, *Myrmecia* PRINTZ, *Kentrosphaera, Scotinosphaera, Chlorochytrium* und *Phyllobium*, wobei der Verf. allerdings unsicher ist, ob die zwei zuletzt genannten Gattungen wirklich hierher gehören. Die Gattungen *Follicularia* und *Excentrosphaera* stellen einen Übergang vom axialen zum wandständigen Typus dar, so daß sie als Bindeglieder zu den Parietoplastae gelten oder selbst zu diesen letzteren gerechnet werden könnten. MEIER gibt selbst zu, daß *Excentrosphaera* besser zu den Chlorococcalen und *Follicularia* zu den *Siphonales (Protosiphonaceae)* gerechnet werden sollten.

Die Analyse solcher Formen wie *Chlorochytrium*, *Follicularia* oder *Excentrosphaera* führt zu einer Folgerung allgemeiner Natur, nämlich, daß die Verwandlung eines axialen in einen parietalen Chromatophor, d. h. also der Übergang von den *Centroplastae* zu den *Parietoplastae*, nicht nur einmal im Verlauf der Evolution der Grünalgen stattgefunden hat; er läßt sich bei den Chlamydomonaden und bei den Protococcalen nachweisen.

Zu den *Centrococcales* wird auch noch die eigenartige Gattung *Borodinella* gerechnet, deren Teilungsmodus in vier tetraedrisch angeordnete Tochterzellen zu instabilen Zellkomplexen führt.

Die fadenförmige Stufe der Centroplastae, die *Centrotrichales* ist nur durch *Pleurococcus vulgaris* MENEGHINI und *Cylindrocapsa geminella* WOLLE vertreten. *Pleurococcus vulgaris* NAEGELI, mit wandständigem Chromatophor, müßte als eigener Gattungstypus abgetrennt werden. *Cylindrocapsa geminella* WOLLE, die IYENGAR beschrieben hat, gehört nach MEIER nicht zur Gattung *Cylindrocapsa* und stellt, infolge ihres axialen Chromatophors, einen eigenen Gattungstypus dar.

Daß *Prasiola* (einschließlich *Schizogonium*) als Vertreter der *Centrostromatales* aufgefaßt wird, ist jedenfalls zu begrüßen, da dieser Typus in das System der *Ulotrichales* niemals hineingepaßt hat.

Wie schon gesagt, werden die Conjugaten von den Centromonadalen abgeleitet, was allerdings beim Fehlen begeißelter Stadien hypothetisch bleibt. Auch der Übergang vom axialen zum parietalen Chromatophorentypus bedarf noch einer eingehenderen Prüfung.

Zum Bestand der *Parietoplastae* gehören nach MEIER alle übrigen Grünalgen, die die Hauptmasse des Chlorophyceensystems ausmachen. Es wird an der üblichen Stufenfolge der Volvocales → Palmellales → Ulotrichales festgehalten. Zu den *Ulotrichales* im weiteren Sinne werden auch die *Chaetophorales* und *Oedogoniales* (!) gezählt. Von den Protococcalen wären auch die *Cladophorales* abzuleiten, von denen jene kolonialen, vielkernigen Protococcalen abstammen könnten, die den Zellbau vom Typ *Hydrodictyon* besitzen. Bei den *Cladophorales* unterscheidet er die *Cladophoraceae*, mit isogamer Befruchtung und kompliziertem Entwicklungscyclus, und *Sphaeroplea*, mit Oogamie und einfachem Cyclus (gemeint ist der Kernphasenwechsel).

Die Siphonalen ließen sich über Formen wie *Protosiphon*, *Halicystis*, *Follicularia* ebenfalls von den Protococcalen ableiten. Durch die letztere Gattung sind die *Siphonales* auch mit den *Centroplastae* verbunden, doch besteht, nach Meinung des Verf. keine Veranlassung, sie unmittelbar von diesen abzuleiten.

Von den *Charales* wird gesagt, daß sie einen gänzlich anderen Typus darstellen und daß es nicht gelingt, ihn mit dem irgendwelcher anderer Grünalgen in Beziehung zu bringen. Deshalb sei es durchaus möglich, daß jene Algologen Recht haben, die in den Charales einen besonderen Stamm der Algen erblicken — den der *Charophyta.*

Schließlich werden drei Evolutionsrichtungen innerhalb der *Siphonales* besprochen, was jedoch nichts prinzipiell Neues enthält und daher hier unberücksichtigt bleiben kann.

Am Schlusse seiner Arbeit bringt K. I. MEIER ein Schema, das hier wiedergegeben sei:

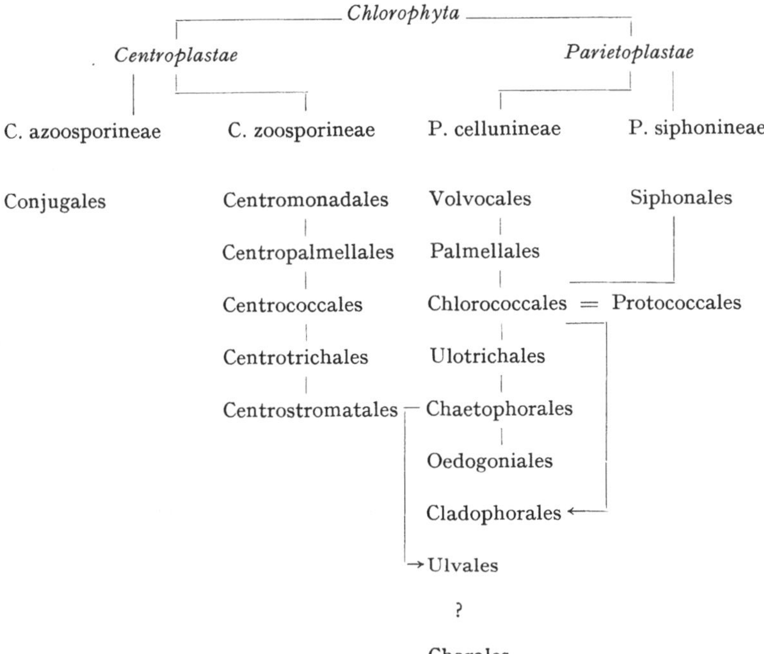

Man wird sich zwar nicht mit allem befreunden, was MEIER vorbringt; zweifellos gebührt ihm aber das Verdienst, neue Wege aufgezeigt zu haben, die bei einer so notwendigen Reform des Chlorophyceen-Systems Berücksichtigung finden könnten.

Bangiaceae. Mit der Frage nach dem von DREW angenommenen entwicklungsgeschichtlichen Zusammenhang von *Porphyra umbilicalis* und *Conchocelis rosea* (s. vorjährigen Bericht) setzt sich DANGEARD auf Grund eigener Beobachtungen auseinander. Er findet Unterschiede zwischen dem Wachstum der endolithischen Fadensysteme von *Conchocelis* und den im Wege einer künstlichen Übertragung von Karposporen und Keimlingen von *Porphyra umbilicalis* in Muschelschalen erzielten Lagern, was ihn veranlaßt, zunächst noch eine abwartende Haltung einzunehmen.

Nachgetragen sei hier noch eine theoretische Studie von J. FELD-MANN, der, unter Berücksichtigung aller bisher bekannten Tatsachen, die Frage nach der Bedeutung der Kernphasen- und Generationen-Alternanz für die Phylogenie der Algen prüft. Er geht von der Vorstellung aus, daß der cytologische Cyclus der Diplohaplophase dem primitiven Status der Alternanz entspricht. Der digenetische Typus mit zwei isomorphen Generationen wäre somit voranzustellen, während die haplophasischen Formen ihren schwach entwickelten Charakter dem Phasencyclus, der ihre evolutive Entfaltung verlangsamte, zu verdanken hätten. Beim heteromorphen Zustand der triphasischen Rhodophyceen (Gametophyt, Karposporophyt und Tetrasporophyt) fällt die cytologische Alternanz der Phasen nicht mit den Generationen zusammen. Die Heteromorphie der Generationen kam durch eine morphologische Reduktion des Karpo-sporophyten, infolge seines Parasitismus, zustande. FELDMANN kommt daher zu dem Schluß, daß die trigenetischen diplobiontischen Rhodo-phyceen wahrscheinlich weniger hoch entwickelt als die Nemalionales, welche einen digenetischen haplophasischen Cyclus aufweisen, seien. Eine besondere Bedeutung schreibt er den Fällen zu, in denen eine Ver-selbständigung der Generationen in einem heteromorphen Cyclus (z. B. *Codiolum—Urospora* oder *Halicystis—Derbesia*) vorkommt. Sie zeigen, daß Algen von morphologisch verschiedenem Aussehen doch einen gemeinsamen phylogenetischen Ursprung haben können.

«Ces faits, ainsi que l'apparition d'un même cycle à partir de cycles différents et à des stades variables de l'évolution, montrent que le type du cycle de reproduction ne constitue pas un caractère de valeur absolue permettant de fonder sur lui la phylogénie d'un groupe ou d'établir une classification naturelle.»

Diese richtige Schlußfolgerung ergibt sich auch aus der nun bekannten Tatsache, daß selbst in morphologisch gleichartigen Familien oder Gattungen ganz verschiedene Reproduktionscyclen realisiert sein kön-nen. Dies hat auch kürzlich SCHUSSNIG für die Gattung *Cladophora* gezeigt. Ob der Ausgangspunkt, nämlich der diplohaplontische Typus, von dem FELDMANN seine Überlegungen ableitet, zutrifft, ist noch nicht allgemein anerkannt. Darüber äußert sich auch DANGEARD, der die Meinung vertritt, daß der haplontische Typus eher als der primitivere anzusprechen wäre.

Literatur.

DANGEARD, P.: A propos d'une note de M. CHADEFAUD intitulée «Les Vau-chéries sont des Xanthophycées». Bull. Soc. bot. France 99 (1952). — Introduction à la Série XXXVI, Le Botaniste (1952). — Introduction à la Série XXXVIII, Le Botaniste (1954).

FELDMANN, J.: Les cycles de reproduction des Algues et leurs rapports avec la phylogénie. Rev. Cytol. et Biol. végét. 13 (1952). — FUNK, F.: Konstanz und Veränderlichkeit der Algenvegetation von Neapel. Publ. Staz. Zool. Napoli 23 (1951). — FUNK, G.: Beiträge zur Kenntnis der Meeresalgen von Neapel. Publ. Staz. Zool. Napoli 25 (1955).

GOJDICS, M.: The Genus *Euglena*. Madison 1953.

HUBER-PESTALOZZI, G.: Das Phytoplankton des Süßwassers, 4. Teil, Eugleno-phyceen. Stuttgart 1955.

Kornmann, P.: Beobachtungen an *Phaeocystis*-Kulturen. Helgoländer Wiss. Meeresunters. **5** (1955). Koch, W. J.: A study of the motile cells of *Vaucheria*. J. Elisha Mitchell Sci. Soc. **67** (1951). —

Luther, H.: Über *Vaucheria arrhyncha* Heidinger und die Heterokonten-Ordnung *Vaucheriales* Bohlin. Acta bot. fenn. **52** (1953).

Meier, K. I.: Versuch eines phylogenetischen Systems der Grünalgen (russ.). Bull. M. o.-wa isp. prirodi, otd. biol. **57** (1952).

Pitelka, D. R.: and C. N. Schooley: Comparative Morphology of some Protistan Flagella. Univ. Calif. Publ. Zool. **61** (1955).

Rieth, A.: Zur Kenntnis halophiler Vaucherien. Flora (Jena) **143** (1956).

Schussnig, B.: Eine apomeiotische Mutante von *Cladophora utriculosa* Kützg. Publ. Staz. Zool. Napoli **27** (1955). — Skoczylas, O.: Über die Mitose in der Peridineengattung *Ceratium*. Diss. Darmstadt 1954.

5b. Systematik und Stammesgeschichte der Pilze.

Von Heinz Kern, Zürich.

Mit 1 Abbildung.

I. Archimyceten und Phycomyceten.

Olpidiaceen.

Über die Spezialisierung wasserbewohnender, parasitischer Pilze liegen nur wenige Versuche vor, und die Umgrenzung mancher Arten ist dementsprechend noch unsicher. Johnson konnte eine von der Saprolegniacee *Dictyuchus anomalus* Nag. isolierte *Rozella* auf verschiedene Stämme von *Dictyuchus anomalus*, *Dictyuchus monosporus* Leitg., *Achlya flagellata* Coker und *Achlya proliferoides* Coker, dagegen nicht auf *Achlya caroliniana* Coker, *Saprolegnia diclina* Humph., *Allomyces arbuscula* Butl. u. a. übertragen. Der Pilz, welcher bei der ursprünglich von *Achlya flagellata* isolierten *Rozella achlyae* Shanor untergebracht werden kann, befällt demnach — entgegen der herkömmlichen Annahme — einzelne Arten aus mindestens zwei Gattungen. Unter 32 geprüften Stämmen von *Achlya flagellata* wurden nur 6 vom Parasiten befallen; wie bei höheren Pflanzen bestehen offenbar auch hier ausgeprägte Resistenzunterschiede zwischen verschiedenen Rassen. Auch Umweltbedingungen und Alter der Wirte können den Infektionserfolg wesentlich beeinflussen. Diese Versuche zeigen einmal mehr die Notwendigkeit experimenteller Untersuchungen für die Beurteilung der systematischen Beziehungen dieser Pilze.

Zygomyceten.

In der Gattung *Choanephora* erfolgt die asexuelle Fortpflanzung einerseits durch Sporangien mit endogenen Sporen (nach dem Typus von *Mucor*) und andererseits durch exogene Konidien, welche entwicklungsgeschichtlich von Auswüchsen der Sporangien herzuleiten sind [vgl. Gäumann (2), S. 69ff.]. Umweltbedingungen spielen bei der Fortpflanzung eine wesentliche Rolle; so bildet *Choanephora cucurbitarum* (Berk. et Rav.) Thaxt. in Reinkultur bei 25° C vorwiegend Konidien, bei 30° C dagegen vorwiegend Sporangien (Barnett u. Lilly). Nach Beobachtungen von Poitras an derselben Art sind die Konidien von einer äußern, dünnen Wand (der Sporangienwand) und einer innern, dicken Wand (der eigentlichen Sporenwand) umgeben; diese Befunde bestätigen ältere Angaben, wonach die Konidien einsporige Sporangiolen darstellen, welche als Ganzes abfallen. Damit und auch auf Grund seiner übrigen Merkmale steht dieser Pilz nahe bei *Blakeslea trispora* Thaxt., welche (neben *Mucor*-Sporangien) Sporangiolen bildet, die vom Muttersporangium abfallen und normalerweise drei, in Ausnahmefällen nur eine Spore enthalten.

Die Zoopagaceen (DRECHSLER; DUDDINGTON) umfassen konidienbildende Zygomyceten, welche (offenbar weitgehend als spezialisierte und obligate Parasiten) bodenbewohnende Amöben und Nematoden befallen. Sie bilden ein mehr oder weniger ausgedehntes, extramatrikales (mit Haustorien in die Wirtstiere eindringendes) oder intramatrikales Mycel. Die Konidien werden von kürzeren oder längeren Trägern einzeln, in Büscheln oder in Ketten abgeschnürt; die sexuelle Fortpflanzung erfolgt wie bei *Mucor*.

In zwei Übersichten mit Bestimmungsschlüsseln behandelt HESSELTINE die Gattungen der „Mucorales" [entsprechend den Mucoraceen bei GÄUMANN (2)] und die Untergattungen von *Mucor* (1).

II. Ascomyceten.

Plectascales.

In den Gattungen *Aspergillus* und *Penicillium* tritt die asexuelle Fortpflanzung durch Konidien sehr viel häufiger auf als die sexuelle durch Fruchtkörper und Asci, und von vielen Arten ist überhaupt keine Hauptfruchtform bekannt. Die beiden Gattungsnamen wurden denn auch ursprünglich für die Nebenfruchtformen geschaffen und sind nach den Nomenklaturregeln ungültig. Es wird daher erneut vorgeschlagen, die Arten mit bekannter Hauptfruchtform auszuscheiden und in besonderen, auf dem Bau der Fruchtkörper beruhenden Gattungen unterzubringen (*Eurotium*, *Emericella* und *Sartorya* für *Aspergillus*, *Carpenteles* und *Talaromyces* für *Penicillium*; BENJAMIN). Die nur im Konidienstadium bekannten Arten würden nach wie vor bei *Aspergillus* und *Penicillium* verbleiben. Auch wenn auf diese Weise den Regeln Genüge getan wird, erscheint es doch äußerst unzweckmäßig, die Systematik und Nomenklatur dieser praktisch so wichtigen Pilze ohne zwingende entwicklungsgeschichtliche Gründe tiefgreifend abzuändern und damit für die dringend notwendige Verständigung neue Verwirrungen zu verursachen. *Aspergillus* und *Penicillium* stellen auf Grund der bisherigen Erfahrungen — im Gegensatz zu andern Pilzgruppen mit übereinstimmenden Nebenfruchtformen — einheitliche Gattungen dar; sie müssen als nomina conservanda unbedingt in ihrer heutigen Fassung (THOM u. RAPER; RAPER u. THOM) erhalten bleiben.

Die asexuelle Fortpflanzung erfolgt bei den Plectascales allgemein durch exogen (*Aspergillus* usw.) oder endogen *(Thielavia)* an freien Trägern gebildete Konidien; nur von *Ctenomyces* ist bekannt, daß sich die konidientragenden Hyphen zu pyknidienartigen Knäueln verflechten können und in deren Hohlraum die Konidien abschnüren [GÄUMANN (1)]. In der neuen Gattung *Pycnidiophora* mit der Art *P. dispersa* (Wurzelbranderreger an Astern u. a.; CLUM) werden als Nebenfruchtform deutliche Pyknidien gebildet. Der Pilz erinnert damit an Vertreter der Pseudosphaeriales usw. und steht offenbar innerhalb der Plectascales relativ hoch.

Erysiphaceen.

Die in früheren Berichten erwähnten Befunde über echte Mehltaupilze mit relativ weitem Wirtsspektrum (Fortschr. Bot. **13**, 96; **14**, 91) haben eine weitere Ergänzung erfahren. Eine von *Zinnia elegans* Jacq. isolierte Form von *Erysiphe cichoracearum* DC. konnte auf andere Compositen (*Inula helenium* L., *Scorzonera hispanica* L. u. a.), auf Solanaceen (*Salpiglossis sinuata* R. P.) und auf Boraginaceen (*Cerinthe major* L.) übertragen werden (SCHMITT) und erinnert an *Erysiphe polyphaga* Hamm. Zwei andere Formen der *Erysiphe cichoracearum* (isoliert von *Phlox drummondii* Hook. und *Cucurbita pepo* L.) erwiesen sich demgegenüber als auf einzelne Arten ihrer Wirtsfamilien spezialisiert und gingen nicht auf die in diesen Versuchen verwendeten Pflanzen aus andern Familien über. Die Unterschiede in der Anfälligkeit verschiedener Individuen einer bestimmten Pflanzenart waren zum Teil ziemlich groß.

Pseudosphaeriales, Sphaeriales und verwandte Reihen.

In den Diskussionen über die stammesgeschichtliche Anordnung der Gruppen der ehemaligen Pyrenomyceten (vgl. Fortschr. Bot. **16**, 99 und **17**, 213) stehen nach wie vor der Bau der Asci und die Entwicklungsgeschichte und Struktur der Fruchtkörper als wichtigste Kriterien im Vordergrund. LUTTRELL (3) faßt die Formen mit doppelwandigem Ascus (Bitunicatae, Ascoloculares) neuerdings in der von Pilzen mit einwandigem Ascus (Euascomycetes) abzuleitenden Unterklasse der Loculoascomycetes zusammen. Leider ist der Ausdruck insofern irreführend, als der doppelwandige Ascus als Hauptmerkmal und die ascoloculare Struktur der Fruchtkörper nur als zusätzliches, wenn auch in vielen Fällen zutreffendes Merkmal verwendet wird.

Die von LUTTRELL vorgeschlagene Unterteilung der Loculoascomycetes gründet sich vor allem auf die Trennung des *Dothidea*-Typs und des *Pleospora*-Typs in der Fruchtkörperentwicklung; beide sind (als Spezialfälle des ascolocularen Prinzips) von ihm schon in einer früheren Arbeit (1) eingehend beschrieben worden.

Beim *Dothidea*-Typ wachsen die Asci vom Ascogon aus mehr oder weniger büschelig ins Grundgewebe hinein; dieses wird aufgelöst oder zusammengedrückt, und es entsteht ein Loculus. Zwischen den einzelnen Asci können Reste des Grundgewebes in Form von mehr oder weniger deformierten Zellreihen übrig bleiben; sie werden als Interthecialfasern bezeichnet. Als Beispiel diene die von WEHMEYER (1) für *Pseudoplea Gaeumanni* (Mül.) Wehm. (syn. *Pleospora Gaeumanni* Mül.) gegebene Darstellung.

Stärker abgeleitet erscheinen die Verhältnisse beim *Pleospora*-Typ. Hier ist das Zentrum des Fruchtkörpers schon vor dem Auftreten der Asci von langgestreckten, paraphysenähnlichen Zellen ausgefüllt, welche oben und unten ins Grundgewebe übergehen und als Pseudoparaphysen bezeichnet werden. Zwischen diesen wachsen später die Asci nach oben. Wie weit die Pseudoparaphysen durch starkes Längenwachstum aus Stromazellen entstehen und wie weit sie wirklich als neuartiges Element frei von oben herunterwachsen und unten mit dem Grundgewebe wieder in Verbindung treten, ist noch nicht klar. Beispiele für diesen Entwicklungstyp bilden *Pleospora armeriae* Cda. [WEHMEYER (2)] und *Glonium stellatum* Fr. [LUTTRELL (2)].

Auf Grund dieser beiden Typen stellt nun LUTTRELL (3) zwei parallele, von den Myriangiales ausgehende Entwicklungsreihen (Dothideales und Pleosporales) einander gegenüber. Es muß jedoch die Frage aufgeworfen werden, ob die beiden Typen nicht lediglich S t u f e n verschiedener Entwicklungshöhe darstellen und deshalb nicht scharf getrennt nebeneinander, sondern (in einer oder in mehreren Entwicklungsreihen) übereinander angeordnet werden müssen. Dabei würden die Asci der einfachen Vertreter z. B. der Gattung *Wettsteinina* (*Dothidea*-Typ) in das ziemlich unveränderte Grundgewebe hineinwachsen, während sich die Fruchtkörper der höher entwickelten Formen (*Pleospora*-Typ)

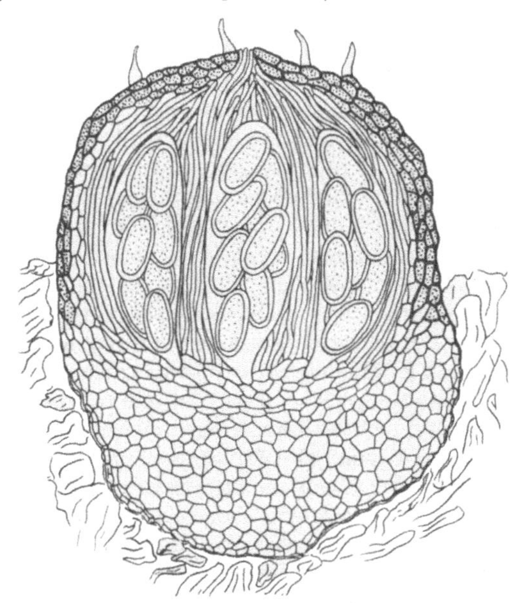

Abb. 13. Schnitt durch einen Fruchtkörper von *Seliniella macrospora* v. Arx et Mül. (nach Mitteilung von Dr. E. MÜLLER möglicherweise identisch mit *Ascobolus immersus* Pers.). Vergr. 165 mal. Nach VON ARX und MÜLLER.

schon vor dem Erscheinen der Asci beträchtlich strecken und das Zentrum dadurch eine fädige Struktur annimmt (vgl. MÜLLER u. VON ARX; Fortschr. Bot. **14**, 91 ff.). Auf jeden Fall kann die von LUTTRELL vorgeschlagene Anordnung in manchen Zügen erst einen Diskussionsbeitrag darstellen; um zu einem tragfähigen System zu gelangen, benötigen wir eine wesentlich größere Zahl von vergleichenden Einzeluntersuchungen. Als Ganzes bilden die bitunicaten Ascomyceten offenbar eine stammesgeschichtlich ziemlich einheitliche Pilzgruppe; diese kann nicht einer ebenso einheitlichen Gruppe von unitunicaten Ascomyceten gegenübergestellt werden, sondern ist wohl eher als ein entwicklungsgeschichtlicher Spezialfall (neben den Sphaeriales, Diaporthales usw.) zu betrachten.

Als A n f a n g s f o r m e n der Reihen der S p h a e r i a l e s (vgl. Fortschr. Bot. **17**, 215) betrachten VON ARX u. MÜLLER die Gattungen *Seliniella* und *Selinia*, die sie in der Familie der Seliniaceen unterbringen. Die Gattung *Seliniella* (Abb. 13) ist durch kugelig-knollenförmige, sklerotienartige Fruchtkörper charakterisiert, die unten stromatisch verdickt sind und oben aus einer Wand von dunklen, dickwandigen Zellen bestehen. Eine Mündung fehlt oder besteht nur in einem kleinen Porus am Scheitel. Im Innern finden sich keulige, dünnwandige Asci und zahlreiche fädige Paraphysen; die Ascosporen sind einzellig und von einer dicken Schleimhülle umgeben. Die Gattung dürfte eine ähnliche Stellung einnehmen wie *Wettsteinina* bei den Pseudosphaeriales (Fortschr. Bot. **14**, 91); von hier aus leiten die Autoren die Xylariaceen, Polystigmataceen, Nectriaceen usw. ab.

Ausgeprägte Stammesunterschiede, welche die herkömmlichen Artgrenzen verwischen, zeigen sich bei systematischen Untersuchungen in verschiedenen Pilzgruppen mehr und mehr. So lassen sich beim Vergleich einer größeren Zahl von Biotypen die Arten *Sclerotinia sclerotiorum* (Lib.) de Bary, *Scl. trifoliorum* Eriks. und *Scl. minor* Jagg. nicht mehr sicher voneinander scheiden, sondern gehen fließend ineinander über (PURDY). Es wird deshalb vorgeschlagen, alle diese Biotypen unter der Bezeichnung *Sclerotinia sclerotiorum* zu vereinigen. Ähnliche Verhältnisse bestehen in den Gattungen *Endothia* (ORSENIGO) und *Leucostoma* (KERN). Die Mittelwerte der Ascosporenlänge liegen bei den bisher untersuchten Stämmen von *Leucostoma nivea* (Fr.) v. H. zwischen 7 und 14 μ; ähnliche Streuungen bestehen im Verhalten der Reinkulturen (Nährstoffansprüche, Farbstoffbildung usw.) und in der Pathogenität, ohne daß sich bestimmte Gruppierungen der verschiedenen Merkmale erkennen ließen. Die Artumgrenzung bietet deshalb gewisse Schwierigkeiten und erscheint in ihrer Bedeutung z. B. für pflanzen-pathologische Fragen problematisch; innerhalb der „Arten" bilden die durch ein Mosaik von Merkmalen charakterisierten Stämme die biologischen Einheiten.

Auch die Variabilität der einzelnen Stämme muß bei diesen Untersuchungen in Betracht gezogen werden. Es kann zum Beispiel die Sporengröße wesentlich von der Temperatur beeinflußt werden; in den Versuchen von SÖRGEL betrug die mittlere Länge der Konidien eines Stammes von *Gibberella baccata* (Wallr.) Sacc. bei 4° C 33,3 μ, bei 16° C 37,0 μ und bei 32° C 25,4 μ. Die Septierung der Konidien wird in ähnlicher Weise beeinflußt. — Auf die Veränderlichkeit des Stromas je nach Umweltbedingungen, Wirtspflanze usw. ist schon verschiedentlich hingewiesen worden. *Phyllachora lespedezae* (Schw.) Sacc. auf lebenden Blättern von *Lespedeza*-Arten bildet im Frühsommer einzeln stehende Perithecien mit wenig entwickeltem Stroma. Später im Jahr werden große, flache Stromata angelegt; sie sind meist steril und bilden nur gelegentlich Perithecien, die gleich gebaut sind wie die des ersten Typs und die im folgenden Frühling reifen (MILLER).

Zusammenfassende Arbeiten behandeln die Gattungen *Melanospora* (DOGUET), *Geoglossum* [MAINS (1); BILLE-HANSEN] und *Durandiella* (GROVES), ferner insektenbewohnende Arten von *Cordyceps* und *Isaria* [MAINS (2)], Russtaupilze der Gattungen *Limacinia* und *Capnodium* (BARR), wasserbewohnende Ascomyceten (INGOLD), die Discomyceten Madagaskars (LE GAL) und die Tuberales von Nordamerika (GILKEY).

III. Basidiomyceten.

Die Ausbildung der vegetativen Hyphen läßt sich hie und da in vermehrten Maße zur Artbeschreibung heranziehen. In den Fruchtkörpern mancher Polyporaceen finden sich bestimmte Hyphentypen (dickwandige, gerade, mechanische Elemente; dickwandige, verästelte Hyphen, welche die ersteren verflechten u. a.; CORNER); sie können für die Gattungstrennung verwendet werden (CUNNINGHAM). Zusammen mit den spezialisierten Hyphenenden im Hymenium (Cystidien usw.) lassen die sich auch bei den Thelephoraceen systematisch auswerten (TALBOT; WELDEN).

Die Kernteilungen in der Basidie können nicht nur bei verschiedenen, sondern auch beim selben Pilz unterschiedlich ablaufen (SEQUEIRA). Ein Stamm von *Omphalia flavida* Maubl. et Rang. vollzieht sie dritte (mitotische) Teilung meist in der Basidie; vier Kerne wandern in je eine Spore und die übrigen gehen zugrunde. In Ausnahmefällen treten auch diese in je eine Spore ein, und in wieder andern Fällen wird die dritte Teilung direkt in die Sporen verlegt. Der Pilz ist normalerweise heterothallisch. Hie und da geht jedoch aus einer Spore ein dikaryontisches Mycel hervor; dies mag wie bei andern Pilzen dadurch zustandekommen, daß im zweiten der genannten Fälle zwei entgegengesetzte Kerne in die gleiche Spore eintreten.

MOSERs Bestimmungsbuch der Blätterpilze, Röhrlinge und Gastromyceten ist in zweiter, umgearbeiteter Auflage erschienen. Verschiedene Studien befassen sich mit den Gattungen *Fomes* (LOWE), *Merulius* (HARMSEN) und *Galerina* (SMITH und SINGER), ferner mit tropischen Röhrlingen (HEINEMANN) und *Lactarius*-Arten (R. HEIM). Auch die Untersuchungen von P. HEIM über Kernstruktur und Teilungsvorgänge und SAVILEs Betrachtungen zur Stammesgeschichte der Basidiomyceten können hier nur erwähnt werden.

IV. Fungi imperfecti.

BARNETT stellt etwa 300 der wichtigeren Gattungen imperfekter Pilze in einem Bestimmungsschlüssel zusammen, der in den Hauptzügen der gebräuchlichen Einteilung folgt; neben kurzen Beschreibungen gibt er für einen Vertreter jeder Gattung eine Zeichnung der charakteristischen Elemente.

Literatur.

ARX, J. A. v., u. E. MÜLLER: Acta bot. neerl. 4, 116—125 (1955).

BARNETT, H. L.: Illustrated Genera of Imperfect Fungi. 218 S. Minneapolis 1955. — BARNETT, H. L., and V. G. LILLY: Phytopathology 40, 80—89 (1950). — BARR, M. E.: Canad. J. Bot. 33, 497—514 (1955). — BENJAMIN, CH. R.: Mycologia (N. Y.) 47, 669—687 (1955). — BILLE-HANSEN, E.: Bot. Tidsskr. 51, 7—18 (1954).

CLUM, F. M.: Mycologia (N. Y.) 47, 899—901 (1955). — CORNER, E. J. H.: Phytomorphology (Delhi) 3, 152—167 (1953). — CUNNINGHAM, G. H.: Trans. Brit. Myc. Soc. 37, 44—50 (1954).

DOGUET, G.: Le Botaniste 39, 1—313 (1955). — DRECHSLER, CH.: Mycologia (N. Y.) 47, 364—388 (1955). — DUDDINGTON, C. L.: Bot. Review 21, 377—439 (1955).

GÄUMANN, E.: (1) Vergleichende Morphologie der Pilze. Jena 1926, 626 S. — (2) Die Pilze. Basel 1949. 382 S. — GILKEY, H. M.: North American Flora II, 1, 1—36 (1954). — GROVES, J. W.: Canad. J. Bot. 32, 116—144 (1954).

HARMSEN, L.: Bot. Tidsskr. **50**, 146—162 (1954). — HEIM, P.: Revue Mycol. **19**, 201—249 (1954). — HEIM, R.: Bull. Jard. bot, Bruxelles **25**, 1—91 (1955); Flore iconogr. Champ. Congo **4**, 1—97 (1955). — HEINEMANN, P.: Flore iconogr. Champ. Congo **3**, 1—80 (1954). — HESSELTINE, C. W.: (1) Mycologia (N. Y.) **46**, 358—366 (1954). — (2) Mycologia (N. Y.) **47**, 344—363 (1955).

INGOLD, C. T.: Trans. Brit. Myc. Soc. **37**, 1—18 (1954); **38**, 157—168 (1955).

JOHNSON, T. W.: Amer. J. Bot. **42**, 119—123 (1955).

KERN, H.: Proc. Michigan Acad. Sci. **40**, 10—22 (1955).

LE GAL, M.: Prodr. Flore mycol. Madagascar **4**, 1—465 (1955). — LOWE, J. L.: Mycologia (N. Y.) **44**, 228—238 (1952); **46**, 488—497 (1954); **47**, 213—224 (1955). — LUTTRELL, E. S.: (1) Univ. Missouri Stud. **24**, Nr. 3, 1—120 (1951). — (2) Amer. J. Bot. **40**, 626—633 (1953). — (3) Mycologia (N. Y.) **47**, 511—532 (1955).

MAINS, E. B.: (1) Mycologia (N. Y.) **46**, 586—631 (1954); **47**, 846—877 (1955).— (2) Bull. Torrey Bot. Club **81**, 492—500 (1954); Proc. Michigan Acad. Sci. **40**, 23—32 (1955). — MILLER, J. H.: Amer. J. Bot. **41**, 825—828 (1954). — MOSER, M.: Die Röhrlinge, Blätter- und Bauchpilze. Stuttgart 1955. 327 S. — MÜLLER, E., u. J. A. v. ARX: Ber. schweiz. bot. Ges. **60**, 329—397 (1950).

ORSENIGO, M.: Pubbl. Univ. catt. s. Cuore N. S. **51**, 34—65 (1955).

POITRAS, A. W.: Mycologia (N. Y.) **47**, 702—713 (1955). — PURDY, L. H.: Phytopathology **45**, 421—427 (1955).

RAPER, K. B., and CH. THOM: A Manual of the Penicillia. 875 S. Baltimore 1949.

SAVILE, D. B. O.: Canad. J. Bot. **33**, 60—104 (1955). — SCHMITT, J. A.: Mycologia (N. Y.) **47**, 688—701 (1955). — SEQUEIRA, L.: Mycologia (N. Y.) **46**, 470—483 (1954). — SMITH, A. H., and R. SINGER: Mycologia (N. Y.) **47**, 557—596 (1955). — SÖRGEL, G.: Naturwiss. **42**, 565—566 (1955).

TALBOT, P. H. B.: Bothalia **6**, 249—299, 303—338 (1954). — THOM, CH., and K. B. RAPER: A Manual of the Aspergilli. 373 S. Baltimore 1945.

WEHMEYER, L. E.: (1) Mycologia (N. Y.) **47**, 163—176 (1955). — (2) Mycologia (N. Y.) **47**, 821—834 (1955). — WELDEN, A. L.: Bull. Torrey Bot. Club **81**, 422—439 (1954).

5c. Systematik der Flechten.

Von Josef Poelt, München.

Eine kurze Einführung in das Gesamtgebiet findet sich bei Smith.

Allgemeines.

Einige für die Systematik aufschlußreiche Beziehungen zwischen den Symbiosepartnern Pilz und Alge stellte Geitler bei mehreren Gattungen der *Cyanophili* heraus. Während die Algen bei den primitiven, krustigen *Pyrenopsidaceae* durchwegs obligat von Haustorien befallen werden, ergibt sich bei den meisten Arten von *Lempholemma*, einem ursprünglicheren Genus der verwandten, mehr blättrigen *Collemaceae*, im allgemeinen ein Verhältnis befallener zu unbefallenen Gonidien von 1:19; bei einer anscheinend primitiven Species dagegen von 1:3. Bei *Collema* selbst fehlen Haustorien ganz. Hier ist die mehr parasitische Einzelbeziehung Hyphe—Algenzelle also bereits dem ökonomischeren Gruppenverhältnis Hyphenhülle—Algengruppe gewichen.

Einer stärkeren systematischen Beachtung in der Systematik der Sippen höheren Grades will Dughi die Bautypen des Excipulum proprium zuführen.

Černohorský und Ozenda versuchen die Fluorescenz der Flechten im UV-Licht für die Gewinnung neuer Merkmale auszunützen, ohne allerdings mehr als bereits anderweitig gut definierte Unterschiede unterstreichen zu können. Das Fluoreszieren scheint z. T. von den Flechtensäuren bedingt zu sein und verhält sich dementsprechend parallel.

Fruktifikative Organe können in mannigfacher Weise auch an ungewöhnlichen Thallusteilen auftreten, oft in einer Art Überproduktion, teilweise ohne ersichtlichen Anreiz, größtenteils aber angeregt durch Tierfraß. Grummann stellt die bislang bekannten Fälle zusammen und verweist sie aus dem Bereich der Systematik in den der Pathologie. Daß Regenerationsformen aber auch systematisch bedingte Unterschiede eigen sein können, scheint uns Ullrich an lageveränderten Cladonien zu erweisen. Arten der sect. *Cladina* vermögen die Veränderung nur mit einem um orientierten Weiterwachsen der Podetienspitzen zu beantworten, während Arten anderer Gruppen entweder Regenerationsthalli bilden oder neue Podetien schossen.

Die Bestimmung der Lebensdauer von Flechten läßt sich am leichtesten anhand datierter Unterlagen durchführen. Beschel kommt bei seinen Berechnungen zu weiten Spannen. Die Extremwerte liegen einerseits bei den epipetrischen Lichenen kalter Klimate, die weit über 1000 Jahre zu erreichen vermögen, andrerseits bei den blätterbewohnenden Flechten der Tropen, die ihren Cyclus innerhalb weniger Jahre beschließen (vermutlich noch geringer dürfte die Lebenszeit bei den z. T. halbsaprophytisch lebenden *Thelocarpaceae* sein).

Als auffällige Lebensform führt Vogel für die Lichenen den von den Blütenpflanzen her bekannten Begriff Fensterpflanze ein, manifestiert

durch einige Erdbewohner der südafrikanischen Wüsten. Die dick-
krustigen Formen sind in das Substrat eingesenkt, in das sie mit verzweigten Rhizinensträngen weit eindringen, und von einer dicken,
hyalinen Epinecralschicht sowie einer hohen Rinde bedeckt (Arten von
Toninia, Psora, Endocarpon, Eremastrella).

Die Identifizierung von subfossilen Flechtensporen aus dem Postglazial ergibt
der vielen Verwechslungsmöglichkeiten wegen nur teilweise einigermaßen sichere
Ergebnisse [KLEMENT (1)]. Es lassen sich verschiedenste Sporentypen feststellen.

Systematik.

Die Verrucariaceae werden von CHRISTIANSEN (1) direkt zu den
Sphaeriales überwiesen und durch Perithecien mit echter Wand,
Ostiolum, Periphysen, bald verschleimenden Paraphysen und dickwandige Asci definiert. Sie umfassen krustige wie laubige *(Dermato-
carpon p. pte.)* wie strauchige *(Pyrenothamnia)* Typen. SERVIT (1)
trennt davon noch die durch horizontales radiär strukturiertes Involu-
crellum ausgezeichneten Bagliettoaceae mit *Bagliettoa* und *Proto-
bagliettoa*.

Pyrenopsidaceae: *Psorotichiella* nov. gen. gleich *Psorotichia*, aber mit mauer-
förmigen Sporen [WERNER (1)].

Diploschistaceae: Schlüssel für die meisten Arten der Gattung *Diploschistes*
bei MAGNUSSON (1).

Von den Peltigeraceae, deren Schlauchöffnungsmechanismus
durch einen apikalen Ring ausgezeichnet ist, versucht GALINOU (1) das Genus *Nephroma*, dessen Asci apikale Reusen besitzen, als eigene, auch anderweitig begründbare Familie Nephromataceae abzuspalten. —
Eremastrella (tobleri) ist eine neue, den Typus der Fensterpflanzen
repräsentierende Flechte Südafrikas (VOGEL), deren scheibiger Thallus
mit kräftigen Papillen besetzt ist. Die Sporen werden als erst 3—4 zellig,
dann einzellig beschrieben, die Pykniden sind mehrkammerig.

Cladoniaceae. SATO (1) teilt die sicher polyphyletische Familie nach
folgenden Prinzipien auf

a) mit Cephalodien: Stereocaulaceae *(Pilophoron, Stereocaulon,
Pseudobaeomyces)*

b) ohne Cephalodien

Thallus körnig: Baeomycetaceae mit *Baeomyces, Glossodium,
Thysanothecium*

Thallus blättrig-schuppig: Cladoniaceae, mit *Cladonia, Gymnoderma, Heteromyces*.

Umstritten bleibt die Stellung von *Gymnoderma*, die GROENHART zu den
Phyllopsoren versetzt haben will, während EVANS (1) in ihr eine *Cladonia*-Art sieht.

Pertusariaceae: Beiträge, besonders Korrekturen bei ALMBORN (1).

Parmeliaceae: CULBERSON (1) revidiert die *Parmelia caperata*-Gruppe für
Wisconsin, HALE die Sammelart *P. conspersa* für Nordamerika und trennt dabei
vorwiegend nach den wechselnden Kombinationen von lockerer oder dichter An-
heftungsweise des Thallus und Besitz von Isidien oder Adventivloben, mit dem das
reiche Auftreten von Apothecien meist parallel geht (4 Arten mit bis zu 6 meist
geographisch begrenzten chemischen Stämmen).

Caloplacaceae: Schlüssel für die muscicolen *Caloplaca*-Arten der Alpen und des Nordens in Europa bei Poelt (1). — Buelliaceae: Schlüssel für saxicole Buellien bes. Südamerikas bei Magnusson (2).

Lichenes imperfecti: *Ephelidium* nov. gen., eine Kruste aus der Antarktis trägt offene, bis zu 1,5 mm breite Pykniden (Dodge u. Rudolph).

Floren, Floristik, Geographie.

Abkürzungen: F = eingehende Flora,   K = Katalog,   L = Sammlungsliste, S = Schlüssel, B = Beiträge.

Der im letzten Bericht nicht behandelte Abschnitt umfaßt den größten Teil der Nachkriegszeit, soweit nicht auf Sammeldarstellungen verwiesen werden kann. Einen Überblick über das Wesentlichste vermittelt auch hier Des Abbayes (1).

Die Wuchsformen der Flechten finden Darstellung bei Klement (2) und Mattick (1), der davon die Lebensformen deutlich trennt, von denen er unterscheidet: Aerolichenes — frei lebende Arten (Wanderflechten): Nephelolich. — frei pendelnde Bartflechten; Hydrolich. — Wasserfl.; Kryptolich. — in das Substrat eingesenkte Arten; Epilich. — dem Substrat aufsitzend, die Hauptmasse; Chamael. — „wurzelnde" Erdflechten.

Immer stärkere Beachtung findet die Soziologie der Flechten. Für Mitteleuropa finden sich die bisher erarbeiteten Daten bei Klement (2) zusammengefügt (dort weitere Literatur); in Nordamerika haben vor allem epiphytische Vereine weitere Beachtung gefunden [Culberson (2, 3) und Hale (2, 3)].

Eine gute biologisch-klimatologische Allgemeincharakterisierung eines Gebietes ergibt nach Mattick (2) der Flechtenkoeffizient, d. h. das Verhältnis der Zahl der Flechten eines Gebietes zu der der Blütenpflanzen. Folgende Daten vermögen das Wesentliche zu illustrieren: Ganze Erde 0,1; tropisch-subtropische Gebiete 0,1—0,4; gemäß. Zonen 0,3—0,5, Arktis etwa 2—4, Antarktis 200. Von gut durchforschten Teilräumen können anschauliche Zahlen liefern: Schweden 0,95 (2000/ 2100 Arten); Deutschland 1200/2600 Arten; Tirol 1140/1450.

Die Schilderung der Grundzüge der arktischen Flechtenwelt durch Dahl (mit Literatur) enthebt der Notwendigkeit, die Einzelarbeiten zu zitieren (Zusätze ergibt eine L von Baffinsland [Hale (4)], das allerdings relativ wenig hocharktische Arten besitzt). Generell ist der Flora der Arktis eine ausgeprägte Einheitlichkeit eigen, soweit sich dies bei der sehr ungleichen Erforschung sagen läßt. Das zirkumpolare Element überwiegt durchaus und enthält sowohl allgemein boreale wie arktische Arten. Am reichsten an speziellen Sippen scheint der pazifische Anteil zu sein. Die Krustenflechten dürften geographisch stärker differenziert sein als die Laub- und Strauchflechten — was in gleichem Maße auch für die gemäßigten Zonen gelten kann.

Die Hauptmasse der Arbeiten gilt der nördlichen gemäßigten Zone, die ebenso von relativ großer Einheitlichkeit ist. Doch führen systematische Revisionen immer wieder zu stärkeren geographischen Differenzierungen zwischen den Erdteilen, was den Eindruck aufkommen läßt, daß in Florenlisten gerne nur die allgemein bekannten Arten aufgenommen werden, während die spezifischen Formen systematischer Schwierigkeiten wegen unterschlagen werden.

Einigermaßen erschöpfend scheinen uns nur wenige F oder K zu sein, so Magnussons Flora der Torne Lappmark (3, viele S), die zahlreiche arktische Arten enthält, von denen viele neu entdeckt wurden.

Gesamtzahl 790 species, davon 128 Lecideen. Weitere: Lycksele Lappmark [MAGNUSSON (4)]; Südwestdeutschland [F mit S, BERTSCH (1)]; Odenwald (BEHR); Laub- und Strauchflechten des Schweizer Nationalparks (FREY). — Jugoslawien (K, KUSAN, 1159 Arten). — Umgebung von Lyon (CHOISY). — Frankreich und Großbritannien (F mit S, GUILLEAUMOT, ziemlich unbrauchbar). Die kritische Behandlung der mitteleuropäischen Flechtenflora durch LETTAU (1—3) ist bis zu den *Pertusariaceae* gediehen.

Kleinere Arbeiten. Nordeuropa: Für Norwegen MAGNUSSON (5, 6), DEGELIUS (1, 2), für Schweden ALMBORN (2), Hallands Väderö; für Dänemark CHRISTIANSEN (2, 3), Finnland HAKULINEN und RÄSÄNEN.

Mitteleuropa: KLEMENT (3), F Insel Wangerooge; Maas Geesteranus (1) B Niederlande; MÜLLER (1—3), Eifel; SCHADE (1), Umbilicariaceae u. B. für Sachsen; TOBOLEWSKI (1) F Heuscheuergebirge, (2) B Hohe Tatra, (3) Pieninen, (4) Lublin; KLEMENT (4), Unterfranken; (5) Schwaben; (6) Tirol; BERTSCH (2) B. Württemberg.

West- u. Südeuropa: OZENDA (2) F Seealpen. — BERNER F Marseille. — BOULY DE LESDAIN B, Frankreich, Italien — CLAUZADE u. RONDON F St. Didier (Haute Loire) mit S. — GALINOU (2) Massif Armoricain — BOREL, Strandf. Boulonnais. — WADE, F Pembrokeshire. — LINDAHL B Schottland. — DES ABBAYES (2) B Spanien. — TAVARES (1) F Serra do Geres, (2, 3, 4) B. — SERVIT (2, 3, 4, 5) Pyrenocarpe aus Italien. — SBARBARO, L der bs. in Ligurien gefundenen neuen Arten.

Unter den Neufunden überragen meist Arten von wenig bekannter Verbreitung, doch finden sich auch Fälle überraschender, disjunkter Arealerweiterungen. Für Norwegen wäre hier zu nennen das Auftauchen der mediterranen *Physma omphalarioides* sowie der alpinen *Lecanephebe meylanii* u. *Caloplaca percrocata* [DEGELIUS (2 u. 3)], dann ein weit abgesprengter Fundpunkt der Lößsteppenflechten *Solorinella asteriscus* u. *Caloplaca tominii* in Guldbrandsdalen (AHLNER L). KLEMENT (5) wies für die Lüneburger Heide die borealmontane *Cetraria nivalis* nach, POELT (2) meldet die gleichverbreitete *C. cucullata* für den Jura. Boreale Sippen bereicherten die Flora der Alpen, so *Stereocaulon rivulorum*, *Caloplaca epithallina* u. die bevorzugt amerikanische *Caloplaca microphyllina* [POELT (3)], oder des Böhmerwaldes, so *Bacidia gomphillacea* u. *Stereocaulon tyroliense* [POELT (2)], oder des Erzgebirges, wie *Acarospora chlorophana* [SCHADE (1)]. Der Kyffhäuser birgt ein Vorkommen der Wüstensteppenflechte *Acarospora schleicheri* [POELT (1)].

Größeren geographischen Zusammenhängen gehen besonders nordische Autoren anhand genauer Karten nach. AHLNER (2) schließt bei der Differenzierung der Verbreitung nordischer Nadelbaumflechten auf eine weitgehende klimatische Abhängigkeit der südlichen und atlantischen Typen, während die Areale östlichkontinentaler Formen z. T. einwanderungsgeschichtliche Westgrenzen besitzen. HASSELROT stellt bei der Untersuchung nördlicher Flechten in Süd- und Mittelschweden entweder ein Ausdünnen parallel den zugehörigen Pflanzengesellschaften fest oder sprunghafte Arealzerstückelungen entlang der Küsten oder auf begünstigten Inlandspunkten oder auch auf den Alvarheiden. Südschwedische Epiphyten hängen natürlich weitgehend von den Arealen ihrer Trägerbäume ab, viele aber sind eindeutig durch den Grad der Ozeanität bestimmt [ALMBORN (3)], was SAXEN auch für einige Fälle in Schleswig-Holstein belegt. In den Alpen hat besonders das hochalpin-nivale Element Aufmerksamkeit erregt. KOFLER faßte dabei allgemeine Gesetzmäßigkeiten zusammen, PITSCHMANN u. REISIGL konnten die Höhengrenzen zahlreicher Silikatflechten nach oben schieben, während POELT (4) ein eigenes kalkhochalpines Element herausstellte.

Einige Arbeiten greifen nach Nordamerika über. Thomson (1) analysiert das boreal-montan-kontinentale Areal von *Peltigera pulverulenta (= scabrosa).* Die im europäischen Teilareal monotypische Letharia vulpina ist im westlichen Nordamerika zusätzlich durch eine soralefreie Sippe *(ssp. californica)* vertreten, deren Selbständigkeit nicht ganz geklärt werden konnte [Schade (2)]. Gams nimmt als Erklärung für das merkwürdig zerstückelte Areal der Gesamtart eine tertiäre Bindung an Zedern und Sequoien an, die im Verlauf der Abkühlung einer Übersiedlung auf Lärchen und fünfnadelige Föhren Platz gemacht hätte, welche noch heute die Hauptwirte sind. — Die nordmediterrane *Koerberia biformis* konnte überraschend in Nordamerika aufgefunden werden [Magnusson (7)].

Floren usw. von Nordamerika: Magnusson (7), B — Thomson (1 u. 2) O- bzw. W-Küste der Hudsonbay. — Llano bzw. Thomson (4) Alaska L. — Lepage bzw. Gallo Quebec, L — Lamb (1) F von Cape Breton Island, Neuschottland.— Hale (5), F von Aton Forest, Connect. — Thomson (4) Lake Superior, (5) Michigan, L — Culberson (4) Kentucky L — Imshaug, Mount Rainier Nat. park. — Herre (1) L Mount Shasta, Kalif. — Die Untersuchungen Evans über die Cladonienflora verschiedener Teile der USA ergaben ein immer deutlicheres Herausschälen spezifisch amerikanischer Formen, am reichsten im Süden [Florida (1)], ziemlich sprunghaft zwischen Connecticut und Vermont (2). Neufeststellungen betreffen teilweise ostasiatische Arten (3). Auffällig ist die neue *Cl. linearis* mit kurzen Podetien auf schmalen Thallusschuppen (4).

Für die warm-xerischen Gebiete der Nordhalbkugel gilt nach wie vor eine gewisse Artenarmut, doch schälen sich gerade hier immer wieder recht eigenständige Typen heraus. Dies gilt für die südwestlichen Teile der USA, von wo Rudolph Beiträge lieferte (während sich die alpine Lichenenflora, z. B. Colorados, überwiegend aus borealen Formen zusammensetzt, vgl. Weber u. Shushan), wie für das weitere Mittelmeergebiet, wo besonders Nordafrika Gegenstand eifriger Forschungen war.

Für Algerien und Tunis finden sich B bei Faurel, Ozenda u. Schotter (1 u. 2), kritische Familienbearbeitungen (mit S) bei derselben Autorengemeinschaft (3, 4, 5). Werner (2) errechnete für die tunesische Flora 186 Arten gegenüber 630 in Marokko und 575 in Algier, und gab B für den ganzen Bereich (3) bzw. das vorwiegend mediterran gestimmte Tibesti (4). Die Flora der algerischen Sahara zählt nach Angaben der genannten Autorgruppe (6) 114 Arten, davon 35 (?) Endemiten. Das Verschwinden der Flechten kann als gute biologische Trennungslinie zwischen Steppe und Wüste benützt werden. — Flechten aus Syrien u. Libanon vgl. Werner (1 u. 5).

Außertropisches Asien: Savicz schlüsselte die Wasserflechten der UdSSR; Moreau listete Flechten aus China, denen Sato (2) solche vom Chingan zufügt (meist boreale). Als sehr reich und eigenständig erweist sich Japan sowohl bei den *Cladoniaceae* (Asahina, non vidi) wie in den verschiedenen Gruppen, die Sato (1, 3, 4, 5) behandelte.

Für Makaronesien sind bis jetzt 944 Taxa bekannt, die meisten (585) davon auf den Kanaren; dabei ist der Endemismus auf diesen Inseln recht ausgeprägt [Tavares (5)], was allerdings nicht für die — nordisch bestimmte — Cladonienflora gilt [Des Abbayes (3)]. Auffällig ist z. B. der relative Reichtum an *Roccellaceae* [Des Abbayes (4)] und anderer Gruppen, die die Beziehungen zum ozeanischen australantarktischen Element unterstreichen, wie auch das Vorkommen blattbewohnender Flechten, die sich auf die Lorbeerwälder konzentrieren (TAVARES (6)]. Die Cladonienflora von Tristan d'Acunha hat bei vorwiegend australem Aspekt mehr Arten mit Südamerika gemein als mit Afrika [DES ABBAYES (5)].

Afrika südlich der Sahara. Für die Bearbeitung einiger Sammlungen schlüsselte DODGE (1) die Flora fast des gesamten tropischen Afrika, in der als auffälliger Zug die ärmliche Entwicklung mancher in der Neotropis reich differenzierter Gruppen, so der Cyanophili, hervorzuheben ist, kongruent mit der allgemeinen Armut der afrikanischen Regenwaldflora.

MAAS GEESTERANUS (2) konnte die in Afrika nur im äußersten Norden und Süden vorkommende Xanthoria parietina auch in Kenya auffinden, wo ihr Vorkommen zu reichlichen Salzanwehungen in Beziehung steht. Einzeldarstellung fand die Usneenflora für Guinea (DES ABBAYES u. MOTYKA) bzw. Äthiopien (MOTYKA u. PICHI-SERMOLLI). DOIDGE katalogisierte für Südafrika vorläufig 1159 Arten in 126 Gattungen, ohne wohl damit den Reichtum dieser auch in der Flechtenflora sehr eigenständigen Region zu erschöpfen, deren Einflüsse bis in das tropische Afrika reichen, wie dies TAVARES (7) in Beiträgen für die portugiesischen Besitzungen nachweisen kann. Die floristische Sonderstellung Madagaskars spiegelt sich auch in einer an endemischen, eigenwilligen Sippen reichen Cladonienflora wider [DES ABBAYES (6)].

Im tropischen Asien stellte BISWAS für Indien 678 Arten zusammen, die sicher kaum die Hälfte der tatsächlichen Zahl ausmachen, GROENHART gab B für Indonesien. HERRE (1, 2) charakterisierte die bs. an Graphidaceae reiche Flora der Philippinen, die auf 717 Arten angewachsen ist.

Für Südamerika (excl. Patagonien) sind B von MAGNUSSON (8 bzw. 9) für Uruguay bzw. Argentinien zu vermelden. GRASSI brachte für die Gesamtflora des letztgenannten Landes 942 Arten zusammen; die gleiche Autorin behandelt davon die Laub- u. Strauchflechtenflora der Prov. Tucuman genauer, der die Genera Parmelia und Usnea das Kolorit geben.

Südsee. Die sehr gut bekannte Flora der Hawaii-Inseln zählt zur Zeit 678 Arten, wovon 268 vorläufig als endemisch betrachtet werden können. Vom Rest sind 24% tropisch, 6,7% gehören gemäßigten Gebieten an [MAGNUSSON (1), viele S.]. Unter anderen bringt HERRE (4) mehrere neue Arten von Raroia (Tuamotu-Inseln).

Australantarktisches Florenreich. LAMB gibt kritische B zum Gesamtbereich bzw. Patagonien (4) und faßt die antarktischen Pyrenokarpen zusammen (5), 20 Arten, darunter die Prasiola-Flechte Mastodia, die bei antarktischem Zentrum die ostsibirische Arktis erreicht hat. DODGE u. RUDOLPH behandeln Flechten der Heard- bzw. Macquarie-Insel, DODGE (2) die Ausbeute einer Expedition auf den Kontinent selbst.

Literatur.

AHLNER, ST.: (1) Sv. bot. Tidskr. 43, 157—162 (1949). — (2) Acta phytogeogr. Suec. 22 (1948). — ALMBORN, O.: (1) Sv. Bot. Tidskr. 49, 181—190 (1955). — (2) K. sv. Vetensk. Avh. Naturskyddsär. 11, 1—92 (1955). — (3) Bot. Not. Suppl. 1:2 (1948). — ASAHINA, Y.: Lichens of Japan 1, Tokio 1950.

BEHR, O.: Nachr. naturwiss. Mus. Aschaffenb. 44, 1—143 (1954). — BERNER, L.: Rev. bryol. 16, 113—130 (1947). — BERTSCH, K.: Flechtenflora v. SW.-Deutschl., Stuttgart 1951. — (2) Jh. Verh. vaterl. Naturk. Württemb. 109, 57—62 (1954). — BESCHEL, R.: Phyton (Horn, N.-Ö.) 6, 60—68 (1955). — BISWAS, K.: J. roy. As. Soc. Beng. Sci. 13, 75 (1947). — BOREL, A.: Bull. Soc. bot. Nord Fr. 5, 113 (1952). — ČERNOHORSKY, Z.: Stud. bot. čechoslov. 11, 98—100 (1950). — CHOISY, M.: Cat. Lich. Reg. lyonn; Bull. mens. Soc. linn. Lyon 1949—1955. — CHRISTIANSEN,

M. S.: Bot. Tidsskr. 52, 133—142 (1955). — (2) Bot. Tidsskr. 48, 172—191 (1947).—
(3) Bot. Tidsskr. 48, 71—87 (1946). — CLAUZADE, G., et Y. RONDON: Bull. Mus.
d'Hist. nat. Marseille 13, 77—112 (1953); 15, 29—96 (1955). — CULBERSON, W. L.:
(1) Bryologist 58, 40—45 (1955). — (2) Ecolog. Monogr. 25, 215—231 (1955). —
(3) Lloydia 18, 25—36 (1955). — (4) Lloydia 14, 181—186 (1951).

DAHL, E.: Bot. Rev. 20, 463—476 (1954).— DEGELIUS, G.: (1) Bot. Not. (Lund)
1948, 137—156 (1948). — (2) Sv. bot. Tidskr. 49, 136—142 (1955). — (3) Acta
Horti. gotoburg. 20, 35—56 (1955). — DES ABBAYES, H.: (1) Traité de Lichéno-
logie. Paris 1951. — (2) Rev. bryol. 15, 79—86 (1946). — (3) Portug. Acta biol. 1,
243—255 (1946). — (4) Rev. bryol. 16, 105—112 (1947). — (5) Bull. Soc. Sci.
Bretagne 17, 1—6 (1946). — (6) Rev. bryol. 16, 74—94 (1947). — (7) Mem. Inst.
Sci. Madagascar Ser. B 1, 57—63 (1948). — DES ABBAYES, H., et J. MOTYKA: Bull.
Inst. franç. Afrique noire 12, 601—610 (1050). — DODGE, C. W.: (1) Ann. Miss. bot.
Gard. 40, 271—412 (1953). — (2) Brit. Austral. New Zealand antarct. Res. Exp. Rep.
B 7, 1—276 (1948). — DODGE, C. W., and E. D. RUDOLPH: Ann. Miss. bot. Gard. 42,
131—149 (1953). — DOIDGE, E. M.: Bothalia 5 1950). — DUGHI, R.: Rev. bryol.
23, 300—316 (1954).

EVANS, A. E.: Transact. Connect. Acad. A. a. Sci. 38, 249—336 (1952). —
(2) Bryologist 50, 221—246 (1947). — (3) Bryologist 58, 93—112 (1955). — (4) Bryologist 50, 14—51 (1947).

FAUREL, L., P. OZENDA et G. SCHOTTER: (1) Bull. Soc. Hist. nat. Afr. Nord 42,
113—118 (1951); 43, 137—145 (1952). — (2) Bull. Soc. Hist. nat. Afr. Nord 44,
367—384 (1953). — (3) Bull. Soc. Hist. nat. Afr. Nord 42, 62—110 (1951). — (4) Bull.
Soc. Hist. nat. Afr. Nord 44, 12—50 (1955). — (5) Bull. Soc. Hist. nat. Afr. Nord 45,
275—298 (1954). — (6) Desert Res. Spec. Publ. 2. Res. Counc. Israel, 1—8 (1953). —
FREY, E.: Erg. wissensch. Unters. schweiz. Nationalp. 3, 27, 361—503 (1952).

GALINOU, M. A.: (1) C. r. Acad. Soc. (Paris) 241, 99—101 (1955). — (2) Bull.
Soc. Sci. Bretagne 29, 49—56 (1954). — GAMS, H.: Sv. bot. Tidskr. 49, 29—34
(1955). — GEITLER, L.: Österr. bot. Z. 102, 317—321 (1955). — GRASSI, M.:
(1) Lilloa 24, 5 (1950). — (2) Lilloa 24, 297 (1950). — GROENHART, P.: Reinwardtia 2, 385—402 (1954). — GRUMMANN, V. J.: Bot. Jb. 76, 436—509 (1955). —
GUILLAUMOT, M.: Flore des Lich. Fr. et Grande Bret., Encyclop. biol. 42, Paris
(1952).

HAKULINEN, R.: Arch. Soc. Fenn. Vanamo 5, 51—64 (1950). — HALE, M. E.:
(1) Bull. Torney Bot. Club 82, 9—21 (1955). — (2) Ecology 33, 398—406 (1952. —
(3) Ecology 36, 45—63 (1955). — (4) Amer. Midl. Nat. 51, 232—264 (1954). —
(5) Bryologist 53, 181—213 (1950). — HASSELROT, T. E.: Acta phytogeogr. suec.
33 (1953). — HERRE, A. W.: (1) Bryologist 53, 43—54 (1950). — (2) J. Arn. Arb.
27, 408—412 (1946). — (3) Bryologist 54, 285—290 (1951). — (4) Bryologist 56,
278—282 (1953).

IMSHAUG, H. A.: Mycologia 42, 743—752 (1950).

KLEMENT, O.: Schrift. naturwiss. Ver. Schleswig-Holst. 27, 113—117 (1955). —
(2) Fedde Rep. spec. nov. Beih. 135, 5—94 (1955). — (3) Veröff. Inst. Meeresforsch.
2, 146—213 (1953). — (4) Nachr. natur. Mus. Aschaffenb. 41, 1—24 (1953). —
(5) Naturforsch. Ges. Augsburg 5, 43—91 (1952). — (6) Ber. bayer. bot. Ges. 27,
191—201 (1947). — (7) Beitr. Naturk. Niedersachs. 5, 4, 1—5 (1952). — KOFLER, L.:
Et. bot. Etage alp. (Club alp. franç.) 1—10 (1953). — KUSAN, F.: Prodrom. Flore
Lis. Jugoslav. Zagreb 1953.

LAMB, I. M.: Ann. Rep. Nat. Mus. Canada 1952—1953 Bull. 132, 239—313
(1954). — (2) Lilloa 14, 203—231 (1948). — (3) Lilloa 26, 401—438 (1953). — (4) Far-
lowia 4, 423—471 (1955). — (5) Discovery Rep. 25, 1—30 (1948). — LE GALLO, C.:
Rev. bryol. 23, 317 (1954). — LEPAGE, E.: Naturaliste canad. 74, 75, 76 (1949). —
LETTAU, G.: (1) Fedde Rep. spec. nov. 54, 82—136 (1944) bzw. (1951). — (2) Fedde
Rep. spec. nov. 56, 172—278 (1954). — (3) Fedde Rep. spec. nov. 57, 1—94 (1955).
LINDAHL, P. O.: Bot. Not. (Lund) 108, 17—21 (1955). — LLANO, G. A.: J.
Washington Acad. 41, 196 (1951).

MAAS GEESTERANUS, R. A.: (1) Blumea 7, 570—592 (1954). — (2) Webbia 11,
519—523 (1955). — MAGNUSSON, A. H.: (1) Ark. f. Bot. Ser. 2, 3, 10, 223—402
(1955). — (2) Ark. f. Bot. 3, 9, 205—221 (1955). — (3) Ark f. Bot. 2, 45—249 (1951).—
(4) Ark. f. Bot. 33 A, 1—146 (1946). — (5) Nytt. Mag. Naturvidensk. 87, 197—220

(1949). — (6) Ark. f. Bot. 33A, 16, 1—36 (1948). — (7) Bot. Not. (Lund) 1954, 192—200 — (8) Acta Horti gotob. 18, 213—237 (1950). — (9) Acta Horti gotob. 17, 59—75 (1947). — MATTICK, F.: Bot. Jb. 75, 378—424 (1951). — (2) Ber. dtsch. bot. Ges. 66, 263—276 (1953). — MOREAU, M. et F.: Rev. bryol. 20, 183—199 (1951). — MOTYKA, J., e R. PICHI-SERMOLLI: Webbia 8, 383—404 (1952). — MÜLLER, T.: Mitteil.blatt Arbeitsgem. flor. u. veg. Erforsch. Westdeutschl. 2, 1—28 (1949). — (2) Westdtsch. Naturwart 3, 19—35 (1952/53). — (3) Decheniana 108, 97—103 (1955).

OZENDA, P.: C. r. Acad. Sci. (Paris) 233, 194—195 (1951).— (2) Bull. Soc. Bot. France 97, 29—50 (1950) Sess. extraaord.

PITSCHMANN, H., u. H. REISIGL: Rev. bryol. 24, 138—143 (1955). — POELT, J.: (1) Mitt. bot. Staatssamml. München 12, 46—56 (1955). — (2) Mitt. bot. Staatssamml. München 6, 230—238 (1953). — (3) Mitt. bot. Staatssamml. München 8, 323—332 (1953). — (4) Fedde Rep. sp. nov. 58, 157—179 (1955).

RÄSÄNEN, V.: Suomen Jäkäläkasvio, Kuopio 1951. — RUDOLPH, E. D.: Ann. Miss. bot. Gard. 40, 63—72 (1953).

SATO, M.: (1) Bull. Yamagata Un. nat. Sci. 3, 2, 113—126 (1954). — (2) Botani Magaz. 65, 172—175 (1952). — (3) Lichenol. Miscell. 8, (1953). — (4) Lichenol. Miscell. 11 (1954). — (4) Lichenol. Miscell. 12 (1954). — SAXEN, W.: Mschr. Ver. Pflege Nat. u. Landesk. Schleswig-Holst. 60, 173—175 (1953). — SAVICZ, V. P.: Acta Inst. bot. Acad. Sci. URPSS 5, 148 (1950). — SBARBARO, C.: Ann. Mus. Civ. Storia nat. Genova 68, 114—126 (1955). — SCHADE, A.: Nova Acta Leopold. N. F. 17, 119—280 (1955). — (2) Fedde Rep. spec. nov. 58, 179—197 (1955). — SERVIT, M. (1) Československ. Akad. Ved. 65, 1—45 (1955). — (2) Ann. Mus. civ. Storia nat. Genova 64, 48—55 (1950). — (3) Webbia 8, 413—421 (1949). — (4) Webbia 10, 441—446 (1954). — (5) Ann. Mus. civ. Storia nat. Genova 66, 236—249 (1953). — SMITH, G. M.: Cryptogamic Botany 1, 517—526, New York 1955.

TAVARES, C. N.: (1) Agronomia lusit. 12, 123—163 (1950). — (2) Brotéria 4, 145—157 (1947). — (3) Rev. Faculd. Sc. Lisboa 2A Ser. C. 1, 199—214 (1951). — (4) Rev. Faculd. Sc. Lisboa 2A Ser. C. 3, 365—378 (1954). — (5) Portug. Acta biol. 3, 308—391 (1952). — (6) Rev. bryol. 22, 317—321 (1952). — (7) Portug. Acta biol. 4, 154—161 (1953). — THOMSON, J. W.: (1) Bryologist 58, 47—49 (1955). — (2) Bryologist 58, 246—259 (1955). — (3) Bryologist 56, 8—36 (1953). — (4) Bryologist 53, 9—15 (1950). — (5) Bryologist 57, 278—291 (1954). — (6) Bryologist 54, 17—53 (1951). — TOBOLEWSKI, Z.: Poznánsk. Towarz. Przyi. Nauk Wydz. Matem. 16, 1—99 (1953). — (2) Poznánsk, Towarz. Przyi, Nauk Wydz. Matem. Kom. Biol. 16, 1—30 (1955). — (3) Fragm. flor. geobot. 1; 2, 1—13 (1954). — (4) Fragm. flor. geobot. 1; 2, 15—24 (1954).

ULLRICH, J.: Ber. dtsch. bot. Ges. 67, 391—394 (1954).

VOGEL, S.: Beitr. Biol. Pflanz. 31, 45—135 (1955).

WADE, A. E.: Northwest. Nat. 1954, 242—254. — WEBER, W. A., and SHUSHAN: Univ. Colorado Stud. Sep. 115—134 (1955). — WERNER, R. G.: (1) Bull. Soc. Bot. France 102, 350—356 (1955). — (2) Rev. bryol. 20, 200—207 (1951). — (3) Rev. bryol. 23, 197—213 (1954). — (4) ap. R. MAIRE et TH. MONOD: Mem. Inst. France Afrique noire 8, 18—21 (1950). — (5) Bull. Soc. Bot. France 101, 355—360 (1954).

5 d. Systematik der Moose.

Von JOSEF POELT, München.

Der Beitrag folgt in Band XIX.

5e. Systematik der Pteridophyten.

Von Josef Poelt, München.

Mit 1 Abbildung.

Der Bericht behandelt nur die rezenten Farne und umfaßt im wesentlichen die Nachkriegszeit. Es steht zu hoffen, daß Arbeiten noch nicht zur Verfügung stehender Schriftenreihen in der nächsten Folge referiert werden können.

Einen Grundriß des Gesamtgebietes vermittelt Smith; Reimers behandelt die Gruppe im neuen „Syllabus", wie Smith unter gleichberechtigter Heranziehung der fossilen Formen, die immer wieder zu Umänderungen auch der großen Züge des Systems zwingen.

Allgemeines.

Gleich den Pollentypen bei den Blütenpflanzen scheinen sich die Sporenstrukturen als wertvolle Merkmalslieferanten zu bewähren. Erdtman vermittelt eine Auswahl wesentlicher Typen, A. Tryon (1) findet brauchbare Unterschiede bei *Selaginella* in den Differenzierungen der Megasporen, während Selling (1) bereits die Sporenverhältnisse der ganzen Farnflora von Hawaii untersuchte und unter Benützung der tiefgreifenden Unterschiede Sporenschlüssel für alle Gattungen und Arten herstellen konnte.

Die entscheidenden Fortschritte hatte die cytogenetische Arbeitsrichtung zu verbuchen. Im Mittelpunkt stehen hier die Untersuchungen von Manton, die eine großartige Zusammenfassung in dem Buche "Problems of Cytology and Evolution in the Pteridophyta" (1) erfahren haben. Da es allgemein bekannt geworden sein dürfte, brauchen hier nur die wesentlichen Punkte herausgegriffen zu werden.

1. Verwandtschaften in Höhe von Gattungen und darüber ist im allgemeinen eine einheitliche Chromosomengrundzahl eigen *(Asplenium, Phyllitis* und *Ceterach* $n = 36$, *Polystichum* $n = 41$, *Equisetum* $n = 108)$. Wo Differenzen bestehen, die nicht durch Unterschiede sekundärer Natur erklärt werden können, muß auf phyletische Uneinheitlichkeit geschlossen werden; so enthält der europäische Anteil von *Dryopteris* im bisherigen Sinne mindestens vier verschiedene Entwicklungsreihen: 1. *Dryopteris (f. mas* und Verwandte) Grundzahl $n = 41$; 2. *Thelypteris* $n = 34/35$; 3. *Gymnocarpium* n etwa 80; 4. *Phegopteris* $n = 90$ mit der Grundzahl 30. Die häufigsten Grundzahlen sind 29, 30, 36, 37, 40, 41, 52 [Manton (2)]; über ihre Herkunft läßt sich allerdings wenig aussagen.

1. Bei fast sämtlichen größeren Gattungen finden sich Polyploidreihen; tetraploide Sippen sind dabei recht häufig, seltener hexaploide,

gelegentlich finden sich noch höhere Zahlen. *Polypodium vulgare* enthält z. B. diploide bis hexaploide Stämme, die z. T. aus intraspezifischen Kreuzungen hervorgegangen sind. Die Chromosomensippen — Cytospecies — lassen sich durch feinere Merkmale auch morphologisch trennen und bewohnen vielfach deutlich umschriebene Verbreitungsgebiete.

3. Allgemeine Erscheinungen sind bei den Pteridophyten Apogamie und im Gefolge dann Aposporie, auffallend stark natürlich bei den Polyploidreihen und bei Hybridogenen. Beispiele sind die häufig gezogenen *Cyrtomium*-Arten, *Phegopteris polypodioides* sowie die Gruppe von *Dryopteris paleacea = borreri* (auf die noch einzugehen sein wird). Neben obligater Apogamie findet sich fakultative A. (STEIL, dort auch Literatur).

4. Noch ausgeprägter und häufiger als bei borealen Formen sind Polyploidie und Apogamie in den Tropen. Während der Anteil der P. in England etwa 52% ausmacht, auf Madeira 42% [MANTON (3)], erreicht er auf Ceylon 60%. Zudem ist der Grad der Polyploidie dort bei denselben Gruppen höher als in Europa, er geht bis zu 10- und 12-ploid. Der Anteil der Apogamen beträgt dort um 10% gegen 4—5% in Europa. Die Bildung neuer Formen scheint also in den Tropen schneller vor sich zu gehen; sie dürfte in Beziehung stehen zur Besiedlung von Neuland, was in gleicher Weise für die Besiedler tropischer Erosionsflächen wie die postglazialen Zuwanderer der europäisch-amerikanischen Vereisungsgebiete gilt [MANTON (3)].

5. Aus dem cytologischen Verhalten bei der Reduktionsteilung, besonders bei künstlichen Kreuzungen, ließ sich schließen, daß ein Großteil der weitverbreiteten Polyploiden, zu denen unsere häufigsten Farne gehören (so *Dryopteris f. mas, D. spinulosa, Polypodium vulgare)* durch Allopolyploidie aus weit zurückliegenden Kreuzungen hervorgegangen sind (im Gegensatz etwa zu den autopolyploiden Sippen von *Osmunda*), wobei in den meisten Fällen der eine Elter noch zu eruieren ist; bei *Dr. f. mas* ist es *Dr. abbreviata*, ein seltener Farn Westeuropas. Der andere Elter fehlt bis jetzt gewöhnlich, so daß MANTON Beziehungen zu asiatischen Formen annehmen zu müssen glaubt.

Aufgeklärt konnte dagegen der Fall von *Polystichum lobatum* werden, das sich als Allopolyploide des boreal-montanen *P. lonchitis* mit dem ozeanischen *P. setiferum* herausstellte und ökologisch wie geographisch vermittelt.

6. Die diploiden Cytotypen der Polyploidreihen sind gewöhnlich durch beschränkte, reliktartige Areale ausgezeichnet. Die am genauesten untersuchten britischen Formen lassen sich zwei Arealgruppen zuordnen. Dem mediterran-atlantischen Bereich gehören die Grundformen von *Polypodium vulgare* und *Asplenium nigrum* an, dem boreal-montanen *Dryopteris abbreviata*.

Generell scheinen uns diese Befunde das Zugeständnis einer weitgehenden Polyphylie der Arten auszusprechen. Eine Reihe anderweitig aufgeklärter oder ergänzter Einzelfälle vermag die grundsätzlichen Ergebnisse MANTONs zu illustrieren.

Der *Dryopteris spinulosa*-Komplex besteht nach WALKER in England (wie in Mitteleuropa) aus drei gut unterschiedenen Arten *(Dr. spinulosa, Dr. dilatata. Dr.*

cristata), die alle als Allotetraploide mit $n = 164$ aufzufassen und durch gemeinsame Ahnen verbunden sind. Einer davon ist eine reliktische, in Skandinavien, Schottland und der Schweiz vorkommende Diploide.

Die subozeanische *Dryopteris paleacea* (zur Verbreitung vgl. NORDHAGEN) ist in allen Polyploidformen obligat apomiktisch, auch solchen aus dem Himalaja und Südamerika [DÖPP (1)]. Die Apogamie wird durch Restitutionskernbildung in den Sporangien (unmittelbar nach der Reifeteilung) ermöglicht. Die Prothallien besitzen aber funktionstüchtige Antheridien, deren Spermatozoiden Archegonien von *Dryopteris f. mas* zu befruchten und dementsprechend Hybriden zu bilden imstande sind, welche sich wiederum apogam bzw. apospor fortpflanzen. Diese in der Natur häufig vorkommende Hybdridogene *(Dr. tavelii Rothm.)* läßt sich auch künstlich herstellen und ist je nach den Differenzen der variablen Ausgangsformen etwas verschieden. Zudem übertreffen *Dr. paleacea* wie *tavelii* den Wurmfarn an Vitalität [DÖPP (3)], so daß an den Stellen ihres Vorkommens gern reiche Populationen entstehen, die nur schwierig zu gliedern sind; REICHLING hat sich dieser Aufgabe für den Bereich von Belgien und Luxemburg unterzogen. Auffällig ist dabei, daß die Hybriden stets mehr dem Vater ähneln, d. h. von *Dr. paleacea* oft kaum unterscheidbar sind [DÖPP (3)].

WAGNER (2) eruiert für *Thelypteris* die Grundzahlen 17—26 gegen 41 bei *Dryopteris* sowie 30 bei *Phegopteris* und kann auch bei *Botrychium* und *Cystopteris* Polyploidiereihen bestätigen. — BRITTON ergänzte die Befunde MANTONs an Farnen aus Ontario. — *Phyllitis hybrida*, die seltsame, oft berätselte Endeme der Quarnero-Inseln in der Adria, scheint nun aufgeklärt zu sein. Nach MARTINALI handelt es sich nicht, wie bisher oft angenommen, um eine Hybridogene aus *Ph. scolopendrium* und *Ceterach officinarum*, sondern um eine tetraploide, boreale Form aus dem Kreis der *Ph. hemionitis*.

Recht aufschlußreiche Ergebnisse lieferten Untersuchungen an *Asplenium*. LOVIS stellte im Komplex von *A. trichomanis* in Europa eine sehr zerstreute silicicole Diploide mit $2n = 72$ sowie eine morphologisch schwach unterscheidbare Tetraploide fest, die als Kalkpflanze weit verbreitet ist. Beide sind gut fertil, aber durch Sterilitätsschranken getrennt und deshalb als Arten aufzufassen; eine wilde triploide Hybride zeigt abortierte Sporen. MEYER fügte einen hexaploiden Cytotyp dazu. — Entgegen früheren Ansichten konnte MEYER zeigen, daß das nicht seltene *A. germanicum auct.* eine primäre Hybride mit stets tauben Sporen ist, die natürlich nur auftreten kann, wenn beide Eltern *(A. trichomanis* und *septentrionale)* zusammen vorkommen. Allopolyploide Formen konnten nicht konstatiert werden. Dagegen scheint der Serpentinfarn *A. adulterinum* sein Bestehen einer Kreuzung von diploider *A. viride* und *trichomanis* (n je 36) mit nachfolgender Polyploidisierung zu verdanken. Entscheidend für das Zustandekommen hybridogener Arten dürfte also das Zusammentreffen paralleler Cytospecies sein. — Von den 11 Asplenium-Typen der Appalachen lassen sich lediglich drei als ursprüngliche Grundformen auffassen. Die anderen sind das Ergebnis wechselseitiger Kreuzungen und z. T. unfruchtbare Hybriden, z. T. aber auch durch Polyploidie fertil gewordene Sippen. WAGNER (2) spricht hier von netziger Artentstehung (Abb. 14).

Der Komplex von *Pteris quadriaurita* auf Ceylon ist ein buntes Gemisch von Sexual- und Apogamspecies mit häufigen Hybriden [WALKER (2)].

Aufschlußreiche Beziehungen konnte R. M. TRYON (1) bei der *Rupestris*-Gruppe von *Selaginella* aufdecken. *S. densa* im westlichen

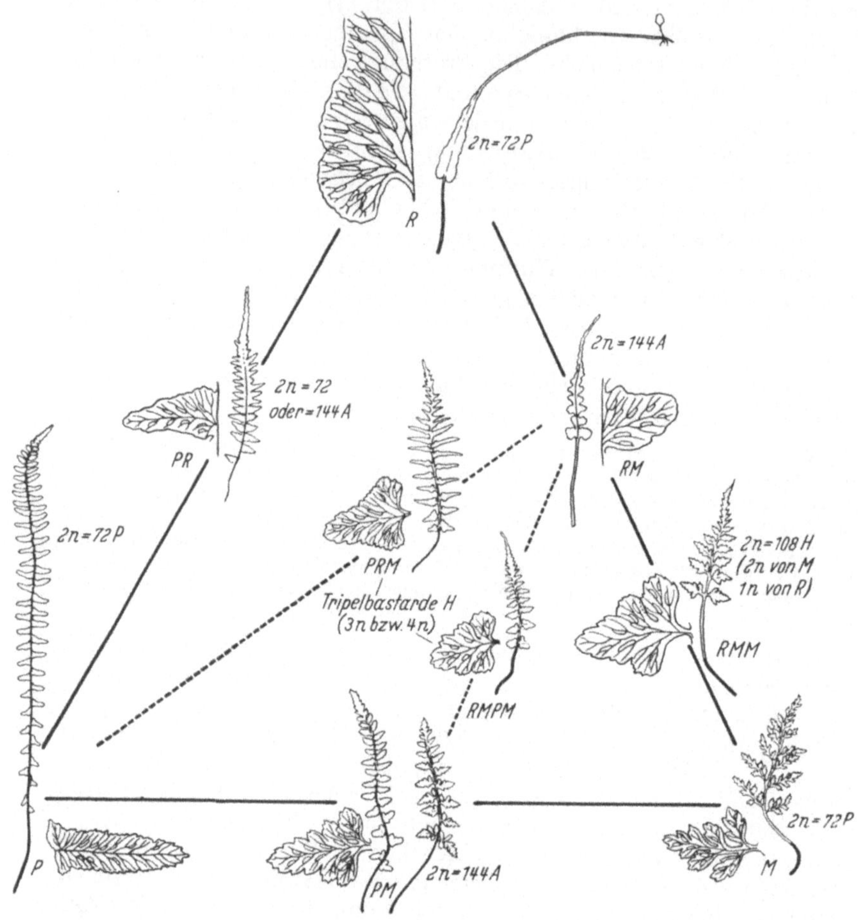

Abb. 14. „Netzige" Artbildung bei *Asplenium.* Die Verwandtschaftsverhältnisse von Arten aus den Appalachen (nach WAGNER (2)]: *P = Asplenium (Camptosorus) rhizophyllum*; *P = platyneuron*; *M = A. montanum*; *PR = A. ebenoides*; *RM = A. pinnatifidum*; *PM = A. bradleyi*; *RMM = A. trudellii*; *PRM = A. kentuckyense*; *RMPM = A. gravesii.*

P = Primäre Ausgangsform; *A* = Allopolyploider, artgewordener Bastard; *H* = Sterile Hybride.

Nordamerika ist durchwegs geschlechtlich, dabei in drei im Süden schlecht unterscheidbare Sippen gespalten, die sich auf ihren verschiedenen Wanderwegen nach Norden deutlich getrennt haben. *S. rupestris* dagegen im Osten hat sich nur südlich des Vereisungsgebietes sexuell erhalten, den riesigen Glazialraum selbst aber mit einer apomiktischen Sippe erobert.

Wie leicht unter Umständen Polyploidisierung hervorgerufen werden kann, zeigen einige Befunde, von denen die von BUTTERS u. TRYON ihrer Originellheit wegen vorangestellt seien. Eine offensichtliche Hybride von *Woodsia cathcartiana* mit *W. ilvensis* trug an allen Wedeln durchweg abortierte Sporangien mit Ausnahme der etwas veränderten Oberhälfte eines Blattes, die ebenso einheitlich nur von fertilen Sporenbehältern besetzt war, welche willig keimende Sporen enthielten. Hier liegt der Schluß auf eine somatische Genomverdoppelung im Vegetationspunkt nahe, eine Annahme, die zudem durch die unterschiedlichen Zelldurchmesser in den beiden Blattpartien gestützt wird. — Bei der aseptischen Kultur von Prothalliumgewebe des Adlerfarns durch SUSSEX u. STEEVES entstand eine fädige grüne Zellmasse, die gelegentlich Prothallien zu regenerieren imstande war. Bald nach der Isolierung hatten sich einige Fäden bereits diploidisiert, um schließlich bis zu triploid, selbst tetraploid zu werden. Schließlich blieb ein aneuploides Gewebe mit zwischen $n = 3$ und $n = 4$ vermittelnden Werten.

Offensichtlich über den Entscheidungsbereich der Cytologie hinaus geht der Fall von *Ophioglossum*, wo früher schon die höchsten Chromosomenzahlen im Pflanzenreich überhaupt festgestellt werden konten. ABRAHAM u. LINCOLN analysierten *O. reticulatum* in Pflanzen von 4 verschiedenen indischen Fundorten. Es stellte sich ein Zahlenchaos heraus, das für die 4 Plätze gesondert folgende ungefähre Werte ergab: 1. $n = 564$ und 572; 2. $n = 566$ und 631; 3. $n = 451$; 4. $n = 436$; dabei waren keine Multivalente zu finden, dagegen bei der Pflanze mit 631 Chromosomen zusätzlich 10 Fragmente oder Univalente.

Lycopsida.

Die relativ wenigen Merkmalsmöglichkeiten dieser Gruppe konnte ZIEGENSPECK durch eine genaue mikroskopische Analyse etwas erweitern. In der Eingliederung der Spaltöffnungen in die Epidermis lassen sich zwei Typen unterscheiden. Bei den polyziliaten L., den *Isoetinae* und *Psilotinae*, sind die Nachbarzellen durch charakteristische, antagonistische Micellierungen ausgezeichnet, die die Schließzellen vor Deformation bewahren. Bei den anderen Gruppen finden sich dagegen diese Strukturen nicht, so daß die Umrisse der Schließzellen im Laufe der Zeit verformt werden. Dies gilt für die *Lycopodiales* gerade so wie für die *Psilophyten* (und die *Anthocerotales*). Innerhalb der *Lycopodiaceae* ist *Urostachys* durch eine Rippung oder Streifung auf den Schließzellen ausgezeichnet, die *Lycopodium* fehlt. *Selaginella* besitzt dagegen verkieselte Schließzellen und ausgesprochene Kieselzellen.

Die *Lycopodiales* werden von ROTHMALER (1 u. 2) in zwei Familien mit 1 bzw. 3 Gattungen aufgeteilt, während BOIVIN sogar einer Unterteilung in zwei Genera kritisch gegenübersteht. Die wichtigsten Definitionen wären folgende:

Urostachyaceae einzig mit *Urostachys* (bzw. *Huperzia*): Prothallien unterirdisch-fädig, vollsaprophytisch, mit Paraphysen, Sprosse dichotom mit gleichgeförderten Ästen.

Lycopodiaceae. Rübig-knollige Gametophyten, Paraphysen fehlen, Sprosse deutlich in Haupt- und Nebenachsen gegliedert; 4 Gattungen (*Lycopodium, Diphasium, Lepidotis, Phylloglossum*). HERTER (1) trennt nur in *Lycopodium* und *Urostachys*, von denen die letzte, zahlreiche Epiphyten enthaltende Gattung mit ihren weit über 400 Arten

[HERTER (2)] *Lycopodium* um das 6—8fache übertrifft. NESSEL monographiert die Familie für Brasilien. — *Lycopodium issleri* ist eine in den mitteleuropäischen Mittelgebirgen weit verbreitete, aber noch nicht ganz geklärte Zwischenform zwischen *L. complanatum* und *L. alpinum* (SCHUMACHER).

Selaginellales. ROTHMALER (3) versucht hier ebenfalls eine Aufspaltung von *Selaginella* in drei Genera; ALSTON monographiert diese Gattung für Westindien [27 Arten (1)], und das festländische Nordamerika [56 Species (2)]. R. M. TRYON (2) gelangt bei einer Monographie der Gruppe *Tetragonostachys* (*S. rupestris*-Gruppe) zu 43 durch geringe, aber durchgreifende Unterschiede ausgezeichneten Arten, von denen allein 30 den USA und Mexiko zukommen.

Für die **Isoetales** stellte REED (1) einen wertvollen Index mit reicher Bibliographie zusammen.

Articulatae.

Ein Aufteilungsversuch von *Equisetum* in *E.* s. str. und *Hippochaete*, begründet auf die Insertion der Spaltöffnungen, findet sich wiederum bei ROTHMALER (1).

Filices.

Dieser großen Gruppe ist natürlich der größte Teil der Arbeiten gewidmet, darunter auch eine Anzahl mit allgemeineren Fragestellungen.

WAGNER (3) führt die teilweise bisher als primitiv geltenden Fälle von Blattdichotomie bei den Leptosporangiaten auf Modifizierungen pinnater Typen zurück. Die Mittelrippe kann entweder reduziert sein und ist dann teilweise noch als Art Vorläuferspitze zu bemerken, sie kann verdrängt sein (wie bei *Adiantum*), durch cristates Wachstum oder durch Gabelung des Blattstieles verschleiert (bei den *Schizaeaceae*).

Von einiger Bedeutung für die Systematik dürften die Untersuchungen HAIDERs über den Feinbau der Sporangien bei den Leptosporangiaten sein, deren recht charakteristische, unterschiedliche Differenzierungen klare Beziehungen zur systematischen Gliederung zeigen. Relativ primitive Formen, bei denen die Stomium-Region in den Wandstrukturen nur wenig von den verdickten Zellen des Anulus, dem Bogen (vgl. auch RENNER) verschieden sind, finden sich z. B. bei den *Aspleniaceae*. Starke Verschiedenheiten — neben dem eigentlichen lippenförmigen Stomium läßt sich ein dünnwandiges Epi- bzw. Hypostomium unterscheiden — sind für die Sporenkapseln der *Polypodiaceae* s. str. kennzeichnend, während die als primitive Ausgangsform dazugestellte *Dipteris* weit abweicht. Bestätigungen ergibt der Sporangienbau z. B. noch für die Stellung von *Nephrolepis* bei den *Davalliaceae*, *Athyrium* bei den *Aspidiaceae*, zu denen auch *Elaphoglossum* Beziehungen haben könnte, während sich die *Onocleoideae* durch die große Zahl von Anuluszellen von allen anderen weit entfernen.

Von einigen Autoren werden Fragen der Systematisierung diskutiert. R. M. TRYON (3) skizzierte die Geschichte der Systematik der *Filicales* und bekennt sich dabei zu einem System, das die phyletischen Wahrscheinlichkeiten mit den praktischen Notwendigkeiten verbinden sollte. HOLTTUM (1) detailliert die Merkmalsmöglichkeiten, warnt vor Konvergenzen und ruft nach guten Gruppenmonographien. Anhand der im System weit umhergewanderten Gattung *Diellia* schneidet auch WAGNER (4) die grundsätzliche Frage: Phylese oder Konvergenz an.

SMALL analysiert die Zusammensetzung des Systems der F. nach COPELAND nach mathematischen Gesichtspunkten und kommt zur Feststellung, daß die 14 Familien mit mehr als 2 Gattungen der allgemeinen Regel folgend um ein Drittel monotypische Genera enthalten.

WAGNER (5) faßt die allgemeinen Regeln für die Merkmalsbewertung zusammen: Primitiver sind

1. terrestrische gegenüber epiphytischer, aquatischer oder xerophytischer Lebensweise,

2. flache, autotrophe, zweigeschlechtliche Gametophyten gegenüber fädigen, heterotrophen, und eingeschlechtlichen,

3. tetraedrische Sporen ohne Perispor gegenüber bilateralen Sporen mit Perispor,

4. große vielzellige Gametangien gegenüber kleinen, wenigzelligen,

5. pinnate Blattform gegenüber den verschiedenen Fällen von Dichotomie,

6. freie gegenüber anastomosierender Aderung,

7. radiärer Sproßbau mit Protostele gegenüber dorsiventraler Struktur mit Dictyostele,

8. Haare gegenüber Schuppen und

9. große, vielzellige Sporangien ohne deutlich differenzierte Anuli gegenüber kleinen Sporenkapseln mit deutlichen Anuli.

Wie bei ähnlichen Regeln sind auch hier Umkehrungen möglich.

Ophioglossales. Neues System bei NISHIDA. — CLAUSEN monographierte die wenigen Arten der Familie für Hawaii, DE LICHTENSTEIN für Argentinien, WOLF lieferte eingehende morphologisch-biologische Beiträge zur Familie.

Leptosporangiatae.

Der vor einigen Jahrzehnten begonnene Umbau der Gruppe hatte mehrere aufschlußreiche Versuche zu verzeichnen, vor allem von HOLTTUM (2), COPELAND (1), REIMERS und ALSTON (3), von denen sich der dritte Autor noch am engsten an das System von DIELS-CHRISTENSEN anlehnte. Ein auch nur halbwegs endgültiger Status ist noch lange nicht erreicht, weshalb hier auch auf eine genauere Darlegung verzichtet sei. Die prinzipiellen Differenzen ergeben sich aus Tabelle 1. Auf jeden Fall wird man sich mit einer starken Aufgliederung der *Polypodiaceae sens. ampliss.* befreunden müssen. Die immer offener zutage tretende Polyphylie dieser Gruppe, welche ja nur durch den einheitlich scheinenden, aber eben wohl gerade so polyphyletischen Sporangientyp zusammengehalten wird, fordert dies dringend. — Die höchste Zahl von Familien unterscheidet COPELAND (1), der allerdings früher schon von CHING in der Aufsplitterung übertroffen wurde. Aus den Arbeiten

Tabelle 1. *Das System der leptosporangiaten Farne 1938—1956*

CHRISTENSEN 1938	HOLTTUM 1946	COPELAND 1947	REIMERS 1954	Derzeitig. Stand, nach ALSTON 1956 u. and.
Schizaeaceae	n. b.	*Schizaeaceae*	*Schizaeaceae*	*Schizaeaceae*
Gleicheniaceae	n. b.	*Gleicheniaceae*	*Gleicheniaceae*	*Gleicheniaceae*
Loxsomaceae	n. b.	*Loxsomaceae*	*Loxsomaceae*	*Loxsomaceae*
Hymenophyllaceae	n. b.	*Hymenophyllaceae*	*Hymenophyllaceae*	*Hymenophyllaceae*
Hymenophyllopsidaceae	n. b.	*Hymenophyllopsidaceae*	*Hymenophyllopsidaceae*	*Hymenophyllopsidaceae*
Dicksoniaceae	n. b.		*Dicksoniaceae*	*Dicksoniaceae*
P. Dennstaedtioideae	D. Dennstaedtioideae		P. Dennstaedtioideae	*Dennstaedtiaceae*
P. Lindsayoideae	D. Lindsayoideae	*Pteridaceae*	P. Lindsayoideae	*Lindsayaceae*
P. Pteridoideae	D. Pteridoideae		P. Pteridoideae	*Negripteridaceae*
P. Gymnogrammoideae	A. Gymnogrammoideae {		P. Gymnogrammoideae	*Adiantaceae*
		Parkeriaceae	*Parkeriaceae*	*Parkeriaceae*
P. Davallioideae	D. Davallioideae	*Davalliaceae*	P. Davallioideae	*Davalliaceae*
P. Oleandroideae	D. Oleandroideae		P. Oleandroideae	
Plagiogyriaceae	n. b.	*Plagiogyriaceae*	*Plagiogyriaceae*	*Plagiogyriaceae*
			Protocyatheaceae	*Protocyatheaceae*
Cyatheaceae	n. b.	*Cyatheaceae*	*Cyatheaceae*	*Cyatheaceae*
P. Onocleoideae	? Onocleoideae		P. Onocleoideae	
P. Woodsioideae			P. Woodsioideae	*Athyriaceae*
P. Asplen.-Athyrieae	D. Athyrioideae	*Aspidiaceae*	P. Asplen.-Athyrieae	
	Thelypteridaceae			
P. Dryopteridoideae	D. Dryopteridoideae		P. Dryopteroideae	*Thelypteridaceae*
	D. Tectarioideae			*Aspidiaceae*
P. Blechnoideae	D. Blechnoideae	*Blechnaceae*	P. Blechnoideae	*Blechnaceae*
P. Asplenioideae	D. Asplenioideae	*Aspleniaceae*	P. Asplenieae	*Aspleniaceae*
Matoniaceae	n. b.	*Matoniaceae*	*Matoniaceae*	*Matoniaceae*
Dipteridaceae	n. b.		*Dipteridaceae*	*Dipteridaceae*
				Cheiropleuriaceae
P. Polypodioideae	*Polypodiaceae* *Grammitidaceae*	*Polypodiaceae*	P. Polypodioideae	*Polypodiaceae* *Grammitidaceae*
P. Elaphoglossoideae	D. Lomariopsidoideae		P. Elaphoglossoideae	*Lomariopsidaceae*
P. Vittarioideae	A.-Vittarioideae	*Vittariaceae*	P. Vittarioideae	*Vittariaceae*

P = Polypodiaceae D = Dennstaedtiaceae A = Adiantaceae   n. b. ≡ nicht behandelt verschiedener Autoren hat sich zusätzlich inzwischen ergeben, daß insbesondere die *Pteridaceae* und *Aspidiaceae* COPELANDs sicher mehrere nicht verwandte Gruppen umfassen, so daß hier eine noch weitergehende Trennung notwendig wurde [ALSTON (3)]. Die Summe der bis heute mit einigem Recht vorgeschlagenen Familien ist aus der letzten Spalte zu ersehen. Wenn man vom Sporangienbau absieht, werden die Gliederungsmerkmale folgenden Bereichen entnommen: Die zeitliche Differenzierung der Sporangien eines Sorus, Bekleidungstyp von Rhizom und Sproß, Stellung der Sori, Stelentypus, Indusientypus, Innervierung der Sori, Äderung der Blätter, Blattform, in neuerer Zeit auch Chromosomengrundzahl.

Gleicheniaceae. Neue Klassifizierung bei NAKAI. — Bau des Gametophyten vgl. STOKEY.

Hymenophyllaceae. COPELAND (1) unterscheidet statt der 2 oder 4 bisherigen Genera deren 34. — MORTON monographiert die amerikanischen 52 Arten von *Hymenophyllum* sect. *Sphaerocionium*, zu deren Trennung bs. die Haartypen Verwendung finden. Durch hohen Endemismus sind bs. die mittelamerikanischen Gebirge ausgezeichnet. — LEFORT u. LAWALREE behandeln die geographische Stellung der wenigen europäischen Formen, die nur an Standorten höchster Ozeanität auftreten.

Schizaeaceae. Eingehende Studien widmet SELLING [(2), mit Nachträgen (3) u. (4)] dieser Familie, deren Gattungen auch im Sporentyp weit auseinanderstehen. Phylogenetisch verwertbare Merkmale bietet die Struktur des Anulus. Parallel zur phyletischen Progression geht eine Reduktion von Sporengröße und -skulpturen vor sich. Als Arbeitshypothese wird eine Entstehung von *Schizaea* in Tropenhochländern angenommen; eindeutig australe Zuordnung, wie sie von anderer Seite gefordert wurde, läßt sich schon wegen der — erweiterten — mitteleuropäischen Tertiärfunde nicht vertreten.

Negripteridaceae. Dieser neuen Familie liegt die merkwürdige, monotypische Gattung *Negripteris* [*N. scioana* (Chiov.) Pichi-Serm.] zugrunde [PICHI-SERMOLLI (1)], die aus Äthiopien beschrieben, aber inzwischen auch aus Südarabien nachgewiesen wurde [PICHI-SERMOLLI (2)]. Es handelt sich um einen der Gattung *Aleuritopteris* (= *Cheilanthes* pr. pte., mit Wachsüberzug auf der Blattunterseite) recht ähnlichen und wohl auch verwandten Typus, der allerdings im Sporangienbau weit abweicht. Die großen, kugeligen Sporenkapseln stehen einzeln oder zu zweit und besitzen einen sehr breiten Vertikalring, der um zwei Drittel des Umfangs einnimmt. Die stark in die Breite gezogenen Einzelzellen sind allseits gleich stark verdickt, so daß sich keinerlei Vorstellung über die Wirkungsweise gewinnen läßt, wie denn auch in der Tat die Sporangien sehr unregelmäßig aufreißen. Aller Wahrscheinlichkeit handelt es sich um eine primitive Sonderentwicklung der *Cheilantheae.*

Matoniaceae. Gametophyt und junger Sporophyt bei STOKEY u. ATKINSON.

Dennstaedtiaceae. *Paradennstaedtia nov. gen.* bei TAGOWA.

Davalliaceae. Die gelegentlich als Wurzelträger angesprochenen langen nackten Wurzelgebilde von *Oleandra* sind nach WETTER durch lange Epidermistaschen ausgezeichnete Luftwurzeln.

Aspleniaceae. Sicher hierher gehört die auf Hawaii mit 5 Arten endemische, von WAGNER (6) monographierte Gattung *Diellia*, deren Arten deutlich den Übergang von Einzel- zu Coenosori verfolgen lassen. — *A.* von Neuguinea vgl. COPELAND (2). — BERTSCH berichtet über *Asplenium*-Hybriden vom Hohentwiel.

Blechnaceae von Neuguinea bei Copeland (2). — Schelpe (1) unterscheidet 8 afrikanische Arten von *Blechnum*, die meisten davon im Süden. *Stenochlaena* gehört sowohl der Anatomie nach (Mehra u. Naima Chopra) wie in der Gestaltung der Gametophyten [Stokey u. Atkinson (2)] hierher und nicht in die Nähe von *Acrostichum*. — Gametophyten von *Blechnum* [Stokey u. Atkinson (3)].

Aspidiaceae von den Philippinen, vgl. Copeland (3). — Die Familie scheint in der Copelandschen Fassung auch nach Ausscheidung der Holttumschen *Thelypteridaceae* noch recht uneinheitlich. — Holttum (2 bzw. 3) löst *Pleocnemia* bzw. die nahe verwandte *Arcypteris* (4) aus *Tectaria* heraus, beide malesisch, und behandelt *Heterogonium* (5). — Morton (2) faßt die Merkmale für die Trennung *Dryopteris-Gymnocarpium-Thelypteris* zusammen. — Larsen findet zwischen der warzig-sporigen *Cystopteris dieckiana* im Norden und in der Mitte Grönlands und der stachelsporigen *C. fragilis* in der Mitte und dem Süden Übergänge vermutlich hybridogener Art. — *Polystichum* in SO-Australien vgl. Tindale.

Thelypteridaceae. Holttum (6) scheidet *Abacopteris* von *Cyclosorus*, *Phymatodes* von *Microsorium*. Die gerechtfertigte Auffassung der *T.* als eigene Familie wird auch durch Manton [in Holttum (6)] wieder bestätigt.

Grammitidaceae. Für Japan und die Riukiu-Inseln vgl. Tagawa (2), für Neuguinea Copeland (4), *Grammitis* für die Philippinen Copeland (5).

Polypodiaceae. *Polypodium* und *Goniophlebium* von Japan, China und Umgebung vgl. Tagawa (3). — Schelpe (2) erkennt 7 afrikanische *Pyrrosia*-Arten an. — Donk bezieht *Lepidogrammitis* und *Weatherbya* in *Lemmaphyllum* ein, Weatherby behandelt die *Polypodium lepidopteris*-Gruppe in Brasilien. — Der europäische *Polypodium vulgare*-Komplex, der von Manton (1) in drei Cytospecies zerlegt wurde, läßt sich nach Martens [(1), Nachträge (2)] auch nach dem Besitz von Paraphysen differenzieren. Die große, laubwerfende *ssp. serratum* ist durch charakteristische, verzweigte Organe dieser Art ausgezeichnet, die der allgemein verbreiteten immergrünen *ssp. vulgare* fehlen. Im Überschneidungsbereich treten *serratum*-ähnliche Formen ohne Paraphysen auf. — In Nordamerika enthält derselbe Formenkreis neben dem im pazifischen Teil verbreiteten unbehaarten *P. vulgare* das durch den Besitz von Drüsenhaaren erkennbare *P. virginianum* im Osten, das in Ostasien wiederkehrt [Martens (3)].

Lomariopsidaceae. Morton (3) unterscheidet 17 Arten von *Elaphoglossum* in Französ.-Westindien. — *E.* in Japan, Riukiu, Formosa vgl. Tagawa (4).

Marsileales und Salviniales.

Reed (2) verdanken wir einen Index der beiden Gruppen, der rezenten wie der fossilen Formen, mit reicher Bibliographie (*Marsilia* 70 Arten). — Eingehende morphologisch-anatomisch-entwicklungsgeschichtliche Monographien erfuhren *Salvinia* durch Bonnet, *Azolla nilotica* durch Demalsy, *Pilularia* durch Bonnet (2), *Marsilia hirsuta* durch Feller bzw. Tournay.

Floristik und Geographie werden im nächsten Band der Fortschritte behandelt werden.

Literatur.

Abraham, A., and C. A. Ninan: Current Sci. **23**, 213 (1954). — Alston, A. H.: (1) Bull. Brit. Mus. Nat. Hist. **1**, 27—49 (1952). — (2) Bull. Brit. Mus. Nat. Hist. **1**, 221—274 (1955). —(3) Taxon **5**, 23—25 (1956).

Bertsch, K.: J. ber. Ver. vaterl. Naturk. Württemb. **102—105**, 71 (1950). — Boivin, B.: Amer. Fern. J. **40**, 32—41 (1952). — Bonnet, A. L.: Annal. Sci. Nat. Bot. **16**, 529 (1955). — (2) Cellule **57**, 131—239 (1955). — Britton, M.: Amer. J. Bot. **40**, 575—583 (1953). — Butters, F. K., and R. M. Tryon: Amer. J. Bot. **35**, 132 (1948).

Ching, R.: Sunyatsenia **5**, 201—267 (1940). — Christensen, C.: Filicinae, in Manual of Pteridology. Den Haag 1938. — Clausen, R. T.: Amer. J. Bot. **41**, 493 (1954). — Copeland, E. B.: (1) Genera Filicum. Waltham 1947. — (2) Philip. J. Sci. **78**, 207—230 (1949). — (3) Philip. J. Sci. **78**, 389—475 (1949). — (4) Philip. J. Sci. **81**, 81—118 (1952). — (5) Philip. J. Sci. **80**, 93—376 (1952).

DE LICHTENSTEIN, J. S.: Darwiniana 6, 380—441 (1944); 9, 615—616 (1951). — DEMALSY, P.: Cellule 56, 7—60 (1953/54). — DÖPP, W.: (1) 8. Congr. Int. Bot. Rapp. 4, 22 (1954). — (2) Ber. dtsch. bot. Ges. 62, 61—68 (1949). — (3) Planta (Berlin) 46, 70 (1955). — DONK, M. A.: Reinwardtia 2, 403—410 (1954).

ERDTMAN, G.: An Introduction to Pollenanalysis. Waltham 1943.

FELLER, M. J.: Cellule 55, 307—377 (1952/53).

HAIDER, K.: Planta (Berlin) 44, 370—411 (1954). — HERTER, G.: (1) Rev. sudameric. Bot. 8, 67—86 (1949). — (2) Rev. sudameric. Bot. 10, 110—129 (1953). — HOLTTUM, R. E.: (1) 8. Congr. int. Bot. Rapp. 4, 5—8 (1954). — (2) J. Linn. Soc. 53, 125—158 (1946). — (3) Reinwardtia 1, 171—189 (1951). — (4) Reinwardtia 1, 191—196 (1951). — (5) Reinwardtia 1, 27—31 (1950). — (6) Flora of Malaya 2 (Ferns of Malaya).

LARSEN, A. K.: Bot. Tidsskr. 49, 39—44 (1952). — LEFORT, F. R., et A. LAWALRÉE: Bull. Soc. roy. Bot. Belg. 83, 219—223 (1951). — LOVIS, J. D.: Bot. Soc. Brit. Isl. Conf. Rep. 4, 99—103 (1955).

MANTON, I.: (1) Problems of Cytology and Evolution in the Pteridophyta. Cambridge 1950. — (2) 8. Congr. Int. Bot. Rapp. 4, 16—17 (1954). — (3) Bot. Soc. Brit. Isl. Conf. Rep. 4, 90—98 (1955). — (4) Sympos. Soc. Exper. Biol. 7, 174 (1953). — MARTENS, P.: (1) Bull. Soc. roy. Bot. belg. 82, 225—262 (1950). — (2) Bull. Soc. roy. Bot. Belg. 83, 281 (1951). — (3) Cellule 53, 187—212 (1949/50). — MARTINOLI, G.: Caryologia (Pisa) 5, 178—191 (1953). — MHERA, P. N., and N. CHOPRA: Ann. Bot. 15, 37—45 (1951). — MEYER, D. E.: Biblioth. bot. 123, 1-34 (1952). — MORTON, C. V.: Contr. U. S. Nat. Herb. 29, 139—204 (1947). — (2) Amer. Fern. J. 40, 213 (1950). — (3) Amer. Fern. J. 38, 202 (1948).

NAKAI, T.: Bull. Nat. Mus. Tokyo 29, 1—71 (1950). — NESSEL, H.: Flora brasil. Fasc. 11 2:2, Sao Paulo 1955. — NISHIDA, M.: J. Jap. Bot. 27, 271—278 (1952). — NORDHAGEN, R.: Blyttia 5, 89—118 (1947).

PICHI-SERMOLLI, R.: (1) Nuovo Giorn. Bot. Ital. 8, 129—169 (1946). — (2) Amer. Fern. J. 40, 59—69 (1950).

REED, C. F.: (1) Bol. Soc. broter. 28, 2. Ser., 5—61 (1954). — (2) Bol. Soc. broter. 27, 2. Ser., 5—72 (1953). — REICHLING, L.: Bull. Soc. roy. Bot. Belg. 86, 39—57 (1953). — REIMERS, H.: In ENGLER, Syllab. Pflanzenfam. 12 .Aufl., S. 269—311, 1954. — RENNER, O.: Sitzgsber. bayer. Akad. Wiss. 15. 1. 1954, 3. — ROTHMALER, W.: (1) Fedde Rep. sp. nov. 54, 55—82 (1944), bzw. (1951). — (2) 8. Congr. int. Bot. Rapp. 4, 18—19 (1954).

SCHELPE, E.: (1) J. linn. Soc. 53, 487—510 (1947). — (2) J. S. Afric. Bot. 18, 123—134 (1952). — SCHUMACHER, A.: Aus der Heimat 62, 136—140 (1954). — SELLING, O. H.: (1) Stud. haw. Pollenstat. Bernice Bishop Mus. spec. Publ. 37, (1946). — (2) Acta Horti gotoburg. 16, 1—112 (1944—46). — (3) Sv. bot. Tidskr. 40, 273—283 (1946). — (4) Sv. bot. Tidskr. 41, 431—450 (1947). — SMALL, J.: Phyton (Horn, N.-Ö.) 5, 211—221 (1953/54). — SMITH, G. M.: Cryptogamic Botany 2. New York 1955. — STEIL, W. N.: Bot. Rev. 17, 90—105 (1951). — STOKEY, A. G.: Bull. Torrey Bot. Club 77, 323—339 (1950). — STOKEY, A. G., and L. R. ATKINSON: Phytomorphology 2, 138—150 (1952). — (2) Phytomorphology 2, 1 (1952). — (3) Phytomorphology 2, 9 (1952). — SUSSEX, I. M., and T. A. STEEVES: Ann. Bot. 17, 395—401 (1953).

TAGAWA, M.: (1) J. jap. Bot. 27, 213—218 (1952). — (2) Acta phytotax. geobot. 15, 182—191 (1954). — (3) Mem. Coll. Univ. Kyoto Ser. B. 21, 69—75 (1954). — (4) Mem. Coll. Univ. Kyoto Ser. B. 20, 26—31 (1951). — TINDALE, M. D.: Proc. linn. Soc. N. S. W. 80, 54—56 (1955). — TOURNEY, R.: Cellule 54, 164—218 (1951/52). — TRYON, A. F.: Ann. Miss. bot. Gard. 36, 413—431 (1949). — TRYON, R. M.: (1) 8. Congr. int. Bot. Rapp. 4, 20 (1954). — (2) Ann. Miss. Bot. Gard. 42, 1—99 (1955). — (3) Ann. Miss. Bot. Gard. 39, 255 —262 (1952).

WAGNER, W. H.: (1) Rhodora 57, 219 (1955). — (2) Evolution 8, 103 (1954). — (3) Amer. J. Bot. 39, 578—592 (1952). — (4) Amer. J. Bot. 40, 34—40 (1953). — (5) 8. Congr. int. Bot. Rapp. 4, 9—15 (1954). — (6) Un. Californ. Publ. Bot. 26, 1—187 (1952). — WALKER, S.: Bot. Soc. Brit. Isl. Conf. Rep. 4, 105—106 (1955). — (2) 8. Congr. int. Bot. Rapp. 4, 23 (1954). — WEATHERBY, C. A.: Contrib. Gray Herb. 165, 76—82 (1947). — WETTER, C.: Planta (Berlin)39, 471—475 (1951). — WOLF, H.: Ver. Naturk. Mannheim. Ber. 117/118, 133—158 (1951/52).

ZIEGENSPECK, H.: Rev. sudameric. Bot. 8, 178—204 (1950).

5f. Systematik der Spermatophyta.

Bericht über die Jahre 1954 und 1955.

Von Hermann Merxmüller, München.

Vorbemerkung: Das vorliegende Referat wurde in zwei Abschnitte gegliedert, von denen der erste, nach Sachgruppen eingeteilt, einem allgemeineren Überblick dienen soll; der zweite, nach Familien geordnet, geht auf die spezielleren Arbeiten ein. Eine Liste der Revisionen (in denen der Ref. unscheinbarere, aber reale Fortschritte der Systematik sieht), der neuen Gattungen und wichtigsten Florenwerke ist angefügt. Aus Platzmangel ausgeschieden wurden Florenlisten u. ä., neue Arten (die im Kew Index erscheinen) und viele Einzelstudien, die nicht den Charakter von Neuordnungen oder Revisionen besitzen; verzichtet wurde auch, im Hinblick auf das arealkundliche Referat, auf alle geographischen Daten: zum Bedauern des Ref., der Taxonomie und Geographie für untrennbar hält. Berichtszeit ist 1954 und 1955.

Allgemeiner Teil.

1. Lehrbücher und Systeme.

Im englischen Sprachbereich sind zwei neue Lehrbücher der systematischen Botanik erschienen, deren Lehrstoff gegenüber den bisherigen, wohlbekannten, noch mehr auf den Studierenden zugeschnitten ist. Lawrence, der Verfasser jener ausgezeichneten "Taxonomy of Vascular Plants" von 1951, nennt sein neues Werk deshalb "An Introduction to Plant Taxonomy" (4), Cores "Plant Taxonomy" ist eher noch etwas einfacher angelegt. Beide Werke beschränken sich im Gegensatz zu den meisten unserer deutschsprachigen nicht darauf, einen systematischen Überblick über das Pflanzenreich zu geben; beträchtlichen Raum nehmen allgemeine Kapitel ein, in denen in Auswahl Zweck, Prinzipien und Entwicklung der Taxonomie, ältere und moderne Klassifikation, Nomenklatur, Herbarien und Gärten, dann aber auch Artentstehung, Evolution, Pflanzenwanderung u. ä. abgehandelt werden. Eine solche Darstellung mag das angeblich trockene Fach dem Studenten erheblich näher bringen.

Wenn der Berichterstatter die Angelpunkte taxonomischen Fortschreitens in den letzten Jahren umreißen will — mit allen Gefahren einer solchen Vereinfachung —, so scheinen ihm drei Tatsachen der Hervorhebung wert: a) In immer weiterem Umfang werden neue Merkmalskategorien zur Systematisierung herangezogen; vielfach bemühen sich sogar die Nachbardisziplinen von sich aus, zu taxonomischen Ergebnissen zu gelangen. b) Während diese Bestrebungen etwa vom Reihen- oder Familienbereich abwärts oft zu erfreulichen Verbesserungen führen, werden unsere Ansichten über die höheren Kategorien von stets steigender Unsicherheit geprägt. c) Dies mündet, je nach Einstellung, in glatte Ablehnung der gebräuchlichen Großgruppen, in eine Vielzahl (oft reichlich leichtfertig produzierter) neuer Systeme oder in die Überzeugung von der Existenz polyphyletischer Prozesse. Daß letztere zunimmt, hat in der Berichtszeit unter anderen METCALFE (1) recht deutlich ausgeführt; was von manchen der neuen „höheren" Systeme zu halten ist, deren Hauptanliegen die Kreation möglichst vieler Nomina nova (meist: nuda) zu sein scheint, wird von JUST gestreift.

Drei wesentliche Beiträge der Berichtszeit befassen sich mehr oder minder eingehend mit den neueren Systemen der Blütenpflanzen; hinsichtlich der ziemlich gleichlaufenden Urteile muß auf die Arbeiten selbst verwiesen werden [RECHINGER (4), GUNDERSEN, MARKGRAF (3)], während einige anderen Punkte kurzer Herausstellung bedürfen. RECHINGER wendet sich in seinem leider nur auf dem Pariser Kongreß als Sonderdruck verteilten Referat endlich einmal eindringlich gegen das Modeschlagwort einer „dynamischen" Systematik: dynamisch ist die Natur, während die Taxonomie als Ordnungswissenschaft, die sie nun einmal ist, ein statisches, stabiles System erstrebt. Die Alternativen eines jeden Systems liegen im Streben nach Übersichtlichkeit in der Anordnung einerseits, nach dem (subjektiven) Ausdruck natürlicher Verwandschaftsbeziehungen andererseits; im Suchen nach Lücken zur Trennung der Taxa und nach Übergängen zur Erkenntnis ihres Zusammenhangs ("Splitting" und "Lumping"); endlich in der Analyse von unten, von Individuum und Population her, und der typologischen Sicht von oben her: und jedes System kann nur auf Kompromissen zwischen diesen Eckpfeilern beruhen.

Aus GUNDERSENs Aufsatz erscheint die Anregung dankenswert, einen Kanon aller anerkannten Angiospermen-Familien aufzustellen, dem die Gattungen incertae sedis, eventuell seitlich, anzugliedern wären — statt aus diesen Gattungen immer neue, meist monotypische Familien zu bilden, die niemand mehr überschauen kann (seit 1900 wurden etwa 75 neue Familien aufgestellt!). — Wie RECHINGER spricht sich auch MARKGRAF (3) gegen allzu prätentiöse Auffassungen aus, wenn er die Doppelsinnigkeit der „natürlichen Systeme" bespricht, die phylogenetische Zusammenhänge darstellen wollen, während in Wirklichkeit doch nur Progressionsreihen von Merkmalen aufgedeckt werden können. Dabei wird immer klarer, daß nur in seltenen Fällen ein einziges Merkmal als „roter Faden" verwendet werden kann, meist aber ein ganzer Merkmalsvorrat in einem bestimmten Verwandtschaftskreis diffus und wahlweise verteilt ist. Was man zeigen kann, sind erreichte Organisationshöhen.

Es verdient hier angemerkt zu werden, daß sich in manchen taxonomischen Arbeiten der letzten Jahre (z. B. NELMES: *Primocarex*, CAVACO: *Chlaenaceae*) die Tendenz erkennen läßt, trotz eines mittlerweile gewonnenen Wissens um Heterogenität die alte Ordnung nach der Organisationshöhe beizubehalten und sich damit zu begnügen, die neueren phylogenetischen Erkenntnisse beschreibend beizufügen. Selbst ein so extremer Anhänger der phylogenetisch orientierten Systematik wie ZIMMERMANN gelangt zu der Ansicht, daß es „aus technisch-taxonomischen Gründen" durchaus vertretbar sei, auch Organisationsstufen als Taxa zu verwenden, wenn ihre Glieder wenigstens relativ eng verwandt sind.

Ein beachtenswertes Ereignis ist das endliche Erscheinen einer Neuauflage des ENGLERschen Syllabus (MELCHIOR u. WERDERMANN), dessen erster Teilband (Nicht-Angiospermen) durch eine sehr konzise Darstellung taxonomisch wichtiger Daten eingeleitet wird, unter denen vor allem die Kapitel „Die Progressionen" und „Entstehung der Organe der Gefäßpflanzen" hervorzuheben sind. Bei der Besprechung einschlägiger Theorien (Telom-, Stelär-, Phyllosporie- usw.) wird eine Stellungsnahme ebenso konsequent vermieden wie bei der Darstellung der wichtigeren Systeme.

Aus dem taxonomischen Inhalt des Syllabus ist an dieser Stelle nur die Gliederung der Gymnospermen zu behandeln, die als eigene Pflanzen-Abteilung beibehalten werden, da ihre vermutete Polyphylie noch zu wenig sicher begründet sei. Die Bearbeiter gliedern in enger Anlehnung an FLORIN in vier Klassen: die *Cycadopsida* mit großen Blättern, Spermatozoiden und nicht *(Pteridospermae, Caytoniales)* oder nur zu einfachen Zapfen vereinten Makrosporophyllen *(Cycadales, Nilssoniales, Bennettitales, Pentoxylales)* oder mit gabelig verzweigten Makrosporophyllständen *(Ginkgoales)*; die *Coniferopsida* mit kleinen Blättern, zusammengesetzten Zapfen und Spermatozoiden *(Cordaitales)* oder Pollenschlauchbefruchtung *(Coniferae)*; die *Taxopsida* mit einzelnen, terminalen, arillösen Samenanlagen und kleinen Blättern; die *Chlamydospermae* mit Tracheen und mit Hüllblättern versehenen Blüten. Gegenüber der beachtlichen Rangerhöhung der *Taxales* mag die Zusammenfassung der Chlamydospermen in eine einzige Reihe der *Gnetales* etwas zu eng erscheinen.

Wer glauben wollte, daß mit dieser eingängigen Gliederung nun eine gewisse Sicherheit unserer Kenntnis im Gymnospermenbereich errungen sei, wird von GREGUSS (1) eines anderen belehrt. Seine sicher wohlfundierten holzanatomischen Untersuchungen haben diesen Autor zu der Überzeugung gebracht, daß von den Psilophyten an durchs ganze Pflanzenreich hindurch eine Dreiteilung in makrophylle, mikrophylle und artikulate Stämme herrsche, die von den Gymnospermen ab im Exomorphologischen stärker kaschiert, in der konservativeren Holzstruktur aber wohl bewahrt sei. Von der Wurzel der makrophyllen Pteropsiden leitet er über Pteridospermen und Cordaiten die Cycadeen und Bennettiten, *Ginkgoales* und *Caytoniales*, Araucarien, Podocarpeen und *Taxales* ab; mit einem Fragezeichen versieht er die Weiterleitung zu *Welwitschia* und den Monocotylen. Aus der Sphenopsiden-Wurzel (artikulat) stammen die Cupressineen, die zu *Ephedra* und *Casuarina*, vielleicht auch zu gewissen gegenständig oder wirtelig beblätterten Sympetalen-Gruppen progredieren. Die mikrophyllen Taxodiaceen und Pinaceen führt er auf die *Lycopsida* zurück und zu den *Gnetales* und, fraglicher, zu den Monochlamydeen wie auch den *Ranales* und ihren Deszendenten weiter.

Eine andere xylotomische Untersuchung [GREGUSS (2)] scheint dem Autor die Auffassung zu unterstreichen, daß die einzelnen Chlamydospermen-Gattungen jeweils getrennte Übergangsglieder zu den Angiospermen bilden.

Einen ähnlich merkwürdigen, wenn auch weit stärker theoretischen Beitrag zur Angiospermen-Phylogenie legt CORNER vor, der einst so verdienstvoll das Augenmerk auf die zentripetale und zentrifugale Andröceumsentwicklung gelenkt hat. Er gelangt auf etwas verschlungenen Wegen zu der Ansicht, die Ur-Angiospermen seien tropische Bäume mit dicken Stämmen, zusammengesetzten Blättern, großen, schweren Früchten und arillaten Samen gewesen. Eine solche Merkmalskombination findet sich angenähert bei *Durio* — und so ist diese neue Lehre als „Durian-Theorie" in die Literatur eingegangen. METCALFE (3) bemerkt mit gewohnter Höflichkeit, daß auch dies ein möglicher, jedoch sicher nicht der einzige "starting point" sei.

LAM bespricht in seinem diesjährigen Beitrag Ablehnungen und Zustimmungen zu seiner "new morphology". Als Musterbeispiel für seine Stachyosporie-Theorie führt er diesmal die FLORINsche Phylogenie des weiblichen Coniferenzapfens vor, wieder veranschaulicht durch seine bestechend eingängigen, wenn auch zweifellos übervereinfachten Schemata. Immerhin treten in diesem System nur mehr mäßige Lücken auf (etwa zwischen *Baragwanathia* und *Cordaitales*), so daß LAM der Botanik jetzt eine bessere Orthogenie-Serie zuerkennt als die Zoologie in ihrer bekannten Pferdereihe aufzuweisen hat.

Daß die einfache Übertragung des Gegensatzes Stachyosporie — Phyllosporie auf den Angiospermen-Bereich zumindest an manchen Stellen auf Schwierigkeiten stößt, zeigt ECKARDT in zwei schönen Beiträgen über die Placentation der *Centrospermae*. In allen untersuchten Fällen läßt sich entweder direkt oder durch Reihenvergleich erweisen, daß die Placentation submarginal-median ist, die Samenanlagen der scheidewandartig ausgebildeten Querzonenregion der Karpelle entspringen, so daß man hier nicht von Stachyosporie sprechen kann. LAM freilich lehnt derartige Beweise mit der Bemerkung ab, daß eine rein phylogenetische Theorie nicht durch ontogenetische Argumente allein verworfen werden könne.

An den Fund zweier neuer fossiler *Homoxylon*-Arten im Lias, bzw. Carien Neukaledoniens knüpft BOUREAU (2) den Gedanken, daß von hier aus echte Beziehungen einerseits zu den Bennettiten, andererseits zu homoxylen Dicotylen vorliegen, welch letztere ja auf Neukaledonien auch heute besonders häufig sind.

Ein Systementwurf für die gesamten Spermatophyten wird diesmal von SOÓ vorgelegt. Die Gymnospermen verteilt er auf drei Klassen, die *Pteridospermopsida* (*Pteridospermae* und *Cycadales*, von hier aus weiter zu den Angiospermen), *Chlamydospermopsida* (*Bennettitales!, Gnetales, Welwitschiales*) und *Coniferopsida* (*Cordaitales, Ginkgoales, Coniferales, Ephedrales*). Die Angiospermen leitet er in sechs „Linien" von den Ur-Ranunculaceen ab; man gelangt a) über die *Rosales* zu *Hamamelidales, Terebinthales* und via *Umbelliflorae* zu den *Rubiales*, b) über die *Rhoeadales* zu *Ericales* und *Campanulales*, c) über *Geraniales* zu den *Tricoccae* und via *Malvales* zu den *Personatae*, d) auf sechs Parallelästen „monophyletisch-polytop" zu *Primulales, Plumbaginales, Centrospermae* und allen anderen *Monochlamydeae*, weiters direkt e) zu den Monocotylen und f) den *Spadiciflorae*.

Auch hier heißt es wieder, die früheren „morphologischen" Systeme seien alle statisch gewesen, während dieser neue Entwurf dynamisch sei. HUTCHINSON hatte erst 2, dann mehrere, SOÓ also 6, GROSSHEIM gar 10 solche „Linien“, die von den nachgerade nicht mehr faßlichen *Polycarpicae* oder gar von solch wahrhaft proteischen „*Renonculacées ancestrales*“ abgeleitet werden. Der Berichterstatter kann in solchen Schein-Taxa nur eine Verschleierung dessen erblicken, was er früher einmal als „gemäßigte Pleiophylie“ bezeichnet hat.

An Monocotylen-Systemen ist die Berichtszeit reicher. Auch Deyl hat die Dynamik in den Vordergrund gestellt und acht „evolutionäre Gruppen“ von plastischen Angiospermen-Prototypen hergeleitet; die „evolutionären trends“, die diesen Gruppen zugrunde liegen, wirken freilich mehr erfühlt als gegeben, sind aber von einer gewissen Originalität. Grundgruppe sind die hydrophylischen *Hydrocharitales (Naiadaceae* und *Lemnaceae* bis *Hydrocharitaceae)*, aus deren einzelnen Familien die anderen Gruppen abgeleitet werden: die spadicifloren *Arecales (Typhaceae* und *Araceae* bis *Palmae)*, die graminoiden *Juncales (Cyperaceae* und *Gramineae* bis *Juncaceae)*, die xeranthemischen *Xanthorrhoeales (Eriocaulaceae* und *Xyridaceae* bis *Xanthorrhoeaceae*, hierher auch *Aphyllanthes!)*, die sepaloiden *Bromeliales (Commelinaceae* und *Mayacaceae* bis *Bromeliaceae* und *Marantaceae)*, die dicotylophyllen *Dioscoreales (Trilliaceae* und *Smilacaceae* bis *Dioscoreaceae* und *Aspidistraceae)*, die tepaloiden *Liliales (Pontederiaceae* bis *Liliaceae)* und endlich die anomalen *Orchidales (Triuridaceae* bis *Orchidaceae)*, die eine „Tendenz zu bizarren Gestalten und extremen biologischen Eigenheiten“ besitzen.

Manche Anklänge hieran finden wir im (früheren) System Kimuras, der ebenfalls die *Helobiae* als Grundgruppe ansetzt und über die *Scheuchzeriales* die Schlüsselgruppe der *Liliales* erreicht; von hier aus führen parallele Entwicklungslinien zu den (a) *Spathiferae* und (b) *Nudiflorae (Arales, Typhales)*, den (c) *Sicciflorae (Eriocaulales, Restionales* und von diesen zu *Cyperales, Poales* und *Juncales)*, den (d) *Calyciferae* (die Sepaloiden Deyls plus *Xyridales* und *Philydrales*) und zu den (e) *Epigynae*, die alle unterständigen Taxa vereinen.

Hier scheinen uns ernstere Begründungen zu mangeln. Größere Aufmerksamkeit verdient Kuprianova, die auf Grund pollenmorphologischer Merkmale die Monocotylen für pleiophyletisch hält. Nur die *Helobiae* (ohne *Butomus!*) lassen Ähnlichkeiten mit den *Ranunculaceae* erkennen. Alle übrigen Monocotylen seien von (vielleicht piperoiden?) Proangiospermen herzuleiten; dabei beginnt ein Ast bei den eurypalynen Palmen und führt, stets stenopalyner werdend, über *Araceae* zu *Lemnaceae*, über die *Pandanales* zu den *Farinosae* (mit *Gramineae*, aber ohne *Eriocaulaceae* und *Commelinaceae)*. Ein zweiter Ast findet seinen Ursprung bei den wiederum eurypalynen *Liliaceae* und erreicht in parallelen Linien die *Orchidaceae, Scitamineae* (mit *Commelinaceae* und *Xyridaceae)*, *Liliiflorae* sowie über *Thurniaceae* und *Juncaceae* die *Cyperaceae*.

Erdtman freilich hält wenig von einer scharfen palynologischen Trennung zwischen Mono- und Dicotylen; „typischer“ Monocotylenpollen finde sich bei fast allen *Polycarpicae* mit Ölzellen, Pollen mit gewissen Dicotylen-Merkmalen bei *Alismataceae, Haemadoraceae, Araceae, Bromeliaceae* und *Eriocaulaceae.*

Der Beitrag des Anatomen schafft ähnliche Verwirrung. Cheadle zeigt, daß die Tracheen der Dicotylen und der Monocotylen unabhängig voneinander entstanden sind, was von METCALFE (1—3) mit aller Entschiedenheit unterstrichen wird. Die Gefäß-Evolution der Monocotylen-Tracheide nahm in den Wurzeln ihren Beginn und griff nur langsam in den Luftstamm und endlich in die Blätter über. Da die *Alismataceae* einen weit primitiveren Metaxylemtyp (Tracheen nur in den Wurzeln) zeigen als alle vergleichbaren *Ranales*-Gruppen, glauben die Autoren hier an keine nähere Verwandtschaft, sondern an Konvergenzen. Die *Liliaceae* erscheinen auch den Anatomen recht ursprünglich, *Juncaceae* und *Restionaceae* sind nicht voneinander ableitbar, die *Cyperaceae* höchstens von den letzteren; stärkste Ableitung zeigen (immer noch anatomisch) die *Gramineae*.

Ein sehr palmenähnliches Holz *(Palmidiopteris lapparenti)* aus dem tunesischen Albien bringt auch BOUREAU (1) zu der Auffassung, daß heute viel zu oft eine Ableitung der Monocotylen von den Dicotylen ins Auge gefaßt werde. Der Ursprung der Monocotylen müsse vielmehr sogar v o r dem „*Bennettitales*-Stadium der Dicotylen" gesucht werden, bei Proangiospermen, die ihrerseits den eusporangiaten Farnen entstammten. Auf jeden Fall seien die Palmen sehr primitive Monocotylen.

2. Anatomie, Chemie.

BAILEY, der Lehrmeister der amerikanischen anatomischen Schule, hat eine Auswahl seiner Arbeiten in Buchform zusammengestellt: ihre Kenntnis ist für den Systematiker unerläßlich. An dieser Stelle sei nur hervorgehoben, daß auch BAILEY sich nunmehr strikt für eine mehrmalige, voneinander unabhängige E v o l u t i o n d e r G e f ä ß e (zur Trachee hin) ausspricht, und zwar bei den *Selaginellales, Filicales, Gnetales,* Monocotylen und Dicotylen. Weitgefaßte Ausführungen über das Verhältnis von Anatomie, Cytologie und Taxonomie sind METCALFE (1 u. 3) zu verdanken, der über die Wichtigkeit der Ergänzung der makromorphologischen Kenntnisse durch mikrotechnische Laboratoriumsmethoden referiert. Dabei scheint bis heute die Anatomie vorzüglich Daten für breitere phylogenetische Schlüsse zu liefern, während die Cytologie wichtigere Erkenntnisse für die Abgrenzung der Arten und niederen Einheiten zu verbuchen hat.

METCALFE glaubt, daß nahezu alle gebräuchlichen Taxa oberhalb der Familien mehr oder minder heterogen, also künstlich seien; am ehesten dürften noch die HUTCHINSONschen (eben sehr eng gefaßten) Orders natürliche Züge aufweisen. Die Familien hingegen erscheinen dem Anatomen im allgemeinen gut umgrenzt, so daß falsch placierte Genera gerade bei anatomischer Untersuchung leicht ermittelt werden. Anatomisch heterogene Familien wie die *Euphorbiaceae* sollten gründlich auseinandergenommen werden.

Das Vorkommen primitiver Charaktere, wie s k a l a r i f o r m e P e rf o r a t i o n, bei so offensichtlich nicht verwandten Familien wie *Magnoliaceae, Cornaceae, Ericaceae* und *Betulaceae* scheint dem Anatomen einen neuen Beweis für eine Pleiophylie der Angiospermen zu bilden: der Begriff eines Stamm„baums" ist hier sinnlos, wenn man nicht dem Stamm größte Breite und recht komplexe Struktur zusprechen will. Auf jeden Fall ist die phylogenetische Spezialisierung sehr lange Zeit in unabhängigen Linien vorangeschritten.

Neben den drei bekannten Blattknoten-Typen (uni-, tri- und multilacunar) ist nun durch MARSDEN und BAILEY noch ein vierter, nämlich der unilacunare mit doppeltem Blattspurstrang bekannt geworden, der bei Gymnospermen ziemlich verbreitet, unter den Angiospermen gerade für so altertümliche Elemente wie *Austrobaileya, Trimenia, Sarcandra* u. a. charakteristisch ist. Die Autoren halten jetzt diesen neuen Typ für den ursprünglichsten und leiten von ihm einerseits den unilacunaren mit einem Strang, andererseits über den trilakunaren den multilacunaren ab. CANRIGHT ergänzt in anatomischen Untersuchungen der *Magnoliales*, daß man entgegen OZENDAS Deutung in dieser Verwandtschaft zwischen einer phylogenetischen Abfolge und einer ontogenetischen zu unterscheiden hat, wobei letztere etwa bei *Degeneria* von unilacunar mit Doppelstrang über 1-, 3- und 5- bis zum 7-lacunaren Typus führt.

Über die merkwürdigen Ergebnisse der holzanatomischen Untersuchungen von GREGUSS bei den Gymnospermen wurde oben berichtet. Auf festerem Grunde stehen die Studien von FLORIN u. BOUTELJE (1), die die *Libocedrus*-Gruppe unter Berücksichtigung der Blattmorphologie und der Epidermisstruktur neu gliedern und von heterogenen Bestandteilen säubern.

Von besonderer Wichtigkeit erweisen sich die anatomischen Merkmale bei der Gliederung der *Gramineae*, von denen HANSEN u. POTZTAL behaupten, daß die morphologische Merkmalsanalyse allein keinen befriedigenden Aufschluß über die natürlichen Zusammenhänge gebe. Die Autoren beziehen sich bei ihrer Arbeit an den *Leptureae* vor allem auf PRAT (1936), der erstmals die Anordnung des Parenchyms, das Vorhandensein einer Parenchym- oder Mestom-Scheide, die Form der Kieselzellen, die Gestalt der Haare u. ä. in dieser Familie taxonomisch verwendete.

METCALFE (2) erweitert diese Auswahl stark und unterscheidet dabei zwischen grundsätzlichen und spezifischen diagnostischen Merkmalen, die er in großer Zahl benennt.

PILGER (1) betont bei aller Anerkennung dieser Methoden freilich, daß sich bei den Gramineen taxonomisch intermediäre und daher kritische Gruppen leider auch anatomisch intermediär verhalten (bei den *Festucoideae* etwa die *Nardeae, Lygeae, Arundineae* u. a.). Er wahrt den Vorrang der morphologischen Merkmalsanalyse: „Die Familie ist durch Ährchen charakterisiert, folglich werden wir im System von diesen auszugehen haben."

Weitere anatomische Arbeiten im Bereich der Monocotylen (METCALFE und CHEADLE) wurden bereits gestreift. METCALFE (2) hat an anderer Stelle darüber eine breitere Übersicht gegeben, aus der an Einzelheiten hervorgehoben sei, daß bei den *Zingiberaceae* die *Costoideae* und *Zingiberoideae* anatomisch völlig getrennt erscheinen — oder daß die *Xanthorrhoeaceae* wegen ihrer Gefäßstruktur unmöglich von den *Liliaceae* oder *Juncaceae* abgeleitet werden können.

Einen originellen Beitrag zu diesem Kapitel verdanken wir ASSAILLY, der einen anatomischen Schlüssel für die in Frankreich gebauten oder verwendeten *Euphorbiaceae* geschaffen hat. Auf ausschließlich anatomischen Merkmalen ist auch ein Schlüssel der *Xyris*-Arten des Bas-Congo aufgebaut (DUVIGNEAUD u. HOMES). Weitere Beispiele für die Wichtigkeit der Heranziehung anatomischer Merkmale zur taxonomischen Gliederung, vor allem auch im subgenerischen Bereich *(Trema, Pinus, Quercus, Juglans)* sind einem Referat LEROYs zu entnehmen.

Die vergleichende Chemie steht als taxonomische Hilfswissenschaft erst am Beginn, so daß das einführende Referat von GIBBS und der entsprechende Abschnitt bei METCALFE (1) nur die Aufmerksamkeit auf dieses Kapitel lenken wollen.

In England hat man vor allem die Verteilung von Leuco-Anthocyaninen und Tanninen sowie die Fähigkeit zur Aluminium-Anreicherung untersucht und festgestellt, daß diese chemischen Charaktere zwar sicher polyphyletisch entstanden sind, aber doch auf dem Familienniveau taxonomische Verteilung zeigen. So ist die Al-Anreicherung bei *Rubiaceae* und *Melastomataceae* besonders ausgeprägt; Catechol-Tannine treten bei *Dilleniaceae, Bixaceae, Theaceae, Actinidiaceae, Clethraceae* und *Ericaceae*, also in recht wohldefinierter Verwandtschaft auf.

Artspezifität besitzen nach MIROV die Terpentine der *Pinus*-Arten, wobei z. B. das von *P. jeffreyi* vor allem aus n-Heptanen, das von *P. pinea* aus 1-Limonenen, das von *P. ponderosa* aus viel δ-3-Carenen besteht. Die Verteilung sei so charakteristisch, daß mit dieser chemischen Methode auf Art-Identitäten und Bastarde aufmerksam gemacht werden kann. — Die Arbeit "Constituents of Conifers and their Taxonomic Importance" von H. ERDTMAN blieb dem Ref. unzugänglich.

Von bedeutendem Interesse ist die Feststellung REZNIKs, daß stickstoffhaltige Anthocyane (Betanine und Flavocyanine) außer bei den *Cactaceae* und *Papaveraceae* vor allem bei den *Centrospermae* verbreitet sind. Alle bisher untersuchten, färberisch wirksamen roten und gelben chymochromen Farbstoffe dieser Gruppe sind N-Anthocyane; mit Ausnahme der *Caryophyllaceae* (leider nur an *Dianthus* geprüft, also wohl besser: der *Silenoideae*), deren Anthocyane stickstofffrei und vom Pelargonidin-Cyanidin-Typ sind. Diese Sonderstellung sollte einen neuen Anstoß zur Untersuchung der Verwandtschaftsverhältnisse der *Caryophyllaceae* bilden.

Nichts wirklich Neues, aber eine willkommene Bestätigung erst in jüngerer Zeit vorgenommener Umstellungen bieten die biochemischen Untersuchungen an den *Contortae*, die wir KORTE verdanken. Die Sonderstellung der *Menyanthaceae* wird durch den Besitz von Meliatin (identisch mit Loganin!) unterstrichen, während alle anderen *Gentianaceae* sich durch ihr Gentiopikrin unterscheiden. In ähnlicher Weise können die *Oleaceae*, die Fraxin und Syringin, jedoch keine der den *Contortae* eigentümlichen Bitterstoffe, Alkaloide und Herzgifte besitzen, auch vom biochemischen Standpunkt aus nicht mehr den *Contortae* zugerechnet werden.

Weitere Arbeiten des Autors [KORTE u. KORTE (1) und (2)] sind den *Loganiaceae* (die sich auch durch den Besitz von Alkaloiden von den *Buddleiaceae* unterscheiden), den *Apocynaceae* und *Asclepiadaceae* gewidmet. Während die *Cynanchoideae* zumeist Bitterstoffe vom Typ des Vincetoxins und Kondurangins enthalten, besitzen die *Periplocoideae* die bei den *Apocynaceae* verbreiteten Cardenolidglykoside. Die *Apocynaceae* selbst zeigen eine offensichtlich taxonomisch gegliederte Abfolge von Bitterstoffen, Steroidalkaloiden, Alkaloiden und Cardenolidglykosiden, die mit den neueren Systemen in brauchbarer Übereinstimmung steht.

3. Morphologie und Pollenmorphologie.

Von einigem taxonomischen Interesse ist ein neuer Theorienkomplex um Blüte und Blütenstand, der der französischen Schule EMBERGERs entstammt; er bringt eine nahezu völlige Auflösung des klassischen Blütenbegriffs mit sich. Jede Blüte hat nach NOZERAN ihren fernen Ursprung in einem System von Verzweigungen, das im Verlauf der

Phylogenie durch Foliarisierung, Kontraktion, Kondensation und Verwachsung umgewandelt wird: das Endergebnis wird durch Insertion floraler Blätter an einfacher Achse, eben die Blüte s. str. repräsentiert. Viele unserer heutigen „Blüten" haben aber diesen Endzustand noch nicht voll erreicht, stellen also nur «structures préflorales» dar (manche *Urticaceae, Euphorbiaceae, Saururaceae,* wahrscheinlich auch *Menispermaceae* und *Sabiaceae*; kurz vorm Endstadium stehen die *Cruciferae*). Dieser Übergang vom Blütenstand zur Blüte kann sich im Verlauf der Phylogenie wiederholen.

Freilich beruhen die meisten dieser Schlüsse auf teratologischen Beobachtungen, deren phylogenetische Beweiskraft dem Berichterstatter nicht ebenso gesichert erscheint wie der EMBERGERschen Schule.

EMBERGER selbst führt seine Theorien eingehender an Gymnospermen vor und erkennt auch hier denselben Reduktionsmechanismus, dessen Sitz die Zweigstrukturen des Reproduktionsapparates (cf. *Cephalotaxus*) darstellen und der letztlich wieder in eine einfache Achse mündet, die an der Basis sterile (oder keine) Blätter, am Gipfel fertile, männliche oder weibliche Blätter trägt. Dieses Endstadium ist dann ein striktes Homologon einer eingeschlechtigen, evtl. mit häutigem Perianth *(Juniperus!)* versehenen Blüte. Aus monströsen *Ginkgo*-Kurztrieben wird erschlossen, daß diese einem weiblichen Coniferenzapfen homolog seien; auch *Bennettites* und *Pentoxylon* könnten ähnlich interpretiert werden.

Der Berichterstatter wollte diese Theorien streifen, da ihre Annahme zweifellos erhebliche taxonomische Konsequenzen mit sich brächte; in ihrer jetzigen Fassung sind sie noch unsystematisch, wofür als Musterbeispiel der Satz wiederholt sei, daß teratologische Primulaceen-Gynäzeen Strukturen reproduzieren, die den entsprechenden phylogenetischen Strukturen der Gymnospermen homolog seien.

In gleicher Weise sei auf das allerdings weit weniger abenteuerliche und offensichtlich solid fundierte Werk NELSONs über die Gesetzmäßigkeiten der Gestaltwandlung im Blütenbereich verwiesen, das in seiner vorliegenden Fassung trotz des Untertitels „ihre Bedeutung für die Probleme der Evolution" mehr den Morphologen als den Taxonomen tangieren wird.

Mehr in morphologisch-biologischem Sinne spricht DÄNIKER eine Reihe von Erscheinungen durch, die eines Tages auch den Taxonomen unmittelbar beschäftigen werden; es dreht sich auch hier um die Probleme der evolutiven Kondensationen, Ausfälle und Vereinfachungen, die dem Titel „Evolution und Epharmose" untergeordnet werden.

Aus DÄNIKERs Schule stammt eine „Analyse phylogenetischer Entwicklungsvorgänge bei Angiospermen" des Euanthien-Anhängers BAUMANN-BODENHEIM (2), der über 700 verschiedene, variable und durch Progressionsreihen verknüpfbare Merkmale in Art von ENGLERs „Prinzipien der systematischen Anordnung" zusammenstellt, wobei das terminologische Moment stark in den Vordergrund gerückt erscheint.

Bei den mediterranen Einjahrspflanzen von *Calendula, Echium, Crambe* und *Sonchus* zeigt MEUSEL, daß die Berücksichtigung von Wuchsform und Wuchsdauer wertvolle diagnostische Merkmale bereitstellen kann, wobei allerdings zu berücksichtigen ist, daß es sich hier keineswegs immer um arttrennende, sondern oft auch um lediglich modifikatorische Prozesse handelt. Immerhin dürfte die Beachtung dieses Merkmalskomplexes auch bei phylogenetischen Untersuchungen über die Herkunft von Kulturpflanzen Berücksichtigung verdienen.

Die Heterostylie ist nach BATEMAN sicher polyphyletischer Herkunft; von Interesse ist seine Zusammenstellung der Taxa, innerhalb deren bis jetzt H. bekanntgeworden ist *(Pontedera, Fagopyrum, Linaceae, Oxalidaceae, Erythroxylaceae, Dipterocarpaceae, Turneraceae, Lythraceae, Primulaceae, Plumbaginaceae, Forsythia, Menyanthes, Pulmonaria, Aegiphila, Rubiaceae)*. VOGEL (1) steuert hierzu noch *Bauhinia (Caesalpiniaceae), Cleome (Capparidaceae)* und *Aneilema (Commelinaceae)* vom ,,Fahnenblumen-Typ" und als radiär-symmetrischen Typ die Gentianacee *Exochaenium* bei. Auf VOGELs (2) blütenbiologisches Buch, das weniger taxonomischen Charakter hat als der Titel vermuten läßt, kann hier nur anmerkungsweise verwiesen werden.

Die taxonomische Bedeutung der von ERDTMAN so glänzend vorangetriebenen Pollenmorphologie hat sich derart entwickelt, daß das palynologische Referat dieses Autors mit dem anatomischen METCALFEs zu den bedeutendsten taxonomischen Ereignissen des Pariser Kongresses gehörte. Der genannte Beitrag (ERDTMAN) bringt eine erste, auswahlweise Auswertung der bekannten "Pollen Morphology and Plant Taxonomy" von 1952.

Stenopalyne Familien (einheitlichen Pollentyps) können durchwegs als sehr natürlich betrachtet werden; hierher rechnen besonders *Asclepiadaceae, Cruciferae, Eriocaulaceae, Gramineae, Meliaceae, Myrtaceae* und *Sapotaceae*, dann auch *Labiatae, Lauraceae, Rhamnaceae* und *Thymelaeaceae*. Auch einzelne Familienpaare sind stenopalyn, wie *Chenopodiaceae* und *Amaranthaceae, Ericaceae* und *Epacridaceae, Umbelliferae* und *Araliaceae*. Von den recht zahlreichen eurypalynen Familien (21 angeführt) müssen zumindest die *Achariaceae, Euphorbiaceae, Loganiaceae, Saxifragaceae* und *Sterculiaceae* als taxonomisch heterogen angesehen werden.

Pollenmerkmale sichern die Richtigkeit der bereits erfolgten Abtrennung der *Ctenolophonaceae, Dioncophyllaceae, Gyrostemonaceae, Hydrocaryaceae, Pentaphragmataceae, Siphonodontaceae* und *Winteraceae*. Dagegen sprechen sie gegen die Berechtigung einer Abtrennung der *Diclidantheraceae, Lacistemaceae*, wohl auch der *Adoxaceae, Dysphaniaceae* und *Thurniaceae*; bei weiteren 14 zum Teil längst anerkannten Familien erscheint sie ERDTMAN zumindest fraglich. Auch im generischen Bereich (u. a. *Anemone, Symplocos, Alangium, Polygonum, Cunonia, Gilia, Matisia, Oenothera, Pandanus, Gnetum*) können Pollenmerkmale mit sicherem Erfolg zur Systematisierung herangezogen werden.

Daß dies wirklich der Fall ist, führt WAGENITZ an der Gattung *Centaurea* und ihren Verwandten in überzeugender Weise vor, wobei er sogar eine Art ,,Stammbaum der Pollentypen" konstruieren kann. In diesem Taxon wurden bisher gewisse Merkmale wie Pappus und Hüllblatt-Anhängsel überschätzt. Freilich treten auch bei den Pollenformen Konvergenzen auf, wie die ersichtlich mehrfache Entstehung des (vereinfachten) *Jacea*-Typs aus dem *Serratula*-Typ beweist.

Die zumindest sehr interessanten Ergebnisse, die KUPRIANOVA aus der vergleichenden Untersuchung der Monocotylen-Pollenkörner ableiten zu können glaubt, wurden bereits im Abschnitt ,,Systeme" besprochen.

Eine Art von ,,Pollen-Evolution" findet LARRIVAL bei den Umbelliferen, wenn auch der Ref. den Darstellungen hinsichtlich «surévolution et sénilité» nicht ganz zu folgen vermag. — Nicht immer freilich gelingt es, mit dem Ausschluß bestimmter Genera aus einer Familie auf palynologischem Wege auch brauchbare Vorschläge für eine Neueinordnung zu verbinden; dies zeigt sich etwa bei DAHL (2), der auf diese Weise die *Icacinaceae* reinigt. Und was schließlich die *Acanthaceae* anlangt, so lassen cytologische Untersuchungen an diesem klassischen Beispiel einer nach Pollenmerkmalen geordneten Familie vermuten, daß diese pollen-taxonomische Klassifizierung etwas künstliche Züge trägt [GRANT (2)].

Aus dem neuen Buch WARDLAWs "Embryogenesis in Plants" sei als taxonomisch interessant entnommen, daß auch diesem Autor und diesmal also in embryologischer Sicht die Monocotylen als wahrscheinlich polyphyletisch entstanden dünken. Aus dem Bereich der Dicotylen sei auf die holzigen und krautigen *Rosaceae* verwiesen, zwischen denen er beträchtliche embryologische Unterschiede findet, während die krautigen selbst sich bei stark differenter Blütenstruktur embryologisch recht einheitlich verhalten. Obwohl sich WARDLAW zu LEBÈGUEs Formulierung bekennt, daß Blütenstrukturen jünger als Embryonalstrukturen seien, räumt er gleichwohl ein, daß die letzteren nicht stets taxonomisch heranziehbar seien. Wollte man etwa die *Cruciferae* nach embryologischen Merkmalen anordnen, so würde diese Gliederung mit keinem der geläufigen Systeme Ähnlichkeit zeigen.

4. Vegetative Merkmale, Merkmalsverteilung.

Unter den vegetativen Merkmalen erregt neuerdings die Untersuchung der Keimpflanzen höheres taxonomisches Interesse. GILBERT u. LÉONARD sind zu der Überzeugung gekommen, daß den Keimpflanzen-Charakteren der *Caesalpiniaceae* und *Mimosaceae* generischer Wert zumeßbar ist; sie werden deshalb besonders vom zweiten Autor in erheblichem Umfang zu Abtrennungen und Zusammenziehungen benutzt.

Hierbei werden vor allem folgende Merkmale herangezogen: Kotyledonen epi- oder hypogäisch, Hauptachse mit oder ohne Schuppen, Stellung der Stipeln, Blätter und Blättchen, Erstlingsblätter einfach oder zusammengesetzt, mit oder ohne durchsichtige Punkte oder Randdrüsen, Nervaturtyp u. v. a. — Von DE FERRÉ werden die Keimpflanzen auch für die Phylogenie der *Coniferae* verwendet. Die *Taxodiaceae* und *Cupressaceae* seien stärker abgeleitet und recht einheitlich, dagegen die *Abietaceae* primitiver und vielfältiger. Eine solche Klassifizierung ähnelt dann weniger dem PILGERschen System als vielmehr den Vorschlägen SHAWs.

Was die taxonomische Verwendbarkeit anderer vegetativer Merkmale anlangt, so hat TUTIN (2) in einem ausführlichen Referat hierüber bei Gruppen berichtet, die sich durch stark reduzierte *(Salix, Ulmus, Alchemilla, Salicornia, Gramineae)* oder sehr einförmige Blütenstrukturen *(Allium)* auszeichnen. MELVILLE (3) findet bei *Ulmus*, daß den Blättern, bzw. den Blattspektren der Kurzsprosse spezifischer Wert beigemessen werden kann. Der Autor glaubt hier zwischen konkordanter (harmonischer) Variation der Arten und diskordanter der Bastarde unterscheiden zu können.

Daß vegetative Merkmale sogar über den Familienrahmen hinaus taxonomisches Gewicht besitzen (und zwar nicht zur Trennung, sondern zur Unterstreichung der Zusammengehörigkeit), führt MARKGRAF (1,2) an den *Sarraceniales* vor. Den scheinbar so verschieden gebauten Blättern dieser Reihe ist eine starke Ausbildung des Unterblattes gemeinsam, das fast stets in eine Scheide und eine geflügelte Lamina differenziert wird; auf letzterer sitzen ein echter Blattstiel (oder ein nach aufwärts gefalteter Träger) und eine mannigfach als Fangorgan umgebildete Spreite auf, deren oft mit Wimpern besetzte Seitenränder gerne über die stets betonte Blattspitze vorgezogen werden. Daß sich in dasselbe

Schema auch *Dioncophyllum* einpaßt, nicht dagegen der aus den *Sarraceniales* auszuschließende Crassulaceen-Verwandte *Cephalotus*, unterstreicht die Bedeutung dieser vor allem an der Ontogenese der Blätter gewonnenen Erkenntnisse.

Zwei weitere Arbeiten versuchen sich darin, schwierigere Pflanzengruppen vorwiegend auf Grund vegetativer Merkmale zu schlüsseln. TOURNAY legt einen originellen Schlüssel der sympodialen Orchideen-Genera des Kongogebietes vor, der primär auf biologischen Typen fußt; JONKER-VERHOEF u. JONKER schlüsseln die *Marantaceae* Surinams vegetativ sogar bis zu den Arten hinab.

Taxonomischen Wert mißt STREITBERG der Heterophyllie der Wasserpflanzen bei, wo man deutlich zwischen typischen Wasserpflanzenfamilien (mit starken Unterschieden zwischen Unter- und Überwasserblatt) und Landpflanzenfamilien (mit Hemmung der Wasserblätter auf erst sehr später Entwicklungsstufe) unterscheiden kann. Die Autorin findet morphologische Übergänge von der Scrophulariacee *Limnophila* zu den *Lentibulariaceae*, auch von den *Oenotheraceae* über *Trapa* zu den *Halorrhagidaceae*. Freilich sind solche Beziehungen wohl immer typologisch gemeint und taxonomisch nur mit großer Vorsicht zu verwenden (was u. a. für die angebliche Verbindung zwischen *Pontedera* und den *Araceae* und *Sparganiaceae* gilt).

Interessante neue Aspekte lassen sich durch das Studium der geographischen Verteilung einzelner Merkmale innerhalb einer Gattung gewinnen. *Xyris*, von DUVIGNEAUD u. HOMES im Bas-Congo anatomisch untersucht, stellt dort ein anscheinend recht altes Element der sudano-sambesischen Flora dar, dessen Arten trotz großer makromorphologischer Ähnlichkeit sehr verschiedenartige anatomische Charaktere in exakter spezifischer Trennung zeigen. Hingegen finden sich bei der offensichtlich jüngeren Savannen-Gattung *Humularia* starke Merkmalstransgressionen, über die bereits in Fortschr. Bot. **17**, 326, berichtet wurde.

Vielfach bedient man sich heute zur Erfassung solcher (zunächst von den Einzeltaxa losgelösten) Merkmalskombinationen, zur Abgrenzung der Einheiten und zum Erkennen etwaiger Hybridpopulationen statistischer Methoden, deren rechnerische Anwendung WHITEHEAD (an annuellen Cerastien) aufzeigt. Praktisch angewendet finden wir sie u. a. bei HALL (Vergleich von *Juniperus*-Populationen in Nordamerika), in mehreren Arbeiten von HEDBERG, WOODSON und vor allem von ANDERSON, dem wir die Kenntnis der cytologischen Grundlagen der hier zumeist zugrunde liegenden introgressiven Hybridisation verdanken.

Ein schönes Beispiel sauberer Merkmalsanalyse in einem Formenkreis, der seine Komplexität ebenfalls introgressiver Hybridisierung verdankt, gibt VOELTER-HEDKE in ihren Artgrenzen-Studien an *Pulsatilla vulgaris*, ein weiteres EHRENDORFER (2) an *Leptogalium*.

Daß gerade in jüngeren Gruppen — und nicht nur unterhalb des Gattungsniveaus — starke Vernetzungen der Merkmale auftreten können, wird von MANSFELD (1) an den *Orchidaceae-Monandreae* vorgeführt. Bei allen Merkmalen kehren gleiche oder ähnliche Abwandlungen in sonst recht verschiedenen Gattungen wieder, freilich nicht so regellos, als daß sich nicht doch Komplexe von Subtriben mit weitergehender Übereinstimmung in verschiedenen Merkmalen herausgliedern ließen.

Daß eine solche Merkmalsnetzung auch im Bereich noch größerer und sicher älterer Einheiten existent (und möglicherweise überhaupt in gewissem Ausmaß charakteristisch für rezente Verwandtschafts-beziehungen) ist, zeigt MARKGRAF in den oben erwähnten *Sarraceniales*-Studien, worüber man S. 113 vergleichen wolle.

Stärker unabhängig und in fast reiner Netzwerk-Form verteilen sich die Merk-male bei *Cassipourea* subg. *Dactylopetalum (Rhizophoraceae)*, wo die Analyse J. LEWIS' zur Zusammenfassung 11 verschiedener Taxa in eine einzige Art zwingt. Ähnlich ergeht es BULLOCK (2) mit der Asclepiadacee *Ectadiopsis oblongifolia*, in die etwa 20 beschriebene Taxa einbezogen werden müssen, da sie sich als regellos vernetzt erweisen.

Überhaupt geht die vielgeschmähte Arten-Fabrikation der Syste-matiker immer stärker, aber weit weniger bemerkt, mit rigoroser Arten-Reduktion Hand in Hand. Als Musterbeispiel sei die Loasa-ceen-Revision SLEUMERs (3) angeführt, der sowohl in dieser Familie als vermutungsweise auch bei den *Geraniaceae* und *Oxalidaceae* Argentiniens die Meinung vertritt, daß auf Grund des meist schlecht präparierten, ungenügend entwickelten oder in zu geringer Zahl aufgelegten Herbar-materials viel zu viele Arten aufgestellt wurden, die der Nachprüfung in der Natur nicht standhalten. Vielfach treffen wir (dies gilt auch für die zitierten LEWIS- und BULLOCKschen Arbeiten) sehr weitverbreitete Sippen an, die von jedem Fundort als neu beschrieben wurden, da man an keine derart weite Arealerstreckung glauben wollte.

Dieselben Probleme einer unnötig „exzessiven" Aufspaltung findet HEDBERG (2) beim Studium der afro-alpinen Flora, wo sich durch statistisch-graphische Methoden zeigen läßt, daß die Zahl der Taxa weit niedriger als die Zahl der Namen ist. Auch dieser Autor spricht von den weiten Arealen (Äthiopien-Kapgebiet etwa), die in jedem Land zur Neubeschreibung führten, von den sog. Vikaristen der Nachbargebirge, die in Wirklichkeit Einzelindividuen oder Kleinpopulationen kontinuier-licher Serien darstellen. Überzeugend ist seine statistische Beweis-führung dafür, wie beschriebene Arten oft gleich zu mehreren voll und ganz in den Formenkreis eines Hybridenschwarmes fallen und daher wohl kaum spezifische Bewertung verdienen. Dasselbe führen MARSDEN-JONES u. TURRILL an den englischen *Centaureae* vor.

5. Artbegriff, Cytotaxonomie.

LÉONARD (3) bringt eine anregende Studie über den Gattungs- und Artbegriff in der Flora des tropischen Afrikas. Für die Trennung in zwei Gattungen scheint ihm eine Korrelation zwischen Primär- (generativen) und Sekundär- (vegetativen) Merkmalen erforderlich. Völlige Identität zweier Gattungen in einer dieser beiden Kategorien warnt zur Vorsicht. Bei den Arten ist zwischen den Taxa des dichten Tropenwaldes und der Savanne zu unterscheiden. Die ersteren sind im allgemeinen wohl fixiert und scheinen am Ende ihrer Evolution zu stehen (leicht bearbeitbare, „objektive" Arten); die Savannen-Taxa befinden sich dagegen in voller Entwicklung, so daß man es in gewissem Maß nur mit Individuen zu tun hat (schwierige, „subjektive" Arten).

Manche Anregung zum Thema des Artbegriffs ist einem neuen Symposium der British Society zu entnehmen, dessen Referate LOUSLEY unter dem Titel "Species Studies in the British Flora" veröffentlicht.

Wenn freilich HARLAND in seinem Eröffnungsreferat Pfropfbarkeit und Kreuz-
barkeit (bzw. deren Unmöglichkeit) als eindeutige Kriterien des Art- oder sogar
Gattungsrechtes anpreist und mit einigermaßen eigentümlichen Beispielen dies zu
beweisen sucht, wird ihm der Systematiker nicht gerne folgen. Aus solchen Umständen heraus versteht man, wenn GILMOUR die Schaffung einer eigenen Terminologie für die experimentelle Taxonomie fordert, die der Species-Klassifikation der
orthodoxen gegenüberstehen und keine direkte Relation zu den bei dieser gebräuchlichen Kategorien haben soll.

Eine solche „Deme"-Terminologie der Mikro-Evolution legen GILMOUR u.
HESLOP-HARRISON an anderer Stelle vor, wobei der Stamm -deme, immer mit einem
oder mehreren determinierenden Präfixen versehen, eine „Gruppe von Individuen
eines spezifizierten Taxons" bezeichnen soll. Bezüglich der Einzelheiten muß auf
die Arbeit selbst verwiesen werden.

So sehr HESLOP-HARRISON (2), nun wieder bei LOUSLEY, davon
überzeugt ist, daß „taxonomische Typifikation wenig mit Genökologie
zu tun hat", so scheint sich ihm doch in einer klugen Studie über den
Konflikt der Kategorien der Artbegriff von der rein morphologischen
Fassung über die übersteigerte rein genetische heute zu einer Mittelstellung zu wandeln, wodurch zumindest in den sexuellen Gruppen die
definierten Einheiten sich mehr und mehr wieder den morphologischen
Species der orthodoxen Taxonomie annähern. Strikt gegen eine Trennung von orthodoxer und experimenteller Taxonomie spricht sich
TURRILL (2) aus, der — ungeachtet seiner eigenen glänzenden experimentellen Arbeiten — die von dieser Seite beigebrachten Daten als zahlenmäßig so gering betrachtet, daß von einer Konkurrenz gegenüber oder
gar einem Ersatz der orthodoxen Taxonomie keine Rede sein könne.
Als Anregung für einen Einbau experimenteller Erkenntnisse in das
morphologische System werden u. a. Ausscheidung der Hybridenschwärme samt ihrer Segregate und eine Zusammenfassung der Apomikten zu „aggregate species" empfohlen. Schöne Beispiele für seine
Art der Behandlung sind in einem Referat unter dem bezeichnenden
Titel „Synthetische Taxonomie" zusammengestellt [TURRILL (1)].

Tabellarische Übersichten über die auf verschiedenen genetischen Prozessen
beruhende Variabilität legt BURNETT vor, wobei diesen die phänotypische Mani-
festierung, die Häufigkeit oder Verbreitung und endlich der taxonomische Status
der gewählten Beispiele gegenübergestellt werden.

Besondere Schwierigkeiten bereitet der Artbegriff innerhalb
apomiktischer Gruppen. Entgegen den oft allzu apodiktisch vor-
getragenen Forderungen mancher anderen Forscher vertritt GUSTAFSSON
die Ansicht, daß zumindest in den komplexen Genera (die also aus
sexuellen, amphiapomiktischen oder heteroploid-agamischen und isoliert-
apomiktischen Gruppen bestehen) die einzelnen Glieder nicht nach
einem einzigen System behandelt werden können: vielmehr sei der
praktischste Weg zu finden.

Untersuchungen KAPPERTs zeigen im übrigen, daß selbst bei Totalapomikten —
neben der sowieso vorhandenen Möglichkeit direkter erblicher Abänderungen durch
Genom-Mutation — in gewissem Umfang auch die der Umkombination vorhandener
Gene und damit eine bisher geleugnete Plastizität besteht.

Eine auch für den „orthodoxen" Systematiker wichtige Aufzählung
und Besprechung aller Arten, bei denen bis 1953 Apomixis bekannt
oder vermutet wurde, gibt NYGREN (2) mit umfangreicher Literatur.

Übersichten über die cytotaxonomische Arbeit in England legt VALENTINE, über die an skandinavischen Gräsern MELDERIS vor. LÖVE referiert über die Grundlagen der Cytotaxonomie; aus den sehr instruktiven Ausführungen sei der Hinweis übernommen, daß zwar bis jetzt Chromosomen-Zählungen, also die Beschäftigung mit Abrupt-Species den stärker betriebenen Zweig der C. darstellen, jedoch in absehbarer Zeit das Studium der Gradual-Species vorwiegen wird; Chromosomengröße und -form, Agmatoploidie, Fragmentation, Duplikation, Segmentaustausch usw. sind von weit größerer evolutionärer Bedeutung als die Chromosomenzahl.

Die Bedeutung der Polyploidie liegt nach den Studien EHRENDORFERs (1,2) an *Leptogalium* darin, daß durch sie Kreuzungsfertilität ermöglicht oder erhöht wird; lokal ist Autopolyploidie häufig, die dann auf diesem höheren Niveau durch Allopolyplodie bereichert wird. Die diploiden Populationen sind meist klein, isoliert und disjunkt, ihre Struktur ist mosaikartig, die Intrapopulations-Variabilität gering; ihr Vorkommen ist stenözisch, in reliktischen Biozönosen mit reichem Endemismus, an diluvial unvereiste Areale gebunden. Die höher polyploiden Populationen sind dagegen groß und zusammenhängend, von homogener Struktur, aber mit starker Variabilität; das Vorkommen ist hier euryök, in weiter verbreiteten, endemitenfreien Biozönosen, und erstreckt sich weit über die diluvial vereisten Gebiete.

Über die große Rolle, die die cytotaxonomische Untersuchung und Klärung der korrespondierenden Taxa in der Berichtszeit spielen, hat der Ref. bereits in Fortschr. Bot. **17**, 301 ff. berichtet, desgleichen über die schöne Studie von STEBBINS über den Evolutionsprozeß in den Hochgebirgen (l. c. 294), so daß an dieser Stelle ein Hinweis genügen mag.

Dagegen sei noch auf eine Arbeit von HAMEL (1) verwiesen, die die Brauchbarkeit auch der Nuclearstruktur des Ruhekerns für taxonomische Studien erweist — wenn auch bislang nur zur Bekräftigung oder Abschwächung systematischer Hypothesen. Im Bereich der *Saxifragaceae* spricht die Nuclearstruktur für die Isolierung von *Ribes*, *Kirengeshoma*, *Deinanthe*, *Peltiphyllum* und *Jamesia*, für die subfamiliäre Zusammengehörigkeit von *Itea* und *Escallonia* und für die Güte der Gattungen *Peltoboykinia* und *Astilboides*.

6. Nomenklatur.

STAFLEU (1) berichtet in einem Überblick über die Nomenklatur-Sitzungen des Pariser Kongresses. Von allgemeinerem Interesse ist die Ablehnung zu schützender oder zu verwerfender Artnamen, einer 50-Jahr-Regel (wonach Namen verworfen würden, die 50 Jahre lang in keiner botanischen Schrift gebraucht wurden), einer Verwerfung aller nicht-typifizierbaren Namen und endlich einer Übereinkunft, wonach die Regeln nun für 10 Jahre unverändert bleiben sollten. Angenommen wurde der Auftrag zur Erstellung einer Liste allgemein gültiger Familiennamen für den nächsten Kongreß sowie die unveränderte Wiederholung des Gattungsnamens in den den Typus enthaltenden Subgenera und Sektionen (nicht aber Subsektionen, Serien und Subserien) sowie des Artepithetons in allen den Typus enthaltenden infraspezifischen Taxa. Die Frage der Groß- oder Kleinschreibung der Artnamen blieb ungelöst.

Eine Liste neu angenommener Nomina generica conservanda bringt PICHI-SERMOLLI, eine deutsche Übersetzung des International Code (leider erst des Stockholmers!) SCHULZE. Von LANJOUW und STAFLEUS "The herbaria of the World" erschienen eine Neuauflage (1) sowie der erste Teil, und zwar die Buchstaben A—D, der "Collectors" (2).

Von sonstigen nützlichen Zusammenstellungen sei auf den vierteljährlich erscheinenden "Taxonomic Index" der American Society of Plant Taxonomists, die "Bibliography of current horticultural periodicals", sowie besonders auf die beiden A. E. T. F. A. T.-Indices (neu beschriebene oder benannte Taxa des tropischen Afrikas) für 1953 und 1954 verwiesen.

ROTHMALER (1) referiert über die Terminologie der Unterabteilungen der Species; er hält daran fest, daß ein Taxon nur Glieder gemeinsamen Ursprungs umfassen darf (außer bei Kulturpflanzen!). Als Subspecies betrachtet er im allgemeinen nicht genetisch, sondern räumlich oder zeitlich isolierte Sippen, als Varietas und Subvarietas minder stark getrennte Einheiten, als Forma und Subforma Sippen mit nur wenig unterscheidenden Merkmalen und ohne determiniertes Areal. Klone, Apomikten u. ä. sollen mit den normalen Termini, unter evtl. Beifügung von ap., cl. usw. versehen werden. (Der Berichterstatter darf hier jedoch nachdrücklich RECHINGERs (4) klare Ablehnung aufwendiger taxonomischer Hierarchien im infraspezifischen Bereich unterstreichen.)

Für Kulturpflanzen werden von ROTHMALER (1) die Termini convarietas, cultigrex und cultivar reserviert. — Eingehender handelt MANSFELD (2) die Terminologie der Kulturpflanzen ab, wobei er vorschlägt, bereits im Artbereich zwischen species (natürlich) und specioid (kultiviert), unter Umständen auch zwischen subspecies und subspecioid zu unterscheiden. Sein Schüler HELM verwendet darunter die Termini convar (Varietätengruppe), provar (Varietät), nidus (Sortengruppe) und cultivar (Sorte). Über die jetzt gültigen Namen einer Reihe von Kulturpflanzen berichtet MANSFELD (3).

Zum Beschluß sei noch auf die hübsche Phlox-Monographie von WHERRY verwiesen, die die Technik des Monographierens um einige Neuerungen bereichert: die typischen Unterarten erhalten zur Kennzeichnung ein α- vor das wiederholte Art-Epitheton gesetzt (*Phlox subulata α-subulata*, was sogar die Abkürzung *Phlox α-subulata* erlauben würde); die Varianten erscheinen, wie bereits öfters in der amerikanischen Literatur, ohne technische Namen, alle Zitate sind in Fußnoten verwiesen. Auf jeden Fall annehmbar sind die klaren Unterscheidungen für die Synonyme ("acceptable" und "rejected synonyms", "rejected interpretation" und "rejected identification").

Spezieller Teil.

Taxonomische Ergebnisse im Familienrahmen.

Coniferae. Blattanatomische [FLORIN u. BOUTELJE (2)] und holzanatomische (BOUTELJE) Untersuchungen bestätigen die Richtigkeit der erstmals von LI angegebenen Trennung der *Cupressaceae* in 2 Unterfamilien, die *Cupressoideae* (alle nördlichen Gattungen außer *Tetraclinis*) und die *Callitroideae* (alle südlichen, dazu T.). *Libocedrus* und die ihr nahestehenden Gattungen bilden die trib. *Libocedreae* der *Callitroideae*, mit Ausnahme von *Heyderia*, die den *Cupressoideae-Thujopsideae* zuzurechnen ist. Die chilenische Gattung *Fitzroya*, von LI den *Callitroideae* zugeteilt, steht anatomisch zwischen den beiden Unterfamilien. — Eigene Gattung *Sequoiadendron*: ST. JOHN u. KRAUSS. — Taxonomische Wichtigkeit der Keimpflanzen: FERRÉ, vgl. S. 104.

Alismataceae. Ähnlichkeiten mit den *Ranunculaceae* und *Nymphaeaceae* werden von den Anatomen als Konvergenzen gedeutet: METCALFE (1—3) und CHEADLE, vgl. S. 99.

Gramineae. PILGER hat in einer nachgelassenen Arbeit ein neues System der G. (mit Ausschluß der *Bambuseae*) herausgegeben, in dem 556 Gattungen in 8 Unterfamilien (*Festucoideae* 245, *Micrairoideae* 1, *Eragrostoideae* 106, *Oryzoideae* 9, *Olyroideae* 10, *Panicoideae* 96, *Andropogonoideae* 88, *Anomochloideae* 1) unterschieden werden; zu diesen träten dann noch die *Bambusoideae* als 9. Unterfamilie. Die wesentlichen Unterschiede gegenüber den letzten Systemen von STAPF (1917), HUBBARD (1934) und PARODI (1946) liegen in der gänzlichen Auflösung der *Agrostideae*, in der Schaffung eigener Unterfamilien für *Micraira*, *Anemochloa*, die *Oryzeae* und *Olyreae*, sowie in der Trennung von *Panicoideae* s. str. und *Andropogonoideae*. Die Gliederung ist auch cytologisch unterbaut: die *Festucoideae* besitzen relativ große Chromosomen, alle anderen Unterfamilien kleine; die Grundzahlen sind bei den *Festucoideae* meist 7, bei den *Paniceae* meist 9, bei den *Eragrostoideae, Chlorideae, Andropogoneae* und *Maydeae* meist 10, bei den *Aristideae* 11, bei den *Oryzeae* 12.— Hinsichtlich ihrer Gefäßanatomie sind die Gräser stärkstens abgeleitet (CHEADLE), anatomisch isoliert stehen *Bambuseae, Andropogoneae* und *Maydeae, Chlorideae, Oryzeae* und *Isachneae*. Die tropischen und extratropischen Gruppen weichen anatomisch oft stärker voneinander ab als der Umweltänderung entspricht [METCALFE (2)]. — Die Arbeit von BEETLE über die vier Unterfamilien der *Gramineae* hat Ref. nicht gesehen; vermutlich handelt es sich um die von DE WET angeführte Gliederung in *Festuciformes, Phragmitiformes, Paniciformes* und *Eragrostiformes*, die auf AVDULOV 1931 und PRAT 1936 fußt. Nach DE WET ist der Ursprung der *Paniciformes* bei den *Phragmitiformes (Arundineae)* zu suchen, möglicherweise auch der der *Festuciformes*.

Agrostis, cyt.: BJÖRKMAN 1 und 2. — *Calamagrostis*, cyt. Nordamerika mit reliktischen diploiden und vitalen polyploiden bis apomiktischen Arten: NYGREN (1). — *Coix*, mit schöner polyploider Reihe, ist nach der Chromosomengarnitur den neuweltlichen *Maydeae* enger verwandt als den altweltlichen (NIRODI). — *Danthonia* steht nach DE WET nahe der Gabelung der *Festuciformes* und *Paniciformes* und wird am besten den älteren *Phragmitiformes* zugeteilt. — *Holcus*, cyt.: JONES. — Die *Leptureae* sind in ihrem bisherigen Umfang aufzulösen (HANSEN u. POTZTAL): *Monerma, Parapholis* (mit dem „*Lepturus*" der deutschen Küste), *Pholiurus, Scribneria* und *Agropyropsis* bilden die trib. *Monermeae* der *Festucoideae, Lepturus* und *Ischnurus* die *subtrib. Lepturinae* der *Chlorideae; Oropetium* ist eine Chloridee, *Prionanthium* steht völlig isoliert. — *Poa alpina*, cyt. in Skandinavien: MÜNTZING; *P. annua* (allotetraploid aus *infirma* × *supina*): TUTIN (1); *P. granitica*, cyt.: SKALINSKA; *P. stricta* cyt.: NORDHAGEN. — *Triticum*-Arten, Fruchtmorphologie: ROTHMALER (2). — Cytotaxonomische Arbeiten an skandinavischen Gräsern: MELDERIS.

Cyperaceae. Nach der Gefäßanatomie ist die Familie sicher nicht von den *Juncaceae* ableitbar, eher dagegen von den *Restionaceae* (CHEADLE).

Cyclanthaceae. *Carludovicia* ist aus pollenmorphologischen und anderen Gründen auf *C. palmata* zu beschränken (ERDTMAN, HARLING).

Commelinaceae. *Aneilema, Commelina, Cyanotis* und die sog. *Cyanotis axillaris* stellen vier Parallellinien aus einem x = 4-Grundstock dar, während *Zebrina* einem *Tradescantia*-Stock von x = 6 entstammt (SHARMA).

Juncaceae. Nach der Gefäßanatomie können die *J.* weder von den *Restionaceae* abgeleitet werden, noch diese von jenen (CHEADLE). — *Luzula-campestris-multiflora*-Komplex, cyt.: NORDENSKIÖLD.

Liliaceae. Die bisher den *Amaryllidaceae-Hypoxioideae* zugeteilten (PAX) oder als *Alstroemeriales* überhaupt von den *Liliales* gelösten (HUTCHINSON) Gattungen *Alstroemeria, Bomarea, Leontochir* und *Schickendantzia* sind nach BUXBAUM (2) den *Liliaceae* zuzurechnen, bei denen sie auf Grund ihres Rhizoms und der vom Autor konstatierten Pseudepigynie eine eigene Unterfamilie *Alstroemerioideae* bilden. Die Blüte steht in enger Beziehung zu der neuweltlicher *Lilium*-Arten, sie ist nicht wirklich unterständig, sondern es sind lediglich die Basalteile der Tepala und Stamina mit dem Ovar verwachsen, ohne daß ein Achsenbecher vorhanden wäre. Das Rhizom ist der Grundachse echter *Liliaceae* homolog. — *Hosta*, früher gerne mit

Hemerocallis zu einer trib. *Hemerocallideae* vereinigt, hat nach N. HYLANDER nichts mit dieser Gattung zu tun. Der Autor ist geneigt, wie einige amerikanische Genetiker *Hosta* zu isolieren, stellt sie aber nicht wie jene zu den *Agavaceae*, sondern als eigene trib. *Hosteae* zu den (sowieso heterogenen) *Liliaceae*. — Die Abtrennung der *Xanthorroeaceae* als eigene Familie ist nach CHEADLE auch anatomisch gerechtfertigt. Die *Liliaceae* selbst stellen eine anatomisch recht ursprüngliche Gruppe dar.

Amaryllidaceae. Die Phylogenie der Arten von *Narcissus* hat FERNANDES geklärt. Die Grundzahl ist 7; die Sektionen mit x = 10 oder 11 entstammen Triploiden, bei deren Meiose sich 3 oder 4 Univalente den 7 zugesellt haben. — Tribus *Zephyrantheae*, cyt.: FLORY, COE.

Iridaceae. Bei einer Neugliederung der südafrikanischen *I.* werden von G. J. LEWIS die Blütensymmetrie und die Länge der Perianthröhre nur sehr vorsichtig, sehr weitgehend dagegen die Form der unterirdischen Organe verwendet. Die Gattungen werden auf drei Triben verteilt: *Irideae* (Kräuter, Infl. nicht ährig, Bl. hinfällig, gestielt, Tubus sehr kurz: *Aristea, Bobartia — Ferraria, Homeria, Galaxia — Dietes, Moraea, Gynandriris*), *Nivenieae* (Sträucher, Infl. nicht ährig, Bl. sitzend, nicht hinfällig — alte Gruppe: *Klattia, Nivenia, Witsenia*), *Ixieae* (Kräuter, Infl. meist ährig, Bl. sitzend, nicht hinfällig, mit längerem Tubus: *Pillansia — Lapeyrousia, Freesia, Watsonia — Tritoniopsis, Anapalina — Romulea, Syringodea — Schizostylis, Geissorhiza, Gladiolus; Dierama, Ixia, Dichone; Tritonia; Chasmanthe; Streptanthera, Sparaxis — Babiana, Antholyza*).

Musaceae. LANE trennt die Familie in zwei Unterfamilien, *Heliconioideae* (nur mit *H.*) und *Musoideae* (mit *Museae, Strelitzieae* und *Ravenaleae*). Die Bildung einer eigenen Familie *Strelitziaceae* wird abgelehnt, da Blütenorientierung, Morphologie und Anatomie mit *Musaceae* übereinstimmen. *Ensete* wird wieder von *Musa, Phenakospermum* von *Ravenala* getrennt; *Ph.* steht nicht *Ravenala*, sondern *Strelitzia* näher. — SIMMONDS u. SHEPHERD klären cyt. die Herkunft der Kultur-Banane; Ausgangsformen sind die diploiden *M. acuminata* und *balbisiana*, wobei die tri- und tetraploiden Derivate durch menschliche Auslese gefördert wurden. Die LINNÉschen *M. paradisiaca* und *sapientium* sind Kulturarten, ihre Namen sollten aus der Wildarten-Nomenklatur verschwinden.

Lowiaceae. *Orchidantha* muß, wie schon RIDLEY und HUTCHINSON vorschlugen, auf Grund ihrer cymösen, nicht racemösen Blütenstände als eigene Familie (unter diesem Namen!) von den *Musaceae* abgetrennt werden (LANE). Sie ist den *Marantaceae* und *Zingiberaceae* ebenso nahe wie den *Musaceae* verwandt, jedoch mit keiner der drei enger.

Zingiberaceae. Die beiden Unterfamilien *Costoideae* und *Zingiberoideae* sind sowohl in der Pollenform als vor allem auch anatomisch durchgehend gut getrennt (METCALFE 2 und 3).

Orchidaceae. Trotz einigermaßen netziger Merkmalsverteilung gliedern sich aus den *O.-Monandreae* vier Komplexe heraus, die MANSFELD (1) als *Neottieae, Ophrydeae, Epidendreae* und *Vandeae* mit Tribus-Namen belegt. Dabei lassen sich die beiden erstgenannten auf Grund ihrer meist körnigen Pollinien in eine „Contribus" der *Thrauosphaereae*, die beiden letzteren, mit wachsigen Pollinien, in eine Contribus der *Kerosphaereae* zusammenfassen. Über die Gliederung bis zu den Subtriben wolle man die Arbeit vergleichen. — Eine Synopsis der *Dactylorchis*-Sippen der Britischen Inseln von HESLOP-HARRISON (1) bringt ein interessantes Schema über Verwandtschaft, Hybridenbildung und mutmaßliche Abstammung; dabei wird die Entstehung der *Majales* durch Amphidiploidie von *incarnata* und *fuchsii*, die von *maculata* durch Hemiautoplodie von *fuchsii* gemutmaßt. — Die Cyt. der Orchideen, speziell von *Paphiopedilum*, hat DUNCAN studiert.

Juglandaceae. Die anatomischen Untersuchungen von LEROY bestätigen die Richtigkeit der heute angenommenen Unterteilung.

Betulaceae. CZEREPANOV gliedert von *Alnus* die Gattungen *Cremastogyne* (auf *A. longipes*) und *Alnaster* (auf *A. viridis*, mit den §§ *Firmi* und *Virides*) ab. *Alnus* s. str., mit *A. glutinosa* als Typus wird in die §§ *Clethropsis, Gymnothyrsus, Haplostachys* und *Proskeimostemon* (mit *A. incana*) eingeteilt.

Fagaceae. Die angebliche Euphorbiacee *Trisyngyne*, von der erst kürzlich eine Anzahl neuer Arten aus Neukaledonien beschrieben wurde, ist nach VAN STEENIS (4) zu *Nothofagus* zu ziehen.

Ulmaceae. Die Gliederung in die Unterfamilien *Celtoideae* und *Ulmoideae* ist auch palynologisch wohlbegründet (ERDTMAN); eine Ausnahme bildet die bisher den *Celtoideae* zugerechnete Gattung *Zelkova*, die wegen ihres Pollens (vom *Ulmus*-Typ) wie auch wegen des exzentrischen Griffels besser zu den *Ulmoideae* zu stellen ist. — Wichtigkeit der Blattspektra der Kurztriebe bei *Ulmus*: MELVILLE (3), S. 104.

Loranthaceae. · Aus Afrika sind heute 300 Arten von *Loranthus* beschrieben [BALLE (2)]; dabei sind die primitiveren afrikanischen Gruppen den indomalesischen näher verwandt als den abgeleiteten afrikanischen. Der Autor nimmt daher das System DANSERs von 1933 auf und ersetzt für Afrika die Gattung *Loranthus* durch 22 enger definierte Gattungen, die die verwandtschaftlichen Zusammenhänge weit besser erkennen lassen.

Olacaceae. Eingehende anatomische und palynologische Untersuchungen der *O.* wie auch der *Opiliaceae* und *Oktoknemataceae* legt REED vor, ohne daß sich daraus größere systematische Änderungsvorschläge ergäben. — Die angebliche Olacacee *Worcesterianthus* ist mit der Euphorbiacee *Microdesmis* synonym [VAN STEENIS (6)].

Polygonaceae. LÖVE führt im Rahmen allgemeiner Ausführungen über cyt. Probleme sehr schöne und instruktive Polyploid-Reihen in der *Acetosa*- und *Acetosella*-Gruppe von *Rumex* vor (vgl. auch Fortschr. Bot. 17, 303), die einen ungewöhnlich klaren Einblick in die Sippenentstehung bieten. — *Enneatypus* ist mit *Ruprechtia* identisch (BUCHINGER).

Gyrostemonaceae. Die Arten besitzen dickwandige Pollenkörner ohne jede Ähnlichkeit mit denen einer anderen Familie (ERDTMAN); die Abtrennung als Familie ist auch in dieser Sicht völlig gerechtfertigt.

Aizoaceae. Die bisher meist unter diesem Namen zusammengefaßten Taxa sind nach FRIEDRICH heterogen, wenn sie auch parallele Entwicklungsreihen aus naheverwandten Grundgruppen darstellen. Schon HUTCHINSON hat deshalb (1926) die nichtsucculenten Gattungen mit freien Tepalen und apokarpen oder loculiciden Kapsel-Früchten als *Molluginaceae* (über *Gisekia* mit *Phytolaccaceae* und *Alsinoideae* verwandt) von den succulenten Gattungen mit röhrig oder becherförmig verwachsener Blütenhülle und meist anders gestalteten Früchten abgetrennt: *Ficoidaceae* (über *Sesuvium* mit *Portulacaceae* verwandt). Als dritte Familie *Tetragoniaceae* sind die Gattungen *Tetragonia* und *Tribulocarpus* mit sich nie öffnenden Früchten oder Sammelfrüchten abzutrennen, die gewisse Beziehungen zu den *Nyctaginaceae* zeigen. Eine Ausgliederung der Großgattung *Mesembryanthemum* als eigene Familie, wie sie in jüngster Zeit von SCHWANTES sowie von HERRE und VOLK postuliert wurde, erscheint FRIEDRICH in Anbetracht der gleitenden Übergänge zu den übrigen *Ficoidaceae* abwegig. — Innerhalb dieser sog. „*Mesembryanthemaceae*" stellt STRAKA auf Grund seiner Untersuchungen an den Früchten paraspermer (mit Samentaschen versehener) Arten eine Tribus der *Apatesieae* (mit *Apatesiinae* und *Skiatophytinae*) der subfam. *Ruschioideae* sowie eine trib. *Hymenogyneae* der subfam. *Aptenioideae* auf.

Caryophyllaceae. Chemische Sonderstellung vgl. REZNIK, S. 101. — Die mitteleuropäischen Gattungen der subfam. *Silenoideae* ordnet JANCHEN neu; er hält diese Gruppe für die höchststehende und stärkst abgeleitete der *C.* Er stellt die *Diantheae* (Kelch ohne Kommissuralnerven, Narben 2—3) voran und ordnet ihnen die *Saponariinae* (ohne Kelchschuppen) und *Dianthinae* unter; es folgen die *Lychnideae* (mit Komm. Nerven und 3—5 Narben), die sich in *Drypidinae* (Deckelkapsel), *Cucubalinae* (Beere) und die beiden mit gezähnter Kapsel versehenen subtrib. *Sileninae* (Zähne doppelt soviel wie die meist 3 Karpelle) und *Lychnidinae* (Zähne und Karpelle 5) gliedern. Die Entwicklung schreitet also von *Gypsophila* über *Dianthus, Silene, Lychnis* zu *Agrostemma* fort. — Sehr schöne cyt. Studie über den *Cerastium-arvense*-Komplex: SÖLLNER. — Bei *Dianthus* gehen weder Stoma-Größe noch -Dichte dem Polyplodiegrad parallel (CAROLIN); hingegen sind Größe und Form gelegentlich gruppen-eigentümlich.

Nymphaeaceae. SNIGIREVSKAJA legt eine pollenmorphologische Studie an den „*Nymphaeales*" vor; auch sie bekennt sich zu der schon mehrfach vorgeschlagenen Gliederung in *Cabombaceae, Nymphaeaceae, Nelumbonaceae, Ceratophyllaceae*.

Ranunculaceae. Hier stehen der ausgezeichneten LANDOLTschen cyt. Arbeit über die *Ranunculus-montanus*-Gruppe (Kleinarten im Gegensatz zu den *Auricomi* alle normal sexuell; vgl. Fortschr. Bot. 17, 303) zwei cyt. Arbeiten an *Caltha* gegenüber

(REESE, PANIGRAHI); bei dieser letzteren Gattung herrschen extreme Aneuploidie und starke Merkmalsnetzung, so daß auch die Cytologie, da nicht erkennbar mit Morphologie oder Geographie gekoppelt, keine taxonomische Lösung bringt.

Annonaceae. Die Familie ist nach SINCLAIR sehr undeutlich gegliedert; eindeutig ist nur die Trennung in *Monodoroideae* und *Annonoideae*. Die Gruppen der letzteren werden am besten als parallele Triben nebeneinandergestellt: *Uvarieae, Miliusieae, Unoneae, Xylopieae, Mitrephoreae, Annoneae,* wobei die Verwandtschaft unklar bleibt. Über die mutmaßlichen Zusammenhänge innerhalb der Triben können dagegen gute Übersichten gegeben werden.

Papaveraceae. Das neukaledonische *Oceanopapaver* kann seiner Pollenmorphologie nach nicht zu dieser Familie gehören (ERDTMAN).

Cruciferae. *Arabis-holboellii*-Komplex, cyt.: BÖCHER. — *Brassica-campestris*-Gruppe mit Kulturarten, cyt.: OLSSON. — *Cochlearia-officinalis*-Komplex (zerfällt in eine x = 7-Reihe mit *C. danica* und *groenlandica* und in eine x = 6-Reihe mit *officinalis* incl. *anglica*): HÖST SAUNTE. — *Lesquerella* mit Hybridpopulationen, cyt.: ROLLINS (1).

Capparidaceae. Die westaustralische Gattung *Emblingia*, bisher zu den *C.* gestellt, weicht in der Pollenform völlig ab (ERDTMAN); nach der großen Ähnlichkeit mit *Polygala*-Pollen könnte sie vielleicht eine Schwesterfamilie der *Polygalaceae* bilden. *Pentadiplandra* dagegen, die gelegentlich als eigene Familie abgetrennt wurde, besitzt *Capparidaceae*-Pollen.

Sarraceniales. Nach MARKGRAF (1, 2 — vgl. S. 104) zeigen vor allem die Jugendblätter der verschiedenen Gattungen eindeutige und klare Verwandtschaftsbeziehungen zwischen den *Droseraceae, Nepenthaceae* und *Sarraceniaceae* auf; ausgezeichnet fügen sich auch die *Dioncophyllaceae* in diese Reihe ein, während (immer noch von der Blattmorphologie her gesprochen) gewisse Anklänge noch bei den *Passifloraceae* zu finden sind. Auch im Blütenbereich finden sich eindeutige Beziehungen zu den *Parietales*, und zwar einerseits von den zartblütigen Gruppen (*Drosera* usw.) zu den *Cistaceae*, andererseits von den derbblütigen (*Sarracenia* usw.) zu den *Passifloraceae*. Es handelt sich hier also um einen umfangreichen Formenkreis, der aus einem gemeinsamen Merkmalsvorrat der Vergangenheit jeweils mehrere Anteile in verschiedener Verbindung entnommen hat — eine Vorstellung, die dem Berichterstatter auch auf andere Verwandtschaftskreise (*Polycarpicae* u. a.) anwendbar und ungleich stichhaltiger als die obligaten Stammbaum-Schemata zu sein scheint.

Saxifragaceae. Aus dieser zweifellos noch immer stark heterogenen Familie sind nach den Vorschlägen ERDTMANs die Gattung *Berenice* zu den *Campanulaceae*, *Kania* zu den *Myrtaceae* zu überstellen; *Montinia* und *Grevea* verdienen den Rang einer eigenen Familie. *Choristylis* ist mit *Itea* verwandt, dagegen nicht mit *Forgesia*. — Nuclearstruktur: HAMEL (vgl. S. 108). — *Philadelphus* wird von HU in die vier Untergattungen *Gemmatus* (freie Knospen, verbreiterte Narben, langgeschwänzte Samen), *Euphiladelphus* (eingeschlossene Knospen, keulige bis lineale Narben, geschwänzte Samen), *Macrothyrsus* (freie Knospen, keulige Narben, kurzgeschwänzte Samen) und *Deutzioides* (freie Knospen, kopfige Narben, ungeschwänzte Samen) gegliedert. Die altweltlichen Arten gehören ausschließlich der § *Stenostigma* von *Euphiladelphus* an. — *Saxifraga* § *Dactylites*, cyt.: HAMEL (2) — weist in acht Arten zwei Reihen mit x = 8 und x = 13 auf, die nicht mit den Systemen ENGLERs und LUIZETs übereinstimmen.

Rosaceae. *Filipendula* wird von JUZEPCZUK (1) in die subgenera *Aceraria* (mit §§ *Schalameya* und *Albicoma*), *Ulmaria* und *Filipendula* gegliedert; die russischen Arten werden auf diese Taxa verteilt. — Apomixis, Hybridisation und Polyploidie sind verantwortlich für die Evolution und die taxonomische Komplexität von *Cotoneaster* (SAX) und *Sorbus* (LILJEFORS).

Mimosaceae und Caesalpiniaceae. Taxonomische Verwertung der Keimpflanzen: GILBERT u. LÉONARD (vgl. S. 104) — auf Grund ihrer Gleichheit sind *Pterygopodium* und *Oxystigma* zusammenzufassen, wegen ihrer Ungleichartigkeit *Piptadenia* von *Newtonia*, *Macrolobium* von *Gilbertiodendron*, *Copaifera* von *Guibourtia* zu trennen. *Macrolobium* s. str. fehlt in Afrika [LÉONARD (4)]; die bisher hierher gerechneten Taxa werden auf vier andere Gattungen verteilt. — Unter dem Tribusnamen *Amherstieae* s. lat. werden von DWYER (1) die bisherigen *Amherstieae*, *Cynometreae* und *Sclerolobieae* zusammengefaßt; nach der Art der Anheftung des

Stipes am Kelchrezeptakel wird das neue Taxon in die subtrib. *Centralineae* und *Lateralineae* gegliedert. Durch die Bevorzugung dieses Merkmales ergibt sich eine durchgehend neue Verteilung der etwa 70 hierher gehörigen Gattungen.

Papilionaceae. Studie zur Gliederung von *Aeschynomene*: LÉONARD (1). Die bisher unter *Smithia* vereinten Arten werden von DEWIT u. DUVIGNEAUD auf das afrikanisch-indische genus *Smithia* s. str. und ein wiederhergestelltes tropisch-afrikanisch-madagassisches genus *Kotschya* verteilt. — Cyt. Studien an *Coronilla* und *Hedysarum* (LARSEN) zeigen, daß hier ähnlich wie bei anderen Leguminosengattungen im Verlauf der Evolution die Basiszahl verkleinert wurde. *Vicia-cracca*-Gruppe, cyt.: BAKSAY (1).

Simarubaceae. Nicht nur die anatomischen (METCALFE und CHALK), sondern auch die palynologischen Befunde (ERDTMAN) sprechen dafür, daß die *Kirkioideae* und wahrscheinlich auch die *Irvingioideae* (*Irvingia* und *Klaineodoxa*) als eigene Familien behandelt werden sollten.

Euphorbiaceae. Allgemeine Übereinstimmung herrscht darüber, daß die Familie in ihrer derzeitigen Fassung stark heterogen ist [anatomisch: METCALFE (3)]. Ein sehr bemerkenswerter Versuch einer Neubearbeitung der „*Euphorbiales*" stammt von HURUSAWA. Von vornherein ausgeschieden bleiben *Buxus, Callitriche* und *Dichapetalum*; für *Daphniphyllum*, das ebenfalls zu entfernen ist, wird eine eigene Reihe *Daphniphyllales* vorgeschlagen, die ebensowenig mit den *Eucommiaceae* oder *Hamamelidaceae* zu tun hat (unvollkommen gefächerter Fruchtknoten, kein Obturator, razemöse Infloreszenzen). Innerhalb der *Euphorbiales* werden als eigene Familien die *Porantheraceae* (auch nach ERDTMAN (1) durch bedörnelten Pollen scharf geschieden) und die *Ricinocarpaceae* ausgegliedert, jedoch nicht näher behandelt. Der verbleibende Rest wird nach der Zahl der Ovula im Fach in die eigentlichen *Euphorbiaceae* s. str. (1) und die *Antidesmataceae* (2) geteilt; die letzteren umfassen *Antidesmatoideae* und *Phyllanthoideae*, die ersteren *Euphorbioideae, Sapioideae, Acalyphoideae* und *Crotonoideae*. Innerhalb der alten Gattung *Euphorbia* selbst werden, wie dies schon RYDBERG einmal tat, *Arthrothamnus, Poinsettia, Chamaesyce, Ageloma* und *Galarrhaeus* (hierher die meisten mitteleuropäischen Arten) als „genera sensu stricto" behandelt.

Jedoch dürfte auch hiermit noch keine Homogenität der Taxa erreicht sein, da sich nach ERDTMAN der crotonoide Pollen (bei *Croton, Iatropha, Manihot* u. a. — ähnlich dem einiger *Buxaceae, Thymelaeaceae* und *Callitrichaceae*, welch letztere palynologisch keine Tubifloren-Ähnlichkeit zeigen) mit seinem charakteristischen Exine-Muster stark von dem "non-crotonoiden" Pollen etwa von *Euphorbia* (gewisse Ähnlichkeit mit Tiliaceen-Pollen) unterscheidet. — Eine Neugliederung von *Phyllanthus* legt WEBSTER anhand der westindischen Taxa vor.

Buxaceae. Der Pollen von *Simmondsia* weicht völlig von dem der anderen B. ab (ERDTMAN); er nähert sich dem gewisser Centrospermen, was in Erinnerung bringt, daß VAN TIEGHEM die Gattung als Familie neben die *Tetragonieae* stellte.

Icacinaceae. Pollenmorphologische Untersuchungen DAHLs (1, 2) bekräftigen die Annahme HOWARDs und SLEUMERs, daß die Gattungen *Pteleocarpa, Pseudobotrys, Lophopyxis, Metteniusia, Trichadenia* und *Peripterygium* aus den *I.* auszuscheiden sind; jedoch lassen sich aus den Pollencharakteren keine deutlicheren Hinweise für eine bessere Einreihung gewinnen.

Rhamnaceae. PRICHARD glaubt wieder an eine engere Verwandtschaft zwischen *Celastraceae* und *Rh.*, und zwar von gemeinsamen diplostemonen Vorfahren her direkt auf die beiden Typusgattungen zu. Bei der morphologischen Untersuchung des Verhältnisses zwischen Fruchtknoten und Diskus zeigt sich, daß der Trend zur Einsenkung quer durch die nach Fruchtmerkmalen begrenzten Triben führt, also wohl polyphyletisch ist.

Malvaceae. Herkunft der kultivierten Baumwolle: HUTCHINSON, vgl. Fortschr. Bot. 17, 332.

Sterculiaceae und Tiliaceae. Nach ERDTMAN ist der Pollen der Sterculiaceen-Gattungen auffallend verschieden (bombacoid bei *Fremontia*, malvoid bei *Dombeya*, tilioid bei *Craigia*, um nur einige Beispiele zu nennen), was die Unsicherheit der Familien-Abgrenzung bei den *Columniferae* unterstreicht. *Tilia* hat unter den gegenwärtigen *Tilioideae* palynologisch eine recht isolierte Stellung und nähert sich eher der *Brownlowia*-Gruppe. *Brachypodandra* gehört wohl kaum zu den *T.*

Guttiferae. Die Unterfamilie *Moronoboideae* wird nach ERDTMAN besser als eigene Familie gefaßt.

Canellaceae. Die angebliche Canellacee *Tardiella* ist mit der Flacourtiacee *Casearia* identisch (VAN STEENIS 5).

Violaceae. Einen ausgezeichneten Einblick in die cyt. Verhältnisse der bayerischen *Violae* gibt SCHÖFER. Die Formenmannigfaltigkeit beruht auf der Bildung von Bastardpopulationen, die infolge von Störungen der Pollenmeiose vielfach dysploide Serien bilden. Die (früher vielfach bestrittene) Fertilität der Bastarde beruht auf der weniger stark gestörten Meiose der Samenanlagen — und auf der vollständigen Ausnutzung der wenigen funktionstüchtigen Pollenkörner in kleistogamen Blüten.

Cactaceae. Einen "dictionary" der Gattungen und Subgenera der *C.* will BYLES herausgeben; erschienen ist *Acanthocalycium* bis *Arequipa*. — Die Basiszahl der *C.* ist 11, nicht 9 oder 12 wie früher angegeben; bei *Mammillaria* sind Polyploidserien festgestellt (REMSKI).

Thymelaeaceae. ERDTMAN tritt, ausgehend von der Pollenähnlichkeit, wieder nachdrücklich für die „vielen gemeinsamen Charaktere" der *Th.* und der *Crotonoideae* ein.

Lythraceae. Die südostasiatische Gattung *Thorelia* ist nach palynologischen und anatomischen Studien besser den *Myrtaceae* anzureihen (ERDTMAN); das gleiche gilt für *Heteropyxis* und *Psiloxylon*.

Myrtaceae. Das neukaledonische *Platyspermation* kann nach seiner Pollenmorphologie nicht zu den *M.* gerechnet werden (ERDTMAN). — Subtrib. *Euchamaelaucinae*, cyt.: SMITH-WHITE.

Melastomataceae. Bisher vermeintlich zu *Osbeckia* § *Pseudodissotis* zu stellende Arten erwiesen sich als „osbeckioide" *Dissotis*-Arten [FERNANDES u. FERNANDES (1, 2)]. Nach der Neu-Abgrenzung der beiden Gattungen stellt jetzt *Osbeckia* ein orientalisch-madagassisches (nur wenige, nahe verwandte Arten in Afrika), *Dissotis* ein ± afrikanisches Genus dar (nur 2 Arten in Hinterindien).

Araliaceae. Polyploidreihen von taxonomischer Wertigkeit bei *Hedera*: P. JACOBSEN.

Umbelliferae. LARRIVAL glaubt bei den *U.* eine Art „Pollen-Evolution" festgestellt zu haben. — *Sanicula-crassicaulis*-Komplex, cyt.: BELL (keine Relation zwischen Variation und Chromosomenzahl, vgl. Fortschr. Bot. 17, 303).

Davidiaceae. Die bisher zu den *Cornaceae* oder *Nyssaceae* gerechneten *Davidioideae* werden von LI (3) nun endgültig zu einer eigenen Familie erhoben, da sie in ihrer ausgeprägten morphologischen (Infloreszenzen mit 1 perfekten Mittelblüte und vielen staminalen, apetalen Randblüten) und anatomischen Eigenheit kaum in den Rahmen der genannten Familien passen. Jedoch ergibt sich kein Gesichtspunkt für eine grundlegend andere Einreihung.

Ericaceae. Die Behaarungstypen von *Rhododendron* und ihre taxonomische Verteilung bespricht v. HOFF; als ursprünglichste Gruppe werden die *Azaleae* (primitive Zotten und Drüsen) betrachtet, von denen einerseits die *Lepidotae* (Zotten und Schuppen) und wohl auch das engverwandte *Ledum*, andererseits die *Floccosae* (Flocken und Drüsen) abgeleitet werden. — Daß *Kalmiopsis* aus SW-Oregon wirklich mit dem ostalpinen *Rhodothamnus* generisch zu vereinigen ist, wird durch weitere Mitteilungen COPELANDS (1) erhärtet.

Epacridaceae. Genauere anatomische Untersuchungen COPELANDS (2) sichern, daß sowohl Abgrenzung und Familienwert als auch die Einteilung in die vier Hauptgruppen zu Recht bestehen; auch die enge Verwandtschaft mit den *Ericaceae* kann keinem Zweifel unterliegen. Der Ursprung wird bei den *Andromedeae* und *Gaultherieae* vermutet, wobei man vielleicht an eine echte Verbindung zwischen *Pernettya* und *Wittsteinia* einerseits, *Prionotes* andererseits denken kann.

Primulaceae. TAYLOR weist nach, daß *Centunculus* als Sektion in die Gattung *Anagallis* einbezogen werden muß. — *Cyclamen* wurde von SCHWARZ monographiert, unter Einbeziehung auch der cyt. Charaktere. Er unterscheidet etwa 15 Arten, die er auf die subgen. *Psilanthum* und *Oteanthum* (dieses abgeleitet, mit basal geöhrten Kronblättern) und innerhalb der beiden auf 7 Serien verteilt. Im Gegensatz zu diesen sachlich eindeutig fundierten Angaben steht die merkwürdige Ansicht von LYS, wonach morphologische und biochemische Charaktere für die

Existenz von nur vier Arten sprächen; alle anderen Namen bezögen sich auf Standortvarianten, die keine Ökotypen seién. Die Chromosomenzahlen schwanken innerhalb der LYSschen „Arten" zwischen 12 und 96 (HOCQUETTE u. LYS).

Oleaceae. Auch nach dem biochemischen Verhalten aus den *Contortae* auszuschließen (KORTE, vgl. S. 101).

Menyanthaceae. Sowohl die anatomischen [METCALFE (3)] als die biochemischen (KORTE) Merkmale unterstreichen die Eigenständigkeit der Familie; nach ihren Inhaltsstoffen ist sie näher mit den *Loganiaceae* verwandt [KORTE und KORTE (2), vgl. S. 101].

Apocynaceae und Asclepiadaceae. Die *Asclepiadaceae* wären nach ERDTMAN einheitlich, wenn die *Periplocoideae* zu den *Apocynaceae* genommen würden; gleiches sagen die biochemischen Verhältnisse aus, wenngleich dort die Trennung insofern nicht so deutlich wird, als sich die Anfangsgattungen der *Cynanchoideae* noch wie die *Periplocoideae* verhalten (Cardenolidglykoside anstelle von Bitterstoffen). — Biochemie beider Familien: KORTE und KORTE (1, 2) vgl. S. 101.

Plumbaginaceae. *Armeria-maritima*-Komplex, cyt.: BAKER, vgl. Fortschr. Bot. **17**, 307.

Hydrophyllaceae. *Phacelia-magellanica*-Komplex, cyt. (kohärente Gruppe mit zahlreichen diploiden, intersterilen und tetraploiden, interfertilen Gliedern): HECKARD.

Polemoniaceae. *Phlox*, von WHERRY monographiert, gliedert sich in eine ursprüngliche § *Protophlox* und die beiden abgeleiteten §§ α-*Phlox* und *Microphlox*.

Boraginaceae. Die Lithospermen-Studien JOHNSTONs (1, 2) sind nun zu einem gewissen Abschluß gebracht. Innerhalb der *Lithospermeae* werden jetzt 23 Gattungen (16 neuweltlich, 6 altweltlich, 1 beidhemisphärisch) unterschieden; 16 Gattungen werden in andere Triben (*Pulmonaria* zu den *Anchuseae*, *Bothriospermum* zu den *Cynoglosseae*, die anderen zu den *Eritricheae*) versetzt. *Lithospermum* selbst wird auf die *officinale*-Gruppe beschränkt, während etwa *L. arvense* und *purpureo-caeruleum* in die wieder hergestellte Gattung *Buglossoides* verwiesen werden. — *Amsinckia*, cyt. Gattungsübersicht: RAY.

Labiatae. Auf *Nepeta sewerzowii* begründet POJARKOVA (1) eine neue Unterfamilie *Drepanocaryoideae*, bei der die Nuculae einem in vier halbmondförmige Sektoren aufgeteilten Gynophor aufsitzen. — Die westmediterrane Gattung *Cleonia*, bisher mit *Prunella* als verwandt betrachtet, soll nach LARSEN in ihren cyt. Verhältnissen eher *Dracocephalum* nahekommen. — *Glechoma*, Polyploidserien mit geographischer Wertigkeit: HARA, TANAKA u. KUROSAWA. — Annuelle *Lamium*-Arten, cyt. (*intermedium* wird als allotetraploid aus *purpureum* und *amplexicaule*, *hybridum* aus *p.* und *bifidum* betrachtet): BERNSTRÖM. — *Thymus* in England, cyt.: PIGOTT.

Solanaceae. Die baumförmigen *Datura*-Arten können nicht als eigene Gattung *Brugmansia* abgetrennt werden (DANERT). *D. stramonium* ist nordamerikanischer Herkunft (WEIN, vgl. Fortschr. Bot. **17**, 333). — Eine nur mit BABCOCKs *Crepis*-Monographie vergleichbare Bearbeitung von *Nicotiana* legt GOODSPEED vor. Die auf 60 Arten reduzierte Gattung wird in die „cestroiden" subg. *Tabacum* und *Rustica* und das „petunioide" subg. *Petunioides* gegliedert; wiederholte Amphiplodie ist hier der wichtigste evolutionäre Prozeß. Drei Viertel der Arten sind amerikanisch, der Rest gehört Australien und den pazifischen Inseln an und bildet eine eigene § *Suaveolentes* von *Petunioides*. — Bei *Solanum* kann die Grundzahl 6 als erwiesen gelten (GOTTSCHALK), da bei einigen Arten homologe Bivalente gefunden wurden; auch hier sind die Frühformen auf allopolyploidem Wege entstanden und als Amphidiploide aufzufassen. Als Schwestersippen der Kartoffel und der Tomate wurden *S. andigenum* (SALAMAN) bzw. *S. pimpinellifolium*, *humboldtii* und *tomatillo* [GOTTSCHALK u. PETERS (1)] erkannt, die von der Kulturart nur durch Unterschiede von der Größenordnung der Sortendifferenzen getrennt erscheinen. Über die cyt. Klärung vgl. PETERS sowie GOTTSCHALK u. PETERS (1 und 2).

Scrophulariaceae. Nach BREMEKAMP (2) sind die bisher zu den *Acanthaceae* gerechneten *Nelsonieae* zu den *S.* und zwar neben die *Rhinanthoideae* (von denen sie sich freilich durch absteigende Ästivation unterscheiden) zu stellen. Eine noch bessere, dem Autor aber vorläufig zu drastische Lösung wäre eine Zusammenfassung von *Nelsonioideae* und *Rhinanthoideae* zu einer eigenen Familie der

Rhinanthaceae. Die *Selaginaceae* sind nach BREMEKAMP besser als eigene Familie zu behandeln, die keine engere Verwandtschaft zu den *S.* besitzt. — Daß das Merkmal der „rhinanthoiden" Knospendeckung nicht auf die *Rhinanthoideae* beschränkt ist, sondern sich z. B. auch bei *Lindenbergia (Antirrhinoideae-Gratioleae)* findet, weist HARTL nach; *Osmania*, wegen dieses Merkmals von S. MOORE zu den *Rh.* gestellt, ist mit *Lindenbergia* synonym. — THIERET (2) will *Globularia* und *Selago* in die *S.* einbezogen lassen; auf Grund der Progression der Samenmerkmale (netzig bis glatt, elliptisch über abgeflacht bis löffelig, viel und klein bis wenig und groß) unterscheidet er eine *Veronicastrum-Hebe-* und eine *Picrorrhiza-Globularia*-Serie. — Entwicklung und Polyploidie in der *V.-agrestis*-Gruppe wird von LEHMANN u. SCHMITZ-LOHNER besprochen. — *Digitalis* wird von IVANINA (1) neu gegliedert.

Pedaliaceae. Die Pollenform macht eine Zuweisung von *Trapella* zu den *P.* unmöglich (ERDTMAN).

Acanthaceae: Außer den *Nelsonieae* schließt BREMEKAMP (2) die *Mendoncieae* (Drupa) und die *Thunbergieae* (Schnabelkapsel) aus den *A.* aus; die beiden letztgenannten erhalten den Rang eigener Familien *Mendonciaceae* und *Thunbergiaceae*. Die hiervon gereinigten *Acanthaceae s. str.* zerfallen dann [BREMEKAMP (5)] in zwei Unterfamilien, *Acanthoideae* (ungegliederte Stengel, keine Cystolithen, 4 Stamina mit monothezischen Antheren und aporatem Pollen: *Haselhoffieae*, *Aphelandreae* und *Acantheae*) und *Ruellioideae* (gegliederte Stengel, überall Cystolithen, Stamina 2, wenn 4, dann mindestens 2 dithezisch, Pollen porat: alle anderen Triben). — In einer weiteren Arbeit (3) fügt der Autor den *Acanthoideae* noch die trib. *Stenandriopsideae* bei; gleichzeitig wird die Zugehörigkeit von *Rhombochlamys* zu den *Aphelandreae*, der afrikanischen *Hemigraphis*-Arten und des malayischen *Stenothyrsus* zu den *Hygrophilinae* geklärt. — Die cyt. Gliederung in drei Grundserien mit $x = 7{,}8$ und 9 deckt sich nicht mit dem LINDAUschen, hauptsächlich auf Pollenmerkmale begründeten System [GRANT (2)].

Plantaginaceae. *Plantago-coronopus-* und *-serraria*-Gruppe, cyt.: BÖCHER, LARSEN u. RAHN.

Rubiaceae. Auch die *R.* erscheinen BREMEKAMP (1) nicht gänzlich homogen; so dürften die *Henriquezieae* den Tubifloren, *Carlemannia* und *Sylvianthus* den *Caprifoliaceae* oder *Valerianaceae* anzureihen sein. *Gaertnera*, *Hymenocnemis* und *Pagamea*, die man gerne zu den *Loganiaceae* stellt (und die auch nach UTZSCHNEIDER als echte Übergangsglieder zu betrachten sind), sollen dagegen, vor allem wegen ihrer Raphiden, bei den *R.* verbleiben. Auf die Zahl der Samenanlagen und die Textur des Perikarps wurde bislang im System der *R.* übertriebener Wert gelegt. BREMEKAMP schlägt eine Gliederung in sechs Unterfamilien vor: *Cinchonoideae* (Testazellen mit breit durchlöcherter Innenwand), *Urophylloideae* (sehr fein durchlöchert), *Ophiorrhizoideae* (T. mit glänzenden Warzen), *Guettardoideae* (Embryo groß, dünne Albumen-Schicht, Drupa besonderer Struktur, Haare mit Ca-Oxalat), *Ixoroideae* (Griffel erst spät die Narben ausbreitend), *Rubioideae* (Raphiden, verschiedene Zahl der Samenanlagen, wechselnde Präfloration). — *Leptogalium*-Gruppe, cyt. (sehr schöner Vergleich der Eigenschaften diploider und höherpolyploider Sippen; die wesentliche Bedeutung der Polyploidie liegt in der steigenden Interfertilität und der dadurch ermöglichten Biotypenanreicherung): EHRENDORFER (1 und 2), vgl. S. 108.

Caprifoliaceae. Die drei neukaledonischen und neuseeländischen Gattungen *Alseuosmia*, *Memecylanthus* und *Pachydiscus*, weitab vom Hauptareal der *C.* verbreitet, können nach ERDTMAN vom palynologischen Befund her nicht in der Familie belassen werden. — Während die typische § von *Abelia* Pollen vom *Linnaea-* oder *Symphoricarpus*-Typ besitzt, ist der Pollen von § *Zabelia* überhaupt nicht caprifolioid.

Pentaphragmataceae. *Pentaphragma*, bisher den *Campanulaceae* zugeteilt, nimmt nach AIRY SHAW eine sehr isolierte Stellung ein. Wenn auch eine ferne Verbindung zu den *C.* nicht völlig unmöglich ist, so zeigen die habituell an *Gesneriaceae* oder *Rubiaceae* erinnernden Pflanzen anatomisch weitgehende Übereinstimmung mit den *Begoniaceae*, mit denen sie auch die asymmetrische Blattform teilen.

Compositae. In einem Kurzreferat zur Taxonomie der *C.* fordert MERXMÜLLER (2) eine stärkere Berücksichtigung der Entwicklungstendenzen (Köpfchenbildungen höherer Ordnung, Spreublatt-Reduktion, Pappuspro- und -regressionen) und einen weitergehenden Verzicht auf fixierte Gruppencharaktere (Blütenfarbe, Spreublatt-besitz oder -mangel, bestimmte Pappusformen u. a.). Die Trennung von *Inulinae* und *Buphthalminae, Heliantheae* und *Heleniae, Anthemidinae* und *Chrysantheminae, Homochromeae* und *Heterochromeae* ist unnatürlich und trennt eng zusammen-gehörige Gattungen; sinnlos zusammengefügte Taxa sind die *Bellidinae* und die *Liabinae*. Die angebliche Arctotidee *Ursinia* ist (mit BEAUVERD) den *Anthemideae* zuzurechnen. Die Abtrennung der *Liguliflorae* als eigene Familie *Cichoriaceae* erscheint unumgänglich.

Eine (schon öfters empfohlene) Abgliederung der *Ambrosieae* als eigene Familie ist dagegen nach den embryologischen Studien CRÉTÉs nicht angezeigt, wenn sich auch reichlich merkwürdige Übereinstimmungen mit *Urtica* nachweisen lassen; immerhin sollte diesen (übrigens schon von VAN TIEGHEM besprochenen) Ähnlich-keiten etwas nachgegangen werden. — Die *Adenostylinae*, die nach der Übertragung von *Adenostyles* zu den *Senecioneae* in *Kuhniinae* umbenannt werden müssen, gliedern sich nach der Ausscheidung von *Kanimia* (die in die Verwandtschaft von *Mikania* gehört) in drei auch cyt. gut zu trennende Gruppen (GAISER), wobei wie bei den *Cichoriaceae* die Pappusentwicklung von der Schuppe zur Borste vorge-schritten ist. Aus den sog. *Liabinae* verweist MERXMÜLLER (1) *Gongrothamus*, die HOFFMANNsche *Newtonia* oder *Antunesia*, zu den *Vernonieae, Eremothamnus* zu den *Inuleae*, während CABRERA (4, 5) Übergänge von *Liabum* selbst zu den *Helenieae* findet. In einer Bearbeitung der südwestafrikanischen Compositengattungen faßt MERXMÜLLER (1) die südafrikanischen Arten von *Aster* s. lat. (mit Ausnahme der zu *Aster* s. str. gehörenden „krautigen *Diplopappi*" Südostafrikas) unter dem Namen *Felicia* zusammen; *Susanna* wird auf *Felicia* und *Amellus* verteilt, *Eenia* zu *Aniso-pappus* verwiesen, *Pechuel-Loeschea* wieder hergestellt. BELCHER klärt die Unter-schiede zwischen dem ± afrikanischen *Crassocephalum* und der vorwiegend asiatischen *Gynura*. CABRERA (2) erkennt *Polygyne* und *Lefrovia* als identisch mit *Eclipta* bzw. *Cnicothamnus* und verweist (5) seine *Pseudobaccharis* in die Synonymie der bisher schlecht bekannten *Psila*.

WAGENITZ stellt bei *Centaurea* s. latissimo acht Pollentypen fest, die sich als vorzüglicher Indicator der Verwandtschaftsverhältnisse erweisen und voneinander ableiten lassen; Pappus- und Hüllblatt-Merkmale wurden in dieser Gruppe bislang offensichtlich etwas überschätzt, bzw. zu künstlich fixiert. Die auf breiter Basis durchgeführten Untersuchungen (354 Arten!) dürften eine durchgehende Neu-gliederung ermöglichen, für die gute Vorschläge gemacht werden. — Eine klassisch zu nennende cyt. Studie der englischen *Centaureae* ist MARSDEN-JONES u. TUR-RILL zu verdanken; die scheinbare Überfülle und Komplexität läßt sich auf zwei intersterile und drei interfertile Arten (und die Hybridenschwärme dieser letzteren) reduzieren. — *Townsendia*, cyt.: BEAMAN. — *Tragopogon (Cichoriaceae)* in Nord-amerika, cyt.: OWNBEY und McCOLLUM. — Auch für die Gesamtgliederung der Familie scheinen cyt. Daten wichtig zu werden [MERXMÜLLER (2)], wenngleich die bisher erst spärlich vorliegenden Zahlen noch kein sicheres Urteil erlauben.

Revisionen und Schlüssel.

Coniferae: In Mitteleuropa kultivierte: KRÜSSMANN. *Libocedrus* s. lat.: FLORIN u. BOUTELJE (1). *Podocarpus* in Ostafrika: MELVILLE (1). *Podocarpus* § *Eu-P.* §§ F im Süd-Pazifik: GRAY.

Pandanaceae: *Pandanus* in Malesien: STEENIS (3). — Sparganiaceae und Typhaceae: In Dänemark: GRÖNTVED. — Alismataceae: *Sagittaria*: BOGIN. — Butomaceae: In Malesien: STEENIS (2). — Gramineae: In Paranà (Aufzählung): ANGELY (1). In Südwestafrika: PILGER (2). Gattungen in SW-Afrika: VOLK. In S.-Rhodesien: STURGEON. In Guatemala: SWALLEN. Mit *Arundi-nella* verwandte Gattungen: BOR. *Anthoxanthum* in Spanien: PAUNERO. *Arundi-nella* in Indien, Ceylon und Burma: BOR. *Festuca ovina* im mitteldeutschen Trocken-gebiet: STOHR. *Lolium* (Beiträge): ESSAD. *Puccinellia* in Luxemburg: JUNGBLUT. *Puccinellia* im Fernen Osten: TZVELEV. *Triticum* (hexaploid): MAC KEY. — Cyperaceae: *Carex* im Fernen Osten: AKIYAMA. *Carex* in Polynesien: NEL-MES (3). *Carex-flava*-Verw. in der Südhemisphäre: NELMES (2). *Fimbristylis* in Malesien: KERN. *Hypolytrum* in Afrika: NELMES (1). *Kyllinga* in Ostasien:

KOYAMA. *Scirpus* in North Carolina: CAPPEL. *Scirpus-lacustris*-Gruppe in den Niederlanden: BAKKER. *Scleria* in Neuguinea: BLAKE. *Scleria* § *Hypoporum* in Afrika: NELMES (4). — Palmae: *Attalea* in Colombia: DUGAND. — Araceae: In Mexico: MATUDA. *Arisaema* im trop. Afrika: ROBYNS u. TOURNAY. — Xyridaceae: In Colombia: IDROBO. Im Bas-Congo und Kwango: DUVIGNEAUD u. HOMES. In North Carolina: BLOMQUIST. — Eriocaulaceae: *Eriocaulon, Syngonanthus* und *Mesanthemum* in Angola und Belg. Kongo: HESS. *Eriocaulon* und *Syngonanthus* in Afrika: HESS. — Commelinaceae: *Tradescantia-virginica*-Gruppe: ANDERSON. — Liliaceae: *Allium* in Kultur: MOORE (2). *Dianella* in Neukaledonien usw.: SCHLITTLER. *Hosta* in schwedischen Gärten: HYLANDER, N. — Haemadoraceae: In Malesien: STEENIS (2). — Amaryllidaceae: *Hymenocallis*: SEALY. — Iridaceae: *Crocus* in Kultur: LAWRENCE (1). *Lapeirousia* in Kultur: LAWRENCE (3). — Musaceae: *Heliconia* in Venezuela: RODRIGUEZ. — Zingiberaceae: *Kaempferia* in Belg. Kongo: TROUPIN. — Marantaceae: In Surinam: JONKER-VERHOEF u. JONKER. — Orchidaceae: In Formosa (Aufzählung): HSIEH. In Tunesien: LABBE. In Belg. Kongo (veg. Schl. d. Gatt.): TOURNAY. In Sa. Catarina (Bras.): PABST. Auf den nordpazifischen Inseln: TATEWAKI. *Brachycorythis*: SUMMERHAYES. *Calanthe* (japanische Arten in Kultur): OHWI. *Dactylorchis* in Luxemburg: ZADOKS. *Dactylorchis* auf den Brit. Inseln: HESLOP-HARRISON (1). *Epipactis* in Luxemburg: REICHLING. *Epipactis* in Dänemark: YOUNG. *Polychondreae* in Argentinien: CORRERA.

Salicaceae: *Salix* in Mitteldeutschland: NEUMANN. — Fagaceae: Schlußband der Monographie von *Lithocarpus* und *Quercus*: CAMUS. *Quercus* in Portugal: CARVALHO e VASCONCELLOS u. AMARAL FRANCO. — Proteaceae: In Malesien: SLEUMER (5). In Amerika: SLEUMER (1). *Helicia* und *Macadamia*: SLEUMER (6). — Loranthaceae: Auf den franz. Antillen: STEHLE. *Phoradendron, Dendrophthora, Psittacanthus* und *Struthanthus*: STEHLE. — Santalaceae: *Dendromyza, Cladomyza* und *Hylomyza*: DANSER. — Opiliaceae: *Rhopalopilia* in Madagaskar: CAVACO u. KERAUDREN. — Balanophoraceae: In Argentinien: SLEUMER (2). — Polygonaceae: *Oxygonum* in Belg. Kongo: ROBYNS u. PETIT. *Polygonum-aviculare*-Gruppe in der USSR: WOROSCHILOW. *Rumex* in Afrika: RECHINGER (2). — Chenopodiaceae: *Arthrocnemum* und *Salicornia* in Südafrika: MOSS. *Chenopodium* in Nordamerika: WAHL. *Kochia* in Asien: AELLEN. *Seidlitzia*: ILJIN (1). — Amaranthaceae: Diözische *Amaranthi*: SAUER. *Gomphrena* in Amerika: HOLZHAMMER. — Molluginaceae: *Adenogramma* und *Polpoda*: ADAMSON (2). — Tetragoniaceae: *Tetragonia* in Südafrika: ADAMSON (3). — Portulacaceae: *Montia* in den Niederlanden: CLASON. — Caryophyllaceae: Afro-alpine sp. von *Silene, Stellaria* und *Sagina*: HEDBERG (1). *Cerastium* in Spanien (Aufzählung): MÖSCHL. *Scleranthus* in Österreich: RÖSSLER.

Ranunculaceae: *Delphinium* in Kalifornien: LEWIS u. EPLING. *Ranunculus*-Arten in Tasmanien und SO-Australien: MELVILLE (2). *Ranunculus-auricomus*-Gruppe in Süddeutschland: HAAS. *Ranunculus-montanus*-Komplex in den Alpen: LANDOLT. — Magnoliaceae: Asiatische Magnolien in Kultur: JOHNSTONE. — Annonaceae: In Malaya: SINCLAIR. — Eupomatiaceae: HOTCHKISS. — Papaveraceae: In Malesien: STEENIS (2). — Fumariaceae: *Corydalis* in Europa kultiviert: RYBERG. — Cruciferae: *Ermania* und *Solms-Laubachia*: BOTSCHANTZEV (2). *Menonvillea*: ROLLINS (2). — Capparidaceae: In Nevada: ILTIS. *Capparis-spinosa*-Gruppe: ST. JOHN. — Podostemonaceae: Sfam. *Eupodostemonoideae* in Amerika: VAN ROYEN (1). — Saxifragaceae: *Philadelphus*: HU. — Pittosporaceae: *Pittosporum* in Madagaskar: CUFODONTIS (1, 2). — Rosaceae: *Alchemilla* in Luxemburg: LANGHE u. REICHLING. *Alchemilla* im Ural: JUZEPCZUK (2). *Alchemilla* und *Aphanes* in Australien: ROTHMALER (3). *Cotoneaster* im Ost-Himalaya: YÜ. *Crataegus* in Ungarn: PENZES. Strauchige Potentillen in Kultur: RHODES. *Rosa* in Deutschland: SCHENK. *Rubus plicatus* und Verwandte in Schweden: HYLANDER, H. — Connaraceae: *Cnestis* in Indo-Malesien: ANDREAS u. PROP. — Mimosaceae: *Pithecolobium*, (früher zu dieser Gattung gerechnete M. in Asien, Australien und Pazifik): KOSTERMANS. *Piptadenia* und verw. Gattungen, *Calpocalyx* und *Pseudoprosopis*: BRENAN (2). — Caesalpiniaceae: *Cassia* in Malesien: WIT. *Cassia* in Argentinien kultiviert: DIMITRI u. ALBERTI. *Tachigalia*: DWYER (2). — Papilionaceae: *Adesmia* (einzelne Gruppen): BORKART. *Aeschynomene* in Amerika: RUDD (2). *Centrolobium*: RUDD (1). *Arachis*: HERMANN. *Glycyrrhiza* und *Meristotropis*: KRUTANOVA. *Humularia*: DUVIGNEAUD. *Melilotus*: ISELY. *Zornia* im trop. Afrika: MILNE-REDHEAD. Geraniaceae: *Pelargonium* in Kultur: MOORE (3). — Rutaceae: *Citrus* (Studien): TANAKA. — Burseraceae: *Canarium* im Pazifik: LEENHOUTS. *Triomma, Dacryodes* und *Santiria* in Malesien: KALKMAN. — Vochysiaceae: *Erisma*: STAFLEU (2). — Polygalaceae: *Polygala* in der südwestlichen Kapprovinz: LEVYNS. — Euphorbiaceae: In Dänemark: RASMUSSEN. In Frankreich kultivierte und verwendete (anatom. Schl.): ASSAILLY. *Baccaurea* in Java: ADELBERT (2). *Bernardia, Dalechampia* und *Phyllanthus* in Argentinien: LOURTEIG. *Cavacoa* und *Grossera*: LÉONARD (6). *Iatropha* subsect. *Eucurcas*: WILBUR. *Tetracoccus*: DRESSLER. *Zimmermannia*: VERDCOURT. — Callitrichaceae: *Callitriche* in den Niederlanden: SCHOTSMAN. — Anacardiaceae: 14 westhemisphärische Gattungen der *Rhoideae*: BARKLEY. — Celastraceae: *Celastrus*: HOU. — Sapindaceae: *Allophylus* in Südafrika: WINTER. — Elaeocarpaceae: *Sloanea* in der Neuen Welt: SMITH. — Malvaceae: In Dänemark: RASMUSSEN. *Abutilon, Hibiscus, Pavonia* und *Sida* in Nordamerika: KEARNEY. *Althaea* in Portugal: MALATO-BELIZ, FONSECA RAIMUNDO u. GUERRA. *Tarasa*: KRAPOVICKAS (2). *Urocarpidium* § *Anurum*: KRAPOVICKAS (1). — Bombacaceae: *Matisia* und *Quararibea* (Liste): CUATRECASAS (2). — Dipterocarpaceae: In Thailand: SMITINAND. — Violaceae: In Columbien: SMITH u. FERNANDEZ-PEREZ. In Dänemark: RASMUSSEN. *Rinorea* in Brit. Guiana: SANDWITH (1). *Viola* in Iowa: RUSSELL. — Flacourtiaceae: In Malesien: SLEUMER (4). *Neosprucea*: CUATRECASAS (7). — Loasaceae: In Argentinien: SLEUMER (3). — Cactaceae: *Chilita*: BUXBAUM (1). — Thymelaeaceae: *Dendrostellera*: POBEDIMOVA. — Lythraceae: In Portug. Guinea: FERNANDES u. DINIZ (2). — Combretaceae: In Malesien: EXELL. Melastomataceae: In Portug. Guinea: FERNANDES u. FERNANDES (3). In Taiwan: KENG. — Oenotheraceae: *Clarkia*: LEWIS u. LEWIS. — Halorrhagidaceae: In Sa. Catarina (Bras.): REITZ. — Araliaceae: *Eremopanax*: BAUMANN-BODENHEIM (1). *Tetraplasandra* in Hawaii: SHERFF. — Umbelliferae: *Bupleurum* im NW-Himalaya: NASIR. *Oreomyrrhis*: MATHIAS u. CONSTANCE.

Ericaceae: In Transvaal: VERDOORN. — Primulaceae: *Anagallis* in trop. u. S.-Afrika: TAYLOR. *Cyclamen*: SCHWARZ. — Plumbaginaceae: *Armeria* in Iberien: BERNIS. *Ceratostigma*: LAWRENCE (2). — Ebenaceae: Bildband zur Rev. d. E. in Malaya (1936—41): BAKHUIZEN VAN DEN BRINK. — Loganiaceae: *Anthocleista*, p. pte.: BRUCE (2). *Strychnos* § *Spinosae*: BRUCE (1). *Strychnos* in Brit. Guiana (Liste): FANSHAWE. — Menyanthaceae: *Nymphoides* in Kultur: DRESS. — Gentianaceae: *Centaurium* in Belgien: A. ROBYNS. — Apocynaceae: *Alafia* und *Oncinotis*: PICHON (2). — Asclepiadaceae: Einige *Periplocoideae* in Afrika: BULLOCK (1). *Asclepias* in Amerika: WOODSON. *Leptadenia*: BULLOCK (2). — Convolvulaceae: In Neuguinea: OOSTSTROOM. — Polemonniaceae: *Phlox*: WHERRY. — Hydrophyllaceae: *Gilia*: GRANT (1). — Boraginaceae: Gattungen der *Lithospermeae*: JOHNSTON (1, 2). *Macromeria*: JOHNSTON (2). — Verbenaceae: *Vitex* (Material für Monographie): MOLDENKE. *Chascanum* und *Svensonia* in Ostafrika: GILLETT. — Labiatae: In Java: ADELBERT (1). In Kultur *(Acinos, Amaracus, Calamintha, Clinopodium, Dracocephalum, Lavandula, Majorana, Mentha, Micromeria, Nepeta* und *Origanum)*: WOLF (1). *Thymus* in Deutschland: RONNIGER. *Thymus* in Persien: RECHINGER (1).

Solanaceae: *Nicotiana*: GOODSPEED. *Solandra* in Kultur: WOLF (2). *Solanum-nigrum*-Komplex in Costa Rica: HEISER. — Scrophulariaceae: Gattungen in Zentral-Amerika: THIERET (1). *Lindernia, Torenia* und *Vandellia*: YAMAZAKI. *Digitalis*: IVANINA (1). *Lagotis* in China: LI (1). *Mazus* LI (2). *Nelsonieae* in Malesien: BREMEKAMP (2). *Pedicularis* im Himalaya (Liste): TSOONG. *Sibthorpia*: HEDBERG (3). — Lentibulariaceae: *Utricularia* in Afrika (Karte): SLINGER. — Bignoniaceae: *Pseudopaegma*: SANDWITH (2). — Gesneriaceae: In Trinidad: MORTON. In der Alten Welt (Studien): BURTT. *Episcia* und *Nautilocalyx* in Kultur: MOORE (1). — Thunbergiaceae: *Thunbergia* in Malesien: BREMEKAMP (4). — Acanthaceae: *Acanthus* und *Blepharis* in Malesien: BREMEKAMP (4). — Rubiaceae: *Asperula-scutellaris*-Gruppe: KORICA. *Mussaenda* in

Belg. Kongo: PETIT. *Relbunium*: EHRENDORFER (3). — Dipsacaceae: *Succisella*: BAKSAY (2). — Campanulaceae: *Lightfootia* in Südafrika: ADAMSON (4). *Merciera*: ADAMSON (1). — Pentaphragmataceae: In Malesien: AIRY SHAW.— Stylidiaceae: In Malesien: VAN SLOOTEN. — Cichoriaceae: In Iowa: DAVIDSON. *Lactuca*, Kulturformen: HELM. *Taraxacum* § *Vulgaria* in den Niederlanden: VAN SOEST (2). *Taraxacum* in Spanien: VAN SOEST (1). — Compositae: In Äthiopien (Aufzählung): PIOVANO. Gattungen in Südwestafrika: MERXMÜLLER (1). *Cynareae* in Belgien: ARÈNES. *Cynareae* und *Senecioneae* in Iowa: DAVIDSON. *Erigeron* § *Chamaegeron*: BOTSCHANTZEV (1). *Erigeron* § *Conyzastrum* und *Pseudoconyzastrum*: RECHINGER (3). *Eupatorieae* in Argentinien: CABRERA u. VITTET. *Eupatorieae-Kuhniinae*: GAISER. *Helianthus-giganteus*-Gruppe: LONG. *Loricaria*: CUATRECASAS (5). *Metalasia*: PILLANS. *Mniodes*: CUATRECASAS (3). *Nardophyllum* CABRERA (1). *Nicolasia*: MERXMÜLLER (4). *Nolletia* (Übersicht): MERXMÜLLER (3). *Pentatrichia*: MERXMÜLLER (1). *Perezia* in Peru: TOVAR SERPA. *Saussurea* (einzelne Serien): LIPSCHITZ (1). *Senecio*, windende Arten in Peru und Bolivien: CABRERA (3). *Sphaeranthus*: ROSS-CRAIG. *Tanacetum* § *Leucanthemopsis* in Spanien: HEYWOOD. *Tricholepis*: LINCZOVSKI.

Anhangsweise sei auf JACOBSENs „Handbuch der sukkulenten Pflanzen" (3 Bände) und auf WYATT-SMITHs "Manual of Malayan Timber Trees" *(Burseraceae, Leguminosae, Myristicaceae, Sapotaceae, Lauraceae)* verwiesen.

Neue Gattungen.

Coniferae: *Austrocedrus* (auf *Libocedrus chilensis*): FLORIN u. BOUTELJE (2). Gramineae: *Triplopogon* (*Andropogoneae-Ischaeminae*: Indien); *Indochloa* (aff. *Dichanthium* und *Heteropogon*: Indien); *Trikeraia* (*Stipeae*: Tibet); *Jansenella* (*Arundinelleae*: Indien): BOR. — Cyperaceae: *Nelmesia* (*Scirpoideae*, ? aff. *Lipocarpha*: Belg. Kongo): VAN DER VEKEN. — Palmae: *Cornera* und *Schizospatha* (aff. *Calamus*): FURTADO. — Cyclanthaceae: Von *Carludovica (C. palmata)* abgespalten: *Sphaeradenia (C. angustifolia)*, *Asplundia (C. latifolia)* und *Dicranopygium (C. microcephala)*: HARLING. — Marantaceae: *Hylaeanthe* (auf *Thalia hexantha*): JONKER-VERHOEF u. JONKER.

Betulaceae: *Cremastogyne* (auf *Alnus* § *Cr.*): CZEREPANOV. — Proteaceae: *Heliciopsis* (aff. *Helicia*: SO-Asien): SLEUMER (6). — Loranthaceae: Von *Loranthus* abgespalten: *Botryoloranthus*, *Actinanthella*, *Spragueanella*, *Moquiniella*, *Tieghemia* und *Danserella*: BALLE (1). — Ficoidaceae: *Mimetophytum* (aff. *Mitrophyllum* und *Conophyllum*); *Jacobsenia* (auf *Mes. kolbei*, aff. *Mitrophyllum*); *Namaquanthus* (aff. *Enarganthe*): BOLUS. — Molluginaceae: *Suessenguthiella* (auf *Pharnaceum scleranthoides*: Südafrika): FRIEDRICH. —

Annonaceae: *Dielsiothamnus* (aff. *Uvariastrum*, aber monokarp, Ostafrika); *Ellipeiopsis* (auf *Uvaria ferruginea*, SO-Asien): FRIES. — Cruciferae: *Eurycarpus* (auf *Parrya lanuginosa*, aff. *Ermania*: Tibet); *Parryopsis* (auf *P. villosa*: Tibet); *Vvedenskyella* (aff. *Ermania*: China): BOTSCHANTZEV (2). *Silicularia* (auf *Heliophila polygaloides*): COMPTON. *Wakilia* (vermittelt zw. *Alysseae* und *Arabideae*) *Gynophorea* (*Hesperideae*, aff. *Erysimum*, aber Gynophor); *Nasturtiicarpa* (*Sisymbrieae-Brayinae*): GILLI. — Rosaceae: *Aflatunia* (auf *Prunus ulmifolia*: Zentralasien): VASSILCZENKO. — Mimosaceae: 6 neue Gattungen ex aff. *Pithecolobium*: KOSTERMANS; *Indopiptadenia* und *Piptadeniastrum*: BRENAN (2). — Caesalpiniaceae: *Pellegriniodendron* (auf *Macrolobium diphyllum*): LÉONARD (4). *Paramacrolobium* (auf *M. caeruleum*): LÉONARD (2). — Papilionaceae: *Haydonia* (auf 2 *Vigna*-Arten, trop. Afr.); *Clitoriopsis* (aff. *Clitoria*, trop. Afr.): WILCZEK (1). *Bryaspis* (Sudan) und *Humularia* (Sambesi), beide ex aff. *Geissaspis* (Asien): DUVIGNEAUD.

Malpighiaceae: *Flabellariopsis* (aff. *Flabellaria*, trop. Afr.): WILCZEK (2). — Euphorbiaceae: *Cavacoa* (*Crotonoideae-Chrozophoreae*, aff. *Grossera*: trop. Afr.): LÉONARD (6). *Cyttaranthus* (*Cr.-Chroz.*, aff. *Pseudagrostistachys*, Belg. Kongo): LÉONARD (5). — Anacardiaceae: *Cardenasiodendron* (auf *Loxopterygium brachypterum*): BARKLEY. *Ebanduia* (ähnlich der Sapindacee *Chytranthus*: Gabon): PELLEGRIN (2). — Sapindaceae: *Pseudopancovia* (aff. *Pancovia*: Gabon): PELLEGRIN (1). — Cactaceae: *Pterocereus*: MIRANDA. Zusammenstellung der

110 (!) neuen Kakteengattungen seit 1924: KRAINZ. — Lythraceae: *Hionanthera* (aff. *Rotala*, afr.): FERNANDES u. DINIZ (1). — Umbelliferae: *Mathiasella* (peucedanoid, Inv. wie *Bupleurum*: Mexiko): CONSTANCE u. HITCHCOCK.

Asclepiadaceae: *Mangenotia* (aff. *Calotropis*: Côte d'Ivoire): PICHON (1). — Boraginaceae: *Nomosa* (aff. *Lasiarrhenum*); *Psilolaemus* (auf *Lithospermum revolutum*): JOHNSTON (1). — Labiatae: *Drepanocaryum* (auf *Nepeta sewerzowii*; Mittelasien): POJARKOVA (1). *Neustruevia* (aff. *Eremostachys*): JUZEPCZUK an gleicher Stelle. *Metastachys* (auf *Stachys sagittata*): KNORRING in SCHISCHKIN. — Scrophulariaceae: *Spirostegia* (auf *Triaenophora bucharica*): IVANINA (2). — Bignoniaceae: *Gardnerodoxa* (vielleicht aff. *Piriadacus*): SANDWITH (2). — Compositae: *Ajania* (auf *Artemisia pallasiana*): POLJAKOV. *Antiphiona* (auf südwestafr. *Iphiona*) MERXMÜLLER (1). *Bombycilaena* (auf *Micropus erectus*) und *Cymbolaena* (auf *M. longifolius*): SMOLJANINOVA. *Frolovia* (auf *Saussurea frolovii*): LIPSCHITZ (2). *Lamyropappus* (auf *Cirsium schacaptaricum*): NEUSTRUIEVA-KNORRING u. TAMAMSCHIAN. *Mazzettia* (auf *Jurinea salwinensis*): ILJIN (2). *Microliabum* (vorher „*Liabellum*", von *Liabum* zu *Helenieae* überleitend): CABRERA (4, 5). *Neopallasia* (auf *Artemisia pectinata*): POLJAKOV. *Paragynoxis*: CUATRECASAS (6). *Thelechitonia* (aff. *Sclerocarpus*, Columbien): CUATRECASAS (4).

Floren.

Aus Raummangel können hier nur die größeren Florenwerke der Berichtszeit kurz gelistet werden, zumal der Berichterstatter dieses Kapitel als der Pflanzengeographie zugehörig betrachtet. Hinsichtlich der allgemeinen Ausführungen über den Entwurf von Florenwerken von VAN STEENIS (1) und eines Referats über die europäischen Floren von GAMS vgl. Fortschr. Bot. 17, 312.

Europa. HEGI, Ill. Flora von Mitteleuropa VI/2, ed. nov. *(Compositae)*. ROBYNS (2), Flore générale de Belgique II *(Nymphaeaceae—Berberidaceae)*. FENAROLI, Flora delle Alpi. BARONI, Guida Botanica d'Italia, ed. 3. MEIKLE, Flora von Chios. SAVULESCU, Flora Reipublicae popularis Romanicae III *(Aristolochiaceae—Begoniaceae)*. SCHISCHKIN u. a., KOMAROVs Flora URSS XX, XXI und XXII *(Labiatae — Solanaceae)*. POJARKOVA, Flora Murmanskoij Oblasti II *(Cyperaceae—Orchidaceae)*.

Asien. BLAKELOCK, Beginn einer Flora des Irak *(Ranunculaceae—Papaveraceae)*. CRAIB u. KERR, Florae Siamensis enumeratio III/2 *(Convolvulaceae, Solanaceae, Scrophulariaceae)*. HOLTTUM, Plant Life in Malaya. VAN STEENIS, Flora Malesiana *(Pentaphragmataceae, Stylidiaceae, Combretaceae, Pandanaceae, Flacourtiaceae, Haemadoraceae, Papaveraceae, Butomaceae, Proteaceae)*. MAKINO, An illustrated Flora of Japan.

Afrika. DICKSON, The Wild Flowers of Kuweit and Bahrain. BURTT u. LEWIS, Fortsetzung der Flora von Kuweit. TACKHOLM u. DRAR, Flora of Egypt III *(Liliaceae—Musaceae)*. MAIRE, Flore de l'Afrique du Nord III *(Gramineae)*. CUENOD, POTTIER-ALAPETITE u. LABBE, Flore . . . de la Tunisie I *(Kryptogamen—Monocotylen)*. SAUVAGE u. VINDT, Flore du Maroc, Sperm. II *(Convolvulaceae, Boraginaceae)*. CUFODONTIS, Enumeratio plantarum Aethiopiae *(Menispermaceae-Papilionaceae)*. HUTCHINSON u. DALZIEL, Flora of West Tropical Africa I/1, ed. 2. BERHAUT, Flore du Sénégal, Brousse et Jardins. ROBYNS (1), Flore du Congo Belge et du Ruanda-Urundi V *(Galegeae* und *Hedysareae)*. ROBYNS (3), Flore des Spermatophytes du Parc National Albert *(Monocotylen)*. EXELL u. MENDONÇA, Conspectus Florae Angolensis II *(Celastraceae—Connaraceae)*. BRENAN (1), Nyasaland, Bearbeitung der Vernay-Expedition. TURRILL u. MILNE-REDHEAD, Flora of Tropical East Africa *(Turneraceae, Chenopodiaceae)*. HUMBERT, Flore de Madagascar *(Chenopodiaceae—Phytolaccaceae, Elatinaceae—Violaceae, Lythraceae—Combretaceae, Eriocaulaceae, Santalaceae —Opiliaceae, Pittosporaceae, Trigonia-* und *Polygalaceae, Malva-* und *Bombacaceae, Lentibulariaceae)*.

Amerika. HARRINGTON, Manual of the plants of Colorado. HODGE, Flora of Dominica I (Farne bis Monocotylen). SWALLEN, Flora von Guatemala II *(Gramineae)*. RUIZ u. PAVON, Nachdruck des vol. IV der Flora Peruviana et Chilensis.

Literatur.

ADAMSON, R. S.: (1) J. S. Afric. Bot. 20, 157—163 (1954). — (2) J. S. Afric. Bot. 21, 83—95 (1955). — (3) J. S. Afric. Bot. 21, 109—154 (1955). — (4) J. S. Afric. Bot. 21, 155—218 (1955). — ADELBERT, A. G. L.: (1) in BACKER, Beknopte Flora van Java 14, 1—59 (1954). — (2) Reinwardtia 3, 145—155 (1954). — AELLEN, P.: Mitt. Basl. bot. Ges. 2, 4—16 (1954). — A. E. T. F. A. T.-Index 1954, Trav. Lab. Bot. Syst. Univ. L. Bruxelles 16, 1—67 (1955). — AIRY SHAW, H. K.: Fl. Males. I, 45, 517—528 (1954). — AKIYAMA, S.: Sapporo, 257 S. 1955. — ANDERSON, E.: Ann. Miss. Bot. Gard. 41, 305—327 (1954). — ANDREAS, CH. H., u. N. PROP: Blumea 7, 602—616 (1954). — ANGELY, J.: Flora do Paraná—Gramíneas paranaenses, 1—13 (1954). — ARÈNES, J.: Bull. Jard. Bot. Bruxelles 24, 241—328 (1954). — ASSAILLY, A.: Bull. Soc. Hist. Nat. Toulouse 89, 157—194 (1954).

BAILEY, I. W.: Contributions to Plant Anatomy. Chron. Bot. 262 S., Waltham 1954. — BAKER, H. G.: 8e Congr. Bot. Rapp. 9—10, 190—191 (1954). — BAKHUIZEN VAN DEN BRINK, R. C.: Bull. Jard. Bot. Buitenz. III, 15 (1955). — BAKKER, D.: Acta bot. néerl. 3, 425—445 (1954). — BAKSAY, L.: (1) Ann. Mus. Nat. Hung. 5, 139—148 (1954). — (2) Ann. Mus. Nat. Hung. 6, 167—176 (1955). — BALLE, S.: (1) Bull. Inst. Roy. Colon. Belg. 1954, non vidi. — (2) Webbia 11, 541—585 (1955). — BARKLEY, F. A.: Lloydia 17, 239—246 (1954). — BARONI, EU.: Guida Botanica d'Italia, ed. 3., 708 S., Rocca San Casciano 1955. — BATEMAN, A. J. 8e Congr. Bot. Rapp. 9—10, 138—145 (1954). — BAUMANN-BODENHEIM, M. G.: (1) Ber. schweiz. bot. Ges. 64, 127—134 (1954). — (2) Ber. schweiz. bot. Ges. 64, 199—206 (1954). — BEAMAN, J. H.: Madroño 12, 169—180 (1954). — BEETLE, A. A.: Bull. Torrey Bot. Club 82, 196—197 (1955). — BELCHER, R. O.: Kew Bull. 1955, 455—465. — BELL, C. R.: Univ. Calif. Publ. Bot. 27, 133—230 (1954). — BERHAUT, J.: Flore du Sénégal, Brousse et Jardins. 300 S., Dakar 1954. — BERNIS, F.: An. Inst. Bot. Cavan. 12/II, 77—252 (1954). — BERNSTRÖM, P.: Hereditas (Lund) 41, 1—122 (1955). — Bibliography of current horticultural periodicals 1954. 54 S., Ithaca 1955. — BJÖRKMAN, S. O.: (1) Hereditas (Lund) 40, 254—258 (1954). — (2) 8e Congr. Bot. Rapp. 2—6, 56—58 (1954). — BLAKE, S. T.: J. Arn. Arb. 35, 203—238 (1955). — BLAKELOCK, R. A.: Kew Bull. 1954, 467—492. — BLOMQUIST, H. L.: J. El. Mitchell Sci. Soc. 71, 35—45 (1955). — BÖCHER, T. W.: Sv. bot. Tidskr. 48, 31—44 (1954). — BÖCHER T. W., K. LARSEN u. K. RAHN: Hereditas (Lund) 41, 423—453 (1955). — BOGIN, C.: Mem. N. Y. Bot. Gard. 9, 179—233 (1955). — BOLUS, H. M. L.: Univ. of Cape Town 1954, 237—288 (1954). — BOR, N. L.: Kew Bull. 1954, 51—56, 73—81, 555—557; 1955, 93—99, 377—414. — BOTSCHANTZEV, V.: (1) Bot. Mat. Inst. Komarov 16, 379—394 (1954). — (2) Bot. Mat. Inst. Komarov 17, 160—178 (1955). — BOUREAU, E.: (1) 8e Congr. Bot. Rapp. 2—6, 191—193 (1954). — (2) 8e Congr. Bot. Rapp. 2—6, 231—232 (1954). — BOUTELJE, J. B.: Acta Hort. Berg. 17, 177—216 (1955). — BREMEKAMP, C. E. B.: (1) 8e Congr. Bot. Rapp. 2—6, 113—114 (1954). — (2) Reinwardtia 3, 157—261 (1955). — (3) Acta bot. néerl. 4, 644—655 (1955). — (4) Verh. Kon. Ned. Akad. Wet. II, 50/4, 1—90 (1955), C 58, 294—306 (1955). — (5) Verh. Kon. Ned. Akad. Wet. C 58, 162—171 (1955). — BRENAN, J. P. M.: (1) Mem. N. Y. Bot. Gard. 8, 191—256, 409—506; 9, 1—115 (1954). — (2) Kew Bull. 1955, 161—192. — BRUCE, E. A.: (1) Kew Bull. 1955, 35—44. — (2) Kew Bull. 1955, 45—57. — BUCHINGER, M.: Bol. Soc. Argent. Bot. 5, 3 (1954). — BULLOCK, A. A.: (1) Kew Bull. 1954, 349—373. — (2) Kew Bull. 1955, 265—292. — BURKART, A.: Darwiniana 10, 465—546 (1954). — BURNETT, J.H.: In LOUSLEY, 32—54. — BURTT, B. L.: Not. Roy. Bot. G. Edinburgh 21, 185—192 (1954). — BURTT, B. L., and P. LEWIS: Kew Bull. 1954, 376—410. — BUXBAUM, F.: (1) Sukk. Kde. 5, 3—33 (1954). — (2) Österr. bot. Z. 101, 337—352 (1954). — BYLES, R. S.: Nat. Cact. & Succ. J. 9, 54—57 (1954).

CABRERA, A. L.: (1) Not. Mus. Eva Perón 17, 55—66 (1954). — (2) Not. Mus. Eva Perón 17, 167—171 (1954). — (3) Darwiniana 10, 547—605 (1954). — (4) Not. Mus. Eva Perón 17, 71—80 (1954). — (5) Bol. Soc. Argent. Bot. 5, 209—211 (1955). — CABRERA, A. L., y N. VITTET: Rev. Mus. Univ. Eva Perón 8, 179—263 (1954). — CAMUS, A.: Les Chênes III. 2 vol., 1314 S., Paris 1952/54. — CANRIGHT J. E.: J. Arn. Arb. 36, 119—140 (1955). — CAPPEL, E. D.: J. El. Mitchell Sc. Soc. 70, 75—91 (1954). — CAROLIN, R. C.: Kew Bull. 1954, 251—258. — CARVALHO e

Vasconcellos, J. de, et J. do Amaral Franco: 8e Congr. Bot. Rapp. 2—6, 116 (1954). — Cavaco, A., et M. Keraudren: Bull. Soc. Bot. France 102, 209—212 (1955). — Cheadle, V. I.: J. Arn. Arb. 36, 141—158 (1955). — Clason, E. W.: Acta bot. néerl. 4, 242—272 (1955). — Coe, G. E.: Bull. Torrey Bot. Club 81, 141—148 (1954). — Compton, R. H.: J. S. Afric. Bot. 19, 147—155 (1955). — Constance, L., u. C. L. Hitchcock: Amer. J. Bot. 41, 56—58 (1954). — Copeland, H. F.: (1) J. Arn. Arb. 35, 82—84 (1954). —(2) Amer. J. Bot. 41, 215—223 (1954). — Core, E. L.: Plant Taxonomy. 459 S., Englewood Cliffs 1955. — Corner, E. J. H.: Phytomorphology (Delhi) 4,152—165, 263—274 (1954). — Correra, M. N.: Darwiniana 11, 24—88 (1955). — Craib,W. G., et A. F. G. Kerr: Florae Siamensis enumeratio vol. 3/2 (1954), non vidi. — Créié, P.: Bull. Soc. Bot. France102, 293—296 (1955). — Cuatrecasas, J.: (2) Rev. Acad. colomb. Ci. ex. 9, 164—177 (1954). — (3) Fol. Biol .Andina 1, 1—7 (1954). — (4) Bull. Soc. Bot. France 101, 242—246 (1954). — (5) Feddes Rep. 56, 149—172 (1954). — (6) Brittonia 8, 151—163 (1955). — (7) Trop. Woods 101, 10—28 (1955). — Cuénod, G., Pottier-Alapetite et A. Labbe: Flore analytique et synoptique de la Tunisie. 287 S., Tunis 1954. — Cufodontis, G.: (1) Not. Syst. Paris 15, 14—32 (1954). — (2) Österr. bot. Z. 102, 365—378 (1955). — (3) Bull. Jard. Bot. Bruxelles 24, Suppl., 113—192 (1954); 25 Suppl. 193—272, 273—344 (1955). — Czerepanov, S.: Bot. Mat. Inst. Komarov 17, 90—105 (1955).

Dahl, A. O.: (1) 8e Congr. Bot. Rapp. 2—6, 245—246 (1954). — (2) J. Arn. Arb. 36, 159—164 (1955). — Däniker, A. U.: Mitt. Bot. Mus. Univ. Zürich 200, 1—20 (1954). — Danert, S.: Feddes Rep. 57, 231—242 (1955). — Danser, B. H.: Nova Guinea n. s. 6, 261—277 (1955). — Davidson, R. Au.: Proc. Iowa Acad. 60, 98—111 (1954). — Dewit, J., et P. Duvigneaud: Bull. Soc. roy. Bot. Belg. 86, 207—214 (1954). — Deyl, M.: Acta Mus. Nat. Prag 11 B/6, 1—143 (1955). — Dickson, V.: The Wild Flora of Kuweit and Bahrain. 144 S., London 1955. — Dimitri, M. J. u. F. R. Alberti: Rev. Invest. Agric. 8, 5—34 (1954). — Dress, W. J.: Baileya 2, 19—22 (1954). — Dressler, R. L.: Rhodora 56, 45—61 (1954). — Dugand, A.: Mutisia 20, 3—5 (1954). — Duncan, R. E.: 8e Congr. Bot. Rapp. 9—10, 67—69 (1954). — Duvigneaud, P.: Bull. Soc. roy. Bot. Belg. 86, 145—206 (1954). — Duvigneaud, P., et P. Homes: Bull. Soc. roy. Bot. Belg. 87, 81—114 (1955). — Dwyer, J. D.: (1) 8e Congr. Bot. Rapp. 2—6, 52—54 (1954). — (2) Ann. Miss. Bot. Gard. 41, 223—260 (1954).

Eckardt, Th.: Ber. dtsch. bot. Ges. 67, 113—128 (1954); 68, 167—182 (1955). — Ehrendorfer, F.: (1) 8e Congr. Bot. Rapp. 2—6, 82—84 (1954). — (2) Österr. bot. Z. 102, 195—234 (1955). — (3) Bot. Jb. 76, 516—553 (1955). — Emberger, L.: Sv. bot. Tidskr. 48, 361—367 (1954). — Erdtman, G.: 8e Congr. Bot. Rapp. 2—6, 28—36 (1954). — Erdtman, H.: Experientia (Basel) 11, Suppl. II, 156 (1955), non vidi. — Essad, S.: Ann. Inst. Nat. Rech. agr. B 4, 325—351 (1954). — Exell, A. W.: Fl. Males. I/4, 533—589 (1954). — Exell, A. W., et F. A. Mendonça: Conspectus Florae Angolensis II. 152 S., Lisboa 1954.

Fanshawe, D. B.: Brittonia 8, 65—68 (1954). — Fenaroli, L.: Flora delle Alpi. 369 S., Milano 1955. — Fernandes, A.: 8e Congr. Bot. Rapp. 2—6, 84—86 (1954). — Fernandes, A., y R. Fernandes: (1) Bol. Soc. Brot. 28, 65—76 (1954). — (2) Garcia de Orta 2, 165—196 (1954). — (3) Garcia de Orta 273—285 (1954). — Fernandes, A., y M. A. Diniz: (1) Bol. Soc. Brot. 29, 87—99 (1955). — (2) Garcia de Orta 3, 193—198 (1955). — Ferré, Y. de: 8e Congr. Bot. Rapp. 2—6, 78—80 (1954). — Florin, R., et J. B. Boutelje: (1) 8e Congr. Bot. Rapp. 2—6, 54—56 (1954). — (2) Acta Hort. Berg. 17, 7—37 (1954). — Flory, W. S.: 8e Congr. Bot. Rapp. 9—10, 192 (1954). — Friedrich, H. C.: Mitt. bot. Staatss. München 12, 56—66 (1955). — Fries, R. E.: Ark. f. Bot. 3, 35—42 (1955). — Furtado, C. X.: Gard. Bull. Singap. 14, 517—529 (1955).

Gaiser, L. O.: J. Arn. Arb. 35, 87—133 (1954). — Gams, H.: 8e Congr. Bot. Rapp. 2—6, 101 (1954). — Gibbs, R. D.: 8e Congr. Bot. Rapp. 2—6, 45—46 (1954). — Gilbert, G., et J. Léonard: 8e Congr. Bot. Rapp. 2—6, 49—50 (1954). — Gillett, J. B.: Kew Bull. 1955, 131 —135. — Gilli, A.: Feddes Rep. 57, 218—231 (1955). — Gilmour, J. S. L.: In Lousley, 173—176. — Gilmour, J. S. L., and J. Heslop-Harrison: Genetica 27, 147—161 (1954). — Goodspeed, Th. H.: The Genus Nicotiana. 536 S., Waltham 1954. — Gottschalk, W.: Ber. dtsch. bot. Ges. 67, 369—376 (1954). — Gottschalk, W., u. N. Peters: (1) Z. Pflanzenzücht. 34,

71—84 (1955). — (2) Z. Pflanzenzücht. **34**, 351—374 (1955). — GRANT, V.: (1) Aliso **3**, 1—91 (1954). — (2) Brittonia **8**, 121—150 (1955). — GRAY, N. E.: J. Arn. Arb. **36**, 199—208 (1955). — GREGUSS, P.: (1) 8e Congr. Bot. Rapp. **2—6**, 178—188 (1954). — (2) Acta Biol. Szeged. N. S. **1**, 25—35 (1955). — GRÖNTVED, J.: Bot. Tidsskr. **50**, 209—238 (1954). — GUNDERSEN, A.: Bull. Torrey Bot. Club **81**, 210—214 (1954). — GUSTAFSSON, A.: 8e Congr. Bot. Rapp. **9—10**, 187—188 (1954).

HAAS, A.: Ber. bayer. bot. Ges. **30**, 27—32 (1954). — HALL, M. T.: Ann. Miss. Bot. Gard. **42**, 171—194 (1955). — HAMEL, J. L.: (1) 8e Congr. Bot. Rapp. **9—10**, 69—71 (1954). — (2) Mém. Soc. Bot. France **1953/54**, 106—121 .— HANSEN, I., u. E. POTZTAL: Bot. Jb. **76**, 251—270 (1954). — HARA, H., N. TANAKA and S. KUROSAWA: Bot. Mag. Tokyo **67**, 15—22 (1954). — HARLAND, S. C.: In LOUSLEY, 16—20. — HARLING, G.: Acta Hort. Berg. **17**, 1—6 ,39—45 (1954). — HARRINGTON, H. D.: Manual of the plants of Colorado. 666 S., Denver 1954. — HARTL, D.: Österr. bot. Z. **102**, 80—83 (1955). — HECKARD, L. R.: 8e Congr. Bot. Rapp. **9—10**, 72—73 (1954). — HEDBERG, O.: (1) Sv. bot. Tidskr. **48**, 199—210 (1954). — (2) Webbia **11**, 471—487 (1955). — (3) Bot. Not. (Lund) **108**, 161—183 (1955). — HEGI, G.: Ill. Flora von Mitteleuropa, vol. VI/2. Durchgesehener Nachdruck, 828 S. München 1955. — HEISER, CH. B.: Ceiba **4**, 293—299 (1955). — HELM, J.: Kulturpflanze **2**, 72—129 (1954). — HERMANN, F. J.: U. S. Dep. Agr. Monogr. **19**, 1—26 (1954). — HESLOP-HARRISON, J.: (1) Ber. Geobot. Inst. Rübel für **1953**, 53—82 (1954). — (2) In LOUSLEY, 160—172. — HESS, H.: Ber. schweiz. bot. Ges. **65**, 115—204 (1955). — HEYWOOD, V. H.: An. Inst. Bot. Cavan. **12/II**, 314—378 (1954). — HOCQUETTE, M., et J. LYS: 8e Congr. Bot. Rapp. **9—10**, 73—74 (1954). — HODGE, W. H.: Lloydia **17**, 1—96 (1954). — HÖST SAUNTE, L.: Hereditas (Lund) **41**, 499—515 (1955). — HOFF, A. VON: Rhododendron-Jb. **1954**, 42—55 (1954). — HOLTTUM, R. E.: Plant Life in Malaya. 254 S. London 1954. — HOLZHAMMER, E.: Mitt. Bot. Staatss. München **13**, 85—114 (1955). — HOTCHKISS, A. T.: J. Arn. Arb. **36**, 385—396 (1955). — HOU, D.: Ann. Miss. Bot. Gard. **42**, 215—302 (1955). — HSIEH, A.-T.: Quart. J. Taiwan Mus. **8**, 213—282 (1955). — HU, SH.-Y.: J. Arn. Arb. **35**, 275—333 (1954), **36**, 52—109, 325—368 (1955). — HUMBERT, H.: Flore de Madagascar, Paris 1954 und 1955. — HURUSAWA, I.: J. Fac. Sc. Univ. Tokyo, sect. III, **6/1**, 209—342 (1954). — HUTCHINSON, J. B.: Heredity **8**, 225—241 (1954). — HUTCHINSON, J., and J. M. DALZIEL: Flora of West Tropical Africa I/1, ed. 2. by R. W. J. KEAY. 295 S. London 1954. — HYLANDER, H.: Bot. Not. (Lund) **108**, 341—380 (1955). — HYLANDER, N.: Acta Hort. Berg. **16**, 331—420 (1954).

IDROBO, J. M.: Caldasia **6/29**, 183—262 (1954). — ILJIN, M.: (1) Bot. Mat. Inst. Komarov **16**, 86—93 (1954). — (2) Bot. Mat. Inst. Komarov **17**, 443—446 (1955). — ILTIS, H.: Contr. Fl. Nevada **35**, 1—24 (1955). — ISELY, D.: Proc. Iowa Acad. **61**, 119—131 (1954). — IVANINA, L. I.: (1) In SCHISCHKIN: Fl. et Syst. Pl. Vasc. **11**, 198—302 (1955). — (2) In SCHISCHKIN u. BOBROW: Flora URSS **22** (1955).

JACOBSEN, H.: Handbuch der sukkulenten Pflanzen I—III. 1716 S., Jena 1954—55. — JACOBSEN, P.: Hereditas (Lund) **40**, 252—254 (1954). — JANCHEN, E.: Österr. bot. Z. **102**, 381—386 (1955). — JOHNSTON, I. M.: (1) J. Arn. Arb. **35**, 1—81 (1954). — (2) J. Arn. Arb. **35**, 158—166 (1954). — JOHNSTONE, G. H.: Asiatic Magnolias in Cultivation. 160 S. London 1955. — JONES, K.: 8e Congr. Bot. Rapp. **9—10**, 75—77 (1954). — JONKER-VERHOEF, A. M. E., u. F. P. JONKER: Acta bot. néerl. **4**, 172—182 (1955). — JUNGBLUT, F.: Bull. Soc. Nat. Luxemb. **47**, 135—150 (1954). — JUST, TH.: 8e Congr. Bot. Rapp. **2—6**, 1 (1954). — JUZEPCZUK, S.: (1) Bot. Mat. Inst. Komarov **17**, 239—241 (1955). — (2) Bot. Mat. Inst. Komarov **17**, 242—259 (1955).

KALKMAN, C.: Blumea **7**, 498—552 (1954). — KAPPERT, H.: Ber. dtsch. bot. Ges. **67**, 325—334 (1954). — KEARNEY, T. H.: Leafl. West. Bot. **7**, 122—130, 138—150 (1954). **7**, 241—251, 274—284 (1955). — KENG, H.: Quart. J. Taiwan Mus. **8**, 17—36 (1955). — KERN, J. H.: Blumea **8**, 110—169 (1955). — KIMURA, Y.: 8e Congr. Bot. Rapp. **2—6**, 75—76 (1954). — KNORRING, O.: In SCHISCHKIN, Flora URSS **21** (1954). — KORICA, B.: Österr. bot. Z. **102**, 339—363 (1955). — KORTE, F.: Z. Naturforsch. **9 b**, 354—358 (1954). — KORTE, F., u. I. KORTE: (1) Z. Naturforsch. **10 b**, 223—229 (1955). — (2) Z. Naturforsch. **10 b**, 499—503 (1955). — KOSTERMANS, A. J. G. H.: Org. Sci. Res. Indon. Bull. **20**, 1—122 (1955). — KOYAMA, T.: Acta Phytotax. et Geobot. Kyoto **16**, 33—41 (1955). — KRAINZ, H.:

Sukk. Kde. **5**, 36—39 (1954). — KRAPOWICKAS, A.: (1) Darwiniana **10**, 606—636 (1954). — (2) Bol. Soc. Argent. Bot. **5**, 113—143 (1954). — KRÜSSMANN, G.: Die Nadelgehölze. 304 S., Berlin/Hamburg 1955. — KRUTANOVA, E. A.: In SCHISCHKIN, Fl. et Syst. Pl. Vasc. **11**, 161—197 (1955). — KUPRIANOVA, L. A.: Dok. Akad. Nauk SSSR N. S. **98**, 277—280 (1954).

LABBE, A.: Bull. Soc. Sci. Nat. Tunis. **7** (1954). — LAM, H. J.: Sv. bot. Tidskr. **48**, 347—360 (1954). — LANDOLT, E.: Ber. schweiz. bot. Ges. **64**, 9—83 (1954). — LANE, I. E.: Mitt. Bot. Staatss. München **13**, 114—131 (1955). — LANGHE, J.-E. DE, et L. REICHLING: Bull. Soc. Nat. Luxemb. **59**, 133—148 (1954). — LANJOUW, J., u. F. A. STAFLEU: (1) Regn. veg. 2/I, ed. 2., 1—179 (1954). — (2) Regn. veg. **2/II**, 1—174 (1954). — LARRIVAL, M. TH.: Bull. Soc. Hist. Nat. Toulouse **90**, 119—128 (1955). — LARSEN, K.: Bot. Not. (Lund) **108**, 263—275 (1955). — LAWRENCE, G. H. M.: (1) Baileya **2**, 77—85, 127—137 (1954). — (2) Gent. Herb. **8**, 410—420 (1954). — (3) Baileya **3**, 131—136 (1955). — (4) An Introduction to Plant Taxonomy. 179 S. New York 1955. — LEENHOUTS, P.: Bull. Bish. Mus. **216**, 1—53 (1955). — LEHMANN, E., u. M. SCHMITZ-LOHNER: Z. indukt. Abstammungslehre **86**, 1—34 (1954). — LÉONARD, J.: (1) Bull. Jard. Bot. Bruxelles **24**, 63—106 (1954).— (2) Bull. Jard. Bot. Bruxelles **24**, 347—348 (1954).—(3) Webbia **11**, 387—403 (1955). — (4) Bull. Jard. Bot. Bruxelles **25**, 201—203 (1955). — (5) Bull. Jard. Bot. Bruxelles **25**, 281—302 (1955). — (6) Bull. Jard. Bot. Bruxelles **25**, 315—324, 359—374 (1955). — LEROY, J.-F.: 8e Congr. Bot. Rapp. **2—6**, 44—45 (1954). — LEVYNS, M. R.: J. S. Afric. Bot. **21**, 9—49 (1955). — LEWIS, G. J.: Ann. S. Afric. Mus. **40**, 15—113 (1954). — LEWIS, J.: Kew Bull. **1955**, 143—159. — LEWIS, H., and C. EPLING: Brittonia **8**, 1—22 (1954). — LEWIS, H., and M. E. LEWIS: Univ. Calif. Publ. Bot. **20**, 241—392 (1955). — LI, H.-L.: (1) Brittonia **8**, 23—28 (1954). — (2) Brittonia **8**, 29—38 (1954). — (3) Lloydia **17**, 329—331 (1954). — LILJEFORS, A.: Acta Hort. Berg. **17**, 47—112 (1955). — LINCZOVSKI, I.: Bot. Mat. Inst. Komarov **16**, 479—485 (1954). — LIPSCHITZ, S.: (1) Bot. Mat. Inst. Komarov **16**, 439—460 (1954). — (2) Bot. Mat. Inst. Komarov **16**, 461—462 (1954). — LÖVE, A.: 8e Congr. Bot. Rapp. **9—10**, 59—66 (1954). — LONG, R. W.: Rhodora **56**, 198—203 (1954). — LOURTEIG, A.: Ark. f. Bot. **3**, 71—87 (1955). — LOUSLEY, J. E.: Species Studies in the British Flora. 187 S. London 1955. — LYS, J.: Rev. gén. bot. **61**, 154—196, 226—260, 300—333 (1954).

MACKEY, J.: Sv. bot. Tidskr. **48**, 579—590 (1954). — MAIRE, R.: Flore de l'Afrique du Nord III. 395 S., Paris 1955. — MAKINO, T.: An illustrated Flora of Japan with the cultivated and naturalized plants. 1080 S. Tokyo 1954. — MALATO-BELIZ, J., A. FONSECA RAIMUNDO y J. A. GUERRA: Mem. Soc. Brot. **10**, 5—10 (1954). — MANSFELD, R.: (1) Flora (Jena) **142**, 65—80 (1954). — (2) Kulturplanze **2**, 130—142 (1954). — (3) Kulturpflanze **3**, 60—68 (1955). — MARKGRAF, F.: (1) 8e Congr. Bot. Rapp. **2—6**, 50—52 (1954). — (2) Planta (Berlin) **46**, 414—446 (1955). — (3) Ber. dtsch. bot. Ges. **67**, (20)—(22) (1955). — MARSDEN, M. P. F., and I. W. BAILEY: J. Arn. Arb. **36**, 1—51 (1955). — MARSDEN-JONES, E. M., and W. B. TURRILL: British Knapweeds. 201 S. London 1954. — MATHIAS, M. E., and L. CONSTANCE: Univ. Calif. Publ. Bot. **27**, 347—416 (1955). — MATUDA, EI.: An. Inst. Biol. Mexico **25**, 97—218 (1954). — MEIKLE, R. D.: Kew Bull. **1954**, 85—199. — MELCHIOR, H., u. E. WERDERMANN: ENGLERs Syllabus der Pflanzenfamilien, 12. ed., vol. I, 367 S. Berlin 1954. — MELDERIS, A.: In LOUSLEY, 140—159. — MELVILLE, R.: (1) Kew Bull. **1954**, 563—594. — (2) Kew Bull. **1955**, 193—220. — (3) In LOUSLEY, 55—64. — MERXMÜLLER, H.: (1) Mitt. Bot. Staatss. München **9—10**, 357—443 (1954). — (2) Ber. dtsch. bot. Ges. **67**, (23)—(24) (1955). — (3) Mitt. Bot. Staatss. München **12**, 67—83 (1955). — (4) Mitt. Bot. Staatss. München **11**, 1—10 (1954). — METCALFE, C. R.: (1) 8e Congr. Bot. Rapp. **2—6**, 37—43 (1954). — (2) Kew Bull. **1954**, 523—532. — (3) Kew Bull. **1954**, 427—440. — MEUSEL, H.: Wiss. Z. Univ. Halle **4**, 643—650 (1955). — MILNE-REDHEAD, E.: Bol. Soc. Brot. **28**, 79—104 (1954). — MIRANDA, F.: Ceiba **4**, 126—145 (1954). — MIROV, N. T.: 8e Congr. Bot. Rapp. **2—6**, 47—49 (1954). — MÖSCHL, W.: Brotéria **24**, 174—190, (1955). — MOLDENKE, H. N.: Phytologia **5**, 142—176, 186—224, 257—280, 293—336 (1955). — MOORE, H. E.: (1) Baileya **2**, 69—75 (1954). — (2) Baileya **2**, 103—113, 117—123 (1954); **3**, 137—149, 156—167 (1955). — (3) Baileya **3**, 5—46, 71—97 (1955). — MORTON, C. V.: Flora of Trinidad and Tobago II/V, 301—315

(1955). — Moss, C. E.: J. S. Afric. Bot. **20**, 1—22 (1954). — Müntzing, A.:
Hereditas (Lund) **40**, 459—516 (1954).

Nasir, Eu.: Univ. Calif. Publ. Bot. **27**, 417—445 (1955). — Nelmes, E.: (1)
Kew Bull. **1955**, 63—82. — (2) Kew Bull. **1955**, 83—88. — (3) Kew Bull. **1955**,
297—319. — (4) Kew Bull. **1955**, 415—453. — Nelson, E.: Gesetzmäßigkeiten der
Gestaltwandlung im Blütenbereich, ihre Bedeutung für das Problem der Evolution.
302 S., Chernex-Montreux 1954. — Neumann, A.: Wiss. Z. Univ. Halle **4**, 755—770
(1955). — Neustruieva-Knorring, O., u. S. Tamamschian: Bot. Mat. Inst.
Komarov **16**, 463—467 (1954). — Nirodi, N.: Ann. Miss. Bot. Gard. **42**, 103—130
(1955). — Nordenskiöld, H.: 8e Congr. Bot. Rapp. **9**—10, 80—81 (1954). —
Nordhagen, R.: Sv. bot. Tidskr. **48**, 1—17 (1954). — Nozeran, R.: Ann. Sci. Nat.
Bot. et Biol. Vég. **16**, 1—224 (1955). — Nygren, A.: (1) Hereditas (Lund) **40**,
377—397 (1954). — (2) Bot. Rev. **20**, 577—649 (1954).

Ohwi, J.: Baileya **2**, 37—40 (1954). — Olsson, G.: Hereditas (Lund) **40**,
398—418 (1954). — Ooststroom, S. J. van: Nova Guinea N. S. **6**, 1—32 (1955). —
Ownbey, M., and G. D. McCollum: Rhodora **56**, 7—21 (1954).

Pabst, G. F. J.: Sellowia 6/6, 181—198 (1954). — Panigrahi, G.: In Lousley,
107—110. — Paunero, E.: An. Inst. Bot. Cavan. **12**/I, 401—442 (1954). —
Pellegrin, F.: (1) Bull. Soc. Bot. France **102**, 226—228 (1955). — (2) Bull. Soc.
Bot. France **102**, 328—332 (1955). — Penzes, A.: Ann. Acad. Horti- et Viticult. Budapest **18**, 107—137 (1954). — Peters, N.: Z. indukt. Abstammungslehre **86**,
373—398 (1954). — Petit, E.: Bull. Jard. Bot. Bruxelles **25**, 149—167 (1955). —
Pichi-Sermolli, R. E. G.: Taxon **3**, 112—123, 240—243 (1954). — Pichon, M.:
(1) Bull. Soc. Bot. France **101**, 246—248 (1954). — (2) Bull. Jard. Bot. Bruxelles
24, 9—36, 129—222 (1954). — Pigott, C. D.: New Phytol. **53**, 470—495 (1954). —
Pilger, R.: (1) Bot. Jb. **76**, 281—384 (1954). — (2) Willdenowia **1**, 198—274
(1954). — Pillans, N. S.: J. S. Afric. Bot. **20**, 47—90 (1954). — Piovano, G.:
Webbia **10**, 647—666 (1954). — Pobedimova, E.: Bot. Mat. Inst. Komarov **16**,
245—257 (1954). — Pojarkova, A. I.: (1) In Schischkin u. Juzepczuk; Flora
URSS **20** (1954). — (2) Flora Murmanskoij Oblasti II. 288 S. Moskau 1954. —
Poljakov, P.: Bot. Mat. Inst. Komarov **17**, 418—431 (1955). — Prichard, E. C.:
J. El. Mitchell Sci. Soc. **71**, 82—105 (1955).

Rasmussen, S. M.: Bot. Tidsskr. **50**, 239—278 (1954). — Ray, P. M.: 8e Congr.
Bot. Rapp. **9**—10, 188—190 (1954). — Rechinger, K. H.: (1) Phyton (Horn,
N.-Ö.) **5**, 280—303 (1954). — (2) Bot. Not. (Lund) Suppl. Vol. 3:3, 1—114 (1954). —
(3) Dan. Biol. Skr. 8/2, 1—215 (1955). — (4) 8e Congr. Bot., als Manuskript verteilt:
Probleme und Fortschritte der Systematik der Blütenpflanzen. 16 S. — Reed,
C. F.: Mem. Soc. Brot. **10**, 29—79 (1955). — Reese, G.: Planta (Berlin) **44**,
203—268 (1954). — Reichling, L.: Arch. Inst. G. D. Luxemb. **22**, 123—145
(1955). — Reitz, R.: Sellowia 6/6, 237—242 (1954). — Remski, S. M. F.: Bot. Gaz.
116, 163—171 (1954). — Reznik, H.: Z. Bot. **43**, 499—530 (1955). — Rhodes,
H. L. J.: Baileya **2**, 89—96 (1954). — Robyns, A.: Bull. Jard. Bot. Bruxelles **24**,
349—398 (1954). — Robyns, W.: (1) Flore du Congo Belge et du Ruanda-Urundi V.
377 S. Brüssel 1954. — (2) Flore générale de Belgique II. 120 S., Brüssel 1955. —
(3) Flore des Spermatophytes du Parc National Albert III. 571 S. Brüssel 1955. —
Robyns, W., et E. Petit: Bull. Jard. Bot. Bruxelles **24**, 1—8 (1954). — Robyns,
W., et R. Tournay: Bull. Jard. Bot. Bruxelles **25**, 395—404 (1955). — Rodriguez,
G.: Bot. Soc. Venez. Ci. Nat. **15**, 117—130 (1954). — Rollins, R. C.: (1) 8e Congr.
Bot. Rapp. **9**—10, 172—180 (1954). — (2) Contr. Gray Herb. **177**, 1—57 (1955). —
Ronniger, K.: Ber. bayer. bot. Ges. **30**, 103—108 (1954). — Ross-Craig, S.:
Hook. Ic. Pl. **36**, 1—90 (1954). — Rössler, W.: Österr. bot. Z. **102**, 30—72 (1955).—
Rothmaler, W.: (1) 8e Congr. Bot. Rapp. **2**—6, 67—74 (1954). — (2) Feddes Rep.
57, 209—216 (1955). — (3) Feddes Rep. **58**, 307—315 (1955). — Royen, P. van:
Acta bot. néerl. **3**, 215—263 (1954). — Rudd, V. R.: (1) J. Wash. Acad. **44**,
284—288 (1954). — (2) Contr. U. S. Nat. Herb. **32**, 1—172 (1955). — Ruiz, H., y
J. Pavon: An. Inst. Bot. Cavan. **12**/I, 113—196 (1954). — Russell, N. H.: Proc.
Iowa Acad. **60**, 217—227 (1954). — Ryberg, M.: Acta Hort. Berg. **17**, 115—176
(1955).

St. John, H.: 8e Congr. Bot. Rapp. **2**—6, 114 (1954). — St. John, H., and
R. W. Krauss: Pacif. Sci. **8**, 341—358 (1954). — Salaman, R.: J. Linn. Soc. Bot.

55, 185—190 (1954). — Sandwith, N. Y.: (1) Kew Bull. **1955**, 371—376. — (2) Kew Bull. **1954**, 597—614. — Sauer, J.: Madroño 13, 5—46 (1955). — Sauvage u. Vindt: Flore du Maroc, Spermatophyta II. Trav. Inst. Sc. chérif. **16**. 267 S., Tanger 1954. — Savulescu, T.: Flora Reipublicae popularis Romanicae **III**. 662 S., 1955. — Sax, H. J.: J. Arn. Arb. **35**, 334—366 (1954). — Schenk, E.: Mitt. Flor. soz. Arb. Gem. **5**, 5—36 (1955). — Schischkin, B., u. Mitarb.: Komarovs Flora der URSS **XX** (556 S.), **XXI** (704 S.) und **XXII** (861 S.). Moskau/Leningrad 1954—1955. — Schlittler, J.: Ber. schweiz. bot. Ges. **64**, 185—198 (1954). — Schöfer, G.: Planta (Berlin) **43**, 537—565 (1954). — Schotsman, H. D.: Acta bot. néerl. **3**, 313—384 (1954). — Schulze, G. M.: Internationaler Code der Botanischen Nomenklatur. Deutsche Fassung. 184 S., Berlin 1954. — Schwarz, O.: Feddes Rep. **58**, 234—283 (1955). — Sealy, J. R.: Kew Bull. **1954**, 201—240 (1954). — Sharma, A. K.: Genetica **27**, 323—363 (1955). — Sherff, E. E.: Fieldiana Bot. **29/2**, 49—142 (1955). — Simmonds, N. W., and K. Shepherd: J. Linn. Soc. Bot. **55**, 302—312 (1955). — Sinclair, J.: Gard. Bull. Singap. **14**, 149—516 (1955). — Skalinska, M.: 8ᵉ Congr. Bot. Rapp. **9—10**, 85—87 (1954). — Sleumer, H.: (1) Bot. Jb. **76**, 139—211 (1954). — (2) Bot. Jb. **76**, 271—280 (1954). — (3) Bot. Jb. **76**, 411—462 (1955). — (4) Flor. Males. I/51, 1—106 (1954). — (5) Flor. Males. I/51, 147—206 (1955). — (6) Blumea 8, 2—95 (1955). — Slinger, J.: Bothalia 6, 385—406 (1954). — Slooten, D. F. van: Flor. Males. I/45, 529—532 (1954). — Smith, C. E.: Contr. Gray Herb. **175**, 1—114 (1954). — Smith, L. B., u. A. Fernandel-Perez: Caldasia 6/28, 83—181 (1954). — Smith-White, S.: Proc. Linn. Soc. N. S. Wales **79**, 21—28 (1954). — Smitinand, T.: Thail. For. Bull. Bot. **1**, 1—32 (1954). — Smoljaninova, L.: Bot. Mat. Inst. Komarov **17**, 447—454 (1955). — Snigirevskaja, N. S.: Bot. J. Mosk.-Leningrad **40**, 108—115 (1955). — Soest, J. L. van: (1) Collect. Bot. Barcelona 4, 1—32 (1954). — (2) Acta bot. néerl. **4**, 82—107 (1955). — Söllner, R.: Ber. schweiz. bot. Ges. **64**, 221—354 (1954). — Soó, R. de: 8ᵉ Congr. Bot. Rapp. **2—6**, 76—78 (1954). — Stafleu, F. A.: (1) Taxon 3, 217—225 (1954). — (2) Acta bot. néerl. **3**, 459—480 (1954). — Steenis, C. G. G. J. van: (1) 8ᵉ Congr. Bot. Rapp. **2—6**, 59—66 (1954). — (2) Flor. Males. I/5, 111—120 (1954). — (3) Flor. Males. I/2, 1—12 (1954). — (4) J. Arn. Arb. **35**, 266—267 (1954). — (5) Blumea **8**, 170—172 (1955). — (6) Acta bot. néerl. **4**, 477—480 (1955). — (7) Sv. bot. Tidskr. **49**, 19—23 (1955). — Stehle, H.: Mém. Soc. Bot. France **1953/54**, 12—33 (1954). — Stohr, G.: Wiss. Z. Univ. Halle **4**, 729—746 (1955). — Straka, H.: Ber. dtsch. bot. Ges. **67**, (11)—(13) (1955). — Streitberg, H.: Flora (Jena) **141**, 567—597 (1954). — Sturgeon, K. E.: Rhodes. Agr. J. **51**, 12—27, 212—226, 293—312, 379—393, 495—508 (1954); **52**, 39—63 (1955). — Summerhayes, V. S.: Kew Bull. **1955**, 221—264. — Swallen, J. R.: Fieldiana Bot. **24/II**, 1—390 (1955).

Tackholm, V., u. M. Drar: Flora of Egypt **III**, 642 S., Cairo 1954. — Tanaka, T.: Jap. Soc. promot. Sc. **1954**, 152 S., non vidi. — Tatewaki, M.: Acta Hort. Gotoburg. **19/3**, 51—112 (1954). — Taylor, P.: Kew Bull. **1955**, 321—350. — Thieret, J. W.: (1) Ceiba 4, 164—184 (1954). — (2) Lloydia 18, 37—45 (1955). — Tovar Serpa, O.: Publ. Mus. Hist. Nat. „Javier Prado" Bot. B. **8**, 1—35 (1955). — Tournay, R.: Bull. Soc. roy. Bot. Belg. **87**, 57—80 (1955). — Troupin, G.: Bull. Jard. Bot. Bruxelles **25**, 265—270 (1955). — Tsoong, P. C.: Bull. Brit. Mus. Bot. **2/1**, 1—34 (1955). — Turrill, W. B.: (1) 8ᵉ Congr. Bot. Rapp. **9—10**, 181—184 (1954). — (2) In Lousley, 177—181. — Turrill, W. B., u. E. Milne-Redhead: Flora of Tropical East Africa. Turneraceae (Lewis), 19 S. London 1954; Chenopodiaceae (Brenan), 26 S. London 1954. — Tutin, T. G.: (1) 8ᵉ Congr. Bot. Rapp. **9—10**, 88 (1954). — (2) In Lousley, 21—26. — Tzvelen, N.: Bot. Mat. Inst. Komarov **16**, 45—55 (1954).

Valentine, D. H.: 8ᵉ Congr. Bot. Rapp. **2—6**, 87—92 (1954). — Vassilczenko I.: Bot. Mat. Inst. Komarov **17**, 260—262 (1955). — Van der Veken, P.: Bull. Jard. Bot. Bruxelles **25**, 143—147 (1955). — Verdcourt, B.: Kew Bull. **1954**, 38—40. — Verdoorn, I. C.: J. S. Afric. Bot. **20**, 91—115 (1954). — Voelter-Hedke, L.: Feddes Rep. **57**, 101—155 (1955). — Vogel, St.: (1) Österr. bot. Z. **102**, 486—500 (1955). — (2) Blütenbiologische Typen als Elemente der Sippengliederung. 338 S. Jena 1954. — Volk, O. H.: In H. Walter, Grundlagen der Weidewirtschaft in Südwestafrika. 281 S. Ludwigsburg 1954.

WAGENITZ, G.: Flora (Jena) **142**, 213—279 (1955). — WAHL, H. A.: Bartonia **27**, 1—46 (1954). — WARDLAW, C. W.: Embryogenesis in Plants. 381 S. London 1955. — WEBSTER, G. L.: Contr. Gray Herb. **176**, 45—63 (1955). — WEIN, K.: Kulturpflanze **2**, 18—71 (1954). — WET, J. M. J. DE: Amer. J. Bot. **41**, 204—211 (1954). — WHERRY, E. T.: The genus Phlox. Morris Arb. Mon. **3**, 1—174, Philadelphia 1955. — WHITEHEAD, F. H.: New Phytol. **53**, 496—510 (1954). — WILBUR, R. L.: J. El. Mitchell Sci. Soc. **70**, 92—101 (1954). — WILCZEK, R.: (1) Bull. Jard. Bot. Bruxelles **24**, 405—450 (1954). — (2) Bull. Jard. Bot. Bruxelles **25**, 303—314 (1955). — WINTER, B. DE: Bothalia **6**, 407—408 (1954). — WIT, H. C. D.: Webbia **11**, 197—282 (1955). — WOLF, G. P. DE: (1) Baileya **2**, 3—11, 57—66, 143—150 (1954); **3**, 47—57, 99—107, 115—129 (1955). — (2) Baileya **3**, 173—175 (1955). — WOODSON, R. E.: Ann. Miss. Bot. Gard. **41**, 1—211 (1954). — WOROSCHILOW, W. N.: Bull. Bot. Gard. Moskau **18**, 97—108 (1954). — WYATT-SMITH, J.: Res. Pamphl. For. Res. Inst. Malaya **1**—5 (1953—54), non vidi.

YAMAZAKI, T.: J. Jap. Bot. **30**, 171—181 (1955). — YOUNG, D. P.: Bot. Tidskr. **50**, 140—145 (1954). — YÜ, T.-T.: Bull. Brit. Mus. Bot. 1/5, 125—141 (1954).

ZADOKS, J. C.: Bull. Soc. Nat. Luxemb. **59**, 101—132 (1954). — ZIMMERMANN, W.: Feddes Rep. **58**, 283—307 (1955).

6. Paläobotanik

Von KARL MÄGDEFRAU, München.

Der Beitrag folgt in Band XIX.

7. Systematische und genetische Pflanzengeographie.

a) Areal- und Florenkunde.

Von Helmut Gams, Innsbruck.

1. Grundbegriffe und allgemeine Florenkunde.

An den Anfang seien die in den letzten Jahren in mehreren Ländern wieder lebhafter geführten Diskussionen über den Artbegriff und die Notwendigkeit einer Reform der den Floren zugrunde gelegten Systeme gestellt. Die Notwendigkeit einer Neubewertung verschiedener Kategorien von Taxa, wie der Polyploiden, Apogameten und Hybridogenen und besonders einer stärkeren Berücksichtigung der Cytotaxonomie wird allgemein empfunden. Für Einzelheiten sei auf die beim Pariser Botanikerkongreß besonders in den Sektionen 4, 9 und 10 gehaltenen Referate und viele Beiträge in „Taxon" verwiesen. In Nordeuropa und Nordamerika wird der Cytotaxonomie schon länger höhere Beachtung geschenkt als in den meisten übrigen Ländern. Besonders lehrreich sind die 27 bei der 1954 in der Botanischen Gesellschaft der Britischen Inseln zum Thema „Der Artbegriff in Beziehung zur britischen Flora" gehaltenen und von Lousley (1955) veröffentlichten Vorträge, wie die von J. Heslop-Harrison über den „Konflikt der Kategorien", von Gilmour über experimentelle Taxonomie und Turrill über die Aussichten einer „synthetischen Taxonomie". Viele europäische, asiatische und amerikanische Autoren haben Vorschläge zur Reform des ganzen Pflanzensystems gemacht; aber dennoch folgen fast alle größeren Florenwerke auch der USA, über deren floristische Forschung Lawrence berichtet, und der UdSSR, wo besonders viele Reformvorschläge von Grossheim, Kozo-Poljansky u. a. gemacht worden sind, noch immer dem System Englers. Dort ist auch die Diskussion über den Artbegriff am heftigsten geführt worden, nachdem es dem ukrainischen Züchter Lyssenko 1948 gelungen war, sich zum Diktator über die gesamte Biologie aufzuschwingen und seinen 1935 verstorbenen Lehrer Mitschurin als den bedeutendsten Nachfolger und Vollender Darwins hinzustellen. In mehreren Veröffentlichungen (besonders in seiner Zeitschrift „Agrobiologia" und in der Großen Enzyklopädie 1950/52) bekannten sich Lyssenko und mehrere seiner Anhänger jedoch zu einem extremen Lamarckismus und gingen in der Negierung vieler gesicherter Ergebnisse der Genetik und in der Behauptung der Vererbung erworbener Eigenschaften und angeblich gelungener Umwandlungen von Arten und Gattungen, die sich in mehreren Fällen als durch Fehler der Beobachtung oder der Versuche vorgetäuscht erwiesen, so weit, daß zuerst im Bot. J. 1952 (Turbin, Iwanow) und dann auch in anderen russischen biologischen und selbst philosophischen Zeitschriften immer mehr Forscher (BARANOW, JLJIN, KOZO-POLJANSKY, LAVRENKO, N. PAWLOW, SCHISCHKIN, TOLMATSCHOV u. a.) gegen diesen Unfug auftraten, den nur wenige (GLUSCHTSCHENKO, LEPESCHINSKAJA, STUDIZKY, WINOGRADOW u. a., in Frankreich MATHON u. STROUN) zu verteidigen suchten. Über die weit über 100 Streitschriften hat die Redaktion des Bot. J. 1954/55 zusammenfassend berichtet und dabei LYSSENKOs „neue Lehre von der biologischen Art" als gänzlich widerlegt und nicht durch ein einziges einwandfreies Experiment bewiesen hingestellt. Die Anwendung dieser Irrlehre habe besonders der Landwirtschaft und dem Biologieunterricht schweren Schaden zugefügt. Wie BARANOW 1955 ausführt, hat LYSSENKO ähnlich wie HERIBERT NILSSON die Bedeutung der Polyploidie gänzlich verkannt. Bei der Feier der 100. Wiederkehr von MITSCHURINs Geburtstag (27. 10. 1855) wurden dessen bleibende Verdienste von vielen Rednern und auch LYSSENKO (2) hervorgehoben, aber bezeichnenderweise veröffentlichten dazu BARANOW u. LEBEDEW im Bot. J. 1955 als „vergessene Seiten aus der Biographie MITSCHURINs" ein Bild und eine Äußerung des von LYSSENKO als Präsident der Landwirtschaftsakademie verdrängten und jahrelang totgeschwiegenen N. I. VAVILOV, dessen große Verdienste ja auch in Westeuropa und Nordamerika (s. Chron. bot. **13**) allgemein bekannt sind und nunmehr, nach LYSSENKOs „freiwilligem" Rücktritt, auch in seiner Heimat wieder gewürdigt werden. Einen zwischen VAVILOV und seinem Mitarbeiter und Nachfolger JOUKOVSKY einerseits und LYSSENKO andrerseits vermittelnden Standpunkt nimmt der Franzose MATHON (1) ein, indem er die Bedeutung der Plastizität vieler Sippen während der frühen Entwicklungsstadien für die Variabilität und Arealgestaltung hervorhebt.

Zur allgemeinen Areal-, Floren- und Faunenkunde sind in den Denkschriften und Sitzungsberichten der Pariser Gesellschaft für Biogeographie, deren 32 Jahrgänge bisher gegen 300 Nummern umfassen, zahlreiche Beiträge erschienen, besonders Referate über bei Colloquien über bestimmte arealkundliche Themen (Kontinentalverschiebung, Wallacelinie, Disjunkte Areale u. a.) gehaltene Vorträge (z. B. von GUINIER über disjunkte Areale von Nadel- und Laubholzgattungen). Der seinerzeitige Präsident der Gesellschaft GAUSSEN hat auch die im Rahmen der „internationalen Colloquien" des Centre national de la recherche scientifique beim Pariser Botanikerkongreß von 21 Rednern gehaltenen Vorträge über „die ökologische Gliederung der Erde" gesammelt herausgegeben. Die meisten Beiträge sind allerdings mehr ökologisch als chorologisch. Der Band enthält als einzige chorologische Karte eine schematische Darstellung der Vegetationsgliederung von Madagaskar (von HUMBERT), welcher Insel auch einer der nächsten Sonderbände der Soc. de Biogéographie gewidmet ist. Sie plant auch die Herausgabe eines „Atlas de Biogéographie".

2. Floren und Ikonographien.

Es ist unmöglich, in einem kurzen Sammelbericht alle Lokalfloren und die in vielen Lokalzeitschriften zerstreuten Verzeichnisse von Neufunden aufzunehmen. Neben größeren Werken sollen hier hauptsächlich nur solche genannt werden, die besonders genaue Arealangaben und namentlich Arealkarten (Umrißkarten = Urk, Flächenkarten = Flk, Punktkarten = Puk) enthalten. Erst durch solche werden ja die Ergebnisse der Lokalfloristik wissenschaftlich auswertbar.

Kryptogamenfloren. Von den mehrere Kryptogamenabteilungen erfassenden Florenwerken werden die ursprünglich auf Mitteleuropa beschränkten von Rabenhorst, von der im Berichtsjahr keine Lieferung erschienen ist, und die vom Berichterstatter herausgegebene Kleine Kryptogamenflora (2. Aufl. des 1. Pilzbandes von Moser 1955, 4. Aufl. des Archegoniatenbandes von Gams erscheint 1957) immer mehr auf ganz Europa ausgedehnt, Huber-Pestalozzis „Phytoplankton des Süßwassers" in der Reihe „Binnengewässer" auf die ganze Erde. Der im Berichtsjahr erschienene 4. Band mit den Euglenophyceen, über deren bekannteste Gattung fast gleichzeitig in Amerika eine Monographie von Gojdics erschienen ist, hat den bisher weitaus größten Umfang. Die Kryptogamenabteilung des Komarov-Instituts in Leningrad gibt drei von W. P. Savicz redigierte Publikationsreihen heraus: als 2. Serie der Acta des Gesamtinstituts die Plantae cryptogamae (1954 der 9. Bd.), die kleinere Beiträge bringenden Notulae systematicae (1922—1955 10 Bd.) und die Flora plantarum cryptogamarum Urss [1 (1952); 2 (1952); 3 (1954)]. Unabhängig davon geben auch die Moskauer Kryptogamenforscher ein Bestimmungsbuch für die niederen Pflanzen hauptsächlich Mittelrußlands (in ähnlicher Ausstattung wie Lindaus Kryptogamenflora f. Anfänger) heraus, von der bisher zwei von L. Kurssanow redigierte Algenbände vorliegen, und auch die Kiewer Algenforscher (Roll u. Korschikow) eine Süßwasseralgenflora der Ukraine [5 (1953) *Protococcineae*]. Von den Conjugaten sind bisher in den russischen Kryptogamenfloren die Zygnematales von Woronichin (ohne Karten) und die Mesotaeniaceen und Gonatozygaceen von Kossinskaja (mit Puk für alle bisher in der UdSSR gefundenen Arten) erschienen. — Eine kurze tabellarische Übersicht über alle bisher aus der engeren Arktis bekannten Kryptogamen hat N. Polunin als ersten Teil einer geplanten Gesamtflora der Arktis 1954 veröffentlicht (Bakterien von Kelly, Algen von Taylor u. Ross, Pilze von Singer, Flechten von Dahl, Moose von Steere).

An Stelle des von der Deutschen Mykologischen Gesellschaft allzu groß angelegten Tafelwerks der mitteleuropäischen Basidiomyceten sind bisher zwei knapper gefaßte Gattungsmonographien erschienen (*Russula* von J. Schaefer 1952, *Lactarius* von Neuhoff 1956). Das Bestimmungsbuch für die mitteleuropäischen Agaricales und Gastromyceten von Moser liegt in zweiter stark verbesserter Auflage vor. Als Ergänzung zu der Bestimmungsflora für die höheren Pilze Frankreichs von Kühner u. Romagnesi wird von Romagnesi ein neuer Pilzatlas in 3 Tafelbänden herausgegeben, deren erster (1955) 80 Arten von Agaricales umfaßt. Auch in der Tschechoslowakei (Pilat u. a.) und in Italien (ein Hypogäenband als Ergänzung zu Bresadolas Iconographie) sind neue Pilzfloren im Erscheinen. Von einem Prodromus der Basidiomycetenflora des mittleren Atlas von Malençon liegen bisher zwei Lieferungen vor, von den von R. HEIM herausgegebenen Pilzfloren des tropischen Afrika Bearbeitungen der Discomyceten von Madagaskar (LEGAL, 1953), der Boletineen u. Agaricus des Kongo (HEINEMANN, 1954/56) und der Gattung *Lactarius* im tropischen Afrika (HEIM, 1955). Anstelle des nur 154 Arten von Speise- und Giftpilzen mit 44 Farbtafeln umfassenden russischen Bestimmungsbuches von WASSILKOW 1948 und eines kleineren, recht unzulänglichen von LEBEDEWA 1952 bereitet WASSILKOW eine neue kritische Flora der Agaricales der UdSSR vor, von der er als Beispiel für seine ziemlich enge Fassung des Artbegriffs zuerst die Boletaceengattung *Krombholzia* = *Leccinum* veröffentlicht hat.

Auf die in vielen mykologischen Zeitschriften zerstreuten Bearbeitungen verschiedener Gruppen von Phycomyceten, Ascomyceten und Phragmobasidiomyceten kann hier nicht eingegangen werden; ebensowenig auf die Flechtenfloren, deren Bearbeitung u. a. unter den Meinungsverschiedenheiten darüber leidet, ob die Gattungsnamen für die ganzen Flechten und zugleich für die Pilzkomponente zu gelten haben, welchen Standpunkt besonders die schwedischen Lichenologen (SANTESSON u. a.) vertreten, oder ob die Pilze mit eigenen Gattungsnamen zu versehen seien (THOMAS, CIFERRI und TOMASELLI). Von den Vorarbeiten zu einer Flechtenflora von Mitteleuropa VON LETTAU († 1951) ist 1955 ein 10. Teil herausgegeben worden, im gleichen Jahr eine kleinere Flechtenflora von Südwestdeutschland von BERTSCH.

Das Buch WATSONs über die britischen Laub- und Lebermoose behandelt von den rund 800 von den Britischen Inseln bekannten Bryophyten über 200 Arten ausführlich und 250 kürzer mit 209 Textfiguren und 18 Tafeln. Von der von ROBYNS herausgegebenen Flore générale de Belgique liegt die erste Hälfte der Lebermoose (Anthocerotales bis und mit *Jungermaniales anakrogynae*) von VAN DEN BERGHEN vor. Der Conspectus Muscorum Europaeorum von PODPERA († 1954) gibt eine gute Übersicht über die gesamte europäische Laubmoosflora einschließlich der Unterarten, Varietäten und Formen, doch ohne Schlüssel und Diagnosen. Da der Druck erst nach dem Tod des bekannten Brünner Bryologen vollendet worden ist, sind leider mehrere Gattungen unrichtig eingereiht worden und viele Druckfehler stehengeblieben. Eine Laubmoosflora des Französischen und Schweizer Jura von HILLER enthält Beiträge der verstorbenen Schweizer Bryologen AMANN und MEYLAN. Von der von der Botanischen Gesellschaft Lund englisch herausgegebenen illustrierten Laubmoosflora von Fennoskandien liegen zwei Lieferungen von EBBA NYHOLM-TUFVESSON mit guten Schlüsseln, Diagnosen und Zeichnungen vor (*Andreaea, Fissidentaceae, Dicranales* bis *Funariales*); von der von LYDIA SAVICZ redigierten Moosflora der UdSSR im 1. Bd. *Sphagnum* und im 3. der allgemeine Teil und die *Polytrichaceae* von der Herausgeberin, *Andreaea, Buxbaumia* und *Diphyscium* von LADYZHENSKAJA, *Tetraphidaceae* und *Schistostega* von ABRAMOWA. Dieser 3. Band der russischen Kryptogamenflora ist die erste Moosflora, die für alle Arten nicht nur gute Zeichnungen, sondern auch Puk, leider nur für die Verbreitung in der UdSSR bringt. Von LAZARENKOs Laubmoosflora der Ukraine ist in Kiew eine 2. Aufl. mit 77 Abb. erschienen. —

Eine Moosflora von Nordafrika liegt von JELENC vor (159 Leber- und 448 Laubmoose).

Neue Pteridophytenfloren mit sehr schönen Zeichnungen liegen vor für Polen von SZYME im Rahmen des von MADALSKI herausgegebenen Atlas der Polnischen Flora, von TRYON für die Staaten Minnesota und Wisconsin und von CORRELL im Rahmen der von LUNDELL herausgegebenen Flora von Texas. Nur die Bearbeitungen von TRYON und seinen Mitarbeitern enthalten auch Puk für sämtliche Arten der beiden Staaten.

Blütenpflanzenfloren. Aus der Masse der Blütenpflanzenfloren seien zunächst einige vorwiegend für Gärtner bestimmte Werke genannt, die erfreulicherweise immer häufiger wenigstens schematische Arealkarten bringen, so die 3 Bände der russischen Dendrologie von SOKOLOW, das Handbuch der Nadelhölzer von KRÜSSMANN, JACOBSENs 3bändiges Werk über die Sukkulenten mit Ausnahme der Cactaceen und FÖRSTERs neues Handbuch der Steingartenpflanzen. Von den wichtigsten einheimischen Heilpflanzen der UdSSR haben HAMMERMANN und SCHASS Arealkarten zusammengestellt.

Von der 2. Auflage der Natürl. Pflanzenfamilien von ENGLER und PRANTL und von HEGIs Ill. Flora von Mitteleuropa werden die vergriffenen Bände durch Neudrucke, einzelne (I—IV von HEGIs Flora) durch Neubearbeitungen wieder zugänglich gemacht. Mit der Veröffentlichung einer Ikonographie der mitteleuropäischen Kräuter und Stauden in 10 Lieferungen hat KRÄUSEL in Verbindung mit MERXMÜLLER und NOTHDURFT begonnen. Von der 1932 mit den Farbtafeln aus HEGIs kleiner, bereits in 11 Auflagen (letzte von MERXMÜLLER) erschienener Alpenflora illustrierten italienischen Flora der Alpen und der anderen italienischen Gebirge von FENAROLI ist 1955 eine stark erweiterte, nunmehr auch mit Schlüsseln und 84 neuen Tafeln versehene Neubearbeitung in einem anderen Mailänder Verlag erschienen. Damit ist diese Flora, von der auch eine deutsche Ausgabe geplant ist, die bisher reichhaltigste der einbändigen Alpenfloren. Ähnliche für weitere Kreise bestimmte Gebirgsfloren liegen auch aus Großbritannien, Skandinavien (norwegisch von GJAEREVOLL und JÖRGENSEN 1952, schwedisch von SELANDER, Farbtafeln von DAGNY LID) und den Sudeten vor. Mit einer Neubearbeitung der großen italienischen Flora von FIORI (letzte Auflage 1923/29) ist begonnen worden. Von dem nach BRIQUETs Tod von DE LITARDIÈRE fortgeführten Prodrome de la Flore Corse liegen weitere Lieferungen (zuletzt *Cuscuta* von YUNCKER) vor, von der Ikonographie britischer Pflanzen von STELLA ROSS-CRAIG in Kew als 7. Lieferung 76 Tafeln von Leguminosen. Die 3. Lieferung von MADALSKIs Atlas der Polnischen Flora umfaßt 22 Taf. Papaveraceen von BIALOUS. Die „Biologische Flora der Britischen Inseln" s. im 4. Abschnitt!

Ganz besonders muß auf die vielen neuen Florenwerke aus der UdSSR hingewiesen werden, in erster Linie auf die Veröffentlichungen des Botanischen Gartens und der Gefäßpflanzenabteilung des KOMAROV-Institutes in Leningrad. Aus dem Botanischen Garten liegen bis 1952 13 Lief. seines Bulletin und bis 1954 4 Bände seiner Arbeiten (TRUDY) vor, aus der Gefäßpflanzenabteilung und ihrem Herbar in erster Linie die große von KOMAROV begründete, nach seinem Tod (1945) von SCHISCHKIN mit BOBROV, JUZEPCZUK und vielen weiteren Mitarbeitern fortgeführte Gefäßpflanzenflora der ganzen UdSSR, von der bisher 22 Bände vorliegen. Von diesen behandeln der 20. und 21. die Labiaten (mit 5 neuen Gattungen und 84 neuen Arten), der 22. die Solanaceen und Scrophulariaceen. Die 5 oder 6 letzten Bände sind in Bearbeitung. Außerdem gibt das KOMAROV-Institut Exsiccata (1898—1955 4000 Nr. in 80 Lief.), Notulae systematicae (bis 1955 17 Bände) und 7 Serien der Acta heraus, von denen die 1. (10. Bd. 1953, 11. 1955) der Flora und Systematik der Gefäßpflanzen (einschl. der fossilen) und die 3. der Geobotanik dienen. Die Notulae und die 1. Serie zusammen entsprechen etwa FEDDEs Repertorium und dem Kew Bulletin, die 1. und 3. Serie zusammen den Beih. z. Repert. und ENGLERs Bot. Jahrb. Der 10., von LARIN und MATWEJEWA redigierte Band der 3. Ser. enthält ausschließlich Ergebnisse der 1949/51 im ,,Kaliningrader Gebiet", d. h. in der Nordhälfte Ostpreußens ausgeführten Untersuchungen, u. a. eine Flora des Gebiets. Von der 4. Ser. (Experimentelle Bot.) liegen bisher 9, von der 5. (Planzliche Rohstoffe) 5, von der 6. (Pflanzeneinbürgerung und Begrünung) 4 und von der 7. (Morphologie und Anatomie) 3 Bände vor. Beachtung verdient auch das von SCHISCHKIN redigierte ,,Vademecum methodi systematis plantarum vascularium", dessen erstes von FEDOROW und KIRPITSCHNIKOW zusammengestellte Bändchen alphabetische Verzeichnisse der in Diagnosen und Herbarien üblichen Abkürzungen, der lateinischen Orts- und Ländernamen und der in neuerer Zeit umgetauften russischen Ortsnamen enthält. Von russischen Spezialfloren seien die von WULFF († 1941) begonnene Flora der Kulturplanzen (5. *Linaceae* 1940), die bereits genannte Dendrologie SOKOLOWs und eine von BYKOW 1954 angeregte ,,Flora der Aedificatoren", d. h. der vegetationsbestimmenden Pflanzenarten genannt, von den sonstigen russischen Floren zuerst die bekannte mittelrussische Gefäßpflanzenflora von MAJEWSKY († 1892), deren 8., von SCHISCHKIN und seinen Mitarbeitern überarbeitete Auflage von 1954 rund 2300 Arten aus 120 Familien umfaßt, die größtenteils wie in der 1. Aufl. (1892) noch nach DE CANDOLLE angeordnet sind. Aus dem europäischen Rußland seien weiter eine Lokalflora der Karpato-Ukraine von IGOSCHINA, die von ZEROW, KOTOW u. a. fortgesetzte Flora der Ukraine (6. Lief. Kiew 1954), die nach dem Tod ihres Begründers WULFF von STANKOW fortgesetzte Flora der Krim (*Gramineae* 1951, *Geraniaceae-Umbelliferae* 1953) und eine Lokalflora von APSCHERON von KARAWAJEW genannt. Von Kola liegen eine von GORODKOW († 1953) und KUSENEWA begonnene Flora des Murmangebiets (*Pteridophyta, Coniferae,* Monokotylen) und eine Lokalflora der Chibiny-Berge von MISCHKIN († 1950) vor, die 34 Pteridophyten, 4 Coniferen, 119 Monokotylen und 211 Dikotylen umfaßt. — Aus dem asiatischen Teil der UdSSR muß vor allem die 2., mit vielen Arealkarten versehene Auflage der von GROSSHEIM († 1948) begründeten, von FEDOROW und SOSNOWSKY fortgesetzten Kaukasusflora genannt werden (5. Lief. *Rosaceae* und *Leguminosae* 1953), ferner eine Grusinische Flora von KEZCHOWELI, die Flora von

Aserbaidshan von Sosnowsky und Mitarbeitern (2. *Cyperaceae-Orchideae* 1952, 3. *Salicaceae-Caryophyllaceae* 1953, 4. *Nymphaeceae-Platanaceae* 1953, 5. *Rosaceae-Leguminaceae* 1954), die Flora der Kirgisenrepublik von Wedensky (3 *Araceae-Orchideae* 1951) und mehrere noch unvollendete Lokalfloren aus Sibirien (Jakutien von Karawajew, Taimyr von Tichomirow, Fernost von Wassiljew). Von den 11 Bänden der Sibirischen Flora Krylovs (Tomsk 1927—49) ist 1955 Bd. 1 (Pteridophyta, Gymnospermae, Helobiae) als 1. eines unveränderten Neudrucks herausgegeben worden. Eine vollständige Bibliographie der russischen Floren enthält die vor allem für Geobotaniker bestimmte Einführung von Lebedew.

Aus dem übrigen Asien seien eine neue Spermatophytenflora von Malaya (2 *Pteridophyta* von Holttum 1954) und 2 japanische Floren von Ohwi 1953 (japanisch, englische Ausgabe in Vorbereitung) und Hara (3 *Geraniaceae-Cornaceae* 1954) genannt. — Aus Nordafrika sind von der großen, von Maire († 1949) begonnenen, auf 20 Bände veranschlagten Flora bisher 3 Bände (*Pteridophyta* bis *Gramineae*), von der kleineren von Marokko von Sauvage und Vindt 2 Bände (bis und mit *Boraginaceae*) erschienen. Nach der Flora von Senegal von Berhaut umfaßt diese etwa 1800 Gefäßpflanzen, davon 1500 endemische. Von der von Turrill und Redhead herausgegebenen Flora von Tropisch-Ostafrika sind 1953 die *Onagraceae* und *Trapaceae* von Brenan erschienen, von der vielbändigen, von der Direktion des Brüsseler Botanischen Gartens (Robyns) herausgegebenen Flora von Belgisch Kongo und Ruanda-Urundi zuletzt Lieferungen des 6. Bd. [*Leguminosae* von Wilczek], von der Flora des Albert-Nationalparks 3. Bd. (Monokotyen). Ähnlich umfangreich mit rund 8000 Arten aus 189 Familien ist die von Humbert herausgegebene, großenteils von Perrier de la Bathie verfaßte Flora von Madagaskar und den Komoren, von der zuletzt Bearbeitungen der Eriocaulaceen (Moldenke), Centrospermen (Cavaco), Pittosporaceen (Cufodontis), Malvales (Hochreutiner), Santalales (Cavaco) u. a. erschienen sind. — Aus dem tropischen Südamerika sei zuerst auf das von Rivas-Goday und Perez-Arbecez herausgegebene, auf 51 Bände veranschlagte Werk mit den bei der königlich-spanischen Expedition nach Neu-Granada in Columbien von J. C. Mutis gemalten Tafeln hingewiesen, von dem der 1. Bd. (Expeditionsbericht) 1954, der 27. (Parietales von L'Uribe) 1956 herauskommt. Von Hoehnes großer Flora Brasilica sind 1940—53 10 Lief. (4 über Orchideen, 3 über Papilionaceen, je 1 Aristolochiaceen, Onagraceen, Labiaten) erschienen, von der Flora von Parana von Angely 1954 die Gramineen, von Hodges Flora der Antilleninsel Dominica die Pteridophyten, Gymnospermen und Monokotylen. Von Lundells Flora von Texas liegen die Pteridophyten von Correll vor, von der 4bändigen, reichillustrierten Flora der Pazifischen Staaten von Nordamerika von Abrams die 3 ersten Bände, von Rydbergs Flora der Rocky Mountains eine 2. Auflage. Die Gefäßpflanzenflora des arktischen Archipels von Westkanada von E. Porsild enthält viele Puk.

3. Arealkarten im Dienst der Systematik und Karten einzelner Sippen.

Pilze (betr. Algen und Flechten s. S. 132/3). STORDAL stellt die Verbreitung von 5 *Boletus*-Arten in Norwegen dar, für 3 mit Puk, für Polen LUBELSKA die der Trüffeln (8 *Tuber*, 1 *Choiromyces*) und ZIELINSKA die von *Trichoglossum (Geoglossum) hirsutum*, beide mit Puk. Die geographische Verteilung von 137 Rostpilzen in Nordafrika, wo einzelne im Atlas bis 3500 m steigen und viele bisher nur aus kleineren Gebieten bekannt sind, erörtert GUYOT.

Moose. Zahlreiche Beiträge zur Moosgeographie enthalten die Festschriften zum 75. Geburtstag HERZOGs (u. a. einen Beitrag von GAMS zur Chorologie der arktischen und arktisch-alpinen Moose mit Puk) und zum 70. KOTILAINENs. Sein Mitarbeiter TUOMIKOSKI hat die Zahl der von Neufundland bekannten Lebermoose um 85 auf 116 vermehrt und gibt für 7 Puk. Von den bei der Ausgrabung des spätglazialen Mammuts von Taimyr gesammelten fossilen Moosen haben ZENKOWA die Lebermoose, L. SAVICZ und ABRAMOWA die Laubmoose bearbeitet. Puk für *Riccia atromarginata* gibt S. JOVET-AST für Marokko, LADYZHENSKAJA für die Marchantialen *Targionia hypophylla* (von der Krim bis Ostasien), *Conocephalum supradecompositum* (Ostasien), *Marchantia paleacea* und *Riccia Frostii* (beide Gesamtareal) und für die Jungermanialen *Mesoptychia Sahlbergii* und *Cololejeunea Rossettiana* (sehr disjunkte Gesamtareale). Aus dem Hattori-Institut in Japan liegt u. a. eine Neubearbeitung der japanischen Scapaniaceen vor. — Arealkarten arktischer Laubmoose haben STEERE (1, 2), L. SAVICZ und Mitarbeiterinnen (2) und GAMS zusammengestellt, der betont, daß die arktischen Zentren der Archegoniaten wohl durchwegs viel jünger als die antarktischen sind. Von den neuen *Sphagnum*-Arbeiten von L. SAVICZ enthält nur die über *Sph. centrale* im Kaukasus eine Puk. Ergänzungen zur Bearbeitung der Polytrichales und Tetraphidales von L. SAVICZ und Mitarbeiterinnen, die nur Puk innerhalb der UdSSR enthält, geben A. und I. ABRAMOW mit Urk der Gesamtareale von *Tetraphis*, *Pogonatum aloides* und *inflexum* (diese südasiatische Art neu für den Kaukasus). Für die große, schwierige Gattung *Bryum* liegen Neubearbeitungen von L. SAVICZ (1) und PODPERA (1) vor. Karten für 7 japanische *Ptychomitrium*-Arten gibt NOGUCHI. A. und I. ABRAMOW weisen nach, daß das von LAZARENKO für *Glyphomitrium humillimum* gehaltene Moos *Gl. Warburgii* und *Camptothecium caucasicum* mit *Brachythecium Geheebii* identisch ist. Für *Scleropodium ornellanum* Mol., das wohl mit *Cirriphyllum spiculigerum* identisch ist, geben sie eine Puk des gesamten eurasiatischen Areals. Die Monographin der schwierigen Amblystegiaceengattung *Drepanocladus* SMIRNOWA gibt von *D. lapponicus* eine Urk. Die japanischen *Brachytheciaceae* hat TAKAKI bearbeitet.

Von Arealuntersuchungen über *Pteridophyten* sei außer den bereits genannten Arbeiten von TRYON u. a. eine von STEHLE über die Psiloten, Lycopodien und Selaginellen der französischen Antilleninseln genannt. Die jungen Inseln Guadeloupe und Martinique haben 24 Arten, darunter 5 für die Antillen endemische. *Psilotum nudum* ist auf eine der ältesten

Inseln beschränkt. Bemerkenswert ist auch M. Popovs Entdeckung der sonst subozeanisch verbreiteten *Isoetes tenella* (= *echinospora*) im Baikalgebiet.

Untersuchungen über die Verbreitung der Palmen liegen von Ginieis (mit schematischer Karte der Verbreitung von 19 *Phoenix*-Arten) und Saakow vor. Arealkarten anderer *Monokotylen* geben Feinbrun (Urk für die *Colchicum*-Arten Vorderasiens), Kulcsar (Puk von *Gagea spathacea* in Ungarn), Raymond (10 Flk und 32 Puk nordamerikanischer *Carex*-Arten), Wycherley (Flk für *Poa supina-vivipara* mit Besprechung auch der übrigen viviparen Gräser Großbritaniens), Söyrinki (Puk von *Poa glauca* in Finnland), Prokudin (schematische Puk von *Agropyrum* [Untergatt. *Elytrigia*] *junceum, mediterraneum* und *junceiforme* in Europa und Nordafrika), Borsos (Puk von *Cypripedium calceolus* in Ungarn), A. und J. Kornas (*Orchis purpurea* in Polen).

Von den vielen Bearbeitungen einzelner dikotyler Gattungen und Arten seien folgende mit Karten versehene genannt: Die Monographie der Juglandaceengattungen *Pterocarya* und *Cyclocarya* von Iljinskaja (Puk der heutigen und durch Fossilfunde belegten früheren Verbreitung, die neue Gattung *Cyclocarya* lebend nur noch in China, im Tertiär bis Europa), die von G. Krylow aus der Umgebung von Tomsk neu beschriebene und nach dem Verf. der sibirischen Flora P. Krylow († 1931) benannte *Betula Krylovii* (Puk), Karawajews Behandlung der sibirischen Chenopodiacee *Eurotia lenensis* (Puk), die Fortsetzung von van Royens Monographie der amerikanischen Podostemonaceen (Urk von 6 vorwiegend südamerikanischen Eupodostemonoideen-Genera), die Zusammenstellung der bisher beschriebenen Gattungshybriden von Pomoideen von Pojarkowa (Puk des neuen *Sorbocotoneaster Pozdnjakovii* = *Coton. melanocarpa* × *Sorb. sibirica*), die von Wassiltschenko (2) beschriebenen *Amygdalus ulmifolia* und *Cerasus tadshikistanica* (Puk), die Monographie der 3 europäischen Arten von *Geum Subgen. Sieversia* von Penzes (Puk für das wahrscheinlich ursprünglichste *G. bulgaricum* und je 2 neu beschriebene Unterarten von *G. montanum* und *reptans*). Wassiltschenko gibt auch (1) eine Monographie der schon 1928—35 von Schirjaew bearbeiteten Gattung *Trigonella*, deren Artenzahl er von 74 auf 128 in 19 Sektionen erhöht (5 Urk). Gadshiew berichtet über Kulturversuche mit der im östlichen Kaukasus endemischen *Medicago glutinosa* (Puk), Kruganowa über die Gattungen *Glycyrrhiza* (Urk) und *Meristotropis*, Karawajew (2) über das ostsibirische *Hedysarum vicioides* (Urk). In der Reihe der vom Madrider Forstinstitut herausgegebenen Monographien einzelner Familien und Gattungen von Holzpflanzen enthalten die über *Quercus* (**51**), *Salicaceen* (**57**) und Genisteen (**67** und **72**) von Vicios keine Karten, dagegen die Cistaceenmonographien von Bolaños und Guinea (**49**: *Cistus*) und Guinea (**71**: übrige Gattungen) Puk sämtlicher Arten der auf der Iberischen Halbinsel optimal vertretenen Familie. I. Wassiljew hält das seit 1833 bekannte Vorkommen von *Tilia sibirica* um Krasnojarsk (Puk) für spontan. Boureau und Tardieu geben Urk für die 6 Tribus der *Dipterocarpaceae*. Thorold beschreibt die Kakaokulturen der Insel Fernando Po (Puk). In einer neuen Schriftenreihe über die Flora Polens behandeln Zurzycki *Pingui-cula alpina, vulgaris* und *bicolor* (Puk und Cytologie), B. Pawlowski die 5 in Polen vertretenen *Callitriche*-Arten, Myckowski *Cardamine trifolia* in den Beskiden (alle mit Puk). Kirchheimer beschreibt den Rückgang der *Vitis silvestris* in den Donau- und March-Auen (Puk). Südhemisphä-rische Disjunktionen behandeln Mathias und Constance (*Oreomyrrhis* als südpazifische Umbelliferengattung) und Arenes (Puk für 17 Arten aus 4 vorwiegend indonesischen Malpighiaceengattungen). Stafleu setzt die Bearbeitung der Vochysiaceen fort (Puk der beiden afrikani-schen *Erismadelphus*-Arten und Urk von *Erisma*). Pobedimowa revidiert die iranische Thymelaeaceengattung *Dendrostellera* (Puk der 4 Arten), Karawajew (1) die von *Arctostaphylos* abgetrennte Gattung *Arctous* (Urk der Gesamtareale aller 4 Arten, Puk für *A. alpina* und *erythrocarpa* in Jakutien), Pichon die *Subtribus Pleiocarpineae* der Apocynaceen (Urk der 5 Gattungen). W. Wassiljew gibt 2 Bearbei-tungen von *Polemonium* (Puk für 9 der 13 in UdSSR vertretenen Arten, davon 3 neu). Ebenfalls sowohl in den Notulae wie in Komarovs Flora behandeln Kuprianowa die sibirische Labiatengattung *Panzeria* (Urk der 5 Arten) und Borissowa die in Mittelasien endemische *Gontscharovia* (Puk). Hård av Segerstad erörtert die Verbreitung der spontanen *Mentha aquatica* und ihrer erst durch Kultur verbreiteten Kreuzungs-produkte *M. sativa* und *gentilis* in Schweden (Puk). Goodspeed gibt eine große Monographie der 60 *Nicotiana*-Arten (Puk, Cytologie), Iwanina eine Revision der Gattung *Digitalis* (4 Urk, 5 Puk) und eine Beschreibung der neuen Scrophulariaceengattung *Spirostegia* (Puk der einzigen Art in Mittelasien). Hedberg revidiert die Scrophulariaceen-gattung Sibthorpia (Urk der 5 Arten gegenüber solchen von Knoche verbessert). Ehrendorfer revidiert die süd- und mittelamerikanische Galieengattung *Relbunium* (Urk der 30 Arten). Verwandtschaft, Ver-breitung und Ökologie der in den Südalpen zwischen Comer- und Garda-see endemischen *Campanula elatinoides* behandeln Arietti, Fenaroli und Giacomini (Puk). Aus Mittelasien beschreiben Neustruiewa und Tamamschian die neue Compositengattung *Lamyropappus* (Puk) und Linczewsky eine neue Art der endemischen Gattung *Tricholepis* (Puk aller 4 Arten). Regel stellt die Verbreitung von 28 eurasiatischen *Tragopogon*-Arten dar (Urk). Aus dem Nachlaß Samuelssons († 1944) veröffentlicht Almquist Puk von 123 fennoskandischen, großenteils neo-endemischen Kleinarten von *Hieracium*, davon 86 der *Vulgata*, außerdem 2 eigene Puk von anscheinend erst in neuerer Zeit in Südschweden ent-standenen *Vulgata*.

4. Arealkunde im Dienst der regionalen Pflanzengeographie und Biozönotik.

Hier sind an erster Stelle die „biologischen Floren" zu nennen, wie sie schon 1888 Kirchner für die Umgebung Stuttgarts, Raunkiaer 1895—1899 für die dänischen Monokotylen, Kirchner, Löw, Schröter und Wangerin 1908—1939 für Mitteleuropa veröffentlicht haben. Das entsprechende Unternehmen für die Britischen Inseln haben Richards und CLAPHAM begonnen. Seit 1941 erscheinen im Journal of Ecology jährlich meist 5—10 Monographien einzelner Arten oder Artgruppen, meist mit je 1 Flk für Großbritannien und einer für Europa, seit 1954 auch Puk. In den beiden letzten Jahren: *Arum*-Arten von PRIME, *Colchicum* von BUTCHER, *Endymion nonscriptum* von BLACKMAN u. RUTTER, *Narcissus pseudonarcissus* von CALDWELL u. WALLACE, *Juncus acutus* von JONES u. RICHARDS, *Eriophorum angustifolium* von PHILLIPS, *Deschampsia flexuosa* von SCURFIELD, *Alnus glutinosa* von MC. VEAN, *Nuphar* und *Nymphaea* von Y. HESLOP-HARRISON, *Viola lutea* von PRIME, *Primula scotica* und *Vaccinium vitis-idaea* von RITCHIE, *Erica mackaiana* von WEBB, 3 *Thymus*-Arten von PIGOTT, *Succisa pratensis* von ADAMS. Im Zusammenhang mit diesen Untersuchungen besprechen PIGOTT u. WALTERS die disjunkte Verbreitung einiger Xerophyten (Puk für *Linosyris* in Europa). — Noch detaillierter wird die Verbreitung einzelner Arten besonders in neuen Vegetationsmonographien aus Fennoskandien, Polen und einigen mitteleuropäischen Bergländern dargestellt, so in der Monographie eines mittelschwedischen Waldwiesenguts von SJÖRS, in Nordkarelien von REPO (Puk für zwei Papilionaceen auf der Jaamankangas-Moräne), auf Kola von KOSLOWSKAJA (schematische Puk für *Sanguisorba officinalis* und *polygama*, *Helianthemum nummularium* und *arcticum* in ganz Eurasien), in Polen besonders von J. u. A. KORNAS für die Gorce in den Beskiden, B. PAWLOWSKI u. ST. PAWLOWSKA in den Karpaten, besonders der Tatra (Flk und Puk für 7 Arten), ferner JENTYS-SZAFEROWA über die bei Krakau endemische *Betula oycoviensis* (Urk) und JASNOWSKI über *Betula humilis* (Puk). Ähnlich detailliert wird in Luxemburg von REICHLING und Mitarbeitern (Puk für *Polystichum lonchitis*, 6 *Epipactis*, 4 Alchemillen u. a.) und in Mitteldeutschland von der von MEUSEL geleiteten Arbeitsgemeinschaft kartiert (zuletzt Puk thermophiler Pflanzen der Lösslandschaft). Von den vielen Berichten über Veränderungen von Lokalfloren seien nur die sorgfältigen Beobachtungen KREHs über Verluste und Gewinne der Stuttgarter Flora genannt. Über die Fortschritte der floristischen Lokalkartierung der Schweiz berichtet HÖHN, daß bis Ende 1954 4322 Kartenblätter, davon 605 aus dem Kanton Schaffhausen fertig waren. Die Reihe der von E. SCHMID in Zürich unter starker Betonung der chorologischen Beziehungen geleiteten Vegetationsuntersuchungen setzen die Dissertationen von U. SCHWARZ über die Fichtenwälder des Jura (47 Urk für ganz Europa) und SAXER über die Arten der Buchen-, Tannen- und Fichtenwälder der Schweizer Alpen (129 Urk für 253 Arten, auch außereuropäische) fort. Vegetationsmonographien mit großmaßstäblichen Karten liegen auch aus Oberitalien vor: vom Brauliotal von GIACOMINI u. PIGNATTI 1:12500 und von den Eichenwäldern der Langhe bei Turin von SAPPA 1:50000; ferner in größerer Zahl aus Südfrankreich von KÜHNHOLTZ-LORDAT, MOLINIER, GAUSSEN und ihren Mitarbeitern, so die von AYASSE u. MOLINIER mit Hilfe von Luftbildern aufgenommene Karte der Motte du Caire in den Basses Alpes 1:10000 und von GAUSSEN zwei weitere Arbeiten aus den Pyrenäen, darunter eine (1) über deren nordische

Elemente, von denen einige, wie *Phyllodoce* und *Ligularia* den Alpen fehlen, und eine (3) über die Pyrenäenwälder (Urk für *Quercus ilex*, Flk für *Fagus, Abies, Pinus silvestris* und *uncinata*). GUILLAUME gibt in einer Arbeit über „semimediterrane" Elemente der Côte d'Or eine Karte der Nordgrenzen von *Acer monspessulanum, Convolvulus cantabricus* und *Plantago coronopus* in Frankreich.

Aus dem Kaukasusgebiet ist außer den bereits genannten Arbeiten SOKOLOWs u. GROSSHEIMs noch eine von GULISSASCHWILI über die Wälder Transkaukasiens mit schematischer Flk für mehrere Nadel- und Laubhölzer zu nennen, aus Mittelasien eine Geschichte der dortigen Traganthflora von GRIGORJEW (1) mit Urk für 9 *Cousinia*-Arten und *Onobrychis echidna* und eine größere Untersuchung (2) über die Ökogenese mittelasiatischer und mediterraner Xerophyten (Karten für *Ephedra, Aegilops*, Convolvulaceen, *Plantago-, Verbascum-, Cousinia-* u. *Artemisia*-Arten) ferner Puk von DOCHMAN. GRUBOW u. JUNATOW geben in einer Flora der Mongolischen Republik (1550 Gefäßpflanzenarten) Urk für *Larix sibirica, Stipa*-Arten und drei Chenopodiaceen.

Für die Pflanzengeographie des tropischen Afrika hat AUBRÉVILLE einen aufschlußreichen Vortrag über die afrikanischen Lücken in der tropischen Gehölzflora gehalten. So fehlen dem tropischen Afrika viele Gattungen, wie *Pinus*, die meisten Fagaceen und Juglandaceen ganz und die Lauraceen, Hamamelidaceen, Myrtaceen u. a. sind viel schwächer als in den übrigen Tropen vertreten. Während Südafrika u. a. durch viele Proteaceen und Madagaskar u. a. durch die Cunoniaceengattung *Weinmannia* mit den anderen Südkontinenten verbunden ist, scheint Äquatorialafrika mit diesen nie längere Zeit verbunden gewesen zu sein. Einige Beziehungen der ostafrikanischen Gebirgsfloren zu anderen erörtert HEDBERG (2) anhand der großenteils hybriden Formenkreise der Gentianaceengattung *Sebaea* und einiger *Helichrysum-* und *Senecio*-Arten. Wandlungen der Gehölzflora der Bermudas-Inseln teilt PRAT mit. Von den dort einheimischen 145 Phanerogamen sind 31 Holzpflanzen, davon sechs endemisch. Durch zwei 1942/44 eingeschleppte Homopteren *(Lepiosaphis* und *Carulaspis)* sind 98% der endemischen, früher zahlreichen *Juniperus bermudiana* vernichtet worden; doch kann der Rest gerettet werden, da die Schädlinge durch inzwischen eingewanderte Parasiten genügend dezimiert sind. Schließlich sei noch auf eine Untersuchung von GUILLAUMIN über verwandtschaftliche Beziehungen einiger Phanerogamen von Neu-Caledonien und den Neuen Hebriden verwiesen. Die früher zu den *Tricoccae* gestellte *Trisyngyne* hält er für eine Fagale. Mehrere Arten sprechen für eine durch das ganze Mesozoikum bis ins Tertiär bestehende Landverbindung *(Tasmantis)* mit Queensland und Neuseeland.

5. Arealgeschichte auf paläogeographischer und paläontologischer, besonders palynologischer Grundlage.

E. DAHL stellt neuerdings geomorphologische und biogeographische Tatsachen (u. a. Puk von *Salix herbacea, Dryas* und *Campanula uniflora*) zur Begründung der Ansicht zusammen, daß Teile der norwegischen

Küste mindestens in der letzten Eiszeit nicht vergletschert waren. BERTSCH gibt für Südwestdeutschland Puk der heutigen und früheren Verbreitung von 8 Sumpf- und Wasserpflanzen, die er als „Tertiärpflanzen in der heutigen Flora" bezeichnet, welchen Namen natürlich auch viele Landpflanzen verdienen.

Zur Ergänzung der Berichte über die Floren- und Vegetationsgeschichte seien neuere russische Arbeiten zusammenfassend besprochen. NEUSTADT (1) hat eine Bibliographie der russischen sporen- und pollenanalytischen Literatur von 1906—1951 zusammengestellt und ferner ähnliche Spektralkarten zur spät- und postglazialen Vegetationsgeschichte, wie es zuerst von POST u. RUDOLPH getan haben, (2) für Osteuropa bis zum Kaukasus und Ural (in deutscher Übersetzung von FRENZEL wiedergegeben) und (3) für die ganze UdSSR, beidemal mit je 5 Karten. Ähnlich stellt er (4) Ausbreitung von *Corylus* im europäischen Rußland dar. Aus einem *Sphagnum*moor im Kaukasus in 835 m Höhe gibt er (5) ein AP- und NAP-Diagramm, das abwechselnde Dominanz von *Fagus* und *Alnus* mit geringem Anteil von *Pinus, Carpinus* und Eichenmischwaldelementen zeigt. Mit Spektralkarten auf Grund mehrerer Moorprofile vom Amur und Ussuri stellt er weiter die dortige Ausbreitung des Tertiärrelikts *Pinus koraiensis* dar (6), die auch KOLESNIKOW behandelt, sowie (7) die der *Quercus mongolica* in 5 Karten. Die Vegetationsgeschichte der ganzen UdSSR vom Eozän bis zum späten Miozän belegt POKROWSKAJA mit vier nach den Ergebnissen vieler Pollenanalysen konstruierten Karten. Viele Pollendiagramme aus mindestens drei verschiedenaltrigen Interglazialen stellt GRITSCHUK (1) in seiner Moskauer Dissertation und in einem mit MARKOW, TSCHEBOTAREWA, ASSEJEWA u. a. verfaßten Sammelwerk zusammen; doch erscheint namentlich die Parallelisierung mehrerer russischer und polnischer Interglaziale mit den norddeutschen und dänischen noch recht unsicher. ASSEJEWA u. ANANOWA sind mit Hilfe des Gräser-, Centrospermen- und Artemisia-Pollens besonders der wechselnden Ausbreitung der Steppen nachgegangen. Auch KATZ (4) vergleicht verschiedenaltrige Inter- und Postglazialdiagramme. Ein wahrscheinlich Eem-interglaziales Profil von ROSTOW bei JAROSLAWL haben zuerst TJUREMNOW u. WINOGRADOWA und dann in dichteren Abständen SUKATSCHEW u. NEDOSSEJEWA analysiert. Während die wärmezeitliche Gyttja u. a. *Stratiotes, Brasenia* und *Aldrovanda* führt, enthält der frühglaziale Torf darüber u. a. *Picea obovata* und *Betula nana.* KATZ, der bereits zahlreiche spät- und postglaziale Diagramme aus Nordosteuropa und Sibirien veröffentlicht hat, bespricht (3) die Paläoökologie und Chronologie der Fichtenausbreitung und vergleicht (4) die Ostgrenzen von *Abies* und *Carpinus* im vorletzten und letzten Interglazial und Postglazial. Ferner sucht er (5) mit Hilfe des ersten Auftretens der Eichenmischwaldelemente, das er kartographisch darstellt, die Lage ihrer letzteiszeitlichen Refugien zu bestimmen. Die pflanzlichen Makro- und Mikrofossilien aus den Ausgrabungen der Mammute von der Beresowka und von Taimyr haben ZAKLINSKAJA, TICHOMIROW, KUPRIANOWA, L. SAVICZ (3) und ZENKOWA bearbeitet. Das Mammut hat auch in Sibirien nicht, wie einige Autoren auf Grund von Funden relativ wärmeliebender Arten nördlich ihrer heutigen Grenze annahmen, bis ins Postglazial gelebt, sonder ist, wie C^{14}-Bestimmungen ergeben haben, spätestens in der Allerödzeit ausgestorben. Das spätglaziale Mammut von Taimyr ist mit Torfresten aus einer baumfreien Tundra in eine jüngere Flußterrasse umgebettet worden. SOCZAVA, TICHOMIROW und TOLMATSCHOV haben in mehreren Arbeiten die Ausbreitung der nordasiatischen Coniferen und der hauptsächlich von ihnen beherrschten Taiga behandelt. SOCZAVA gibt in einem vorwiegend zoologischen Werk eine gute Übersicht über die ganze nördliche Waldzone der UdSSR mit 2 farbigen Karten über die regionalen Haupttypen der dunklen und lichten Taiga. TOLMATSCHOV (3) gibt auf Grund seiner umfassenden Forschungen in Sibirien und auf Sachalin eine umfassende Darstellung der heutigen und früheren Verbreitung der dunklen Taiga auf der ganzen Nordhemisphäre mit Urk sowohl der eurasiatischen wie der nordamerikanischen Arten von *Picea*, *Abies*, *Tsuga* und *Pseudotsuga* sowie mehrerer sie begleitender Waldfarne, Vaccinien, Pirolaceen und Kräuter. Er gelangt zum Ergebnis, daß das Ausgangsgebiet dieser Nadelwaldpflanzen nicht in der heutigen Arktis, sondern auf südlicheren Gebirgen innerhalb des heutigen Areals zu suchen ist. Der Autor mehrerer neuer Vegetationskarten der UdSSR LAVRENKO stellt auch (1) in einer schematischen Karte die pflanzengeographische Gliederung der gesamten Paläarktis in 11 Gebiete mit einigen Untergebieten dar und bespricht ihr durch viele paläontologische Untersuchungen geklärtes Alter. In Übereinstimmung mit TOLMATSCHOV hält er das eurasiatische Nadelwaldgebiet für eines der jüngsten der ganzen Paläarktis. Extreme Xerophyten hat es in Mittelasien schon zur Kreide- und Eozänzeit gegeben, aber eigentliche Steppen hat es nach GRITSCHUK, PIDOPLITSCHKO u. a. kaum vor dem Pliozän gegeben, immerhin schon wesentlich früher, als auch LAVRENKO früher angenommen hat. Die Bedeutung der quartären Epeirogenese für die Bildung der Hochgebirgsflora des Kaukasus behandelt CHARKEWITSCH.

Aus Brasilien liegen weitere Untersuchungen von RAMBO über die Geschichte der Regen- und Araucarienwälder am Rio Grande do Sul und ihrer Flora vor. In einer zusammenfassenden Arbeit unterscheidet er 7 Florenschichten, von denen die australantarktische Araucarienflora bis in die Kreidezeit zurückreicht, sich aber erst im frühen Pleistozän mit der im Verlauf des Tertiärs entstandenen Bergflora vermischt hat. Die Grassteppe des trockenen Camp ist wohl erst im jüngeren Tertiär entstanden, doch steht dafür in Südamerika der palynologische Beweis noch aus.

6. Arealgeschichte auf cytogenetischer Grundlage.

Die Cytotaxonomie gewinnt auch für die Arealgeschichte immer größere Bedeutung (s. diese Berichte **16**, 165—168 und **17**, 301—308). Durch die besonders von STEERE an 55 Laubmoosarten aus 18 Familien, Miss MANTON und ihren Mitarbeitern an Farnen fortgesetzten Untersuchungen stellt sich immer klarer ein bisher zu wenig beachteter Unterschied zwischen den alten Archegoniaten einerseits und den oreophytischen Angiospermen der jungen Faltengebirge andererseits heraus. Beide Gruppen stimmen darin überein, daß im allgemeinen die Stammformen thermophiler und hygrophiler als ihre polyploiden oder aneuploiden Abkömmlinge sind (Beispiele einerseits die beiden Unterarten von *Polypodium vulgare* und *Asplenium adiantum-nigrum*, andererseits Sippen von *Caltha, Sorbus, Empetrum* u. a.). Dagegen sind weitaus die meisten der alten Gattungen und Arten der Archegoniaten an kalkfreie, saure Substrate gebunden und die basiphilen Sippen relativ jung, wofür die beiden von MANTON und LOVIS entdeckten Unterarten von *Asplenium trichomanes* ein besonders instruktives Beispiel sind: Die diploide ist kalkmeidend, die tetraploide kalkhold. Auf den jungen Faltengebirgen, die zumeist erst im Tertiär mit einem dicken Mantel karbonatreicher Sedimente aufgetaucht sind, überwiegen sowohl unter den Endemiten wie unter den Diploiden der Vikaristenpaare basiphile Sippen, von denen erst nach der Bloßlegung des Urgesteins kalkmeidende, oft polyploide Vikaristen abgezweigt sind (viele Beispiele von Cyperaceen, Gramineen, Caryophyllaceen, Compositen u. a.). Einen zusammenfassenden Bericht über die Gras-Arbeiten NYGRENs und anderer Skandinavier gibt MELDERIS. PRIME behandelt die nordeuropäischen *Arum*-Sippen. Zwischen *A. maculatum*, das sowohl diploide wie polyploide Sippen umfaßt, und dem anscheinend regelmäßig hexaploiden, im Nordseegebiet fehlenden *italicum* steht das dieses dort vertretende, ebenfalls hexaploide *A. neglectum*. Auch *Caltha palustris* ist dort nach PANIGRAHI nur durch polyploide Sippen vertreten, ebenso in Polen nach ZURZYCKI *Pinguicula vulgaris* und *bicolor*, wogegen die basiphile *alpina* auch dort diploid ist. Die Untersuchungen von LILJEFORS an den skandinavischen SORBUS-Formen bestätigen, daß Kreuzungsprodukte von *Sorbus aria* und *torminalis* untereinander und mit *S. aucuparia* (Flk) wesentlich weiter nach Norden reichen als die erstgenannten Arten. Als *S. Meinichii* sind neben sexuellen Bastarden zwischen *S. aucuparia* und *S. hybrida (= fennica = aria × aucuparia)* auch triploide und tetraploide zusammengefaßt worden. Die im Ostseegebiet weitverbreitete *S. intermedia (= suecica* p. p.) ist ein Kreuzungsprodukt der heute nur bis zu den dänischen Inseln reichenden *S. torminalis*. Von den von LARSEN u. a. cytologisch untersuchten 21 *Lotus*-Arten erwiesen sich 5 (darunter *angustissimus* und *uliginosus*) als diploid, 11 (darunter die meisten *corniculatus*-Formen) als tetraploid und 3 als oktoploid. EHRENDORFER u. LÖVE setzen ihre cytogenetischen Untersuchungen an *Galium* fort. Aus dem Formenkreis des *G. boreale* scheint nach LÖVE in Europa und Westasien nur das tetraploide *boreale*, in Nordamerika und Ostasien nur das hexaploide *septentrionale* vertreten (Urk). EHRENDORFER (1) untersucht in seinem 4. Beitrag zur Phylogenie von *Galium* die „hybridogene Introgression" zwischen submediterranen *G. rubrum* und dem weitverbreiteten *G. pumilum*. Seine Flk für das Alpengebiet zeigt, daß oktoploide Kreuzungsprodukte mit *G. pumilum* s. str. und *anisophyllum* viel weiter gegen die Nordalpen ausstrahlen als *G. rubrum*, das in den Südalpen ebenso wie *G. anisophyllum* ssp. *alpestre* auch nur durch oktoploide Formen vertreten scheint. Experimentell zeigt er, daß sich oktoploide Sippen leichter kreuzen lassen als die diploiden und tetraploiden von *G. pumilum*.

Literatur.

ABRAMOW, A. u. I.: Plantae cryptog. Inst. Komarov. **8**, 357—374 (1953); **9**, 649—665 (1954). — ABRAMOWA, A., A. K. LADYSHENSKAJA u. L. SAVICZ: Flora plant. cryptog. USSR **3**, 331 S. 1954. — ABRAMS, L.: Flora of the Pacific Coast **1**—3, 3420 (1955). — ADAMS, W. A.: J. of Ecol. **43**, 709—718 (1955). — ALMQUIST, E. (s. auch SAMUELSSON): Sv. bot. Tidskr. **49**, 170—180 (1955). — AMAKAWA, T. A., and S. HATTORI: J. Hattori Biol. Lab. **14**, 71—90 (1955). — ANANOWA, E.: Bot. J. **39**, 343—356 (1954). — ANGELY, J.: Flora de Paraná. Curitiba (1954). — ARÈNES, J.: C. r. Soc. Biogéogr. **257/258**, 14—20 (1953). — ARIETTI, G., L. FENAROLI e V. GIACOMINI: Ediz. Orobiche Bergamo, 58 S. 1955. — AUBRÉVILLE, A.: C. r. Soc. Biogéogr. **278**, 42—49 (1955).

BALME, O. E.: J. Ecol. **42**, 234—240 (1954). — BARANOW, P. A.: Bot. J. **38**, 669—695 (1953); **40**, 206—226 (1955); **40**, 548—552 (1955). — BERHAUT, J.: Flore du Sénégal, 300 S. Dakar 1954. — BERTSCH, K.: (1) Flechtenflora v. Süddeutschland. Stuttgart: Ulmer 1955. — (2) Jahresh. Ver. vaterl. Naturk. Württemb. **110**, 136—170 (1955). — BLACKMAN, G. E., and A. J. RUTTER: J. Ecol. **42**, 629—638 (1954). — BORISSOWA, A.: Notul. syst. Herb. Inst. Komarov. **15**, 321—324 (1953).— BORSOS, O.: Ann. biol. Univ. Hungar. **2**, 183—192 (1952). — BOUREAU, E., et M. L. TARDIEU-BLOT: C. r. Soc. Biogéogr. **282**, 107—114 (1955). — BUCH, H., u. R. TUOMIKOSKI: Arch. Soc. zool. bot. fenn. Vanamo Suppl. **9**, 3—29 (1955). — BUTCHER, R. W.: J. Ecol. **42**, 249—257 (1954). — BYKOW, B.: Bot. J. **39**, 549—559 (1954).

CHARKEWITSCH, S.: Bot. J. **39**, 498—514 (1954). — CIFERRI, R., e R. TOMASELLI: Taxon **4**, 190—192 (1955). — CORRELL, D. S.: Flora of Texas **1**, 1—122 (1955).

DAHL. E. I.: Bull. Geol. Soc. Amer. **66**, 1499—1519 (1955). — DE LONGHE, J. E., et L. REICHLING: Bull. Soc. Nat. Luxemb. **59**, 133—148 (1955).—DOCHMAN, H. I.: Mugodshar. Moskau 1954, S. 235.

EHRENDORFER, F.: (1) Österr. Bot. Z. **102**, 195—234 (1955). — (2) Bot. Jb. **76**, 516—551 (1955).

FEINBRUN, N.: Palestine J. Bot. **6**, 71—95 (1953). — FENAROLI, L.: Flora delle Alpi, ed. 2, 370 S., 84 Taf. Milano: Martello 1955. — FOERSTER, K.: Der Steingarten. Berlin: Neumann 1955. — FRENZEL, B.: Erdkunde **9**, 40—53 (1955).

GADSHIEW, W.: Bot. J. **37**, 66—70 (1952). — GAMS, H.: Feddes Repert. **58**, 80—92 (1955). — GAUSSEN, H.: (1) Année biol. **31**, 245—480 (Colloques intern. **59**: Les divisions écol. du Monde) (1955). — (2) Suppl. Soc. Biogéogr. **75**—80 (1955). — (3) Veröff. Geobot. Inst. Rübel **31**, 90—123 (1955). — GIACOMINI, V., e S. PIGNATTI: Fondaz. Problem. Arco Alp. **12**, 194 S., 6 Taf. 1955. — GINIEIS, CH.: C. r. Soc. Biogéogr. **266**, 6—10 (1954). — GJAEREVOLL, O., u. R. JÖRGENSEN: Fjellflora Norw. Oslo (1952), schwed. 160 S. Stockholm 1954. — GOJDICS, M.: Euglena, 268 S. Wisconsin 1953. — GOODSPEED, TH. H.: Chronica Bot. (Waltham, Mass.) **16**, XXII, 536 (1954). — GORODKOW, B., O. KUSENEVA u. a.: Flora v. Murman **1** u. 2, 254 S. 1953/54. — GRIGORJEW, J. S.: (1) Arb. d. Tadshik. Fil. Wiss. Akad. **18**, 129—139 (1951). — (2) Unters. über Xerophilisation, 157 S. Akad. Verl. 1953. — GRITSCHUK, W. P.: (1) Arb. Geogr. Inst. Moskau **46**, 6—202 (1950).— (2) mit K. MARKOW u. a.: Mater. z. Paläogeogr. 296 S. 1954. — GROSSHEIM, A.: Flora Kawkasa ed. 2. **4**, 311 S. 1953; **5**, 453 S. 1955. — GRUBOW, W., u. A. JUNATOW: Bot. J. **37**, 45—64 (1952). — GUILLAUME, A.: C. r. Soc. Biogéogr. **278/280**, 68—77 (1955). — GUILLAUMIN, A.: C. r. Soc. Biogéogr. **271**, 38—40 (1954). — GUINEA, E.: Bol. Inst. forest. Madrid **71**, 181 S. 1954. — GUINIER, PH.: C. r. Soc. Biogéogr. **277**, 22—27 (1955). — GULISSASHWILI, W.: Bot. J. **40**, 18—32 (1955). — GUYOT, A. L.: C. r. Soc. Biogéogr. **268**, 18—19 (1954).

HAMMERMANN, A., u. E. SCHASS: Heilpfl. d. UdSSR. Akad.-Verl. 1954. — HARA, H.: Spermatoph. Japon. **3**, Tokyo 1954. — HÅRD AV SEGERSTAD: Göteborgs Vet. o. Vitt. Samh. Handl. 7. R. B **6**, 1—37 (1955). — HEDBERG, O.: (1) Bot. Notiser **108**, 161—183 (1955). — (2) Webbia **11**, 471—487 (1955). — HEIM, R.: (1) mit M. LE GAL: Prodr. Flore mycol. de Madagascar, 465 S. 1953. — (2) Flore iconogr. d. Champignons du Congo **4**, 97 S. 1955. — (3) Bull. Jard. bot. Bruxelles

25, 91 (1955). — HEINEMANN, P.: Flore icon. d. Champ. du Congo, 1954/56. — HESLOP-HARRISON, Y.: J. Ecol. 43, 342—364, 719—734 (1955). — HILLIER, L.: Ann. sci. Univ. Besançon 2. Ser. 3, 1—221 (1954). — HODGE, W.: Lloydia 17, 3—238 (1954). — HÖHN, W.: Ber. schweiz. bot. Ges. 65, 527 (1955). — HOEHNE, F. C.: Flora Brasilica 1—10 (1940—1953). — HOLTTUM, R. E.: Flora of Malaya ed. 2, 643 S. Singapore 1954. — HRYNIEWIECKI, B.: Monogr. Bot. Warschau 2, 1—76 (1954). — HUBER-PESTALOZZI, G.: Binnengewässer 16, 1—606 (1955). — HUBER, H.: Ber. schweiz. bot. Ges. 65, 431—458 (1955). — HUMBERT, H.: (1) mit H. PERRIER DE LA BÂTHIE u. a.: Flore de Madagascar, 7. Lief 1955. — (2) Année biol. 31, 439—448 (1955).

IGOSCHINA, K.: Not. syst. Herb. Inst. Komarov. 17, 461—517 (1955). — ILJIN, M.: Bot. J. 38, 215—231 (1953). — ILJINSKAJA, I.: Flora et Syst. plant. vasc. 10, 7—123 (1955). — IWANINA, L.: (1) Flora et Syst. plant. vasc. 11, 198—302 (1955). — (2) Notul. syst. 17, 386—393 (1955). — IWANOW, N., u. N. TURBIN: Bot. J. 37, 798—842 (1952); 39, 90—100 (1954).

JACOBSEN, H.: Handbuch der sukkulenten Pflanzen 1—3, 1342. Jena: G. Fischer 1954/55. — JASNOWSKI, M.: Ochrona Przyrody 23, 204—212 (1955). — JELENC F.: Bull. Soc. Géogr. et Archéol. d'Oran 72—76, 1525 (1955). — JENTYS-SZAFEROWA, J.: Ochrona Przyrody 23, 34—57 (1955). — JONES, V., and P. W. RICHARDS: J. Ecol. 42, 639—650 (1954). — JOVET-AST, S.: Rev. bryol. et lichénol. 24, 240—247 (1955).

KARAWAJEW, M.: (1) Notul. syst. Herb. Inst. Komarov. 15, 182—196 (1953). — (2) Notul. syst. Herb. Inst. Komarov. 16, 233—236 (1954). — (3) Notul. syst. Herb. Inst. Komarov. 17, 112—121 (1955). — KARJAGIN, I.: Flora v. Apscheron, Baku 1952. — KATZ, N.: (1) Bull. Natur f. Ges. Moskau, Biol. Abt. 57, 52—63 (1952). — (2) Mat. z. Quartär d. UdSSR Geol. Inst. Akad. 3, 39—48 (1952). — (3) mit S. KATZ: Doklady Akad. 90, 655—658 (1953). — (4) Bull. Naturf. Ges. Moskau, Biol. Abt. 60, 49—69 (1955). — (5) Trud. Komm. Quart. 12, 54—69 (1955). — KEAY, R. W., and F. A. STAFLEU: Med. Bot. Mus. Utrecht 114, 594—599 (1952). — KEZCHOWELI, N.: Flora Grusii, Tbilissi 7, 702 (1952); 8, 790 (1953). — KIRCH-HEIMER, F.: Z. Bot. 43, 279—317 (1955). — KIRPITSCHNIKOW, M.: Bot. J. 39, 616—622 (1954). — KOLESNIKOW, B. P.: Komarov-Lesungen Wladiwostok 4, (1954). — KORNAS, J.: Monogr. Bot. Polsk. Tow. Bot. 3, 1—211 (1955). — KOSO-POLJANSKY, B. M.: Bot. J. 38, 830—845 (1953). — KOSSINSKAJA, E.: Flora Cryptog. USSR 2, 1—163 (1952). — KOSLOWSKAJA, N.: Notul. syst. Herb. Inst. Komarov. 17, 30—42 (1955). — KRÄUSEL, R. (mit H. MERXMÜLLER u. H. NOTH-DURFER): Mitteleurop. Pflanzenwelt 1—10, 168 Taf. v. CASPARI u. GROSSMANN. Hamburg 1954. — KREH, W.: Jahresh. Ver. f. vaterl. Naturk. Württemb. 106, (1950); 109, 63—82 (1954); 110, 199—211 (1955). — KRÜSSMANN, G.: Nadelhölzer. Berlin-Hamburg: Paul Parey 1955. — KRUGANOWA, E.: Flora et Syst. plant. vasc. 11, 161—197 (1955). — KRYLOV, G.: Bot. J. 39, 250—255 (1954). — KULCSAR, G.: Ann. Biol. Univ. Hungar. 2, 245—249 (1954). — KUPRIANOWA, L.: (1) Notul. syst. 15, 349—365 (1953). — (2) Flora USSR 20, 437—439 (1954); 21, 109—111, 144 bis 163, 244 (1954). — KURSSANOW, L.: Flora d. niederen Pflanzen 1—2, Moskau 1953.

LARSEN, K.: Dansk Bot. Tidsskr. 51, 205—211 (1954); 52, 8—17 (1955). — LAVRENKO, E. M.: (1) Geogr. Ser. d. Nachr. d. Wiss. Akad. 2, 17—28 (1951). — (2) Bot. J. 38, 846—852 (1953). — LAWRENCE, G. H. M.: Introduction to Plant Taxonomy. 179 S. New York: Macmillan 1955. — LAZARENKO, A. S.: Moosflora d. Ukraine ed. 2., 466 S. Kiew 1955. — LEBEDEW, D. W.: Einführung in die bot. Literatur d. UdSSR. Akad.-Verl. Moskau-Leningrad 382 S. (1956). — LETTAU, G.: Feddes Repert. 57, Beih. 1—94 (1955). — LILJEFORS, A.: Acta Horti Berg. (Stockholm) 16, 277—329 (1953); 17, 47—111 (1955). — LINCZEVSKY, I.: Notul. syst. Herb. Komarov. 16, 479—485 (1954). — DE LITARDIÈRE, R.: Prodr. de la Flore Corse 3, 2 (1955). — LÖVE, A., and D.: Amer. Midland Nat. 52, 88—105 (1954). — LOUSLEY, J. E.: Conf. Rep. Bot. Soc. Brit. Isl. 4, 187 S. (1955). — LUBELSKA, B.: Fragm. flor. et geobot. 1, 87—95 (1953). — LYSSENKO, T. D.: (1) Bot. J. 38, 44—56 (1953). — (2) Westn. Akad. Nauk 25, No. 11, 8—19. (1955).

McVEAN, D. N.: J. Ecol. 41, 447—466 (1953); 43, 46—71 (1955) 44, 194—225 (1956). — MADALSKI, J.: Atlas Flory Polskiej, Staatsverl. Warschau-Breslau 1—3, (1954/55). — MAIRE, R.: Flore de l'Afrique du Nord 3, 399 (1955). — MALENÇON,

M. G.: Bull. Soc. Mycol. France 68, 297—326 (1952); 70, 117—156 (1954). — MANTON, I., J. D. LOVIS, M. G. SHIVAS and S. WALKER: Conf. Bot. Soc. Brit. Isl. 4, 90—106 (1955). — MATHIAS, M. E., and L. CONSTANCE: Univ. California Publ. 27, 347—416 (1955). — MATHON, CL. CH.: (1) C. r. Soc. Biogéogr. 269, 19—21 (1954). — (2) Bull. Soc. Bot. France 102, 322—328 (1955). — MEDWECKA-KORNAS, A.: (1) Fragm. flor. et geobot. 1, 7—15 (1953). — (2) Ochrona Przyrody 23, 1—111 (1955). — MELDERIS, A.: Conf. Bot. Soc. Brit. Isl. 4, 140—159 (1955). — MEUSEL, H.: Wiss. Z. Univ. Halle 4, 21—35 (1954) u. 5, 297—333 (1955). — MISCHKIN, B.: Flora v. Chibiny, Akad.-Verl. Moskau-Leningrad, 112 S. 1953. — MOSER, M.: Kleine Kryptogamenflora 2b, ed. 2., 327 S. 1955. — MYCKOWSKI, ST.: Fragm. flor. et geobot. 2, 49—54 (1956).

NEUSTADT, M. I.: (1) Sporen-Pollen-Methode in USSR. Akad.-Verl. 222 S. 1952. — (2) Geogr. Ser. Nachr. Wiss. Akad. 1, 32—48 (1953). — (3) Geogr. Ser. Nachr. Wiss. Akad. 5, 5—15 (1955). — (4) Bot. J. 38, 330—349 (1953). — (5) Dokl. Akad. Nauk 102, 617—619 (1955). — (6) Dokl. Akad. Nauk 86, 425—428 (1952). — (7) Arb. Geogr. Inst. Akad. Moskau 63, 128—138 (1954). — NEUSTRUIEWA-KNORRING, O., u. S. TAMAMSCHIAN: Notul. syst. Herb. Komarov, 16, 463—467 (1954). — NOGUCHI, A.: J. Hattori Bot. Lab. 12, 1—26 (1954). — NYHOLM-TUFVESSON, E.: Illustr. Moss Flora of Fennoscandia Bd. II, 1—2, 189 S. Lund (1955/56).

OHWI, J.: Flora v. Japan (japanisch 1953).

PANIGRAHI, G.: Conf. Bot. Soc. Brit. Isl. 4, 107—110 (1955). — PAWLOW, N.: Bot. J. 38, 378—385 (1953). — PAWLOWSKI, B.: Fragm. flor. et geobot. 2, 27—48 (1954). — PENZES, A.: Bot. Közlem. 45, 275—281 (1954). — PHILLIPS, M. E.: J. Ecol. 42, 612—622 (1954). — PICHON, M.: Bol. Soc. Broter. 27, 73—153 (1953).— PIGOTT, C. D., and S. M. WALTERS: J. Ecol. 42, 95—116 (1954). — PIGOTT, C. D.: J. Ecol. 43, 369—387 (1955). — POBEDIMOWA, E.: Notul. syst. Herb. Komarov. 16, 245—257 (1954). — PODPERA, J.: (1) Acta Acad. Sci. Moravo-siles. 15 (1943) bis 23 (1951). — (2) Consp. Muscorum Europ. Prace československ. Akad. 697 S. 1954. — POJARKOWA, A.: (1) Notul. syst. 15, 92—108 (1953). — (2) Flora USSR 20 (1954); 21, 188—192 (1954); 22, 1—116 (1955). — POKROWSKAJA, J.: Bot. J. 39, 241—250 (1954). — POLUNIN, N., W. STEERE u. a.: Bot. Rev. 20, 361—476 (1954). — POPOV, M.: (1) Bot. J. 36, 650 (1951). — (2) Bot. J. 38, 742 (1953). — (3) Bot. J. 40, 103 (1955). — PORSILD, A. E.: Bull. Nat. Mus. Canada 135, 226 (1955). — PRAT, H.: Bull. Soc. Bot. France 102, 17—23 (1955). — PRIME, C. T.: (1) J. Ecol. 42, 241—248 (1954). — (2) Rep. Bot. Soc. Brit. Isl. 4, 136—139 (1955). — PROKUDIN, J.: Notul. syst. 16, 59—64 (1954).

RAMBO, B.: Anais Bot. Herb. Barbosa Rodrigues 3, 7—39, 55—91 (1951); 5, 3—50 (1953). — RAYMOND, M.: Mém. Jard. Bot. Montréal, 23 S. 1951. — REGEL, C.: Ber. schweiz. bot. Ges. 65, 251—262 (1955). — REICHLING, L.: (1) Bull. Soc. Nat. Luxemb. 59, 57—88 (1955). — (2) Arch. Inst. Gr. Duch. Luxemb. 22, 123 bis 145 (1955). — REPO, R.: Arch. Soc. zool. bot. fenn. Vanamo 9, suppl., 288—313 (1955). — RITCHIE, J. C.: J. Ecol. 42, 623—627 (1954); 43, 701—708 (1955). — RIVAS-GODAY, S., u. E. PEREZ-ARBELAEZ: Flora d. Nuevo Reino de Granada, Taf. v. J. C. MUTIS. Madrid 1954 ff. — ROBYNS, W., et R. TOURNAY: Flore d. Spermatophytes du Parc Nat. Albert 3, 571 (1955). — ROLL, J., u. O. KORSCHIKOW: Süßwasseralgen d. Ukraine 5, 440 S. 1953. — ROSS-CRAIG, ST.: Drawings of Brit. Plants, London 6, 56 Taf. 1952; 7, 76 Taf. 1954. — VAN ROYEN, P.: Med. Bot. Mus. Utrecht 119, 215—263 (1955). — RYDBERG, P. A.: Flora of the Rocky Mts. ed. 2., 1155 S. 1954.

SAAKOW, S. P.: Palmen in USSR. Komarov-Inst. 319 S. 1954. — SAMUELSSON, G.: K. Sv. Vet. Akad. Handl. IV 5, 10 S. + 123 S. Karten (1954). — SAPPA, FR.: Allionia 2, 269—292 (1955). — SAUVAGE, CH., et J. VINDT: Flore du Maroc 2, 267 S. 1954. — SAVICZ-LJUBICKAJA, L. I.: (1) Plant, cryptog. 9, 495—634 (1953). — (2) mit A. ABRAMOWA u. K. LADYZHENSKAJA: Flore plant. cryptogam. URSS 3, 331 S. 1954. — (3) mit A. ABRAMOWA: Bot. J. 39, 594—603 (1954). — (4) Notul. syst. Inst. cryptog. 6, 207—212 (1950). — SAXER, A.: Beitr. geobot. Landesaufn. d. Schweiz 36, 198 S. 1955. — SCHISCHKIN, B. K.: (1) mit E. BOBROV, S. JUZEPCZUK, A. POJARKOWA u. a.: Flora URSS 19, XXIV + 752 S. (1953); 20, XVII + 556 S. (1954); 21, XXII + 704 S. (1954); 22, XVII + 556 S. (1955). — (2) mit denselben: 8. Aufl. v. MAJEWSKYs Flora v. Mittelrußland, 912 S. 1954. — (3) Bot. J. 39,

224—227 (1954). — Schwarz, U.: Beitr. geobot. Landesaufn. d. Schweiz 35, 143 S. 1955. — Scurfield, G.: J. Ecol. 42, 225—233 (1954). — Sjörs, H.: Acta Phytogeogr. Suec. 34, 135 (1954). — Smirnowa, Z.: (1) Plant. cryptogam. 8, 403—415 (1953). — (3) Auszug aus Diss. Leningrad, 211 S. 1953. — Soczava, V.: Tierwelt d. USSR 4, 5—61 (1953). — Sokolow, S.: (1) Bäume u. Sträucher d. USSR 1 (1949); 2, 1—612 (1954); 3, 1—871 (1954). — (2) Introduct. Plant. 4, 7—26 (1955). — Sosnowsky, D., u. Mitarb.: Flora v. Aserbaidshan 2, 318 (1952); 3, 408 (1953). — Stafleu, F. A.: Med. Bot. Inst. Utrecht 124, 405—411 (1954); 125, 465—480 (1955). — Steere, W. C.: (1) Bryologist 55, 259—260 (1952). — (2) Contrib. Arct. Res. Labor. 29—47 (1953). — (3) Bot. Gazette 116, 93—133 (1954). — Stehle, H.: C. r. Soc. Biogéogr. 269, 21—24 (1954). — Stordal, J.: Blyttia 13, 71—78 (1955). — Sukatschew, W. N., u. A. K. Nedossejewa: Dokl. Akad. Nauk. 94, 1171—1174 (1954). — Szafer, W., u. Mitarb.: Veröff. Naturschutzkomm. d. Poln. Akad. 10, 1—326 (1955).

Takaki, N.: J. Hattori Bot. Lab. 14, 1—28,15, 1—69 (1955). — Thorold, C. A.: J. Ecol. 43, 219—225 (1955. — Tichomirow, B. A.: (1) Mater. z. Gesch. d. Flora u. Veg. d. USSR 2, 491—537 (1946). — (2) Bot. Ser. d. Mat. z. Flora u. Fauna d. Mosk. naturforsch. Ges. 6, 105 (1949). — (3) Dokl. Akad. Nauk 71, 753—755 (1952). (4) mit L. Kuprianowa: Dokl. Akad. Nauk 95, 1313—1315 (1954). — Tjuremnow, S., u. E. Winogradowa: Wiss. Schr. d. Jaroslawer Pädag. Inst. 14, 229—254 (1952). — Tolmatschov, A. I.: (1) Bot. J. 38, 530—555 (1953). — (2) Notul. syst. Herb. Komarov. 16, 29—38 (1954). — (3) Geschichte d. Entstehung u. Entwickl. d. dunkl. Taiga, Akad. Verl. 156 S. 1954. — Tryon, R. M.: (1) mit Fasset, Dunlop u. Diemer: Pteridophyta of Wisconsin 2. ed. VI + 158 S. 1953. — (2) Pteridophyta of Minnesota. 166 S. Minneapolis 1954. — Turbin, N. W.: Bot. J. 37, 798—818 (1952). — Turrill, W. B., Milne-Redhew a. o.: Flore of Trop. East Africa, Onagrac. u. Trapac. von J. P. M. Brenan. 26 S. 1953.

Van den Berghen, C.: Bryophyta in Flore gén. de Belgique 1, 131 S. 1955. — Vicios, C.: Bol. Inst. forestal Madrid 51 (1945); 57 (1950); 67, 160 (1953); 72, 104 (1955).

Wassilczenko, I.: (1) Flora et syst. pl. vasc. 10, 124—269 (1953). — (2) Notul. syst. 15, 132—144 (1953); 16, 192—197 (1954). — Wassiljew, I.: Bot. J. 38, 737—742 (1953). — Wassiljew, W.: Notul. syst. 15, 214—228 (1953); Flora USSR 19, 80—95 (1953). — Wassilkow, B.: Bot. J. 39, 681—693 (1954). — Watson, E. V.: Brit. Mosses a. Liverworts. 435 S. Cambridge Univ. Press. 1955. — Webb, D. A. J. Ecol. 43, 319—330 (1955). — Wedensky, A.: Flora d. Kirgis. Rep. 3, 150 S. 1951. — Wilczek, R.: Phaseoleae in Flore du Congo Belge 6, 260—409 (1954). — Winogradow, M. u. T.: Bot. J. 38, 234—245 (1953). — Woronichin, N.: Plantae cryptog. 9, 5—104 (1954). — Wycherley, P. R.: J. Ecol. 41, 275—288 (1952).

Zaklinskaja, E. D.: Dokl. Akad. Nauk 98, 471—474 (1954). — Zenkowa, E.: Bot. J. 39, 915—917 (1954). — Zerov, D., Kotov u. a.: Flora d. Ukraine 4, 691 S. 1952. — Zielinska, J.: Fragm. flor. et geobot. 2, 168—172 (1956). — Zurzycki, J.: Fragm. flor. et geobot. 1, 16—31 (1953).

b) Floren- und Vegetationsgeschichte seit dem Ende des Tertiärs.

Von Franz Firbas, Göttingen.

1. Methodik.

Wesentliche Fortschritte sind weiterhin von einer vertieften Bestimmung der Pollen- und Sporenformen zu erwarten, und zwar um so mehr, je mehr auf allen Kontinenten, auch in den Tropen und Subtropen, pollenführende Ablagerungen gefunden werden. Solche Arbeiten befriedigen am meisten, wenn sie von taxonomischen Gesichtspunkten ausgehen, wie z. B. die *Polygonum*-Monographie Hedbergs (vgl. Fortschr. Bot. **12**, 95) oder die *Centaurea*-Arbeit von Wagenitz (1). Das erfordert freilich so viel Zeit, daß in neuen Untersuchungsgebieten zunächst nur die Pollenformen der in der Vegetation vorherrschenden oder besonders bezeichnenden Arten studiert werden können.

Bibliographie und Institutsberichte. Erdtman [(2); Institut in Bromma (3)], Godwin [(2); Institut in Cambridge]. Kouprianowa (70 Pollenlaboratorien mit etwa 350 Mitarbeitern in den URSS). Movius u. Field (Altweltliches Paläolithikum). C. Troll (Akad. Mainz).

Palynologie im Allg. Van Campo [(1); Geschichte in Frankreich]. — Mullenders. — Van der Hammen (Nomenklatur). — Schmitz (2). — Sittler (1, 2). — Straka (1, 2, 3). — Van Zinderen-Bakker [(1); Südafrika]. — Wilson; Kuyl, Muller u. Waterbolk (Erdöl-Geologie).

Pollenmorphologie und -bestimmung. Steffen (Sammelreferat über den submikroskopischen Wandbau). Afzelius, Erdtman u. Sjöstrand (*Lycopodium*, Elektronenmikroskopie). Bringmann u. Kühn (Elektronenmikroskopie). Auer, Salmi u. Salminen (wichtigste Formen in Fuego-Patagonien). Wagenitz [(2); Pollengröße und Ernährungsbedingungen einiger Getreide]. Sörgel (Temperatur und Sporengröße bei Pilzen). Brun (Geometrische Formen der Pollenkörner). Van Campo [(2); *Abies*- und *Tsuga*-Bastarde]. Cookson u. Pike (*Nothofagus*). Dahl (*Icacinaceae*). Donner [(1); *Alnus glutinosa* und *incana*]. Erdtman [(1); *Alnus glutinosa* und *incana*; vgl. auch Fortschr. 16, S. 181]. Faegri (*Leguminosae*). Coetzee (*Acacia*). Larrival (*Umbelliferae*). Manum (*Gomphrena, Chrysanthemum*). Shimada (Pliozäne Arten Japans). Wagenitz [(1); *Centaurea*-Monographie].

Pollenverbreitung. Scamoni [(1); Pollenflug in Eberswalde im Jahresverlauf 1933—36 und 1949, Beziehungen zur Witterung, (2); Sammelreferat]. Dengler † [(1, 2); Die „Filterwirkung" von Hochwäldern ist gering, der Pollengehalt der Luft in der Umgebung von Waldbeständen recht gleichmäßig. Beides spricht für einen hohen regionalen Anteil im Pollenniederschlag, vgl. Firbas, Waldgeschichte I, S. 22]. Pinto da Silva (Täglicher Pollenniederschlag in Lissabon 1952 u. 1953, viel Oleaceen).

Bestimmung von Großresten. Brouwer u. Stählin (Landwirtschaftliche Samenkunde). Hopf (Beim Verkohlen von Körnern einiger Getreide Verkürzung der Länge, Zunahme der Breite). Grohne [(1); Dünnschnitte von Holzkohlen nach Imprägnierung mit Glyceringelatine).

Sedimente und Böden. Livingstone [(1); Bohrgerät für Seeablagerungen]. Potzger (Moor- und Erdbohrer für Dauerfrostböden). Andersen u. Gundersen (Chlorophyll- und Carotin-Derivate in letztinterglazialer Gyttja in Dänemark).

Deevey (Bedeutung der Paläolimnologie für die Ableitung der Arealentwicklung). Troels-Smith [(2); Versuch, organogene Sedimente durch den geschätzten Anteil von 17 anorganischen und organischen Komponenten zu kennzeichnen; Vorschläge für Signaturen]. Tüxen (Auswertung vorgeschichtlicher Brandspuren in Heideböden zur Deutung der Vegetationsentwicklung). Mikkelsen (Die Hypothese von Kullenberg, wonach der Salzgehalt der Sedimente demjenigen entspricht, der zur Zeit ihrer Bildung am Meeresboden geherrscht hat, ließ sich an Hand ihrer Diatomeen-Flora nicht bestätigen).

Tierische Reste. Grospietsch [Rhizopoden in Lappland (1) und allgemein auf Hochmooren (2; erläutert an einem Diagramm aus dem Gifhorner Moor, vgl. Fortschr. Bot. 15, S. 134)]. Lüttig (Heranziehung fossiler Ostracoden zur Deutung der Standortsbedingungen am Beispiel des Interglazials von Elze bei Hannover).

Altersbestimmungen mit der Radiocarbon-Methode. Neben der Überführung des C in gasförmige Verbindungen (Vgl. Fortschr. Bot. 17, 334) besteht ein weiterer Fortschritt in der Ausschaltung der durch die Kohlenverbrennung bewirkten Anreicherung der Luft an altem C durch Bezugnahme auf Holz aus der Mitte des vorigen Jahrhunderts. Bedauerlich ist, daß Bestimmungen an Geweihen offensichtlich unrichtige Werte ergeben (Münnich, Suess mündl.). Zusammenstellungen neuer Datierungen finden sich bei Suess, Rubin u. Suess (Washington) und Preston, Person u. Deevey (Yale). Eine Bibliographie der rasch anwachsenden Literatur zur C[14]-Methode verdankt man Levi, Godwin (1) berichtet über das 1954 abgehaltene Symposium in Kopenhagen.

2. Das Quartär bis zur letzten Eiszeit.

Die Grenze Pliozän/Pleistozän liegt zwar im Prinzip fest (vgl. Fortschr. Bot. 12, 101). Trotzdem ist es oft noch schwierig, einzelne Fundstellen richtig einzuordnen. Auch über die altpleistozänen Warmzeiten herrscht noch keine Übereinstimmung. Immerhin gelingt es immer besser, die vegetationsgeschichtliche Eigenart der einzelnen Interglaziale nachzuweisen und stratigraphisch auszuwerten. Für Nordwestdeutschland haben Rein (älteres Pleistozän) und von der Brelie (3: jüngeres Pleistozän) verdienstvolle Übersichten gegeben.

So glaubten Wirtz u. Illies (vgl. Fortschr. Bot. 14, 176) Torflager im Kaolinsand der Insel Sylt ins Altpleistozän (Cromer-Stufe) stellen zu können. Pollenanalysen von Thomson sowie von Weyl, Rein u. Teichmüller lehren aber eindeutig, daß sie in die Reuver-Stufe (Oberpliozän) gehören. Ein Ton von Morschenig im Niederrheingebiet mit viel Pollen von *Pinus* und *Alnus* und nur noch wenig „tertiären" Arten wird hingegen von Grebe schon der altdiluvialen Tegelenzeit zugeordnet. Schwierig ist, daß zwischen Reuver und Tegelen auch nach Breddin noch eine weitere Warmzeit liegen soll (vgl. Fortschr. Bot. 16, 183: „Prätiglien" v. Florschütz).

Die bis 150 m mächtigen Diluvialablagerungen Südwest-Hollands haben Doppert u. Zonneveld gegliedert. Zwischen der Tegelenzeit mit *Azolla tegeliensis* und dem Neede-Interglazial (Holstein-I. = Mindel-Riß) liegen hier Schichten, in denen neben *Carya*, *Pterocarya* und *Tsuga* schon die als Leitfossil des Neede-Interglazials geltende *Azolla filiculoides* auftritt, deren Zeigerwert damit verringert wird. In diesen Abschnitt, also zwischen Tegelen und Neede, soll das Cromer-Interglazial fallen, dessen älterem Abschnitt Zagwijn u. Zonneveld Ablagerungen bei Westerhoven in Südholland zuordnen. Die Anwesenheit von *Pterocarya*, *Carya* und *Tsuga* einerseits, *Azolla filiculoides* andererseits bestimmt (neben Schwermineralanalysen) die Einordnung. Dieser Altersstellung des Cromer-Interglazials stimmt auch Godwin (2) zu, während das zur Zeit in Cambridge ebenfalls in Bearbeitung begriffene Interglazial von Hoxne ein Mindel-Riß-(Holstein-)Interglazial ist.

Auch in den südlichen Alpen, wo altbekannte, überaus reiche Fundstellen liegen (Leffe, Pianico-Sellere, Re), die von Lona u. a. neu bearbeitet werden, sind die älteren diluvialen Aufschlüsse noch schwer zu verstehen. Venzo (1) hat die Lage zusammengefaßt und glaubt (2) in Leffe folgende Kaltzeiten unterscheiden zu können: Zwei im Bereich der Donau-Eiszeiten, drei im Günz-, zwei im Mindel-, zwei im Riß-, drei im Würmbereich. Das ergäbe eine befriedigende Übereinstimmung mit der Strahlungskurve. (Über Re vgl. Gianotti, über Forli Firbas u. Zangheri.)

Innerhalb des jüngeren Pleistozäns ist bekanntlich das Alter der berühmten Kieselgur-Interglaziale der Lüneburger Heide z. T. noch rätselhaft (vgl. Fortschr. Bot. **14**, 176; **17**, 337). Von ihnen gehören die aus dem oberen Luhetal sicher ins Eem-Interglazial. Jene vom „Typ Oberohe" aber — sie liegen alle außerhalb der Moränen des Warthe-Vorstoßes — besitzen von der ersten Gruppe so abweichende Pollendiagramme und liegen ihr gleichzeitig räumlich so nahe, daß sie nach von der Brelie (3) einem anderen Interglazial angehören müssen.

Selle hat sie weiter untersucht. Die Waldentwicklung ist: 1. Birkenzeit — 2. Birken-Kiefernzeit — 3. Eichenmischwald-Haselzeit — 4. Hainbuchen-(*Carpinus*-)zeit — 5. Tannenzeit, durch einen Eichen-Hainbuchenvorstoß *b* in 2 Phasen (a, c) getrennt und 6. Kiefernzeit. *Picea* und *Abies* sind sehr früh vorhanden, doch bleibt *Picea* relativ spärlich. *Pinus* und *Alnus* beherrschen im übrigen die Diagramme, *Fagus* fehlt völlig. Merkwürdig ist auch der Wärmevorstoß innerhalb der Tannenzeit. von der Brelie (3) stellt die Oberoher Interglaziale in den Riß-Komplex zwischen „Drente" und „Warthe" (vgl. Fortschr. Bot. **17**, 334). Ist dies richtig, dann ist das Holstein- (Neede-)Interglazial nicht die vorletzte, sondern die vorvorletzte große Warmzeit.

In dem wahrscheinlich aus der Mindel-Riß-Warmzeit stammenden Interglazial von Kostental bei Cosel (Oberschlesien) fand Środoń (2) bis zu 4% Pollen von *Pterocarya*, einem besonders aus Stuttgart-Cannstatt bekannten Tertiärrelikt. Der gleiche Verfasser (1) hat auch eine wahrscheinlich der Riß-Eiszeit zugehörige Glazialflora von Czumov am oberen Bug in Ostpolen beschrieben. Sie enthält u. a. *Armeria Iverseni* und *Helianthemum* sp. In das Ende eines Interglazials dürfte auch eine Flora von Dorchester, Oxfordshire, mit der arktisch-alpinen *Draba incana* gehören (Duigan).

Eine Fundstelle des bisher meist als letztes angesehenen Eem-(Riß-Würm-) Interglazials haben von der Brelie, Mückenhausen u. Rein bei Weeze im Unterrheingebiet nachgewiesen. Es zeigt die typische Waldentwicklung (vgl. Fortschr. Bot. **14**, 175). Mit Hilfe neuer Aufschlüsse am Nordostseekanal konnte von der Brelie (1) die Entstehung der eemzeitlichen Eiderförde rekonstruieren. Hier lassen sich marine Einflüsse von der Birken-Kiefernzeit (d nach Jessen) bis in die Fichtenzeit (h) verfolgen.

Zu den berühmtesten interglazialen Aufschlüssen gehören die von zwei lößartigen Schichten unterbrochenen Travertine von Ehringsdorf und Weimar mit Werkzeugen und Skelettresten des älteren Mousterien. Auch sie stammen sehr wahrscheinlich aus dem letzten (Riß-Würm-)Interglazial und aus Interstadialen der frühen Würmvereisung, ähnlich wie die Kalksinter von Bilzingsleben und Burgtonna. Die bisher noch unzureichend bestimmten Pflanzenreste hat Vent bearbeitet. Unter 52 nachgewiesenen Sippen von Samenpflanzen sind mehrere submediterrane und balkanische, heute in Thüringen fehlende, von Interesse. Sie weisen auf ein gegenüber der Gegenwart sommerwärmeres und wintermilderes Klima hin. Dazu gehört als Neufund eine nach Blatt- und Kapselabdrücken aufgestellte *Syringa thuringiaca* Vent, die der balkanischen *S. josikaea* nahesteht. Auch zur heutigen nordamerikanischen Flora bestehen Beziehungen, besonders durch die schon lange (Schlechtendal, 1902) bekannte, der *Thuja occidentalis* nahestehende *Thuja thuringiaca*. Eine sichere Bestimmung der Funde ist leider sehr schwierig, eine Gliederung in verschiedene Waldperioden bisher nicht gelungen.

Depape u. Bourdier haben das schon in Fortschr. Bot. **16**, 187 genannte Interglazial von Barraux mit *Rhododendron ponticum, Buxus, Juglans* u. a., wahrscheinlich aus dem Riß-Würm-Interglazial, abschließend untersucht.

Nachzutragen sind hier noch Untersuchungen E. Pops an drei Interglazialen Siebenbürgens, des schon von Staub und Pax bearbeiteten von Frek (Adankata) und zweier neuer Funde bei Sipotel und Rohrbach (Aposdorf) in etwa 400 m Seehöhe. Pop stellt alle drei ins Riß-Würm-Interglazial. Bei Rohrbach tritt aber *Fagus* mit Pollenanteilen bis zu 34%, dazu *Picea* cf. *omoricoides* auf, was eine Zuordnung zur Aurignac-Schwankung nahelegt. Während der letzten Eiszeit herrschten in Siebenbürgen Kiefernwälder mit nur wenig *Picea*. Ihnen gingen Zeiten mit viel *Picea* und *Abies* voraus, nur in diesen wurden auch Sphagnen gefunden. In der heutigen Flora disjunkt verbreitete und als Tertiärrelikte gedeutete, thermisch anspruchsvolle Arten wie *Corylus colurna, Celtis australis, Carpinus orientalis, Acer monspessulanum* dürften an ihren vorgeschobenen Standorten aus der postglazialen Wärmezeit stammen. Über Rußland bzw. die ganze UdSSR vgl. den Abschnitt 5 des vorstehenden Beitrags von H. Gams.

3. Die letzte Eiszeit und das letzte Spätglazial in Europa.

Wie schon im Vorjahr erwähnt, ist die Gliederung der letzten Eiszeit und ihre eventuelle Zuordnung zur Strahlungskurve zur Zeit heftig umstritten. Nach Zeuner (2) lehren unabhängig voneinander die Schwankungen des Meeresspiegels, die Terrassen der Themse und die Gliederung des „jüngeren" Löß durch fossile Bodenhorizonte folgenden, mit der Strahlungskurve von Milankowitsch, besser noch mit Soergels Vereisungskurve, mit der auch K. Bertsch (2) rechnet, übereinstimmenden Ablauf der letzten Eiszeit (vgl. Fortschr. Bot. **17**, 334): Nach der letzten, typischen Interglazialzeit (Riß/Würm I) und dem ersten großen Würm-Vorstoß (W I) folgte ein Interstadial (W I/II) mit gemäßigtem Klima und der Bildung von Braunerden in Mitteleuropa (Aurignac-Interstadial, Göttweiger Zone im Löß), dann der 2. Würm-Vorstoß (W II), der über den ersten hinausgegriffen hat, weiter ein kühl-gemäßigtes Interstadial (W II/III) sowie der 3. Würm-Vorstoß (W III). Der Vegetations- und Klimacharakter der vorstehend genannten und wahrscheinlich auch noch anderer schwächer ausgeprägter Interstadiale ist aber bei weitem noch nicht zureichend bekannt und das Alter vieler Fundstellen noch zweifelhaft.

Hierzu ist zu vergleichen: Brunnacker [(1); Gliederung des Löß in Mainfranken]. — Musil u. Valoch (dasselbe in Mähren). — Prošek (dasselbe für die Slowakei). — Weidenbach (Gesamtlage, Einheitlichkeit der letzten Eiszeit). — Ebers (Gliederung im Vorland des Salzach-Gletschers). — Kolumbe (subarktisches Interstadial bei Loopstedt bei Schleswig). — Hallik (subarktisches, wohl früh-würmzeitliches Interstadial in Harksheide bei Hamburg). — Zeuner [(1) Spät-Magdalénien von Andernach im jüngsten Löß, nach Gross hingegen in der älteren Allerödzeit). — Welten [(1); Spät-Magdalénien in der Brügglihöhle, Kt. Bern, in

270 m Höhe noch vor Beginn der spätglazialen Bewaldung]. — REISSINGER † (Schieferkohlen von Wasserburg am Inn aus der Laufenschwankung Penks = W I/II ?). — KRAUS (subarktischer Verwitterungsboden innerhalb würmeiszeitlicher Schotter bei Murnau in Südbayern). — MARÉCHAL en MAARLEVELD (Periglazialbildungen in Belgien und den Niederlanden).

Klarer liegen die Verhältnisse im jüngeren Spätglazial mit der Bölling- und Alleröd-Schwankung, besonders in Nordwestdeutschland. Hier hat SCHÜTRUMPF (4) nach einer Übersicht über das nordwestdeutsche Spätglazial durch die Bearbeitung zweier neuer archäologischer Fundplätze im Bereich des Ahrensburg-Meiendorfer Urstromtals (A. RUST) zur Kenntnis der späteiszeitlichen Vegetationsverschiebungen und ihrer archäologischen Verknüpfung wieder einmal wesentlich beigetragen. Bei Poggenwisch fällt Jungpaläolithikum der Stufe Hamburg II (Magdalénien s. l.) zwar noch in die älteste Dryaszeit, noch vor die Bölling-Schwankung (I a), ist aber auch nach dem Diagramm, wie zu erwarten, jünger als Hamburg I. Die der Usselo-Stufe nahestehende Kultur von Borneck aber gehört an die Grenze Alleröd/jüngere Dryaszeit. Noch vor der Böllingzeit (I b), aber nach Hamburg II soll ein ältester Birkenvorstoß liegen. Und schließlich soll (vgl. auch SCHMITZ (1)] nach Funden der Stufe Hamburg II im Geschiebemergel der Grömitzer Jungmoräne an der Nordküste der Lübecker Bucht auch noch ein Eisvorstoß des Ostseegletschers in diesen Zeitraum fallen. (Die Ausprägung der spätglazialen Perioden in den zugrunde liegenden Diagrammen scheint mir allerdings nicht so eindeutig zu sein, daß nicht eine Bestätigung dieser Schlüsse wünschenswert bliebe.) Tieftauvorgänge haben nach GRIPP u. SCHÜTRUMPF bis gegen das Ende der frühen Wärmezeit angedauert, wie aus einem 6 m mächtigen Bruchtorf in einem kleinen Seebecken bei Kiel hervorgeht.

Im Bereich der Mittelgebirge hat FIRBAS (2) das Spätglazial von Wallensen im Hils näher untersucht, das sich vor allem durch das Vorkommen des vulkanischen Laacher Tuffs mitten in der Allerödzeit und dessen in drei C^{14}-Laboratorien mit übereinstimmendem Ergebnis ausgeführte Altersbestimmung auszeichnet. In der Allerödzeit herrschten hier Birkenwälder, wohl eine Folge der relativ sommerkühlen und frostgefährdeten Lage, während die verhältnismäßig geringe Zahl nachgewiesener Arten auch eine Folge der Bodenarmut in der näheren Umgebung sein dürfte. Verknüpfungen der Vegetationsentwicklung mit den jüngeren, räumlich eng beschränkten vulkanischen Erscheinungen der Eifel sind auch STRAKA u. DE VRIES nachgegangen: Mudde unmittelbar über der Tuffschicht der Schalkenmehrener Doppelmaars, die nach dem Pollengehalt aus der jüngeren Tundrenzeit stammt, ist etwa 10500 Jahre alt. Das Alter der von H. MÜLLER mit sehr großer Wahrscheinlichkeit der Böllingzeit zugewiesenen Klimaschwankung bei Gatersleben konnte MÜNNICH (in FIRBAS, MÜLLER, M.) mit der Radiokarbon-Methode als etwa 11300 ± 280 bis 10350 ± 260 v. Chr. bestimmen (an Holz).

Am Federsee hat GÖTTLICH (1) in einer frühzeitig verlandeten Bucht ein Spätglazialdiagramm erhalten, das merkwürdigerweise die von K. BERTSCH, G. LANG, I. MÜLLER und mir, neuerdings auch von A. BERTSCH in oberschwäbischen Mooren mehrfach gefundene Zweiteilung der Kiefernzeit durch einen Birkengipfel nicht bestätigt, im übrigen aber der von G. Lang gegebenen Gliederung entspricht. Bei Ravensburg fand A. Bertsch in der älteren Kiefernzeit einen Zapfen von *Pinus mugo*. Brunnacker (2) ordnet eine fossile, zur Podsolierung neigende Bodenbildung im Regnitztal der Allerödzeit zu.

Godwin (3) hat den fossilen Pollen in den Ablagerungen eines in der Nähe des Snowden in Wales in 375 m Höhe gelegenen, von steilen Karwänden umgebenen Sees untersucht, um das Überdauern heute als Glazialrelikte angesehener Arten zu prüfen. Die Ablagerungen beginnen erst nach der jüngeren Tundrenzeit, wahrscheinlich, weil vorher noch ein Gletscher im Kar lag. (Das gilt auch für die höheren Lagen des Lake Districts, wie schon Pennington gefunden hat, und Donner [in Godwin (2)] für das schottische Hochland sowie Walker (1) für zwei Seen Westmorelands bestätigen konnten.) Die Pollenfunde zeigen in einigen Fällen, daß die Felsen der Karwände Glazialpflanzen das Überdauern der Wärmezeit mit ihrer weitgehenden Waldbedeckung ermöglichen konnten. *Plantago maritima* und *Armeria maritima* konnten bis in die mittlere, *Helianthemum* und *Sanguisorba minor* nur bis in die frühe oder den Beginn der mittleren Wärmezeit verfolgt werden. Als wichtige spätglaziale Pollenfunde nennt Godwin (3) auch *Koenigia islandica* und *Ephedra* cf. *distachya*; Walker (1) fand Großreste von *Betula nana, Salix herbacea* u. a. In Westmoreland und ebenso im Gebiet von Lunds, Yorkshire, war die Allerödzeit eine Zeit lichter Birkenwälder. In der jüngeren Tundrenzeit kam es nach Walker (2) in Yorkshire in 335 m Höhe nochmals zur Bildung von Fließerden.

4. Die Nacheiszeit in Europa.

Fennoskadien und Dänemark: Eine neue zusammenfassende Darstellung der fennoskandischen Landhebung und ihrer Zusammenhänge mit der Landschaftsentwicklung verdankt man Sauramo. Backman hat eine kritische Zusammenstellung der in Norrland gemachten Fossilfunde von Wasserpflanzen, besonders im Hinblick auf die postglaziale Wärmezeit mitgeteilt. Larrsen hat die Fundstelle eines neolithischen, aber offenbar durch langen Gebrauch in bronzezeitlichen Ablagerungen gefundenen Dolches in der Landschaft Tröndelag in Norwegen bearbeitet. Der Untersuchung der rezenten und fossilen Diatomeen in einer Gruppe von Bergseen in Westjämtland in Schweden hat sich Quennerstedt gewidmet. Eine Skizze der Geschichte der steppenartigen Alvar-Vegetation Ölands findet sich bei Erdtman (4). Eine Datierung der großen Dünengebiete östlich Ulfborg in Jütland verdankt man Jonassen. Sie sind im Spätglazial entstanden, wurden im Postglazial von Eichen-Birkenwäldern bedeckt und gefestigt, bis es schließlich im Laufe des Subatlantikums wohl durch die zunehmende menschliche Besiedlung neuerlich zu Sandverwehungen kam. Die Profundal-Gyttjen im Gribsee im nördlichen Seeland lassen besonders die Gliederung der Nachwärmezeit in ihrer Beziehung zur Siedlungsgeschichte und dem Auftreten von Kulturpflanzen und Unkräutern erkennen (Wolthers).

Von den seit 10 Jahren mit äußerster Sorgfalt ausgeführten Untersuchungen in dem an urgeschichtlichen Funden überreichen Aamosen (Seeland) hat Troels-Smith einen ersten Bericht gegeben. Er befaßt sich vor allem mit den zeitlichen und materiellen Beziehungen zwischen der mesolithischen Ertebölle-(Muschelhaufen-)Kultur zu den älteren neolithischen Kulturen. (Sv. Jörgensen hat dafür über eine Million an Pollenkörnern gezählt!) Danach läßt sich noch vor derjenigen neolithischen Landnahme, die mit einer Brandrodung und mit intensiver Waldweide (viel *Plantago lanceolata*-Pollen) verbunden war, eine ältere Besiedlungsphase erkennen, die mit dem *Ulmus*-Abfall einsetzt, der auf Laubfütterung und Viehhaltung in Pferchen zurückgeführt wird. *Plantago lanceolata* tritt hier zunächst nur spärlich auf. Dafür sind Getreide nachgewiesen wie Nacktgerste, Weizen und Emmer (?) sowie Rind, Schaf oder Ziege, und zwar in einer Siedlung, die im übrigen Ertebölle-Inventar enthält. Die Ertebölle-Kultur war also gegen ihr Ende nicht nur eine Jäger- und Fischer-Kultur, sondern verfügte auch über Anfänge von Getreidebau und Haustierzucht. Das erinnert sehr an ältere neolithische Kulturen in der Schweiz und in Süddeutschland. Es dürfte also die klassische Ertebölle-Kultur allmählich in die neolithische, starke westliche Einflüsse aufweisende Megalith-Kultur übergegangen sein, während die Einzelgrabkultur auf Zuwanderung eines neuen Volksstammes zurückgeführt wird, und zwar teils noch in der Ertebölle-Zeit, teils später. Das alles gegen Ende der mittleren und im älteren Teil der späten Wärmezeit.

Britische Inseln. GODWIN (4) hat seine früheren Untersuchungen über die küstennahen Niederungen von Somerset im Meare Pool-Gebiet fortgesetzt. Über basalem Ton aus dem Ende des Boreals liegen Mudden, Ried- und schließlich Hochmoortorfe, die von einem älteren Brackwasser-Schlick aus spätrömisch-britischer Zeit durchzogen und von einem jüngeren Brackwasser-Schlick, offenbar aus dem Mittelalter, bedeckt werden. Die vor- und frühgeschichtliche Besiedlung der Landschaft kommt in den Diagrammen sehr gut zum Ausdruck. *Fagus*-Pollen erreicht seit dem Beginn der Nachwärmezeit eine geschlossene Kurve von einigen Prozenten, wohl von natürlichen Standorten her. Spärliche Funde des *Centaurea cyanus*-Pollens reichen wahrscheinlich bis ins Neolithikum zurück.

FRASER u. GODWIN zeigen an zwei Pollendiagrammen aus dem bisher noch wenig untersuchten Schottland (Aberdeenshire), daß hier im Vergleich mit südlicheren Landschaften die Birke immer sehr häufig war. Eine seit Beginn der mittleren Wärmezeit gleichförmige Zunahme ihrer Pollenanteile dürfte auf eine fortschreitende Verarmung und Acidität der Böden zurückgehen. Bei Kirkby Thore fanden WALKER u. LAMBERT in borealen Ablagerungen neben *Lonicera*, *Viscum*, *Hedera* u. a. auch sehr viel Pollen und Samen vom *Lemna* cf. *minor*. Die Funde deuten zum Teil auf höhere Sommerwärme.

Aus Irland stammen wieder mehrere Arbeiten MITCHELLs. Am wichtigsten (5) ist wohl eine Untersuchung der großen Hochmoore in den Tieflagen der Insel. Die Diagramme können durch vorgeschichtliche Funde und C^{14}-Datierungen recht gut gegliedert werden, wobei sich aber gewisse Abweichungen ergeben (Ende des Subboreals erst um 500 n. Chr.? Hohe subboreale *Corylus*-Werte eine Folge der menschlichen Besiedlung?). Rekurrenzflächen (bekanntlich die auf Klimaveränderungen zurückgeführten Kontaktzonen zwischen älterem, stark zersetztem und jüngerem, schwach zersetztem, Sphagnumtorf) sind häufig und sehr deutlich. Doch findet man in den einzelnen Mooren in den gleichen Zeitabschnitten bald nur eine, bald zwei bis drei, ohne daß eine befriedigende Synchronisierung gelänge. Das entspricht ganz den Erfahrungen OVERBECKs in Nordwestdeutschland. Für ein natürliches Vorkommen von *Pinus silvestris* noch gegen Ende des ersten nachchristlichen Jahrtausends wurden neue Belege beigebracht.

Weitere Arbeiten Mitchells: Ein Pollendiagramm vom Lough Gur, Co. Limerik (1). Kurze Übersichten über die Geschichte der irischen Flora (2), über die für den Archäologen wichtigsten vegetationsgeschichtlichen Tatsachen (3). Die Berichtigung der Lage einer C[14]-Probe (4). Tohall, de Vries u. Van Zeist teilen mit, daß Holz von einem nach dem Pollendiagramm bronzezeitlichen Bohlweg in der Grafschaft Leitrim ein Radiocarbon-Alter von 1440 ± 170 v. Chr. ergeben hat. Der Weg liegt etwas unter der Grenze der Zonen VII b/VIII nach Jessen u. Mitchell.

Im holländischen Anteil des Bourtanger Moors (Südost-Drente) besitzt der „Grenzhorizont", nach dem Pollendiagramm beurteilt, in verschiedenen Teilen des Moores verschiedenes Alter. Van Zeist (1) schließt daraus, daß sich stark- und schwachzersetzter Hochmoortorf zu gleicher Zeit bilden konnten. In einer anderen Arbeit (2) teilt er Pollenspektren römerzeitlicher Schlickproben mit. Außerdem (3) hat er 6 Moorleichen aus der Provinz Drente untersucht; von ihnen entfallen 4 auf das 4.—5. Jahrhundert n. Chr., eine auf die zweite Hälfte der Bronzezeit, eine auf das 16. Jahrhundert n. Chr.

In Belgien haben Stockmans u. Vanhoorne die ausgedehnten Torflager untersucht, die in der Küstenebene Flanderns unter dem jungen Schlick der Dünkirchener Transgression liegen. 204 Bohrprofile, Großreste von 123 Sippen und 10 Pollendiagramme zeigen, daß hier die Bildung von Ried- und Bruchmooren bis zu echten Hochmooren vom Atlantikum bis ins ältere Subatlantikum gereicht hat. *Fagus*, die sich hier fast gleichzeitig mit *Carpinus* ausgebreitet hat, erreicht Pollenanteile bis 28%. (Unmittelbar vor der *Fagus*-Ausbreitung wurde ein Zapfen von *Pinus silvestris* gefunden).

In Frankreich hat van Campo (3) eine Zuordnung der Diagramme der Tieflagen vorgenommen; sie stützt sich besonders auf die Ausbreitung von *Pinus*, Eichenmischwald und *Fagus* unter Bezugnahme auf die Grenze Boreal/Atlantikum.

Für das moorreiche nordwestliche Deutschland hat Schmitz (1) eine Gliederung des Postglazials aufgestellt, in der zum Teil nach neuen eigenen Untersuchungen zu den schon von Schütrumpf und Overbeck u. Schneider verwendeten chronologischen Leithorizonten noch hinzugefügt werden: Ein *Corylus*-Gipfel C5 zwischen 200—400 n. Chr. und für Schleswig-Holstein das große *Fagus*-Maximum um 1300 n. Chr. Der Ausbreitung von *Fagus* und *Carpinus* wird nur geringer chronologischer Wert beigemessen. Immerhin sind für die Ausbreitung der Rotbuche in letzter Zeit wertvolle Datierungen gelungen. So fällt nach Schütrumpf (2) der Beginn der *Fagus*-Kurve bei Ahrensbök mit einer spätneolithischen Kulturschicht zusammen, die nach den archäologischen Verknüpfungen aus den Jahrhunderten nach 2000 v. Chr. stammt. Tatsächlich ergab eine C[14]-Bestimmung 1590 ± 150 v. Chr. Hayen fand bei Friesoyte in Oldenburg einen Spandolch der Bronzeperiode I (etwa von 1800 v. Chr.) unmittelbar nach Beginn der geschlossenen Buchenkurve. Als Ursache der zunächst sehr langsamen Ausbreitung von *Fagus* wird eine klimatische Hemmung vermutet. Daß eine solche bestanden hat, wird durch kleine Gipfel der Buchenkurve, die der Massenausbreitung des Baumes vorangehen, sehr wahrscheinlich, wie sie besonders Overbeck u. Griéz im Gifhorner Moor gefunden haben (vgl. Fortschr. Bot. **15**, 134), und Tidelski bei der monographischen Bearbeitung eines Seebeckens bei Kiel bestätigt. Über die schon in Fortschr. Bot. **15**, 134 erwähnten Untersuchungen Schütrumpfs in Angeln vgl. Sch. (3), allgemeinere Darstellungen der nacheiszeitlichen Landschaftsgeschichte Nordwestdeutschlands enthalten Sch. (1) und Sch. u. Kagelmann.

Die marine Beeinflussung der Torfbildung durch die flandrische Transgression hat von der Brelie (2) im Mündungsgebiet der Ems und auf Borkum untersucht. Die Pflanzenreste der vorwiegend aus Klei und Dung aufgebauten Bodenschichten der Wurt Tofting in Schleswig nahe der Eidermündung, die vom 2. bis in die 1. Hälfte des 4. Jahrhunderts n. Chr. bewohnt war, lassen nach Grohne (2) nur geringe Salzeinflüsse erkennen, während heute ohne Eindeichung Halophyten das Gebiet beherrschen würden. Die Verf. nimmt auch einen damals sehr erheblichen Getreidebau in der Umgebung an. (Über die seit dem 8. bis 9. Jahrhundert n. Chr. bestehende Stadtwurt Emden vgl. Haarnagel.) In Pollendiagrammen aus Altwässern der Ems zwischen Meppen und Dörpen fand H. Müller in Schichten, die wahrscheinlich aus dem Ende des ersten nachchristlichen Jahrtausends stammen, viel Pollen vom Getreidetyp und von *Calluna* sowie die ersten Pollenkörner von *Centaurea cyanus*, deutlich später erst jene von *Fagopyrum*.

Weitere, meist kleinere Beiträge: Auf Moorböden und Dünensanden im südlichen Vorland des Teutoburger Waldes konnten HESMER u. FELDMANN ein natürliches Vorkommen von *Pinus silvestris* aus archivalischen Quellen nachweisen bzw. bestätigen. Über einen Fund von *Taxus*-Holz im westlichen Münsterland vgl. ESKUCHE, über waldgeschichtliche Untersuchungen um Bottrop im südwestlichen Münsterland GOEKE, über die Geschichte der Wälder und Wiesen im Spreewald KRAUSCH. NIETSCH belegt ein sehr reiches boreales Vorkommen von *Corylus* auf den Kiesen und Sanden des Wesertals bei Schlüsselburg, FIRBAS (1) macht einige Angaben zur Vegetationsgeschichte der Umgebung Göttingens. Nach SCAMONI (3) kann man zur Feststellung ursprünglichen Vorkommens von *Pinus silvestris* im norddeutschen Flachland ehemalige Teeröfen benutzen, über die besonders seit der 2. Hälfte des 18. Jahrhunderts viele Nachrichten vorliegen. Ein Teerofen benötigte im Jahr etwa 1 600 Klafter Altholz, besonders Stubbenholz. Mit den bodenständigen Vorkommen von *Pinus silvestris* in den bayrischen Alpen und ihrem Vorland beschäftigt sich RUBNER. SCHRETZENMAYR versuchte im Thüringer Wald das Gebiet heute natürlicher Fichtenwälder um Oberhof und Steinheid zu umgrenzen, SCHILLING u. JACOB ziehen zur Feststellung der Standortstypen des zentralen Thüringer Waldes archivalische Quellen seit dem 15. Jahrhundert heran. SCHULZE u. GLOTZ bearbeiteten ein in einem Dünengelände der Oberlausitz gelegenes Moor. WITTKE folgert aus der wechselnden Jahrringbreite mittelwärmezeitlicher Kiefern- und Fichtenhölzer, daß damals die Jahresschwankungen der Niederschläge im Fichtelgebirge größer waren als heute.

K. BERTSCH hat 1924 bei Ravensburg eine überaus reiche, auf eine Hochwasserkatastrophe zurückgehende fossile Flora beschrieben und als neolithisch bezeichnet mit Gründen, die seither zweifelhaft geworden sind. Das S. 153 erwähnte, von A. BERTSCH bearbeitete Torflager, das bis zum Schnittpunkt Eichenmischwald × *Fagus* reicht und dann von Lehm und Kies offenbar der gleichen Katastrophe überlagert wird, stützt die Altersangabe, sichert sie aber nicht ganz, da zwischen Torf und Kies eine Schichtlücke vorhanden sein kann. Hier wären C^{14}-Datierungen angebracht. Seit einigen Jahren wertet in Süddeutschland GÖTTLICH bei Kultivierungsmaßnahmen an Mooren gewonnene Beobachtungen mit großer Energie auch vegetationsgeschichtlich aus. Danach (2, 3) ist das über 4 000 ha große Langenauer Moor auf der Niederterrasse der Donau bei Ulm zum größten Teil durch Versumpfung seit der Vorwärmezeit entstanden und hat sein Wachstum spätestens im Laufe der späten Wärmezeit abgeschlossen. Über Moortypen Oberschwabens vgl. G. (4). In dem winterkalten Gebiet um Rottweil nördlich der Baar war nach einer Waldbeschreibung das Nadelholz schon 1579 häufig (HAUFF). Eine sehr eingehende Forstgeschichte des Burgwalds nordöstlich Marburg in Hessen verdankt man BOUCSEIN (vgl. dazu Fortschr. Bot. 15, 136), eine weitere der Oberlausitz v. VIETINGHOFF-RIESCH. Über die Bedeutung der Wald- und Forstgeschichte für den Waldbau vgl. REINHOLD. Für die Verknüpfung der Vegetationsgeschichte mit der Siedlungsgeschichte dürfte ein Buch von ABEL über die Wüstungen des ausgehenden Mittelalters nützlich sein.

Die Zuordnung der Tannenzeit des Südschwarzwalds zur späten Wärmezeit, die G. LANG (vgl. Fortschr. Bot. 17, 347) vor kurzem sehr wahrscheinlich machen konnte, kann er nunmehr durch zwei in Groningen von DE VRIES mit C^{14} datierte Proben aus dem Giersbacher Moor (850 m) wohl endgültig beweisen: Anfang der Tannenzeit um 2510 ± 140 v. Chr., Ende um 1060 ± 120 v. Chr.

Über die neolithische Siedlung Ehrenstein bei Ulm (vgl. Fortschr. Bot. 16, 198) liegt die vollständige Monographie von PARET vor. Neben den hier schon besprochenen Funden von Samen und Früchten [ausführlicher bei K. BERTSCH (1)] enthält sie Bestimmungen und jahrringchronologische Untersuchungen von BR. HUBER (noch kein *Fagus*-Holz) sowie das von GROSCHOPF gezählte Pollendiagramm, in dem die ersten Pollen von *Fagus* und *Carpinus* unter und in der Kulturschicht verzeichnet werden. Die Anlage der Siedlung auf limnischen Sedimenten dürfte durch eine Trockenperiode ermöglicht worden sein. Bei später wieder ansteigendem Grundwasser wurden die Böden der Häuser mehrmals erhöht und die Siedlung schließlich aufgegeben, ihre Reste unter Kalksand begraben.

Das Fehlen sicherer Buchenreste in Ehrenstein (in dem relativ nahen Federsee finden sich im Spätneolithikum 3—25% *Fagus*-Pollen!) hat K. BERTSCH (4) veranlaßt, neue Berechnungen über die Wandergeschwindigkeit von *Fagus* anzustellen. Er erhält „ auf dem Landwege" eine Areal-Verschiebung von nur 3—4 km im Jahrhundert, nimmt aber ein sehr viel rascheres Vordringen entlang der Flüsse an. Die alte Streitfrage, ob die spätbronzezeitliche „Wasserburg Buchau" im Federsee eine Inselsiedlung war oder im randlichen Flachmoor lag, hat K. BERTSCH (3) bewogen, nochmals für die Insellage einzutreten.

Über die spät- und postglaziale Vegetationsentwicklung in den mittleren Alpen erschien ein dankenswertes Referat von LÜDI. Aus einem von GUYAN (1) herausgegebenen eindrucksvollen Sammelwerk „Das Pfahlbauproblem" sind 2 Arbeiten bereits besprochen worden (Fortschr. Bot. 17, 348; vgl. auch den Tagungsbericht des "Centro di studi preistor." in Varese). Hier ist weiter mitzuteilen, daß LEVI u. TAUBER das Alter verschiedenen Materials aus der neolithischen älteren Cortaillod-Kultur in der vor dem ersten steilen Buchenabfall liegenden Siedlung Egolzwil 3 im Wauwiler Moos mit C^{14} zu 2740 ± 90 v. Chr. bestimmt haben. Dann hat WELTEN (2) in dem durch seine Pfahlbauten bekannten Burgäschisee und dem nahen Burgmoos bei Herzogenbuchsee 4 den neolithischen Abschnitt sehr eingehend umfassende Pollendiagramme mitgeteilt. Auch hier fallen die auf 2550—2150 v. Chr. geschätzte jüngere, sowie die ältere Cortaillod-Kultur in die Zeit des ersten *Fagus*-Rückgangs. Es fanden sich außerdem deutliche Hinweise auf eine ältere (frühneolithische?), mit Getreidebau verbundene Besiedlung mitten in der Zeit der Verdrängung der haselreichen Eichenmischwälder durch die Buche. In den Siedlungsschichten ist Pollen vom Getreidetyp und von *Allium* cf. *ursinum* reichlich, von *Plantago* spärlich vertreten. Brandrodungen und Laubverfütterung (*Ulmus, Tilia*) sind wahrscheinlich.

Die urgeschichtlichen Beiträge sind: Eine kritische Behandlung des Pfahlbauproblems von E. VOGT. (Darin Holzbestimmungen und Jahrringuntersuchungen von B. HUBER; von 335 Pfählen aus Egolzwil 3 stammen 52% von *Fraxinus*, 0,3% von *Fagus*). Eine besonders die neolithische Wirtschaftsweise erörternde Arbeit von GUYAN (2) über das Moordorf Thayngen-Weiher mit einer C^{14}-Datierung von DE VRIES auf 2720 ± 100 v. Chr. Schließlich eine Arbeit von J. SPECK über die spätbronze- bzw. hallstattzeitlichen Ufersiedlungen Zug-Sumpf, von denen vor allem die obere aus Blockhäusern bestand, die unmittelbar auf damals offenbar trocken liegender Seekreide errichtet worden sind. Die vor 100 Jahren entwickelte, aber seit 1941 besonders von PARET angegriffene klassische Vorstellung FERD. KELLERS von Häusern, die auf langen Pfählen im Wasser standen, verliert immer mehr an Boden.

FEJFAR, KNEBLOVÁ, DOHNAL u. LOŽEK haben im Ostrauer Gebiet in Nord-Mähren fossilreiche Ablagerungen aus dem Postglazial untersucht. Eine für die Steppenfrage wichtige Untersuchung im Gebiet ausgedehnter, heute von einer steppenartigen Vegetation bedeckter Travertine in der Südslowakei haben LOŽEK u. PROŠEK vorgenommen. Heute an offene, steppenartige Standorte gebundene

Conchylien treten hier erst in der Eisenzeit auf, als der bis dahin offenbar noch wenig angegriffene Wald auf große Strecken vernichtet wurde. Waldveränderungen seit der historischen Besiedlung verfolgte auch MEDWECKA-KORNÁS an Hand eines Pollendiagramms der Nord-Beskiden in 1250 m Höhe. Eine 18 m starke, Pollenführende Eismasse in einer Grotte des Bihar-Gebirges in Siebenbürgen ist nach CIOBANU u. POP eine Folge der subatlantischen Klimaverschlechterung. Sektorenkarten des Pollenniederschlags von Osteuropa in 4 Abschnitten des Holozäns von NEUSTADT findet man in einer Arbeit FRENZELs.

5. Das Eiszeitalter und die Nacheiszeit außerhalb Europas.

Die Arbeiten dieses Kapitels lassen leicht ersehen, daß vegetationsgeschichtliche, besonders pollenanalytische Arbeiten immer mehr auch außerhalb Europas in Angriff genommen werden, wobei sich auch die Methodik dem europäischen Stand nähert oder ihn erreicht.

Zunächst ist auf eine von G. KLOTZ übersetzte Arbeit von NEUSTADT (1955) über die Vegetationsgeschichte der UdSSR im Holozän zu verweisen. Etwa 500 Pollendiagramme wurden in 4 Zeitabschnitte (Vor-, Früh-, Mittel- u. Spät-Holozän) gegliedert und zur Zeichnung von Pollenniederschlagskarten sowie zur Aufstellung von 26 Diagramm-Typen bzw. vegetationsgeschichtlichen Bezirken verwendet. Auf einer nur wenig älteren Arbeit NEUSTADTs (1953) und zahlreichen anderen Arbeiten beruht eine Kartendarstellung FRENZELs von den Vegetationszonen des nördlichen Eurasien während der postglazialen Wärmezeit. Diese Arbeiten lehren: Im Vor-Holozän kamen das karpatische und das eurosibirische Areal der Fichte (*Picea abies*) einander recht nahe. Während der postglazialen Wärmezeit war die Tundra vom eurosibirischen Festland bis auf einen schmalen Küstensaum und die vorgelagerten Inseln fast verschwunden, die Waldtundra nur in Westsibirien und auf der Taimyr-Halbinsel noch in größerer Erstreckung vorhanden. Der Nadelwaldgürtel der Taiga in seinen floristisch verschiedenen Formen war ebenso wie der im Süden anschließende Laub-Nadelmischwaldgürtel und wie die Nordgrenze der Waldsteppen und Steppen um mehrere hundert Kilometer nach Norden und um mehrere hundert Meter aufwärts verschoben. Die Steppen und Wüsten waren im übrigen gegenüber den glazialen Zuständen schon eingeengt, gegenüber den heutigen aber noch ausgedehnter. (Über die Entstehung der asiatischen Wüstengebiete im Spät-Pleistozän vgl. auch WADIA). Diese Feststellungen beruhen in erster Linie auf Pollenuntersuchungen, vor allem im Bereich der polaren Wald- und Baumgrenze aber auch auf Funden von Großresten, wie Baumstämmen in der heutigen Tundra u. a. Es dürfte interessieren, hier ein Pollenspektrum einer zentralasiatischen Kräutersteppe aus 4000 m Höhe im westlichen Kwenlun (Kuschku Maiden) wiederzugeben: *Picea* 1,2%; *Ephedra* 12,6; *Gramineae* 2,3; *Polygonaceae* 14,7; *Chenopodiaceae* 30,0; *Delphinium* 0,6; *Ranunculaceae* 12,6; *Papilionaceae* 10.0; *Fumariaceae* 0,6; *Artemisia* 4,7; unbestimmt 10,9%.

Die Pflanzenreste eines von TICHOMIROFF untersuchten Sediments, das eine 1948 auf der Taimyr-Halbinsel gefundene Mammut-Leiche umgab, sprechen nach POLUTOFF für ein gegenüber heute etwas wärmeres Klima, nach einer C^{14}-Datierung jedoch für die Allerödzeit. Über Rußland bzw. die ganze UdSSR vgl. im übrigen den Abschnitt 5 des vorstehenden Beitrags von H. Gams.

Auf den vulkanischen Bergen Hachimantai und Hakkoda (N.-Hondo, Japan) fand Sohma in 2 Mooren in jüngeren Schichten viel *Pinus, Abies, Tsuga,* in älteren aber viel *Fagus* und andere sommergrüne Bäume, wie *Quercus, Pterocarya, Acer* u. a. Diese älteren Schichten dürften der postglazialen Wärmezeit angehören. Unter ihnen liegen nochmals Coniferen-reiche Sedimente. Die Ablagerungen werden von bis zu 7 Schichten vulkanischer Asche durchzogen. Über Ähnliches berichten auch Nakamura u. Jamanaka sowie Nakamura u. Katto. Die neuen Diagramme fügen sich also in die von Nakamura schon früher (vgl. Fortschr. Bot. 15, 140) abgeleitete Dreigliederung der postglazialen Waldentwicklung Japans.

In einem Moor mit reichlichen Knochenresten des ausgestorbenen Riesenvogels Moa (*Dinornis giganteus*) im Pyramid-Valley auf der Südinsel Neuseelands läßt sich ein Wechsel von einer älteren Waldzeit zu einer jüngeren Steppenzeit erkennen. Ob er der subatlantischen Klimaverschlechterung oder einer jüngeren Klimaveränderung im 14. Jahrhundert n. Chr. entspricht, ist unentschieden. Harris hält die zweite Deutung für wahrscheinlicher (vgl. Fortschr. Bot. 14, 199). Das tut auch Deevey in einer methodisch interessanten paläolimnologischen Arbeit. Eine C[14]-Bestimmung des Mageninhalts eines Moa ergab ein Alter von etwa 670 Jahren.

Bruchtorfe von Podocarpaceen u. a. beschreibt Moar. Oliver gibt einen kurzen Abriß der Geschichte der neuseeländischen Flora. Couper berichtet über eine unterpleistozäne Flora aus der Nähe von Nelson, Neuseeland.

Von den wichtigen Quartärfloren Nordafrikas, die Arambourg, Arènes u. Depape untersucht haben (Fortschr. Bot. 16, 197), liegt nunmehr die endgültige Bearbeitung vor. Sie kann auch als Nachschlagewerk für die mediterranen Quartärfloren überhaupt dienen.

Einen ersten Vorstoß zu pollenanalytischen Untersuchungen im tropischen Ostafrika hat Hedberg unternommen. Als pollenreich erwiesen sich Schlammproben aus größeren Tiefen des Victoria- und Tanganyika-Sees. Weiter ein alpines Torflager aus Horsten der *Carex runssoroensis* am Ruwenzori in 3900 m Höhe, dessen Pollengehalt leider nur lokale Änderungen der Vegetation erkennen läßt. Der Pollengehalt von Oberflächenproben und von Gletschereis vom Kenia (in 4500 m Höhe) zeigt, daß sich u. a. *Podocarpus, Hagenia, Alchemilla, Lobelia* und *Eriocaulaceen* fossil nachweisen lassen. (Über Klimaschwankungen und Veränderungen des Waldareals in Uganda in nachchristlicher Zeit vgl. Dale.)

In der alpinen Stufe der Drakensberge in Südafrika, oberhalb 2300 m fand van Zinderen-Bakker (2) zahlreiche bis 2 m mächtige soligene Hang- und Quellmoore. Ein Pollendiagramm, in dem Cyperaceen, Gramineen, Compositen und Umbelliferen vorherrschen, deutet auf eine Zunahme der Trockenheit während der Bildung dieses Moores (vgl. auch Martin).

Wichtige Arbeiten liegen aus Nordamerika vor. Zunächst sind Fortschritte in der Gliederung der letzten (Wisconsin-, Würm)-Eiszeit zu nennen, die mit Hilfe der Radiocarbon-Methode (Überführung des festen C in Azetylen) H. E. Suess, Washington, gelungen sind (vgl. Fortschr. Bot. 17, 334). R. F. Flint und Flint a. Rubin konnten auf diese Weise den Verlauf des letzten großen Vorstoßes der Wisconsin-Eiszeit südlich und südwestlich der großen Seen verfolgen. Sie benützten dazu vorwiegend in die Moränen eingebettete Coniferen-Hölzer, die aus Wäldern stammen sollen, die vom vorrückenden Eis überfahren worden sind — und — mag diese Voraussetzung zutreffen oder nicht — einen Terminus post quem abgeben. Die Alterswerte machen sehr wahrscheinlich, daß der letzte Vorstoß bis an die äußersten Moränenzüge der letzten Eiszeit vor etwa 25000 Jahren begonnen und vor 18—20000 Jahren sein Maximum erreicht hat, worauf sich das Eis unter kleinen Schwankungen (Tazewell, Cary) bis zu einem noch nicht näher bekannten Stand im Cary-Mankato-Interstadial vor etwa 12000 Jahren zurückgezogen hat, um im Mankato-Stadium nochmals über 2200 Meilen vorzurücken. Diesem Hauptvorstoß soll aber das letzte (Sangamon-) Interglazial nicht unmittelbar vorausgegangen sein, sondern eine jüngere (interstadiale?) Warmzeit mit deutlicher Bodenbildung und vor dieser ein älterer Wisconsin-Vorstoß. Diese Warmzeit erinnert an das Göttweiger Interstadial in Mitteleuropa. Die Gleichsetzung des Cary-Mankato-Interstadials mit der europäischen Allerödschwankung wurde durch zwei weitere Holzproben aus dem Two Creeks Forest bed bestätigt: 9400 ± 120 und 9460 ± 180 v. Chr. [SUESS (1)]. (Vgl. hierzu auch WRIGHT.) Bedeutungsvoll ist außerdem der von RUBIN u. SUESS (1) begonnene Versuch, das Alter von Radiolarien-Skeleten in kalkigen Tiefseesedimenten zu bestimmen, an denen sich gleichzeitig nach EMILIANI aus dem Verhältnis O_{16}/O_{18} die Temperatur des Oberflächenwassers feststellen läßt, in dem diese Skelete entstanden sind. Danach kam es in der Karibischen See nach einer längeren Zeit, in der das Oberflächenwasser um etwa $5°$ C kälter war als heute, vor ungefähr 12000 Jahren zu einem raschen Temperaturanstieg. (Weitere Untersuchungen von SUESS u. RUBIN betreffen Seespiegelschwankungen.) Eine Zuordnung der vorstehenden Altersangaben zu den Schwankungen der Strahlungs- oder Vereisungskurve ist schwierig.

Eine endgültige Klärung des Rückzugs der Wisconsin-Vereisung ist aber noch lange nicht erreicht. ANTEVS (1, 2) hält weiterhin daran fest, daß die C^{14}-Werte für das Alter des Two Creeks bed unzutreffend sind, und den fennoskandischen Moränen (Salpausselkä) nicht das Mankato-, sondern das sehr viel jüngere Cochrane-Stadium entspricht. Über diese und andere Fragen vgl. E. H. DE GEER (1—6).

Des weiteren sind folgende vegetationsgeschichtlichen Arbeiten aus Nordamerika zu nennen. HEUSSER (2, 4) hat in Canada und Alaska weitergearbeitet. Auf den Königin-Charlotte-Inseln, vor der Nordküste Britisch-Columbiens, ist das vom Eise verlassene Land zunächst von *Pinus contorta* besiedelt worden. Darauf folgten eine Massenausbreitung von *Picea sitchensis*, hierauf eine solche von *Tsuga heterophylla* (spärlich auch *T. mertensiana*) mit viel Ericalen. Zuletzt nahm *P. contorta* wieder zu. Die Inseln waren in der letzten Eiszeit nicht vollständig vereist. Das kann man nach HEUSSER auch aus der Waldentwicklung folgern, da Arten der Klimaxwälder, die einen genügend gereiften Boden brauchen, wie er zunächst nur außerhalb des in der letzten Eiszeit vergletscherten Gebiets vorhanden sein konnte (*Tsuga heterophylla*, *T. mertensiana* und *Picea sitchensis*) schon in den ältesten Proben 27% des Coniferen-Pollens ausmachen.

Eine weitere Arbeit von HEUSSER (3) befaßt sich mit dem Gebiet des Prinz-William-Sundes im Golf von Alaska. Hier werden auch die Nichtbaumpollen ausgewertet (u. a. solche von *Lysichitum*). Schließlich untersuchte HEUSSER (1) Gletscherschwankungen in historischer Zeit in den kanadischen Rockies.

Pollendiagramme aus dem nördlichen arktischen Alaska, nördlich und südlich der Brooks range teilt auch LIVINGSTONE (2) mit. Auf eine wohl waldlose Nichtbaumpollen-Zeit folgt eine Birkenzeit (*Betula nana, B. glandulosa*) und auf diese eine Erlenzeit (*Alnus viridis*). Die meisten Pollen treten frühzeitig auf, was nicht verwundert, da das Land nördlich und südlich des Untersuchungsgebiets während der letzten Eiszeit unvergletschert blieb. Man kann hier in der Nacheiszeit offenbar nicht mit so großen Vegetationsveränderungen rechnen wie in der gemäßigten Zone. Ein weiteres Diagramm aus dem Mont Tremblant-Park in Quebec findet sich bei WILSON (vgl. Fortschr. Bot. **17**, 372).

D. G. FREY (3) berichtet weiter (vgl. Fortschr. Bot. **16**, 196) über die merkwürdigen, vielleicht auf Meteoritenfälle zurückgehenden Seen "Carolina bay-lakes" an der südatlantischen Küste der USA, u. a. (2) über ihre zunehmende Ausdehnung in jüngerer Zeit. Er hat außerdem (1) auch zwei pleistozäne Ablagerungen an der atlantischen Küste von Süd-Carolina (Myrtle Beach) untersucht. Ein humoser Ton mit größeren Pollenmengen anspruchsvoller Gehölze wie *Carya, Liquidambar, Nyssa, Taxodium* und ohne *Picea*-Pollen gehört wohl ins letzte Interglazial. Ein Torf mit bis 42% *Picea* und nur sehr wenig Pollen der vorgenannten Gattungen aber gehört offenbar in die letzte Eiszeit, deren klimatische Ungunst also auch im südlichen Vorland der Alleghanys damit von neuem bewiesen wird.

OSVALD fand in zwei Hochmooren von NO-Maine einen an den „Grenzhorizont" erinnernden und vielleicht mit diesem gleichaltrigen Zersetzungskontakt. Humushaltiger Schlick und Sand aus der Mangrove von El Salvador enthält nach VON DER BRELIE u. TEICHMÜLLER nur sehr wenig und stark zersetzten Pollen, aber gut erhaltene Diatomeen ähnlich jenen aus dem Nordseeschlick.

6. Kulturpflanzen und Kulturbegleiter.

Einen Abriß der Entstehung der Kulturpflanzen als Modell für die Evolution der gesamten Pflanzenwelt gab SCHWANITZ, SCHIEMANN einen solchen der Geschichte der Kulturpflanzenforschung. (Vgl. im übrigen auch das in Abschnitt 4 über die Verknüpfung der Vegetationsgeschichte mit der menschlichen Besiedlung Gesagte.)

HJELMQUIST hat die Kenntnisse über die vor- und frühgeschichtlichen Kulturpflanzen Schwedens wesentlich erweitert und zusammengefaßt, wobei das meiste Material — wie in anderen Ländern — die Abdrücke auf gebrannten Scherben geliefert haben. Freilich erfordert auch diese Methode viel Fleiß und Sorgfalt. So mußten z. B. aus der reichen mittelneolithischen Siedlung Västra Hoby etwa 50000 Scherben untersucht werden, um 165 Abdrücke von Getreidekörnern zu erhalten. Aber die Museen enthalten sehr viel Material, so daß insgesamt doch 1700 Abdrücke untersucht werden konnten. Auch im Neolithikum Schwedens stehen Nacktgersten an erster Stelle, dann Einkorn (*Triticum monococcum*) und Emmer (*Tr. dicoccum*), während Weizen (*Tr. compactum*) selten ist. In der Bronzezeit verschiebt sich das Verhältnis zugunsten bespelzter Gerste, während *Triticum monococcum* und *dicoccum* sehr zurücktreten, *Avena sativa* und *A. strigosa* neu hinzukommen. In der hier bis 1050 n. Chr. gerechneten Eisenzeit behält die Spelzgerste ihre führende Stellung, und seit dem 1. bis 2. Jahrhundert n. Chr. findet sich schließlich Roggen (*Secale cereale*).

Im Hinblick auf die häufig vorgetragene Ansicht, daß Einkorn und Emmer ihre weite Verbreitung nach Norden dem Klima der Wärmezeit verdanken, ist von Interesse, daß die nördlichsten Funde erst aus der Eisenzeit, d. h. also der Nachwärmezeit stammen. Wichtig ist schließlich auch, daß der Dinkel (*Triticum spelta*) bereits im Neolithikum (hier allerdings nicht ganz sicher) und weiterhin in der Eisenzeit nachgewiesen werden konnte. In Dänemark ist er auch aus der Bronzezeit bekannt. Danach ist er ein altes, im Gegensatz zu früheren Erwägungen ehemals weit verbreitetes Getreide, dessen heutiges Reliktareal in Mitteleuropa mit seinem Entstehungsgebiet nichts zu tun zu haben braucht. Abdrücke von Weinkernen (*Vitis*) von zwei Fundorten sprechen insofern für Wildvorkommen, als es sich nach Gams um die *V. silvestris* handelt.

Die von Hopf u. Schiemann bestimmten Pflanzenreste aus der Kernsiedlung der Colonia Trajana bei Xanten enthalten u. a. *Triticum dicoccum* (vorherrschend), *Tr. compactum, Tr.* cf. *aestivum* und *Hordeum polystichum.* Römerzeitliche Funde hat auch Werneck (3, 4) aus einem Mithras-Heiligtum in Linz (Oberösterreich) und zwar aus der Zeit zwischen 380—425 n. Chr. untersucht. Es handelt sich um einen besonders reichen Obstfund. Werneck hat außerdem Obstreste aus einem römischen Kastell der Zeit zwischen 14—80 n. Chr. sorgfältig bearbeitet. Danach sind *Prunus persica* und *Pr. armeniaca* aus ihrer asiatischen Heimat wahrscheinlich auf dem Pontus-Donau-Weg und nicht von Italien her in die Landschaften nördlich der Ostalpen gelangt. Im erstgenannten Fund sind *Vitis* (wahrscheinlich *V. vinifera* und *V. silvestris*), *Prunus avium, P. insititia, P. domestica!, Cornus mas, Malus communis, Juglans regia* ssp. *mediterranea* u. a. vereinigt. Weinbau und die Kultur der Zwetsche dürften hier schon in der keltischen Eisenzeit bestanden haben. Werneck (1) hat weiter im österreichischen Mühlviertel ein Mannigfaltigkeitszentrum des Sandhafers (*Avena strigosa*) gefunden und nimmt dies zum Anlaß, die bisherigen Ansichten über Entstehung und Ausbreitung dieser Art zu revidieren. In einer letzten Arbeit (2) werden Orts- und Flurnamen nach Gehölzen besprochen.

Filzer hat, leider mit negativem Ergebnis, die Frage zu entscheiden versucht, ob für die Anlage vorgeschichtlicher Siedlungen mehr die mögliche Ertragshöhe oder die Schwankung der Erträge von Jahr zu Jahr bestimmend gewesen ist. Der Kürbis (*Cucurbita pepo*) kam in Amerika schon in vorkolumbianischer Zeit vor. Da die Samen salzresistent sind, scheint Camp die Herkunft aus Asien über den Pazifik im Gefolge des Menschen wahrscheinlicher als über Afrika.

Literatur.

Abel, W.: Die Wüstungen des ausgehenden Mittelalters. 180 S. Stuttgart 1955. — Afzelius, B. M., G. Erdtman u. F. S. Sjöstrand: Sv. bot. Tidskr. **48,** 155—161 (1954). — Andersen, S. Th., a. K. Gundersen: Experientia (Basel) **11,** 345 (1955). — Antevs, E.: (1) Amer. Antiquity **20,** 317—335 (1955). — (2) J. of Geol. **63,** 495—499 (1955). — Arambourg, C., J. Arènes et G. Depape: Archives du Museum National d'Histoire naturelle (Paris) **II,** 1—85 (1953). — Auer, V., M. Salmi a. K. Salminen: Ann. Acad. Sci. Fenn. (Helsinki) A/III/43, 14 S. (1955).

Backman, A. L.: Sv. bot. Tidskr. **49,** 88—96 (1955). — Bertsch, A.: Jber. Ver. vaterl. Naturkde Württ. **109,** 136—143 (1955). — Bertsch, K.: (1) Aus der Heimat **63,** 226—230 (1955). — (2) Vorzeit am Bodensee, 3 S. (1955). — (3) Vorzeit am Bodensee 1—6 (1955). — (4) Ber. dtsch. bot. Ges. **68,** 223—226 (1955). — Boucsein, H.: Der Burgwald. Forstgeschichte eines deutschen Waldgebietes. 222 S. Marburg 1955. — Breddin, H.: Niederrhein **22,** 76—79 (1955). — Brelie, G. von der: (1) Schr. Naturwiss. Ver. Schleswig-Holstein **25,** 100—107 (1951). — (2) Neues Jb. Geol. Pal. Mh. **1955,** 201—217. — (3) Eiszeitalter u. Gegenwart **6,** 25—38 (1955). — Brelie, G. von der, A. Mückenhausen u. U. Rein: Niederrhein **22,** 80—83 (1955). — Brelie, G. von der, u. M. Teichmüller: Neues Jb. Geol. Pal. Mh. **1953,** 244—251. — Bringmann, G., u. R. Kühn: Z. Naturforsch. **10 b,** 47—58 (1955). — Brouwer, W., u. A. Stählin: Handbuch der Samenkunde. 655 S. Frankfurt/M. 1955. — Brun, V.: Blyttia (Oslo) **13,** 85—89 (1955). — Brunnacker, K.: (1) Geologica Bavarica **25,** 22—38 (1955). — (2) Geol. Bl. NO-Bayern (Erlangen) **5,** 71—77 (1955).

CAMP, W.: Amer. J. Bot. 41, 700—701 (1954). — CAMPO, M. VAN: (1) 8. Congr. Int. Bot. (Paris-Nice) 345—347 (1954). — (2) Z. Forstgenetik 4, 123—126 (1955). — (3) Bull. Soc. Hist. Natur. Toulouse 90/XX. 10 S. (1955). — Centro di Studi preistorici e archeologici — Varese: Sibrium 2 (1955). — CIOBANU, J., e E. POP: An. Acad. Rep. Pop. Romane, Ser. geol. 3/2, 30 S. (1950). — COETZEE, J. A.: South Afric. J. Sci. 52, 23—27 (1955). — COOKSON, J. C., and K. M. PIKE: Austral. J. Bot. 3, 197—206 (1955). — COUPER, R. A.: New Zealand J. Sci. a. Techn., Ser. B 36/2, 136—139 (1954).

DAHL, A. O.: J. Arnold Arboretum 36, 159—163 (1955). — DALE, IV. R.: Emper. Forest. Rev. 33, 23—29 (1954). — DEEVEY, E. S. JR.: Proc. Int. Assoc. Theor. Appl. Limnology 12, 654—659 (1955). — DE GEER, E. H.: (1) Naturwiss. 41, S. 526 (1954). — (2) J. Geology 62, 514—516 (1954). — (3) Geol. För. Stockholm Förh. 76, 299—329 (1954). — (4) Geol. För. Stockholm Förh. 76, 703—706 (1954). — (5) Cahiers Géologiques (Thoiry/Ain) 30, 297—304 (1955). — (6) Cahiers Géologiques (Seyssel/Ain) 31, 305—320 (1955). — DENGLER, A. †: (1) Z. Forstgenetik 4, 107 bis 110 (1955). — (2) Z. Forstgenetik 4, 110—113 (1955). — DEPAPE, G., et FR. BOURDIER: Trav. Lab. Géol. Univ. Grenoble 30, 81—102 (1952). — DONNER, J.: C. r. Soc. géol. Finlande, Helsinki 27, 49—55 (1954). — DOPPERT, J. W. CHR., u. J. I. S. ZONNEVELD: Medd. Geol. Sticht. (Harlem) N. S. 8, 13—30 (1955). — DUIGAN, S. L., Quart. J. Geol. Soc. 111, 225—238 (1955).

EBERS, E.: Eiszeitalter und Gegenwart 6, 96—109 (1955). — ERDTMAN, G.: (1) Geol. För. Stockholm Förh. 75, 397—398 (1953). — (2) Stat. naturvet. Forskningsråds Årsbok, 139—148 (1953/54). — (3) Geol. För. Stockholm Förh. 77, 71—113 (1955). — (4) Natur på Öland, S. 286—292 (1955). — ESKUCHE, U.: Natur u. Heimat (Münster) 11, 2 S. (1951).

FAEGRI, KN.: Univ. Bergen, als Manuskript vervielfältigt (1956). — FEJFAR, O., V. KNEBLOVA, Z. DOHNAL, V. LOŽEK: Anthropozoikum (Praha) 4, 241—284 (1955). — FILZER, P.: Jber. Ver. vaterl. Naturkde Württ. 107, 146—155 (1952). — FIRBAS, F.: (1) Göttinger Jb. 1954, 60—64. — (2) Nachr. Akad. Wiss. Göttingen, Math.-Naturwiss. Kl. II b/5, 37—50 (1954). — FIRBAS, F., H. MÜLLER u. K. O. MÜNNICH: Naturwiss. 42, 509 (1955). — FIRBAS, F., et P. ZANGHERI: Act. 4. Congr. Int. Quaternaire Rome-Pise, 4 S. (1953). — FLINT, R. F.: Amer. J. Sci. 253, 249—255 (1955). — FLINT, R. F., and M. RUBIN: Science (Lancaster, Pa.) 121, 649—658 (1955). — FRASER, G. K., and H. GODWIN: New Phytologist 54, 216—221 (1955). — FRENZEL, B.: Erdkunde 9, 40—53 (1955). — FREY, D. G.: (1) Amer. J. Sci. 250, 212—225 (1952). — (2) Ecology 35, 78—88 (1954). — (3) Proc. Int. Assoc. Theor. a. Appl. Limnology 12, 660—668 (1955).

GIANOTTI, A.: Riv. Ital. Paleont. 56, 1 (1955). — GODWIN, H.: (1) Nature (London) 174, 868 (1954). — (2) Rep. Subdepartment Quat. Res. Cambridge 1953—54 (1955). — (3) Sv. Bot. Tidskr. 49, 35—43 (1955). — (4) Philosophic Trans. Roy. Soc. London B 239, 161—190 (1955). — GOEKE, D.: Vestisches Jb. 3, 20 (1955). — GÖTTLICH, KH.: (1) Beitr. naturkdl. Forsch. Südwestdeutschland 14, 88—92 (1955). — (2) Gas- u. Wasserfach 96, 3 S. (1955). — (3) Jber. Ver. vaterl. Naturkde Württ. 110, 171—198 (1955). — (4) Beitr. naturkdl. Forsch. Südwestdeutschland 14, 83—87 (1955). — GREBE, H.: Geol. Jb. (Hannover) 70, 535—574 (1955). — GRIPP, K., u. R. SCHÜTRUMPF: Naturwiss. 40, S. 55 (1953). — GROHNE, U.: (1) Photographie u. Forsch. 6, 204—209 (1955). — (2) Offa, Neumünster, 12, 98—103 (1955). — GROSS, H.: Eiszeitalter u. Gegenwart 6, 110—115 (1955). — GROSPIETSCH, TH.: (1) Arch. f. Hydrobiol. 49, 546—580 (1954). — (2) Gewässer und Abwässer, S. 5—19 (1954/55). — GUYAN, W. U.: (1) Monographien aus Ur- u. Frühgesch. d. Schweiz 11, 334 S. (Basel) (1955). — (2) in GUYAN (1), S. 221—272.

HAARNAGEL, W.: Friesisches Jb. 1955, 9—78. — HALLIK, R.: Eiszeitalter u. Gegenwart 6, 116—124 (1955). — HAMMEN, TH. VAN DER: Bol. Geologico (Bogota) 2, 5—24 (1954). — HARRIS, W. F.: Rec. Cant. Mus. Christchurch, New Zealand VI/4, 279—290 (1955). — HAUFF, R.: Jb. Statistik u. Landeskde Baden-Württ. 1, 291—292 (1955). — HAYEN, H.: Oldenburger Jb. 54, 40—54 (1954). — HEDBERG, O.: Oikos 5, 137—166 (1954). — HESMER, H., u. A. FELDTMANN: Forstarchiv 25, 225—237 (1954). — HEUSSER, C. J.: (1) Year Book Amer. Philos. Soc. 1954, 155—158. — (2) Year Book Amer. Philos. Soc. 1954, 158—162. — (3) Ecology 36, 185—202 (1955). — (4) Canad. J. Bot. 33, 429—449 (1955). — HJELMQUIST, H.:

Opera Botan. Soc. Bot. Lund 1/3, 186 S. (1955). — Hopf, M.: Ber. dtsch. bot. Ges. 68, 191—193 (1955). — Hopf, M., u. E. Schiemann: Bonner Jb. f. 1952, 152, 3 S. (1953).

Jonassen, H.: Bot. Tidsskr. 51, 136—140 (1954).

Kolumbe, E.: Eiszeitalter u. Gegenwart 6, 39—40 (1955). — Kouprianova, S. A.: Bot. Notiser (Lund) 108, 138—145 (1955). — Kraus, E.: Eiszeitalter u. Gegenwart 6, 75—95 (1955). — Krausch, D.: Wiss. Z. Pädagog. Hochschule Potsdam, Math. Nat. R. 1, 121—148 (1955). — Kuyl, O. S., J. Muller and H. Th. Waterbolk: Geol. a. Mijnbouw 3, N. S. 17, 49—76 (1955).

Lang, G.: Beitr. naturkdl. Forsch. Südwestdeutschland 14, 24—31 (1955). — Larrival, M. Th.: Bull. Soc. Hist. Natur. Toulouse 90, 119—128 (1955). — Larssen, K. E.: Kgl. Norske Vid. Selsk. Förh. 26, 22, 94—101 (1954). — Levi, H.: Quaternaria (Rom) 2, 1—7 (1955). — Levi, H., u. H. Tauber: In Guyan, S. 113 bis 114 (1955). — Livingstone, D. A.: (1) Ecology 36, 137—139 (1955). — (2) Ecology 36, 587—600 (1955). — Ložek, V., u. Fr. Prošek: Ochrana Přirody (Prag) 11, 33—42 (1956). — Lüdi, W.: Ber. Geobot. Inst. Rübel Zürich f. 1954, 36—68 (1955). — Lüttig, G.: Paläont. Z. 29, 146—169 (1955).

Manum, Sv.: Blyttia (Oslo) 13, 90—95 (1955). — Maréchal, R., en G. C. Maarleveld: Medd. Geol. Stichting N. S. 8, 77—86 (1955). — Martin, A. R. H.: S. Afric. J. Sci. 50, 83—88 (1953). — Medwecka-Kornaś, A.: Ochrana przyrody Kraków 23, 110 S. (1955). — Mikkelsen, V. M.: Dansk Geol. För. 13, 104—111 (1956). — Mitchell, G. F.: (1) Proc. Roy. Irish Acad. V. 56/C/N. 7, 481—488 (1954). — (2) Brit. Assoc. Adv. Sci. Symposium Belfast, 41—42 (1952). — (3) Brit. Assoc. Adv. Sci. Symposium Belfast, 430—432 (1952). — (4) Amer. J. Sci. 253, 306—307 (1955). — (5) Proc. Roy. Irish Acad. 57/B/14, 185—251 (1956). — Moar, N. F.: New Zealand J. Sci. a. Technol. A. 36, 221—223 (1954). — Movius, H. M., and R. R. Field: Peabody Museum, Harvard Univ. (als Manuskript vervielfältigt) 87 S. (1955). — Müller, H.: Geol. Jb. (Hannover) 71, 491—504 (1956). — Mullenders, W.: Agricultura 3, 2. ser., 503—535 (1955). — Musil, R., u. K. Valoch: Eiszeitalter u. Gegenwart 6, 148—151 (1955).

Nakamura, J., and J. Katto: Bull. Soc. Plant Ecol. 3, 108—111 (1953). — Nakamura, J., and Ts. Yamanaka: Bull. Soc. Plant Ecol. 1, 88—94 (1951). — Neustadt, M. I.: Wiss. Z. Univ. Halle, Math. Nat. 4, 717—728 (1955). — Nietsch, H.: Jb. Geogr. Ges. Hannover für 1954—55, 19—28 (1955).

Oliver, W. R. B.: Sv. bot. Tidskr. 49, 9—18 (1955). — Osvald, H.: Sv. bot. Tidskr. 49, 110—118 (1955).

Paret, O.: Das Steinzeitdorf Ehrenstein bei Ulm (Donau). Stuttgart, 80 S. (1955). — Pinto da Silva, Q. G.: Agron. Lusitana 17/1, 5—16 (1955). — Polutoff, N.: Eiszeitalter u. Gegenwart 6, 152—158 (1955). — Pop, E.: Bul. Grad. Bot. Univ. Cluj 25, 1—92 (1945). — Potzger, J. E.: Ecology 36, 161 (1955). — Preston, R. S., E. Person and E. S. Deevey: Science (Lancaster, Pa.) 122, 954 bis 960 (1955). — Prošek, F.: Slovenská archeologia (Bratislava) 1, 133—194 (1954).

Quennerstedt, N.: Acta phytogeogr. Suec. (Uppsala) 36, 208 S. (1955).

Rein, U.: Eiszeitalter u. Gegenwart 6, 16—24 (1955). — Reinhold, F.: Forstarch. 27, 66—71 (1956). — Reissinger, A.: Z. Gletscherkde u. Glazialgeol. 3, 79—82 (1954). — Rubin, M., and H. E. Suess: Science (Lancaster, Pa.) 121, 481—488 (1955). — Rubner, K.: Allg. Forstz. 10, 537—546 (1955).

Sauramo, M.: Ann. Acad. Sci. Fenn. A/III/44, 25 S. (1955). — Scamoni, A.: (1) Z. Forstgenetik 4, 113—122 (1955). — (2) Z. Forstgenetik 4, 145—149 (1955). — (3) Arch. Forstwesen (Berlin) 4, 170—183 (1955). — Schiemann, E.: Bot. Tidsskr. 51, 308—329 (1954). — Schilling, W., u. H. E. Jacob: Forst u. Jagd, 16 S. (1956). — Schmitz, H.: (1) Eiszeitalter u. Gegenwart 6, 52—59 (1955). — (2) Umschau 1955, 685—687. — Schretzenmayr, M.: Forst u. Jagd, 3 S. (1955). — Schütrumpf, R.: (1) Führer durch das „Wandernde Museum". Landeskulturverband Schleswig-Holstein, 4, 2—9 (1953). — (2) Meyniana (Veröff. Geol. Inst. Kiel) 2, 193—203 (1954). — (3) Angler Jb. 1954, 33—36. — (4) Eiszeitalter u. Gegenwart 6, 41—51 (1955). — Schütrumpf, R., u. G. Kagelmann: Die Nacheiszeit in Wort und Bild. Kiel (1952). — Schulze, T., u. E. Glotz: Abh. u. Ber. Naturkde. Museum Görlitz 34, 145—162 (1955). — Schwanitz, F.: In G. Heberer, Die

Evolution der Organismen, Stuttgart 1954/55. — SELLE, W.: Abh. naturwiss. Ver. Bremen **34**, 33—46 (1955). — SHIMADA, M.: Sixt. Ann. Mem. Essays of found. Shôkei Girl's School, 107—113 (1952). — SITTLER, C.: (1) Revue Inst. français du Pétrole (Paris) **9**, 367—373 (1954). — (2) Revue Inst. français du Pétrole (Paris) **10**, 103—114 (1954). — SOERGEL, G.: Naturwiss. **42**, 565—566 (1955). — SOHMA, K.: Arb. Hakkôda Bot. Labor. **48**, 11—17 (1955). — SPECK, J.: In GUYAN, 273—334, (Basel) (1955). — ŚRODOŃ, A.: (1) Acta Soc. bot. poloniae **24**, 627—633 (1955). — (2) Acta Soc. bot. poloniae **24**, 635—637 (1955). — STEFFEN, K.: Z. Bot. **43**, 346—351 (1955). — STOCKMANS, FR., et R. VANHOORNE: Mém. Inst. Roy. Sci. Nat. Belgique (Bruxelles) **130**, 144 S. (1954). — STRAKA, H.: (1) Z. Bot. **43**, 341—346 (1955). — (2) Naturwiss. Rdsch. (Stuttgart) **1955**, 193—195. — (3) Naturwiss. Rdsch. (Stuttgart) **1955**, 480—483. — STRAKA, H., u. H. L. DE VRIES: Naturwiss. **43**, S. 13 (1956). — SUESS, H. E.: Science (Lancaster, Pa.) **120**, 467—473 (1954).

THOMSON, P. W.: Neues Jb. Geol. Pal. Mh. (Stuttgart) **1955**, 69—71. — TIDELSKI, FR.: Mitt. Arbeitsgem. f. Floristik in Schleswig-Holstein u. Hamburg **5**, 291—322 (1955). — TOHALL, P., H. L. DE VRIES and W. VAN ZEIST: J. Roy. Soc. Antiqu. Ireland **85**/I, 77—83 (1955). — TROELS-SMITH, J.: (1) Aarbøger f. Nord. Oldkynd og Historie, 62 S. (1953). — (2) Danm. Geol. Undersøg. IV/3/10. 73 S. — TROLL, C.: Jb. Akad. Wiss. u. Literatur Mainz **1954**, 60—72. — TÜXEN, R.: Kunde (Hannover) N. F. **6**, 66 S. (1955).

VENT, W.: Wiss. Z. Univ. Jena, Math.-Nat. R. **4**, 467—485 (1954/55). — VENZO, S.: (1) Atti Soc. Ital. Sci. Natur. Milano, **94**, II, 155—200 (1955). — (2) Act. IV. Congr. Assoc. Internat. Quatern. Rome-Pise 1953, 23 S. (1955). — VIETINGHOFF-RIESCH, A. VON: Ein Waldgebiet im Schicksal der Zeiten. 160 S. Hannover 1949. — VOGT, E.: In GUYAN, 117—219 (1955).

WADIA, D. N.: Birbal Sahni Institut of Palaeobotany, Lucknow, 3—9 (1955). — WAGENITZ, G.: (1) Flora (Jena) **142**, 213—279 (1955). — (2) Ber. dtsch. bot. Ges. **68**, 297—302 (1955). — WALKER, D.: (1) New Phytologist **54**, 223—254 (1955). — (2) New Phytologist **54**, 344—349 (1955). — WALKER, D., and C. A. LAMBERT: New Phytologist **54**, 209—215 (1954). — WEIDENBACH, F.: Act. IV. Congr. Internat. Quatern. Rome-Pise 1953, 7 S. (1955). — WELTEN, M.: (1) Jb. Bern. Hist. Mus. (Bern) **32** u. **33**, 45—76 (1954). — (2) In GUYAN, 61—88 (1955). — WERNECK F. H. L.: (1) Verh. zool. bot. Ges. Wien **94**, 97—113 (1954). — (2) Österr. Heimatbl., **9**, 3—15 (1955). — (3) Naturkdl. Jb. Stadt Linz **1955**, 9—34. — (4) Naturkdl. Jb. Stadt Linz **1955**, 41—52. — WEYL, R., U. REIN u. M. TEICHMÜLLER: Eiszeitalter u. Gegenwart **6**, 5—15 (1955). — WILSON, L.: Sciences et Aventures **7**, 249—255 (1952). — WITTKE, W.: Ber. naturwiss. Ges. Bayreuth **8**, 60—66 (1953/54). — WOLTHERS, P.: Folia Limnolog. Scand. **8**, 25—32 (1956). — WRIGHT, H. E. JR.: J. Geology **63**, 403—411 (1955).

ZAGWIJN, W. H., en J. I. S. ZONNEVELD: Geol. en Mijnbouw 2. N. Ser. **18**, 37—46 (1956). — ZEIST, W. VAN: (1) Palaeohistoria **3**, 220—224 (1954). — (2) Jaarversl. Veren. v. Terpenonderzoek, 33—37 (1949—53), 184—186 (1955). — (3) Nieuwe Drentsche Volksalmanak **74**, 199—209 (1955). — ZEUNER, F. E.: (1) Ann. Rep. London Univ. Inst. Archaeol. **9**, 10—28 (1953). — (2) Eiszeitalter u. Gegenwart **4/5**, 98—105 (1954). — ZINDEREN-BAKKER, E. M. VAN: (1) Bot. Notiser (Lund) **108**, 138—140 (1955). — (2) Acta geogr. (Helsinki) **14**, 413—422 (1955).

8. Ökologische Pflanzengeographie.

Von Heinrich Walter, Stuttgart-Hohenheim,
und Heinz Ellenberg, Hamburg.

Die strenge Begrenzung der Länge der einzelnen Referatenteile erlaubt nur die Berücksichtigung weniger Arbeiten, deren Ergebnisse für einen weiteren Kreis von Interesse sind. Bei Büchern muß ein Hinweis genügen.

Größere Werke.

„Die Klimate der Erde" (ohne das Gebiet der UdSSR) behandelt auf 277 Seiten B. P. Alissow (Berlin 1954). Eine sehr wichtige Zusammenfassung ist die „Pflanzenphänologie" von F. Schnelle (299 Seiten mit 14 Karten, Leipzig 1955). F. Gessner bringt eine großangelegte Ökologie der Wasserpflanzen in seiner „Hydrobotanik"; von dem 3 bändigen Werk ist Band 1 (517 Seiten, Berlin 1955), in dem die Bedeutung der Außenfaktoren (Licht, Wärme, Druck, Wasserbewegung) behandelt werden, veröffentlicht. Als Einführungen in die Vegetationskunde sind folgende Werke gedacht: A. Scamoni „Einführung in die praktische Vegetationskunde" (222 Seiten, Berlin 1955), H. Ellenberg „Aufgaben und Methoden der Vegetationskunde" (136 Seiten, Stuttgart 1956, als Bd. IV, 1 der Phytologie von H. Walter) und J. Klika „Nauka o rostlinnych spolecenstech" (361 Seiten, Prag 1955). P. Filzer behandelt in 7 ausgewählten Kapiteln die Grundprobleme der Standortsforschung in leicht verständlicher Form („Pflanzengesellschaft und Umwelt", 143 Seiten, Stuttgart 1956).

I. Standortslehre.

1. Wärmefaktor (Temperatur).

Die Geländeklimate der niederrheinischen Bucht werden auf Grund von phänologischen Beobachtungen von W. Weischet behandelt. Das Geländeklima nimmt dabei eine Zwischenstellung zwischen dem Regional- und dem Lokalklima ein. Gleichzeitig fand auch die klimatische Ventilation Berücksichtigung, indem als Maß der Windwirkung die Baumkronendeformationen verwendet wurden (vgl. Fortschr. Bot. **17**, 372).

Im Freien richtet sich das Wachstum der Pflanzen nach Kretschmer ganz einseitig nach der Temperatur des wachsenden Gewebes. Licht und Feuchtigkeit sind bei uns im allgemeinen belanglos. Mathiesen macht darauf aufmerksam, daß Baumarten, die ihr Laub früher abwerfen, frostresistenter sind als Arten mit spätem Laubfall. Letztere sind mehr südlicher Provenienz. Über die experimentell ermittelte Kälteresistenz der mediterranen Hartlaubgewächse liegt eine Arbeit von Larcher vor. Das Material wurde am Gardasee geholt, und die

Prüfung erfolgte in einer Kältekammer in Innsbruck (Exposition 2—3 Std.). Die Kälteresistenz war in den Sommermonaten geringer (Grenzwerte −4 bis −12°) als im Winter (Grenzwerte − 7 bis −18°). Bei *Olea* wird diese Änderung durch Einwirkung der Außentemperatur bedingt; bei *Laurus, Arbutus, Viburnum tinus* und *Cupressus* handelt es sich dagegen mehr um eine autonome Winterruhe, in die die Arten sogar im warmen Gewächshaus verfallen.

Die Überwinterung von Arten der ungarischen Sandsteppen studieren J. u. V. Karpati (1). Sie unterscheiden eine Überwinterung 1. im grünen Zustand (*Erophila, Artemisia* u. a.), 2. im z. T. grünen Zustand, wobei abgetrocknete Teile Schutz bieten (*Festuca, Stipa* u. a.) oder nicht (*Potentilla, Euphorbia* u. a.) und 3. als Geophyten oder Therophyten.

Mit der Hitzeresistenz ausgetrockneter Moose beschäftigt sich Lange (1). Bei $^1/_2$ stündiger Einwirkung lagen die schädigenden Temperaturen zwischen 70 und 115°. Es lassen sich deutliche Beziehungen zu dem Standort der Pflanzen feststellen. Mit wenigen Ausnahmen sind Arten kühl-feuchter Standorte wenig und die trockener, sonniger Standorte stark resistent. Bei plastischen Arten (*Hypnum cupressiforme*) spielt die Provenienz eine Rolle. Auch die Vorgeschichte ist nicht ohne Bedeutung. Durch Naßkulturen läßt sich eine Verweichlichung künstlich hervorrufen. Diese kann auch in der Natur auftreten, und dann sind Hitzeschäden am Standort möglich.

2. Der Wasserfaktor (Hydratur).

Eine Reihe von Arbeiten befassen sich mit dem Tau. Aus der thermodynamischen Betrachtung von Hofmann entnehmen wir, daß auch theoretisch Tauniederschlag maximal nur 0,8 mm erreichen kann. Der Taufall auf einen Pflanzenbestand ist nicht stärker als auf eine freie Fläche. In Übereinstimmung damit fanden Arvidsson u. Hellström an der Meeresküste in Ägypten, daß der Taufall auf Blätter von *Asphodelus, Olea* und Gerste auf gleiche Oberfläche berechnet mehrfach geringer ist als auf künstliche Taumesser. Der Pflanzenfaktor von Hiltner ist deshalb falsch. Innere Betauung im Boden ist so minimal, daß sie praktisch ohne jede Bedeutung ist. Über Taumeßgeräte berichtet Weger. Steubing führte Freilandversuche mit betauten und nachts durch Igelitplanen vor Tau geschützten Parzellen durch. Unter diesen war die Temperatur nachts um 1,5—2° höher und die Pflanzen wurden im Wachstum begünstigt. Doch waren die Erträge bei Senf, Lupine und Gerste auf den betauten Parzellen höher, so daß der Tau einen fördernden Einfluß zu haben scheint. Allerdings mußte der Versuch ohne die bei Feldversuchen zu fordernde Sicherung durch Wiederholungen durchgeführt werden.

Kausch veröffentlicht seine Untersuchungen über das fast fehlende Nachleitvermögen des Bodens ausführlicher (vgl. Fortschr. Bot. **17**, 367). Die Messung der Bodensaugkräfte, nicht nur mit der Tensiometermethode sondern auch mit den anderen Methoden, erscheint praktisch unmöglich. Der Boden ist ein Mosaik von trockeneren und feuchteren

Einheiten, und die Wurzel kann nur durch ständiges Weiterwachsen die Wasseraufnahme aufrechterhalten. Besonders interessant ist die Feststellung, daß das Längenwachstum der Wurzeln ein Optimum im austrocknenden Boden hat (Saugkraft etwa 6—7 Atm.), während die Seitenwurzelbildung bei der Saugkraft = 0 am intensivsten ist. Eine Schnellmethode zur Bodenfeuchtemessung im Felde durch Abdestillieren des Wassers aus der Bodenprobe beschreibt Kreutz. Hygen untersucht an abgeschnittenen Sprossen von 10 morphologisch verschiedenen Arten (vgl. Fortschr. Bot. 17, 367) die Wirkung des Windes auf die stomatäre und cuticuläre Transpiration. Erstere war im Wind (1 m/sec) 1,3—1,9 mal höher als in ruhiger Luft, bei letzterer blieben die Unterschiede weniger gesichert.

Bauman hat durch sehr ausgedehnte Feldversuche im ariden Gebiet Kanadas gezeigt, daß bei Bewässerungsversuchen der osmotische Wert (Hydratur) der beste Indicator für die Wasserversorgung der Pflanzen ist. Es ergaben sich sehr klare Beziehungen zwischen den mittleren osmotischen Werten (W) der Pflanzen auf einzelnen Parzellen und der Ertragshöhe, wie Tab. 1 zeigt:

Tabelle 1.

Luzerne (1. Schnitt)	W (in Atm.)	10,6	11,5	11,9	14,7	17,2	19,8
	Grünmasse (t/acre)	10,9	8,6	9,7	7,4	5,2	3,6
Luzerne (2. Schnitt)	W (in Atm.)	10,3	10,4	10,9	13,1	14,1	30,3
	Grünmasse (t/acre)	9,7	9,2	7,6	6,2	5,7	0,34
Thatcher-Weizen	W (in Atm.)	10,5	10,7	11,7	11,9	12,3	12,8
	Ertrag (Bushels/acre)	37,0	36,2	35,0	31,3	27,9	27,2
Lembri-Weizen	W (in Atm.)	10,4	11,0	11,1	11,3	11,4	12,2
	Ertrag (Bushels/acre)	47,7	45,5	33,4	31,2	35,9	31,2
Montcalm-Gerste	W (in Atm.)	10,3	10,7	11,8	12,0	12,6	14,6
	Ertrag (Bushels/acre)	48,3	46,2	40,2	40,7	35,3	30,7
Eagle-Hafer	W (in Atm.)	9,4	10,1	10,4	10,6	11,0	14,4
	Ertrag (Bushels/acre)	95,2	77,9	67,7	71,1	66,5	62,8
Zucker-rüben	W (in Atm.)	12,1	12,6	13,2	13,6	13,6	22,4
	Ertrag (t/acre)	15,9	15,0	12,7	13,4	12,8	5,3
Kartoffeln	W (in Atm.)	8,6	8,7	8,9	9,4	9,4	10,5
	Ertrag (Bushels/acre)	363	276	294	238	202	70

Die anderen Methoden zur Bestimmung der Bewässerungszeiten, wie Tensiometermessung, Gipsblock- und Glaswollemethode, Wasserverbrauch usw. erwiesen sich als unzuverlässig.

Vergleichende Transpirationsmessungen an Bäumen und Sträuchern im feuchteren Gebiet der ,,campo cerrado" und im trockneren der ,,caatinga" Brasiliens führt Ferri durch. Im ersteren ist der Boden immer gut durchfeuchtet, weshalb die Transpiration in der Dürrezeit kaum eingeschränkt wird. In der Caatinga dagegen weisen die Pflanzen während der 7monatigen Dürrezeit praktisch nur eine geringe cuticuläre Transpiration auf. Trotzdem zeigen diese Arten weniger ausgeprägte xeromorphe Merkmale als die der Campos cerrados, vielleicht, wie Verf. meint, weil sie während der kurzen günstigen Vegetationszeit sehr intensiv assimilieren müssen und Xeromorphie dabei hinderlich ist.

Bei Pflanzen, die in Palästina sowohl im feuchten Winter wie auch im dürren Sommer Blätter besitzen, wird der Wasserhaushalt oft nicht durch Transpirationseinschränkung, sondern durch Reduktion der transpirierenden Blattmasse reguliert. Sie beträgt z. B. nach ORSHAN bei *Poterium spinosum* nur 15,5% derjenigen im Winter, bei *Artemisia monosperma* 24% und bei *Helianthemum ellipticum* 37,2%. ZOHARY u. ORSHANSKY untersuchen den Wasserhaushalt der Felspflanzen in Palästina, deren Wurzeln tief in die Felsspalten eindringen. Sie schränken ihre Transpiration während der Sommerdürre kaum ein, und die osmotischen Werte zeigen keinen Anstieg. Die im Felsen gespeicherten Wassermengen genügen, um einen Wassermangel nicht aufkommen zu lassen.

Die vorderasiatischen Wüstenpflanzen in Gebieten mit 50—200 mm Regen widersprechen nach H. ZOHARY völlig der MAXIMOWSCHEN Xerophytentheorie. Es gibt viele Wasserhaushaltstypen: Arten, die schwach bis sehr stark transpirieren, die im Sommer die Transpiration steigern oder einschränken. Viele verkleinern dabei die transpirierende Oberfläche; die osmotischen Werte zeigen schwache oder starke Schwankungen. Alle diese Pflanzen sind das ganze Jahr hindurch aktiv.

Wie LUNDKVIST feststellte, werden bei *Sinapis alba, Chenopodium album* und *Vicia faba* durch Wasserüberschuß und Stickstoffmangel gewisse Strukturänderungen hervorgerufen, die einer zunehmenden „Xeromorphie" entsprechen. Es wäre aber wohl richtiger von Kümmerformen zu sprechen. Im einzelnen zeigen die verschiedenen Arten ein abweichendes Verhalten.

Bei Immergrünen *(Pinus cembra, Picea, Rhododendron, Loiseleuria, Arctostaphylos, Hedera)* konnten PISEK u. LARCHER zeigen, daß der jahreszeitlichen Änderung der Frosthärte auch eine solche der Austrocknungsresistenz entspricht. Beiden Eigenschaften dürfte somit eine gemeinsame plasmatische Komponente zugrunde liegen.

3. Assimilathaushalt (Lichtfaktor und Gaswechsel).

BOSIAN beschreibt ein „Fliegendes Laboratorium" für eine vollautomatische CO_2-Assimilationsbestimmung im Gelände. Das wichtigste Problem bei diesen Untersuchungen ist das Cuvettenklima. Bei Unterlassung der Kühlung kann man in der Sonne keine richtigen Werte erhalten. Durch Überhitzung der Blätter werden die Assimilationswerte erniedrigt oder sogar negativ. Auf denselben Fehler weist sehr eindringlich TRANQUILINI (1) hin. Er erhielt im Hochgebirge Übertemperaturen in der Cuvette von 25,4° (höchste Temperatur 52,1°), wodurch es infolge der erhöhten Atmung zur CO_2-Ausscheidung am Licht kam. NEGISI u.

SATOO zeigen, daß die Photosynthese abgeschnittener Zweige von *Pinus* und *Lithocarpus* rasch abfällt, wenn man nicht Wasserverluste verhindert.

Die ÅLVIKsche Methode zur Assimilationsbestimmung wird von FRENZEL abgelehnt. Daß seine Einwände aber nicht stichhaltig sind, zeigt LANGE (2). Außerdem übersieht FRENZEL, daß die ÅLVIKsche Methode nur dann angewendet werden darf, wenn die Assimilationswerte so gering sind, daß die Methoden mit Momentanbestimmungen versagen.

Sehr genaue CO_2-Bilanzversuche für *Pinus cembra* in 1940 m Höhe verdanken wir TRANQUILINI (2). Die CO_2-Assimilation nimmt mit der Lichtintensität bei Schattenzirben bis 17000 Lux und bei Sonnenzirben bis 25000 Lux zu. Sie ist bei ersteren immer höher. Das Temperaturminimum liegt bei − 5°, das Optimum bei 10—15° und das Maximum bei 35°. Letzteres wird in der Natur nie erreicht. Die Jahreskompensation des CO_2-Umsatzes tritt bei einer durchschnittlichen Lichttagessumme von 10000 Lux × Stunde ein, was im September einem Lichtgenuß von 2,5% entspricht. PISEK u. TRANQUILINI untersuchen die Assimilation und den Kohlenstoffhaushalt von einer 14 m hohen Fichte und einer 20 m hohen Buche. Die Sonnenblätter erreichen schon bei 20000 Lux ihre maximale Nettoassimilation. Bei höheren Lichtintensitäten wirken sich die Wasser- und Temperaturverhältnisse ungünstig aus. Schattenblätter nützen das schwache Licht ihres Standorts hervorragend aus, besonders bei der Buche. Soweit im Schatten noch Blätter vorhanden sind, kann mit Reingewinn gerechnet werden. Die Buche hört mit der Photosynthese schon bei den ersten Herbstfrösten auf, wenn nicht früher; die Fichte dagegen erst bei Eintritt der eigentlichen Winterkälte. Das Diagramm für den Assimilathaushalt der Buche von MÖLLER (vgl. Fortschr. Bot. **13**, 160) wird auf Grund von neueren Untersuchungen durch ein besseres ersetzt (MÖLLER, MÜLLER u. NIELSEN).

Mit dem Einfluß der Austrocknung auf die Assimilation und Atmung von dem an dauernd feuchte Standorte angepaßten *Conocephalum* und der trockenresistenten *Parmelia physodes* beschäftigt sich ENSGRABER. *Conocephalum* wird durch kleinste Schwankungen des Wasserzustandes stark beeinflußt, *Parmelia* dagegen verträgt die Übergänge von feucht zu trocken viel besser. BIEBL berichtet über den Lichtgenuß und die Strahlenempfindlichkeit einiger Schattenmoose. Der minimale Lichtgenuß betrug 0,024%; 5 Std. direkte Sonnenstrahlung tötete alle Versuchsmoose ganz oder teilweise. Auf die äußerst interessante Arbeit von VOGEL über die Anpassungen der Kryptogamen an die Lichtverhältnisse in der südafrikanischen Nebelwüste (Fensteralgen, Fensterflechten) kann nur hingewiesen werden.

4. Bodenverhältnisse (chemische Faktoren).

Die Böden der salvadorenischen Solfataren sind extrem sauer. Werte von $p_H = 3,5$ bis 3,0 sind häufig. In der Rhizosphäre von *Heleocharis Schaffneri* hat LÖTSCHERT sogar $p_H = 1,6$ gemessen! BURRICHTER (1) berichtete über die Methode der direkten Bakterienzählung im

Boden, die auf der fluoreszenzmikroskopischen Analyse von STRUGGER aufbaut. Jetzt (2) benützt er sie, um die Regeneration von Heide-Podsolböden zu verfolgen. Sowohl bei trockenen als auch bei feuchten Böden nimmt beim Übergang von den Heidegesellschaften über Birken-stadien zum Eichen-Birkenwald der Bakteriengehalt nicht nur im Oberboden, sondern auch im Unterboden infolge des Aufschlusses der Orthorizonte stark zu. Unter einer Kiefernaufforstung fehlt mit der Regeneration der Böden auch die reichere Bakterienflora. Eine bakterio-logische Kartierung eines Gutes bei Münster (3) zeigte, daß der Bak-terienbesatz der Grünlandböden etwa doppelt so hoch ist wie bei Ackerböden. Der Vergleich der Bodenarten ergab eine Zunahme der Bakterienzahl bei höherem Anteil der feineren Bodenfraktionen mit einem Maximum bei Lehmböden für Grünland und lehmigen Sanden bei Ackerböden sowie ein Absinken zu den Tonböden hin. Die Ab-hängigkeit vom Humusgehalt zeigte sich bei den Ackerböden deutlicher.

Die ELLENBERGschen Zeigerwerte der Unkrautgemeinschaften werden von TRAUTMANN auf 123 Getreideäckern im Göttinger Gebiet nach-geprüft. Die Reaktionszahlen der einzelnen Arten ergaben im extremen Bereich gute Übereinstimmung, im mittleren dagegen mußten viele Arten als indifferent ausgeschieden werden. Die mittleren Reaktions-zahlen der Bestände wiesen in Abhängigkeit vom p_H-Wert des Bodens eine sehr große Streuung auf. Gegenüber dem Kaligehalt scheinen die Unkräuter sehr wenig spezialisiert zu sein, die Abhängigkeit vom Phosphor-gehalt konnte wegen Mängel der Laktatmethode nicht ermittelt werden.

Die Frage nach den im Minimum befindlichen Nährstoffelementen des Hochmoores beantwortete TAMM durch Düngungsversuche. Es zeigt sich, daß *Eriophorum vaginatum* hauptsächlich auf Phosphorsäure-düngung reagiert. Die Stoffproduktion wird durch diese 9fach erhöht. Aschenanalysen von Moorpflanzen legen MALMER u. SJÖRS vor. Der Mineralstoffgehalt wird bei untergetauchten Pflanzen erhöht, der K- und Ca-Gehalt auch durch fließendes Wasser. ANSCHÜTZ u. GESSNER finden, daß der Ionenaustausch von *Sphagnum* dem künstlicher Harz-austauscher entspricht, so daß man eine chemische Verwandtschaft annehmen kann. Die Böden des Anden-Erlenwaldes der Provinz Tucuman in Argentinien weisen nach HUECK (1) während der Regenzeit eine durchweg saurere Reaktion auf als gegen Ende der Trockenzeit. In 0—3 cm Tiefe steigen die p_H-Werte z. B. von 5,5 auf 5,8 oder von 6,4 auf 6,9 und in 5—10 cm Tiefe von 5,7 auf 6,6 bzw. von 5,7 auf 7,1.

Die Karren in den Karstgebieten Ungarns wie allgemein in sub-mediterranen und mediterranen Kalklandschaften entstehen nach JAKUCS in erster Linie durch die Kohlensäureausscheidung der Wurzeln und Mikroorganismen, besonders unter Baum- und Buschvegetation. Nach Zerstörung dieser natürlichen Pflanzendecke durch Holzraub und Beweidung wird die Oberfläche der Karren durch Erosion bloßgelegt und nun vom Regen- und Schneeschmelzwasser sekundär umgeformt. In höheren Gebirgslagen bilden sich Karren auch alleine durch kohlen-säurehaltige Schmelzwässer. Flechten und Moose spielen dagegen als Karrenbildner kaum eine Rolle.

Die abweichende Wuchsweise der Ökotypen an Galmeistandorten ist erblich fixiert; z. B. zeigt nach BAUMEISTER die *Silene inflata*-Rasse auch dann den niederliegenden Wuchs in normalen Wasserkulturen, wenn das verwendete Saatgut nicht mehr direkt am Galmeistandort gesammelt wurde.

5. Verschiedenes.

Wie in anderen Städten, so konnten STEINER u. SCHULZE-HORN auch für Bonn eine Flechtenwüste und eine Kampfzone hinsichtlich der Rindenepiphyten feststellen. Doch scheint die Flechtenfeindlichkeit der Städte rein klimatische Ursachen (Strahlung, Ventilation) neben oder sogar vor der Luftverunreinigung zu haben. Dafür spricht, daß man an feuchteren Standorten in den Städten durchaus epipetre oder epigäische Kryptogamen finden kann. GESSNER u. REISINGER zeigen, daß die Oberflächenentwicklung vom Phytoplankton sich in gleicher Größenordnung bewegt, wie die der Landpflanzen. Wir verstehen deshalb, daß die Produktionsleistung pro Flächeneinheit der Seen nicht geringer ist als die des bebauten Landes. In einer erschöpfenden Monographie behandelt SEIDEL die Ökologie und die wirtschaftliche Bedeutung von *Scirpus lacustris*.

II. Vegetationskunde.

1. Kausale Vegetationskunde.

Neben den Standortsfaktoren erweist sich die Konkurrenz immer mehr als eine der wichtigsten Ursachen für das Zustandekommen bestimmter Pflanzengemeinschaften (vgl. Fortschr. Bot. **17**, 375).

KARPOW konnte nachweisen, daß für das Aufkommen des Baumjungwuchses in den Waldanpflanzungen der Steppengebiete nicht das Licht maßgebend ist, sondern die Wurzelkonkurrenz, die die Wasserversorgung erschwert. ORLENKO berichtet über das Verhalten der Eichenkeimlinge bei Reihen- und Gruppenpflanzung auf Waldlichtungen. Aus diesen Untersuchungen geht hervor, daß der innerartliche Wettbewerb sich ganz anders auswirkt als der zwischenartliche. Bei Gruppenpflanzung von Eichen gehen zwar die meisten Individuen ein, aber die mittleren Exemplare, die durch die randlichen vor der Konkurrenz der Gräser und Kräuter geschützt sind, entwickeln sich kräftig und setzen sich durch. Bei Einzelpflanzung in Reihen dagegen gehen die Eichen zugrunde.

Häufig verhindert die von älteren Bäumen gebildete Laubstreu das Aufkommen von Keimlingen, weil deren Würzelchen vertrocknen, bevor sie ein geeignetes Nährsubstrat erreichen. Sogar *Populus tremula* erschwert nach RÜHL auf diese Weise die Verjüngung des natürlichen Fichtenwaldes in Estland, wenn sie auf ehemaligen Kahlschlägen in Reinbeständen auftritt. Besonders gründlich hat SÖYRINKI die Vermehrungsökologie verschiedener Pflanzengesellschaften studiert, und zwar am Beispiel der Vegetation oberhalb der Waldgrenze im Schachengebiet (Bayer. Alpen).

In den alpinen Felsspalten- und Schuttgesellschaften vermehren sich alle Arten generativ. Eine Konkurrenz durch vegetative Ausbreitung der Pflanzen gibt es in diesen offenen und unter extremen Bedingungen lebenden Formationen kaum. Das gleiche gilt vom *Seslerieto-Semperviretum*, das ebenfalls isolierte Wuchsorte besiedelt und viele offene Stellen aufweist, auf denen sich Keimlinge gut entwickeln. In den wiesenartigen Pflanzengesellschaften gewinnt die vegetative Vermehrung neben der generativen an Bedeutung und macht Arten wie *Salix herbacea*, *Carex ferruginea* und *Nardus stricta* in den nach ihnen benannten Assoziationen zu häufigen Dominanten. Fast gar keine Rolle spielt die generative Vermehrung in den *Rhododendron*-Gebüschen und im *Pinus mugo*-Krummholz sowie im *Eriophoretum Scheuchzeri* und anderen Moorgesellschaften. In den Strauch- und Zwergstrauchbeständen blühen und fruchten zwar fast alle Arten reichlich. Aber ältere Keimlinge und Jungpflanzen sind nur auf erodierten Stellen zu finden, während auf der dichten Streudecke oder in der Moosschicht nahezu alle Keimlinge zugrunde gehen, wenn sie nicht infolge Lichtmangels verhungern. Bezeichnenderweise bildet der einjährige Halbparasit *Melampyrum paludosum* die einzige Ausnahme von dieser Regel. In den am spätesten ausapernden Schneebodensiedlungen reifen die Samen der hier typischen Pflanzenarten noch aus, während *Calluna* und andere nicht-alpine Arten oberhalb der Waldgrenze kaum jemals fruktifizieren und hier schon aus diesem Grunde keine große Rolle spielen können.

Daß giftige Wurzelausscheidungen für die gegenseitige Beeinflussung der Pflanzen unter natürlichen Bedingungen nur wenig Bedeutung haben, weil sie im Boden unwirksam werden, haben die kritischen Untersuchungen von EBERHARDT über die fluorescierenden Verbindungen in der Wurzel des Hafers erneut bewiesen.

Die Ursachen des Rückganges zahlreicher Pflanzenarten der Flachmoore, Hochmoore, Trockenrasen und anderer Vegetationstypen in Schleswig-Holstein sieht RAABE (2) in erster Linie in den indirekten Einflüssen des Menschen, z. T. aber auch in einer zunehmenden Atlantizität des Klimas. In den meisten Fällen dürfte die Konkurrenz kulturfreundlicher Arten unmittelbar ausschlaggebend sein. In einem kleinen Waldhochmoor bei Plön haben sich nach RAABE (1) sowohl die Wasserpflanzen-Gesellschaften als auch die Pflanzenbestände der höher gelegenen Teile in der Zeit von 1926 bis 1938, 1947 und besonders bis 1953 erheblich verändert. Allgemein ist eine zunehmende Eutrophierung festzustellen, die durch die in der Nähe entstandenen Siedlungen verursacht wird und zur Entwicklung eines Erlenbruchwaldes führt, weil der Wasserstand nicht nennenswert geändert wurde.

Für manche auffällig raschen Dominanz-Verschiebungen der Arten, die sich nicht ohne weiteres auf Standortsänderungen zurückführen lassen, möchte RAABE (1) eine Art natürlichen Fruchtwechsels verantwortlich machen. Im Gegensatz hierzu kommt KNAPP zu dem Schluß, daß die Artenzusammensetzung von Rasengesellschaften selbst unter etwas abgewandelten Bedingungen sehr beständig sein kann. Eine gründliche experimentelle Untersuchung dieser Fragen in den verschiedensten Pflanzengesellschaften wäre sehr zu wünschen.

Ein Großexperiment über die Neubildung und Umwandlung von Pflanzengemeinschaften stellt der künstliche Aufbau der Insel Bock dar, die etwa halb so groß wie die nördlich benachbarte Insel Hiddensee ist. Hier haben sich nach VODERBERG in weniger als 25 Jahren 13 Pflanzengesellschaften mit etwa 260 Arten ausgebildet. In derselben

Zeit wurden die höher gelegenen Böden nahezu völlig entsalzt. Besonders die Salzpflanzen- und Dünengesellschaften zeigen schon eine normale Zusammensetzung. Überraschend ist das Massenauftreten einiger sonst seltener Arten wie z. B. *Ophioglossum vulgatum*, die sich als frühe Besiedler zunächst konkurrenzlos ausbreiten konnten.

2. Allgemeine Fragen der Vegetationsgliederung.

Während bisher in den meisten pflanzensoziologischen Schriften die Gesellschaften nur als Ganzes behandelt wurden, kommen seit einigen Jahren die einzelnen Arten und ihr biologisches, ökologisches und geographisches Verhalten innerhalb der Pflanzendecke immer mehr zu ihrem Recht. Als vorbildlich können u. a. die in der Darstellungsweise sehr verschiedenen Studien von HUECK (1, 2), SÖYRINKI und ZOLLER (Fortschr. Bot. 17, 363) gelten. In diesem Zusammenhange ist außerdem BAEUMERs statistische Analyse der Verbreitung und Vergesellschaftung von *Arrhenatherum* und *Trisetum flavescens* im nördlichen Rheinland zu nennen. Solche Arbeiten ziehen die Konsequenz aus der Erkenntnis, daß die Einzelpflanze die letzte Einheit jeder pflanzensoziologischen Betrachtung ist (BRAUN-BLANQUET, Pflanzensoziologie, 2. Aufl. 1951 S. 1).

„Die ordnende Biozönotik kann sich — zum Unterschied von der biologischen Taxonomie — nicht auf ein in der Natur vorgegebenes hierarchisches Prinzip stützen." Zu diesem Schluß kommt u. a. auch EHRENDORFER, der deshalb mehrere, völlig gleichberechtigt nebeneinanderstehende Systeme der Biocoenosen fordert. Doch ist in der Vegetationskunde, die mit ähnlich heterogenen Objekten arbeitet wie die Bodenkunde, ein „natürliches System" durchaus denkbar, wenn man darunter mit KUBIËNA ein solches versteht, „in dem nicht einige wenige, sondern alle Merkmale ... in Betracht gezogen werden und in dem in bezug auf die systematische Wertung zwischen diesen Merkmalen die Differentialdiagnose entscheidet".

Die zunächst für die Psychologie entwickelte mathematische Faktorenanalyse kommt nach GOODALL für die Klassifikation der Vegetation kaum in Frage, weil sie bei einer großen Zahl von variierenden Objekten sehr umständlich und unbefriedigend ist.

Für die stärkere Berücksichtigung der Bäume und Sträucher und ihrer Areale bei der regionalen Gliederung der natürlichen bzw. „natürlich entwickelten Wälder der Kulturlandschaft" in Mittel- und Osteuropa tritt MEUSEL ein. Auf Grund ihrer Studien an *Arnica montana*-reichen *Nardus*-Rasen in Schleswig-Holstein und in der Rhön kommen RAABE u. SAXEN zu der Forderung, „daß das Pflanzenkleid einer Landschaft nicht in erster Linie von einem übergreifenden System her" sondern „von der Einheit der betreffenden Landschaft her" gesehen werden müsse. Diese Forderung sei um so mehr berechtigt, wenn die Standortsbedingungen und damit die Vegetationstypen gleitend ineinander übergehen und nur willkürlich gegeneinander abgegrenzt werden können.

Von großer allgemeiner Bedeutung ist die ausgezeichnete Darstellung der für das nordwestdeutsche Flachland so bedeutungsvollen Kiefern-Forstgesellschaften von MEISEL-JAHN. Als „Forstgesellschaften" bezeichnet sie nach dem Vorgange TÜXENS Kunstforsten, in denen eine oder mehrere der natürlichen Gesellschaft fremde Holzarten dominieren. Durch deren Einfluß ist die Artenverbindung labil und verändert sich, wenn z. B. *Pinus silvestris* die fremde Holzart ist, mehr oder minder rasch in Richtung auf diejenige natürlicher Kiefernwälder, ohne diese jedoch ganz zu erreichen. Forstgesellschaften besitzen keine eigenen Charakterarten und können deshalb nicht als Assoziationen bezeichnet werden. Mit Hilfe von Differentialartengruppen lassen sie sich aber ebenso gut in verschiedene Einheiten gliedern. Je nachdem, ob alter Laubwaldboden, Heide oder Acker mit Kiefern aufgeforstet wurde, durchläuft die Entwicklung der Forstgesellschaften verschiedene, floristische gut umschreibbare Phasen und Stadien. Daß die Parallelisierung der Forstgesellschaften mit den natürlichen Waldgesellschaften auf gleichem Standort möglich ist, zeigt auch die klare Arbeit von SEIBERT, in der die verschiedensten Fichten-, Lärchen- und Kiefernforsten des Berglandes behandelt werden.

In einer genetisch-ökologischen Zusammenstellung ordnet SCHLÜTER die Gesellschaften eines vielseitigen Naturschutzgebietes innerhalb der Formationen nach abnehmender Feuchtigkeit. Durch ausgezogene Pfeile wird die natürliche Entwicklungstendenz und durch gestrichelte die menschlich beeinflußte angedeutet. Im Gegensatz zu den üblichen oft fraglichen Sukzessionsschemata sind häufig nur „floristische Beziehungen ohne erkennbare Entwicklungsrichtung" dargestellt.

Die Kryptogamengesellschaften finden immer mehr Beachtung. So beschreibt POELT (1) aus dem Alpenvorland die Moos- und Flechtenvegetation der Kalk- und Silikatgesteine, des nackten Mineralbodens, der Wasser- und Verlandungsgesellschaften sowie der Zwischen- und Hochmoore. Er gliedert sie in zahlreiche ranglose Kleingesellschaften („Vereine") und verzichtet bewußt auf deren hierarchische Ordnung. Auf die Arbeiten von POELT (2) u. KOPPE sei hier nur verwiesen. Die Algengemeinschaften in den Schlenken von Hoch-, Zwischen- und Flachmooren der Alpen lassen sich nach LOUB, URL, KIERMAYER, DISKUS und HILMBAUER in 6 „Zonen" abnehmender Oligotrophie einteilen. Dabei zeigen die Mikroorganismen den Bereich einer Zone genauer an als die höheren Pflanzen. Von der Aufstellung von Assoziationen, Verbänden usw. wurde abgesehen und vor allem auf die Dominanzverhältnisse im Sommer geachtet.

Der Gehalt des Bodens an Phycomyceten und Ascomyceten ist selbst dort sehr variabel, wo die Standortsverhältnisse und die höheren Pflanzengemeinschaften homogen sind. Das gilt sowohl für *Calluna*-Heiden bei Torino [SAPPA (1)] als auch für Dornbusch-Savannen [SAPPA u. MOSCA (1)] und Galeriewälder [desgl. (2)] in Italienisch-Somaliland.

Einen interessanten Versuch, den „Aspektwert" von Phanerogamen und Kryptogamen quantitativ zu erfassen und graphisch darzustellen, unternehmen J. und V. KARPATI (2) am Beispiel des *Festucetum vaginatae* bei Vacratot (Ungarn).

3. Vegetationskartierung.

Die Aufnahme- und Darstellungsverfahren der Vegetationskartierung passen sich in zunehmendem Maße den speziellen Aufgaben und Objekten an.

Bei der niederländischen Vegetationskartierung berücksichtigt man nach WESTHOFF (1) je nach Bedarf und Möglichkeit entweder Vegetationseinheiten im Sinne von BRAUN-BLANQUET oder lokal gültige Einheiten oder auch Dominanzgesellschaften, bemüht sich also um eine „undogmatische, empirische und sich eng an die Wirklichkeit anschließende Methodik".

Klaren Einblick in Organisation, Methoden und bisherige Ergebnisse der Vegetationskartierung in Frankreich gibt eine Sonderveröffentlichung des Centre national de la recherche scientifique. Unter der Leitung von GAUSSEN u. REY werden Klimaxformationen im Maßstab 1:200000 dargestellt. Durch moderne Luftbildauswertung schreitet die Kartierung rasch voran. Pflanzengesellschaften nach dem System von BRAUN-BLANQUET werden unter Leitung von diesem und EMBERGER im Maßstab 1:20000 aufgenommen. Auch hierbei spielt die Luftbildauswertung eine hervorragende Rolle.

Methodisch und drucktechnisch bemerkenswerte Karten der Wald- und Forstgesellschaften eines westdeutschen Forstbezirks verdanken wir SEIBERT (vgl. auch MEISEL-JAHN).

SAPPA (2) hat eine Karte der Waldgesellschaften der Langhe, eines Durchdringungsgebietes des *Quercus pubescens*-Gürtels mit dem *Quercus-Tilia-Acer*-Gürtel zwischen Torino und Genua, nach der Methode von E. SCHMID aufgenommen und farbig im Maßstab 1:50000 publiziert. Über eine geobotanische Kartierung von Wäldern im Bükkgebirge (Ungarn), die sich methodisch stark an russische Vorbilder anlehnt, berichten ZÓLYOMI, JAKUCS, BARÁTH und HORÁNSKY. Sie stellt eine kombinierte Vegetations- und Standortskartierung dar und kommt zu beachtlichen Ergebnissen für die Forstpraxis. Eine Vegetationskarte des Negev (Palästina) veröffentlichte D. ZOHARY. Neue Übersichtskarten der Vegetation von Südamerika behandelt HUECK (3).

4. Spezielle Vegetationskunde.

Einen Überblick über die Zwergstrauchheiden, Weidengebüsche, Hochstaudengesellschaften und Wiesen des Kebnekaise-Gebietes im schwedischen Lappland gibt HÅKANSSON. Die Vegetation und Flora des geplanten, etwa 4 km² großen Nationalparks von Rokua in Mittelfinnland, besonders die flechtenreichen Kiefernwälder und die unter dem Einfluß des Menschen entstandenen flechtenreichen *Vaccinium-Calluna*-Heiden, untersuchte JALAS. Zahlreiche z. T. bisher noch nicht beschriebene Holzpflanzengesellschaften der niederländischen Küstendünen und ihrer Binnenränder behandelt WESTHOFF (2). Am Beispiel Südlimburgs betont DOING KRAFT, daß sogar die heute als „natürlich" erscheinenden Laubwälder früher sehr stark vom Menschen beeinflußt wurden und auf degradierten oder erodierten Böden stocken. Auch den Rückgang der

Buche schreibt er menschlichem Einfluß zu. Die Vegetation und Flora des belgischen Maasgebietes beschreiben LEBRUN, NOIRFALISE und SOUGNEZ.

Auf Grund aller erreichbaren Aufnahmen gliedert BODEUX die europäischen Erlenbruchwälder in vier Gesellschaften mit jeweils mehreren Subassoziationen, und zwar in das *Cariceto laevigatae-Alnetum* der atlantischen Region, das mitteleuropäische und boreale *Cariceto elongatae-A.* sowie das *Dryopterideto cristatae-A.* Osteuropas. Unter Mitwirkung von SCAMONI, KRAUSCH, SCHLÜTER und anderen gab MÜLLER-STOLL eine allgemeinverständliche, aber auch für den Wissenschaftler lesenswerte Übersicht über die „Pflanzenwelt Brandenburgs" heraus (208 S., Berlin-Kleinmachnow 1955). Eine gründliche Monographie des Naturschutzgebietes Strausberg bei Berlin mit einer farbigen Karte 1:10000 legt SCHLÜTER vor. Trotz seiner geringen Größe (500 ha) umfaßt dieses Gelände die verschiedensten Waldgesellschaften, Trockenrasen, Wiesen und Moore, die für die märkische Diluviallandschaft charakteristisch sind.

Hundert Aufnahmen von Waldgesellschaften des „großpolnischen Nationalparks" südlich von Posen versucht PIETROWSKA (1) in bereits beschriebene Assoziationen einzuordnen. Den am meisten verbreiteten Vegetationstyp bezeichnet sie als „*Periclymeno-Quercetum*", obwohl es sich ausnahmslos um Kiefernbestände handelt und keiner derselben *Lonicera periclymenum* oder sonst eine Charakterart der subatlantischen Eichen-Birkenwälder enthält. Diese Assoziationsbezeichnung hätten viel eher die Eichenwälder der Sandböden auf der Insel Wollin verdient, die PIETROWSKA (2) aber als *Quercetum medioeuropaeum* beschreibt.

Die Wiesengesellschaften des Donauriedes bei Herbertingen im oberen Donautal hat ESKUCHE soziologisch und ökologisch gründlich untersucht. Die Pflanzengesellschaften der Wiesenlandschaft des Lübbenauer Spreewaldes werden von PASSARGE (1) behandelt. Ihre Entstehung aus Wäldern schildert KRAUSCH. Der ungleiche Kontinentalitätsgrad des Klimas im südlichen Havelland spiegelt sich nach PASSARGE (2) deutlich in der Zusammensetzung und Verbreitung einiger Ackerunkraut- und Ruderalgesellschaften wieder. Die Pflanzengesellschaften des Flugsandbodens im Marchfeld, ihre Standortsbedingungen, ihre Phänologie und ihre Bewurzelungstypen beschreiben T. u. E. KRIPPEL. Eine gründliche geobotanische Studie der Gorce (polnische West-Karpaten) verdanken wir KORNAŚ. Die Waldgesellschaften und Böden dieses Gebietes sind sehr eingehend von MEDWECKA-KORNAŚ untersucht worden.

Weitere Beweise dafür, daß die ungarische Pußta und die heute waldfreien Gebiete am Neusiedler See von Natur aus bewaldet wären, bringt WENDELBERGER in einer eingehenden Schilderung der Restwälder auf der Perndorfer Platte im Nordburgenland. Hier wurden die Eichen-Hainbuchenwälder der tiefgründigen Böden und die Flaumeichenwälder trocken-warmer Standorte großenteils erst in jüngerer Zeit vernichtet.

Eine vorbildliche vegetationskundlich-ökologische Studie von Karstgebieten in Nordungarn verdanken wir JAKUCS. Sie zeichnet sich durch exakte Messungen des Mikroklimas und anderer Standortsfaktoren, besonders aber durch anschauliche Diagramme aus. In enger Anlehnung an die bekannten Arbeiten von HORVAT u. HORVATIC in Kroatien gibt WRABER (1, 2) einen Überblick über die Standorte und Pflanzengesellschaften des slowenischen Karstes.

Die Vegetation der kalkhaltigen Sande im südöstlichen Banat (Deliblato) hat STEPANOVIČ-VESELIČIČ studiert. Für das ostserbische Tiefland sind nach JOVANOVIČ-DUNJIČ die *Teucrium-Chrysopogon*-Wiesen besonders charakteristisch. Anhand zahlreicher eigener Aufnahmen aus Nordgriechenland und angrenzenden Gebieten schildert OBERDORFER die Unkrautgesellschaften der Balkanhalbinsel und ihre gesetzmäßige Bindung an bestimmte Klimabereiche.

Von vorderasiatischen Arbeiten seien der kurze Vegetationsüberblick der Türkei von BIRAND, die pflanzengeographische Gliederung Israels von BOYKO, die pflanzensoziologischen Untersuchungen in der Wüste Negev von ZOHARY u. ORSHAN sowie der Aufsatz von VOLK über Klima und Pflanzenverbreitung in Afghanistan genannt. Einige vegetationskundliche Arbeiten liegen auch aus dem Fernen Osten vor: Aus den *Fagus crenata*-Wäldern des Mt. Hiko in Japan beschreiben OMURA, NISHIHARA und HOSOKAWA fünf epiphytische Moos- und Flechtengesellschaften, die sich in ihren Standorten und Lebensformen mehr oder minder stark unterscheiden. Die *Campnosperma*-Gesellschaften des tropischen Regenwaldes auf Palau und anderen mikronesischen Inseln hat HOSOKAWA (2, 3) auf zahlreichen Probeflächen sorgfältig aufgenommen und in 2 Verbände und mehrere Assoziationen bzw. Konsoziationen geordnet. Sehr anschaulich sind seine halbschematischen „Profil-Diagramme" (Querschnittsbilder) und ökologisch aufschlußreich seine Lebensformen-Spektren [vgl. HOSOKAWA (1)]. In ähnlicher Weise hatte er bereits die Sumpfwälder der mikronesischen Inseln beschrieben (4).

Einen Überblick über die Waldtypen der Provinz Tucuman in Argentinien gibt HUECK (1) im Rahmen einer beispielhaften soziologisch-ökologischen Monographie des Anden-Erlenwaldes *(Alnus jorullensis*-Ass.)*. Demselben Autor (2) verdanken wir die biologisch-ökologische Schilderung zahlreicher Dünenpflanzen des brasilianischen Litorals und ihrer Rolle bei der Entwicklung der Pflanzengesellschaften. Die Grenzen der chilenischen Vegetationsgebiete bespricht SCHMITHÜSEN (1), wobei er die Waldgesellschaften des nördlichen Mittelchile genauer behandelt (2). Über die Wälder im Knob Lake-Gebiet (Labrador) berichtet HUSTICH.

Literatur.

ANSCHÜTZ, J., u. F. GESSNER: Flora (Jena) 141, 178 (1954). — ARVIDSSON, I., u. B. HELLSTRÖM: Roy. Inst. Technol. Stockholm, Bull. N. 48, 416 (1955).

BAEUMER, K.: Diss. Bonn 1955. — BAUMAN, L.: Determination of the right time of irrigation (Manuskr.). — BAUMEISTER, W.: Protoplasma (Wien) 45, 133—149 (1955). — BIEBL, R.: Österr. bot. Z. 101, 502 (1954). — BIRAND, H.: Vegetatio (Den Haag) 5—6, 41 (1954). — BODEUX, A.: Mitt. florist.-soziolog. Arbeitsgem, N. F. 5 (1955). — BOSIAN, G.: Planta (Berlin) 45, 470 (1955). — BOYKO, H.: Vegetatio (Den Haag) 5—6, 309 (1954). — BURRICHTER, E.: (1) Z. Pflanzenernähr. 63, 154 (1953). — (2) Z. Pflanzenernähr. 67, 150 (1954). — (3) Landw. Forsch. 8, 14 (1955).

DOING KRAFT, H.: Levende Natuur **58**, 93—99 und 117—124 (1955).
EBERHARDT, F.: Z. Bot. **43**, 405—422 (1955). — EGGLER, J.: Mitt. naturwiss. Ver. Steiermark **85**, 27 (1955). — EHRENDORFER, F.: Angew. Pflanzensoziol., Festschr. Aichinger **1**, 151—167 (1954). — ENSGRABER, A.: Flora (Jena) **141**, 432 (1954). — ESKUCHE, U.: Jahresh. Ver. vaterländ. Naturk. Württemberg **109**, 33—135 (1955).

FERRI, M. G.: Univ. São Paulo Bol. Nr. 195 Botan. 12 (1955). — FRENZEL, B.: Planta (Berlin) **46**, 447—466 (1955).

GESSNER, F., u. M. REISINGER: Arch. f. Hydrobiol. **50**, 104 (1955). — GOODALL, D. W.: Austral. J. Bot. **2**, 304—324 (1954).

HÅKANSSON, T.: Bot. Not. (Lund) **108**, 276—291 (1955). — HOFMANN, G.: Ber. dtsch. Wetterdienst **3**, 18 (1955). — HOSOKAWA, T.: (1) Mem. Facult. Sci. Kyushu Univ. Ser. E. (Biol.) **2**, 31—44 (1955). — (2) Mem. Facult. Sci. Kyushu Univ. Ser. E. (Biol.) **1**, 198—218 (1954). — (3) Mem. Facult. Sci. Kyushu Univ. Ser. E. (Biol.) **1**, 219—243 (1954). — (4) Mem. Facult. Sci. Kyushu Univ. Ser. E. (Biol.) **1**, 101—123 (1952). — HUECK, K.: (1) Angew. Pflanzensoziol., Festschr. Aichinger **1**, 513—572 (1954). — (2) Plantas e Formação organogênica das dunas no litoral Paulista I. São Paulo (1955). — (3) Ann. Biol. **31**, 181—188 (1955). — HUSTICH, I.: Acta geogr. **13**, 1—60 (1954). — HYGEN, G.: Nytt Mag. f. Bot. **3**, 83 (1954).

JAKUCS, P.: Acta bot. Acad. Sci. Hungar. **2**, 89—131 (1955). — JALAS, P.: Silva fenn. **81**, 1—98 (1953). — JOVANOVIĆ-DUNJIĆ, R.: Arch. Sci. Biol. **1954**, 1—18 (1954).

KÂRPÂTI, J., u. V. KÂRPÂTI: (1) Acta bot. Acad. Sci. Hungar. **1**, 247 (1955). — (2) Acta bot. Acad. Sci. Hungar. **1**, 139—157 (1954). — KARPOW, V. G.: Dokl. Akad. Nauk SSSR, N. S. **104**, 487 (1955). — KAUSCH, W.: Planta (Berlin) **45**, 217 (1955). — KNAPP, R.: Feddes Rep. **58**, 220—231 (1955). — KOPPE, F.: Feddes Rep. **58**, 92—144 (1955). — KORNAŚ, J.: Monogr. bot. **3**, 1—216 (1955). — KRAUSCH, D.: Wiss. Z. pädag. Hochsch. Potsdam, Math.-nat. Kl. **1**, 121—148 (1955). — KRETSCHMER, G.: Wiss. Z. Univ. Jena **4**, 633 (1954/55). — KREUTZ, W.: Mitt. dtsch. Wetterdienst **2**, 14, 188 (1955). — KRIPPEL, T. u. E.: Vydav. slovensk. Akad. vied. Bratislava (1956). — KUBIËNA, W.: Stiftung F. V. S. zu Hamburg. Justus-von-Liebig-Preis 1954, 11—25 (1954).

LANGE, O. L.: (1) Flora (Jena) **142**, 38 (1955). — (2) Ber. dtsch. bot. Ges. **69**, 49—60 (1956). — LARCHER, W.: Planta (Berlin) **44**, 607 (1954). — LEBRUN, J., NOIRFALISE u. SOUGNEZ: Bull. Soc. roy. Bot. Belgique **87**, 157—194 (1955). — LÖTSCHERT, W.: Ber. dtsch. bot. Ges. **69**, 21 (1956). — LOUB, W., W. URL, O. KIERMAYER, A. DISKUS u. K. HILMBAUER: Sitzgsber. österr. Akad. Wiss. Math.-nat. Kl., Abt. I, **163**, 447—494 (1954). — LUNDKVIST, L. O.: Sv. bot. Tidskr. **49**, 387 (1955).

MALMER, N., u. H. SJÖRS: Bot. Nor. (Lund) **108**, 46 (1955). — MATHIESEN, A.: Acta Horti Berg. **16**, 241 (1953). — MEDWECKA-KORNAŚ, A.: Ochrony Przyrody **23**, Krakow (1955). — MEISEL-JAHN, S.: Angewandte Pflanzensoziologie 11, 127 S. Stolzenau 1955. — MEUSEL, H.: Wiss. Z. Univ. Halle, Math.-nat. Kl. **4**, 21—35 (1954). — MÖLLER, C. M., D. MÜLLER u. J. NIELSEN: Ber. schweiz. bot. Ges. **64**, 487 (1955). — Det. forst. Forsogso. i. Dänemark **21**, 253 (1954).

NEGISI, K., and T. SATOO: Bull. Tokyo Un. Forestr. **48**, 129 (1955).

OBERDORFER, E.: Vegetatio (Den Haag) **4**, 379—411 (1954). — OMURA, M., Y. NISHIHORA et T. HOSOKAWA: Rev. bryolog. et lichénolog. **24**, 59—68 (1955). — ORLENKO, E. G.: Dokl. Akad. Nauk SSSR, N. S. **102**, 841 (1955). — ORSHAN, G.: J. Ecology. **42**, 442 (1954)

PASSARGE, H.: (1) Feddes Rep. Beih. **135**, 194—231 (1955). — (2) Mitt. florist.-soziolog. Arbeitsgem. N. F. **5**, 76—83 (1955). — PIOTROWSKA, H.: (1) Soc. Amis des Sci. et des Lettr. Poznań, cl. sci. math. et nat. **2**, 111—138 (1950). — (2) Soc. Amis des Sci. et des Lettr. de Poznań, cl. sci. math. et nat. **16**, 224—391 (1955). — PISEK, A., u. W. LARCHER: Protoplasma (Wien) **44**, 30 (1954). — PISEK, A., u. W. TRANQUILINI: Flora (Jena) **141**, 237 (1954). — POELT, J.: (1) Sitzgsber. österr. Akad. Wiss. Math.-nat. Kl. Abt. I, **163**, 141—174 und 495—539 (1954). — (2) Feddes Rep. **58**, 157—179 (1955).

RAABE, E. W.: (1) Arch. f. Hydrobiol. **49**, 349—375 (1954). — (2) Schrift. naturwiss. Ver. Schleswig-Holstein **37**, 171—189 (1955). — RAABE, E. W., u. W.

Saxen: Mitt. Arbeitsgem. f. Floristik, Schleswig-Holstein und Hamburg 5, 185—210 (1955). — Rühl, A.: Schweiz. Z. Forstwes. 6/7, 1—20 (1955).

Sappa, F.: (1) „Allionia", Boll. Inst. et Orto bot. Univ. Torino 2, 293—345 (1955). — (2) „Allionia", Boll. Inst. et Orto bot. Univ. Torino 2, 269—292 (1955). — Sappa, F., e A. M. Mosca: „Allionia", Boll. Inst. et Orto bot. Univ. Torino 2, 145—193 (1954); 2, 195—238, (1954). — Schlüter, H.: Feddes Rep. Beih. 135, 260—350 (1955). — Schmithüsen, J.: (1) Dtsch. Geographentag Essen 1953, 101 (1954). — (2) Vegetatio (Den Haag) 5—6, 479 (1954). — Seibert, P.: Angewandte Pflanzensoziologie 9, 63 S., Stolzenau 1955. — Seidel, K.: Binnengewässer 21, (1955). — Söyrinki, N.: Ann. Bot. Soc. „Vanamo" 27, 1—232 (1954). — Steiner, M., u. D. Schulze-Horn: Decheniana (Bonn) 108, 1 (1955). — Steubing. L.: Ber. dtsch. bot. Ges. 68, 55 (1955). — Stjepanović-Veseličić, L.: Acad. Serbe Sci. Monograph. 216, 1—113 (1953).

Tamm, C. O.: Oikos 5, 189 (1954). — Trautmann, W.: Z. Pflanzenernähr. 66, 247 (1954). — Tranquilini, W.: (1) Ber. dtsch. bot. Ges. 67, 191 (1954). — (2) Planta (Berlin) 46, 154 (1955).

Voderberg, K.: Feddes Rep. Beih. 135, 232—260 (1955). — Volk, O. H.: Vegetatio (Den Haag) 5—6, 422 (1954). — Vogel, S.: Beitr. Biol. Pflanz. 31, 45 (1955).

Weger, N.: Mitt. dtsch. Wetterdienst 2, Nr. 14, 185 (1955). — Weischet, W.: Münch. geogr. H. H. 8, (1955). — Wendelberger, G.: Burgenländ. Forsch. 29, 175, S. (1955). — Westhoff, V.: (1) T. N. O.-Nieuws 107, 61—67 (1955). — (2) Jb. Nederl. Dendrol. Ver. 1952, 9—49. — Wraber, M.: Gozdarsk. Vestn. 1954.

Zohary, D.: Palestine J. Bot. 6, 27—36 (1953). — Zohary, M.: Sympos. Biol. a. Product, of hot a. cold Deserts, London 1952. — Zohary, M., u. G. Orshan: Vegetatio (Den Haag) 5—6, 340 (1954). — Zohary, M., u. G. Orshansky: Palest. J. Bot. Jerusal. Series 5, 119 (1951). — Zólyomi, B., P. Jakucs, Z. Baráth u. A. Horánsky: Acta bot. Acad. Sci. Hungar. 1, 361—395 (1955).

9. Ökologie.

Von Theodor Schmucker, Göttingen - Hann. Münden.

Blütenbiologie.

Wenn ein vielgestaltiges Teilgebiet der Biologie mit relativer Vollständigkeit systematisch dargestellt werden kann, fast mit der gleichen nüchtern-sachlichen Exaktheit wie man etwa die physikalischen Eigenschaften chemischer Verbindungen darstellt, so ist damit ein gewisser erster Abschluß erreicht. Dieses Wesens ist das Buch von Kugler (1) über Blütenökologie, das damit einen Markstein darstellt; zumal es auch seit Jahrzehnten das erste seiner Art in deutscher Sprache ist. Fast gleichzeitig erschien ein Buch über das gleiche Thema von Werth (1), in dem die Mannigfaltigkeit, geordnet nach Bautypen, geschildert und der Versuch gemacht wird, ihre Herkunft dem Verständnis näherzubringen. Eine Einteilung nach Blütenbesucherkreisen sei aber nicht allgemein durchführbar, weil nur in wenigen Fällen eine strenge Spezialisierung vorhanden ist. Kugler (2) kommt hinsichtlich der Fliegenblumen zur gleichen Ansicht. Weil verwandte, auch nahverwandte, Pflanzenarten häufig von gleichen Insekten besucht werden, so scheinen sie geschlechtlich nach Werth (2) nicht hinreichend isoliert zu sein, um darauf eine Theorie der Artentstehung durch Isolation (Dobzhansky) begründen zu können; orthogenetische Entwicklungstendenzen müßten angenommen werden.

Seine vieljährigen Untersuchungen über die heterostylen Primeln hat Ernst zusammengefaßt. Bei manchen derselben, z. B. *Pr. viscosa*, hat sich zeigen lassen, daß die drei Charaktere (Griffellänge, Antherenstellung, Pollenkorngröße) in allen möglichen acht Kombinationen vorkommen können, also selbständige Eigenschaften sind. Entscheidend für den Befruchtungserfolg sind hingegen nur Griffellänge und Pollengröße, während die Antherenstellung keine direkte Rolle spielt. Langgriffel sind mit großem Pollen fertil, mit kleinem steril, gleichgültig, wo der Pollen herkommt. Nach Valentine liefert die Kreuzung *Primula veris* x *vulgaris* abnorm kleine Samen mit Endosperm und Embryo, die nur schlecht keimen. Die reziproke Kreuzung ergibt keine keimfähigen Samen.

Zur ökologischen Kenntnis des physiologisch so berühmten *Catasetum*-Falles hat Porsch beigetragen. *Catasetum*, eine offenbar alte, aber noch in lebhafter Entwicklung befindliche Gattung, kommt nur innerhalb des Areals der Großbienengattung *Euglossa* vor (etwa 100 *Catasetum*-, etwa 50 *Euglossa*-Arten). Die Blüten, ohne auffällige Farben und fast ohne Nektar, aber mit reichlichem Futtergewebe, locken durch spezifische Düfte ihre Besucher, die besonders in frühen Morgenstunden in rascher Folge erscheinen, geradezu magisch an, wobei die Weibchen oft ganz andere Arten befliegen als die Männchen. Die bekannten Vorgänge beim Blütenbesuch, hier begeistert beschrieben, erfolgen mit erstaunlicher Zwecksicherheit, im einzelnen aber in großer Mannigfaltigkeit.

VAN d. PIJL (1) weist auf die große Bedeutung der Holzbienen *(Xylocopa)*, großer, hummelähnlicher Insekten, für die Bestäubung tropischer Blüten hin. Sie rechtfertigen die Aufstellung einer eigenen Blumenklasse, die an z. T. sehr eigenartigen Beispielen geschildert wird. Merkwürdigerweise werden Blüten nach erfolgtem Besuch zumeist gemieden, auch von anderen Individuen, was bei der relativ geringen Individuenzahl der Besucher von ökologischer Bedeutung ist. Der Verfasser meint, daß man die Zweckmäßigkeit spezieller Blüteneinrichtungen generell nicht einfach behaupten oder ablehnen, sondern experimentell erforschen sollte. Man wird dann oft enge Anpassungen finden. Deren Entstehung scheint selektiv schwer verständlich; aber das Heranziehen von Einheits- und Ganzheitsbetrachtungen darf auch nicht in ein Spiel mit typologischen Ideen usw. ausarten.

Nach HAGERUP benötigen die meisten nordischen *Ericaceen* keinen Insektenbesuch bzw. haben sich vor einem solchen längst selbstbestäubt. *Erica cinerea, Phyllodoce, Cassiope, Arctostaphylos* sind knospen-autogam, *Calluna, Erica tetralix* usw. thripsautogam; *Monotropa* ist kontaktautogam. Bei *Erica carnea* und *Calluna* ist Windbestäubung weit verbreitet. Umgekehrt werden nach JAEGER im Westsudan viele windblütige Gräser in den Morgenstunden von *Hymenopteren* besucht, besonders in der blütenarmen Zeit. Unter den *Cyperaceen* besitzt nach LEPPIK *Dichromena* (Zentralamerika) sechs reinweiße Hochblätter und wird reichlich von Insekten besucht.

Die große, auch taxonomisch auswertbare Mannigfaltigkeit der Struktur der Pollenoberfläche innerhalb einer Gattung *(Centaurea)* schilderte WAGENITZ. (MÜHLETHALER fand eine elektronenoptische Methode zu ihrer Erforschung). Niemand wird annehmen, alle Einzelheiten dieser Strukturen seien spezifisch zweckmäßig. Warum sollte es bei makroskopischen Gestaltungen immer anders sein? Die Resistenz von Pollen gegen Hitze und Trockenheit ist nicht immer so groß wie jene von Sporen und Samen (PFEIFFER für *Lilium*). Die Gelbfärbung der Exine schützt gegen Ultraviolett; bei weißem Pollen tritt dafür eine fluorescierende Substanz ein, die in den übrigen Blütenteilen fehlt und das Ultraviolett in weniger schädliche Frequenzen umwandelt (ARBECK).

Eigenartige Geschehnisse bei der Keimung von Gramineenpollen schildern KATO u. WATANABE. Ersterer beobachtete, daß die Narbenpapillen des Roggens wenige Sekunden nach Berührung mit eigenem oder fremdem Pollen erhöhte Färbbarkeit des Kernes und wohl auch erhöhte Permeabilität aufweisen. Die Kerne strecken sich und werden schließlich aufgelöst. Nach letzterem bildet Gramineenpollen auf der Narbe nach 10—30 sec warzenähnliche Auswüchse (auch bei Berührung mit Agar oder Wasser), die sich rasch zurückbilden. Gleichzeitig oder etwas früher wird (nur von keimfähigen) Pollenkörnern eine wasserhelle Flüssigkeit ausgeschieden, die das Pollenkorn anheftet, worauf alsbald die Schlauchbildung einsetzt.

Nach BORRISS u. KROLOP kann die Pollenkeimung durch Beisaat artfremden Pollens zuweilen erheblich gefördert werden; letzterer wird in Wechselwirkung dabei ansehnlich gehemmt. Aber Compositenpollen hemmt andere Partner durch thermolabile Stoffe stets, und zwar stark. HIEMENZ fand bei Mischbestäubung von *Salpiglossis* Funktionsunterschiede des Pollens verschiedener Sippen und demgemäß Unterschiede in der Nachkommenschaft je nachdem spärlich oder reichlich bestäubt wurde. Spärliche Bestäubung gibt immer in der Jugend wüchsigere Nachkommen, da die wenigen Samen besser ausgestattet sind. Unterschiede zwischen eigenem und fremdem Pollen entdeckte ZAJKOVSKAJA bei der protandrischen Zuckerrübe. Vom 2. oder 3. Tag ab gibt es keine Selbstung mehr. Aber auch verspätete Fremdbestäubung kann von Erfolg sein; denn eigene Pollenschläuche brauchen bis zur Erreichung der Embryosäcke 1—2 Tage, fremde hingegen nur 3—8 Std. Außerdem ist Selbstung nur bei Temperaturen von 10—18° von Erfolg. Bei gutem, warmem Wetter mit reichlichem Pollenflug ist also die Fremdbestäubung gefördert; bei kühlem, regnerischem kann Selbstung als Ersatz stattfinden.

Der Nektar polyploider Sippen stimmt mit dem normalen chemisch weitgehend überein. Auch mengenmäßig ist wenig Unterschied, da die geringere Blütenzahl durch etwas größere Produktion je Flächeneinheit und etwas längere Blütezeit ausgeglichen wird (MAURIZIO). Die Nektarproduktion ist, wie zu erwarten, am größten bei guter Assimilation und relativem Mangel an Salzen, besonders Stickstoff (SHUEL).

Weidenkätzchen besitzen nach KROG bei 0° und guter Besonnung eine unerwartet hohe Übertemperatur von 15—25°. Die Behaarung usw. wirkt nicht etwa bloß reflektierend, sondern nach dem „Gewächshausprinzip" der Zurückhaltung langer Wärmestrahlen. Die Einrichtung ist so gut, daß Schwärzung mit Lampenruß oder Kahlscheren den Effekt vermindert; auch in Baumwollballen bleibt er kleiner.

Unter Röntgenmutanten von *Trifolium pratense* gab es solche mit abnorm kurzer Röhre, wodurch die Bestäubung durch kurzrüsselige Bienen erleichtert wird (BRUNS). Andererseits besteht Aussicht, Bienensippen zu züchten, die gegen die üblichen Kontaktgifte resistent sind (BITTNER). Bei Wolfsspinnen *(Arctosa)*, also auch bei nicht blütenbesuchenden Tieren, soll ein in manchem ähnliches Orientierungsvermögen vorhanden sein wie bei Bienen (Polarisiertes Licht! Absoluter Zeitsinn!) (PAPI). LOPATINA fordert eine etwas andere Deutung mancher der bekannten Befunde von FRISCH.

Verbreitung.

Die Mannigfaltigkeit der Einrichtungen, die zur Wegbeförderung der Verbreitungseinheiten von der Mutterpflanze dienen, hat MÜLLER geschildert und einzuteilen versucht. MÜLLER-SCHNEIDER weist auf die hohe Bedeutung der endozoischen Verbreitung von Weidepflanzen durch

Weidevieh hin. Haben fruchtfressende Vögel, die zuweilen für die Samenverbreitung sehr wesentlich sind (z. B. für die Besiedlung der landfernen antarktischen Macquarie-Inseln nach TAYLOR) ein Farbunterscheidungsvermögen (gefärbte Beeren usw.)? Jedenfalls bei Amseln ist das der Fall (ALTEVOGT).

„Tangentballisten", wie z. B. viele Labiaten, schleudern durch das Zurückschnellen von Fruchtstielen nach Auftreffen von Regentropfen die Samen bis 2 m fort (BRODIE). Bucheckern werden (besonders durch Häher oder Spechtmeisen) anscheinend normal nicht weiter als etwa 1,5 km getragen. Das ergibt sich, wenn man das Mannbarkeitsalter der Buche mit 50—60 Jahren ansetzt und der Fortschritt einer Buchenfront auf dem Landweg im Jahrhundert 3—4 km beträgt. Letztere Größe liefert die Ausdeutung von pollenanalytischen Befunden. Aber durch Transport im Flußwasser können in wenigen Jahren oder Jahrzehnten riesige Entfernungen zurückgelegt werden, etwa vom Hochrhein bis Holland (BERTSCH). Die Verbreitung von Samen von *Alnus glutinosa* erfolgt meist durch fließendes Wasser oder durch Windtrift auf stehendem Wasser [McVEAN (1)]. Übrigens werden die weiblichen Blüten der Erle bereits im Juli des Vorjahres gebildet, die Samenanlagen aber erst im Juni, die Embryosäcke im Juli des folgenden Jahres. Dann erfolgen, also viele Monate nach der Bestäubung, rasch anschließend Befruchtung und Samenreife [McVEAN (2)].

Samen von *Betula pubescens*, aber nur solche, die nicht stratifiziert wurden, sind obligate Lichtkeimer, wobei der Effekt bei Langtagsbedingungen erheblich größer ist. Oberhalb 20° genügt aber eine einzige Belichtung (BLACK u. WAREING). Die ökologische Bedeutung dieses Verhaltens ist unsicher. Merkwürdig ist, daß die Samen von *Acer pseudoplatanus* nach JAHNEL, im Herbst geerntet und alsbald gesät, sehr stark überliegen, während halbreif geerntete keinen derartigen Keimverzug aufweisen. Er kann durch Stratifizieren (z. B. bei $+1°$) behoben werden. Austrocknen unter 15% Wassergehalt vertragen die Ahornsamen nicht. Von hohem Interesse ist, daß die Spektralabhängigkeit der Samenkeimung des Farns *Dryopteris filix mas* weitgehend mit jener von lichtkeimenden Samen, photoperiodischen Reaktionen und mancherlei anderen Lichtreaktionen übereinstimmt, was auf gleiche oder doch ähnliche absorbierende Systeme hinweist (BÜNNING u. MOHR). Bei *Atriplex rosea* haben von den zweierlei Samenformen (braune, schwere, dünnschalige bzw. schwarze, leichtere, dickschalige) die ersteren höhere Keimkraft; aber die Keimung der letzteren wird durch Licht gefördert (KADMAN-ZAHAVI). Nach BARTON bleibt die Keimkraft verschiedener Coniferen bei $-18°$ lange unverändert erhalten, geht aber schon bei $-4°$ relativ rasch zurück.

Das Problem der Naturverjüngung im Kiefernbestand ist „trotz zahlloser Erörterungen im Laufe von mehr als hundert Jahren in jeglicher Hinsicht strittig geblieben, gleichgültig, ob es sich um die ökologischen Voraussetzungen der Ansamung" usw. handelt. Die Konkurrenz durch die Bodenflora, die wieder stark von der waldbaulichen Gestaltung abhängt, hat dabei wesentlichen Einfluß (OLBERG). Ganz einfach ist es also nicht, und wer meint, es handle sich eben um unnatürliche Forsten, der kann bei Duncan nachlesen, daß in normalen, natürlichen Beständen von *Larix laricina* überhaupt keine Jungpflanzen aufkommen. Nur nach Auflichtung geht aus einem verschwindend kleinen Anteil von massenhaft erzeugtem Samen ein Bäumchen hervor, das sich durchsetzen kann. Nach Grosse-Brauckmann ist die Verbreitung der Ruderalpflanzen in einer Weise lückenhaft, die ökologisch nicht erklärlich erscheint, sondern mitbedingt sein muß durch den Zufall bei begrenzter Verbreitungsmöglichkeit über größere Entfernungen.

Die forstliche Vorratspflege besteht ganz überwiegend in der Gestaltung der Konkurrenzverhältnisse mit Hilfe der Axt (Heger). Konkurrenzverhältnisse bestimmen neben der Art der Verbreitungseinheiten den Sukzessionsgang auf den Trümmerflächen bombenzerstörter Städte, wie Kreh in einer sehr dankenswerten Untersuchung zeigte. An geeigneten Stellen entsteht ein undurchdringliches Dickicht von *Buddleia* u. *Clematis*, erstere mit einer Samenproduktion von etwa 20 Millionen je Strauch und Jahr. Auf Grasland in Kalifornien verhindert die Konkurrenz der Gräser das Hochkommen der zahlreichen Strauchkeimlinge (Schultz u. Mitarbeiter); die Konkurrenzverhältnisse bestimmen in Rußland die Folge von Kiefer und Birke (erstere keimt rascher, kommt aber erst unter Birken hoch) (Markov) usw. Die Kiefer verträgt nach Kwasnitschka in Mischbeständen des Ostschwarzwaldes auch sehr lange dauernde Dunkelstellung unter Buchen und erfordert hier kaum einen höheren relativen Lichtgenuß als die Buche. Ob die oft erstaunliche Konstanz im Zusammenauftreten vieler Pflanzen der Weiden in erster Linie auf Konkurrenz beruht oder auf Gleichheit der Standortansprüche, läßt sich schwer entscheiden (de Vries u. Mitarbeiter). Höchst merkwürdig erscheint der Befund von Linskens u. Knapp, daß bei Mischkultur, z. B. von *Trifolium* und *Lolium*, gewisse zusätzliche Aminosäuren von den Wurzeln ausgeschieden werden, die die Partner bei Einzelkultur nicht ausscheiden. In einer Arbeit von Lazenby wird der hemmende Einfluß verschiedener Nachbarpflanzen auf den Wuchs von *Juncus effusus* exakt untersucht. In jeder Kombination mit anderen Pflanzen wird die Blütenbildung herabgesetzt. Mischsaaten von Gerstensorten zeigen meist größere Massenentwicklung als gleichartige Reinbestände (Sakai u. Suzuki). Umgekehrt leiden nach Orlenko junge Eichen weit mehr durch die Konkurrenz von Vorhölzern, wie Birken und Aspen, als durch entsprechende interspezifische Konkurrenz. Zur besten Entwicklung kamen die Exemplare im Zentrum von Eichengruppen. Nach Renner kommen in Mitteleuropa andere *Oenothera*-Arten als *biennis* nur dort vor, wo letztere fehlt. Die frühe Zeit des Keimens ist dabei wesentlich; bei den anderen ist auch die Samenbildung unsicherer.

Symbiosen, Mycorrhiza usw.

Freien Stickstoff zu binden, vermögen sowohl die Flechten *Collema* und *Leptogium* wie das Lebermoos *Blasia* (Bond u. Scott, die zur Untersuchung das Stickstoffisotop N^{15} verwendeten). In allen drei Fällen dürfte die N-Assimilation durch *Nostoc* als Symbiont erfolgen. Trotz der außerordentlichen Empfindlichkeit der Methode fanden sie bei intakten Mycorrhizen von *Calluna* und *Pinus* keinen N-Gewinn. Daß die Bakteriensymbiose von *Ardisia humilis* cyclisch sei (Bakterien auch im Endosperm), wies BOSE nach.

Wohl bei allen heteromeren Flechten dürften nach GEITLER (1) intra-protoplasmatische wie intramembranöse Haustorien häufig sein. Bei der *Collemacee Lempholema* sind sie ebenfalls vorhanden und zerstören schließlich die *Nostoc*-Zellen; bei einer nahe verwandten Art sind sie seltener und weniger virulent. Das Verhältnis kann also recht verschieden sein. In den Fruchtkörpern von *Clavaria mucida* (aus Österreich) fand GEITLER (2) regelmäßig eine *Protococcacee* in ganz bestimmter, enger Verbindung. Die Gonidien sind von Hyphen dicht umsponnen. Obwohl grob-morphologische Einflüsse ebensowenig zu erkennen sind wie die Bildung sog. „Flechtenstoffe" muß man doch von diesem Konsortium als von einer *Basidiolichene* sprechen. Nur einzelne wenige (z. B. die berühmte *Cora*) kannte man bisher aus den Tropen; doch waren Übergangsgebilde auch aus der gemäßigten Zone schon bekannt geworden. STEINER u. SCHULZE-HORN fanden in der artenarmen Flora auf der Borke von Bäumen im Bonner Stadtgebiet nur zehn Flechtenarten; in der Innenstadt fehlten letztere fast gänzlich. Die „Flechtenwüste" deckt sich weitgehend mit dem Areal des schlechtesten „Wohnklimas" für den Menschen. Sowohl die Artenarmut dieser Epiphytenflora wie das Fehlen der Flechten im Stadtkern können nicht ausschließlich auf Luftverunreinigungen (SO_2!) zurückgeführt werden; mikroklimatische Ursachen (z. B. Geringfügigkeit des Taufalls) scheinen größere Bedeutung zu haben. Zu ganz ähnlichen Ergebnissen kam RYDZAK bezüglich der Flechtenflora von Lublin. Sie ist weit artenreicher als die Bonns, aber gegenüber der Umgebung doch verarmt. Die Trockenheit des Stadtklimas, besonders die hohen Nachttemperaturen, dürften entscheidend sein. Aber für den Bewuchs ist auch das Substrat von Bedeutung. CULBERSON fand in Hochlandwäldern Wisconsins, daß Baumarten, deren Borke bezüglich Härte, Wasserkapazität, Acidität usw. übereinstimmen, ganz ähnlichen Bewuchs mit Flechten und Moosen aufweisen.

Über einige Probleme der Mycorrhiza handeln wenige Arbeiten. Wenn nach TICHOMIROW u. STRELKOVA unter 92 subarktischen Pflanzenarten nur 27 mykotroph waren, so mag das auf die niedrigen Temperaturen zurückzuführen sein. LINNEMANN fand, daß bei *Pseudotsuga* die Ausbildung der ganz überwiegend ektotrophen Mycorrhiza (mit HARTIGschem Netz) meist erst im zweiten Jahr erfolgt. Intracellulare Hyphen sind recht selten. Auch unter gleichen Verhältnissen war die Gestalt der Kurzwurzeln bzw. die Ausbildung der Mycorrhiza recht variabel. Nach ROBERTSON kann die Infektion der Kurzwurzeln auch von innen her, vom HARTIGschen Netz der Langwurzeln her, erfolgen. Deren Jahreszuwachs kann in ähnlicher Weise den Pilz erhalten, aber auch von außen her. Von einer Kurzwurzel zur anderen kann durch Hyphenstränge Infektion erfolgen, ebenso von einer Pflanze zur anderen. Immer sind die augenblicklichen Ernährungsverhältnisse wesentlich. Der

„M-Faktor", der in Reinkultur das Wachstum von Mycorrhizapilzen fördert, wird nicht nur von Baumwurzeln und, wie bereits bekannt, von Wurzeln der Tomate ausgeschieden, sondern auch von solchen von *Gramineen, Leguminosen* und *Cruciferen*. Für die z. T. enge Spezialisierung der Baummycorrhizen kann er nicht verantwortlich sein (MELIN u. RAMA). Für die Ausbildung der Rhizosphäre sind übrigens nach METZ nicht nur Förderungs-, sondern auch Hemmstoffe wichtig, die von der Wurzel ausgehen. Auch die Bodenverhältnisse sind zuweilen von großer Bedeutung. Während die Zunahme der Bakterien in der Rhizosphäre von Gramineenwurzeln (auf das 10—30fache) nach GYLLENBERG von Pflanzen- und Bodenart für nicht-sporenbildende Bakterien stark abhängig ist, ist das für sporenbildende Bakterien nicht der Fall. Die Bestimmung der Fruchtbarkeit von Waldböden durch chemische Auszüge ist nach TAMM oft sehr problematisch, weil die Nahrungsaufnahme durch die Wurzeln und vor allem durch die Mycorrhiza ganz anders verläuft. (Er gibt eine Methode durch Bestimmung des Aschengehalts von Pflanzenteilen an.) HARLEY u. WAID gelang es, nach intensiven Waschungen die Mycorrhizapilze von der Wurzeloberfläche abzuimpfen. Nach LINDEBERG sind es vor allem *Hymenomyceten*, die in der Streu Cellulose und Lignin zersetzen; die Mycorrhizabildner unterscheiden sich von ihnen auch physiologisch. Sie scheiden nur ausnahmsweise Phenoloxydasen aus, wie das sämtliche Ligninzersetzer tun.

Auf die entscheidende Bedeutung der Bodenlebewesen und die dadurch bedingten außerordentlich komplizierten Verhältnisse weist RIPPEL hin (umfangreiches Literaturverzeichnis). Er hält es für möglich, daß die trotz aller Bekämpfungsmaßnahmen eher zunehmenden Ernteverluste durch Schädlinge auf Störung der Bodenbiocönose und dadurch hervorgerufene Resistenzminderung der Kulturpflanzen beruhen. Doch ist es nach RUBENČIK falsch zu behaupten, wie das gelegentlich geschehen ist, die höheren Pflanzen nähmen in erster Linie Stoffwechselprodukte der Bodenbakterien zu ihrer Ernährung auf. Ebensowenig seien die letzteren einfach schädlich. Die Verhältnisse seien überaus kompliziert. Darum darf man nach DOMSCH laboratoriumsmäßig festgestellte antagonistische Verhältnisse zwischen Mikroben nur mit großer Vorsicht auf die Verhältnisse im Boden anwenden. Die Arten von *Penicillium* usw., die aus größeren Bodentiefen stammen, sind nach DURBIN gegen hohe CO_2-Konzentration weit unempfindlicher als jene aus den Oberflächenschichten.

Auf dem Gebiet der Bakteriensymbiose ist vieles noch dunkel, besonders bezüglich der Physiologie. Allmählich gelingt es aber, die Symbionten in Reinkultur zu züchten (PÉREZ-SILVA). Die Eigenart der Verhältnisse geht aus neuen Untersuchungen von BUCHNER hervor: innerhalb der Schildlausgattung *Stictococcus* finden sich bei verschiedenen Arten ganz verschiedene Symbionten; verschieden auch hinsichtlich der sehr merkwürdigen Übertragungs- und Entwicklungsweise.

Parasiten.

GRÜMMER konnte zeigen, daß die Anfälligkeit verschiedener Kulturpflanzen gegen *Helminthosporium* und *Phytophthora*, wohl auch gegen

Rost, mit dem Beginn von Chlorose bzw. Eiweißabbau einsetzt oder ansteigt. Der z. T. katastrophale Befall von Pappeln durch *Dothichiza* kann nach ZYCHA während der Hauptwachstumszeit weit besser im Zaun gehalten werden als in Zeiten relativer Ruhe; das Gewebe kann leichter Abschlußgewebe ausbilden. Die starke Krebsdisposition junger, vegetativer Teile von Blütenpflanzen hängt nach HÖHN mit dem hohen Wuchsstoffspiegel zusammen. Mit Reizwirkung von seiten der Bakterien her steht vielleicht nur eine von mehreren Entwicklungsphasen der Geschwulst in direkter Beziehung.

Einiges wenige sei über chemische Beziehungen vorgebracht. SAUTHOFF wies im Kulturfiltrat von *Botrytis cinerea* toxische (gegen Blütenpflanzen) und antifungische Wirkung nach; beides scheint auf dem gleichen Stoff zu beruhen. Für eine Fusarienwelke der Tomate haben mit Hilfe des Isotops C^{14} KERN u. SANWAL bewiesen, daß vom Mycel ausgehende toxische Stoffe in der Wirtspflanze wandern und die Krankheitserscheinungen auslösen. DAGIS u. Mitarbeiter fanden in *Ranunculus acer* Giftstoffe, welche Pilzwachstum hemmen und als Abwehrstoffe gedeutet werden. Nach FUCHS u. ROHRINGER verschwinden aus Weizenblättern beim Befall mit *Puccinia graminis* eine Anzahl ninhydrinpositiver Stoffe (Histidin, Leucin, Asparagin).

HIMELICK u. CURL bewiesen, daß Eichhörnchen, die einerseits extramatrikale Pilzteile fressen, andererseits die Borke benagen, Baumschädlinge übertragen können. Nach HESMER könnte der Ertrag von Eichenwäldern ganz erheblich durch Anbau spättreibender Rassen erhöht werden; sie leiden unter dem Wicklerfraß viel weniger.

Es gibt nach KIMMEY u. LIGHTLE anscheinend nur zwei Pilzarten, die das äußerst widerstandsfähige Holz von *Sequoia sempervirens* zersetzen (2 *Poria*-Arten). Ausgezeichnete Einblicke in die Fäulnisvorgänge, die Pilze in Hölzern verursachen, gibt MEIER auf Grund elektronenmikroskopischer Untersuchungen.

Auf den Sammelbericht von BLUNCK (1 u. 2) über Viren sei nur eben hingewiesen.

Extreme Standortverhältnisse.

In einem Laboratorium, das auf eine treibende Eisscholle gebaut war, wiesen KRISS und Mitarbeiter nach, daß im Meer unmittelbar am Nordpol noch bis mehr als 3000 m Tiefe zahlreiche Bakterien vorhanden sind. POLUNIN fand bei 86° auf einer Eisscholle ein lebendes Moospolster (*Hygrohypnum polare*), ein für die Theorie der Fernverbreitung beachtlicher Befund. Auf Algen an der schwedischen Westküste fand ALEEM nicht weniger als 18 *Phycomyceten*-Arten, meistens solche mit großer ökologischer Amplitude, manche Kosmopoliten. Auf eisfrei gewordenem Boden in Alaska geht die Sukzession von Moosen bis zum Erlenwald, der etwa 50 Jahre erhalten bleibt und dann von Nadelbäumen verdrängt wird. Im Erlenwald steigt die Acidität sehr stark, besonders aber der Stickstoffgehalt (CROCKER u. MAJOR). Nebenbei bemerkt gibt es unter den 55 Moosarten des arktischen Alaska kaum mehr polyploide Arten als etwa in Kalifornien; auch die arktischen Rassen gemäßigter Moose pflegen keine erhöhte Genomzahl zu enthalten (STEERE).

Bei austrocknungsfähigen Moosen ist der Grad der Hitzeresistenz eine ökologisch wichtige Eigenschaft [LANGE (1)], ebenso bei Flechten [LANGE (2)]. Viele Schattenmoose werden durch direktes Sonnenlicht (besonders den Ultraviolettanteil) sehr stark geschädigt (BIEBL). HÖFLER untersuchte die Austrocknungsresistenz von Lebermoosen und fand sie auch bei Bachmoosen erstaunlich hoch. In Algenwatten auf der Oberfläche des Genfer Sees fand SCHANDERL Übertemperaturen bis zu 6°. Auf die sehr großen Unterschiede der Boden-Oberflächentemperatur im Tagesgang, selbst in lichten Wäldern Finnlands, macht VAARTAJA aufmerksam.

Im groben Quarzkiesboden kapländischer Wüsten lebt eine erstaunlich reiche Algenflora noch bis zu einer Tiefe von 2,5 cm bei einer Lichtintensität bis herab zu 0,06% der normalen (VOGEL).

Bei den *Bromeliaceen*-Zisternenepiphyten sind die Wurzeln keineswegs nur Haftorgane. Sie sind für die Aufnahme von Nährsalzen (besonders K u. P, weniger N) von großer Bedeutung (v. WITSCH u. SIEBER)

Einige Sonderfälle.

Die engbegrenzten natürlichen Fichtenwälder des Schweizer Jura sind höchst charakteristische Beispiele für die völlige Verschiedenheit des Waldbestandes in Enklaven mit stark abweichenden Lokalbedingungen (*Piceetum* mitten im *Fagetum* usw.) (MOOR). Sie besitzen einen durchaus normalen *Piceetum*-Unterwuchs, dessen Arten aber längst vor der Fichte eingewandert sein sollen (SCHWARZ).

Taubehang setzt die Gesamttranspiration herab; sein Ausmaß in den verschiedenen Schichten von Beständen entspricht den Annahmen nach physikalischen Gesetzen (STEUBING). Die Wasseraufnahme durch die Blätter (Tau!) ermöglicht es Jungpflanzen von *Pinus ponderosa*, lange Zeit starke, sonst tödliche Trockenheit zu überstehen (STONE u. FOWELLS). Regenwasser ist nach KLAUSING oft erheblich gepuffert und kann die Bodenacidität in Richtung seines p_H-Wertes verschieben. Die Bodenacidität sollte man daher bei bestimmten Zuständen, z. B. während der sommerlichen Trockenheit, bestimmen. KAUSCH weist auf die außerordentlich geringe Wasserleitfähigkeit vieler Böden hin; sie wird ökologisch weitgehend durch das Wachstum der Wurzeln ersetzt, dessen Eigenart sich nach den augenblicklichen Feuchteverhältnissen richtet. Die erstaunliche gestaltliche Anpassungsfähigkeit an schwierige Bodenverhältnisse (Salzböden) zeigt STROGONOV für die Baumwolle auf. Bodenart und Bodenstruktur sind für die Vegetationszonierung weit wichtiger als oft angenommen wird; vor allem auf die dadurch bedingten Bodenwasserverhältnisse kommt es an (WATT). Das Verhältnis zwischen *Erica tetralix, Calluna* und *Molinia* in feuchten Heiden Englands ist weitgehend bestimmt durch den Grundwasserstand und seine Schwankungen. *Calluna* ist relativ indifferent; der Einfluß auf *Erica* bzw. *Molinia* ist konträr (RUTTER).

Wenn typische Kalkpflanzen sowohl viel Ca im Boden wie hohe p_H-Werte erfordern, so gibt es doch auch solche, bei denen das in viel geringerem Ausmaß der Fall ist. Vielfach können sich hohe p_H-Zahl und hoher Ca-Gehalt vicariierend vertreten (STEELE). Auf die ökologische Bedeutung des Cl-Gehaltes im Boden weist ARNOLD in seinem schönen Buch über Cl-Wirkung in der Pflanze hin.

Das Ausmaß der blauen Bereifung von *Eucalyptus*-Arten hängt in Tasmanien mit dem Standort zusammen. Auf kalten bzw. frostgefährdeten Standorten kommen vorwiegend die stärker bereiften Sippen vor (BARBER). Eine Verlustmutante von Pisum, die keine bläuliche Wachsschicht mehr aufwies, zeigte wesentlich höhere Transpirationswerte, was keineswegs selbstverständlich ist (SCHEIBE).

Lathraea ist dem äußern wie inneren Bau und dem Verhalten nach, sozusagen als Endglied der *Rhinantheen*reihe, ein typischer Blutungssaftschmarotzer, mit welcher Einsicht verschiedene Rätsel gelöst sind (ZIEGLER).

Pflanzen und Tiere. Ernte.

Ameisen haben in den Tropen für die Pflanzen weit höhere, mannigfache Bedeutung als in der gemäßigten Zone (Fütterung und Wohnungen für Ameisen, Schutz durch Ameisen, Abschreckung von solchen, Samenverbreitung), indessen kaum als Blütenbestäuber. Aber die Untersuchungen müssen aus dem Stadium der Romantik früherer Gelegenheitsbeobachtungen herausgeführt werden [VAN DER PIJL (2)]. Warum bei sehr vielen Pflanzen Schnecken (mit und ohne Gehäuse) bevorzugt alte Blätter fressen, konnte FRÖMMING nicht feststellen. Die Bedeutung der Vogelwelt in den meisten Biotopen wird überschätzt; die durch die Vogelwelt erzielbaren wirtschaftlichen Schutzwirkungen sind meist bescheiden (v. VIETINGHOFF-RIESCH).

In sehr interessanten Arbeiten setzt sich FILZER mit den relativen Ernteerträgen auseinander. Ertragsökologisch günstig ist ein Gebiet, in dem Kulturpflanzen mit verschiedenen optimalen Klimaansprüchen nebeneinander angebaut werden; denn in Jahren verschiedenen Klimacharakters kommt es dann nicht zu totalen Mißernten (1). Dabei treten in kontinentalen Gebieten die Unterschiede der Ertragsstabilität verschiedener Kulturpflanzen weit deutlicher hervor als in ozeanischem Klima (3). Für die vorgeschichtliche Besiedlung war weder die Höhe des Ernteertrags allein entscheidend, noch die Stabilität des Ertrags, sondern offensichtlich beides (2).

Literatur.

ALEEM, A. A.: Ark. Bot. (Stockh.) Andra Ser. 3, 1—33 (1953). — ALTEVOGT, R.: J. f. Ornithol. 94, 220—251 (1953). — ARBECK, F.: Naturwiss. 42, 632 (1955). — ARNOLD, A.: Die Bedeutung der Chlorionen für die Pflanze. Bot. Studien, Heft 2, 148 S. Jena 1955.

BARBER, H. N.: Evolution (Lancaster, Pa.) 9, 1—14 (1955). — BARTON, L. V.: Contrib. Boyce Thompson Inst. 18, 21—24 (1954). — BERTSCH, K.: Ber. dtsch. bot. Ges. 68, 223—226 (1955). — BIEBL, R.: Österr. bot. Z. 101, 502—538 (1954). — BITTNER, A.: Nachrichtenbl. dtsch. Pflanzenschutzdienst (Berlin) N. F. 9, 50—52 (1955). — BLACK, M., and P. F. WAREING: Physiol. Plantarum (Copenh.) 8,

300—316 (1955). — BLUNCK, H.: (1) Viruskrankheiten. Fortschritte im Wissen vom Wesen und Wirken. 66 S. Ludwigsburg u. Stuttgart: E. Ulmer 1955. — (2) Z. Pflanzenkrkh. 62, 273—336 (1955). — BOND, G., and G. D. SCOTT: Ann. of Bot. N. s. 19, 67—77 (1955). — BORRISS, H., u. H. KROLOP: Naturwiss. 42, 301—302 (1955). — BOSE, S. R.: Nature (London) 175, 395 (1955). — BRODIE, H. J.: Canad. J. Bot. 33, 156—167 (1955). — BRUNS, ANGELIKA: Angew. Bot. 28, 120—155 (1954). — BUCHNER, P.: Z. Morph. u. Ökol. Tiere 43, 397—424 (1955). — BÜNNING, E., u. H. MOHR: Naturwiss. 42, 212 (1955).

CROCKER, R. L., and J. MAJOR: J. Ecology 43, 427—448 (1955). — CULBERSON, W. L.: Ecol. Monogr. 25, 215—231 (1955).

DAGIS, I., B. GUDINENE, A. PUTRIMAS, B. SODEJKAITE u. K. JANKEVICJUS: Bot. Ž. 39, 721—733 C (1954). — DOMSCH, K. H.: Arch. f. Mikrobiol. 23, 79—87 (1955). — DUNCAN, D. P.: J. Ecology 35, 498—521 (1954). — DURBIN, R. D.: Science (Lancaster, Pa.) 121, 734—735 (1955).

ERNST, A.: Genetica ('s Gravenhage) 27, 391—448 (1955).

FILZER, P.: (1) Erdkunde 6, 168—171 (1952). — (2) Jahresh. Ver. vaterländ. Naturk. Württemberg 1952, 146—155. — (3) Ber. dtsch. bot. Ges. 65, 305—315 (1953). — FRÖMMING, E.: Pflanzenschutz-Ber. 14, 79—84 (1955). — FUCHS, W. H., u. R. ROHRINGER: Naturwiss. 42, 20 (1955).

GEITLER, L.: (1) Österr. bot. Z. 102, 317—321 (1955). — (2) Biol. Zbl. 74, 145—159 (1955). — GROSSE-BRAUCKMANN, G.: Mitt. Florist.-soz. Arbeitsgem. N. F. H. 4, 5—10 (1953). — GRÜMMER, G.: Phytopath. Z. 24, 1—42 (1955). — GYLLENBERG, H.: Physiol. Plantarum (Copenh.) 8, 644—652 (1955).

HAGERUP, O.: Bot. Tidsskr. 51, 103—116 (1954). — HARLEY, J. L., and J. S. WAID: Trans. Brit. Mycol. Soc. 38, 104—108 (1955). — HEGER, A.: Lehrbuch d. Forstl. Vorratspflege. 204 S. Radebeul u. Berlin: Neumann 1955. — HESMER, H.: Forstarch. 26, 197—203 (1955). — HIEMENZ, G.: Biol. Zbl. 74, 337—370 (1955). — HIMELICK, E. B., and E. A. CURL: Phytopathology 45, 581—584 (1955). — HÖFLER, K.: Naturwiss. Ges. Bayreuth, Ber. 1953/54, 78 S. — HÖHN, K.: Naturwiss. 42, 373—374 (1955).

JAEGER, P.: C. r. Acad. Sci. (Paris) 239, 1147—1148 (1954). — JAHNEL, H.: Angew. Bot. 29, 139—151 (1955).

KADMAN-ZAHAVI, A.: Bull. Res. Council Israel 4, 375—378 (1955). — KATO, K.: Mem. Coll. Sci. Univ. Kyoto, Ser. B. 20, 203—206 (1953). — KAUSCH, W.: Planta (Berlin) 45, 217—263 (1955). — KERN, H., u. B. D. SANWAL: Phytopath. Z. 22, 449—453 (1954). — KIMMEY, J. W., and P. C. LIGHTLE: Forest Sci. 1, 104—110 (1955). — KLAUSING, O.: Ber. dtsch. bot. Ges. 68, 261—264 (1955). — KREH, W.: Mitt. d. Floristisch-soziologischen Arbeitsgem. N. F. 5, 69—75 (1955). — KRISS, A. E., V. I. BIRJUZOWA, A. S. TICHONENKO u. V. A. LAMBINA: Dokl. Akad. Nauk SSSR, N. S. 101, 173—176 (1955). — KROG, J.: Physiol. Plantarum (Copenh.) 8, 836—839 (1955). — KUGLER, H.: (1) Einführung in die Blütenökologie. 278 S. Stuttgart: G. Fischer 1955. — (2) Österr. bot. Z. 102, 529—541 (1955). — KWAS-NITSCHKA, K.: Forstwiss. Zbl. 74, 65—87 (1955).

LANGE, O. L.: (1) Flora (Jena) 142, 381—399 (1955). — (2) Arch. f. Meteorol. Ser. B. 5, 182—189 (1954). — LAZENBY, A.: J. Ecology 43, 103—119 (1955). — LEPPIK, E. E.: Amer. J. Bot. 42, 455—458 (1955). — LINDEBERG, G.: Z. Pflanzen-ernähr. 69, 142—150 (1955). — LINNEMANN, G.: Zbl. Bakter. II. Abt. 108, 398—410 (1955). — LINSKENS, H. F., u. R. KNAPP: Planta (Berlin) 45, 106—117 (1955). — LOPATINA, N. G.: Ž. obšč. Biol. 16, 37—49 (1955).

MARKOV, M. V.: Bot. Ž. 40, 161—177 (1955). — MAURIZIO, A.: Arch. Klaus-Stiftung 29, 340—346 (1954). — McVEAN, D. N.: (1) J. Ecology 43, 61—71 (1955) — (2) J. Ecology 43, 46—60 (1955). — MEIER, H.: Holz 13, 323—338 (1955). — MELIN, E., u. V. S. RAMA: Physiol. Plantarum (Copenh.) 7, 851—858 (1954). — METZ, H.: Arch. f. Mikrobiol. 23, 279—326 (1955). — MOOR, M.: Vegetatio (Den Haag) 5—6, 542—552 (1954). — MÜHLETHALER, K.: Planta (Berlin) 46, 1—13 (1955). — MÜLLER, P.: Verbreitungsbiologie d. Blütenpflanzen. 152 S. Bern: H. Huber 1955. — MÜLLER-SCHNEIDER, P.: Vegetatio (Den Haag) 5—6, 23—28 (1954).

OLBERG, A.: Forst- u. Holzwirt. 10, Nr. 22, 1—4 (1955). — ORLENKO, E. G.: Dokl. Akad. Nauk SSSR, N. S. 102, 841—844 (1955).

PAPI, F.: Z. vgl. Physiol. 37, 230—233 (1955). — PÉREZ-SILVA, J.: Microbiol. españ. 7, 187—255 (1954). — PFEIFFER, N. E.: Contrib. Boyce Thompson Inst. 18, 153—158 (1955). — VAN D. PIJL, L.: (1) Proc. Nederl. Akad. Wetensch. Amsterdam Ser. C. 57, Nr. 3, 413—423, 541—551, 553—562 (1954). — (2) Phytomorphology (Delhi) 5, 190—200 (1955). — POLUNIN, N.: Nature (London) 176, 22—24 (1955). — PORSCH, O.: Österr. bot. Z. 102, 117—157 (1955).

RENNER, O.: Ber. dtsch. bot. Ges. 63, 129—138 (1951). — RIPPEL, K.: Landwirtschaftl. Jb. Bayern, 30, 117—150 (1953). — ROBERTSON, N. F.: New Phytologist 53, 253—283 (1954). — RUBENČIK, L. I.: Mikrobiologija 24, 229—233 (1955). — RUTTER, A. J.: J. Ecology 43, 507—543 (1955). — RYDZAK, J.: Ann. Univ. M. Curie-Sklodowska Sect. C. 8, 233—356 (1953).

SAKAI, K. J., and Y. SUZUKI: Jap. J. Genet. 29, 197—201 (1954). — SAUTHOFF, W.: Phytopath. Z. 23, 1—36 (1955). — SCHANDERL, H.: Ber. dtsch. bot. Ges. 68, 28—34 (1955). — SCHEIBE, A.: Züchter 25, 97—103 (1955). — SCHULTZ, A. M., J. L. LAUNCHBAUGH and H. H. BISWELL: Ecology 36, 226—238 (1955). — SCHWARZ, U.: Die natürlichen Fichtenwälder des Jura. 143 S. Bern: H. Huber 1955. — SHUEL, R. W.: Canad. J. Agricult. Sci. 35, 124—138 (1955). — STEELE, B.: J. Ecology 43, 120—132 (1955). — STEERE, W. C.: Bot. Gaz. 116, 93—133 (1954). — STEINER, M., u. D. SCHULZE-HORN: Dechenia (Bonn) 108, 1—16 (1955). — STEUBING, LORE: Ber. dtsch. bot. Ges. 68, 55—70 (1955). — STONE, E. C., and H. A. FOWELLS: Forest Sci. 1, 183—188 (1955). — STROGONOV, B. P.: Dokl. Akad. Nauk SSSR N. S. 98, 285—288 (1954).

TAMM, C. O.: Meddelanden Från Stat. Skogsforskningsinst. 45, 5—6 (1955). — TAYLOR, B. W.: Ecology 35, 569—572 (1954). — TICHOMIROW, B. A., u. O. S. STRELKOVA: Dokl. Akad. Nauk SSSR. N. S. 97, 337—339 (1954).

VAARTAJA, O.: Canad. J. Bot. 32, 760—783 (1954). — VALENTINE, D. H.: New Phytologist 54, 70—80 (1955). — VIETINGHOFF-RIESCH, A. v.: Anz. Schädlingskde. 28, 150—152 (1955). — VOGEL, S.: Beitr. Biol. Pflanz. 31, 45—135 (1955). — VRIES, D. M. DE, J. P. BARETTA and G. HAMMING: Vegetatio (Den Haag) 5—6, 105—111 (1954).

WAGENITZ, G.: Flora (Jena) 142, 213—279 (1955). — WATANABE, K.: Bot. Mag. (Tokyo), 68, 40—44 (1955). — WATT, A. S.: Vegetatio (Den Haag) 5—6, 29—35 (1954). — WERTH, E.: (1) Bau und Leben der Blumen. 204 S. Stuttgart: F. Enke 1956. — (2) Ber. dtsch. bot. Ges. 68, 163—166 (1955). — WITSCH, H. v., u. J. SIEBER: Naturwiss. 42, 611 (1955).

ZAJKOVSKAJA, N. E.: Dokl. Akad, Nauk SSSR N. S., 102, 177—179 (1955). — ZIEGLER, H.: Ber. dtsch. bot. Ges. 68, 311—318 (1955). — ZYCHA, H.: Allgem. Forstz., Nr. 40/41 (1955).

C. Physiologie des Stoffwechsels.

10. Physikalisch-chemische Grundlagen der Lebensprozesse (Strahlenbiologie).

Von Wilhelm Simonis, Hannover.

Der Beitrag folgt in Band XIX.

11. Zellphysiologie und Protoplasmatik.

Von Hans Joachim Bogen, Braunschweig.

Der vorliegende Bericht berücksichtigt Arbeiten der letzten 3 Jahre. Da nunmehr der zur Verfügung stehende Platz knapper geworden ist, mußte sich der Referent starke Einschränkungen auferlegen; die Vollständigkeit der Berichterstattung konnte nicht mehr angestrebt werden. So wurden vor allem diejenigen Gebiete behandelt, bei denen lebhafte Fortschritte zu verzeichnen waren und neue Gesichtspunkte und Querverbindungen auftauchten, während zahlreiche Arbeiten, die isoliert stehen, nicht aufgeführt wurden. Der Referent bittet, darin kein Werturteil sehen zu wollen.

Als charakteristischer Zug der gegenwärtigen experimentellen Zellforschung erscheint das Bestreben, die Vielzahl der in der Zelle gegebenen Strukturen und der ablaufenden Reaktionen zu koordinieren. Diese „Integration" wird mehr und mehr als das Resultat der beiden Prinzipien Kooperation („Arbeitsteilung") und Konkurrenz („competition") betrachtet. Der Referent war bemüht, solche Hinweise aufzunehmen, ohne andersartige Auffassungen zu vernachlässigen.

1. Cytoplasma.

a) Konstitution.

Proteine. Sammelreferate: Kendrew (Bericht über die Tagung 1953 in Pasadena), Harker (Kristalline Proteine). Pauling und Corey, denen wir die Aufklärung der sog. α-Schraube verdanken, berichten, daß diese noch eine übergeordnete Schraubenstruktur zeigen könne, wenn ein periodischer Aufbau vorliegt: kehren jeweils 4 gleiche Aminosäurereste regelmäßig wieder, so ist die α-Schraube als solche (gleichsinnig) gewunden mit einem Gang von 44 Resten (66 Å); bei sieben sich wiederholenden Resten sind gleichgerichtete (190 Å) und entgegengesetzt gerichtete (400 Å) Gänge möglich. Drei solche Schrauben können sich verdrillen, oder 6 Stränge schlingen sich um einen 7. zentralen Strang. Die Verff. nehmen an, daß dem α-Keratin der Federkiele nicht die früher diskutierte "plated sheet"-Struktur zukommt, sondern daß

3- bis 7gliedrige Kabel nebeneinander auftreten. Für die Plasmaproteine, die aperiodischen Aufbau haben dürften, scheinen diese Kabelkonfigurationen von geringerer Bedeutung zu sein. — Low und GRANVILLE-WELLS haben eine π-Schraube entwickelt; im Gegensatz zur α-Schraube, bei der die Peptidbindung in aufsteigender Richtung liegt, befinden sich hier die Peptidbindungen parallel zur Schraubenachse.

In der Grenzfläche Öl/Wasser werden Polypeptide stärker entfaltet (und denaturiert) als in der Grenzfläche Luft/Wasser; hier bleiben sie durch VAN DER WAALSsche Kräfte zusammen (DAVIS). Das Verhalten in Grenzflächen verdient besondere Beachtung, da auch in der lebenden Zelle möglicherweise gespreitete Proteine (Enzyme wie z. B. Katalase) auftreten (HAYASHI; vgl. den DEVAUX-Effekt, Fortschr. Bot. **14**). Ferner ist bemerkenswert, daß gespreitetes Hämoglobin unter Expansion eine Verbindung mit Ribonucleinsäuren eingeht; anhand der Grenzflächenpotentiale schließt CHEESMAN auf eine Verknüpfung mittels Wasserstoffbrücken.

Übermolekulare Ordnungsprinzipien treten nach C. COHEN bei Gelatine und Kollagen auf. Sie werden aus dem Gesamtwert der optischen Drehung erschlossen, der bei nativen Proteinen höher ist als bei ungeordneten (in letzteren setzt er sich etwa additiv aus den Einzeldrehwerten der Aminosäurereste zusammen). Kalte native Proteine zeigen hohe Drehwerte; bei Erwärmung sinkt der Wert ab, steigt aber nach Abkühlung wieder an. Dementsprechend muß die übergeordnete Struktur beim Erwärmen verschwinden und beim Abkühlen wiederhergestellt werden.

Über sehr interessante Modellversuche an kontraktilen Proteinen (gewonnen aus hochgereinigten Muskelproteinen) berichtet H. H. WEBER. Die Proteine kontrahieren sich nur in Gegenwart von ATP bzw. ITP (Inosintriphosphat); andererseits wirken die beiden Substanzen ausschließlich auf Muskelproteine. Die Kontraktion läuft ferner nur ab, wenn die Reaktion des Systems neutral ist und Elektrolyte in ausreichender Menge vorhanden sind. Das Modell spaltet ATP bzw. ITP. Zwar vermag WEBER noch nicht anzugeben, in welcher Weise die Energie der Phosphate zur Kontraktion führt; es läßt sich aber zeigen, daß bei der Kontraktion die Eigendoppelbrechung abnimmt, die Stäbchendoppelbrechung jedoch bleibt.

Neben den makromolekularen Proteinen verdienen auch die niederen Peptide bzw. Bruchstücke Beachtung. KANDEL und KANDEL konnten aus der Hefe ein p-Aminobenzoylpeptid gewinnen, das 10—11 Glutaminsäurereste in γ-peptidartiger Verknüpfung enthält. Nach BRESLER, GLIKINA und FRENKEL besitzen auch niedermolekulare Trypsinfragmente (MG 2000—3000) proteolytische Aktivität; sie schließen daraus, daß die spezifische Enzymaktivität an kleine Bereiche des Enzymmoleküls gebunden ist („Reaktionszentren"), und daß somit das gesamte Enzymmolekül ein System zahlreicher solcher Zentren darstellt.

Die bereits im letzten Bericht (Fortschr. Bot. **15**) getroffene Feststellung, daß sich die pflanzlichen Proteine in ihrer Zusammensetzung aus Aminosäuren nur unwesentlich unterscheiden, wird mehrfach bestätigt: YEMM u. FOLKS finden keine Unterschiede zwischen Cytoplasma- und Chloroplastenproteinen (lediglich im Lysingehalt gibt es kleinere Schwankungen); FOWDEN untersucht *Chlorella*, *Anabaena*, *Navicula* und *Tribonema* und beobachtet zwar erhebliche Schwankungen im N-Gehalt und, wenigstens bei einigen Aminosäuren, deutliche quantitative Unterschiede, spricht aber den Algenproteinen sowohl untereinander als auch im Vergleich mit den Proteinen von Viren, Bakterien und höheren Pflanzen große Ähnlichkeit zu.

Nucleinsäuren. Das zuerst von WATSON u. CRICK (vgl. Fortschr. Bot. 15) entworfene Modell der Desoxyribose-NS (DNS) — 2 coaxial gewundene Schrauben — ist in der Zwischenzeit auch von anderer Seite bestätigt worden; zugleich hat es zu einer Vielzahl von Überlegungen geführt, die trotz ihres vorerst noch rein spekulativen Charakters befruchtend wirken und jetzt auch die experimentelle Forschung anzuregen beginnen. Der Grundgedanke ist in jedem Falle, die DNS-Schrauben bzw. -Schraubenpaare als Träger der „verschlüsselten Information" anzusehen, die die Ausbildung („identische Reproduktion") spezifischer Eiweißkörper ermöglicht. Nach GAMOW legt die Doppelschraube die spezifische Folge der Aminosäuren (AS) in der Polypeptidkette wie folgt fest: jeweils 4 Purin- bzw. Pyrimidinbasen begrenzen eine „rhombische Nische", in die eine bestimmte AS passen soll. Insgesamt sind 20 verschiedene (verschieden begrenzte) Nischen möglich — gerade soviel, wie die Polypeptide an verschiedenen AS enthalten. So kann mit Hilfe von nur vier verschiedenen Basen die gesamte AS-Sequenz verschlüsselt werden [DELBRÜCK (2)]. Überdies kann das gesamte DNS-Band, etwa durch Zwischenschaltung einer Nische, die dem Begriff „Raum" entspricht, verschieden lange Protein-„Wörter" (DELBRÜCK) bilden.

Der Versuch, anhand der AS-Reihenfolge im Insulinmolekül die Nischenfolge der DNS-Matrize zu rekonstruieren, befriedigt freilich noch wenig. Auch entstehen der Modellvorstellung GAMOWs Schwierigkeiten durch die Tatsache, daß die von den DNS des Kernes gebildeten Proteine noch keineswegs die spezifischen Enzymproteine darstellen, und daß ferner Polypeptide häufig nicht durch Aneinanderreihung einzelner AS, sondern durch Transpeptidierung aus Oligopeptiden hergestellt werden (nachgewiesen anhand der Radioaktivität in turnover-Versuchen, vgl. S. 214). Daher schlägt D. SCHWARTZ ein anderes Modell vor. Die DNS sollen lediglich die Orte der aromatischen AS innerhalb der Polypeptidkette bestimmen: Phenylalanin und Tyrosin durch 2 Pyrimidinbasen, Tryptophan und Histidin durch 2 Purinbasen flankiert. Zwischen diesen festgelegten Stellen werden dann „passende" Peptide eingefügt, die in reicher Auswahl vom Cytoplasma geliefert werden. Insofern stellt SCHWARTZ' Theorie einen Kompromiß zwischen der strengen Matrizen-Hypothese und der Transpeptidierungshypothese dar. Die Prüfung der Vorstellung anhand der Insulin-Sequenzen führt zu guter Übereinstimmung, lediglich das Phenylalanin ist stets „falsch" eingeordnet.

Hier ist noch vieles der experimentellen Bestätigung bedürftig; es mag indessen erwähnt werden, daß die Vorstellung SCHWARTZ' das Zusammenwirken von „Genstoffen" und cytoplasmatischem Proteinmaterial zu erklären vermag, das insbesondere bei der adaptiven Enzymbildung eine Rolle spielt (vgl. S. 215).

DELBRÜCK (1) ist der Ansicht, daß bei der Komplementärverdopplung und bei fortschreitender Synthese die DNS-Ketten an jedem halben Umgang der Schraube („Wachstumspunkt") aufbrechen (nicht sich entwinden, wie WATSON u. CRICK annehmen). Die unteren Bruchstellen verbinden sich dann mit den freien vorderen Enden der ursprünglichen Ketten. Auch diese Vorstellung dürfte zur Transpeptidierungshypothese passen.

b) Struktur und Eigenschaften.

Submikroskopische Struktur. Nach den anfänglichen Enttäuschungen hat uns das Elektronenmikroskop zu sehr wesentlichen neuen Einsichten in die submikroskopischen Strukturen verholfen. Als besonders bemerkenswert ist hier die Lamellenstruktur zu nennen, die zunächst SJÖSTRAND beobachtete (Fortschr. Bot. **15**). Sie ist seither, wenn auch zum Teil in abgewandelter Form, bei den verschiedensten Objekten aufgefunden worden, neuerdings auch in Pflanzenzellen (MERCER und Mitarbeiter an *Nitella*).

K. R. PORTER prägte dafür den Namen „endoplasmatisches Reticulum". Es handelt sich in den meisten Fällen nicht um isolierte, frei auslaufende Lamellen, sondern um säckchenartige Gebilde, „cisternae", die vielfach flachgedrückt sind und dann das bekannte Bild lokaler Lamellenbereiche ergeben. Ihr Inneres ist homogen; außerhalb finden sich, vor allem in unmittelbarer Nähe der Membran, zahlreiche gleichförmige Granula von etwa 100—150 Å Durchmesser (weitere Belege: SJÖSTRAND u. HANZON, PALADE, PALADE u. PORTER, BRADFIELD; Zusammenfassung bei FREY-WYSSLING). Aus Zentrifugierungsversuchen ist zu schließen, daß diese Granula RNS enthalten und für die Basophilie des Cytoplasmas verantwortlich sind. Sehr wahrscheinlich handelt es sich um die gleichen Partikel, die EGGMAN, SINGER u. WILDMAN und WILDMAN u. COHEN als Nucleoproteinfraktion I aus Tabakblättern erhalten und sowohl chemisch untersucht als auch elektronenmikroskopisch abgebildet haben. Die Fraktion macht etwa 50% der Gesamtmenge löslicher Proteine aus und enthält je nach Alter und physiologischem Zustand 0,15—1,5% Phosphor.

Die physiologische Bedeutung des Reticulums scheint darin zu liegen, daß eine größere Zahl von Mikroreaktionsräumen gegeneinander abgegrenzt werden; daher dürfte es sich auch wohl nicht um bleibende Strukturen handeln, sondern um Bildungen, die nur im Zusammenhang mit bestimmten Prozessen (Proteinsynthese?) vorübergehend erscheinen und auch wieder eingeschmolzen werden.

Der Verdacht, es handle sich dabei um bloße Fixierungsartefakte, wie er bei fibrillären, globulären und „retikulären" Strukturen niemals auszuschließen ist, kann nicht aufrechterhalten werden. In diesem

Zusammenhang ist auf die wertvolle Vorarbeit von Lehmann u. Wahli hinzuweisen, die mit physikalisch und chemisch wohldefinierten Kaseinaten systematische Fixierungsversuche unter elektronenmikroskopischer Kontrolle der Strukturerhaltung durchgeführt haben. Bei diesen Kaseinaten erweisen sich Lufttrocknung und 5% Formalinlösung dem Osmiumtetroxyd überlegen. Eine Ausdehnung der Untersuchungen auf Mischsysteme, die dem heterogenen Milieu der Zelle eher entsprechen, würde sehr zu begrüßen sein.

Eine ähnliche Fragestellung liegt den Untersuchungen Bauds zugrunde. Er vergleicht am Axon die aus Doppelbrechungserscheinungen abzuleitenden Texturen mit den elektronenmikroskopischen Bildern und kann zeigen, daß nur die Fixierung bei p_H 6,2 wirklichkeitsgetreue elektronenmikroskopische Bilder liefert (Erhaltung der Protofibrillen); bei alkalischer Fixierung sind die Axonen fast leer, und saure Lösung fördert Coagulation zu einem dreidimensionalen Netzwerk. Entsprechende Versuche werden mit Calciumcaseinat durchgeführt.

Oberflächen. Ihre Struktur scheint dem Typus der ,,Kugelfolien'' zuzugehören (Bairati u. Lehmann an Amöben, Houwink an Spirillen, Hillier u. Hoffmann an Erythrocyten); wahrscheinlich liegt ihnen auf der inneren Seite eine Folie aus fibrillärem Protein an. Die globulären Grenzflächenproteine scheinen enzymatische Aktivität zu besitzen; nach Rothstein und Mitarbeitern findet ein großer Teil der Stoffwechselprozesse an der Oberfläche der (Hefe-)Zellen statt (vgl. S. 208).

Die Cellulosemembranen pflanzlicher Zellen sind mehr oder weniger stark von plasmatischen Fortsätzen durchzogen. Das ist abzuleiten aus dem Versuch Bennets an *Nitella*; es konnte auch unmittelbar beobachtet werden. In einer umfangreichen Studie weist Lamberts nach, daß in allen Epidermis-Außenwänden mit Ausnahme der Wurzelzellen plasmodesmenähnliche Strukturen vorliegen, pro Zelle bis zu mehreren tausend. Ihr Nachweis ist nur mit einem besonderen Fixierungsmittel möglich: Gilson-Mischung. Bei Verletzungen der Zelle werden sie zurückgezogen, außerdem scheint ein diurnaler Rhythmus mit einem Maximum in der Nacht zu bestehen.

Die Fähigkeit der Plasmastränge von *Physarum polycephalum* zur Torsion untersuchen Kamya u. Seifriz. Sind 2 Plasmodienhälften durch einen plasmatischen Strang verbunden, so bildet dieser vielfach Schlaufen und schraubige Verdrehungen. Ein frei herabhängender Faden dreht sich abwechselnd nach links und nach rechts, doch ist der Rotationswinkel in der einen Richtung stets größer als in der anderen; daher dreht sich der Faden über längere Zeiträume in einem Sinne unbegrenzt weiter. Diese Tatsache wird auf ein ,,slippage''-Phänomen zurückgeführt, bei dem die einzelnen Strukturbestandteile des Plasmas aneinander vorbeigleiten. — Der hängende Faden zeigt ferner, weitgehend unabhängig von der Rotationsbewegung, Kontraktionen und Verlängerungen.

Viscosität und Plasmaströmung. Virgin kann mit verbesserter Methode seine früheren Befunde (Fortschr. Bot. **15**) bestätigen: Das Wirkungsspektrum für die lichtinduzierten Änderungen der Plasmaviscosität in *Helodea*-Zellen weist 2 Maxima bei 4600 und 4900 Å auf; das dazwischenliegende Minimum, das in voraufgehenden Versuchen nicht zu sichern war, verschwindet jedoch nach der Kombination von 10 Einzelaufnahmen. In den neuen Versuchen wurde ein energiegleiches Spektrum auf ein ganzes Blatt projiziert, das anschließend zentrifugiert und fixiert wurde.

Über Viscositätsänderungen (erschlossen aus der BMB kleiner Fetttröpfchen) während der Meiosis der Sporenmutterzellen dreier Farne berichtet HIRAOKA: hohe Werte im Leptotän, niedrige im Cygotän und Pachytän, Wiederanstieg gegen das Diplotän, erneuter Abfall während der Diakinese und Metaphase, und schließlich wieder ein Anstieg in Telophase und Interkinese. Der Verlauf im zweiten Teilungsschritt stimmt recht gut überein mit den früheren Werten von SWANN (1952) bei der Mitose von *Psammechinus*-Eiern, die für die äußere Plasmaregion gelten.

STÅLFELT findet (Verlagerung der Chloroplasten nach Zentrifugierung) innerhalb der Blätter verschiedener Landpflanzen Viscositätsgradienten von der Basis zur Spitze und von der Mittelrippe zum Blattrand (ansteigend). Voll ausgewachsene Blätter haben, ebenso wie die ältesten Zellen, geringere, junge und alte Blätter höhere Viscosität.

KAMIYA faßt die Ergebnisse seiner Arbeiten und die seiner Mitarbeiter über die Plasmaströmung bei *Physarum polycephalum* in einer größeren Veröffentlichung zusammen. Neu sind dabei einige Versuche über die Beeinflussung der "motive force" durch Anaerobiose (in N_2- und CO_2-Atmosphäre findet sich in der Regel eine Steigerung) und über Temperaturkoeffizienten; die Ergebnisse werfen indessen kein neues Licht auf die Mechanismen der Plasmaströmung.

YOTSUYANAGI untersucht die Plasmabewegung in isolierten Protoplasma-Fragmenten von *Helodea*. Solche Fragmente lösen sich nach langdauernder (3 bis 23 Tage!) kräftiger Plasmolyse ab und zeigen zunächst ungeordnete Plasmabewegung („Agitation"). Diese wird jedoch später zu einer gerichteten Strömung zusammengefaßt, wobei die Strömungsrichtung nach vorübergehender Desorientierung wechseln kann. Ähnliche Vorgänge sind an Plasmatropfen aus angeschnittenen *Chara*- und *Nitella*-Zellen zu beobachten. Hier bewegen sich eingeschlossene Kerne oder Chloroplasten oftmals selbständig gegen den Strom des umgebenden Plasmas. Unregelmäßige und voneinander unabhängige Bewegungen im Plasma von Ciliaten beobachtete auch ANDREWS; wenn auch pathologische Effekte nicht auszuschließen sind, so spricht doch das Auftreten entgegengesetzt gerichteter Strömungen für die Ansicht SEIFRIZ', daß im Plasma, von verschiedenen Zentren ausgehend, Depolarisationswellen auftreten können.

2. Plastiden.

Die Chloroplasten sind in den letzten beiden Jahren das Objekt sehr zahlreicher elektronenoptischer Untersuchungen gewesen, die uns eine Fülle ganz hervorragender Aufnahmen gebracht haben. Die Aufklärung der Feinstruktur ist erheblich fortgeschritten, wie im Kapitel „Submikroskopische Morphologie" dargelegt wird. Den Zellphysiologen interessieren insbesondere folgende Tatsachen: Die Lamellenstruktur ist regelmäßig aufzufinden; bei Phaeophyceen konnte überdies gezeigt werden, daß die Lamellen nicht blind enden, sondern geschlossene, das ganze Chromatophor umlaufende „Schalen" darstellen (LEYON und v.WETTSTEIN). Die Granastruktur ist hingegen nicht universell verbreitet; bei Flagellaten fehlt sie (WOLKEN u. PALADE), ebenso in den Zellen der Parenchymscheiden höherer Pflanzen, während die benachbarten Mesophyllzellen Grana aufweisen (HODGE u. Mitarb.).

Die Grana selbst erscheinen z. B. bei *Aspidistra* als verdoppelte Lamellen, so daß „Taschen" entstehen. Diese können osmotisch schwellen (STEINMANN und SJÖSTRAND). Die Grana sind häufig regelmäßig übereinander gestapelt (Geldrollenstruktur), doch erstrecken sich diese Säulen wohl niemals vollständig durch den gesamten Chloroplasten (HODGE, McLEAN u. MERCER). Die Lamellen (nicht die Grana!) entwickeln sich aus dem Primärgranum, das kristallgitterähnliche Struktur zeigt (HEITZ, LEYON), durch Auswachsen, nicht durch Längsteilung (Reduplikation) des Primärgranums. Das bedeutet, daß bei der (Pro-) Plastidenteilung nicht die fertige Lamellenstruktur auf die Tochterplastiden weitergegeben wird, sondern nur das Primärgranum. Darin unterscheiden sich die Plastiden in auffälliger Weise vom Kern und seinen Chromosomen. In Übereinstimmung damit beobachten SAGER u. PALADE, daß die Lamellen, unabhängig von der Belichtung, nur dann auftreten, wenn Chlorophyll gebildet wird. Ein gelber Chlamydomonasstamm hat dementsprechend bei Kultivierung im Dunkeln keine Lamellen.

Wie P. METZNER nachweist, sind Größe und Zahl der Grana von äußeren Faktoren abhängig; er betont daher mit Recht, daß die Grana nicht als formspezifische Erbkörper angesehen werden dürfen.

Nach DEKEN-GRENSON (2) verhindert bei *Hordeum vulgare* Streptomycin die Ausbildung von Chloroplasten aus den Proplastiden, ohne jedoch fertige Chloroplasten auszubleichen, und ohne das Ergrünen von Leukoplasten zu beeinträchtigen. Es wäre wichtig zu wissen, inwieweit dabei die Lamellenstruktur betroffen wird. Derselbe Autor (1) beobachtet an etiolierten Blättern von *Cichorium inthybus*, daß bei der Umwandlung von Leukoplasten in Chloroplasten Grana differenziert werden. Andererseits beschreibt BARTELS, daß die homogen erscheinenden Leukoplasten in den Wurzeln von *Vicia faba* nach Aufquellung Grana erkennen lassen. Ein Vergleich der lichtmikroskopischen Befunde mit elektronenmikroskopischen Aufnahmen ist dringend zu wünschen.

Über die chemische Konstitution und die Physiologie liegen gleichfalls viele neue Beiträge vor. Die Zusammensetzung der Eiweißfraktion unterliegt erheblichen Schwankungen: der Gehalt an Serin und Leucin sinkt von August bis Dezember auf die Hälfte ab, während Threonin- und Cystingehalt um 100—200, der Glykokollgehalt um etwa 20% ansteigt; der Anteil der übrigen Aminosäuren bleibt unverändert (SISAKJAN, BEZINGER u. GUMILEVSKAJA). Dieses Eiweiß scheint als Lipoproteid vorzuliegen (SISAKJAN). CHIBA stellt zwei kristalline Chlorophyll-Lipoproteide dar, von denen das eine Chlorophyll A, das andere Chlorophyll B enthält. Ob es sich dabei freilich um native Komplexe handelt, bleibt offen. Nach P. METZNERs Beobachtungen im monochromatischen Licht ist ein Teil des Chlorophylls gleichmäßig über die Fläche der Chloroplasten verteilt und an den Grenzen der Plastidenlamellen lokalisiert (das Chlorophyll ist z. T. photochemisch inaktiv und fluoresciert nicht; fluorescenzoptische Chlorophyllnachweise können daher zu erheblichen Fehlbeurteilungen führen, vgl. hierzu DÜVEL). Wie GOEDHEER berichtet, wird in der Chloroplastenebene polarisiertes monochromatisches Licht um 10—15% mehr absorbiert (*Mougeotia, Funaria*); dementsprechend soll die Ebene der Chlorophyllmoleküle vorwiegend parallel zu den Lamellen orientiert sein (vgl. hierzu WOLKEN u. SCHWERTZ). — Nach HAGER ist damit zu rechnen, daß auch die Chloroplastenpigmente einem beständigen turnover unterworfen sind;

die Farbstoffmenge (in Blättern verschiedener Blütenpflanzen) ist abhängig von der adsorbierten Lichtmenge und soll jeweils entsprechend der Assimilationsleistung gebildet werden. Die spektrale Zusammensetzung des Lichtes ist ohne Einfluß.

In zerteilten, etiolierten Blättern von *Cichorium intybus* erhöht sich die lipoidfreie Trockensubstanz der intakten Chloroplasten in 4 Std. um 17%, in 48 Std. um 100%. In den gleichen Zeiträumen nimmt der Eiweißgehalt sogar um 47 bzw. 210% zu. Bei dieser Proteinbildung handelt es sich um eine echte Synthese aus (alkohollöslichen) Reservestoffen [DEKEN-GRENSON (1)].

An Enzymen konnten in den Chloroplasten nachgewiesen werden: Lecithinase (KATES) sowie die Enzyme des Cyclophorasesystems (SISAKJAN u. MOSOLOWA). Die Phosphorylase ist in der intakten Zelle ausschließlich in den Chloroplasten zu finden, so daß eine Stärke-Synthese im Plasma nicht möglich ist [KRECH, M. SHAW (1)]. Manganchlorid und -sulfat, die das *Helodea*-Plasma coagulieren, lassen die Plastiden unbeeinflußt und stimulieren sogar die Stärkebildung. Da hierbei jedoch der Tagesrhythmus der Stärkebildung aufgehoben wird, schließen GIMESI u. POSZAR, daß das Plasma die Stärkebildung reguliert. Janusgrün B, das als Chondriosomen-Farbstoff große Bedeutung hat, kann in der HILL-Reaktion isolierter Chloroplasten Sauerstoff entwickeln (HORWITZ); es wird dabei zu rotem Diäthylsafranin reduziert (vgl. S. 212).

BUSCH beobachtet lichtabhängige Formänderungen der Chloroplasten in der Blattepidermis von *Selaginella serpens*; im Licht sind sie flach und befinden sich am Grunde der Zelle, im Dunkeln kugelig in der Mitte der äußeren Epidermiswand. Die Formänderung erfolgt in einem 24 Stunden-Rhythmus, der sich im Dauerlicht bzw. Dauerdunkel noch 2 bis 3 Tage fortsetzt. M. SHAW (2) bestätigt den früheren Befund HÖFLERs, daß in den Schließzellen von *Allium cepa* kleine, blaßgrüne Chloroplasten vorhanden sind. KAJA findet in den Blattepidermiszellen verschiedener Spinatarten rotfluorescierende Plastiden, bei denen Granazahl und Farbstoffgehalt jedoch erheblich geringer sind als in den ausgebildeten Chloroplasten der Mesophyllzellen. Sie werden nach STRUGGER „Jungchloroplasten" genannt. — In den Epidermiszellen von *Cleome spinosa* finden sich große Plastiden, die nur außerordentlich wenig Chlorophyll besitzen. Sie vermögen aus zugeleitetem Zucker besonders große Stärkekörner zu bilden; für sie wird die Bezeichnung „aktive Intermediärplastiden" gebraucht (F. WEBER, THALER u. KENDA). — Degenerationserscheinungen der Chloroplasten und Pyrenoide von *Netrium digitus* beschreibt KOPETZKY-RECHTSPERG.

Über Pyrenoide haben LEYON sowie SIMON gearbeitet. LEYON zeigt anhand elektronenmikroskopischer Aufnahmen, daß auch die Pyrenoide lamelliert sind, aber dichter und dicker als das Plastidenstroma. Bei *Chlosterium acerosum* besitzen sie sogar Chlorophyll. In Anbetracht dieser großen Ähnlichkeit zwischen Pyrenoiden und Chloroplasten weist LEYON darauf hin, daß typische Pyrenoide nur bei solchen Pflanzen auftreten, die keine Granastruktur besitzen. SIMON hat vor allem die

Pyrenoide der Phaeophyceen untersucht. Sie sind nicht, wie bei den Grünalgen, in die Chloroplasten eingebettet, sondern als kugelförmige Körper den Plastiden mit einem dünnen Stiel angeheftet. Sie sollen nach Bedarf *de novo* gebildet werden.

Die großen Leukoplasten der Epidermiszellen von *Helleborus corsicus* u. a. führen in ihrer Jugend Stärke, enthalten aber später Eiweiß. Sie werden als Proteinoplasten bezeichnet (THALER).

Die chemische Zusammensetzung der Chromoplasten hat STRAUS (2) analysiert; sie enthalten 15% Eiweiß, 30—40% farblose Lipoide, 4,5% Asche und 20—30% bzw. 30—56% Carotin. Ferner ist RNS vorhanden, nicht aber DNS. — Dem Autor verdanken wir auch ein Sammelreferat über Entwicklung, Struktur und Pigmente der Chromoplasten (1). — ZURZICKY untersucht mit dem Lichtmikroskop die Umwandlung von Chloroplasten in Chromoplasten in reifenden Früchten von *Sambucus, Physalis, Sorbus* und *Solanum lycopersicum*. Sie wird durch Chloroplastenschwund eingeleitet; zugleich wird die Granastruktur undeutlich, und gelbe und rote Pigmenttropfen treten auf. STEFFEN legt zur gleichen Frage vorzügliche elektronenmikroskopische Aufnahmen von *Solanum capsicastrum* vor. Aus ihnen geht hervor, daß die Lamellen der Chloroplasten eingeschmolzen werden, dann treten kugelige Gebilde auf, die sich zu fädigen Strukturen umwandeln; der Chromoplast besteht schließlich aus einer Vielzahl einzelner, z. T. parallel gelagerter Fibrillen, die in ein Stroma eingebettet sind. An diesen Befunden ist besonders bemerkenswert, daß offenbar der gleiche Ausgangskörper, das Proplastid, mit seiner kristallgitterähnlichen Struktur zwei ganz verschiedene Strukturprinzipien verwirklichen und sogar, zumindest in einer Richtung, ineinander überführen kann. Mithin können sich auch so charakteristische Strukturen, wie die Chloroplastenlamellen, ohne unmittelbares Muster bilden und ihre Elemente nach vorübergehender Einschmelzung anders einordnen, wiederum ohne unmittelbares Muster. Zugleich wird offenbar, daß die Strukturausbildung nur innerhalb gewisser Grenzen autonom ist, denn sie hängt augenscheinlich auch von Faktoren ab, die außerhalb der Plastiden liegen können.

3. Kern.

Die elektronenmikroskopische Erforschung des Aufbaues der Kernmembran ist weiter fortgeschritten. AFZELIUS, BAHR u. BEERMANN, BAUD, GALE, KAUTZ, M. L. WATSON (1) und (2) sowie SAGER u. PALADE (unveröffentlicht) stimmen im wesentlichen darin überein, daß die Kernwandung aus zwei Membranen besteht, die sich in mehr oder weniger großem Abstand befinden (bis zu 700 Å: BAHR u. BEERMANN) und mit „Poren" durchsetzt ist. Der Raum zwischen den beiden Membranen ist optisch leer; an ihrer Außenseite befinden sich kleine Granula [WATSON (2)]. Die äußeren und inneren Schichten vereinen sich am Rande der Poren [WATSON (1)]. Densometrische Untersuchungen der elektronenmikroskopischen Photogramme ergaben, daß die Poren mit einer osmiophilen Masse durchsetzt sind, die dichter als das Material der Kernmembran ist (KAUTZ u. DE MARSHE). Der Vergleich der neuesten Aufnahmen von WATSON mit entsprechenden Bildern des endoplasmatischen Reticulums führt diesen Autor zu der hochbedeutsamen Aussage, daß die Kernmembran ein Teil dieses endoplasmatischen Reticulums und also cytoplasmatischer Herkunft ist. Sollte sich diese Ansicht bestätigen, so wäre die Auflösung der Membran während der Mitose wie auch der ungehinderte Stoffaustausch zwischen Kern und Cytoplasma sehr viel leichter verständlich. — SAGER u. PALADE haben analoge Ergebnisse bei der elektronenmikroskopischen Untersuchung der Kerne von *Chlamydomonas reinhardi* erhalten. Vgl. hierzu auch FRÉDÉRIC, der an Hühnchenzellen anhand von Filmaufnahmen mit dem Phasenkontrastverfahren Verbindungen zwischen dem Nucleolus und der Kernmembran beobachten konnte. In der Nähe der Kontaktstelle halten sich in besonders großer Zahl Chondriosomen auf. — Auch der durch Penicillin G, $LiNO_3$ und 2,4-D induzierte Chromatinaustritt aus den Zellkernen von *Allium cepa* (KOCH u. HOFFMANN, OSTENHOFFEN) verdient in diesem Zusammenhang erwähnt zu werden, obgleich es sich um unspezifische pathologische Effekte handeln dürfte. Das ausgestoßene Material enthält teils DNS, teils argininreiche Proteine.

Nach FIRKET befindet sich die alkalische Phosphatase nur während der Interphase ausschließlich im Zellkern; bei der Kernteilung soll sie, wenigstens zum Teil, ins Cytoplasma übertreten; sie scheint für den ungestörten Mitoseablauf unentbehrlich zu sein. Ihre Hemmung durch Beryllium ist nach Ansicht von CHÈVREMONT u. FIRKET die Ursache der Mitosehemmung durch Beryllium.

Außer den Phosphatasen und den Enzymen des glykolytischen Abbaues (vgl. BAHR sowie STERN u. MIRSKY an Weizen) finden sich auch noch andere Enzyme in den Zellkernen, so z. B. Proteinase, Aminosäureoxydase usw. LANG u. SIEBERT nehmen an, daß sie dort kaum wirksam sind, vielmehr sei der Kern als Bildungsstätte anzusehen. Auch MAZIA u. PRESCOTT vertreten auf Grund ihrer Versuche über den Einbau von S^{35} und Methionin in kernhaltige und kernlose Fragmente von Amöben die Ansicht, daß der größte Teil der Eiweißsynthese-Prozesse im Kern abläuft (vgl. S. 216).

Nach MAZIA werden bei den Chromosomen die DNS-Proteine und Makromoleküle durch Ca- und Mg-Brücken zusammengehalten (Chelatbildung); sinkt die Ionenkonzentration des Mediums unter einen bestimmten Wert, so fallen sie auseinander.

Schon 1952 hatte POLLISTER gezeigt, daß die DNS-Synthese im Kern während der Interphase stattfindet. GRUNDMANN u. MARQUARDT bestätigen das mit mikrophotometrischen Bestimmungen an *Vicia faba*; nach TAYLOR u. TAYLOR (Autoradiographie an Inflorescenzen von *Lilium* und *Tradescantia*) bauen die Chromosomen P^{32} und S^{35} nur zu Beginn der meiotischen Prophase, in der Interphase kurz vor der Prophase der Mikrosporenmitose und in der Interphase im generativen Kern des reifenden Pollenkorns ein, während im Verlauf der gesamten Meiosis kein P aufgenommen wird. MAZIA u. PRESCOTT schließlich nehmen die Einbaurate von P^{32} in Amöbenzellen als Maßstab für das Ausmaß der

Kerntätigkeit; sie finden, daß bei beginnender Mitose die Radioaktivität nur etwa halb so hoch ist wie beim Interphasenkern. Da die Phosphataufnahme entkernter Amöben ungefähr ebenso niedrig ist, sehen die Verff. darin einen Beweis für die Auffassung, daß der Kern während der Mitose für die stoffwechselphysiologischen Vorgänge ausfällt.

4. Chondriosomen.

Im letzten Bericht (1953) stützten sich die Angaben über die Chondriosomen und Mikrosomen in der Hauptsache auf Untersuchungen an tierischen Zellen; heute haben die Botaniker den großen Vorsprung der Zoologen und Mediziner fast überall eingeholt. Sie bestätigen die Befunde ihrer Kollegen in allen wesentlichen Punkten; die Chondriosomen der Pflanzenzelle stimmen mit denen der tierischen Zelle überein hinsichtlich der Struktur (Cristae mitochondriales: PALADE an *Nicotiana* und *Lemna*; WOLKEN u. PALADE an Flagellaten), der Funktion (Citronensäurecyclus: MILLERD an *Phaseolus*; Endatmung über Cytochromoxydase bzw. Polyphenoloxydasen: AKAZAWA u. URITANI an Topinambur; oxydative Phosphorylierung: BONNER u. MILLERD an *Phaseolus*; Aminosäurebildung: RAUTANEN u. TAGER an *Avena*; Fettbildung: STEINER u. HEINEMANN an *Oospora*), im osmotischen Verhalten (LATIES an Blumenkohl), in der Färbbarkeit mit Janusgrün (BAUTZ an Hefe) usw. Demgegenüber sind die Unterschiede meist nur geringer Art, so etwa, daß die pflanzlichen Chondriosomen den Kohlenhydratabbau schon von der Glucose an durchführen, die tierischen jedoch erst bei der Brenztraubensäure beginnen.

Noch immer erscheinen jährlich weit über 100 Publikationen, die sich ausschließlich der Erforschung der Chondriosomen widmen; gleichwohl hat sich der Fortschritt in unserer Erkenntnis verlangsamt. Das hat hauptsächlich zwei Ursachen: 1. Bei der Präparation der Chondriosomen für (physiologische) Untersuchungen *in vitro* treten auch bei sorgfältigster Behandlung Veränderungen ein; zunächst ein Verlust an Cofaktoren, sodann ein wachsender Enzymverlust. So konnte z. B. NOSSAL zeigen, daß selbst bei Anwendung seines neukonstruierten Desintegrators, der die Zerkleinerung lebender Hefezellen innerhalb 10—90 sec ermöglicht (1), die Verarmung schon nach 10—30 sec nachweisbar ist (2). Schlüsse auf das Verhalten der Chondriosomen *in situ* müssen daher sehr kritisch bewertet werden (s. u.). 2. In überreichem Maße wurde der Nachweis geführt, daß die Chondriosomen- (und Mikrosomen-) Fraktion nicht einheitlich ist, sondern noch mehrfach unterteilt werden kann, wobei sich die Subfraktionen sowohl in der Größe als auch in der Enzymausstattung und Aktivität der Partikel unterscheiden (NOVIKOFF u. Mitarb.; LAIRD u. Mitarb.; DUVE u. Mitarb.; SCHNEIDER; KUFF u. SCHNEIDER; PAIGEN; ferner BAUTZ sowie ROLL —cytologisch— an Hefezellen). Ein Teil der Differenzen mag auf unterschiedliche Auswaschungen während der Präparation zurückgeführt werden; es bleiben jedoch genügend charakteristische und reproduzierbare Unterschiede, die es nötig machen, den gesamten Chondriosomenbestand einer Zelle als eine Population aus verschieden ausgestatteten und funktionierenden Grana zu bezeichnen, womit die im letzten Bericht ausgesprochene Vermutung bestätigt wird. Diese Tatsache setzt der quantitativen Erforschung gewisser Stoffwechselvorgänge erhebliche Schwierigkeiten entgegen, weil die gemessenen Umsätze Durchschnittswerte von Partikeln sind, die sich auch qualitativ voneinander unterscheiden können.

Zur Erfassung der Stoffumsätze *in situ* gibt es aber fast nur die Möglichkeit, Oxydations- und Reduktionsvorgänge bzw. -Orte nachzuweisen, z. B. mit Janusgrün, TTC u. a., und auch dann ist man keineswegs sicher, ob der Ablagerungsort der Reaktionsprodukte wirklich identisch ist mit dem Entstehungsort. So notwendig die Verbindung physiologischer und cytologischer Methoden auch ist (vergl. BAUTZ), so darf doch die Grenze der Leistungsfähigkeit nicht außer acht gelassen werden.

Zur Feinstruktur haben z. B. SJÖSTRAND u. HANZON, PALADE u. a. vorzügliche elektronenmikroskopische Aufnahmen vorgelegt, die die Cristae in allen Einzelheiten zeigen. Neuerdings ist es auch gelungen, diese Feinstruktur, die man bisher in der abzentrifugierten Reinfraktion immer vermißt hatte (z. B. RUDOLF), zu erhalten und *in vitro* darzustellen (WITTER und Mitarbeiter). Hierfür ist ein Zusatz von Citronensäure zum Medium notwendig. Die granuläre Struktur der Chondriosomen-Matrix, die bei der Präparation in destilliertem Wasser auftritt (GLIMSTEDT, LAGERSTEDT u. LUDWIG), ist ein Artefakt; bei sorgfältiger Entwässerung vor der Trocknung im Vakuum für die elektronenmikroskopische Untersuchung erscheint das Innere der Chondriosomen nicht strukturiert.

Möglicherweise sind die Chondriosomen von *Paramaecium* anders aufgebaut, nämlich aus gewundenen Tubuli, die in eine osmiophile Substanz eingebettet sind (POWERS, EHRET und ROTH). GLIMSTEDT u. LAGERSTEDT postulieren eine ähnliche Kabelstruktur sogar für die Rattenlebermitochondrien. Es ist nicht sicher, inwieweit Degenerationsprodukte vorgelegen haben.

FRÉDÉRIC u. CHÈVREMONT-COMHAIRE beschreiben das Aggregieren fadenförmiger Chondriosomen zu einem Netz mit Körnchen und Knotenbildung. Es tritt nach der Einwirkung von Stickstoff, Lachgas oder Argon bzw. nach Überschichtung mit Paraffinöl auf.

Papain und Trypsin setzen die Aktivität der Brenztraubensäureoxydase, Cytochromoxydase, D-Aminosäureoxydase und Milchsäureoxydase herab (DIANZANI), die Einwirkung von Lecithinase (NYGARD, DIANZANI und BAHR) und Phospholipasen aus dem Toxin von *Clostridium welchii* (EDWARDS u. BALL) die Aktivität der Brenztraubensäureoxydase; die letztgenannten Autoren vermuten, daß die Lipoide, die 25—30% des Trockengewichtes der Chondriosomen ausmachen, als „Kittsubstanzen" fungieren, die die räumliche Koordination der Teilenzyme (auf den cristae?) gewährleisten. Chondriosomenfraktionen *in vitro* führen in der Regel nur den Glucoseabbau vollständig durch, nach Zugabe entsprechender Cofaktoren auch die oxydative Phosphorylierung (vgl. LINDBERG u. ERNSTER). Unter gewissen Bedingungen gelingt es

jedoch, stattdessen Fett- bzw. Phosphatidbildung zu erhalten [KEN-
NEDY (1, 2)]. Ähnlich dürfte es sich mit der Aminosäurebildung verhalten. *In situ* finden in den Chondriosomen sowohl Abbau als auch Synthese
statt; ihre Struktur ermöglicht es nicht nur, mit einem geringeren
Bedarf an Cofaktoren auszukommen, sondern auch das Gleichgewicht
zwischen den beiden Hauptwegen des Stoffwechsels einzuhalten bzw.
je nach den Bedingungen und Erfordernissen einzuregulieren. LINDBERG
u. ERNSTER erblicken darin die Hauptaufgabe der mit so erheblichem
architektonischem Aufwand gebauten Chondriosomen; sie erklären das
anhand der beiden Gleichungen

$$\text{(Abbau)} \quad \alpha\text{-keto-Glutarsäure} + DPN \rightarrow \text{Bernsteinsäure} + DPNH_2 + CO_2 \text{ (1)}$$

$$\text{(Synthese)} \; \alpha\text{-keto-Glutarsäure} + DPNH_2 + NH_3 \rightleftharpoons \text{Glutaminsäure} + DPN + H_2O \text{ (2)}$$

$$2 \; \alpha\text{-keto-Glutarsäure} + NH_3 \rightleftharpoons \text{Bernsteinsäure} + \text{Glutaminsäure} + CO_2 + H_2O$$

Unter anaeroben Bedingungen wird das Gleichgewicht (2) durch die
Konzentration an NH_3 bestimmt, bei O_2-Zufuhr jedoch bewerben sich
um den Wasserstoff des $DPNH_2$ zwei Konkurrenten: α-Ketoglutarat
und NH_3 ($\rightarrow$ Glutaminsäure) und O_2 ($\rightarrow H_2O$). Damit wird gleichzeitig
offenbar, daß die Verkettung zahlloser Stoffwechselvorgänge, die zur
Aufrechterhaltung des Lebens erforderlich sind, nicht allein durch
Zusammenarbeit („Arbeitsteilung"), sondern durch Konkurrenz-
Phänomene gewährleistet wird.

Nach BRODY hemmt 2,4-Dichlorphenoxyessigsäure die oxydativen Phosphory-
lierungen in den Chondriosomen. — WEINREB weist cytochemisch mit der Gomori-
Technik und fermentchemisch an isolierten Chondriosomen nach, daß in den
Chondriosomen saure Phosphatase auftritt. Da nach allen bisherigen Erfahrungen
dieses Enzym nur im Kern und diffus im Cytoplasma verteilt vorkommt, bedarf
dieser Befund dringend der Bestätigung.

Sehr bemerkenswert ist die Abhängigkeit der (oxydativen) Aktivität
der Chondriosomen von den osmotischen Bedingungen in der Umgebung.
Sie ist im isotonischen Medium in der Regel am höchsten und sinkt in
hypertonischen wie hypotonischen Lösungen (LATIES). Die Hemmung scheint in beiden Fällen verschiedener Art zu sein: nach DIANZANI
erhöht destilliertes Wasser die Aktivität der Brenztraubensäureoxydase,
während hypertonische Lösungen sie herabsetzen. Wahrscheinlich ist
hierin einer der Gründe für die Herabsetzung der Atmung in plasmolysierten Zellen zu suchen, die schon seit langem bekannt ist. Die Befunde
gewinnen an Bedeutung, weil auch die nichtosmotische Stoffaufnahme
ähnliche Abhängigkeitsbeziehungen erkennen läßt (BOGEN, vgl. Fortschr.
Bot. 15).

Außer den reinen stoffwechselphysiologischen Funktionen kommt den
Chondriosomen offenbar noch eine Aufgabe bei der Ionenaufnahme zu.
Suspendierte Chloroplasten aus Karotten und Rüben nehmen aus ihrer
Umgebung mehr Ionen (K^+, Na^+, in geringerem Maße auch Cl^-) auf,
als dem Konzentrationsausgleich entspricht. Da eine Korrelation
zwischen Cl-Speicherung und Atmung besteht, wird zur Interpretie-
rung die Hypothese der Anionenatmung (LUNDEGÅRDH) herangezogen
(ROBERTSON, WILKINS und HOPE); die Chondriosomen sollen als Vehikel
für den Transport der Anionen von der Zelloberfläche zur Vacuole

fungieren. Schon früher hatten BARTLEY u. DAVIES gefunden, daß Chondriosomen aus Schafnieren H^+ und K^+ bis zum doppelten, Mg^{++} bis zum 4,5fachen der Außenkonzentration speichern. — Auch der Vorgang der Chondriosomenschwellung ist kein osmotischer Vorgang; HARMAN u. KITIYAKARA können an Chondriosomen aus Taubenmuskeln zeigen, daß die „osmotischen" Volumen- und Strukturänderungen auch bei Chondriosomen mit perforierten Membranen zu beobachten sind.

Über die Verteilung der Chondriosomen bei der Knospung bzw. Sporenbildung von Hefe vgl. MUNDKUR sowie BAUTZ.

5. Mikrosomen.

Die Mikrosomenfraktion, für deren Gewinnung es noch keine Standardmethode gibt, dürfte noch wesentlich heterogener sein als die Chondriosomenfraktion. SLAUTTERBACK unterscheidet allein nach der Größe schon mindestens drei Subfraktionen; 125—130 mμ, 65—70 mμ und 25—35 mμ. Die größten Partikel sollen aus Proteinen aufgebaut sein und eine Membran besitzen (exakter Nachweis steht noch aus). BERNHARD, GAUTIER u. ROUILLE stellen ganz analoge Größenunterschiede fest, können aber stets RNS nachweisen. Vergleichende Untersuchungen über die Mikrosomen *in situ* (elektronenmikroskopisch) lassen vermuten, daß u. a. auch das endoplasmatische Reticulum Partikel zur Fraktion beisteuert. Wahrscheinlich ist auch die Nucleoproteinfraktion 1 (WILDMAN u. COHEN) beteiligt (S. 197). — Nach HUMPHREYS und Mitarbeitern besitzen die Mikrosomen aus den Kotyledonen gekeimter Erbsen eine Fettsäureoxydase; das lösliche Enzym führt vorwiegend α-Oxydation durch.

6. Membran.

In einer kurzen Mitteilung berichten HOCQUETTE u. MONTUELLE über Membranveränderungen im Hypokotyl von *Phaseolus vulgaris* in Abhängigkeit von den Ernährungsbedingungen. Im Hungerversuch verringert sich die Menge der Holocellulose; unmittelbar nach dem Umsetzen in günstige Ernährungsbedingungen nimmt sie wieder zu. An der Stärke und den Proteinen werden parallele Veränderungen beobachtet. Die Verff. schließen daraus, daß die Holocellulose gleichfalls als Reserve-Kohlenhydrat am Zellstoffwechsel beteiligt ist.

Der Bildung von Vernarbungsmembranen, wie sie an plasmolysierten Blattzellen von *Helodea* nach 15stündigem Aufenthalt in Glucoselösung auftreten, geht die Ausbildung einer granulären Zone in den Protoplastenkappen voraus. Die neue Membran zeigt nach 4—5 Std. bereits Doppelbrechung und gibt Cellulosereaktion. Ihr Dickenwachstum wird auch dann fortgesetzt, wenn sie durch verstärkte Plasmolyse vom Protoplasten getrennt wird. In nicht zuckerhaltigen Plasmolyticis kann keine Membranbildung beobachtet werden (KOBINGER).

Die Permeabilität der *Hydrodictyon*-Membran untersucht HORIÉ. Er kommt zu den gleichen Ergebnissen wie NEEB (1952). Eine geringere Zuckerpermeabilität ist nachweisbar. Sie ist für lebende und tote Zellen etwa gleich groß, wird aber vom p_H-Wert des Mediums beeinflußt. Die Durchtrittsgeschwindigkeit der Stoffe wird vom Molekularvolumen bestimmt.

7. Stoffaufnahme.

Die wiederum sehr zahlreichen experimentellen Untersuchungen der letzten Jahre stehen fast ausschließlich im Zeichen der nichtosmotischen, „aktiven" Stoffaufnahme. Das besagt, daß ihre Ergebnisse in den verschiedenen Termini der aktiven Aufnahme diskutiert werden, nicht aber, daß die Experimente schon als gezielte Fragen formuliert worden sind, die eine klare Entscheidung für oder gegen eine Aussage ermöglichen.

Ihnen allen ist gemeinsam, daß sie unzweideutige Hinweise für das Bestehen einer Korrelation zwischen Stoffaufnahme und Stoffwechselprozessen erbringen, daß aber über die Art der Koppelung wie über die Aufnahmemechanismen selbst kaum mehr als Vermutungen bestehen. Die Society for experimental Biology hat ihr 8. Symposium ganz unter das Thema „aktive Aufnahme" gestellt; in 27 Vorträgen wurden Experimente und Theorien dargestellt, die in ihrer Vielschichtigkeit dem großen Umfang des Fragenkomplexes entsprechen. In seinem abschließenden Referat stellte DANIELLI heraus, daß alle Übergänge von einfacher thermischer Diffusion (= Permeation s. str.) über erleichterte Diffusion bis zur echten aktiven Aufnahme bestehen. Daher muß immer mit Permeabilitätseffekten gerechnet werden.

Die Permeation ist als rein physikalischer Vorgang durch verhältnismäßig wenige, gut durchschaubare Abhängigkeitsbeziehungen gekennzeichnet und vermag heute kaum noch das Interesse der Zellphysiologen zu erregen. Bei der aktiven Aufnahme greifen Stoffwechselreaktionen in dieser oder jener Form, an einer oder an mehreren Stellen, in die Aufnahmevorgänge ein — und damit wird der gesamte Stoffwechsel in seiner noch unübersehbaren Vielfalt beteiligt. Es kann daher nicht wunder nehmen, wenn die einzelnen Autoren verschiedene Teilvorgänge in den Vordergrund stellen; ebensowenig darf es aber befremden, wenn kaum einmal irgendeine strenge Proportionalität aufgefunden wird. Wenn sich Ergebnisse widersprechen, so liegt das weniger an Mängeln der Versuchstechnik oder der Einsicht der Autoren, sondern an der Verknüpfung des gesamten Zellstoffwechsels, die es nicht gestattet, einzelne Reaktionsketten unverändert zu isolieren und zu betrachten. Entgegengesetzte Interpretierungen müssen daher nicht notwendig auch echte Widersprüche sein, zumal so verschiedenartige Objekte wie Erythrocyten, Bakterien, Amöben, Chlorellen, Wurzelzellen, Blattzellen und schließlich das gesamte Arsenal tierischer Spezialzellen sich niemals völlig gleich verhalten dürften.

Nachdem wiederholt dargelegt worden ist, daß die Gradienten des elektrochemischen Potentials wohl eine gewisse Stoffanreicherung ermöglichen (die ja das am leichtesten zu ermittelnde Kriterium für ein osmotisches Ungleichgewicht ist), niemals aber eine fortgesetzte starke Akkumulation (zuletzt VERVELDE), und da der aktive Transport entlang eines Temperaturgradienten (SPANNER) und die damit verwandte Thermoosmose (ERNST u. HOMOLA) einstweilen nur theoretische Bedeutung haben, ist die Carrier-Hypothese, der Transport mittels Trägersystemen, in den verschiedensten Richtungen weiter ausgebaut worden. Zur Zeit werden u. a. folgende Möglichkeiten diskutiert:

Das Träger-System liegt in der Zellmembran bzw. der „osmotischen Barriere" (äußere Plasmahaut): MITCHELL an Bakterien, ROTHSTEIN an Hefe, WILBRANDT an Erythrocyten;

Der aktive Transport erfolgt im Plasma, entlang der „Elektronenleiter" (LUNDEGÅRDH) oder mittels Mitochondrien (R. E. DAVIES; BARTLEY u. DAVIES); die (Ionen-) Aufnahme durch Plasmalemma und Tonoplast erfolgt auf verschiedene Weise (REICHENBERG u. SUTCLIFFE an höheren Pflanzen);

Für verschiedene Ionen existieren verschiedene Mechanismen: z. B. für Kalium und Natrium bei *Ulva* (SCOTT u. HAYWARD), ähnlich, wenn auch nicht vollständig getrennt, sondern sich gegenseitig beeinflussend, bei Hefe (CONWAY, „Redoxpumpe"); verschiedene Stoffe, auch Ionen, konkurrieren daher um verschiedene Transportsysteme bzw. um „Orte" im Stoffwechsel (HANSON u. BONNER an *Helianthus tuberosus*);

Verschiedene Ionen (EPSTEIN u. LEGGETT an Gerstenwurzeln) bzw. Zucker (LEFÈVRE an Erythrocyten) konkurrieren um das gleiche Transportsystem;

Die Beziehung zum Stoffwechsel ergibt sich aus der Bereitstellung von Ionen bzw. anelektrolytbindenden Strukturen

oder durch Bereitstellung organischer Säuren, die zur Kompensierung einer einseitigen Ionenaufnahme dienen (JACOBSON u. ORDIN an Gerstenwurzeln). Bakterien und Hefe akkumulieren aus der umgebenden Lösung Glutaminsäure, wenn Kalium aufgenommen wird. Fehlt Kalium, so wird statt der Glutaminsäure Natrium aufgenommen (R. DAVIES und Mitarbeiter); andererseits ist die Akkumulation von Lysin (*Staphylococcus faecalis*) mit einem Kaliumverlust verbunden (R. DAVIES und Mitarbeiter);

Ionen- und Wasseraufnahme von Artischockengewebe verhalten sich bei der Beeinflussung durch 2,4-D bzw. Erhöhung der Ionenkonzentration im Außenmedium gerade entgegengesetzt. Da der Sauerstoffverbrauch unter den gewählten Versuchsbedingungen und damit die für den Transport zur Verfügung stehende Energie unverändert bleiben, konkurrieren offenbar zwei für Ionen und Wasser verschiedene Aufnahmemechanismen um diese Energie (HANSON u. BONNER): pro mol absorbiertes Phosphat werden 900 mol H_2O weniger aufgenommen.

Es erübrigt sich, die Aufzählung fortzusetzen, die Resultate sind meist nur für das jeweilige Untersuchungsobjekt verbindlich (vgl. R. DAVIES und Mitarbeiter: *Staphylococcus aureus* u. *faecalis* und *Saccharomyces fragilis* unterscheiden sich in der Koppelung von K- bzw. Na-Aufnahme bzw. -Abgabe und der Akkumulation von Glutaminsäure bzw. Lysin). Hingegen zeigen gerade die zuletzt genannten Arbeiten, daß nicht nur die Substrate um die Carrier-Aggregate konkurrieren, sondern auch die Trägersubstanzen um den Energie-(ATP-) Vorrat. Dieser wird seinerseits aber von zahlreichen Stoffwechselzweigen beansprucht, die durch die veränderte Ionen- oder Elektrolytoder Wasserkonzentration unterschiedlich beeinflußt werden. Es erscheint heute noch völlig unmöglich, alle experimentellen Befunde in ein Schema zusammenzufassen und dieses dann „dem" Stoffwechsel zu korrelieren.

Zu den Teilgebieten Wasser-, Anelektrolyt- und Farbstoffaufnahme können noch einige Einzelheiten nachgetragen werden, während die Ionenaufnahme dem Kapitel Mineralstoffwechsel vorbehalten bleiben soll.

a) Wasseraufnahme.

Für die Koppelung von Wasseraufnahme und Stoffwechsel werden neue Belege erbracht: ROSENE und PRATLEY u. ROSENE mit der Mikropotometermethode an einzelnen Wurzelhaaren, HANSON u. BONNER sowie HASMAN gravimetrisch an Gewebeblöcken, BOGEN u. FOLLMANN plasmolytisch und mittels Mikroosmometer an Diatomeen usw. Stets wird die Wasseraufnahme gehemmt durch Sauerstoffentzug bzw. Zugabe von Stoffwechselgiften (sowie von Narcoticis — SCERBAKOV u. SEMIOTROCEVA). Nach HANSON u. BONNER ist die Wasseraufnahme als ein direkter Stoffwechseleffekt der Auxinwirkung anzusehen, während die gleichzeitige Rubidiumaufnahme die Folge des Wachstums zu sein scheint (also keine osmotische Wasseraufnahme infolge Erhöhung des osmotischen Wertes durch Ionenaufnahme). Nach BURSTRÖM soll allerdings eine aktive Wasseraufnahme beim Streckungswachstum keine Rolle spielen, vielmehr handele es sich nur um eine Erhöhung der elastischen Wanddehnung. Ähnlich argumentiert KETELLAPPER; dem widersprechen jedoch die schon früher referierten Versuche BOGENs, die an plasmolysierten Zellen eine nichtosmotische Wasseraufnahme ergaben, bei der also der Wanddruck nicht beteiligt sein kann. Neuerdings zeigen BOGEN u. FOLLMANN (vgl. Fortschr. Bot. **17**, S. 484), daß bei Diatomeen (*Melosira*-Arten) eine sehr erhebliche nichtosmotische Wasseraufnahme existiert. Sie äußert sich als hohe Deplasmolysegeschwindigkeit in Saccharoselösungen und wurde früher als hohe Zuckerpermeation interpretiert. Natriumazid, Dinitrophenol, Natriumarsenit usw. verhindern diese Deplasmolyse vollständig. Versuche mit dem sehr exakt arbeitenden Mikroosmometer nach HINZPETER (FOLLMANN, unveröffentlicht) lassen erkennen, daß im Kontrollversuch ohne Stoffwechselgift nur der scheinbare, plasmolytisch feststellbare osmotische Wert erhöht wird, nicht aber der „reale" osmotische Wert; es findet also keine Rohrzuckerendosmose statt.

Verschiedentlich wird als Argument gegen das Bestehen einer nichtosmotischen Wasseraufnahme ins Feld geführt, daß trotz gesteigerter Aufnahme die Atmungsrate nicht verändert wird. Hierbei ist indessen zu bedenken, daß ja nicht die manometrisch ermittelte O_2-Aufnahme entscheidet, sondern das Ausmaß der oxydativen Phosphorylierung (ATP-Vorrat). DNP z. B. stimuliert in bestimmten Konzentrationen die O_2-Aufnahme, entkoppelt aber die Phosphorylierung und setzt dementsprechend die nichtosmotische Wasseraufnahme herab. HANSON u. BONNER führen ferner aus, daß nicht allein die Wasseraufnahme ATP verbraucht, sondern eine Vielzahl anderer Stoffwechselprozesse ebenfalls, so daß Konkurrenzphänomene zu beobachten sind. So ist es wohl auch zu verstehen, daß 6-Aminoundecan die Wasseraufnahme verringert, di-n-Amylessigsäure dagegen erhöht, obgleich beide Substanzen die Atmung nicht beeinflussen. Es ist fraglich, ob die nichtosmotische Wasseraufnahme über Trägermechanismen erfolgt; schlüssige Beweise fehlen noch durchaus. Nach neuen Ergebnissen von BOGEN, NEUBER (unveröffentlicht) und BOGEN u. FOLLMANN scheint es sich sowohl bei höheren Pflanzen wie bei Diatomeen um sog. metaosmotische Aufnahmeprozesse zu handeln: in den Vacuolen liegen labile Kolloide vor (Glykoproteide?), die als wasserbindende Agentien fungieren, und deren Zustand nur unter Energieaufwand aufrecht erhalten werden kann. Bei Reizung [FOLLMANN (1)], nach Verletzung oder bei Blockierung der Atmung zerfallen sie und geben das bis dahin gebundene Wasser frei. Wasseraufnahme und -abgabe selbst sind also osmotische Prozesse, hingegen kann das Wasser nach stattgehabter osmotischer Aufnahme metaosmotisch in der Vacuole aus dem Konzentrationsgefälle entfernt werden. Entscheidend wäre hiernach das elektrochemische Potential, das unter Energieaufwand aufrecht erhalten wird.

b) Anelektrolytaufnahme.

WHEATHERLEY (1—3) schließt aus seinen Versuchen an *Atropa*-Blattstücken auf das Bestehen einer nichtosmotischen Zuckeraufnahme; sie wird durch Anaerobiose zu 75% reversibel gehemmt. BOGEN u. FOLLMANN zeigen an *Melosira*, daß die Aufnahme von Anelektrolyten wie Malonamid, Erytrit, Harnstoff, Glycerin und Glykol durch Stoffwechselgifte ebenfalls gehemmt, nicht aber völlig verhindert wird. Das Ausmaß der Hemmung ist bei den verschiedenen Stoffen unterschiedlich groß; es reicht von 30 bis 60% der Gesamtaufnahme. Mithin bleibt noch ein ansehnlicher Rest Anelektrolytaufnahme, der auch im Mikroosmometer nachweisbar ist. LE FÈVRE nimmt an, daß (bei Erythrocyten) die Zuckeraufnahme über ein Carriersystem erfolgt; auch WHEATHERLEY diskutiert seine Befunde anhand eines Vergleiches mit der aktiven Ionenaufnahme durch Wurzeln. Nach BOGEN u. FOLLMANN ist es möglich, daß die wasserbindenden Vacuolenkolloide zum Teil auch gelöste Anelektrolyte adsorbieren können. Wenn daher über die Mechanismen der nichtosmotischen Anelektrolytaufnahme auch noch Unklarheiten bestehen, so ist doch an deren Existenz nicht mehr zu zweifeln. Ebenso sollte aber bei dem großen Ansehen, daß die nichtosmotischen Prozesse heute genießen, niemals vergessen werden, daß ein großer Teil der Aufnahme gleichwohl rein osmotischer Art ist, und daß immer erst zwischen osmotischer und nichtosmotischer Aufnahme getrennt werden muß, bevor Permeabilitäts- und Carrier-Theorien diskutiert oder gar gegeneinander ausgespielt werden. Manche Unstimmigkeiten zwischen Theorie und Befund finden darin ihre Erklärung — das gilt sowohl für die Permeabilität als auch für die nichtosmotische Stoffaufnahme.

Interessant ist in diesem Zusammenhang das Verhalten des ebenfalls zu den Diatomeen gehörenden *Leptocylindrus adriaticus*. Bei dieser Art ist die Deplasmolysegeschwindigkeit durch Atmungsgifte nicht zu beeinflussen. Untersucht man sie auf ihre Permeabilitätsreihe, so zeigt diese nicht das Sonderverhalten der Diatomeen („spezifische Diatomeen-Permeabilität" HÖFLER), sondern entspricht genau der theoretisch vorauszuberechnenden Reihe (nach BOGEN 1950); sie verhält sich also wie ein rein osmotisches System und folgt den Gesetzen der modifizierten Ultrafiltration [FOLLMANN (2)].

c) Farbstoffaufnahme.

Die Aufnahme der Farbstoffe in die Vacuolen unterliegt bekanntlich vorwiegend physikalischen Gesetzen; insbesondere wenn es sich um sog. „leere" Zellsäfte handelt, folgt sie der elektrolytischen und hydrolytischen Dissoziation. Diese Gesetzmäßigkeiten, die vor allem durch die Untersuchungen DRAWERTs formuliert werden konnten, stellt KINZEL in einer theoretischen Betrachtung nochmals zusammen: er erweitert sie durch Einbeziehung der Pufferungskapazität des Zellsaftes: je geringer die Pufferungskapazität und je stärker die Dissoziation ist, desto stärker wird auch die Speicherung in der Vacuole.

Neben dieser „physikalischen" Farbstoffspeicherung erregt in der letzten Zeit die elektive Färbung bestimmter plasmatischer Komponenten starkes Interesse. Auch hierfür sind zunächst physikalische Faktoren maßgebend, etwa die Löslichkeit in lipoiden „Phasen" (Janusgrün B, Nilblausulfat u. a. für Chondriosomen und Mikrosomen, DRAWERT; DRAWERT u. GUTZ; GUTZ) oder die chemische Bindung an Nucleinsäuren (z. B. Acridinorange, s. u.) u. dgl. Hierbei kommt jedoch auch die physiologische Aktivität der Zelle ins Spiel: Der Farbstoff kann durch den normalen Zellstoffwechsel oxydiert oder reduziert werden; damit wird er in seiner Affinität zu den Zellkomponenten verändert, und zugleich wird das Oxydations- bzw. Reduktionspotential von seinen Aufgaben im Zellstoffwechsel abgelenkt. Weiterhin aber können manche Farbstoffe gewisse Stoffwechselreaktionen völlig blockieren und so, oftmals schon nach kurzer Einwirkung, die Zelle erheblich schädigen oder sogar abtöten. Zum ersten Fall haben LAZAROW ub COOPERSTEIN und COOPERSTEIN u. LAZAROW eingehende Untersuchungen vorgelegt. Janusgrün B wird in der Zelle in vier Schritten reduziert: Janusgrün B (blau) ⇌ Leuko-Janusgrün B (violett) →
→ (irreversibel!) Diäthylsafranin (rot) ⇌ Leukosafranin (farblos). Die Reduktion wird durch jedes DPN-System durchgeführt; die elektive Färbung der Chondriosomen *in situ* beruht auf der veränderten Reduktionsgeschwindigkeit (Cytochromoxydase der Chondriosomen!), während im Homogenisat des Janusgrün B auch unspezifisch an Eiweißkörper adsorbiert werden kann, unter Bildung unlöslicher Komplexe (zusammenfassende Darstellung: STEFFEN). Ähnliche Verhältnisse scheinen für das Nilblausulfat und die Mikrosomen gegeben zu sein (DRAWERT). Zur zweiten Frage möchte der Referent auf die Untersuchungen seiner Mitarbeiter hinweisen (BOGEN u. KESER, auszugsweise bereits in den Fortschr. Bot. **15** referiert, BOGEN u. ELSTE). Bei der Anfärbung verschiedener Hefen mit Acridinorange besteht keine Parallelität zwischen Färbebild und Farbstoffaufnahme, auch läßt sich keine unmittelbare Beziehung herstellen zwischen diesen und den physiologischen Effekten Wachstumshemmung, Proteinabbau und Gaswechselhemmung. Dagegen stimmen die drei zuletzt genannten Effekte untereinander völlig überein.

In einigen Fällen kann gezeigt werden, daß der Proteinabbau etwas früher (20—30 min nach Farbstoffzugabe) einsetzt bzw. vollendet ist als Gaswechselhemmung und Wachstumshemmung. Es kann daher vermutet werden, daß das Acridinorange primär den Proteinumsatz blockiert; Gaswechsel- und Wachstumshemmung sind dann Folgeerscheinungen des Proteinabbaues, von dem auch die (Proteine der) Atmungsenzyme betroffen sein dürften (vgl. hierzu auch die Hemmung der Enzymsynthese durch Acridine, S. 215). Als zentraler Angriffspunkt können Nucleinsäure bzw. Nucleoproteide gelten, für die die Acridinfarbstoffe eine große Affinität besitzen [BRUYN und Mitarbeiter; G. RUHLAND (1, 2); ZEIGER u. WIEDE; MORTHLAND und Mitarbeiter; MARCOVICH; POLITZER u. STOCKINGER u. a.). Aber auch unmittelbare Eingriffe in den Stoffwechsel — Entkoppelung der oxydativen Phosphorylierung, ähnlich dem Dinitrophenol, werden diskutiert (SCARASCIA VENEZIAN an Tabakblättern, allerdings mit 20% Acridinorange-Lösung).

Da so schwerwiegende Schädigungen bereits nach 20 min festzustellen sind, dürfte die Feststellung des Ref. in seinen früheren Berichten gerechtfertigt sein, daß es eine inturbante Vitalfärbung wohl nur ausnahmsweise gibt; das gilt nicht nur für Acridinorange, sondern auch für Janusgrün, Kristallviolett, Methylviolett u. v. a. m.; nach HIRN töten diese Farbstoffe Bakterien ab. H. J. LEHMANN zeigt, daß basische Farbstoffe das Ruhepotential der Froschsartoriusmuskeln vernichten usw. JOHANNES kommt zu den gleichen Schlußfolgerungen, daß nämlich jede (Farb-)Ionen-Bindung und jede Lösung von Farbstoffmolekülen in Plasmalipoiden einen Eingriff in die Lebenstätigkeit des Plasmas darstellt. Andererseits ist damit eine weitere Möglichkeit gegeben, einzelne Reaktionsketten aus einer Verflechtung mit dem gesamten Stoffwechsel zu isolieren, wenn auch auf Kosten der Unversehrtheit der Zelle (vgl. auch den Abschnitt über Adaptation).

8. Stoffwechsel.

a) Protein- und Nucleinsäurestoffwechsel.

Sammelreferate: DAVIDSON (Nucleoproteide); RONDONI. Erneut wurde nachgewiesen, daß zur Proteinsynthese Nucleinsäuren erforderlich sind, bzw. daß Proteinsynthese und Nucleinsäuresynthese gekoppelt sind: bei *Torulopsis* werden in Abwesenheit von NS keine Enzyme neu gebildet (adaptive Galaktosidasebildung). In Gegenwart von NS laufen Protein- und Nucleinsäure-Synthese gleichzeitig an. Da die Blockierung der DNS durch Senfgas, UV- oder Röntgenbestrahlung ohne Einfluß ist, müssen für die Proteinsynthese die RNS maßgebend sein (PARDEE). Der Abbau der RNS durch RN-ase hemmt demzufolge den Einbau markierter Aminosäuren (aber auch den Einbau von Adenin in DNS!) und das Wachstum [BRACHET (3), an Zwiebelwurzeln]. Die Hemmung kann durch Zugabe von Hefe-NS wieder rückgängig gemacht werden; wahrscheinlich verdrängt diese die RN-ase von der Wurzel-NS [BRACHET (4)]. URBANI weist auf die engen Zusammenhänge hin, die zwischen RNS und Dipeptidasen bestehen: beide sind in gleicher Weise auf

Cytoplasma und Mikrosomen verteilt, und beide werden nach Entkernung (Amöben) gleichmäßig abgebaut. Eine analoge Beziehung besteht nach Bloch u. Godmann zwischen DNS und Histon. Beide haben die gleiche Verteilungsrate im Kern und werden gleichzeitig synthetisiert (Versuch an Rattenleber).

Es konnte wiederum mehrfach bestätigt werden, daß als Orte der Proteinsynthese die Mikrosomen zu gelten haben; der Einbau markierter Aminosäuren (Glykokoll, Alanin, Glutaminsäure) erfolgt zuerst und am stärksten in der Mikrosomenfraktion (Webster an höheren Pflanzen, an tierischen Zellen Hultin sowie Allfrey, Daly u. Mirsky).

Welcher Art die Zusammenhänge zwischen Protein und RNS sind, bleibt freilich noch unklar; es konnte noch nicht einmal eindeutig entschieden werden, ob der Proteinaufbau durch Transpeptidierung (Borsook) oder durch Anbau einzelner Aminosäuren (Matrizen-Theorie im älteren Sinne, vgl. auch Miettinen) vonstatten geht. Vielleicht sind die modifizierten Vorstellungen über den makromolekularen Aufbau der NS (vgl. S. 196) geeignet, die Widersprüche aufzuheben.

Etwas weiter führen die interessanten Versuche von Gale u. Folkes (1—3) an Staphylokokken. Durch Ultraschall zerstörte Zellen vermögen nicht mehr zu atmen, sind aber gleichwohl imstande, zugegebene Aminosäuren in vorhandene Proteine einzubauen bzw. sogar Protein neu zu synthetisieren, wenn ATP zugegen ist. In Gegenwart eines kompletten Aminosäuregemisches verläuft der Einbau markierter Glutaminsäure mehrere Stunden lang linear; damit ist eine Zunahme des Protein-N verbunden. Entfernt man den NS-Anteil der Zelle, so wird die Proteinsynthese gestoppt, nach erneuter Zugabe von RNS aus Staphylokokken wieder in Gang gesetzt. Besonders bemerkenswert ist, daß hierzu in einigen Fällen anstelle der RNS auch Di- und Trinucleotide genügen: für den Einbau von Asparaginsäure ist Adenin-Cytidin-Dinucleotid und Adenin-Dicytidin-Trinucleotid (durch R-Nase-Einwirkung hergestellt und chromatographisch isoliert) ebenso wirksam wie die RNS. Glutaminsäure und Leucin werden in Gegenwart von Guanylsäure-Diuridylsäure bzw. Adenylsäure-Diuridylsäure schneller eingebaut. Diese Befunde sprechen dafür, daß zum Einbau einer bestimmten Aminosäure eine bestimmte Reihenfolge von Nucleosiden in der RNS-Kette erforderlich ist. Daraus ergibt sich die Möglichkeit, die „Informationshypothese" (S. 196) experimentell zu prüfen.

Auch über die Synthese der Nucleinsäuren selbst ist noch wenig bekannt. Chayen, Chayen u. Roberts können an *Torulopsis* zeigen, daß sie, ebenso wie die Proteinsynthese, auf Kosten der labilen Polyphosphate erfolgt. Nach Stich u. Hämmerling wird P^{32} zum größten Teil in die Nucleolarsubstanz der Kerne von *Acetabularia* eingebaut (besonders bei jungen Zellen).

b) Adaptive Enzymbildung.

Die Untersuchungen über die adaptive Enzymbildung haben dazu beigetragen, unsere Vorstellung von der Proteinsynthese in anderer Richtung zu erweitern. Unter diesem Gesichtspunkt können die Enzyme (vereinfachend) als spezifische Proteine aufgefaßt werden. Da eine ganze Reihe von Mikroorganismen, Bakterien und vor allem Hefe, die Fähigkeit besitzt, auf die Darbietung eines „neuen" Substrats (Inductor) mit der Herstellung eines entsprechenden Enzyms zu reagieren (Galactocymase, Penicillinase u. a.), kann man die Synthese eines bestimmten (Enzym-) Proteins experimentell verfolgen. Das neue Arbeitsgebiet hat eine große Zahl von Forschern angezogen; bereits das 3. Symposium der Society for General Microbiology 1953 war der Adaptation bei Mikroorganismen gewidmet, und mehrere Vorträge befaßten sich ausschließlich mit der Enzymsynthese (SLONIMSKY; SPIEGELMAN u. HALVORSON; POLLOCK).

Wir sind noch weit davon entfernt, die zum Teil außerordentlich verwickelten Vorgänge zu überblicken; im folgenden kann daher nur ein sehr vergröbertes Schema entworfen werden. Die Bildung der neuen Enzyme erfolgt nicht durch Umprägung bereits vorhandener Eiweiß-körper, sondern durch neue Synthese aus freien Aminosäuren. Diese befinden sich im sog. Aminosäure-Pool der Zelle, dessen Menge und Zusammensetzung für die jeweilige Art recht konstant ist (GALE, HALVORSON, SPIEGELMAN, HINMAN). Zwischen diesen Aminosäuren und den spezifischen Enzymproteinen liegen verschiedene unspezifische Vorstufen. Die Aufprägung der Spezifität erfolgt durch einen „Organizer", der wahrscheinlich durch eine Verbindung zwischen Inductor und „Receptor" dargestellt wird. Nach POLLOCK wirkt der Organizer als eine Art Matrize oder als ein spezifisch entwickelter Cyclus analog dem Tricarbonsäure-Cyclus ("self reproducing cycle"). PORTER, HOLMES und CROCKER hingegen vertreten die Ansicht, daß der Organizer (Inductor + genkontrollierter Receptor) ein Coenzym darstellt, und zwar das Coenzym desjenigen Enzyms, das die Synthese des adaptiv zu bildenden Enzyms katalysiert. Nach dieser Auffassung würde es sich um einen linearen Verlauf der Enzymbildung handeln, deren Ausmaß u. a. von der Menge des Coenzyms abhinge.

GALE u. FOLKES zeigen, daß sogar zerstörte Staphylokokken noch adaptiv β-Galactosidase bilden können, wenn das Medium zusätzlich Galactose (sowie die komplette Aminosäuregarnitur) enthält. Nuclein-säuren spielen dabei *keine* Rolle. Die Hemmung der Cytochrom-oxydasebildung (mit O_2 als Inductor) durch Acridine (EPHRUSSI) scheint in einer Blockierung des Receptors bzw. Organizers, nicht aber der Enzymvorstufe zu bestehen (POLLOCK). Weitere Beiträge betreffen die Mitwirkung von Purin- und Pyrimidinbasen (PARDEE), die Konkurrenz-effekte verschiedener gleichzeitig gebotener Substrate bzw. gleichzeitig zu bildender Enzyme (CREASER; R. DAVIES) und die Adaptation von Hefe an Kupfer (NINAGAWI); letztere dürfte freilich anderweitig zu-stande kommen, da hierbei die RNS-Fraktion maßgeblich beteiligt ist.

c) Die Rolle des Zellkernes (Interphasenkernes) im Zellstoffwechsel.

Die Möglichkeit, *Acetabularia* und Amöben leicht zu entkernen und die kernhaltigen und kernlosen Organismen chemisch zu analysieren, haben den Anstoß zu umfangreichen Versuchen gegeben. Es zeigt sich, daß die Entkernung ohne Einfluß ist auf Wachstum (HÄMMERLING u. STICH), Trockengewichtszunahme (VANDERHAEGHE u. SZAFARZ), Atmung, Proteinsynthese [BRACHET (1, 2)], Einbau von P^{32} (HÄMMERLING u. STICH), Einbau von C^{14}-Glykokoll in Proteine und RNS (MALKIN an Seeigeleiern), Einbau von C^{14}-Orotsäure in RNS (SZAFARZ u. BRACHET usw.). Auch der ATP-Gehalt bleibt bei kernlosen und kernhaltigen Amöbenhälften unverändert, allerdings nur unter aeroben Bedingungen. In der Anaerobiose büßen die kernlosen Fragmente einen großen Teil ihres ATP-Gehaltes ein. Die Aufrechterhaltung des hohen ATP-Gehaltes kernhaltiger Hälften hängt offenbar mit der Glykogenolyse zusammen: kernhaltige Hälften verbrauchen ihren Glykogenbestand sehr schnell, kernlose hingegen nicht. Danach dürfte der Zellkern den anaeroben Kohlenhydratstoffwechsel kontrollieren. Proteine und RNS hingegen können auch, wenigstens für die Dauer von 14 Tagen, in Abwesenheit des Kernes synthetisiert bzw. erneuert werden. Später bleibt nur der Trypsingehalt der Mikrosomen konstant, während er in den Chloroplasten absinkt (VANDERHAEGHE). Der Verfasser vermutet, daß die Chloroplasten zur Proteinsynthese ein Enzymsystem und/oder eine Energiequelle verwenden, die vom Kern stärker kontrolliert wird als bei den Mikrosomen.

d) Allgemeine Grundlagen der Koordination innerhalb der Zelle.

HOGEBOOM, SCHNEIDER u. STIEBICH geben eine kritische Übersicht über das biochemische Zusammenwirken der einzelnen Zellbestandteile, wobei den Fragen der Lokalisation der Enzyme und der Integration der Zellfunktionen besondere Aufmerksamkeit gewidmet wird. Auf etwas breiterer Basis hat der Referent versucht, die Organisation der Zelle unter den beiden Prinzipien Kooperation („Arbeitsteilung") und Konkurrenz zu diskutieren (BOGEN). Rein theoretischer Art sind Überlegungen, die WARDLAW, an die Diffusion-Reaction-Theorie (TURING) anknüpfend, über die Vorgänge bei der Entwicklung und Differenzierung anstellt. Er berücksichtigt dabei vor allem den Diffusionsfaktor. Da indessen die Diffusion verhältnismäßig langsam erfolgt, kommt auch ein Zeitfaktor ins Spiel, vor allem dann, wenn am Reaktionsort erst eine gewisse Konzentration des zu diffundierenden Stoffes erreicht werden muß, bevor die Reaktion in Gang kommt. Vielleicht hat hier die zeitliche Aufeinanderfolge gewisser Gen-Auswirkungen eine ihrer Ursachen, aber auch räumliche Faktoren spielen eine Rolle, denn bei größerem Zellvolumen wird eine Schwellenkonzentration später erreicht als in einer kleinen Zelle. Sogar die Selbstregulierung des Wachstums kann auf diese Weise „quantitativ" gedeutet werden (WENT).

Zum Abschluß sei auf eine bemerkenswerte Anordnungsweise eingegangen, die GOLDACRE bei einem *Escherichia coli*-ähnlichen Bacterium aufgefunden hat. Die Stäbchen treten zu 2- und 3-dimensionalen Aggregaten zusammen, die geradezu Kristalle genannt werden dürfen; dabei berühren sie einander jedoch nicht. Andererseits stehen die Pakete mit den frei schwimmenden Bakterien derselben Art im Gleichgewicht, denn einzelne Zellen können sich aus dem Verband lösen und davonschwimmen, während andere wieder in den Verband eingeordnet werden.

Solche Kristallbildungen sind freilich nur zwischen *gleichen* Teilchen möglich. Es ist indessen nicht zu bezweifeln, daß auch verschiedenartige Gebilde innerhalb einer Zelle, Makromoleküle, Enzyme u. dgl., sich zu einer charakteristischen Struktur zusammenordnen können. Möglicherweise genügen schon Ladungsanisotropie oder ein polar/unpolarer Bau der einzelnen Makromoleküle, um eine solche Anordnung „automatisch" herbeizuführen, so wie auch aus der Polarität der einzelnen Komponenten des Seeigeleies die Anisotropie des gesamten Eies resultieren kann (HARRISON, 1945): "The anisotropy of the egg, sometimes revealed by the distribution of cytoplasmic materials, is therefore only a reflection of another more fundamental and deeper asymmetry, presumably seated on the molecular level" (EPHRUSSI, 1953). Gewisse räumliche Anordnungsweisen könnten also der Ausdruck der makromolekularen Konstitution und einer daraus resultierenden Konkurrenz um Zellorte sein.

9. Aktivitätswechsel.

Im Kartoffelknollengewebe nimmt beim Übergang vom ruhenden Zustand ($2°$ C) in den aktiven ($26°$ C) die Masse der Chondriosomen und Mikrosomen ab; bei den Chondriosomen sinkt zugleich der Gehalt an gebundenem Wasser von 16 auf 12% ab, während er in allen übrigen Fraktionen (Mikrosomen, säureunlösliche Proteine, Globulin, Albumin) unverändert bleibt. Der Gesamt-Eiweißgehalt steigt im Dunkeln um 10%, bei diffusem Licht um 17% an [LEVITT (1—4)]. Diese Veränderungen sind zweifellos nicht die Ursachen des Aktivitätswechsels, sondern die Folge „plasmatischer" Änderungen. Welcher Art diese sind, kann aus den Analysendaten nicht erschlossen werden, immerhin stellen sie einen ersten Versuch dar, zu den Ursachen vorzustoßen.

Auch den Tagesrhythmen, die ja gleichfalls einen (schnelleren) Aktivitätswechsel repräsentieren, müssen plasmatische Veränderungen zugrunde liegen. Es wäre dringend zu wünschen, daß sie mit analoger Methodik untersucht würden. Ein vielversprechendes Objekt scheint in dieser Hinsicht *Oedogonium cardiacum* zu sein, an dem BÜHNEMANN (1) seine Untersuchungen über die Sporenbildung durchgeführt hat. Diese erfolgt im rhythmischen 12-Stundenwechsel, der auch bei Dauerbeleuchtung noch über 4—6 Tage beibehalten wird. Die zeitliche Lage der Sporulationsmaxima und die Menge der gebildeten Sporen läßt auf das Bestehen eines tagesrhythmischen Wechsels in der „sporogenen Stimmung" der einzelnen Zelle schließen. Der sporogene Zustand ist übrigens auch morphologisch charakterisiert, da sich während der Sporenbildung an der Basis der Fadenzelle das Cytoplasma ringförmig von der Zellmembran abhebt, wobei die basale, plasmafreie Zone von einer quellbaren Substanz eingenommen wird, die die Zoospore aus der aufgerissenen Wand herausdrückt. BÜHNEMANN folgert, daß in der Oedogoniumzelle ein „endodiurnales System" (BÜNSOW) vorliegt. Dieses braucht mit der Sporenbildung selbst nichts zu tun zu haben, denn die rhythmischen Grundvorgänge laufen ab, gleichgültig, ob die Zellen sporulieren (werden) oder nicht. Sie wirken auch während der

Sporenbildung weiter: die sekundäre Sporenbildung (aus den festgesetzten Zoosporen) verläuft nach demselben Rhythmus, nur um einige Stundenphasen verschoben. Das endodiurnale System entscheidet dabei, wann eine Zelle zur Sporenbildung induziert wird. Diese vorläufig formale Beschreibung mit einer zellphysiologischen Analyse zu verbinden, war wohl das Ziel, das sich BÜHNEMANN gesteckt hatte. Ein erster Ansatzpunkt ergibt sich aus seiner zweiten Veröffentlichung. In ihr wird gezeigt, daß die Sporulationsrhythmik bei höherer Temperatur nicht etwa schneller abläuft; vielmehr ist die Periode „gedehnt" (bei 17,5° C 20 Std., bei 27,5° C 25 Std.). BÜHNEMANN nimmt mit Recht an, daß dieses unerwartete Verhalten nur verstanden werden kann, wenn das endodiurnale System die Resultante aus zahlreichen Teilprozessen ist, die sich ihrerseits, wie experimentell nachzuweisen ist, in ihrer Temperatur- und Lichtempfindlichkeit erheblich unterscheiden. Dabei haben die lichtempfindlichen Reaktionen größere Bedeutung, vielleicht weil sie, im Gegensatz zu den temperaturabhängigen Teilprozessen, die Stoffumsätze beeinflussen und so „Spuren" hinterlassen. — Es ist beklagenswert, daß BÜHNEMANNs früher Tod eine Weiterführung dieser Untersuchungen verhindert hat.

Die tagesrhythmischen Vorgänge bei *Hydrodictyon* hat SCHÖN bis in den Bereich des Stoffwechsels verfolgen und damit der Kausalanalyse zugänglich machen können: der photosynthetische und respiratorische Gaswechsel verläuft bei 12stündigem Licht- und Dunkelwechsel periodisch und schwingt bei Dauerlicht (Photosynthese) bzw. Dauerverdunkelung (Atmung) zwei- bis dreimal periodengerecht nach. Durch verschiedene Beleuchtungsrhythmen lassen sich entsprechende Stoffwechselrhythmen induzieren, die beim Übergang zu konstanten Bedingungen in gleicher Weise nachschwingen, ohne zum 12-Stunden-Rhythmus zurückzukehren. Glucosezusatz verhindert die Ausbildung der Atmungsmaxima. Zur Deutung wird ein „Lichthemmstoff" und ein „Dunkelhemmstoff" angenommen; der erste — vielleicht ein Photosyntheseprodukt — bewirkt den Abfall der Photosynthese, der zweite wird in der Dunkelheit gebildet und limitiert die Photosynthese bei Einsetzen der Belichtung. Er wird im Laufe der ersten Belichtungsstunden beseitigt oder unwirksam gemacht. „Rein formal" wird die Vorstellung entwickelt, „daß Dunkelhemmstoff und Lichthemmstoff — etwa als oxydiertes und reduziertes Nebenprodukt einer respiratorisch-oxydativen bzw. photosynthetisch-reduktiven Stoffwechselphase — miteinander in Reaktion treten, und zwar derart, daß bei Belichtungsbeginn der auftretende Lichthemmstoff zur (reduktiven) Beseitigung des angesammelten Dunkelhemmstoffes verbraucht wird; danach ist vorübergehend die Voraussetzung zu maximaler Photosynthese gegeben, bis durch Anreicherung des nunmehr nicht mehr verbrauchten Lichthemmstoffes eine Depression der Leistung herbeigeführt wird. Der Lichthemmstoff muß seinerseits in der Dunkelphase unwirksam werden; die niedrige Anfangsleistung der Photosynthese wäre wohl mit der Erhaltung des Hemmprinzips über die Dunkelzeit hinweg erklärbar, nicht aber der dann anschließende Anstieg bis zum Erreichen eines Maximums".

10. Elektrische Erscheinungen.

Hier sollen nur einige Arbeiten aufgeführt werden, die geeignet sind, neue Gesichtspunkte für die Betrachtung und Einordnung der außerordentlich widerspruchsvollen experimentellen Daten zu liefern. HITCHCOCK zeigt (an Modellen), daß die Potentiale in einem Donnan-System unabhängig von der Existenz einer (different permeablen) Membran entstehen, d. h. die Entfernung einer etwaigen Membran ist ohne Einfluß auf die Höhe des Potentials. Daraus ist aber zu folgern, daß das Verschwinden bzw. die Umkehrung des Ruhepotentials bei der Reizung nicht unbedingt auf der üblichen Basis einer „Permeabilitätserhöhung" erklärt werden muß. In der Tat dürfte das Entscheidende beim Abbau eines Potentials der Zusammenbruch eines Systems mit anisotroper Ionenverteilung sein. Die darauf folgende ungleichmäßige Freisetzung von Ionen ähnelt dann im Effekt den Folgen einer Permeabilitätserhöhung. Diese Deutung erscheint wichtig für das Verständnis der Restitutionsvorgänge, die ja mit einer Regeneration der Semipermeabilität bekanntlich nicht erklärbar sind, sondern der Zuhilfenahme aktiver Ionentransporte bedürfen.

TAUG findet beim Einstechen einer Glascapillaren-Mikroelektrode in das Innere des Plasmodiums von *Physarum polycephalum* sogleich das Ruhepotential (60—100 mV); dieses sinkt innerhalb 1 min auf 0 ab, tritt jedoch sofort wieder auf, wenn die Elektrode im Plasma bewegt wird. TAUG nimmt an, daß sich um die Elektrodenspitze unverzüglich eine abschließende Membran bildet. Es gelingt, sinusförmige Oscillationen des Potentials nachzuweisen, die mit der Plasmaströmung nicht synchron verlaufen.

UMRATH beobachtet zwischen *Nitella opaca* und *N. mucronata*, die sich sonst in ihren Reaktionen kaum unterscheiden, erhebliche Unterschiede nach elektrischer Reizung. Bei *N. opaca* nimmt der Widerstand nur auf die Hälfte ab, bei *N. mucronata* hingegen auf $^1/_{200}$. Somit dürfte das Ausmaß der Widerstandsabnahme für den Erregungsvorgang keine Bedeutung haben.

11. Ionenwirkungen.

Auch auf dem Arbeitsgebiet der Ionen-Effekte hat sich eine nahezu vollständige Abkehr von der alten Auffassung vollzogen, nach der das Cytoplasma ein mehr oder weniger einheitlicher Quellkörper sein sollte, an dem man die differente Wirkung von Ionen auf „die" Hydratation, Viscosität usw. untersucht. Heute prüft man statt dessen die Ioneneffekte an einzelnen Zellbestandteilen bzw. wohldefinierten Teilreaktionen des Stoffwechsels. Die z. T. überraschenden Ergebnisse sind noch nicht sehr zahlreich und gestatten daher auch noch keine zusammenfassende Bearbeitung. Immerhin wird offenbar, daß eine Ionenart auf die verschiedensten Zellreaktionen in höchst unterschiedlicher Art einwirkt; wenn als Resultat z. B. eine Förderung des Wachstums oder auch nur eine Erhöhung der Viscosität abgelesen wird, so setzt sich das aus einer Vielzahl von Faktoren zusammen, die untereinander in noch unübersehbarer Weise korreliert sind. Die Kausalfrage kann mit solchen „statistischen" Werten nicht gelöst werden.

FIEDLER untersucht den Einfluß von Alkali-Ionen auf die Inaktivierung (Hitze, UV-Bestrahlung) der α-Amylase. Erdalkalien, vor allem Ca, hemmen die Inaktivierung stärker als Alkalien; Co (-chlorid) hebt die Heteroauxinzerstörung durch Peroxydbildung in Erbsenwurzeln auf, während Mn (-chlorid) sie steigert (GALSTON u. SIEGEL). Die Verff. nehmen an, daß Co-Ionen entweder die Geschwindigkeit der Peroxydbildung herabsetzen oder sogar Peroxyde abbauen, bevor sie wirksam werden können.

Die Atmung von isolierten Chondriosomen (aus Rattenleber) untersuchen PRESSMAN u. LARDY. Sie ist in Anwesenheit von 0,1 mol K bis zu 100% höher als mit Na; Li ähnelt in der Wirkung dem Na; Rb und Cs (in niedrigen Konzentrationen) dem K. In diesem Zusammenhang müssen wohl auch die K- bzw. Na-Komplexe von ATP und ADP und deren Dissoziationskonstanten berücksichtigt werden (MELCHIOR).

GÄUMANN u. NAEF-ROTH sowie DEUEL weisen nach, daß gewisse Chelatbildner wie Komplexon III mit Metallionen der Spurenelemente Komplexe bilden und so dem Energiestoffwechsel wichtige Cofaktoren entziehen können. Da auch die Welketoxine *Lycomarasmin* und *Fusarin* saure Metallchelate bilden, und da Komplexon an jungen Tomatensprossen ähnliche Wirkungen ausübt wie die Welketoxine, scheint hierin einer der Wirkungsmechanismen der Toxine zu liegen.

SIMONART u. KWANG-YÜCHOW schließlich zeigen, daß Ca-Chlorid in den Aminosäurestoffwechsel eingreift: *Aspergillus oryzae* enthält in Ca-freier Difco-Nährlösung alle freien Aminosäuren der Lösung, bei Gegenwart von m/100 Ca im Substrat jedoch verschwinden im Mycel fast alle Aminosäuren bis auf Asparaginsäure, Glutaminsäure, Serin, Glycin und Alanin, dafür entstehen beträchtliche Mengen von γ-Aminobuttersäure und Glutamin. Bei höheren Ca-Gaben (m/50) treten zusätzlich noch Ornithin, Lysin und Spuren von Arginin auf. Die Verff. vermuten, daß das Ca diejenigen Umsetzungen fördert, die zu einer Stabilisierung der Wasserstoffionenkonzentration führen.

12. Resistenz.

Nach allen bisherigen Untersuchungen ist das Einfrieren der Zellen, selbst wenn es zur Kristallbildung mit ihren mechanischen Schäden kommt, weniger gefährlich als das schnelle „Auftauen", da die plötzlich auftretenden großen Mengen freien Wassers nicht schnell genug „ordnungsgemäß" gebunden werden können. Das gilt jedoch nicht, wenn die Zellen durch Eintauchen in flüssigen Stickstoff ($-195°$ C) gefroren werden. Solche Zellen (Herzgewebe von Hühnerembryonen, aber auch Myxamöben) vertragen ein schnelles Auftauen mit 100°/sec besser als ein langsames mit 10°/sec (LUYET u. GEHENIO). Diese Tatsache ist wohl damit zu erklären, daß beim langsamen Erwärmen die Eiskristalle noch wachsen können. Myxamöben (auf Glimmerplättchen) überstehen das Einfrieren bei $-195°$ nur (im Durchschnitt 18% der Zellen), wenn sie mit 2- bis 4-molarer Äthylenglykollösung vorbehandelt waren (GEHENIO u. LUYET). Die gleiche Schutzwirkung ist im Hühnchengewebe zu beobachten; sie wird auch von NaCl-, Glycerin-, Acetamid- und Harnstofflösungen ausgeübt (KEANE; LUYET u. KEANE). Die Ursache wird in einer osmotischen Dehydratation gesehen.

LUSENA u. COOK (1, 2) weisen darauf hin, daß bei geringer Gefriergeschwindigkeit eine „kontinuierliche" Eisphase entsteht. Das Wachstum der Eiskristalle kann ungestört weiterlaufen, so lange noch Wasser nachgeschoben werden kann. Bei hohen Gefriergeschwindigkeiten hingegen fehlt es an der Nachleitung des Wassers, und die Eisphase wird diskontinuierlich (die Kristalle selbst bleiben klein). Unter diesem Gesichtspunkt läßt sich nunmehr auch die schützende Wirkung der Entwässerung besser verstehen, wie sie schon seit langem bekannt ist und durch die obigen Befunde bestätigt wird: je mehr abundantes Wasser entzogen wird, desto weniger freiverschiebliche Wassermoleküle verbleiben in der Zelle; das „gebundene" Wasser kann nur mit starken Kräften bzw. mit geringer Geschwindigkeit transloziert („nachgeleitet") werden.

In manchen Fällen sind Zellen bzw. Gewebe „resistenter", weil es ihnen an Kristallkeimen fehlt. LUCAS findet, daß sich geschälte Citronen leichter unterkühlen lassen als ungeschälte; die Eiskeimbildung setzt in den isolierten Saftschläuchen bei —12° C, bei ganzen Früchten schon bei —1,5° C ein. Der Verfasser nimmt an, daß atmosphärische Staubteilchen in den Intercellularen als Eiskeime fungieren, von denen aus sich der Gefriervorgang schnell weiter ausbreitet. In Übereinstimmung damit erhöht die Zugabe von hexagonalen Kristallen (Ag, J, CaCO₃) zu Lösungen die Gefriertemperatur, verhindert also starke Unterkühlung [LUSENA u. COOK (2)].

Den Einfluß des Gefrierens und Tauens auf die stoffwechselphysiologische Aktivität der Chondriosomen untersucht J. N. WILLIAMS. Sie wird um 10—20% (einmalig) herabgesetzt, kann aber durch Zugabe eines Extraktes aus Chondriosomen wiederhergestellt werden, d. h. der Aktivitätsverlust beruht nicht nur auf einer Denaturierung von Enzymproteinen, sondern auch auf einem Verlust von Cofaktoren. Zu ganz analogen Befunden kommen PORTER und Mitarbeiter; von der Herabsetzung der Aktivität werden vor allem die bei Oxydation und phosphorylierender Reaktion beteiligten Enzyme betroffen. Zugabe von Pyridinnucleotid erhöht sogar die Aktivität. HANSON u. NOSSAL schließlich finden bei Hefezellen, daß Chondriosomen nach dem Gefrieren mehrere Enzyme in die (nach dem Homogenisieren und Zentrifugieren) überstehende Flüssigkeit abgeben.

LARCHER untersucht den — unterschiedlich stark ausgeprägten — endogenen Jahresgang der Kälteresistenz an zahlreichen mediterranen immergrünen Pflanzen. Als Extreme können *Trachycarpus fortunei* und *Olea europaea* genannt werden; erstere hat im Sommer fast die gleiche Kälteresistenz wie im Winter (– 10 bzw. 12° C), bei *Olea* hingegen hängt die Kälteresistenz sehr stark von der jeweils herrschenden Witterung ab. An allen Objekten läßt sich die Kälteresistenz im Sommer durch Härtungsversuche nur in sehr bescheidenem Umfange erhöhen, im Winter hingegen im Verwöhnungsversuch sehr leicht herabsetzen.

PISEK u. LARCHER kommen auf Grund vergleichender Untersuchungen über Austrocknungsresistenz und Frosthärte an immergrünen Pflanzen zu der Auffassung, daß beiden Arten der Resistenz eine gemeinsame plasmatische Komponente zugrunde liegt. WALDHAM u. HALVORSON bewahren Sporen und vegetative Zellen von Bakterien unter definiertem Dampfdruck nebeneinander auf; sie kommen zu dem überraschenden Befund, daß unter bestimmten Bedingungen die Sporen an die vegetativen Zellen Wasser abgeben. Das wird damit erklärt, daß die hohe Hitzeresistenz der Bakteriensporen nicht auf die Bindung des Hydratationswassers zurückzuführen sei, sondern auf eine „Immobilisierung" der Proteine nach einem andersartigen Mechanismus; dadurch sollen Formänderungen und Denaturierungserscheinungen verhindert werden.

Literatur.

AFZELIUS, B. A.: Exper. Cell Res. **8**, 147—158 (1955). — AKAZAWA, T., and I. URITANI: J. of Biochem. (Tokyo) **41**, 631—638 (1954). — ALLFREY, V., M. M. DALY and A. E. MIRSKY: J. Gen. Physiol. **37**, 157—175 (1953). — ANDREWS, E. A.: Biol. Bull. **108**, 121—124 (1955). — ASSAILLY, A.: Bull. Soc. bot. France **101**, 189—192 (1954).

BAHR, G. F., and W. BEERMANN: Exper. Cell Res. **6**, 519—522 (1954). — BAIRATI, A., and F. E. LEHMANN: Exper. Cell Res. **5**, 220—233 (1953). —Experientia (Basel) **10**, 173—175 (1954). — BARTELS, F.: Planta (Berlin) **45**, 426—454 (1955). — BARTLEY, W., and R. E. DAVIES: Biochemic. J. **52** (Proc.) 20—21 (1952); **57**, 37—49 (1954). — BAUD, C. A.: Acta anat. (Basel) **17**, 113—174 (1953). — Z. wiss. Mikrosk. **62**, 106—108 (1954). — BAUTZ, E.: Naturwiss. **41**, 375—376 (1954). — Ber. dtsch. bot. Ges. **67**, 281—288 (1954); **68**, 197—204 (1955). — Naturwiss. **42**, 49—50 (1955). — Z. Naturforsch. **10b**, 313—316 (1955). — BAUTZ, E., u. H. MARQUARDT: Naturwiss. **40**, 531 (1953); **40**,531—532 (1953). — BENNET, M. C.: J. of Exper. Bot. **6**, 276—286 (1955). — BERNHARD, W., A. GAUTIER et CH. ROUILLER: Arch. d'Anat. microsc. **35**, 236—275 (1954). — BLOCH, D. P., and G. C. GODMAN: J. Biophysic. a. Biochem. Cytol. **1**, 17—28 (1955). — BOGEN, H. J.: Die Koordination der Reaktionssysteme. Handbuch der Pflanzenphysiologie Bd. **II**, S. 607—631. — BOGEN, H. J., u. U. ELSTE: Planta (Berlin) **45**, 325—375 (1955). — BOGEN, H. J., u. G. FOLLMANN: Planta (Berlin) **45**, 125—146 (1955). — BOGEN, H. J., u. M. KESER: Planta (Berlin) **45**, 273—288 (1955). — BONNER, J., and A. MILLERD: Arch. of Biochem. a. Biophysics **42**, 135—148 (1953). — BONNER, J., R. S. BANDURSKI u. A. MILLERD: Physiol. Plantarum (Copenh.) **6**, 511—522 (1953). — BORSOOK, H.: Adv. Protein Chem. **8**, 127—174 (1953). — BRACHET, J.: (1) Quart. J. Microsc. Sci **94**, 1—10 (1953). — (2) Nature (London) **173**, 725 (1954) — (3) Nature (London) **174**, 876—877 (1954).— (4) Biochim. et Biophysica Acta (Amsterdam) **16**, 611—613 (1955). — BRADFIELD, J. R.: Quart. J. Microsc. Sci. **94**, 351 bis 367 (1953). — BRESLER, S. E., M. V. GLIKINA and S. J. FRENKEL: Dokl. Akad. Nauk SSSR, N. S. **96**, 565—567 (1954)· BRODY, Th. M.: Proc. Soc. Exper. Biol. a. Med. **80**, 533—536 (1952). — BRUYN, P. P. H. DE, et al.: Exper. Cell Res. **4**, 174—180 (1953). — BURSTRÖM, H.: Physiol. Plantarum (Copenh.) **6**, 262—276 (1953); **7**, 548—559 (1954). — BUSCH, G.: Biol. Zbl. **72**, 598—629 (1953). — BÜHNEMANN, F.: (1) Biol. Zbl. **74**, 1—54 (1955). — BÜHNEMANN, F.: (2) Z. Naturforsch. **10b**, 305—310 (1955). — BÜNSOW, R.: Planta (Berlin) **42**, 220—252 (1953).

CHAYEN, J., H. G. DAVIES and U. J. MILES: Proc. Roy. Soc. (London), Ser. B. **141**, 190—198 (1953). — CHAYEN, R., S. CHAYEN u. ROBERTS: Biochim. et Biophysica Acta (Amsterdam) **16**, 117—126 (1955). — CHEESMAN, D. F.: Biochim. et Biophysica Acta (Amsterdam) **11**, 439—440 (1953). — CHÈVREMONT, M., et H. FIRKET: Bull. Acad. roy. Méd. Belg., Sér. 6, **18**, 48—62 (1953). — CHIBA, Y.: Arch. of Biochem. a. Biophysics **54**, 83—92 (1955). — COHEN, C.: Nature (London) **175**, 129—130 (1955).— CONWAY, E. J.: Symposia Soc. Exper. Biol. **8**, 297—324 (1954).— CONWAY, E. J. and D. HINGERTY: Biochemic. J. **55**, 455—458 (1953).— CONWAY, E. J.

and P. T. MOORE: Biochemic. J. 57, 523—528 (1954). — COOPERSTEIN, S. J., and A. LAZAROW: Biol. Bull. 99, 321 (1950). — Exper. Cell Res. 5, 82—97 (1953). — CREASER, E. H.: J. Gen. Microbiol. 12, 289—297 (1955).

DANIELLI, J. F.: Symposia Soc. Exper. Biol. 8, 502—516 (1954). — DAVIDSON, J. N.: Bull. Soc. Chim. biol. (Paris) 35, 49—66 (1953). — DAVIES, D. D.: Proc. Roy. Soc. (London) Ser. B. 142, 155—160 (1954). — DAVIES, R.: Biochemic. J. 55, 484—497 (1953). — DAVIES, R. E.: Symposia Soc. Exper. Biol. 8, 453—475 (1954). — DAVIES, R., J. P. FOLKES, E. F. GALE u. L. C. BIGGER: Biochemic. J. 54, 430—437 (1953). — DAVIS, J. T.: Biochim. et Biophysica Acta (Amsterdam) 11, 165—177 (1953). — DEKEN-GRENSON, M. DE: (1) Biochim. et Biophysica Acta (Amsterdam) 14, 203—211 (1954). — (2) Biochim. et Biophysica Acta (Amsterdam) 17, 35—47 (1955). — DELBRÜCK, M.: (1) Proc. Nat. Acad. Sci. USA 40, 783—788 (1954). — (2) Behringwerk-Mitt. 29, 113—125 (1954). — DEUEL, H.: Phytopath. Z. 21, 337—348 (1954). — DIANZANI, M. U.: Biochim. et Biophysica Acta (Amsterdam) 11, 353—367 (1953). — Experientia (Basel) 9, 343—345 (1953). — Biochim. et Biophysica Acta (Amsterdam) 14, 514—532 (1954). — DRAWERT, H.: Ber. dtsch. bot. Ges. 66, 134—150 (1953); 67, 33—42 (1954). — Planta (Berlin) 44, 1—8 (1954). — DRAWERT, H. u. H. GUTZ: Naturwiss. 40, 512 (1953). — DÜVEL, D.: Protoplasma (Wien) 239—258 (1954). — DUVE, C. DE, R. GIANETTO, F. APPELMANS and R. WATTIAUX: Nature (London) 172, 1143—1144 (1953). —

EDWARDS, S. W., and E. G. BALL: J. of Biol. Chem. 209, 619—633 (1954). — EGGMAN, L., S. J. SINGER and S. G. WILDMAN: J. of. Biol. Chem. 205, 969—983 (1953). — EPHRUSSI, B.: Nucleo-cytoplasmic relations in micro-organisms. Oxford: Clarendon Press 1953. — EPSTEIN, E.: Science (Lancaster, Pa.) 120, 987—988 (1954). — EPSTEIN, E., and J. E. LEGGETT: Amer. J. Bot. 41, 785—791 (1954). — ERNST, E., u. L. HOMOLA: Acta physiol. 3, 487—505 (1952).

FIEDLER, H. J.: Z. Pflanzenernähr. 65, 195—205 (1954). — FIRKET, H.: C. r. Assoc. Anat. Nr. 72, 106—110 (1953). — FOLLMANN, G.: (1) Naturwiss. 42, 633 (1955). — (2) Naturwiss. 43, 306 (1956). — FOWDEN, L.: Ann. of Bot. N. s. 18, 257—266 (1954). — FREDERIC, J.: C. r. Assoc. Anat. Nr. 72, 111—115 (1953). — FREDERIC, J., u. S. CHÈVREMONT-COMHAIRE: C. r. Soc. Biol. (Paris) 148, 2094—2096 (1954). — FREY-WYSSLING, A.: Nature (London) 173, 596 (1954).

GALE, E. F.: Symposia Soc. Exper. Biol. 8, 242—253 (1954). — GALE, E. F., and J. P. FOLKES: Nature (London) 173, 1223—1227 (1954). — GALE, E. F., and J. P. FOLKES: Biochemic. J. 59, 661—675 (1955); 59, 675—684 (1955). — GALE, E. F., and J. P. FOLKES: Nature (London) 175, 592—593 (1955). — GALSTON, A. W., and S. M. SIEGEL: Science (Lancaster, Pa.) 120, 1070—1071 (1954). — GAMOW, G.: Danske Vidensk. Selsk. Biol. Medd. 22, 3—13 (1954). — GÄUMANN, E., u. ST. NAEF-ROTH: Phytopath. Z. 21, 349—366 (1954). — GEHENIO, P. M., and B. J. LUYET: Biodynamica (Normandy, Mo.) 7, 175—180 (1953). — GIMESI, N., u. B. POZSÁR: Acta biol. (Budapest) 5, 55—56 (1954); 5, 67—78 (1954). — GLIMSTEDT, G., u. S. LAGERSTEDT: Verh. anat. Ges. (Erg.-Heft zu Bd. 100 [1953/1954] d. Anat. Anz.) 1954, 97—101. — GLIMSTEDT, G., S. LAGERSTEDT u. K. S. LUDWIG: Exper. Cell Res. 7, 575—577 (1954). — GLIMSTEDT, G., S. LAGERSTEDT u. K. S. LUDWIG: Experientia (Basel) 10, 462—464 (1954). — GOEDHEER, J. C.: Biochim. et Biophysica Acta (Amsterdam) 16, 471—476 (1955). — GOLDACRE, R. J.: Nature (London) 174, 732—734 (1954). — GRUNDMANN, E., u. H. MARQUARDT: Naturwiss. 40, 557—558 (1953). — GUTZ, H.: Planta (Berlin) 46, 481—511 (1956).

HÄMMERLING, J., u. H. STICH: Z. Naturforsch. 9b, 149—155 (1954). — HAGER, A.: Z. Naturforsch. 10b, 310—312 (1955). — HALVORSON, H., S. SPIEGELMAN and R. L. HINMAN: Arch. of Biochem. a. Biophysics 55, 512—525 (1955). — HANSEN, I. A., u. P. M. NOSSAL: Biochim. et Biophysica Acta (Amsterdam) 16, 502—512 (1955). — HANSON, J. B., and J. BONNER: Amer. J. Bot. 41, 702—710 (1954); 42, 411—416 (1955). — HARKER, D.: Trans. N. Y. Acad. Sci., Ser. 2, 17, 455—459 (1955). — HARMAN, J. W., and A. KITIYAKARA: Exper. Cell Res. 8, 411—435 (1955). — HARRISON, R. G.: Trans. Conn. Acad. Arts a. Sci. 36, 277—330 (1945). — HASMAN, M.: Physiol. Plantarum (Copenh.) 7, 231—240 (1954). — HAYASHI, T.: Amer. Naturalist 87, 209—227 (1953). — HEITZ, E.: Exper. Cell Res. 7, 606—608 (1954). — HILLIER, J., and J. F. HOFFMANN: J. Cellul. a. Comp. Physiol. 42, 203 bis 247 (1953). — HIRAOKA, T.: Mem. Coll. Sci. Univ. Kyoto, Ser. B. 20, 171—177

(1953). — HIRN, I.: Sitzgsber. österr. Akad. Wiss. Wien, Math.-naturwiss. Kl., Abt. I, **162**, 571—595 (1953). — HITCHOCK, D. J.: J. Gen. Physiol. **37**, 717—727 (1954). — HOCQUETTE, M., et B. MONTUELLE: C. r. Acad. Sci. (Paris) **240**, 1567—1568 (1955) — HODGE, P. J., J. D. McLEAN and F. v. MERCER: J. Biophys. a. Biochem. Cytol. **1**, 605—614 (1955). — HÖFLER, K.: Naturwiss. Ges. Bayreuth, Sonderdruck-Ber. 1953/54, 78 S. — HOGEBOOM, G. H., and W. C. SCHNEIDER: J. of Biol. Chem. **204**, 233—238 (1953). — HOGEBOOM, G. H., W. C. SCHNEIDER and M. J. STRIEBICH: Cancer Res. **13**, 617—632 (1953). — HOLMES, B. E., L. K. MEE, S. HORNSEY and L. H. GRAY: Exper. Cell. Res. **8**, 101—113 (1955). — HOPE, A. B.: Austral. J. Biol. Sci. **6**, 396—409 (1953). — HORIÉ, K.: Cytologia (Tokyo) **19**, 117—129 (1954). — HORWITZ, L.: Plant Physiol. **30**, 10—15 (1955). — HOUWINK, A. L.: Biochim. et Biophysica Acta (Amsterdam) **10**, 360—372 (1953). — HULTIN, T.: Ark. Kemi (Stockh.) **5**, 543—552 (1953); **5**, 559—564 (1953). — Arch. néerl. Zool, **10**, Suppl. 1, 76—91 (1953). — HUMPHREYS, T. E., E. NEWCOMB, A. H. BOKMAN and P. K. STUMPF: J. of Biol. Chem. **210**, 941—948 (1954). — HUMPHREYS, T. E., and STUMPF: J. of Biol. Chem. **213**, 941—949 (1955).

JACOBSON, L., and L. ORDIN: Plant Physiol. **29**, 70—75 (1954). — JAMES, TH. W., and D. MAZIA: Biochim. et Biophysica Acta (Amsterdam) **10**, 367—370 (1953) — JOHANNES, H.: Protoplasma (Wien) **44**, 165—191 (1954).

KAJA, H.: Ber. dtsch. bot. Ges. **67**, 93—107 (1954). — KAJA, H.: Planta (Berlin) **44**, 503—508 (1954). — KAMIYA, N.: Ann. Rep. Scient. Works Fac. Sci. Osaka Univ. **1**, 53—83 (1953). — KAMIYA, N., and W. SEIFRIZ: Exper. Cell. Res. **6**, 1—16 (1954). — KANDEL, I., u. M. KANDEL: Experientia (Basel) **11**, 95—96 (1955). — KATES, M.: Nature (London) **172**, 814—815 (1953). — KAUTZ, J., and Q. B. DE MARSH: Exper. Cell Res. **8**, 394—396 (1953). — KEANE, J. F.: Biodynamica (Normandy, Mo.) **7**, 157—169 (1953). — KENDREW, J. C.: Nature (London) **173**, 57—59 (1954). — KENNEDY, E.: J. of Biol. Chem. **201**, 399—412 (1953); **209**, 525—535 (1954). — KETELLAPPER, H. J.: Acta bot. néerl. (Amsterdam) **2**, 387—444 (1953). — KIERMAYER, O.: Sitzgsber. österr. Akad. Wiss. Wien, Math.-naturwiss. Kl. Abt. 1, Bd. **163**, 175—222 (1954); — KINZEL, H.: Protoplasma (Wien) **44**, 52—72 (1954). — KOBINGER, I.: Phyton (Horn, V.-Ö.) **5**, 38—40 (1953). — KOPETZKY-RECHTPERG, O.: Protoplasma (Wien) **44**, 322—331 (1955). — KRECH, E.: Beitr. Biol. Pflanzen **30**, 379—405 (1954). — KUFF, E. L., and W. C. SCHNEIDER: J. of Biol. Chem. **206**, 677—685 (1954).

LAIRD, A. K., O. NYGAARD, H. RIS and A. D. BARTON: Exper. Cell Res. **5**, 147—160 (1953). — LAMBERTZ, P.: Planta (Berlin) **44**, 147—190 (1954). — LANG, K., G. SIEBERT u. G. ROSSMÜLLER: Naturwiss. **40**, 293—294 (1953). — LANG, K., u. G. SIEBERT: Ann. Acad. Sci. fenn., Ser. A. II, Nr. **60**, 73—88 (1955). — LARCHER, W.: Mikroskopie (Wien) **8**, 299—302 (1953). — Planta (Berlin) **44**, 607—635 (1954). LATIES, G. G.: Plant Physiol. **28**, 557—575 (1953). — LAZAROW, A., and S. J. COOPERSTEIN: J. Histochem. a. Cytochem. **1**, 234—241 (1953). — LE FEVRE, P. G.: Symposia Soc. Exper. Biol. **8**, 118—135 (1954). — LEHMANN, F. E., and H. R. WAHLI: Exper. Cell Res. Suppl. **3**, 230—240 (1955). — LEHMANN, H. J.: Pflügers Arch. **259**, 294—302 (1954). — LEVITT, J.: (1) Physiol. Plantarum (Copenh.) **5**, 470—484 (1952). — (2) **7**, 109—116 (1954). — (3) **7**, 117—123 (1954). — (4) **7**, 597—601 (1954). — LEYON, H.: Exper. Cell Res. **5**, 520—529 (1953); **6**, 497—505 (1954); **7**, 277—280 (1954); **7**, 609—611 (1954). — LEYON, H., u. D. v. WETTSTEIN: Z. Naturforsch. **9b**, 471—475 (1954). — LINDBERG, O., u. L. ERNSTER: Protoplasmatologia III A **4**, 1—136 (1954). — LOW, B. W., and H. J. GRENVILLE-WELLS: Proc. Nat. Acad. USA **39**, 785—801 (1953). — LUCAS, J. W.: Plant Physiol. **29**, 245—251 (1954). — LUNDEGÅRDH, H.: Ark. Kemi (Stockholm) **7**, 451—478 (1954). — Physiol. Plantarum (Copenh.) **8**, 95—105 (1955). — LUSENA, C. V., and W. H. COOK: Arch. of Biochem. a. Biophysics **50**, 243—251 (1954); **46**, 232—240 (1953). — LUYET, B. J., and P. M. GEHENIO: Biodynamica (Normandy, Mo.) **7**, 213—223 (1954). — LUYET, B. J., and J. F. KEANE jr.: Biodynamica (Normandy, Mo.) **7**, 141—155 (1953).

MALKIN, H. M.: J. Cellul. a. Comp. Physiol. **44**, 105—112 (1954). — MARCOVICH, H.: Ann. Inst. Pasteur (Paris) **85**, 443—450 (1953). — MAZIA, D.: Proc. Nat. Acad. Sci. USA **40**, 521—527 (1954). — MAZIA, D., and D. M. PRESCOTT: Science (Lancaster/Pa.) **120**, 120—122 (1954). — Nature (London) **175**, 300—301 (1955). —

Biochim. et Biophysica Acta (Amsterdam) 17, 23—34 (1955). — MERCER, F. V., A. J. HODGE, A. B. HOPE and J. D. McLEAN: Austral. J. Biol. Sci. 8, 1—18 (1955) — MELCHIOR, N. C.: J. of Biol. Chem. 208, 615—627 (1954). — METZNER, H.: Nachr. Akad. Wiss. Göttingen, Math.-Physik. Kl. IIb, 1952, Nr. 1, 1—5. — METZNER, P.: Flora (Jena) 142, 81—108 (1954). — MIETTINEN, J. K.: Ann. Acad. Sci. fenn., Ser. A. II, 6—113 (1954). — MILLERD, A.: Arch. of Biochem. a. Biophysics 42, 149—163 (1953). — MITCHELL, P.: J. Gen. Microbiol. 9, 273—287 (1953). — Symposia Soc. of Exper. Biol. 8, 254—261 (1954). — J. Gen. Microbiol. 11, 73—82 (1954). — MORTHLAND, F. W., P. P. H. DE BRUYN and N. H. SMITH: Exper. Cell Res. 7, 201—214 (1954). — MUNDKUR, B. D.: Nature (London) 171, 793—794 (1953).

NEEB, O.: Flora (Jena) 139, 39—95 (1952). — NOSSAL, P. M.: (1) Austral. J. Exper. Biol. a. Med. Sci. 31, 585—589 (1953). — (2) Biochim. et Biophysica Acta (Amsterdam) 14, 154—155 (1954). — NOVIKOFF, A. B., E. PODBER, J. RYAN and E. NOE: J. Histochem. a. Cytochem. 1, 27—46 (1953). — NOVIKOFF, A. B., J. RYAN and E. PODBER: J. Histochem a. Cytochem. 2, 401—406 (1954). — NYGAARD, A. P., M. U. DIANZANI and G. F. BAHR: Exper. Cell Res. 6, 453—458 (1954).

PAIGAN, K.: J. of Biol. Chem. 206, 945—957 (1954). — PALADE, G. E.: J. Histochem. a. Cytochem. 1, 188—211 (1953). — J. Biophysic. a. Biochem. Cytol. 1, 59—68 (1955). — PALADE, G. E., and K. R. PORTER: J. of Exper. Med. 100, 641—649 (1954). — PARDEE, A. B.: Proc. Nat. Acad. Sci. USA 40, 263—270 (1954). — J. Bacter. 69, 233—239 (1955). — PAULING, L., and R. B. COREY: Nature (London) 171, 59—61 (1953). — PISEK, A., u. W. LARCHER: Protoplasma (Wien) 44, 30—46 (1954). — POLITZER, G., u. L. STOCKINGER: Z. Zellforsch. 41, 186—202 (1954). — POLLISTER, A. W.: Exper. Cell Res. 2, 59—74 (1952). — POLLOCK, M. R.: Symp. Soc. Gen. Microbiol. 3, 150—183 (1953). — PORTER, C. J., R. HOLMES and B. F. CROCKER: J. Gen. Physiol. 37, 271—289 (1953). — PORTER, H. K., and L. H. MAY: Proc. of Radioisotope Conf. 1, 351—359 (1954). — PORTER, K. R.: J. of Exper. Med. 97, 727—750 (1953). — J. Histochem. a. Cytochem. 2, 346—375 (1954). — PORTER, V. S., N. P. DEMING, R. C. WRIGHT and E. M. SCOTT: J. of Biol. Chem. 205, 883—891 (1953). — POWERS, E. L., C. F. EHRET and L. E. ROTH: Biol. Bull. 108, 182—195 (1955). — PRATLEY, J. N., and H. F. ROSENE: J. Cellul. a. Comp. Physiol. 44, 165—175 (1954). — PRESCOTT, D. M.: Nature (London) 172, 593 (1953). — PRESCOTT, D. M., and D. MAZIA: Exper. Cell Res. 6, 117—126 (1954). — PRESSMAN, B. C., and H. A. LARDY: J. of. Biol. Chem. 197, 547—556 (1952.

RAUTANEN, N., u. J. M. TAGER: Ann. Acad. Sci. fenn., Ser. A. II, Nr. 60, 241—250 (1955). — REICHENBERG. D., and J. F. SUTCLIFFE: Nature (London) 174, 1047—1048 (1954). — ROBERTSON, R. N., M. J. WILKINS and A. B. HOPE: Nature (London) 175, 640—641 (1955). — ROBERTSON, W. B. VAN: J. of Biol. Chem. 197, 495—501 (1952). — ROLL, L.: Naturwiss. 42, 127 (1955). — RONDONI, P.: Sperimentale 103, 1—14 (1953). — ROSENE, H. F.: Physiol. Plantarum (Copenh) 7, 676—686 (1954). — ROTHSTEIN, A.: Symposia Soc. Exper. Biol. 8, 165—201 (1954). — ROTHSTEIN, A., and C. DEMIS: Arch. of Biochem. a. Biophysics 44, 18—29 (1953). — ROTHSTEIN, A., R. C. MEIER and T. G. SCHARFF: Amer. J. Physiol. 173, 41—46 (1953). — RUHLAND, G.: (1) Roux' Arch. 146, 61—78 (1954). — (2) Roux' Arch. 147, 365—372 (1955).

SAGER, R., and G. E. PALADE: Exper. Cell Res. 7, 584—588 (1954). — SCARASCIA VENEZIAN, M. E.: Experientia (Basel) 11, 104—105 (1955). — ŠČERBAKOV, B. I., u. N. L. SEMIOTROČEVA: Dokl. Akad. Nauk SSSR., N. S. 93, 721—724 (1953). — SCHNEIDER, W. C.: J. Histochem. a. Cytochem. 1, 212—233 (1953). — SCHÖN, W. J.: Flora (Jena) 142, 347—380 (1955). — SCHWARTZ, D.: Proc. Nat. Acad. Sci. USA 41, 300—307 (1955). — SCOTT, B. I. H., A. L. McAULEY and P. JEYES: Austral. J. Biol. Sci. 8, 36—46 (1955). — SCOTT, F. M.: Amer. J. Bot. 42, 475—480 (1955). — SCOTT, G. T., and H. R. HAYWARD: J. Gen. Physiol. 37, 601—620 (1954). — SCOTT, R.: Proc. Radioisotope Conf. 1, 373—380 (1954). — SEIFRIZ, W.: Nature (London) 171, 1136—1138 (1953). — SHAW, M.: (1) Canad. J. Bot. 32, 523—526 (1954). — (2) New Phytologist 53, 344—348 (1954). — SHAW, W. H. R.: Science (Lancaster, Pa.) 120, 361—363 (1954). — SIMON, M.-F.: Rev. Cytol. et Biol. végét. 15, 73—106 (1954). — SIMONART, P., and KWANG YÜ CHOW:

Leeuwenhoek J. Microbiol. a. Serol. **20**, 210—216 (1954). — SISAKJAN, N. H.: Uspechi Sovrem. Biol. **36**, 332—345 (1953). — SISAKJAN, N. H., u. M. S. ČERNJAK: Dokl. Akad. Nauk SSSR, N. S. **87**, 469—470 (1952). — SISAKJAN, N. H., E. N. BEZINGER u. N. A. GUMILEVSKAJA: Dokl. Akad. Nauk SSSR, N. S. **91**, 907—910 (1953). — SISAKJAN, N. H., u. I. M. MOSOLOVA: Biochimija **19**, 485—489 (1954). — SJÖSTRAND, F. S.: Z. wiss. Mikrosk. **62**, 65—86 (1954). — SJÖSTRAND, F. S., u. V. HANZON: Exper. Cell Res. **7**, 393—414 (1954). — SLAUTTERBACK, D. B.: Exper. Cell Res. **5**, 173—186 (1953). — SŁONIMSKI, P.: La formation des enzymes respiratoires chez la levure. Paris 1953. — SPANNER, D. C.: Symposia Soc. Exper. Biol. **8**, 76—93 (1954). — SPIEGELMAN, S.: Cold Spring Harbor Symp. Quant. Biol. **16**, 87—98 (1951). — SPIEGELMAN, S., and H. O. HALVORSON: J. Bacter. **68**, 265—273 (1954). — STÅLFELT, M. G.: Physiol. Plantarum (Copenh.) **7**, 354—374 (1954). — STEFFEN, K., u. F. WALTER: Planta (Berlin) **45**, 395—404 (1955). — STEINER, M.: Naturwiss. **41**, 191 (1954). — STEINER, M., u. H. HEINEMANN: Naturwiss. **41**, 40—41 (1954). — STEINMANN, E., and F. S. SJÖSTRAND: Exper. Cell Res. **8**, 15—23 (1955). — STERN, K. G.: Exper. Cell Res., Suppl. **2**, 1—15 (1952). — STERN, K. G., and A. E. MIRSKY: J. Gen. Physiol. **36**, 181—200 (1952); **37**, 177—187 (1953). — STICH, H., u J. HÄMMERLING: Z. Naturforsch. **8** b, 329—333 (1953). — STRAUS, W.: (1) Bot. Review **19**, 147—186 (1953). — (2) Exper. Cell Res. **6**, 391—402 (1954). — STRUGGER, S.: Ber. dtsch. bot. Ges. **66**, 439—453 (1953). — Protoplasma (Wien) **43**, 120—173 (1954). — SWANN, M. M.: Sympos. Soc. Exper. Biol. **6**, 89—104 (1952). — SZAFARZ, D., u. J. BRACHET: Arch. internat. Physiol. **62**, 154—155 (1954).

TAUG, L.: J. de Physiol. **46**, 659—669 (1954). — TAYLOR, H. E.: Rev. Canad. Biol. **13**, 144—169 (1954). — TAYLOR, H., and S. H. TAYLOR: J. Hered. **44**, 129—132 (1953). — THALER, I.: Österr. bot. Z. **101**, 566—569 (1954). — Protoplasma (Wien) **44**, 437—443 (1955). — TORIYAMA, H.: Cytologia (Tokyo) **18**, 283—292 (1953); **19**, 29—40 (1954). — TURING, A. M.: Philosophic. Trans. Ser. B. **237**, 37 (1952).

UMRATH, K.: Protoplasma (Wien) **42**, 77—82 (1953); **43**, 237—252 (1954). — URBANI, E.: Atti Accad. naz. Lincei, Ser. 8, **16**, 556—563 (1954).

VANDERHAEGHE, F.: Biochim. et Biophysica Acta (Amsterdam) **16**, 281—287 (1954). — VANDERHAEGHE, F., u. D. SZAFARZ: Arch. internat. Physiol. **63**, 267 bis 268 (1955). — VERVELDE, G. J.: Plant and Soil **6**, 226—244 (1955). — VIRGIN, H. I.: Physiol. Plantarum (Copenh.) **7**, 343—353 (1954).

WALDHAM, D. G., and H. O. HALVORSON: Appl. Microbiol. **2**, 333—338 (1954). — WARDLAW, C. W.: New Phytologist **54**, 39—48 (1955). — WATSON, J. D. and F. H. C. CRICK: Nature (London) **171**, 737—738 (1953). — WATSON, M. L.: (1) Biochim. et Biophysica Acta (Amsterdam) **15**, 475—479 (1954). — (2) J. Biophysic. a. Biochem. Cytol. **1**, 257—270 (1955). — WEATHERLEY, P. E.: (1) New Phytologist **52**, 76—79 (1953). — (2) New Phytologist **53**, 204—216 (1954). — (3) New Phytologist **54**, 13—28 (1955). — WEBER, F.: Österr. bot. Z. **102**, 84—88 (1955). — WEBER, H. H.: Naturwiss. **42**, 270—275 (1955). — WEBER, R.: Z. Zellforsch. **39**, 630—640 (1954). — WEBSTER, G. C.: Plant Physiol. **29**, 382—385 (1954). — WEINREB, E. L.: Exper. Cell Res. **8**, 159—162 (1955). — WETTSTEIN, D. v.: Z. Naturforsch. **9** b, 476—481 (1954). — WILBRANDT, W.: Symposia Soc. Exper. Biol. **8**, 136—162 (1954). — WILDMAN, S. G., u. M. COHEN: Handbuch der Pflanzenphysiologie, Bd. **I**, S. 243—300. Berlin-Göttingen-Heidelberg 1955. — WILLIAMS, J. N. JR.: J. of Biol. Chem. **197**, 709—715 (1952). — WILKINS, M. H. F., W. E. SEEDS, A. R. STOKES u. H. R. WILSON: Nature (London) **172**, 759—762 (1953). — WITTER, R. F., M. L. WATSON and M. A. COTTONE: J. Biophys. a. Biochem. Cytol. **1**, 127—138 (1955). — WOLKEN, J. J., and G. E. PALADE: Ann. N. Y. Acad. Sci. **56**, 873—889 (1953). — WOLKEN, J. J., and F. A. SCHWERTZ: J. Gen. Physiol. **37**, 111—120 (1953).

YEMM, E. W., and B. F. FOLKES: Biochemic. J. **55**, 700—707 (1953). — YOTSUYANAGI, Y.: Cytologia (Tokyo) **18**, 146—156 (1953).

ZEIGER, K., u. M. WIEDE: Z. Zellforsch. **40**, 401—424 (1954). — ZURZYCKI, J.: Acta Soc. bot. poloniae **23**, 161—174 (1954).

12. Wasserumsatz und Stoffbewegungen.

Von Bruno Huber, München und Leopold Bauer, Tübingen.

A. Allgemeines.

Obwohl es nicht Aufgabe dieser Fortschrittsberichte sein kann, Sammeldarstellungen weiter zu exzerpieren, möchten die Ref. doch nicht darauf verzichten, auf die hervorragende Darstellung der physikalisch-chemischen Eigenschaften des Wassers durch v. Erichsen im ersten Band des neuen Handbuches der Pflanzenphysiologie nachdrücklich hinzuweisen: Daß die häufigste chemische Verbindung unserer Erde nicht nur durch die Isotope Deuterium und Tritium, welche das „schwere Wasser" bilden, sondern auch durch mannigfache Polymerisationen in Siede- und Gefrierpunkt, Dichte u. dgl. stark von dem abweicht, was von der Verbindung H_2O zu erwarten wäre, ist nicht zuletzt für die Biologie von grundlegender Bedeutung. Zumal Physiologen sollten sich mit diesen erregenden Tatsachen vertraut machen. Wir verweisen auch bereits auf eine angekündigte ähnliche Darstellung Ullrichs im 3. Band des genannten Handbuches, in der u. a. die für das Verständnis der Frosthärte wichtigen Unterschiede zwischen kristallin und amorph erstarrendem Wasser (im zweiten Falle spricht man von Vitrifikation oder Verglasung) behandelt werden.

B. Wasser- und Stoffaufnahme.

1. Zellphysiologische Grundlagen.

Die Besprechung des nichtosmotischen Anteils der Wasser- und Stoffaufnahme soll diesmal zurückgestellt werden. Das gleiche gilt für einige Beiträge zur bound-water-Theorie (Slavik, Stålfelt, Muskat), weil bis dahin die einschlägige Bearbeitung im Handbuch der Pflanzenphysiologie zur Verfügung stehen dürfte.

Was wir über die stoffliche Zusammensetzung des Zellsaftes wissen, hat Pisek im ersten Band dieses Handbuches zusammengestellt.

2. Oberirdische Aufnahme.

Daß bei den Moosen die Wasseraufnahme nur aus dem Boden oder aus der wassergesättigten Atmosphäre ein Wasserdefizit nicht ausgleichen kann, ist neuerdings wieder an *Polytrichum commune* und *Atrichum angustatum* gezeigt worden (Anderson u. Bourdeau). Regen, Tau oder Nebel sind daher am natürlichen Standort die einzigen wirkungsvollen Wasserquellen (vgl. auch die Darstellungen von Stocker und Huber im Handbuch der Pflanzenphysiologie). — Biebl findet bei einer großen Anzahl von Laub- und Lebermoosen mit der Plasmolysemethode große Unterschiede der Zellwandpermeabilität, sogar innerhalb enger Verwandtschaftskreise. Die Kutikeln von Laubmoosblättchen (*Physcomitrium acuminatum*) lassen jedoch im Elektronenmikroskop keine für den Stoffdurchtritt präformierte Stellen erkennen [Bauer (3)].

Auch für höhere Pflanzen kann der Taufall als Vegetationsfaktor in Frage kommen (vgl. Fortschr. Bot. 17, 486). In abgeschnittenen Blättern geht das Sättigungsdefizit durch Betauung zurück, und im Kulturversuch kann man die Bedingungen so lenken, daß diese Art der Wasseraufnahme deutlich den Ertrag steigert (Steubing). — Die Ulmacee *Chaetacme aristata* hat in der Blattepidermis besondere Zellen, die offenbar für Feuchtigkeitsaufnahme in Form von Nebel geeignet sind [MEIDNER (1)].

Die Verbreitung der Hydropoten in den verschiedenen Verwandtschaftskreisen haben LYR u. STREITBERG zusammengestellt.

3. Aufnahme durch die Wurzel.

Der Einfluß der Transpirationssaugung auf die Wasseraufnahme durch die Wurzelhaare kommt nach PRATLEY u. ROSENE in folgenden Versuchen an Rettich zum Ausdruck: 1. Azid $(4 \cdot 10^{-2})$ hemmt reversibel die Wasseraufnahme (Mikropotometerversuche). 2. In abgeschnittenen Wurzeln ist jedoch die Azidwirkung viel stärker (90%) als in solchen, die noch mit der intakten Pflanze in Zusammenhang stehen (51—79%). Andererseits ist damit auch eine aktive Komponente der Wasseraufnahme durch die Wurzeln demonstriert. Ob der auf die Transpirationssaugung entfallende Betrag des Wassers über das Membransystem geleitet wird, ist noch umstritten. Mit dem Mikropotometer ROSENEs lassen sich außerordentliche Feinheiten der Wasseraufnahme aufdecken. Wurzelhaare der Primär- und Adventivwurzeln (*Allium cepa*) zeigen gleiche Leistung; junge Haare absorbieren besser als alte; dagegen nimmt die Leistung der unbehaarten Wurzelzone mit dem Alter (also basalwärts) zu, wodurch die Gesamtleistung der Wurzel in alten und jungen Abschnitten einigermaßen ausgeglichen ist.

Die Ionenaufnahme über die Wurzel scheint durch die Transpiration nicht bei allen Pflanzen in gleichem Ausmaß beeinflußt zu werden (Fortschr. Bot. **15**, 276; **17**, 496). WRIGHT u. BARTON finden eine positive Beziehung zwischen Transpiration und Aufnahme von radioaktivem Phosphor durch die Wurzel. Bei Zuckerrohr und Mais kann aber nach VAN DEN HONERT, HOOYMANS u. VOLKERS der Einfluß der Transpiration auf die Salzaufnahme vernachlässigt werden. Daher eignen sich diese Objekte auch besonders gut zum Studium der Salzaufnahme unter experimentellen Bedingungen. Geprüft wurde zunächst die NO_3-Aufnahme (VAN DEN HONERT u. HOOYMANS), für die ein spezielles Trägersystem postuliert wird.

Ähnlich wie das Studium der Drüsentätigkeit der Nektarien zum Verständnis der Assimilatsekretion in die Siebröhren weiterhelfen kann (vgl. u. S. 235), lassen offenbar auch die Leistungen der Salzdrüsen (*Statice*) Rückschlüsse auf den Vorgang der Sekretion von Salzlösungen in die Gefäße der Wurzel zu (ARISZ und Mitarbeiter).

Die Formel des MITSCHERLICHschen Ertragsgesetzes enthält einen „Schädigungsfaktor", der in der praktischen Düngeranwendung eine Rolle spielt. Nach MITSCHERLICH kommt als Ursache dieses Faktors u. a. die Möglichkeit in Frage, daß reichlich gebotene Nährsalze hohe osmotische Werte in der Bodenlösung verursachen und damit die Wurzelzellen plasmolytisch schädigen. MAYR untersucht deshalb bei verschiedenen Getreidearten die grenzplasmolytischen Werte (Mannit, KNO_3, $Ca(NO_3)_2$) der Rhizodermis und deren Änderung während der ganzen Vegetationsperiode. Er kommt zu dem Schluß, daß bei Salzkonzentrationen über 3‰ plasmolytische Schädigungen an den Wurzeln eintreten können (Gefahr bei Stickstoff-Stoßdüngung!). Die primäre Schädigung bei erhöhten Salzgaben sieht er allerdings nicht in der rein osmotischen Wirkung, sondern in einer Beeinflussung der Plasmagrenzschichten, wodurch es zu einer Erniedrigung des osmotischen Wertes (KNO_3-Experiment) und damit zu einer Einengung des „osmotischen Lebensraumes" kommen kann.

C. Wasser- und Stoffabgabe.

1. Physikalische Grundlagen.

Der Meteorologe HOFMANN hat seine so erfolgreichen energetischen Betrachtungen über den Taufall (Fortschr. Bot. **15**, 262; **17**, 486) nunmehr auch auf die Verdunstung erweitert: Auch diese ist ja nur in dem Umfang möglich, wie die hohen Energiemengen zur Verfügung stehen, welche der Übergang des Wassers aus der flüssigen in die Dampfphase erfordert (etwa 600 cal/cm³). Verf. entwickelt eine für Verdunstung und Tau (als negative Verdunstung) in gleicher Weise gültige Formel, in der beide Vorgänge als Summe eines der Strahlung und eines der Ventilation und dem Sättigungsdefizit proportionalen Gliedes erscheinen. Da beide Anteile in der gleichen Größenordnung liegen, darf keines der beiden Glieder vernachlässigt werden. Viele bisherigen Unstimmigkeiten erklären sich zwanglos aus dieser Summenfunktion. Daß sie bisher nicht noch krasser zutage traten, beruht z. T. darauf, daß die Meteorologen die Verdunstung in der strahlungsgeschützten „Hütte" messen, also das Strahlungsglied künstlich unterdrücken, z. T. aber auch darauf, daß Strahlung und Sättigungsdefizit im Mittel stark miteinander gekoppelt sind. Die bisherigen Verdunstungsformeln enthielten daher nur den Ventilations-Feuchteanteil. Daß aber Übertemperaturen selbst eine Verdunstung gegen bereits dampfgesättigte Luft erzwingen, lehrt anschaulich das „Rauchen" von Flüssen im Winter, von Wäldern und regennassen Dächern und Straßen bei Sommerregen.[1] Aber auch im Durchschnitt der Vegetationsperiode ergab sich beispielsweise für die Verdunstung einer Wiese, daß ihr Energiebedarf zu drei Viertel unmittelbar aus der Strahlung und nur zu einem Viertel durch Konvektion aus der Luft gedeckt wurde.

Für den Botaniker bedeutsame Fortschritte hat die meteorologische Austauschforschung gemacht: ROBINSON findet zwischen thermischem und Wasserdampfaustausch nur eine Abweichung von $14 \pm 6\%$, zwischen diesen beiden und dem Impulsaustausch dagegen $48 \pm 27\%$ bzw. $23 \pm 17\%$. FRANKENBERGER findet an den 70 m hohen Funktürmen von Quickborn bei Hamburg zwischen Wasserdampf- und Temperaturaustausch sogar völlige Übereinstimmung (Verhältnis $1,00 \pm 0.07$). Zwischen Wasserdampf- und Kohlensäureaustausch darf im Sinne der klassischen Austauschtheorie mit völliger Gleichheit gerechnet werden. Daher findet auch KOCH zwischen dem Verhältnis von Assimilation und Transpiration in Cuvetten eingeschlossener Pflanzen und dem CO_2- und Wasserdampfgefälle über Pflanzenbeständen im Tagesgang gute Übereinstimmung (s. u. S. 230f.[2])

---

[1] Den Botanikern solche Dinge klarzumachen, ist ein Hauptanliegen von THORNTHWAITEs Beitrag im Handbuch der Pflanzenphysiologie; dabei geht er aber in der Unterschätzung des Sättigungsdefizits als Verdunstungsfaktor entschieden zu weit.

[2] Über die Ergebnisse des "Great Plains turbulence field program", bei welchem vom 1. 8.—10. 9. 1953 über einem völlig ebenen Gelände im Präriegebiet von Nebraska nahe O'Neill 16 Institute mit über 100 Mann Wind-, Temperatur- und Feuchtigkeitsprofile um die Wette gemessen haben, sind leider erst ganz kurze Mitteilungen von LETTAU und THORNTHWAITE erschienen.

Über die Brauchbarkeit des Picheevaporimeters liegen zwei kritische Untersuchungen vor. Wächtershäuser räumt zwar ein, daß die mit dem Picheevaporimeter gemessene Verdunstungsmenge in weit stärkerem Maße vom Sättigungsdefizit als von der Windgeschwindigkeit abhängt, hält es aber doch zu ökologischen Untersuchungen für sehr geeignet (Einfachheit, Billigkeit!); andererseits stellen de Vries u. Venema gerade die im Vergleich zur Evaporation der grünen Pflanzendecke zu geringe Ansprechbarkeit des Instrumentes auf Einstrahlung und das zu starke Reagieren gegenüber höheren Windstärken heraus.

Die gewalzten Hygrometerhaare nach Frankenberger haben eine gewisse Anzeigeträgheit, die sich aus verschiedenen Komponenten zusammensetzt [Hofmann (2)]. Oberhalb —10 °C ist sie hauptsächlich bedingt durch den Diffusionswiderstand sowie durch die Erwärmung des Haares über die Lufttemperatur durch die frei werdende Kondensationswärme des Wasserdampfes; unterhalb —20° C überwiegt der infolge des geringen Wasserdampfgehaltes der Luft erschwerte Antransport des Wasserdampfes. Die formelmäßige Darstellung der Beziehungen ist der Originalarbeit zu entnehmen.

2. Wasserdampf- und Transpirationsregistrierung.

Im Vorjahr (Fortschr. Bot. **17**, 489) war über neue Möglichkeiten der Wasserdampf- und Transpirationsregistrierung berichtet worden. Koch (2) benutzt diese, um Assimilation und Transpiration (bzw. CO_2- und H_2O-Gefälle) parallel zu registrieren. Dabei ergibt sich ein sehr charakteristischer Tagesgang des Verhältnisses beider Vorgänge, der sog. „Produktivität der Transpiration": Am Morgen eilt die Assimilation voraus, aber schon etwa ab 8 Uhr steigt die Transpiration schneller als die Assimilation, so daß sich das Produktivitätsverhältnis verschlechtert; es liegt über einen großen Teil des Tages bei etwa 1:100, also immerhin günstiger als im Durchschnitt der Vegetationsperiode, für welche sich infolge der Atmungsverluste bei Nacht und durch unproduktive Organe (Wurzeln) Verhältniszahlen von 1:200 bis 1:1000 ergeben. Im Optimum entspricht das Verhältnis mit 1:20 bis 1:30 ziemlich genau dem Partialgefälle (0,5 mg/l für CO_2, 10 mg/l für H_2O). Der Tagesgang des Verhältnisses erklärt sich zum größten Teil aus dem Nachhinken von Temperatur und damit Sättigungsdefizit hinter der Strahlung; physiologische Regulationen treten in den Hintergrund. Die Praxis wird auf dieser Grundlage weiter prüfen müssen, ob ihr Wunsch, den Wasserverbrauch bei gleicher Produktion einzuschränken, durch Pflege (modifikativ) oder durch Züchtung (genetisch) erfüllbar ist.

Mit dem neuen „Corona"-Hygrographen (Fortschr. Bot. **17**, 490; Andersson u. Hertz) hat Rufelt das alte Problem der Beeinflussung der Transpiration durch den Wurzeldruck [vgl. Renner (1,2)] erneut aufgegriffen (Objekt Weizen). Der Wurzeldruck läßt sich durch Atmungsgifte aufheben; dadurch sinkt die Wasserdampfabgabe durch die Blätter nach 8—12 min stark ab und stellt sich auf einen neuen konstanten Wert ein. Kompensiert man den Wurzeldruck durch stufenweise Erhöhung des osmotischen Wertes der Außenlösung (Mannit), dann bewirkt jede Konzentrationserhöhung vor dem Abfall interessanterweise eine kurzfristige Steigerung der Wasserdampfabgabe, die vielleicht mit der von Brewig diskutierten Erhöhung der Wasserpermeabilität der Wurzelzellen im Zusammenhang steht (Fortschr. Bot. 7, 198. — Je nachdem der Wurzeldruck beteiligt oder ausgeschaltet ist, erfährt die Transpirationskurve nach dem Abschneiden der Blätter unter Wasser entweder einen Abfall oder einen Anstieg. Diese Fehlerquelle muß bei Transpirationsbestimmungen an abgeschnittenen Blättern im Auge behalten werden; sie ist ein Ansporn zur Weiterentwicklung von Registriermethoden, welche die Transpiration in situ erfassen.

Bei der Registrierung einer einigermaßen natürlichen Transpiration macht allerdings das Cuvettenklima noch mehr Schwierigkeiten als bei der der Assimilationsschreibung. Koch (1) empfiehlt daher anstelle der üblichen Cuvetten, welche Versuchsblatt bzw. Versuchszweig allseitig umschließen, eine einseitig angelegte „Ansaugplatte"; der größere Teil seiner Produktivitätszahlen ist aber ohne Eingriff in die Vegetation aus dem Verhältnis von CO_2- und Wasserdampfgefälle über ihr gewonnen. Nuernbergk und Tranquillini (mündliche Mitt.) steigern mittels leistungsfähigerer Pumpen die Durchströmung auf etwa 200 l/Std. und vermeiden damit die gefürchteten Übertemperaturen.

Der Wunsch der experimentellen Ökologie, die Lebensvorgänge möglichst in ihrer natürlichen Umwelt zu studieren auf der einen Seite, der steigende apparative Aufwand auf der anderen Seite, veranlaßt immer mehr Forscher, das erforderliche Instrumentarium in einem geländegängigen Kraftwagen mitzuführen. Berger-Landefeldt, Bosian, Geiger, Stocker u. a. berichten über Erfahrungen mit solchen Laboratoriumswagen. Den Wunsch nach einem solchen Wagen hat Leick schon in den zwanziger Jahren wiederholt geäußert.

3. Physiologie der Spaltöffnungen; Welketoxine.

Wegen der Empfindlichkeit der Schließ- und Öffnungsbewegungen sind an die Methoden der Aperturbestimmung besonders hohe Anforderungen zu stellen. Die Problematik der Porometerbestimmungen (vgl. Fortschr. Bot. **13**, 237) wirft erneut Meidner (2) auf. Von einem bestimmten Wasserdefizit ab (3—4%) findet er einen steilen Anstieg der Luftwegsamkeit des Mesophylls bis auf das Doppelte der Werte von wassergesättigten Blättern. Froeschel schlägt zur Bestimmung der Spaltenapertur ein Druckstomatometer vor, mit dem Wasser unter hydraulischem Druck in die Blätter infiltriert wird; es soll sich auch zu ökologischen Versuchen eignen. — Wie bereits berichtet, schlägt Sivadjian (Fortschr. Bot. **17**, 491) als Ersatz der Kobaltchloridpapiermethode (Milthorpe) die „Hygrophotographie" vor. Er hat sie den Ref. brieflich näher erläutert:

Es handelt sich um ein komplexes Silber-Quecksilber-Jodür, dessen ursprüngliche Gelbfärbung durch Belichtung in Schwarzviolett übergeht, unter dem Einfluß von Feuchtigkeit aber reversibel zum Gelbton zurückkehrt. Da die „Entwicklung" solcher Platten nacheinander die Einwirkung von Licht und Feuchtigkeit verlangt, spricht Verf. von Hygrophotographie. In zwei weiteren Arbeiten (1, 2) berichtet er u. a., daß unabhängig von der Spaltöffnungsverteilung manche Gräser bevorzugt durch die Unterseite transpirieren (z. B. Mais), andere dagegen durch die Oberseite (z. B. Weizen). Die Angaben verdienen im Hinblick auf die von Arens u. a. behauptete physiologische Polarität von Blattspreiten Beachtung.

Auf die sehr komplexe Reizphysiologie der Spaltbewegung soll erst im nächsten Bericht eingegangen werden, weil bis dahin der angekündigte Beitrag Stålfelts im Handbuch der Pflanzenphysiologie vorliegen dürfte.

Die Wirkung der Welketoxine in der Pflanze scheint recht komplex zu sein (Gäumann u. Mitarb.): Neben ihren sonstigen Schädigungsmöglichkeiten (vgl. Fortschr. Bot. **15**, 267) beeinflussen sie, wie aus den Schädigungsbildern geschlossen wird, welche durch gewisse Modellsubstanzen hervorgerufen werden, auch den Mineralstoffhaushalt, indem sie wasserlösliche Metallkomplexe (Chelate) bilden. Je nach der Menge der vorhandenen Metallionen ist einerseits mit einem Mangeleffekt und andererseits mit einem Überschwemmungseffekt zu rechnen, da offenbar die an die Chelatbildner gebundenen Metallionen leichter als die freien Ionen von der Pflanze aufgenommen werden.

4. Oberirdische Stoffausscheidung.

ENGEL u. FRIEDERICHSEN setzen ihre Versuche zur Physiologie der Guttation fort. Die ausgeprägte endogene Komponente beim lichtabhängigen Guttationsrhythmus, wie ihn die Verf. bei *Kalanchoe* und *Avena* gefunden haben (Fortschr. Bot. **15**, 275), fehlt bei *Zea mays*. Überhaupt verhalten sich die Keimlinge von Mais gerade umgekehrt wie diejenigen von Hafer: Jedes Einschalten von Licht ist von einem Ansteigen, jedes Ausschalten von einem Abfall der Guttation begleitet.

Das Ausmaß der cuticularen Rekretion von K und Ca zeigt große Unterschiede zwischen verschiedenen Einzelpflanzen und auch verschiedenen Blättern einer Pflanze. Von Bedeutung ist dabei das Alter der Blätter und ihre Stellung am Sproß. Der Einfluß der Ernährung (dreifache Nährlösung) wirkt sich auf K (Zunahme bis auf das Dreifache) mehr als auf Ca (kaum höher als die einfache Nährlösung) aus. Die Mengen der ausgeschiedenen Salze lassen auf eine passive Auswaschung schließen (SCHOCH).

5. Verschiedenes.

Blattläuse beeinflussen den Wasserhaushalt ihres Wirtes *(Prunus padus)* nicht nur durch die Wasseraufnahme beim Saugen sondern auch durch toxische Effekte ihres Speichels (KLOFT). Umgekehrt besteht ein Zusammenhang zwischen dem Wassergehalt der Pappel und der Infektionsschwelle für den Rindenpilz *Cytospora chrysosperma* (BUTIN). Die Disposition für den Befall des Lärchenbockes ist durch niedrigere osmotische Werte als die nicht befallener Bäume gekennzeichnet, ohne daß allerdings dafür ein kritischer osmotischer Wert festgelegt werden könnte (GORIUS).

D. Wasser- und Stoffleitung im Xylem.

1. Mechanik.

Die thermoelektrische Saftstrommessung des ersten Ref. ist außerhalb seiner Institute bisher verhältnismäßig wenig angewendet worden (DIXON, SCHANDERL; vgl. Fortschr. Bot. **7**, 200; **9**, 149). Der Japaner KUNIYA (1, 2) hat seit 1950 in vier Veröffentlichungen über die erfolgreiche Anwendung dieser Methode berichtet. Das reichlich vorgelegte Material führt in verschiedenen Richtungen über das bisherige hinaus: Wir erwähnen die vergleichende Anwendung der gewöhnlichen und der Kompensationsmethode, die in dem von der gewöhnlichen Methode faßbaren Bereich zu übereinstimmenden Geschwindigkeitswerten führt (Empfindlichkeitsgrenze der Kompensationsmethode 10 cm/h), die anschauliche graphische Darstellung (auf der Ordinate werden die gestoppten Zeiten neben den ihnen zugeordneten Geschwindigkeiten leiterförmig aufgetragen), die Anwendung auf krautige Pflanzen (*Impatiens*) mit Geschwindigkeiten im Stengel bis zu 73 m/h; in der Mittelrippe der Blätter ist die Geschwindigkeit in den obersten vollentfalteten Blättern am höchsten und sinkt basalwärts parallel der Spaltöffnungsweite (Infiltrationsproben). Nach so langjähriger Vertrautheit mit der Methode versucht Verf. in der letzten Arbeit (1955) wie einst HUBER, SCHMIDT u. JAHNEL (Fortschr. Bot. **7**, 201 f.) vergeblich, in der streckenweise abgelösten Rinde von *Fraxinus* und *Acer* eine Massenströmung nachzuweisen. Wohl aber findet er neben der aufsteigenden Strömung in den äußersten Splintholzlagen (nachträgliche mikroskopische Kontrolle des Sitzes der Lötstellen) eine absteigende Strömung, welche Juni bis Oktober 160 cm Stundengeschwindigkeit aufweist (leider fehlen Angaben über einen Tagesgang). Verf. möchte, wie einst DIXON, diese im Holz absteigende Strömung wenigstens für einen Teil des Assimilattransportes verantwortlich machen.

Bei der Grundlegung der Kohäsionstheorie hat bekanntlich der Springmechanismus des Farnanulus eine wichtige Rolle gespielt. RENNERs Schüler HAIDER kann, nach entsprechender Vorbehandlung, dieses klassische Objekt nunmehr auch als Modell für den Fall heranziehen, daß von einer bestimmten Größe der Wandporen ab (wie in vielen Gefäßen verwirklicht) die Gasblasen nicht durch Zerreißen des Füllwassers, sondern durch eindringende Luft entstehen (Herabsetzung des „Springwertes" auf 80 Atm.). Die Außenwände der Bogenzellen besitzen so enge Poren, daß sie auch bei 350 Atm. Zugspannung nicht von Luft durchstoßen werden können; größere Poren befinden sich dagegen in ihrer Innenwand, die im lebenden Zustand durch Plasma verstopft sind. — Daß für das Auftreten von Gasblasen in Pflanzenzellen nicht nur die Überwindung der Kohäsion oder das Eindringen von Luft maßgebend zu sein braucht, zeigt RENNERs Schüler MUSKAT an ausgetrockneten Pilzconidien. Bei *Helminthosporium* treten (im Gegensatz zum Farnanulus nur in den lebenden Zellen) schon über einer Lösung mit einem osmotischen Wert von 58,5 Atm. Gasblasen im Plasma auf. Wahrscheinlich muß hier die Adhäsion des Wassers an hydrophoben Plasmaorten überwunden werden, vielleicht wird sogar aktiv eine kleine Gasmenge ausgeschieden.

VON STOSCH macht uns mit einem eigenartigen Modell für Kohäsionsversuche bekannt: Die Kieselpanzer einiger zentrischer Diatomeen, besonders von *Aulacodiscus* besitzen ein mikroskopisches Wabensystem, welches von Kieselsäuremembranen feinster Porengröße semipermeabel verschlossen ist. Beim Versuch, solche Algen einzubetten, fiel auf, daß die Waben nicht nur in Glycerin, sondern selbst in Äthyl- oder Methylalkohol in rascher Folge schwarz werden, sich also offenbar nicht mit der Tränkflüssigkeit, sondern unter Überwindung der Kohäsion ihrer ursprünglichen Füllflüssigkeit mit einem Gas füllen (Photobelege!). Verf. deutet das so, daß die Wabenwände selbst für so kleine Moleküle wie Methanol (Mol-Gew. 32) undurchlässig sind und diese daher osmotisch Wasser entziehen. Die zur Zerreißung führende Spannung wird auf etwa 400 Atm. berechnet. Nur Wasser und Ammoniak (Molgew. 17) führen nicht zum „Springen".

Der elektronenoptischen Aufklärung des Hoftüpfelfeinbaues (Fortschr. Bot. 15, 282; 17, 501[1]) sind physiologische Befunde über die Wirksamkeit dieser Ventilstrukturen gefolgt (HUBER u. MERZ): Bei Modellversuchen über die axiale Durchlässigkeit 4 cm langer Holzproben gegenüber verschiedenen Lösungen (als Grundlage der Tränktechnik) bereitete bei Nadelhölzern die Inkonstanz der Wasserdurchlässigkeit,

---

[1] FREY-WYSSLING, BOSSHARD und MÜHLETHALER haben inzwischen die Entwicklungsgeschichte der Hoftüpfelschließhaut dahin aufgeklärt, daß von dem ursprünglich aus radialen und tangentialen Mikrofibrillen bestehenden Netz die Radialfibrillen durchs Plasma zu dickeren „Aufhängefäden" zusammengeschoben werden, während die Tangentialfibrillen nach und nach verschwinden. Die früheren unterschiedlichen Befunde LIESEs und FREY-WYSSLINGs erklären sich danach, wie bereits im vorigen Bericht vermutet, aus Altersunterschieden. Abweichend von der Schließhaut wird der Torus später durch eine kräftige tangentiale Micellierung verstärkt. Auch die irisblendenartige Verengung des Randwulstes erfolgt zunächst circular, später im Sinne der Schraubentextur der Sekundärwände leicht schief, wobei die Micellen den Hof gleichsam umfließen (Anmerkung bei der Korrektur).

welche als Bezugsgröße dienen sollte, Schwierigkeiten. Die Verfolgung der Erscheinung lehrte, daß die innerhalb von Tagen bis Wochen auf etwa 1 % der Ausgangswerte absinkende Wasserdurchlässigkeit auf fortschreitendem Hoftüpfelverschluß beruht. Bei Umkehr der Durchströmungsrichtung steigt nämlich die Filtration auf das 5—15fache an, und fällt dann langsam wieder ab. Dieser „Umkehreffekt" läßt sich mehrmals wiederholen und beweist, daß Hoftüpfelverschlüsse wenigstens zum Teil reversibel sind. Bei Laubhölzern fehlt ein entsprechender Effekt; es ist auch nicht bekannt, ob ihre viel kleineren Hoftüpfel überhaupt einen Torus und damit eine Verschlußmöglichkeit haben.

2. Anatomie der Leitbahnen.

Eine weitere Mitteilung von BANNAN (vgl. Fortschr. Bot. **15**, 279f.) ist wiederum reich an originellen Neubeobachtungen: Auf Radialschnitten ist die Initialschicht des Cambiums meist eindeutig dadurch zu erkennen, daß ihre Zellen kürzer sind als die beiderseitigen Abkömmlinge, welche sich ihr gegenüber alsbald durch Spitzenwachstum zu strecken beginnen. Holzseitig ist diese Streckungstendenz im Spätholz deutlich größer als im Frühholz, welches sich mehr in radialer Richtung weitet. An der statistisch immer wieder bestätigten durchschnittlich größeren Länge der Spätholztracheiden ist allerdings auch die Tatsache schuld, daß die meisten pseudotransversalen Teilungen am Ende der Vegetationsperiode erfolgen, das junge Frühholz daher relativ reich an Abkömmlingen frischgeteilter Cambiumzellen ist (von der Häufung solcher Teilungen sowie der bevorzugten Bildung neuer Markstrahlen am Ende der Vegetationsperiode kann man sich bereits an Querschnitten überzeugen). Ganz neu ist dabei die Beobachtung, daß die Streckung nach der Teilung in basaler Richtung deutlich (im Durchschnitt vieler hundert Zellen um ein Drittel) gefördert ist; für diese anatomische Polarität macht Verf. den Wuchsstoffstrom verantwortlich. — Darüber hinaus fesselt BANNAN die endonome Rhythmik, mit der das Cambium der Cupressaceen rindenseitig im Viertakt einschichtige Zellagen von Fasern, Siebzellen, Parenchym, Siebzellen usw. wieder von vorne bildet. Durch seitliche „Tuchfühlung" laufen gleichartige Lagen tangential auf große Strecken durch; immerhin kommt zuweilen „Versetzen" vor. Die von HUBER 1949 beschriebene gelegentliche Vermehrung der Siebzellen im ersten Frühjahrsband wird wiedergefunden und mikrophotographisch belegt.

CHEADLE hat seine Untersuchungen über die Gefäßentwicklung der Monokotylen an Macerationspräparaten nunmehr bereits auf 274 Gattungen aus 42 Familien ausgedehnt. Seine jüngste Veröffentlichung beschäftigt sich speziell mit der Spezialisierung innerhalb der Glumifloren, die er mit den Liliaceen als Ausgangstyp vergleicht: Der Anteil primitiver leiterförmiger Gefäßdurchbrechungen (besonders in den Blättern, wo sich dieses Merkmal am längsten hält) sinkt von den Liliaceen über Restionaceen und Juncaceen zu den Cyperaceen und Gramineen; diese erscheinen demnach vom Standpunkt dieses Merkmals als am stärksten abgeleitet.

An die Seite solcher beschreibender und vergleichender Untersuchungen tritt die Entwicklungsphysiologie, der immer tiefere Einblicke in das kausale Verständnis der Gefäßdifferenzierung gelingen: WETMORE u. SOROKIN pfropfen undifferenzierten Callusgeweben von Syringa-Cambium, welche sie in vitro kultivieren, Fliederknospen mit nicht mehr als 3—5 Paaren von Blattprimordien ein. Sie bringen dort ein Muster zerstreuter Xylemnester oder -stränge (zunächst Tracheiden, später auch Tracheen) zur Differenzierung, welche anfangs so kurz sind, daß sie noch nicht als Wasserleitbahnen fungieren können, die Wasserdurchströmung demnach als Bildungsreiz ausscheidet; dagegen gelingt es, eine rein stoffliche Konstellation zu finden, welche auch ohne eingepfropfte Knospe die Xylembildung auslöst: Naphthyl-Essigsäure + Kokosmilch + 5% Rohrzucker.

Die Anatomie des Phloems soll im Zusammenhang mit seiner Physiologie erst im nächsten Abschnitt behandelt werden.

E. Assimilat- und Stoffleitung im Phloem.

Obschon noch immer keine allseits anerkannte Theorie der gesamten Assimilatleitung vorliegt, ist doch das Verständnis einzelner Schritte des Gesamtvorganges wesentlich gefördert worden. Wir gliedern daher unsere Darstellung nach den drei Hauptschritten und hoffen, damit die Diskussion zu erleichtern.

1. Sekretion in die Siebröhren.

Gesichert scheint vor allem die Tatsache, daß die Sekretion der Assimilate in die Siebröhren ein komplizierter vitaler Vorgang ist. Dieser von RÖCKL, WANNER, BAUER und ZIMMERMANN angebahnten Aussage hat ZIEGLER durch Einsatz moderner biochemischer Methoden ein breiteres Fundament gegeben (vgl. Fortschr. Bot. **15**, 283; **17**, 502): Er bestätigt zunächst, daß Rohrzucker als Transportform[1] erst beim Übertritt in die Siebröhren synthetisiert und zu höheren Konzentrationen angereichert wird als im Blattgewebe.

Für das feinere Studium des Sekretionsmechanismus erweisen sich die leichter zugänglichen Nektarien als brauchbare Modelle (vgl. Fortschr. Bot. **17**, 503): Auch hier werden anstelle der Zuckerphosphate unter meßbarem Atmungsaufwand Mono- und Oligosaccharide, vorzüglich Rohrzucker ausgeschieden, N-Verbindungen

---

[1] Die früheren Angaben von MICHEL (Fortschr. Bot. **11**, 161), wonach im Siebröhrensaft der Eiche wesentliche Mengen Dextrine enthalten sein sollen, beruhen nach ZIEGLER (2) auf einem methodischen Fehler. Dagegen sind nach M. ZIMMERMANN (brifl. Mitt.) für *Fraxinus americana* neben Saccharose noch andere Oligosaccharide, vor allem Stachyose als Wanderzucker typisch. Daß die Zucker in den Siebröhren nicht als Phosphate wandern, geht u. a. daraus hervor, daß die Molarität der Phosphorsäure im Siebröhrensaft unter 1/100 von der der Zucker beträgt und daß sie die zeitlichen und räumlichen Konzentrationsschwankungen der Zucker (basale Abnahme) nicht mitmacht. Auch der Borgehalt des Siebröhrensaftes ist viel zu gering (5γ/ml), als daß Zucker-Borverbindungen beim Transport eine Rolle spielen könnten (ZIEGLER).

(Aminosäuren) zurückgehalten (ZIMMERMANN, ZIEGLER). Für die Nektardrüsen selbst sind nach KÜHN hohe Phosphatkonzentrationen charakteristisch. Der Zusammenhang mit dem allgemeinen Assimilatleitungsproblem ergibt sich auch aus der Tatsache, daß dem Phloem bei der Leitbündelversorgung der Nektarien eine überragende Bedeutung zukommt (FREI; FREY-WYSSLING (1)]. Bei 81 Arten (aus 28 Familien) von 158 untersuchten Arten waren die floralen Nektarien nur durch Phloemstränge innerviert.

2. Transport in den Siebröhren.

Mit der Sicherstellung einer vitalen Sekretion in die Siebröhren wächst natürlich die Bereitschaft, auch beim zweiten Teil des Transportvorganges, dem eigentlichen Transport in den Siebröhren, mit vitalen Einflüssen zu rechnen; doch stehen hier ähnlich schlüssige Beweise wenigstens vorläufig noch aus. Methodisch aussichtsreich scheinen Versuche zur Beeinflussung der Transportgeschwindigkeit über die Atmung (Sauerstoffausschluß, Stoffwechselgifte, hohe und niedere Temperaturen) zu sein.

Solche Untersuchungen setzen natürlich genaue Geschwindigkeitsmessungen voraus; sie sind heute sowohl mit körpereigenen wie mit körperfremden Indicatoren möglich.

Die von HUBER, SCHMIDT u. JAHNEL gefundene Tatsache (Fortschr. Bot. 7, 201 f.), daß in den Siebröhren eine Konzentrationswelle des Zuckers, die dem mittäglichen Assimilationsmaximum zuzuordnen ist, mit einer Geschwindigkeit von 1,5—4,6 m/h stammabwärts wandert, konnte von ZIEGLER (2) und ZIMMERMANN (briefl. Mitt.) an anderen Baumarten bestätigt werden.

Bei Pflanzen, die keinen Siebröhrensaft austreten lassen, bewährt sich dafür das Arbeiten mit radioaktiven Substanzen. Bietet man z. B. einem Soyablatt, wie es zuletzt ARONOFF getan hat, radioaktive Kohlensäure, dann kann man die Wanderung der natürlich gebildeten Assimilate verfolgen. Wachsende Pflanzenteile als Verbrauchsorte bestimmen dabei weit mehr als alle anderen physiologischen Bedingungen Richtung und Geschwindigkeit der Leitung.

Durch solche methodischen Möglichkeiten ist aber die Verfolgung körperfremder Substanzen in den Leitbahnen durchaus nicht überholt. Diese „Indicatoren" haben ihre besondere Bedeutung für die Frage einer eigenständigen Bewegung oder eines passiven Transportes der Stoffe in den Siebröhren. Neben Fluorochromen können ebenfalls radioaktive Substanzen herangezogen werden. Unter diesen hat sich als besonders brauchbar die markierte 2,4-Dichlorphenoxyessigsäure erwiesen (vgl. Fortschr. Bot. 17, 504). Neue Versuche (JAWORSKI und Mitarbeiter), in welchen den Primärblättern teils etiolierter, teils grüner und assimilierender Bohnenpflanzen radioaktive 2,4-D geboten wurde, bestätigen die Erfahrung früherer Autoren, daß eine Ableitung in den Sproß nur dann festgestellt werden kann, wenn die Blätter entweder am Licht Assimilate produzieren oder wenn den etiolierten Blättern gleichzeitig mit dem Indicator Zucker geboten wird. Die Erfahrung, daß Rohrzucker verhältnismäßig stärker die Ableitung fördert als Glucose, machte seinerzeit auch BAUER (2) mit Uranin als Wanderstoff.

Köhler bestätigt ältere Angaben, wonach bei Virusmischinfektion das X-Virus die Spitzenblätter von Tabak einige Tage später erreicht als das Y-Virus. Da sich die Unterschiede mit dem Alter verstärken, hält es Verf. für unwahrscheinlich, daß sie auf Unterschieden in der Transportgeschwindigkeit beruhen; er glaubt vielmehr an spezifische Abwehrreaktionen gegenüber dem X-Virus, welche für die Resistenzzüchtung Bedeutung erlangen könnten.

Grundsätzlich gilt für alle Versuche, in denen die gleichzeitige Ausbreitung zweier verschiedener Stoffe (Fluorochrome, Fremdzucker u. a.) in den Siebröhren verglichen wird, daß eine unterschiedliche Wanderungsgeschwindigkeit durch irgendwelche Reaktionen der Stoffe mit dem Plasma der Siebzellen, Geleitzellen usw. (Adsorption, chem. Festlegung) oder Herausnahme aus der Leitbahn (nach Zimmermann wird z. B. gebotene Arabinose bei *Euphorbia* in den Milchröhren abgelagert) nur vorgetäuscht sein kann.

Über Versuche zur thermoelektrischen Geschwindigkeitsmessung des Assimilatstromes vgl. S. 232 f.

Wichtige Versuche über Hemmung der Stoffbewegung in den Siebröhren durch Stoffwechselgifte teilt Kendall mit. Er injiziert diese in den Blattstiel von der Basis her (*Phaseolus*) parallel zum Leitbündelverlauf und prüft anschließend die Ableitung von radioaktivem Phosphat aus dem Blatt. Wirksam waren Dinitrophenol und Natriumfluorid, nicht eindeutig Natriumarsenit und Fluoracetat, unwirksam dagegen verschiedene Substanzen mit Wuchsstoffcharakter. Die Art der Versuchsanstellung läßt aber nicht erkennen, ob sich die Hemmung auf die leitenden Zellen im Blattstiel erstreckt (wie der Verfasser annimmt), oder ob die Stoffe zunächst mit dem Transpirationsstrom in die Blattnerven verschleppt wurden. Diese Möglichkeit deuten seine Kontrollversuche mit Farbstoffen an. In diesem Falle wäre in den Versuchen bereits die Aufnahme in die Leitbahnen gehemmt.

Žolkewič versorgte während eines heißen Sommers Weizenpflanzen im Feldversuch mit $C^{14}O_2$; ein Teil wurde bewässert, ein Teil nicht. Obwohl in den nicht bewässerten Pflanzen eine intensivere Atmung gemessen wurde, war in ihnen die Assimilatableitung viel langsamer und hatte ein geringeres Ausmaß. Nach 3—4 Std. enthielten die Körner der bewässerten Pflanzen große Mengen an C^{14}, die unbewässerten dagegen noch keine Spur (unterschiedliche Spaltöffnungsweiten ?).

In diesem Zusammenhang mag auch ein interessanter Befund über die Bildung und Leitung des „Blühhormons" bei *Xanthium saccharatum* (Kurztagpflanze) erwähnt werden (Skog u. Skully): Zwar stört, wie bekannt, Licht die Bildung des „Blühhormons", aber es fördert nach der induzierenden Dunkelperiode seine Ableitung. Die Autoren erklären den Effekt durch die Annahme lichtbedingter Viscositäts- und Permeabilitätsänderungen des Plasmas. Nach den obigen Erfahrungen sollte man aber wohl die Erklärung eher in einer Koppelung des „Blühhormon"transportes mit der Assimilatleitung suchen.

Als anatomische Basis für ein vitales Eingreifen in den Transport kommen zunächst die Eiweiß- und Geleitzellen (Huber u. Graf) in Betracht, welche ja keineswegs nur als „Übergangszellen" an den Beladepunkten der Gefäßbündelenden auftreten, sondern die Siebröhren in ihrem ganzen Verlauf begleiten. Daneben verdienen die Siebplatten kritische Aufmerksamkeit: Unsere Unkenntnis über deren Funktion charakterisiert treffend der Satz, mit dem Esau u. Cheadle ihre jüngste anatomische Untersuchung beschließen: „Wir wissen nicht, ob die Siebplatten die Bewegung der Assimilate hemmen, fördern oder überhaupt beeinflussen." Die Ref. betrachteten bisher die Siebplatten als Strömungshindernis, das im Laufe der Stammesgeschichte deutlich abgebaut wird (immer weitmaschigere Platten)! Esau u. Cheadle sind geneigt, die Platten für förderlich zu halten, seit sie bei manchen Objekten festgestellt haben, daß die Cambiumzellen bei der Bildung der Siebröhrenglieder unterteilt werden, die Zahl der Platten also vermehrt wird. Nach brieflicher Mitteilung von M. Zimmermann (z. Z. Harvard-Universität) wurde im Herbst 1955 auf einem Symposium für Baumphysiologie die Vermutung ausgesprochen, daß die Platten durch elektrische Aufladung eine Elektroosmose in Gang halten, wobei die von den übrigen Geweben abweichende alkalische Reaktion bedeutsam sein könnte [vgl. auch Bauer (1) und Ziegler (2)]. — An Ultradünnschnitten finden Hepton, Preston u. Ripley im Elektronenmikroskop die Siebporen des Kürbis von kompakten Plasmasträngen (ohne Vacuolenkommunikation) erfüllt. Für bedeutungslos wird kein Biologe so auffällige Strukturen halten wollen, und Anatomen und Physiologen werden auf jeden Fall den Appell von Esau u. Cheadle beherzigen und ihre Bemühungen weiterhin gerade auf diesen Punkt konzentrieren.

Das Interesse der Entomologen am Siebröhrensaft bzw. dem daraus erzeugten Honigtau hält unvermindert an: Mindestens für die Waldameisen ist „Honigtau nicht, wie bisher irrtümlich angegeben, eine Notnahrung, sondern eine Hauptnahrung", und man prüft bereits, ob der daneben beobachtete Insektenfang überhaupt der Ernährung und nicht vielmehr der Beseitigung der Konkurrenten um dieses Hauptnahrungsmittel dient (Zoebelein, Wichmann). O. v. Wettstein hat in Tirol den Gartenschläfer (*Eliomys quercinus*) beim Lecken von Baumsaft (Siebröhrensaft?) beobachtet; der Schaden, den er Lärchen, Fichten und Kiefern[1] durch seine während der ganzen Aktivitätszeit anhaltenden Ringelungen zufügen kann, ist beträchtlich.

3. Entnahme aus den Siebröhren.

Am wenigsten weitergekommen ist die Forschung gegenüber der Münchschen Konzeption in bezug auf die Stoffentnahme aus den Siebröhren. Münchs Ansicht, daß die Vernichtung osmotischer Energie durch Kondensation von Membran- und Speicherstoffen zum Austritt entsprechender Wassermengen führen muß, ist zwingend, seine Annahme, daß dieser Austritt über die Markstrahlen ins Holz erfolgt, anatomisch einleuchtend (auffällige Tüpfelverbindungen). Daß auch dieser Vorgang nicht nur passiv zu sein braucht, sondern unter Umständen vital gesteuert werden dürfte, lehrt das vorübergehende Auftauchen organischer Verbindungen im Gefäßwasser bei der Frühjahrsmobilisierung und die im vorigen Bericht (Fortschr. Bot. 17, 500) referierten Befunde über Phosphatase führende Gefäßbegleitzellen.

4. Sonderfragen.

Von phanerogamen Ganzschmarotzern nahm man bisher als selbstverständlich an, daß sie aus den Assimilatleitbahnen zehren, wie das für *Cuscuta, Orobanche* und Rafflesiaceen anatomisch im einzelnen nachgewiesen ist. Ziegler (1) zeigt nun, daß *Lathraea*, wie ihre verwandten Halbschmarotzer aus der Familie der Scrophulariaceen, abweichend von der Schwesterfamilie der Orobanchaceen, keine Phloemanschlüsse besitzt, sondern ausschließlich vom Gefäßwasser ihrer Wirte lebt.

---

[1] Über die Honigtauproduktion der japanischen *Pinus Thunbergi* berichten Hattori u. Mitarb.: Es handelt sich um eine durch Rostpilzbefall (*Cronartium quercuum*) ausgelöste Rindensekretion.

Daraus erklärt sich ihre Beschränkung auf Gehölze mit Frühjahrsblutung[1] und die Anlage gewaltiger Vorratsspeicher („Schuppenwurz"), welche die während der Frühjahrsmobilisierung gewonnenen Assimilate auf das ganze Jahr verteilen; auch die Verlegung der Blütezeit auf die Zeit der Blutung dürfte mit der Sonderstellung eines Blutungssaftschmarotzers zusammenhängen. In einer Gastvorlesung an der Universität München berichtete BJÖRKMAN, daß der Fichtenspargel (*Monotropa hypopitys*) durch Mykorrhizen mit lebenden Fichten in Verbindung steht und offenbar von diesen mit Assimilaten versorgt wird; nach Abtrennung der Wurzelverbindung entwickelt sich nämlich *Monotropa* nicht mehr.

Bei dem Versuch, die Wege der Verholzung mit radioaktiv markierten Bausteinen (D-Glucose-Syringa-Aldehyd) zu verfolgen, welche an eingetauchte Triebe verabreicht wurden, finden REZNIK u. URBAN in der Fichtennadel nach 50 Tagen die größte Dichte noch nicht an den Stellen des endgültigen Einbaues (verholzte Membranen, Xylem), sondern in den Wanderbahnen der Assimilate (Parenchym-Endodermis-Transfusionsparenchym-Phloem); das Mikroautoradiogramm des Transfusionsparenchyms ist außerordentlich eindrucksvoll.

Stoffleitungen im Parenchym sind nur mit Vorbehalt für Fragen der Assimilatfernleitung heranzuziehen, sollten aber doch stets mit im Auge behalten werden. ARISZ (1, 2, 3) verdanken wir wertvolle Einblicke in dieses Gebiet. So ist bereits die Aufnahme von Chlorionen in die Zellen von *Vallisneria* ein Prozeß, der von energieliefernden Stoffwechselvorgängen abhängt und außerdem durch Licht gefördert wird. Wenn man die mit der Versuchslösung in Kontakt stehende Blattzone (A) verdunkelt, während man eine benachbarte, aber nicht unmittelbar chloridversorgte Partie (B) dem Licht aussetzt, dann unterbleibt die Speicherung in A, und es findet ein ausgiebiger Transport zu B statt. — Läßt man zuerst in A eine starke Speicherung zu (A belichtet, B verdunkelt), überführt anschließend das Blatt in reines Wasser und kehrt jetzt die Belichtungsverhältnisse um, dann verläßt ein Teil des gespeicherten Chlorids die Zone A und wandert nunmehr nach B. Der Chloridhaushalt (als Modell des Anionenhaushaltes) gliedert sich nach ARISZ in vier von einander verschiedene Prozesse: 1. Aufnahme in das Plasma; 2. Wanderung quer durch das Plasma oder in ihm über größere Strecken (auch durch mehrere Zellen); 3. Sekretion in die Vacuole; 4. unter gewissen Bedingungen wieder Übertritt in das Plasma und abermals die Möglichkeit des Transportes über größere Strecken. Eine exakte Geschwindigkeitsbestimmung des Chloridtransportes war noch nicht möglich; jedoch war nach 8 Std. Versuchszeit das Chlorid in dem nicht absorbierenden Blatteil bereits 5 cm vorgedrungen; eine Beteiligung der Siebröhren an der Leitung ist dabei nicht ausgeschlossen.

Literatur.

ANDERSON, L. E., and PH. F. BOURDEAU: Ecology 36, 206—212 (1955). — ANDERSSON, N. E., u. C. H. HERTZ: Z. angew. Physik 7, 361—366 (1955). — ARISZ, W. H.: (1) Acta bot. neerl. 1, 506—515 (1953). — (2) Nature (London) 174, 223 (1954). — (3) Kon. Nederl. Akad. Wetensch. Natuurk. 64, 82—85 (1955). — ARISZ, W. H., I. J. CAMPHUIS, H. HEIKENS, A. J. VAN TOOREN: Acta bot. neerl. 4, 322—338 (1955). — ARONOFF, S.: Plant Physiol. 30, 184—185 (1955).

BANNAN, M. W.: (1) Canad. J. Bot. 33, 113—138 (1955). — (2) Canad. J. Bot. 34, 175—196 (1956). — BAUER, L.: (1) Planta (Berlin) 37, 221—243 (1949). — (2) Planta (Berlin) 42, 367—451 (1953). — (3) Z. Naturforsch. (im Druck). —

---

[1] Eine scheinbare Schwierigkeit für diese Auffassung bedeutet das gelegentliche Vorkommen von *Lathraea* auf Fichte (HARTMANN u. RÜHL, Exkursionsbeobachtungen des ersten Ref.); Nadelhölzern wird nämlich die Fähigkeit zur Blutung meist abgesprochen. Inzwischen haben aber REUTER u. WOLFFGANG bei ihren Blutungssaftanalysen auch solche für *Picea* und *Larix* mitgeteilt und schreiben dazu auf Anfrage, daß „in schattigen Gebirgstälern des Harzes, besonders in unmittelbarer Nachbarschaft fließender Gewässer etwa 10% der freigelegten Fichtenwurzeln bis in den Hochsommer hinein bluten, während aus angebohrten Stämmen in keinem Fall Saft austrat". MOTHES verbürgt sich brieflich für die Zuverlässigkeit dieser wichtigen Beobachtung seiner Mitarbeiter.

BERGER-LANDEFELDT, U.: Geofisica pura e applicata **30**, 195—204 (1955). — BIEBL, R.: Protoplasma (Wien) **44**, 73—88 (1955). — BOSIAN, G.: Planta (Berlin) **45**, 470—492 (1955). — BUTIN, H.: Phytopath. Z. **24**, 245—264 (1955).

CHEADLE, V. J.: Arnold Arboretum **36**, 141—157 (1955).

ENGEL, H., u. I. FRIEDERICHSEN: Planta (Berlin) **44**, 459—471 (1954). — ERICHSEN, L. v.: In Handbuch der Pflanzenphysiologie Bd. I, S. 168—193. Berlin-Göttingen-Heidelberg 1955. — ESAU, K., and V. I. CHEADLE: Acta bot. neerl. **4**, 348—357 (1955).

FRANKENBERGER, E.: (1) Meteorol. Rdsch. **7**, 81—85 (1954). — (2) Ber. dtsch. Wetterdienst 3/20 (1955). — FREI, E.: Ber. schweiz. bot. Ges. **65**, 60—114 (1955). — FREY-WYSSLING, A.: (1) Acta bot. neerl. **4**, 358—369 (1955). — (2) Schweiz. Z. Forstwesen 9/10, 1—10 (1955). — FREY-WYSSLING, A., H. H. BOSSHARD u. K. MÜHLETHALER: Planta **47**, 115—126 (1956). — FROESCHEL, P.: Cellule **56**, 61—70 (1953).

GÄUMANN, E., u. ST. NAEF-ROTH: (1) Phytopath. Z. **20**, 449—458 (1953). — (2) Phytopath. Z. **21**, 349—366 (1954). — GÄUMANN, E., K. H. RICHLE, A. RIGGENBACH u. V. FLÜCK: Phytopath. Z. **21**, 279—310 (1954). — GÄUMANN, E., CH. STOLL u. H. KERN: Phytopath. Z. **20**, 345—347 (1953). — GEIGER, R.: Wiss. Mitt. Meteorol. Inst. Univ. München 3, 1—9 (1956). — GORIUS, U.: Z. angew. Entomol, **38**, 157—205 (1955).

HAIDER, K.: Planta (Berlin) **44**, 370—411 (1954). — HARTMANN, F.-K., u. A. RÜHL: Unsere Waldblumen und Farngewächse. 4. Aufl. 2. Bd., Winters Naturwiss. Taschenbücher, Heidelberg 1956. — HATTORI, S., H. MATSUDA, T. SHIROYA u. K. NAKAHARA: Z. Bot. **43**, 125—138 (1955). — HEPTON, C. E. L., R. D. PRESTON and G. W. RIPLEY: Nature (London) **176**, 868—870 (1955). — HOFMANN, G.: (1) Ann. Meteorologie **6**, 77—84 (1953/54). — (2) Planta (Berlin) **47**, 303—322 (1956). — HONERT, T. H. VAN DEN, and J. J. M. HOOYMANS: Acta bot. neerl. **4**, 376—384 (1955). — HONERT, T. H. VAN DER J. J. M. HOOYMANS and W. S. VOLKERS: Acta bot. neerl. **4**, 139—155 (1955). — HUBER, B.: In Handbuch der Pflanzenphysiologie, Bd. III, S. 541—582. Berlin-Göttingen-Heidelberg 1956. — HUBER, B., u. E. GRAF: Ber. dtsch. bot. Ges. **68**, 303—310 (1955). — HUBER, B., u. W. MERZ: Naturwiss. **43**, 144 (1956).

JAWORSKI, E. G., S. C. FANG and V. H. FREED: Plant Physiol. **30**, 272—275 (1953).

KENDALL, W. A.: Plant Physiol. **30**, 347—350 (1955). — KLOFT, W.: Phytopath. Z. **22**, 454—458 (1954). — KOCH, W.: (1) Naturwiss. **43**, 64 (1956). — (2) Planta (Berlin) (im Druck). — KÖHLER, E.: Phytopath. Z. **26**, 147—160 (1956). — KÜHN, R.: Diss. TU Berlin 1953. — KUNIYA, Y.: (1) Report Tohoku Univ. 4. ser. **18**, 527—543 (1950); **21**, 153—178 (1955). — (2) Bot. Magaz. Tokyo **63**, 255—259 (1950); **65**, 93—101 (1952).

LETTAU, H.: Ber. dtsch. Wetterdienst 4/22, 9 (1956). — LYR, H., u. H. STREITBERG: Wiss. Z. Univ. Halle, Math.-Nat. **4**, 471—484 (1955).

MAYR, H. H.: Protoplasma (Wien) **44**, 389—411 (1955). — MEIDNER, H.: (1) New Phytologist **53**, 423—426 (1954). — (2) J. of Exper. Bot. **6**, 94—99 (1955). — MILTHORPE, F. L.: J. of Exper. Bot. **6**, 17—19 (1955). — MÜLLER, N. J. C.: J. wiss. Bot. **5**, 387—439 (1866/67). — MUSKAT, J.: Arch. f. Mikrobiol. **22**, 21—44 (1955).

NUERNBERGK, E. L.: Gartenbauwiss. **2**, 58—91 (1955).

PISEK, A.: In Handbuch der Pflanzenphysiologie, Bd. I, S. 614—626. Berlin-Göttingen-Heidelberg 1955. — PRATLEY, J. N., and H. ROSENE: J. Cellul. a. Comp. Physiol. **44**, 165—175 (1954).

RENNER, O.: (1) Ber. dtsch. Bot. Ges. **30**, 642—648 (1912). — (2) J. wiss. Bot. **70**, 805—838 (1929). — REUTER, G., u. H. WOLFFGANG: Flora **142**, 146—155 (1955). — REZNIK, H., u. R. URBAN: Planta (Berlin) **47**, 1—15 (1956). — ROBINSON, G. D.: Proc. Toronto Meteorol. Conf. 1953, 237 (1954). — RÖCKL. B.: Planta (Berlin) **36**, 530—550 (1949). — ROSENE, H.: Physiol. Plantarum (Copenh.) **7**, 676—686 (1954). — RUFELT, H.: Physiol. Plantarum (Copenh.) **9**, 154—164 (1956).

SCHOCH, K.: Ber. schweiz. bot. Ges. **65**, 205—250 (1955). — SHUEL, R. W.: Canad. J. Agricult. Sci. **35**, 124—138 (1955). — SIVADJIAN, J.: (1) C. r. Acad. Sci. (Paris) **242**, 161—163 (1956). — (2) Nature (Paris) Nr. 3250, 70—71 (1956). — SKOG, J., and N. J. SKULLY: Bot. Gaz. **116**, 142—147 (1954). — SLAVIK, B.: Preslia **27**, 124—153 (1955). — STÅLFELT, M. G.: Physiol. Plantarum (Copenh.)

7, 354—374 (1954).— STEUBING, L.: Ber. dtsch. bot. Ges. **68**, 55—70 (1955). — STOCKER, O.: (1) Ber. dtsch. bot. Ges. **67**, 289—299 (1954).— (2) In Handbuch der Pflanzenphysiologie, Bd. III, S. 160—172 u. 521—541. Berlin-Göttingen-Heidelberg 1956. — (3) Umschau **56**, 71—74 (1956). — STOSCH, H. A. VON: Ber. dtsch. bot. Ges. **69**, 99—108 (1956).

THORNTHWAITE, C. W.: (1) Climatology **6**, Nr. 5 (1953).— (2) In Handbuch der Pflanzenphysiologie, Bd. 3, S. 257—264. Berlin-Göttingen-Heidelberg 1956.

ULLRICH, H.: In Handbuch der Pflanzenphysiologie, Bd. III, S. 10—14. Berlin-Göttingen-Heidelberg 1956.

VRIES, D. A. DE, and H. J. VENEMA: Vegetatio (Den Haag) **5**—**6**, 225—234 (1954).

WANNER, H.: (1) Planta (Berlin) **41**, 190—194 (1952). — (2) Ber. schweiz. bot. Ges. **63**, 201—212 (1953). — WETMORE, R. H., and S. SOROKIN: J. Arnold Arboretum **36**, 305—317 (1955). — WETTSTEIN, O. VON: Allg. Forstz. **11**, 240—241 (1956). — WICHMANN, H. E.: Z. angew. Entomol. **37**, 507—510 (1955). — WRIGHT, K. E., and N. L. BARTON: Plant Physiol. **30**, 386—388 (1955).

ZIEGLER, H.: (1) Ber. dtsch. bot. Ges. **68**, 311—318 (1955). — (2) Planta (Berlin) (im Druck). — ZIMMERMANN, M.: Ber. schweiz. bot. Ges. **63**, 402—429 (1955).— ZOEBELEIN, G.: Verh. dtsch. Ges. angew. Entomol. Berlin-Dahlem 1954, 70—73 (1955). — ŽOLKEWIČ, V. N.: Dokl. Akad. Nauk SSSR., N. S. **96**, 653—656 (1954).

13. Mineralstoffwechsel.

Von Hans Burström, Lund (Schweden).

A. Mechanismus der Ionenaufnahme.

1. Allgemeine Prinzipien.

1954 wurde von der Society for Experimental Biology eine Tagung über aktive Aufnahme und Abgabe von Stoffen bei Pflanzen und Tieren abgehalten. Der Bericht darüber (Soc. Exper. Bot.) enthält 27 Vorträge; fünf von diesen behandeln speziell Verhältnisse in Pflanzen; sie werden im folgenden besonders besprochen. In einem haben Steward u. Miller wiederholt die Ansicht vertreten, daß die Ionenaufnahme mit Wachstum und Proteinsynthese verbunden ist. Sie stützen sich dabei auf Versuche mit Gewebekulturen, in denen hohe Zellteilungsgeschwindigkeit mit Erhöhung der Atmung und der Ionenaufnahme verbunden ist. Dabei sinkt aber die Salzkonzentration in den Geweben. Die Speicherung steigt, wenn die Zellteilungen aufhören. Es fällt schwer, daraus Schlüsse auf Einzelheiten des Ionenaufnahmemechanismus zu ziehen. Ähnliche Befunde werden von Hanson u. Bonner ganz verschieden gedeutet. Sie haben, ebenfalls mit isolierten Geweben, gezeigt, daß 2,4-D Wachstum und Rubidiumaufnahme hervorrufen kann; sie erklären aber den Einfluß auf die Ionenaufnahme als eine Folge der Volumenzunahme der Gewebe. Das ist ein Gesichtspunkt, der in diesem Zusammenhang wohl immer berücksichtigt werden muß. — Von einer gewissen prinzipiellen Bedeutung ist der Nachweis von Thorne, daß N, K und P, auf Blätter gespritzt, durch diese bis zu 60% aufgenommen werden. Die Leistung der Blätter ist aber in dieser Hinsicht im Vergleich mit der der Wurzel sehr gering. Mit Spurenelementen verhält es sich bisweilen bekanntlich umgekehrt. Die entgegengesetzte Erscheinung, eine Salzabgabe seitens der Blätter, wird im Abschnitt 5 behandelt.

Einige Arbeiten unterscheiden sich, wie gewöhnlich, mehr oder weniger grundsätzlich von der Mehrzahl in bezug auf die allgemeine Auffassung der Salzaufnahme. — Vervelde hat die Bedingungen für Ionenspeicherung und Ionenwanderungen in einem hypothetischen Plasmasystem rein theoretisch-mathematisch behandelt, und zwar unter der Annahme, daß diese durch die herrschenden elektrischen Potentiale bestimmt werden. Er schließt, wie in einer früheren Arbeit, daß An- und Kationen theoretisch in verschiedenen Richtungen wandern müssen. Die Experimentalphysiologen waren sich hierüber schon vor 20 Jahren klar (Osterhout u. Lundegardh); das führte zum Suchen nach einem Mechanismus, der die Speicherung sowohl von An- wie von Kationen erklären könnte. Vervelde nimmt aber an, dies sei nur

dann möglich, wenn die beiden Prozesse zeitlich getrennt aufeinander-
folgen. Experimentelle Belege hierfür dürften kaum vorliegen, und dem
Ref. ist der Wert theoretischer Deduktionen, die die experimentellen
Erfahrungen vernachlässigen, recht unverständlich. — BREAZEALE u.
McGEORGE (1) haben ihre einzigartigen Versuche über die Ionenaufnahme
erweitert. Sie studierten an Tomatenpflanzen den Einfluß einer Poten-
tialspannung zwischen Nährlösung und Pflanze auf die Kationenaufnahme. Eine frühere Angabe (Fortschr. Bot. **16**, 270), daß die
Kationen nur bei ganz bestimmten, nahe aneinanderliegenden Spannun-
gen aufgenommen werden, und zwar Na bei 2,10, K bei 2,13, Ca bei 2,20
und Mg bei 2,23 Volt, ist stark abgeändert worden. Diese Werte sollen
nur die Schwerpunkte mit maximaler Aufnahme angeben und die
Aufnahmebezirke der verschiedenen Ionen transgredieren. Dies macht
natürlich das ganze Bild wesentlich wahrscheinlicher. Jedenfalls ist
diese Spezifität der Ionen in den drei ersten Tagen einer Behandlung
gering und tritt erst allmählich zutage. Wenn eine konstante Spannung zwischen Pflanze und Lösung festgehalten wird, so ändert
sich die Stromstärke regelmäßig im Laufe des Tages [BREAZEALE u.
McGEORGE (2)] und genau damit parallel die Aufnahme des betreffenden
Kations. Kalium- und Natrium-Aufnahme folgen einander und verlaufen umgekehrt zur Calciumaufnahme. Die Ergebnisse sind interessant,
aber undurchsichtig, und ob die Erscheinung der natürlichen Salzaufnahme entspricht, bleibt unsicher.

2. Die reversible Anfangsphase.

Es kann als sichergestellt betrachtet werden, daß die Ionenaufnahme
in zwei, oder wenigstens zwei verschiedene Phasen zerfällt, von denen
die erste schnell und nicht-metabolisch, die nachfolgende langsamer
verläuft und mit dem Stoffwechsel verknüpft ist. Diese Aufteilung ist
an so verschiedenartigen Pflanzen wiedergefunden worden, daß ihr
allgemeine Gültigkeit zugeschrieben werden kann. Die erste Phase
wird als eine Diffusion, möglicherweise nebst einer reversiblen adsorptiven Bindung aufgefaßt. Hierüber gehen die Meinungen auseinander.
Mehrere neue Beiträge zu dieser Frage liegen vor. EPSTEIN u. LEGGETT
haben mit abgeschnittenen, sieben Tage alten Gerstenwurzeln gezeigt,
daß die erste, reversible Aufnahme binnen 30 min zu einem Gleichgewicht
führt; von besonderer Bedeutung ist, daß diese für verschiedene Ionen
nicht selektiv ist, und sich demgemäß nur auf eine reine Diffusion
bezieht. Dagegen meinen HIGINBOTHAM u. HANSON auf Grund von
Versuchen mit Kartoffelscheiben, daß die erste Phase für verschiedene
Konzentrationen von Rubidium quantitativ Adsorptionsisothermen
entspricht. Sie meinen, daß die Aufnahme als Gesamtprozeß damit
beschrieben werden kann. Das ist eigentlich nichts Neues, besagt aber
kaum etwas über die Stellung des adsorptiven Momentes in der Reihenfolge von Teilprozessen. Laut BAILY u. KELLY kann das Normalbild
auch auf die Aufnahme von Jod in *Ascophyllum* bezogen werden. Die
schnelle erste Phase wird als an die Zellwände lokalisiert aufgefaßt, was
mit den üblichsten Vorstellungen übereinstimmt. Die Nitrataufnahme

durch Mais unter verschiedenen Bedingungen ist von VAN DEN HONERT u. HOOGMANS untersucht worden. Sie finden, daß die Aufnahme abnimmt, wenn der p_H-Wert von 5—8 steigt, und mit einer Erhöhung der Temperatur von 5° bis auf 40° C zunimmt. Dagegen sind die Temperatur- und H-Ionenwirkungen von der Nitratkonzentration unabhängig. Hieraus schließen sie, daß dieser Teil der Aufnahme keinem Diffusionswiderstand begegnet und demgemäß in den Zellwänden vor sich geht. Alsdann werden die Ionen an die Cytoplasmaoberfläche gebunden.

3. Die Bindung der Ionen an spezifische Träger.

Diese Bindung der Ionen, wahrscheinlich an die Cytoplasmaoberfläche, steht gegenwärtig im Mittelpunkt des Interesses. Früher wurde angenommen, daß die oft auffallende Spezifität in der Aufnahme einzelner Ionen auf dieser Bindung beruht, da sowohl die vorausgehende Diffusion wie der nachfolgende aktive Transport der Ionen unspezifisch arbeiten müssen, wobei allerdings von den recht unbedeutenden Unterschieden abgesehen wird, die direkt auf physikalische Eigenschaften der Ionen zurückgeführt werden können. Die Bildung sollte somit an bestimmte für Ionen oder Ionengruppen spezifische Träger erfolgen. Dagegen gehen die Ansichten über die Stellung dieser Bindung zwischen den beiden anderen Momenten der Ionenaufnahme auseinander; einerseits wird angenommen, daß sie ein Glied der reversiblen Phase bildet, andrerseits daß sie in die an die Atmung geknüpfte Reaktionskette eingeht. Es ist möglich, daß dieser Unterschied nur didaktisch ist. Jedenfalls erscheint es zweckmäßig, dieses Glied wegen seiner Bedeutung für den quantitativen Ausfall der Ionenaufnahme gesondert zu behandeln.

Mehrere neue Arbeiten berühren die Bildung, chemische Natur und spezifische Funktion dieser Träger. Man muß jedoch bedenken, daß der Trägerbegriff in diesem Zusammenhang bis auf weiteres nur eine theoretische Deduktion darstellt, wenn er auch indirekt gestützt ist und auf alle Fälle einen fruchtbaren Gesichtspunkt für diesen Teil der Ionenaufnahme bildet. Die spezifische Funktion der Träger ist bisher besonders durch Vergleiche zwischen der Aufnahme von Alkali- und Erdalkalikationen studiert worden. CONWAY berichtet über die theoretischen Energieverhältnisse bei der Aufnahme von K und Na in Hefe und hebt hervor, daß die Ionen an verschiedene Träger gebunden werden und demgemäß unabhängig voneinander wandern können. Kalium wird aufgenommen, wenn Natrium abgegeben wird, und beide Prozesse sollen an die Atmung geknüpft sein (vgl. RUSSEL, Fortschr. Bot. **17**, 512). Redoxfarbstoffe wirken stark darauf ein (CONWAY u. KERMAN); mit zunehmender Oxydation steigt die K-Aufnahme und die Abgabe des Natriums nimmt ab. Dies wird damit erklärt, daß der Redoxzustand die Funktion der beiden Trägersysteme erhöht bzw. vermindert. Diese Annahme scheint kaum zwingend zu sein, weil für beide Ionen die Speicherung in den Zellen steigt, und die aktive Speicherung durch Salzatmung auch in Erwägung gezogen werden kann. MENZEL u. HEALD haben mit verschiedenen Kulturpflanzen die Aufnahme von K, Rb und Cs bzw. Ca und Sr, nebst ihrer Verteilung in den Pflanzen verglichen. Rubidium wird namentlich in Wurzeln und Blüten angereichert, Strontium in Wurzeln. Damit soll die Arbeit von RUSSEL u. AYLAND über die Aufnahme der Alkalimetalle in Mohrrübenscheiben nebst isolierten Wurzeln und ganzen Pflanzen von Gerste verglichen werden. Ein Antagonismus zwischen den Ionen tritt schon innerhalb 5 min, das heißt während der primären Bindung zutage. Diese wird durch DNP und Azid gehemmt und sollte demnach metabolisch gesteuert sein. RUSSEL u. AYLAND meinen, daß K und Rb in einem System sowohl bei der primären Bindung wie beim weiteren Transport der Ionen miteinander konkurrieren.

Eine interessante Arbeit von HAGEN u. HOPKINS behandelt die Aufnahme von Phosphorsäure durch isolierte Gerstenwurzeln in 3-stündigen Versuchen bei verschiedenen H-Ionenkonzentrationen. Die Aufnahme hat ein Maximum bei $p_H = 5$ bis 6 und sinkt stark gegen $p_H = 7.7$. Kinetisch ist dies als das Ergebnis von zwei Reaktionen erster Ordnung ausgewertet worden, welche der Bildung bzw. dem Zerfall eines Trägers für $H_2PO_4^-$- bzw. HPO_4^{2-}-Ionen entsprechen sollen. Physiologisch wären diese beiden Reaktionen mit der primären Bindung der Ionen an die äußere Zellenoberfläche bzw. ihrer Abgabe an die Innenseite vergleichbar. Diese Prozesse und damit die Phosphorsäureaufnahme wären also von der Geschwindigkeit des Umsatzes des Trägers abhängig. Es muß aber betont werden, daß die kinetischen Berechnungen nicht ganz überzeugend sind, da sie wie immer nur unter großen numerischen Abkürzungen der gefundenen Werte ausgeführt werden können. Jedenfalls dürfte es mit fast jeder Theorie der Ionenaufnahme gut vereinbar sein, daß die Aufnahme eines einzelnen Stoffes durch die Zufuhr seines Trägers bestimmt werden kann. SUTCLIFFE u. RUSSEL haben ihre Trägertheorien weiter entwickelt. SUTCLIFFE hebt hervor, daß die Träger metabolisch gebildet werden, was selbstverständlich sein dürfte; die Bindung an sie ist nicht-metabolisch, und sie werden aktiv, also metabolisch, durch das Plasma transportiert. Dies bezieht sich auf sowohl Anionen wie Kationen. RUSSEL legt das Hauptgewicht bei der gesamten Ionenaufnahme auf die Bildung der Träger und ihren nicht-metabolischen Zerfall; es wäre kein anderer, aktiver Mechanismus erforderlich. Hiernach müßten die experimentellen Erfahrungen nur so gedeutet werden, daß die Träger in dem Maße wie sie verbraucht auch neugebildet werden. — Anstatt den ganzen Mechanismus der Ionenaufnahme, den aktiven Transport einbegriffen, als eine Folge der Trägerfunktion zu erklären, erscheint es, wie oben ausgeführt, berechtigter, den Trägermechanismus als ein Glied zwischen der passiven Anfangsphase und dem aktiven Transport einzuordnen, wobei natürlich die Synthese der Träger unter allen Umständen metabolischer Natur ist.

Die Chemie der Träger ist daher ein Problem ersten Ranges, das jedoch noch in Dunkel gehüllt erscheint. Laut LANSING u. ROSENTHAL wird in *Elodea*-Blättern die Ca-Aufnahme durch Ribonuclease gehemmt, weshalb die Träger aus Ribonucleinsäure bestehen sollen. Die Schlußfolgerung ist kaum zwingend, weil Ribonuclease die Ionenaufnahme nicht spezifisch hemmt, ohne die Zellen im übrigen zu desorganisieren. Jenen Gedanken hat TANADA weiter verfolgt und die Aufnahme von Rb und P durch Wurzeln von *Phaseolus aureus* unter der Einwirkung von UV-Licht untersucht. Die Absicht war das Enzym zu aktivieren, und TANADA fand, daß UV-Strahlung die Aufnahme nicht in normalen Wurzeln, wohl aber bei Abwesenheit von Calcium hemmt. Ein Zusatz von Calcium erhöht die Aufnahme schon nach 1 min, was mit Hinblick auf die organisatorische Rolle des Calciums in Wurzeln von Interesse ist; der Schluß, daß gerade die Ribonucleinsäure als Träger wirksam ist, erscheint kaum ganz überzeugend. Dasselbe Problem wird von ORDIN u. JACOBSON ganz anders aufgefaßt. Sie haben die Einwirkung von Inhibitoren auf die K- und Br-Aufnahme in Gerstenwurzeln untersucht und dabei gefunden, daß z. B. Jodessigsäure, Arsenit, Fluoracetat, CN, CO, DNP und Malat die Ionenaufnahme mehr als die Atmung hemmen. Sie meinen, daß K und Br durch getrennte Mechanismen aufgenommen werden, und zwar mittels Träger, die als instabile Produkte des KREBSschen Säurezyklus gebildet werden. Daß die Respiration weniger gehemmt wird, sollte auf einer funktionellen Spezialisierung des Atmungssystems oder lokaler Differenzierung beruhen. Diese Ausführungen unterstreichen die selbstverständliche und grundlegende Bedeutung der cytologischen Organisation für diese Prozesse.

4. Aktive Ionenspeicherung.

Ein wichtiger, aber in den meisten Arbeiten über aktive Speicherung übersehener Umstand ist die Lokalisation des Cytochromsystems in den Mitochondrien. In einer sehr wertvollen Arbeit haben ROBERTSON, WILKINS, HOPE u. NESTEL die Rolle der Mitochondrien als Träger des Salzaufnahmemechanismus eingehend untersucht. Herauspräparierte Mitochondrien aus Mohrrüben und Zuckerrüben wurden auf ihre Respiration mit verschiedenen Substraten und Speicherung von Na, K und Cl untersucht. Aus dem großen Tatsachenmaterial werden folgende Schlüsse gezogen. Die Mitochondrien speichern Salze wie Zellen; die Speicherung der Kationen läßt sich durch Donnangleichgewichte erklären, die des Chlors fordert aber einen aktiven Speicherungsmechanismus. Quantitativ entspricht die Speicherung der Leistung der Respiration, wenn sie, wie von der LUNDEGARDHschen Theorie angenommen wird, durch die Elektronenüberträger vermittelt wird. ROBERTSON u. Mitarbeiter meinen, daß die Mitochondrien mit der Plasmaströmung transportiert werden, und daß die Salze an der Innenseite des Plasmas dank des niedrigeren Oxydationspotentials von den Mitochondrien freigegeben werden. Die berechnete Diffusionskonstante der Kationen bei ihrer Aufnahme entspricht einigermaßen dem, was von einer Lipoproteinmembran zu erwarten ist. Die Ergebnisse stützen also auffallend gut das allgemeine Bild einer durch die Respiration vermittelten aktiven Anionenaufnahme, wobei der ganze Mechanismus in die Mitochondrien verlegt ist. Nach dieser Arbeit ist auch die wichtige, aber in mehr biochemisch orientierten Arbeiten vernachlässigte Frage nach der cytologischen Organisation des Salzspeicherungssystems auf gutem Wege, befriedigend beantwortet zu werden. Zu erwähnen ist auch, daß TEDESCHI u. HARRIS — zwar an tierischem Material — bestätigt haben, daß die Mitochondrien dieselben Semipermeabilitätseigenschaften wie ganze Zellen besitzen und osmotische Volumenänderungen erfahren. Durch Verknüpfung der Bildung der Träger mit der Respiration und insbesondere mit dem KREBSschen Säurezyklus glauben ORDIN u. JACOBSON die Mitwirkung der Respiration bei der Ionenaufnahme erklärt zu haben, und heben hervor, daß eine direkte Mitwirkung im Sinne der LUNDEGARDHschen Anionenatmungstheorie nicht notwendig ist. Im übrigen haben ORDIN u. JACOBSON sehr schön die Rolle der Cytochrome durch den Nachweis bestätigt, daß die CO-Hemmung der Ionenaufnahme lichtreversibel ist; die Respiration wird jedoch auch im Licht gehemmt, was mit dem Vorkommen von Cu-Oxidasen erklärt wird. Sie meinen, daß die Cytochrome als Regulatoren des KREBSschen Zyklus und nicht als Ionenträger laut LUNDEGARDH fungieren. Ähnliches zeigt MIDDLETON mit Kartoffelscheiben. Die K-Aufnahme wird durch CO lichtreversibel gehemmt; Protokatechusäure stimuliert die Respiration — über Cu-Oxidasen —, hemmt aber die K-Aufnahme. Das spezifische Mitwirken des Cytochromsystems bei der Ionenaufnahme ist somit für sehr verschiedene pflanzliche Objekte festgestellt. EPSTEIN u. LEGGETT meinen, daß der aktive, an die Atmung geknüpfte Teil der Ionenaufnahme in einer Bindung an die spezifischen Träger besteht, und EPSTEIN hat weiter gezeigt, daß mit Kaliumionen, aber nicht mit Wasserstoffionen beladene Kationentauscher eine Atmungssteigerung bewirken. Dies spricht gegen die Annahme, daß Anionen im Respirationssystem spezifisch eingreifen. NIELSEN u. OVERSTREET greifen auf die Ansicht zurück, daß der aktive Mechanismus in Bildung und Zerfall der Träger und der Speicherungsmechanismus in der Diffusion des Komplexes Träger + Ion nach innen besteht. Sie finden hierfür eine Stütze in der Tatsache, daß die Kationenaufnahme in Wurzelsegmenten mit dem p_H-Wert steigt; dies wäre wohl unter allen Umständen zu erwarten, falls die primäre Bindung der Ionen durch Donnan- oder Adsorptionsgleichgewichte bestimmt würde, und dürfte kaum für oder gegen eine spezielle Theorie des aktiven Transports angeführt werden können. Auch der Umstand, daß Ca die Kationenaufnahme der Wurzelsegmente erhöht, läßt sich, allerdings durch eine Hilfshypothese, mit der OVERSTREETschen Theorie erklären. Direkte Beweise für diese Theorie fehlen jedoch noch. Wie im Abschn. 3 erwähnt, haben CONWAY u. KERMAN ganz allgemein den Einfluß von Redoxstoffen auf die Salzspeicherung veranschaulicht und ihre eigene Deutung dafür gegeben. — Alle diese Ansichten sprechen gegen die LUNDEGARDHsche Anionenatmungstheorie und werden als Kritik dieser angeführt. LUNDEGARDH hat in einem Vortrag seine Theorie entwickelt, laut der Anionen gegen Elektronen in den Cytochromen ausgetauscht werden und mittels diesen infolge der polaren Organisation des Respirationssystems durch das Cytoplasma befördert werden. Wie oben hervorgehoben, ist der Umsatz der hypothetischen Träger offenbar an die Respiration geknüpft und hierdurch wird eine Verbindung zwischen Salzaufnahme und

Respiration unter der Annahme möglich, daß die Umsatzgeschwindigkeit der Träger die Salzaufnahme begrenzt und ihre Bildung du ch Salze katalysiert wird. Dagegen hat diese Annahme noch nicht die polare Wanderung und Speicherung der Salze in der Zelle erklären können, und dies ist der Hauptpunkt der LUNDEGÅRDHschen Theorie. Gegen diese Theorie spricht das obenerwähnte Ergebnis von EPSTEIN mit Resinen. Andererseits heben SCHARRER u. JUNG (2) hervor, daß die Summe der aufgenommenen Kationen im großen und ganzen konstant bleibt und nur von der Anionenaufnahme abhängt, daß dagegen umgekehrt diese von den Kationen unabhängig ist, was für LUNDEGÅRDHs Ansichten spricht. — Jedenfalls hat der Ref. nach wie vor den Eindruck, daß diese Kontroverse in nicht geringem Maße darauf beruht, daß die Forscher verschiedene Momente der Ionenaufnahme studieren und vernachlässigen, die Ergebnisse der anderen zu berücksichtigen.

Außerhalb dieses Streites fällt eine Arbeit von JACOBSON, nach der die CO_2-Bindung in Wurzeln dem Unterschied zwischen Kationen- und Anionenaufnahme entspricht und damit der Bildung von Äpfelsäure folgt. Dadurch wird überzeugend bestätigt, daß die Äpfelsäurebildung von der Ionenbilanz bestimmt wird und auch dem KREBSschen Zyklus angehörig erscheint.

5. Ionenabgabe.

Die in den letzten Jahren viel erörterte Frage nach dem Mechanismus einer Salzabgabe von Zellen — von einer reinen Rückdiffusion abgesehen — ist besonders im Zusammenhang mit der Salzanreicherung im Xylem von Interesse. Keine neuen Arbeiten behandeln dieses spezielle Problem, aber einige andere Arten von Salzabgabe. Schon oben ist erwähnt worden, daß CONWAY u. KERMAN die Na-Abgabe seitens Hefe als einen aktiven Prozeß betrachten, aber auch, daß sie eine unspezifische metabolische Salzspeicherung nicht in Erwägung gezogen haben. Zwei zweifellos normale Fälle von Salzabgabe sind weitgehend aufgeklärt worden. Die sog. cuticuläre Exkretion von Blättern ist von SCHOCH an Tabak und *Ricinus* studiert worden. Eine Abgabe von K und Ca durch die Cuticula kommt vor, ist aber so schwach, daß sie restlos durch passive Diffusion und Auswaschen erklärt werden kann. Eine bedeutend stärkere Abgabe kommt bei Halophyten und anderen ökologischen Spezialisten vor. Sie ist mit *Limonium latifolium* von ARISZ u. Mitarbeitern studiert worden. Die Abgabe erfolgt durch Drüsen, die mit Tüpfeln in den Außenwänden versehen sind. ARISZ u. Mitarbeiter haben die Wirkung von Atmungsgiften, Sauerstoff, Temperaturwechsel und Licht verfolgt. Der Prozeß ist aktiv, der aktive Anteil besteht aber in der normalen Salzspeicherung in den Zellen und durch den Turgor wird die Lösung durch die Tüpfel hinausgepreßt. — In keinem dieser beiden Fälle liegt ein besonderer Sekretionsmechanismus vor, und es bleibt noch zu zeigen, daß ein solcher überhaupt vorkommt.

6. Salz- und Wassertransport.

Die strittige Frage, ob Salze mit dem Transpirationsstrom passiv durch die Wurzel befördert werden, und ob daher eine passive, vom

aktiven Mechanismus unabhängige Salzaufnahme vorkommt, ist von
HYLMÖ weiter erörtert worden. Wie im vorigen Bericht erwähnt wurde
(Fortschr. Bot. **17**, 513), hat BROUWER verneint, daß solch ein passiver
Strom vorkommt. Er erklärt die Tatsache, daß ein verändertes Saugen
in den Leitungsbahnen die Salzaufnahme beeinflußt, dadurch, daß die
Leitungswiderstände im Plasma verändert werden. Diese wurden als
Quotient zwischen der Wasseraufnahme und Saugkraft berechnet.
Unter Hinweis auf Literaturangaben über physikalische Modellstudien
zum Wassertransport in capillaren Systemen hebt HYLMÖ hervor, daß
die Strömung nicht proportional der Saugung sein soll. Im komplexen
kolloiden System wie im Plasma kommen capillare Räume verschiedener
Größen vor, und jede Größenklasse verlangt einen Schwellenwert der
Saugung ehe eine Strömung in Gang kommt. HYLMÖ zeigt, daß
BROUWERS Ergebnisse außerordentlich gut mit den theoretischen
Erwartungen unter der Annahme übereinstimmen, daß in den Zellwänden
ein passiver Salzstrom ohne Änderung der Durchlässigkeitseigenschaften
der Wände fließt. BROUWERs Beobachtungen wären also mit der Annahme eines zum Teil passiven Salzstroms außerhalb der Protoplasten
gut vereinbar. — Auch VAN DEN HONERT, HOOYMANS u. VOLKERS
kritisieren die Annahme solch einer passiven Salzaufnahme. Sie haben
die Aufnahme von Wasser nebst NH_4, K, NO_3 und H_2PO_4 in Licht und
Dunkel untersucht, ohne einen Zusammenhang finden zu können. Sie
heben jedoch hervor, daß sie mit sehr verdünnten Lösungen und alten
Pflanzen gearbeitet haben, und dabei dürfte man kaum etwas anderes
als eine aktive Speicherung der gesamten aufgenommenen Salzmenge
erwarten. WRIGHT u. BARTON haben rein qualitativ eine Beziehung
zwischen Transpiration und Phosphatspeicherung in Blättern veranschaulicht.

B. Bedeutung und Funktion der Elemente.

Die Aufteilung des Materials auf die Abschnitte *B* und *C* ist recht willkürlich,
so daß für jedes Element auch auf die entsprechenden Abschnitte im Kapitel *C* verwiesen werden muß.

1. Alkalimetalle.

Ein sehr wichtiger Beitrag zur Biochemie des Kaliums kann der
Zoophysiologie entnommen werden. PRESSMAN u. LARDY zeigen, daß
Lebermitochondrien Kalium für maximale Respiration und Phosphorylierung fordern. Es wird vermutet, daß es bei Transphosphorylierungen
mitwirkt. Ansonsten ist bekannt, daß Kalium in physiologischen
Konzentrationen in der Pflanze die Respiration hemmt, weshalb eine
Nachprüfung an Pflanzenmaterial von Interesse wäre. BERGMANN
hat mit *Chlorella* gezeigt, daß K- und Mg-Mangel die Respiration erhöhen,
aber die Assimilation von Glucose vermindern. Es erhebt sich die Frage,
ob K-Mangel ähnlich wie DNP im ADP-ATP-System wirkt und einen
Mangel an Energiephosphaten hervorruft. In zwei methodisch gleichartigen Arbeiten ist K mit Rb verglichen worden. Wie oben erwähnt, haben
MENZEL u. HEALD (Abschn. A3) die Aufnahme und Verteilung der Stoffe
untersucht, und auch MACKIE u. FRIED haben gefunden, daß Rubidium

insbesondere in Reproduktionsorganen angereichert wird. Dies ergänzt die Beobachtung von MURPHY, HUNTER u. PRATT, daß der Fruchtansatz bei Ersatz von K durch Rb abnimmt. Die relative Speicherung von Rb in diesen Organen bedeutet also keine funktionelle Ersetzbarkeit; die Ergebnisse deuten im Gegenteil darauf hin, daß Kalium in einer spezifischen Funktion in diesem Zusammenhang durch Rb nicht ersetzt werden kann. — Laut BOLLE-JONES (2) soll K die Beweglichkeit und den Transport von Fe erhöhen, wodurch es einer Eisenmangelchlorose entgegenwirkt. Ein eigentümliches Zusammenspiel liegt laut LASKOWSKI zwischen Kalium und Lithium in *Saccharomyces* vor. Gegen Li resistente Mutanten sollen tatsächlich durch einen niedrigeren Kaliumbedarf gekennzeichnet sein.

Die fragliche Bedeutung des Natriums als notwendiger Nährstoff lenkt die Aufmerksamkeit auf sich; neue Belege für seine Unentbehrlichkeit liegen vor. KRATZ u. MYERS nebst ALLEN u. ARNON zeigen, daß drei *Anabaena*-Arten Natrium neben Kalium fordern und daß es durch keines der anderen Alkalimetalle ersetzt werden kann. HELLER (1, 2) hat mit Gewebekulturen aus Mohrrüben auch Na als notwendig gefunden. In zwei Arbeiten mit Baumwollpflanzen werden aber andere Gesichtspunkte für die physiologische Stellung des Natriums vorgebracht. JOHAM zeigt, daß ein Welken bei Calciummangel durch Natrium geheilt werden kann, und daß der Fruchtansatz durch Na bei Mangel an K oder Ca gefördert wird. Analytisch wird nachgewiesen, daß es sich wahrscheinlich um eine Mobilisierung von Vorräten der wirklich notwendigen Stoffe handelt. Es soll hier an die entsprechende Wirkung von K auf Fe erinnert werden. SELMAN u. ROUSE heben dagegen hervor, daß in Wasserkulturen Na nur bei schlechter Durchlüftung und bei K-Mangel günstig wirkt. Die Bedeutung des Zusammenhangs mit der Lüftung bleibt unklar. LEHR u. WYBENGA haben hierzu gefunden, daß Na den Ertrag von Flachs auch bei reichlicher K-Zufuhr erhöht.

2. Magnesium und Calcium.

Daß Mg verhältnismäßig unbeweglich ist, haben RUCK u. GREGORY mittels einer Blatthälftenmethode veranschaulicht, und LÜDECKE u. PAULSEN berichten über die Mg-Gehalte während der Entwicklung von Zuckerrübenpflanzen. FERRARI u. SLUIJSMANS zeigen, daß eine in den Niederlanden auftretende Krankheit des Hafers, „Tigerung", mit niedrigem Mg-Gehalt oder einem hohen Quotienten von K:Mg korreliert erscheint, und NEALES berichtet über die Assimilationsgeschwindigkeit der Gerste bei steigendem Mg-Gehalt. Über Mg-Mangel in *Chlorella* und Atmungsstoffwechsel vgl. Abschnitt B1 (BERGMANN). Entgegen früheren Angaben verlangt *Anabaena cylindrica* Calcium sowohl mit Luftstickstoff wie auch mit Nitrat als Stickstoffquelle [ALLEN u. ARNON (2)].

3. Phosphor und Schwefel.

KURSANOV, TUJEVA und WERETSCHAGRIN haben, nicht ganz überraschend, gefunden, daß P-Mangel eine Speicherung von Zucker und einen Mangel an organischen Säuren mit sich bringt. — Es ist wohl bekannt, daß Pflanzen im allgemeinen Sulfat oxydativ bilden; TAGER u. RAUTANEN zeigen, daß Mitochondrien aus Hafer ein Enzym enthalten, das Sulfit zu Sulfat oxydiert. Durch eine Einführung von Hemmstoffen wird gezeigt, daß Magnesium und Cytochrom-c an der Oxydation mitwirken. — WEISSMAN u. TRELEASE haben die Arbeiten über Selen in dessen Beziehung zum Schwefel fortgesetzt, und — wie früher — mit *Aspergillus* gefunden, daß eine Selenvergiftung auf eine Blockierung des Schwefels zurückzuführen ist. Die Selenhemmung wird durch Methionin geheilt.

4. Spurenelemente im allgemeinen.

Zwei neue kürzere Zusammenfassungen über Wirkung und Bedarf an Spurenelementen können erwähnt werden. STARKEY hat das Thema für Mikroorganismen sehr kurz behandelt, und STEINBERG, SPECHT u. ROLLER tun dasselbe für *Nicotiana*. Zu dieser Arbeit ist zu bemerken, daß Bor- und Manganmangel niedrige Gehalte an Ascorbinsäure bedingen. — Giftwirkungen auf *Neurospora* durch verschiedene Metalle werden von HEALY, CHENG u. McELROY beschrieben. Sie berichten über die Wirkung auf das Wachstum nebst Aktivitäten von Cytochromoxydase, Katalase, Peroxidase und Bernsteinsäurehydrogenase. Eisenmangel und Kupfervergiftung ähneln einander. — EBERHARDT hat die Einwirkung von Mn, Fe, Co, Ni, Cu, Cr, Cd und Zn auf Mitosen in Wurzelspitzen von *Vicia Faba* studiert und berichtet ausführlich über aberrante cytologische Bilder nebst Mitosefrequenzen. Es handelt sich ausschließlich um Giftwirkungen.

5. Valenzwechselnde Spurenelemente.

Gewebekulturen fordern laut HELLER (1, 2) im allgemeinen Kupfer; in Versuchen mit isolierten Tomatenwurzeln hat aber BOLL einen nicht recht durchsichtigen Zusammenhang zwischen Cu und Mo beobachtet, insofern als Ausschläge für Mo nur bei Abwesenheit von Kupfer erhalten wurden. Es sei hier an auf die Beziehung zwischen Fe und Mo verwiesen. WARINGTON hat nämlich das Zusammenspiel zwischen diesen beiden Metallen in Erbse und Soja untersucht. Eine Eisenmangelchlorose kann innerhalb gewisser Grenzen und wenigstens vorübergehend durch Mo aufgehoben werden. Eine Mo-Vergiftung, ebenfalls durch Chlorose gekennzeichnet, wird durch Fe aufgehoben, wobei das Fe hauptsächlich in den Wurzeln festgehalten wird. Es wird geschlossen, daß das Mo den Transport von Fe beeinflußt; die Wirkung auf die Chlorophyllbildung kann aber auf diese Weise nicht ganz erklärt werden. Im Hinblick auf diese Molybdänwirkungen auf Cu und Fe entsteht natürlich die Frage, inwieweit sie durch den Stickstoffumsatz vermittelt werden.

Die Bedeutung von natürlichen oder artifiziellen Komplexbindungen für die Aufnahme von Eisen ist in mehreren Arbeiten untersucht worden. Früher ist u. a. von DE KOCK gezeigt worden, daß Fe leicht als Komplex mit Äthylendiamintetraessigsäure (EDTA, Versenat) aufgenommen und transportiert werden; DE KOCK (1) hat nun gezeigt, daß Humusstoffe sich ähnlich verhalten und eine Chlorose verhindern können. OLSEN hat die Eisenversorgung von *Helodea* untersucht. Wird Fe nur aus dem Boden aufgenommen, so wird das Wachstum eingeschränkt und das Fe häuft sich infolge des unterbrochenen Transports in den basalen Teilen an. Mit in Wasser gelöstem Eisenkomplex werden gleichförmige Eisengehalte erreicht. Inwieweit die erwähnte (Abschnitt B1) Beschleunigung des Fe-Transports durch K [BOLLE-JONES (2)] auch auf Komplexverhältnissen beruht, ist unbekannt, jedenfalls scheinen die Transportverhältnisse und Komplexbindungen für die Fe-Versorgung entscheidend zu sein. HOLMES u. BROWN haben eingehend den Einfluß verschiedener Chelatbildner auf die Chlorose von Soja untersucht. Eigentümlicherweise ist in diesem Falle EDTA unwirksam, während die Chlorose durch Diäthyltriaminopentaessigsäure nebst einer Polyaminocarboxylsäure, die die Cu- und Mn-Gehalte herabsetzen, geheilt wird. In diesem Fall war die Ursache der Chlorose unbekannt, ist aber wahrscheinlich in der Schwermetallbilanz zu suchen. WALLACE u. Mitarbeiter haben auch die Wirkung Chelatbildender Aminosäuren auf die Fe- und Mn-Aufnahme untersucht. Als besonders wirksam erwies sich ein nicht identifiziertes, aromatisches Amin nebst Cyclohexan-1,2-diaminotetraessigsäure. Auch DE KOCK (2) berichtet über die Wirkung verschiedener Versenatkomplexe auf die Fe-Aufnahme. Unzweideutige Eisenchlorose bedingt laut HOLLEY u. CAIN in mehreren Pflanzen einen hohen Gehalt an löslichem Stickstoff, hauptsächlich Arginin. WALLIHAN berichtet über eine Fe-Chlorose bei *Citrus*.

Die verwickelte Frage nach der Bilanz zwischen Fe und Mn ist nach wie vor aktuell; es hat sich ein großes Beobachtungsmaterial angesammelt. Eingehende biochemische Studien fehlten bisher. Jetzt haben WEINSTEIN u. ROBBINS an *Helianthus* die Wirkung der Bilanz Fe:Mn auf Katalase und Cytochromoxydaseaktivität in normalen und Albinoformen untersucht und dabei auch Mn- und Fe-Fraktionen analytisch bestimmt. Sie finden, nicht unerwartet, daß die Aktivitäten mit steigendem Quotienten zunehmen und kehren zur Ansicht zurück, daß die Metalle in Häminmolekülen konkurrieren. In Anlehnung an SOMERs u. SHIVEs alte Angaben sind LEACH u. TAGER der Ansicht, daß Fe und Mn in einem gewissen Verhältnis vorhanden sein müssen; z. B. bei Bohnen von 1,5—3 und bei Tomaten von 0,5—5,0. Es gibt aber auch eine absolute untere Grenze für jedes Ion, was zusammen mit dem weiten zulässigen Bereich die These wesentlich entkräftet.

Für das Mangan liegen einige neue Vorschläge zur Erklärung seiner Funktion vor. KENTEN u. MANN haben gezeigt, daß isolierte Chloroplasten insbesondere im Licht imstande sind, Mn^{2+} zu oxydieren, was durch Peroxyde beschleunigt und Katalase teilweise gehemmt wird. Sie finden es denkbar, daß dies ein Glied der Photosynthese bildet; bekanntlich gibt es frühere Belege für eine solche Beteiligung des Mangans. Damit stimmt nicht ganz die Angabe von ANDREAE überein, daß Mn^{2+} im Licht durch das System Riboflavin + H-Donator = $RbfH_2$ + Oxydationsprodukt oxydiert wird. Dieses oxydiert Mn^{2+}, während $RbfH_2$ autoxydiert wird: $RbfH_2 + O_2 = Rbf + H_2O_2$. — Im Zusammenhang mit einem vermuteten Einfluß des Mangans auf die Zellstreckung

(Fortschr. Bot. **17**, 518) sei erwähnt, daß laut ROSEN Mangan einer Streckungshemmung durch Streptomycin auf *Avena*-Koleoptilen entgegenwirkt. Mn muß gleichzeitig mit dem Hemmstoff anwesend sein. Der Mechanismus ist unbekannt, es ist aber von Bedeutung, daß während Na, Mg, Ni und Co wirkungslos sind, Mn durch Ca ersetzt werden kann. Es kann sich also kaum um eine spezifische Manganfunktion handeln. Jedenfalls berichtet GRAY, daß eine Streptomycinhemmung des Wurzelwachstums von Tomaten auch durch Mn aufgehoben wird. — Eine Arbeit über Mangan und Ascorbinsäure wurde im Abschnitt B4 erwähnt. Die Verteilung von Mn in Kartoffelpflanzen haben BOLLE-JONES (1) untersucht und RUCK u. GREGORY seine Beweglichkeit.

Die Rolle des Molybdäns bei der Nitratassimilation erscheint durch die Arbeiten von NASON u. Mitarbeitern (Fortschr. Bot. **17**, 519) weitgehend aufgeklärt. Ihre Ansichten werden in zwei neuen Arbeiten weiter präzisiert. Ihre früheren Ergebnisse wurden mit *Neurospora* und *Aspergillus* erhalten. In einem wichtigen Punkt haben NICHOLAS u. NASON dies ergänzt, indem sie dieselben Ergebnisse mit einer höheren Pflanze, Sojablättern, erhielten. Auch in diesen dient Molybdän als Elektronenüberträger bei der Nitratreduktion nach dem Schema: TPNH $\rightarrow$ Flavinadeninnucleotid oder Flavinmononucleotid $\rightarrow$ Mo $\rightarrow$ $\rightarrow$ NO$_3$. Später haben NICHOLAS u. STEVENS das Ganze kurz zusammengefaßt und überdies festgestellt, in welcher Form das Mo wirksam ist. Als Elektronenüberträger fungiert nur Mo^{5+}, aber nicht Mo^{6+}; jenes ist die einzige Form die im Nitratreduktasesystem vorkommt. Dagegen kann Mo^{3+} Nitrat nicht-enzymatisch reduzieren; wenigstens in *Neurospora* spielt dies aber keine Rolle. In zwei außerordentlich überzeugenden Arbeiten mit *Scenedesmus* haben ARNON u. Mitarbeiter die spezifische Bedeutung des Molybdäns für die Nitratassimilation dargetan. ICHIOKA u. ARNON zeigen, daß der Mo-Bedarf der Alge um 10^{-9} bis 10^{-8} Mol. liegt. Bei Abwesenheit hören die Zellteilungen auf, und es kommt zu Chlorose nebst Anhäufung von Stärke, alles Zeichen für einen Stickstoffmangel. Weitere Versuche von ARNON, ICHIOKA u. Mitarbeitern beweisen eindeutig, daß *Scenedesmus* nur bei Nitratfütterung, nicht aber mit Ammonium oder Harnstoff als Stickstoffquelle Molybdän fordert. Es soll also hier Mo eine einzige Funktion erfüllen, und zwar bei der Nitratassimilation. — Die umfassenden Arbeiten von HEWITT u. AGARWALA behandeln dasselbe Problem mehr allgemein physiologisch und weniger biochemisch (vgl. Fortschr. Bot. **17**, 519). AGARWALA u. HEWITT (1) haben Mo bei zwei Nitratgaben variiert und dabei gefunden, daß das Mo den Gehalt an Zucker und organischem Stickstoff erhöht, aber den an Nitrat erniedrigt, was von anderen Objekten bekannt ist. In einer anderen Arbeit [AGARWALA u. HEWITT (2)] werden Mo-Mangelerscheinungen bei Ernährung mit Nitrat, Nitrit und Ammonium ausführlich beschrieben. Bei N-Gaben in jeder Form setzt Mo den Ascorbinsäuregehalt herab. Typische Mangelerscheinungen sind ,,peitschenschnur''-förmige Blätter ("whiptail disease"), Welken und Nekrosen. Eine Chlorose, die unmittelbar auf Stickstoffmangel hinweist, tritt dagegen nur bei Nitraternährung auf. Dies ist so zu deuten, daß in diesem

Material im Gegensatz zu *Scenedesmus* dem Mo auch andere Funktionen als nur die bei der Nitratreduktion zukommen.

Possingham hat Tomatenpflanzen 3 Wochen Mo-frei aufgezogen und es alsdann 2 Tage lang zugesetzt. Es wurde eine starke Erhöhung des Gehaltes an organischem P auf Kosten des anorganischen festgestellt. Zwei Möglichkeiten liegen vor; entweder hemmt Molybdän die Phosphatase oder es verstärkt den Stoffwechsel im allgemeinen. Spencer zeigt, daß Phosphatase aus Tomaten durch Molybdat 10^{-7} Mol., eine physiologische Konzentration, gehemmt wird. Dasselbe kommt auch in intakten Wurzeln vor und soll eine Funktion des Molybdäns darstellen.

6. Sonstige erforderliche Spurenelemente.

Über das immer noch aktuelle Cobalt hat Young eine Zusammenfassung mit über 100 Literaturnachweisen geschrieben. Sie behandelt Vorkommen und Bedeutung in höheren Pflanzen und Mikroorganismen. Dedic u. Koch haben die Wirkung von Co auf den fakultativ anaeroben *Bacillus asterosporus* untersucht; Co bewirkt eine Abnahme der Atmung und des RQ; es soll vor allem den anaeroben Stoffwechsel begünstigen. Die Optimumkonzentration liegt bei 4 μg pro ml im Nährmedium. Einen eigentümlichen, Co-resistenten Stamm von *Saccharomyces cerevisiae* haben Perlman u. O'Brian studiert; er enthält bis 9,9% Co ohne merkliche morphologische oder physiologische Störungen. Co liegt hier in einer organischen Form vor, die *Streptomyces griseus* leichter als $Co(NO_3)_2$ zur Synthese von Vitamin B_{12} benutzen kann. Scott u. Ericson zeigen, daß die Meeresalge *Rhodymenia palmata* Cobalt in Beziehung zur Photosynthese aufnimmt. Dabei bildet die Alge keine nachweisbaren Mengen von B_{12}, wohl aber eine unbekannte organische Co-Verbindung.

Aus der dürftigen Literatur über Zink kann angeführt werden, daß laut Carlton bei extremem Zinkmangel in Tomatenpflanzen die Aktivität der sekundären Meristeme aufhört, während die der primären weniger affiziert wird. Die Lokalisierung der Zinkwirkung in den Meristemen wird eindeutig wiedergefunden, aber im übrigen ist die Wirkungsweise unklar. Omvik hat die Wirkung von Zink auf Pilze, *Chaetomium*- und *Hemicola*-Arten, beschrieben.

Über Bor liegt eine gute monographische Darstellung von Gauch u. Dugger vor. Sie haben die verschiedenen Ansichten über seine Wirkung und insbesondere die Auffassung erörtert, daß es bei Befruchtungsvorgängen und beim aktiven Transport von Zucker mitwirkt. Diese Auffassung stützt sich auf dem gut dokumentierten chemischen Verhalten, daß Borsäure an hydroxylische Verbindungen gebunden wird, sowie auf einer Reihe von physiologischen Daten. Es scheint dies die z. Z. am besten begründete Ansicht zu sein. — Im übrigen hat Steinberg nachgewiesen, daß der Nikotingehalt von Tabak bei Bormangel ansteigt, und Steinberg, Specht und Roller zeigten, daß der Ascorbinsäuregehalt hierbei abnimmt.

7. Die fraglichen Nährstoffe.

Über Chlor liegt eine wichtige Arbeit von BROYER und Mitarbeitern vor. Ohne Chlor aufgezogene Tomatenpflanzen zeigen spezifische Mangelerscheinungen, die durch Chlorzusatz oder Chlorinjektionen beseitigt werden. Ein maximales Wachstum wird bei 0,1 mmol Cl je Liter Nährlösung und ein Mangel bei 250 mg Cl je kg Blätter gefunden. Ein wirklicher Bedarf sollte also vorliegen. — LATZKO hat seine Arbeiten über Chlor in Feldversuchen fortgesetzt und bei Cl-Mangel mit Kartoffeln eine allgemeine Abnahme verschiedener Stoffwechselvorgänge gefunden. — Die Stellung des Jods ist noch unklar. Wie erwähnt hat HELLER (2) bestätigt, daß es in Gewebekulturen notwendig ist. Die Jodaufnahme von *Ascophyllum* aus Meerwasser haben BAILY u. KELLY beschrieben.

Es unterliegt keinem Zweifel, daß für die Diatomeen Kieselsäure unentbehrlich ist; dies ist von LEWIN mit *Navicula* bestätigt worden. Er hat verschiedene Si-Quellen verglichen und das Optimum bei etwa 35 mg Si je Liter gefunden. Laut JØRGENSEN (2) liegt Si in den Zellwänden in einer Form vor, die in neutraler bis alkalischer Lösung leicht hydrolysierbar ist. Ferner hat JØRGENSEN (1) beobachtet, daß unter konstanten Außenbedingungen, z. B. in fließenden Lösungen, der Si-Gehalt der Algen mit erhöhter Dichte der Kulturen abnimmt. Ein Si-Mangel kann nicht in Frage kommen und die Erscheinung wird, sehr hypothetisch, damit erklärt, daß Stoffe abgegeben werden, die die Si-Aufnahme beeinflussen.

C. Ökologische Probleme.

1. Allgemeine Fragen.

Die für die Salzaufnahme wichtigen, aber recht wenig bekannten mikrobiellen Verhältnisse in der Rhizosphäre sind von KOLOZOV u. UKINA studiert worden. Es zeigt sich, daß die Bakterienflora die Entwicklung des Wurzelsystems und die Ionenaufnahme begünstigen kann. Verantwortlich sind anscheinend Vitamine oder ähnliche Wirkstoffe. GYLLENBERG hat aus der Rhizosphäre von vier Gräsern Bakterien isoliert. — Jahresschwankungen des Salzgehaltes der Meeresalgen *Macrocystis* und *Nereocystis* sind von WORT beschrieben.

2. Das ökologische Verhalten einzelner Nährstoffe.

SAKAZAKI und Mitarbeiter haben die Toleranz gegen Variationen im Quotienten Na:K in verschiedenen Pflanzen verglichen. Nicht unerwartet vertragen *Atriplex* und *Beta* hohe Quotienten. Die relative Aufnahme von Na und Cl erweist sich als wesentlich verschieden; zum osmotischen Wert trägt in *Metasequoia* Cl am meisten bei, in *Atriplex* Na, während *Beta*, Tomate und *Zea* sich intermediär verhalten (vgl. über Halophyten, Abschnitt C 3). REID u. YORK haben mit einer der Neubauermethode ähnlichen Technik die Kalium-Aufnahme von

Arachis, *Soya*, *Zea* und *Gossypium* aus einem beschränkten, mit Wurzeln dicht durchwachsenen Bodenvolumen bestimmt. Aus dem zeitlichen Auftreten der Mangelerscheinungen wird auf den relativen Bedarf der Arten geschlossen.

GORING hat in einer Reihe von Arbeiten den Phosphorstoffwechsel im Boden mit P^{32} studiert. Analysenmethoden und theoretische Gesichtspunkte für die Auswertung der Ergebnisse werden ermittelt [GORING (1)]. In einer folgenden Schrift (2) wird der Einfluß von Temperatur und Feuchtigkeit auf die Synthese von organischem Phosphor in verschiedenen Böden erörtert. Das p_H-Optimum liegt bei 5,5—7,5. Es besteht kein nachweisbarer Zusammenhang zwischen den Synthesen und den vorhandenen Mengen organischer, als C, N oder P gemessener Substanz. Danach weisen GORING u. ZOELLNER einen Zusammenhang zwischen der Synthese von organischem Phosphor und seiner Zugänglichkeit für die Vegetation nach. Der leicht zugängliche Phosphor entspricht der Summe von organischem P und dem in NH_4F—HCl löslichen. Dies beruht darauf, daß die Synthese als ein Maß für die Mineralisierung erachtet werden kann. SCHARRER u. TAUBEL haben mitgeteilt, daß der P-Gehalt in verschiedenen Kulturpflanzen bei K-Mangel stark ansteigt, anscheinend mehr als der Abnahme des Wachstums entspricht.

In bezug auf die Ökologie des Eisens sei auf die im Abschnitt B 5 erwähnten Arbeiten über die Aufnahme von Eisen in Chelatform verwiesen. Besonders interessiert die Angabe DE KOCKs (1), daß Humusstoffe dieses Komplexbindungsvermögen besitzen und dadurch Chlorose beseitigen können. — MEDERSKI u. NILSSON heben hervor, daß Temperatur und Feuchtigkeit des Bodens die Mn-Aufnahme und Mn-Mangelerscheinungen beeinflussen. Niedrige Temperatur und hohe Bodenfeuchtigkeit verursachen Manganmangel, was wohl nicht ganz neu ist. Die Ursachen liegen sowohl im Boden wie in der Pflanze. — BOKEN hat die Wirkung von $FeSO_4$ auf die Aufnahme von Mn in der Zuckerrübe verfolgt. — WEHRMANN berichtet über die Mn, Cu und Co-Gehalte in Böden und deren Beziehung zur Vegetation in Schleswig-Holstein, CHENERY über das Vorkommen von Aluminium in der australischen Bush-Vegetation, die Speicherung in den Pflanzen und die Beziehungen zu den Manganverhältnissen. Die Aufnahme von Cobalt im Zusammenhang mit den Hauptnährstoffen ist von SCHARRER u. TAUBEL untersucht worden. — Ökologische Analysenangaben dieser Art sind vom Gesichtspunkt des Einsammelns von Material von unzweifelhaftem Wert, dagegen wird die Erklärung der Abhängigkeiten, die bodenchemisch oder physiologisch, mittelbar oder unmittelbar sein können, natürlich recht unsicher. Gründliche chemisch-physiologische Studien sind hierbei unerläßlich.

3. Ökologie spezieller Typen.

Über das Mykorrhizaproblem liegt nur eine neue Arbeit vor; HARLEY u. BRIERLEY, die der P-Aufnahme eine Reihe von Untersuchungen gewidmet haben, zeigen, daß der im Pilz gespeicherte Phosphor von der Wurzel langsamer aufgenommen wird, falls gleichzeitig gelöster P

dargeboten wird. Dies wird als eine Konkurrenz um die Transport-
bahnen gedeutet. Erwähnt sei, daß auch in nicht-mykotrophen Wurzeln gespeicherte Salze schwieriger als direkt von außen her aufgenommene weiterbefördert werden, so daß diese Erscheinung nicht speziell
für Mykorrhizen kennzeichnend ist.

Das Halophytenproblem ist, wie im Abschnitt B2 erwähnt, von
TAKADA und Mitarbeitern (SAKAYOKI und Mitarbeiter) untersucht
worden. Es konnten Artenunterschiede in der Reaktionsweise gegen
Na, Cl und K festgestellt werden. TAKADA berichtet über Salzgehalte
und osmotische Werte in eigentlichen Halophyten und Dünenpflanzen
nebst Tagesschwankungen in diesen. Der osmotische Wert steigt
morgens zusammen mit einer Zunahme des Stickstoffgehaltes, während
Kalium umgekehrt variiert. — ELGABALY hat die Wirkung von mit
hohen Konzentrationen an Na, Ca und Mg beladenen Resinen auf das
Wachstum sowie die Bedeutung der Bilanz zwischen K und Na untersucht. — Eine eigenartige als halophil betrachtete Pflanze ist der Pilz
Sporendonema epizoum, der eingesalzenen Fisch infiziert. Es hat dies
zu der Annahme geführt, der Pilz sei halophil; aber VAISEY hat nachgewiesen, daß NaCl durch isosmotische Lösungen von Glucose, $NaNO_3$
oder KCl ersetzt werden kann. In 2—3 Mol Glucose gedeiht er optimal
und ist somit am besten als osmophil zu betrachten. — Bromeliaceen
vom Typus der Zisternepiphyten besitzen nach v. WITSCH u. SIEBER
hinsichtlich der Salz- und Wasseraufnahme normal funktionierende
Wurzeln. Auf Grund ihrer Morphologie sind diese früher nur als Haftorgane aufgefaßt worden, eine deduktiv-morphologische Deutung, die
einer experimentellen Prüfung nicht Stand gehalten hat. Diese Epiphyten vermögen auch Salze, insbesondere Stickstoff, durch die Blätter
aufzunehmen, was jedoch eine weit verbreitete Fähigkeit ist.

Das zählebige ökologische Kalkproblem und die Frage der Kalkchlorose können nicht recht klar von anderen Fällen ökologischer
Chlorose getrennt werden. STEDE hat versucht, die Frage zu klären,
ob Ca oder der p_H-Wert für die Klassifizierung auf Grund der Reaktion
gegen Kalk entscheidend sind. Calcicole und calcifuge Pflanzen wurden
im Feld und in Kulturen studiert. Jene wachsen nur bei Anwesenheit
von $CaCO_3$, aber bei $p_H = 6{,}9$ nicht mit $MgCO_3$ oder mit $CaSO_4$. Die
Calcifugen gedeihen bei Anwesenheit von $CaCO_3$ schlecht und die Mehrzahl derselben auch nicht mit $MgCO_3$. Auch diese reagieren also sowohl
auf Ca wie auf den p_H-Wert. Die Tragweite dieser Ergebnisse muß
dahingestellt werden. — ILJIN, der eine lange Reihe wertvoller Arbeiten
über den Stoffwechsel bei Kalkchlorose ausgeführt hat, hat diese in
einer Arbeit mit normalem und chlorotischem Zuckerrohr und *Arachis*
zum Teil zusammengefaßt. In chlorotischen Pflanzen ist fast alles
verändert, Salzgehalt, Kohlenhydrate und Citronensäure, und es ist
kaum möglich zu entscheiden, was primär und sekundär mit dem Kalk
und der Chlorose zusammenhängt. Der Gehalt an Gesamt-Fe ist immer
ausreichend, aber Fe und Cu können Chlorose beseitigen. BROWN,
HOLMES und Mitarbeiter haben ferner eine durch den Fe-Zustand
bedingte Chlorose in Reis auf nicht-überschwemmten Böden untersucht.

Sie wird durch P und Cu hervorgerufen, und ist von einer Abnahme des Katalasegehaltes und einer Zunahme der Ascorbinsäureoxydase begleitet, was auf eine Verschiebung der Fe:Cu Bilanz hindeutet. — Es liegt nahe, den ganzen Problemkomplex mit der Komplexbindung der Schwermetalle im Boden und in der Pflanze in Beziehung zu bringen [vgl. z. B. DE KOCK (2), HOLMES u. BROWN].

Ein anderes Problem liegt in genetisch bedingten Albino- und Variegata-Blättern vor; die Gehalte an P, Fe, K und Ca sind in Mutanten verschiedener Arten von DE KOCK u. HALL bestimmt worden. In den chlorotischen Teilen ist, wie in solchen mit infektiöser Chlorose, das Verhältnis P:Fe hoch und der Quotient Ca:K niedrig.

WALKER, WALKER u. ASHWORTH haben normale Pflanzen und Serpentinpflanzen, z. B. *Helianthus bolanderi*, in Böden mit variierten Ca:Mg Verhältnissen gezogen. Diese besitzen eine besondere Fähigkeit, Calcium bei sehr niedrigen Konzentrationen aufzunehmen, und WALKER und Mitarbeiter nehmen an, daß das Serpentinproblem mit einem niedrigen Calciumgehalt des Bodens zusammenhängt. Früher ist es jedoch mit Schwermetallverhältnissen verbunden worden (Fortschr. Bot. **15**, 307). — TAMM (1) hat die normale *Eriophorum vaginatum*-Vegetation eines schwedischen Moores gedüngt und enorme Ausschläge für Phosphorsäure erhalten; die Entwicklung der Vegetation scheint ausschließlich durch diesen Stoff begrenzt zu werden. Sonst kommt in natürlichen Wäldern überall N-Mangel vor [TAMM (3)]. RENNIE hat den Salzgehalt verschiedener Waldtypen auf *Calluna*-Böden in England untersucht; K- und P-Gehalt sind im Vergleich mit jenen von Ackerernten niedrig; der Kreislauf der Stoffe nebst der Abgabe seitens der Blätter werden ausführlich erörtert.

Umfangreiche Analysen von *Andropogon virginicus* und *Arundinaria lacta* von S. Carolina werden von BEESON mitgeteilt. Material aus verschiedenen Höhenlagen von der Küstenebene an ist auf Ca, P und Schwermetalle analysiert und die Ergebnisse sind zur geologischen Unterlage (von COOPER beschrieben) in Beziehung gebracht worden. Ferner haben BEESON, LAZAR u. BOYCE den Gehalt von vier Charakterpflanzen aus der atlantischen Küstenebene untersucht. *Nyssa silvatica* wird durch einen ungewöhnlich hohen Co-Gehalt gekennzeichnet, 1,5—30,7 (bis auf 118) mg je kg, gegen 0,02—0,12 (bis 9,3) mg je kg in anderen Arten. *Ilex glabra* enthält viel Zink.

4. Giftwirkungen.

Die Kupfervergiftung von *Saccharomyces* wird in einer interessanten Arbeit von BRENES-POMALES, LINDEGREN u. LINDEGREN erörtert. Sie zeigen, daß die Resistenz gegen eine Vergiftung mit 10^{-3} Mol Cu genetisch bedingt ist und regelmäßig spaltet. Die Resistenz von 14 Desmidiacéen-Arten gegen Mn, Zn, Cr, V und Cu ist von URL studiert worden. Die Algen vertragen im allgemeinen die Schwermetalle, mit Ausnahme von Cu, besser als höhere Pflanzen. Sowohl Plasmaresistenz wie Permeabilitätsunterschiede können hierfür verantwortlich sein. CROOKE u. INKSON haben Nickelvergiftung beim Hafer sowie die Bedingungen für die

Ni-Aufnahme studiert. Eine Co-Vergiftung ist ähnlich, aber mit jener nicht identisch. In nekrotischen Teilen ist der Fe-Gehalt niedrig (CROOKE u. KNIGHT), was jedoch nicht unbedingt auf eine etwaige direkte Beziehung zwischen Ni und Fe hindeuten muß. — Ein Zusatz von S zu Böden führt bekanntlich zur Ansäuerung; in *Citrus*-Anlagen kann der p_H-Wert des Bodens laut ALDRICH, BUCHANAN u. BRADFORD von 8 auf 4 sinken. Giftwirkungen werden auch hervorgerufen, weil B und Li in Lösung gehen.

In Bohnen und Tomaten kann nach PORTER u. THORNE eine Chlorose durch einen hohen Gehalt an Bicarbonat im Medium unter Zunahme des Fe-Gehaltes hervorgerufen werden. Bei Mais verursacht eine Abnahme der O_2-Spannung bis auf 1% und eine entsprechende Zunahme des CO_2-Gehaltes eine starke Abnahme der K-Aufnahme und des Wachstums. In allen Fällen wie diesen sind natürlich die ursächlichen Zusammenhänge sehr unklar, und Korrelationen mit einem Mineralstoff oder anderen erscheinen höchst willkürlich.

D. Methodisches.

1. Kulturmethoden.

Hier soll auf die Arbeit von OLSEN (vgl. Abschnitt B5) über die Kulturbedingungen für *Helodea* verwiesen werden. LAWRENCE u. ALVEY haben ausführliche technische Angaben über Gewächshausversuche gemacht. Die Arbeiten zielen nicht besonders auf Mineralstoffstudien hin, enthalten aber nützliche Angaben über allgemeine Gesichtspunkte einschließlich Versuchsvariationen und Fehlergrenzen.

2. Diagnosemethoden.

Das Interesse dreht sich hauptsächlich um die Blattdiagnose, die in allerlei Modifikationen vorkommt, von rein bodenchemischen Arbeiten abgesehen. Es ist eine besondere Konferenz darüber gehalten worden [LUNDEGÅRDH (2)]. Der Bericht enthält 25 Arbeiten über die theoretischen Grundlagen für die Diagnostizierung von Mangelkrankheiten durch Blattanalysen, Analysemethoden nebst Beispielen für ihre Verwendung auf Getreide, Weinrebe, Zuckerrohr, *Citrus* (vgl. auch ALDRICH und Mitarbeitern), Obstbäume, Waldbäume, *Aleurites*, *Cocos*, *Arachis*, Ölpalme und andere tropische Nutzpflanzen. Zum Teil handelt es sich um Zusammenstellungen schon bekannter Tatsachen. Gewisse theoretische Erwägungen über Blattanalysen werden von SCHLICHTING gemacht. — Hierzu verdienen einige Arbeiten besonders erwähnt zu werden. FINCK hat verschiedene Methoden zur Diagnostizierung von Mn-Mangel verglichen. Von acht älteren Bodenanalysemethoden erweisen sich fünf bei einer kritischen Prüfung als unbrauchbar, eine neue ist ausgearbeitet worden. Ein Mangel wird am besten durch Krankheitserscheinungen, Boden-p_H-Wert oder Pflanzenanalysen festgestellt. SCHÖNNAMSGRUBER hat den Umsatz von P in Bäumen, speziell Pappeln in Gefäßversuchen, verfolgt und eine Beziehung zwischen

Zugänglichkeit und Blattgehalt nachgewiesen. TAMM (2) berichtet über die Blattdiagnose für K-, P- und N-Mangel in *Pinus silvestris* und *Betula*, und bringt (4) gute Farbbilder für durch N, P, Mn und K in *Picea abies* bedingte Mangelsymptome. — MUNSON u. STANFORD haben den N-Zustand durch Bestimmung der Gesamtstickstoffmenge in der Ernte festgestellt. Der Zusammenhang erscheint selbstverständlich und dürfte kaum als eine Diagnosemethode betrachtet werden können.

Von anderen wohlbekannten Diagnosemethoden sind die folgenden in neuen Arbeiten behandelt. ENO u. REUZER haben die *Aspergillus*-Methode für K in verschiedenen Mineralböden geprüft und TUCKER u. KURTZ haben diese Methode mit chemischen Extraktionsmethoden verglichen. COOPER u. HALL haben die Wirkungsformeln von MITSCHER-LICH-BAULE an Gräsern, Leguminosen und Baumwolle überprüft und gute Übereinstimmung mit den Erwartungen gefunden.

Auch einige neue Methoden sind vorgeschlagen worden. Von beschränkter Tragweite ist der Vorschlag von PATTANAIK u. LATHWELL, den P-Zustand in Tomatenpflanzen durch eine Analyse des Antocyaningehaltes zu bestimmen; dieser variiert umgekehrt zum P-Gehalt, wird aber auch durch Schwermetalle beeinflußt. — Eine von ARLAND vorgeschlagene „Anwelkemethode" (Fortschr. Bot. **17**, 491) besagt in Kürze, daß Gerstenkeimlinge in Schalen mit Erde und Probedüngung aufgezogen werden. Die Transpiration je Einheit Grünmasse wird bestimmt und kann mit den Düngungsausschlägen korreliert werden. Die theoretisch-physiologische Grundlage erscheint zweifelhaft. Allerdings zeigen TRÉNEL u. FRACKE, daß es einfacher ist, nur die Grünmasse zu bestimmen, was anscheinend zu einer Modifikation der Neubauer-Probe führt. — Eine neue von HOMÈS (1, 2, 3) ausgearbeitete Methode gründet sich auf die Annahme, daß der An-Kationen-Bilanz eine besondere Bedeutung zukommt, sowie auf Berechnungen gewisser Standardwirkungen der Nährstoffe. Es wird angenommen, daß N, S und P, bzw. K, Ca und Mg in einer optimalen Nährlösung in Verhältnissen vorhanden sein sollen, die den relativen Wachstumsausschlägen der einzelnen Nährstoffe, je für sich im Überschuß gegeben, entsprechen. Theoretisch erscheint dies nicht besonders überzeugend, und SCHARRER u. JUNG (1) meinen, daß für ihre Versuchspflanzen die Summe der aufgenommenen An- und Kationen recht konstant ist. — Die Forderung erscheint berechtigt, daß Diagnosemethoden theoretisch möglichst zuverlässig gegründet sein sollen, um praktisch verwendbar zu sein.

Literatur.

AGARWALA, S. C., and E. J. HEWITT: (1) J. Hort. Soc. **30**, 151—162 (1955). — (2) J. Hort. Soc. **30**, 163—189 (1955). — ALDRICH, D. G., J. R. BUCHANAN and G. R. BRADFORD: Soil Sci. **79**, 427—439 (1955). — ALLEN, M. B., u. D. I. ARNON: (1) Physiol. Plantarum (Copenh.) **8**, 653—660 (1955). — (2) Plant Physiol. **30**, 366—372 (1955). — ALVEY, N. G.: Plant a. Soil **6**, 347—359 (1955). — ANDREAE, W. A.: Arch. of Biochem. a. Biophysics **55**, 584—586 (1955). — ARISZ, W. H., I. J. CAMPHUIS, H. HEIKENS en A. J. VAN TOOREN: Acta bot. néerl. **4**, 322—338 (1955).—ARNON, D. I., P. S. ICHIOKA, G. WESSEL, A. FUJIWARA and J. T. WOOLLEY Physiol. Plantarum (Copenh.) **8**, 538—560 (1955).

BAILY, N. A., and S. KELLY: Biol. Bull. 109, 13—21 (1955). — BEESON, K. C.: Soil Sci. 80, 211—220 (1955). — BEESON, K. C., V. A. LAZAR and S. G. BOYCE: Ecology 36, 155—156 (1955). — BERGMANN, L.: Flora (Jena) 142, 493—539 (1955). — BOKEN, E.: Plant a. Soil 6, 97—112 (1955). — BOLL, W. G.: Bot. Gaz. 116, 156—162 (1955). — BOLLE-JONES, E. W.: (1) Plant a. Soil 6, 45—60 (1955). — (2) Plant a. Soil 6, 129—173 (1955). — BREAZEALE, E. L., and W. T. McGEORGE: (1) Soil. Scil 80, 319—324 (1955). — (2) Soil. Sci. 80, 375—380 (1955). — BRENES-POMALES, A., G. LINDEGREN and C. C. LINDEGREN: Nature (London) 176, 841—842 (1955). — BROWN, J. C., R. S. HOLMES, R. E. SHAPIRO and A. W. SPECHT: Soil. Sci. 79, 363—372 (1955). — BROYER, T. C., A. B. CARLTON, C. M. JOHNSON and P. R. STOUT: Plant Physiol. 29, 526—532 (1954).

CARLTON, W. M.: Bot. Gaz. 116, 52—64 (1954). — CHENERY, E. M.: Plant a. Soil 6, 174—200 (1955). — CONWAY, E. J.: In Active transp. and secretion, S. 297—324. Cambridge 1954. — CONWAY, E. J., and R. P. KERNAN: Biochemic. J. 61, 32—36 (1955). — COOPER, H. P.: Soil Sci. 80, 221—228 (1955). — COOPER, H. P. and E. E. HALL: Soil Sci. 79, 441—458 (1955). — CROOKE, W. M., and R. H. E. INKSON: Plant. a. Soil 6, 1—15 (1955). — CROOKE, W. M., and A. H. KNIGHT: Ann. Appl. Biol. 43, 454—464 (1955).

DEDIC, G. A., u. O. G. KOCH: Arch. f. Mikrobiol. 23, 130—141 (1955).

EBERHARDT, F.: Z. Bot. 43, 405—422 (1955). — ELGABALY, M. M.: Soil Sci. 80, 235—248 (1955). — ENO, C. F., and H. W. REUZER: Soil. Sci. 80, 199—209 (1955). — EPSTEIN, E.: Science (Lancaster, Pa.) 120, 987—988 (1954). — EPSTEIN, E., and J. E. LEGGETT: Amer. J. Bot. 41, 785—791 (1954).

FERRARI, T. J., and C. N. J. SLUIJSMANS: Plant a. Soil 6, 262—299 (1955). — FINCK, A.: Z. Pflanzenernähr. 67, 198—210 (1954).

GAUCH, H. G., and W. M. DUGGER JR.: Bull. Univ. Maryland, A-80 (1954). — GORING, C. A. J.: (1) Plant a. Soil 6, 17—25 (1955). — (2) Plant a. Soil 6, 26—37 (1955). — GORING, C. A. J., and J. A. ZOELLNER: Plant a. Soil 6, 38—44 (1955). — GRAY, R. A.: Amer. J. Bot. 42, 327—331 (1955). — GYLLENBERG, H.: Physiol. Plantarum (Copenh.) 8, 644—652 (1955).

HAGEN, C. E., and H. T. HOPKINS: Plant Physiol. 30, 193—199 (1955). — HAMMOND, L. C., W. H. ALLAWAY and W. E. LOOMIS: Plant Physiol. 30, 155—161 (1955). — HANSON, J. B., and J. BONNER: Amer. J. Bot. 41, 702—710 (1954). — HARLEY, J. L., and J. K. BRIERLEY: New Phytologist 54, 296—301 (1955). — HEALY, W. B., S. CHENG and W. D. McELROY: Arch. of Biochem a. Biophysics 54, 206—214 (1955). — HELLER, R.: (1) Ann. biologique 30, 261—281 (1954). — (2) U. I. B. S. Série B, 20, 1—21 (1955). — HIGINBOTHAM, N., and J. HANSON: Plant Physiol. 30, 105—112 (1955). — HOLLEY, R. W., and J. C. CAIN: Science (Lancaster, Pa.) 121, 172—173 (1955). — HOLMES, R. S., and J. C. BROWN: Soil Sci. 80, 167—179 (1955). — HOMÈS, M. V.: (1) Soils a. Fertilizers 18, 1—4 (1955). — (2) Soils a. Fertilizers 18, 101—103 (1955). — (3) Bull. d'Inform. de l'INEAG 4, 213—224 (1955). — HONERT, T. H. VAN DEN, and J. J. M. HOOYMANS: Acta bot. néerl. 4, 367—384 (1955). — HONERT, T. H. VAN DEN, J. J. M. HOOYMANS and W. S. VOLKERS: Acta bot. néerl. 4, 139—155 (1955). — HYLMÖ, B.: Physiol. Plantarum (Copenh.) 8, 433—449 (1955).

ICHIOKA, P. S., and D. I. ARNON: Physiol. Plantarum (Copenh.) 8, 552—560 (1955). — ILJIN, W. S.: Agronomia Tropical (Maracay) 3, 175—200 (1955).

JACOBSON, L.: Plant Physiol. 30, 264—269 (1955). — JOHAM, H. E.: Plant Physiol. 30, 4—10 (1955). — JØRGENSEN, E. G.: (1) Physiol. Plantarum (Copenh.) 8, 840—845 (1955). — (2) Physiol. Plantarum (Copenh.) 8, 846—851 (1955).

KENTEN, R. H., and P. G. J. MANN: Biochemic. J. 61, 279—286 (1955). — KOCK, P. C. DE: (1) Science (Lancaster, Pa.) 121, 473—474 (1955). — (2) Soil Sci. 79, 167—175 (1955). — KOCK, P. C. DE, and A. HALL: Plant Physiol. 30, 293—295 (1955). — KOLOSOV, I. I., u. S. F. UKINA: Fysiologia rastenii 1, 37—46 (1954). — KRATZ, W. A., and J. MYERS: Amer. J. Bot. 42, 282—287 (1955). — KURSANOV, A. L., O. F. TUJEVA u. A. G. WERETSCHAGIN: Fysiologia rastenii 1, 12—20 (1954).

LANSING, A. I., and T. B. ROSENTHAL: J. Cellul. a. Comp. Physiol. 40, 337—345 (1952). — LASKOWSKI, W.: Science (Lancaster, Pa.) 121, 299—300 (1955). — LATZKO, E.: Z. Pflanzenernähr. 68, 49—55 (1955). — LAWRENCE, W. J. C.: Plant a. Soil 6, 332—346 (1955). — LEACH, W., and C. D. TAPER: Canad. J. Res. 32,

561—570 (1954). — LEHR, J. J., and J. M. WYBENGA: Plant a. Soil **6**, 251—261 (1955). — LEWIN, J. C.: Plant Physiol **30**, 129—134 (1955). — LÜDECKE, H., u. I. PAULSON: Z. Pflanzenernähr. **68**, 240—255 (1955). — LUNDEGÅRDH, H.: (1) In Active transport and secretion, S. 262—296. Cambridge 1954. — (2) (Herausgeber) Analyse des Plantes et problèmes des engrais minéraux. Paris 1955.

MACKIE, W. Z., and M. FRIED: Soil Sci. **80**, 309—312 (1955). — MEDERSKI, H. J., and J. H. WILSON: Soil Sci. Soc. Amer. Proc. **19**, 461—464 (1955). — MENZEL, R. G., and W. R. HEALD: Soil. Sci **80**, 287—293 (1955). — MIDDLETON, L. J.: J. of Exper. Bot. **6**, 422—434 (1955). — MUNSON, R. D., and C. STANFORD: Soil Sci. Soc. Amer. Proc. **19**, 464—468 (1955). — MURPHY, W. S., A. H. HUNTER and P. F. PRATT: Soil Sci. Soc. Amer. Proc. **19**, 433—435 (1955).

NEALES, Z. F.: Nature (London) **175**, 429—430 (1955). — NICHOLAS, D. J. D., and A. NASON: Plant Physiol. **30**, 135—138 (1955). — NICHOLAS, D. J. D., and H. M. STEVENS: Nature (London) **176**, 1066—1067 (1955). — NIELSEN, T. R., and R. OVERSTREET: Plant Physiol. **30**, 303—309 (1955).

OLSEN, C.: Bot. Tidskr. **51**, 263—277 (1955). — OMVIK, A.: Årbok Univ. Bergen **17**, 1—9 (1954). — ORDIN, L., and L. JACOBSON: Plant Physiol. **30**, 21—27 (1955).

PATTANAIK, S., and D. J. LATHWELL: Plant a. Soil **6**, 305—312 (1955). — PERLMAN, D., and E. O'BRIAN: J. Bacter. **68**, 167—170 (1954). — PORTER, L. K., and D. W. THORNE: Soil Sci. **79**, 373—382 (1955). — POSSINGHAM, J. V.: Austral. J. Exper. Biol. a. Med. Sci. **7**, 221—224 (1954). — PRESSMAN, B. C., and H. A. LARDY: Biochim. et Biophysica Acta **18**, 482—487 (1955)

REID, P. H., and E. T. YORK JR.: Soil Sci. Soc. Amer. Proc. **19**, 481—483 (1955). — RENNIE, P. J.: Plant a. Soil **7**, 49—95 (1955). — ROBERTSON, R. N., M. J. WILKINS, A. B. HOPE and L. NESTEL: Austral. J. Exper. Biol. a. Med. Sci. **8**, 164—185 (1955). — ROSEN, W. G.: Proc. Soc. Exper. Biol. a. Med, Sci. **85**, 385—388 (1954). — RUCK, H. C., and F. G. GREGORY: Nature (London) **174**, 378—379 (1955). — RUSSEL, R. S.: In Active transport and secretion, S. 343—366. Cambridge 1954. — RUSSEL, R. S., and M. J. AYLAND: Nature (London) **175**, 204—205 (1955).

SAKAZAKI, N., Y. IHARA, Y. TACHIBANA, S. NAGAI and H. TAKADA: J. Inst. Polytechn. Osaka **5**, 67—80 (1954). — SCHARRER, K., u. J. JUNG: (1) Z. Pflanzenernähr. **71**, 76—94 (1955). — (2) Z. Pflanzenernähr. **71**, 97—113 (1955). — SCHARRER, K., u. N. TAUBEL: Z. Pflanzenernähr. **67**, 248—261 (1954). — SCHLICHTING, E.: Plant a. Soil **6**, 92—96 (1955). — SCHOCH, K.: Ber. schweiz. bot. Ges. **65**, 205—250 (1955). — SCHÖNNAMSGRUBER, H.: Mitt Württ. Versuchsanst. **12**, 5—68 (1955). — SCOTT, R., and L.-E. ERICSON: J. of Exper. Bot. **6**, 348—361 (1955). — SELMAN, F. L., and R. D. ROUSE: Soil Sci. **80**, 281—286 (1955). — Society for experimental biology: Active Transport and secretion, Symposium VIII. Cambridge 1954. — SPENCER, D.: Austral. J. Biol. Sci. **7**, 151—160 (1954). — STARKEY, R. L.: Soil Sci. **79**, 1—14 (1955). — STEELE, B.: J. of Ecology **43**, 120—132 (1955). — STEINBERG, R. A.: Plant Physiol. **30**, 84—86 (1955). — STEINBERG, R. A. A. W. SPECHT and E. M. ROLLER: Plant Physiol. **30**, 123—129 (1955). — STEWARD, F. C., and F. K. MILLAR: In Active transport and secretion, S. 367—406, Cambridge 1954. — SUTCLIFFE, J. F.: In active transport and secretion, S.325—342 Cambridge 1954.

TAGER, J. M., and N. RAUTANEN: Biochim. et Biophysica Acta **18**, 111—121 (1955). — TAKADA, H.: J. Inst. Polytechn. Osaka **5**, 81—86 (1954). — TAMM, C.-O.: (1) Oikos **5**, 189—194 (1955). — (2) Anal. des Plantes et probl. des engr. Min. 203—207. Paris 1954. — (3) Växtnäringsnytt (Stockholm) **11**, 23—24 (1955). — TANADA, T.: Plant Physiol. **30**, 221—225 (1955). — TEDESCHI, H., and D. L. HARRIS: Arch. of Biochem. a. Biophysics **58**, 52—67 (1955). — THORNE, G. N.: J. of Exper. Bot. **6**, 20—42 (1955). — TRÉNEL, M., u. A. FRANCKE: Z. Pflanzenernähr. **71**, 9—19 (1955). — TUCKER, T. C., and L. T. KURTZ: Soil Sci. Soc. Amer. Proc. **19**, 477—481 (1955).

URL, W.: Sitzgsber. österr. Akad. Wiss. **164**, 207—230 (1955).

VAISEY, E. B.: J. Fish. Res. Board Canada **11**, 901—904 (1954). — VERVELDE, G. J.: Plant. a Soil **6**, 226—244 (1955).

WALKER, R. B., H. M. WALKER and P. R. ASHWORTH: Plant Physiol. **30**, 214—221 (1955). — WALLACE, A., R. T. MUELLER, O. R. LUNT, R. T. ASHCROFT and L. M. SHANNON: Soil. Sci. **80**, 101—108 (1955). — WALLIHAN, E. F.: Amer. J. Bot. **42**, 101—104 (1955). — WARINGTON, K.: Ann. Appl. Biol. **43**, 709—719 (1955). — WEHRMANN, J.: Plant a. Soil **6**, 61—83 (1955). — WEINSTEIN, L. H., and W. R. ROBBINS: Plant Physiol. **30**, 27—32 (1955). — WEISSMAN, G. S., and S. F. TRELEASE: Amer. J. Bot. **42**, 489—496 (1955). — WITSCH, H. VON, u. J. SIEBER: Naturwiss. **42**, 611 (1955). — WORT, D. J.: Canad. J. Bot. **33**, 323—340 (1955). — WRIGHT, K. E., and N. L. BARTON: Plant Physiol. **30**, 386—388 (1955).
YOUNG, R. S.: Sci. Progr. **44**, 16—37 (1955).

14. Stoffwechsel organischer Verbindungen I. (Photosynthese).

Von ANDRÉ PIRSON, Marburg a. d. Lahn.

Der Beitrag folgt in Band XIX.

15. Stoffwechsel organischer Verbindungen II.

Von FRANK EBERHARDT, Tübingen.

Der Beitrag folgt in Band XIX.

D. Physiologie der Organbildung.

16. Vererbung.

a) Genetik der Mikroorganismen.

Von HANS MARQUARDT, Freiburg i. Br.

Der Beitrag folgt in Band XIX.

b) Genetik der Samenpflanzen.

Von CORNELIA HARTE, Köln/Rhein.

A. Einleitung.

Die Veröffentlichungen des Berichtsjahres zeigen eine große Vielfalt der Arbeitsrichtungen, in denen fast alle Probleme der Genetik vertreten sind. Für eine Anzahl dieser Gebiete liegen jedoch gute Sammelreferate mit ausführlichen Literaturangaben vor, so daß auf diese an den entsprechenden Stellen verwiesen werden kann.

B. Allgemeines.

Unter den Publikationen, die sich mit allgemeinen Fragen der Genetik befassen, sind zwei Gruppen zu nennen, einmal historische Rückblicke auf die Entwicklung dieser Wissenschaft und dann Arbeiten, die sich mit den theoretischen Grundlagen, insbesondere der Definition des Begriffes „Gen" befassen.

In den Nachrufen für E. STEIN (SCHIEMANN) und G. H. SHULL [RILEY (1), MANGELSDORF] wird nicht nur der Lebensweg dieser Forscher, sondern gleichzeitig ihre Stellung in der zeitgenössischen Forschung und ihr Einfluß auf die Entwicklung der Probleme dargestellt. Ein Stück Wissenschaftsgeschichte, diesmal nicht vom Wirken eines Forschers, sondern von der Entwicklung eines bestimmten Problems aus gesehen, wird auch gegeben von SIRKS in einem Rückblick auf die Geschichte der Royal Horticultural Society und ihrer Beziehung zur Genetik, in dem auf die lange vor MENDEL durchgeführten Erbsenkreuzungen hingewiesen wird, und von CIFERRI in einer Zusammenfassung von alten Darstellungen über Weizen-Artbastarde. Beide Verfasser beziehen sich dabei auf Versuche, die zu Beginn des 19. Jahrhunderts durchgeführt wurden und geben damit einen Einblick in die Art und die Fragestellung, mit der vor MENDEL Vererbungsstudien angegangen wurden.

Geschichte der Genetik von einem ganz anderen Standpunkt aus gibt auch wiederum HOLLANDER in einem ebenso interessanten wie amüsanten Artikel über die Begriffe *Epistasie* und *Hypostasie* und ihren Bedeutungswandel von ihrer ersten Verwendung durch BATESON an. Es erscheint nach der Darstellung aller Konfusionen, die mit diesen Worten angerichtet wurden, durchaus annehmbar, dem Vorschlag des Verfassers gemäß dem schon teilweise eingebürgerten Brauch zu folgen, die genannten Ausdrücke allmählich zu den Wortfossilien zu rechnen und durch den weniger komplizierten, aber umfassenderen und leichter verständlichen Begriff der *genischen Wechselwirkung* zu ersetzen.

Erwähnenswert ist auch eine kurze Zusammenfassung der Ergebnisse einer Arbeitstagung über die Rolle der Genetik bei der Ausbildung der Biologielehrer und für den Biologieunterricht an amerikanischen Schulen [RILEY (2)], die eine Reihe von Gesichtspunkten aufzeigt, die auch bei gleichen Fragen in anderen Ländern berücksichtigt werden müßten, so insbesondere die Überlegungen über die Bedeutung der Genetik für eine allgemeine Biologie, die nicht durch eine Vermischung von Botanik und Zoologie entsteht, sondern eine selbständige Wissenschaft darstellt.

In der theoretischen Genetik steht zur Zeit die Frage nach der Natur der Gene im Vordergrund. Die Verfasser, die sich hiermit auseinandersetzen, gehen dabei zum größten Teil von den Ergebnissen der Mikrobengenetik aus, führen ihre Betrachtungen dann aber zu allgemeineren Schlußfolgerungen, so daß ihre Ergebnisse auch hier zu erwähnen sind. DEMEREC und BEADLE stellen vor allem die Mutabilität der Gene in den Vordergrund, während diejenigen, die sich mit den höheren Pflanzen befassen, die Frage der Pseudo-Allelie als entscheidend betrachten (vgl. S. 275) und LINDEGREN von der Funktion des Gens ausgeht.

Im Zusammenhang mit der Beschreibung der neuen Mutante *albina-terminalis* von *Pisum* werden von LAMPRECHT (2) die verschiedenen Möglichkeiten der Genwirkung von Chlorophyllfaktoren erörtert.

C. Genanalysen.

1. Vererbung und Genwirkung bei qualitativen Merkmalen.

a) Zusammenfassende Darstellungen.

Für die weitere genetische Arbeit mit Tomaten (*Solanum Lycopersicum*) wichtig ist eine Liste der bisher beschriebenen Gene und die Regeln für die Nomenklatur in der Tomatengenetik (BARTON et al.). Diese schließen sich an die für andere Objekte bereits verwendeten Regeln an und sollen dazu beitragen, durch einheitliches Vorgehen bei der Benennung neuer Gene die Zusammenarbeit zu erleichtern. Eine Zusammenstellung der bisher bei *Beta vulgaris* bekannten Gene (BANDLOW) gibt einen Überblick über die bei dieser Art geleistete genetische Arbeit; im Gegensatz zu der listenmäßigen Aufstellung der Tomaten-Gene wird hier eine Beschreibung der verschiedenen morphologischen und physiologischen Varianten und der ihnen zugrunde liegenden Gene gegeben, soweit der Erbgang festgestellt werden konnte. Leider ist bei diesem Objekt die Nomenklatur nicht an die allgemeinen Regeln angeglichen worden, so daß vor allem bei der Bezeichnung von Dominanz und Recessivität der vom Normaltyp abweichenden Allele Schwierigkeiten entstehen.

b) Farbstoffe.

Eine Zusammenfassung der bisherigen Kenntnisse über die Genwirkung bei biochemischen Merkmalen der höheren Pflanzen ist gegeben von HARTE. Besonderes Interesse beanspruchen die Untersuchungen über die Vererbung der Blütenfarben. An einer Reihe von Arten wurden Gene für die Ausbildung der Anthocyane analysiert. Bei *Trifolium incarnatum* ist die weiße Blüte recessiv monogen bedingt (SANDAL). Bei *Cyclamen* liegen die Verhältnisse komplizierter, und sowohl in tetraploiden, wie in diploiden und künstlich hergestellten hemiploiden Sorten wurde eine große Anzahl von Farbgenen isoliert [WELLENSIEK, SEYFFERT (1), (2)] und auf ihr Zusammenwirken in den einzelnen Farbtypen hin untersucht. Eine Untersuchung an *Iris* zeigte, daß weißblütige Pflanzen sowohl durch dominante wie durch recessive

Allele verschiedener Gene zustande kommen können, die in unterschiedliche Schritte der Farbstoffsynthese eingreifen (WERKMEISTER). In der Gattung *Vitis* wird der Unterschied gefärbte-ungefärbte Fruchtschale wahrscheinlich durch nur ein Gen bedingt, während ein weiterer Faktor für die Veränderung der Farbstoffe verantwortlich sein soll; die Möglichkeit einer komplizierteren Vererbungsweise muß aber bei dem relativ geringen Material, das bis jetzt vorliegt, durchaus offenbleiben (RIBÉREAU-GAYON *et al.*).

Bei diploiden Kartoffeln zeigen sich ziemlich komplizierte Verhältnisse der Genetik der Farbstoffbildung in Knollen, Sprossen und Blüten, für deren Erklärung aber drei Gene ausreichen. P beeinflußt die Art des Farbstoffs in allen Pflanzenteilen, i wirkt als Verhinderer in den Knollen, ist aber in den übrigen Teilen unwirksam, während das Allel R^{pw} als Abschwächer wirkt und eine komplizierte Wechselwirkung mit den Allelen des P-Locus zeigt. Da manche Hinweise dafür sprechen, daß Farbstoffgemische gleichzeitig und nicht nacheinander entstehen, muß angenommen werden, daß die Loci P und R unabhängig voneinander wirken und bei der Verwendung einer gemeinsamen Vorstufe der verschiedenen Anthocyane miteinander in Konkurrenz treten. Hierdurch kommt ein neuer Gesichtspunkt in die Diskussion über die Genphysiologie der Anthocyane, da bisher auf Grund der Untersuchungen an anderen Objekten, die gerade das Fehlen von Gemischen zeigten, angenommen werden mußte, daß die Gene, die eine Veränderung des Grundmoleküls bewirken, nacheinander in die Wirkungskette eingreifen (DODDS u. LONG).

Bei den gelben Farbstoffen aus der Gruppe der Flavonole und Flavone sind dagegen Genotypen, die Farbstoffgemische enthalten, bereits länger bekannt und wurden jetzt genauer untersucht, vor allem an *Antirrhinum* (JORGENSEN u. GEISSMAN) und *Dahlia*. Auch hier sind die Farbstoffe in den Blüten und den übrigen Pflanzenteilen nicht immer identisch. Für die Differenzen zwischen den Sorten werden bei *Dahlia* fünf Gene angenommen, deren Analyse aber durch die Oktoploidie erschwert ist, so daß über das Zusammenwirken dieser Gene in einer Wirkungskette nichts ausgesagt werden kann (BATE-SMITH, SWAIN u. NÖRDSTROM).

In Kreuzungen zwischen *Medicago sativa* und *M. falcata* zeigte sich, daß die violette Blütenfarbe des *sativa*-Elters durch zwei komplementäre Gene bestimmt wird, die zum Teil disome, zum Teil tetrasome Spaltungszahlen ergeben, woraus sich auf die Natur dieser Art als alte polyploide Form schließen läßt. Die gelbe Färbung von *M. falcata*, die sich aus zwei verschiedenen Farbkomponenten zusammensetzt, vererbt sich nicht nach einem einfachen Schema, so daß mehrere Gene, zum Teil mit quantitativer Wirkung, angenommen werden müssen (TWAMLEY). Da es sich hier u. a. um Carotinoide handelt, steht dieser Befund in Parallele zu den Untersuchungen an Tomaten, bei denen ebenfalls Gene gefunden wurden, die in quantitativer Wirkung in die Synthese der Carotinoide eingreifen.

Für diese weitere Gruppe von pflanzlichen Farbstoffen, die Carotinoide, zeigen die *Solanaceen* eine Vererbung durch wenige Gene, deren

Wirkungsmechanismus aber sehr kompliziert und durch besondere Wechselwirkungen zwischen den einzelnen Loci ausgezeichnet ist. Relativ einfache Beziehungen bestehen anscheinend bei Paprika, trotz der großen Differenzen im Farbstoffgehalt zwischen rot- und gelbfrüchtigen Sorten (KORMOS). Für die Tomate wurde ein neues Gen *apricot* beschrieben, dessen phänotypischer Effekt dem von *yellow* ähnlich ist, aber trotzdem deutliche Differenzen in der Zusammensetzung der Pigmente und damit der Wirkung auf die Carotinoid-Synthese erkennen läßt, die sich besonders in den mehrfach-recessiven Kombinationen mit *yellow* und *tangerine* bemerkbar machen (JENKINS u. MacKINNEY). Nähere Untersuchungen des Gens *B*, das den Gehalt an β-Carotin kontrolliert, zeigen, daß die bisher angenommene intermediäre Wirkung in den Heterocygoten durch die Anwesenheit eines Modifikators bedingt ist, der in Anwesenheit von *B* anders wirkt als in *bb*-Pflanzen (TOMES, QUACKENBUSCH u. McQUISTAN).

c) Morphologische Merkmale.

Einige Untersuchungen an verschiedenen Pflanzen zeigen deutlich, daß die genetische Wirkung auf morphologische Merkmale über eine Beeinflussung des Wuchsstoffhaushaltes gehen kann. Für *Oenothera* mut. *helix* ergab eine große Versuchsreihe, daß der veränderte Phänotyp auf eine Störung des Wuchsstoffhaushaltes zurückgeht, wobei es offenbleibt, ob es sich um eine Überproduktion oder um einen verminderten Abbau des Heteroauxins handelt (CHROMETZKA). Bei der Tomate dagegen ist es durch den Vergleich mit der Wirkung von TIBA auf normale Pflanzen sehr wahrscheinlich, daß der „Rosettentyp", der durch die Kombination der Wirkung von drei Genen in den mehrfach-recessiven Pflanzen entsteht, auf einer Störung des Wuchsstofftransports beruht. Interessant ist hier, daß diese Wirkung sich nicht durch die Summation der drei Phänotypen der Einfach-recessiven erklären läßt, wohl aber als eine Summation verschiedener, unterschwelliger Störungen, die durch die drei Gene getrennt hervorgerufen werden und die in der Kombination die Wirkungsschwelle überschreiten, verstanden werden kann (BURDICK u. MERTENS).

Für die folgenden beiden Fälle ist ein Zusammenhang der Mutante mit Wuchsstoffwirkungen zwar durch den Phänotyp naheliegend, aber bisher nicht erwiesen. Bei der Tomate trat als somatische Mutation der dominante Faktor *Cu* (*Curl*) auf, der Veränderungen der Blattstruktur und der Anordnung der Blätter am Sproß bedingt (YOUNG). Eine neue Mutante beim Mais führt homozygot zu „gehemmten" Pflanzen, während die Heterozygoten an den „behaarten" Inflorescenzen zu erkennen sind (NELSON u. POSTLETHWAIT). Hier liegt der Fall vor, daß die Heterozygoten nicht eine abgeschwächte Ausprägung des gleichen Merkmals wie die Homozygoten zeigen, sondern einen ganz anderen Phänotyp darstellen und die verschiedenen Typen sich erst durch die Nachkommenschaftsprüfung als zusammengehörig erweisen.

In Analogie zu den anderen Objekten könnte die Verzwergung durch d_1 beim Mais ebenfalls als Störung des Wuchsstoffhaushalts angesehen werden; jedoch zeigen embryologische Untersuchungen, daß die Störung erst nach der Keimung auftritt und das Gen *d* nicht im Embryonalstadium wirkt, während Differenzen der Größe der Embryonen bei gleicher Konstitution in bezug auf die Allele des *D*-Locus durch den genetischen Hintergrund in verschiedenen Linien verursacht werden (PELTON). Daß es für den exakten Vergleich der Wirkung morphologischer Mutanten nötig ist, die verschiedenen Allele gegen einen gleichartigen genetischen Hintergrund zu prüfen, der es erst gestattet, die Wirkung bestimmter Gene unabhängig von einer Wechselwirkung mit dem übrigen Genom zu erkennen, zeigt eine Untersuchung über die Genwirkung auf den ♂ Blütenstand vom Mais (NICKERSON u. DALE). Daß im übrigen auch Wechselwirkungen mit Umweltfaktoren von Bedeutung sind, beweist die eine *virescens*-Mutante der gleichen Art, bei der nicht nur die Ergrünungsfähigkeit, sondern vor allem auch die Temperaturabhängigkeit dieses Vorgangs verändert ist (PHINNEY u. KAY).

d) Verschiedene Objekte.

Die Untersuchungen über die Weichschaligkeit bei *Cucurbita* wurden von verschiedenen Seiten fortgesetzt (PRYM-VON BECHERER, SCHÖNINGER). Aus den Kreuzungen ergibt sich, daß für die Verholzung der Samenschale sowohl bei *Cucurbita maxima* als auch bei *C. pepo* ein Hauptgen angenommen werden muß, dessen recessives Allel homozygot die Ausbildung der Schalenverholzung verhindert. Daneben sind noch weitere Gene anzunehmen, die auf den Verholzungsgrad, insbesondere der 3. Schicht der Testa, einwirken. Ob diese als Nebengene oder als Modifikatoren bezeichnet werden, scheint demgegenüber eine Frage der Nomenklatur, der keine grundsätzliche Bedeutung zukommt. Die Anzahl dieser Gene, die angenommen werden muß, um die Spaltungszahlen zu erklären, und ihre Wirkungsweise ist in den einzelnen Kreuzungen unterschiedlich, wobei die Analyse anscheinend noch durch eine Variabilität der Expressivität beeinflußt wird.Weitere Untersuchungen über die Vererbung verschiedener Eigenschaften in der Art *Cucurbita pepo* erwiesen die unifaktorielle Grundlage für den Geschmack des Fruchtfleisches mit Dominanz von Bitterkeit. Für die Wuchsform muß Dominanz der Kurztriebigkeit angenommen werden, wobei aber Komplikationen dadurch auftreten, daß auf dieses Merkmal mehrere Gene einwirken, die im einzelnen nicht erfaßt werden konnten (GREBENŠČIKOV).

Als neues Objekt für genetische Untersuchungen wird das Usambara-Veilchen eingeführt und eine erste Analyse einiger erblicher Eigenschaften gegeben (REED). Beim Raps wurde für einen neu aufgetretenen Blattyp festgestellt, daß er durch ein teilweise dominantes Allel der normalen Blattform, das durch Mutation neu entstanden sein muß, bedingt wird (SINGH). Die wachsartige Bereifung der Blätter indischer Sorten des Weizens (*Triticum durum*) ist monogen bedingt und recessiv gegenüber den unbereiften Blättern kanadischer Sorten (CHAVAN et al.), während die Ausbildung eines wachsartigen Überzugs auf den Blättern von Allium fistulosum ebenfalls durch ein Gen bedingt ist, aber mit Recessivität der wachslosen Form (YAMAURA).

In der Nachkommenschaft von Weizen-Roggen-Bastarden treten Pflanzen mit behaartem Halm auf. Das Merkmal stammt aus dem Roggen-Elter und wird monogen vererbt. Differenzen der Spelzen- und Strohfarbe in diesen Kreuzungen gehen ebenfalls auf einfach mendelnde Gene zurück (JONES u. JENSEN).

2. Quantitative Merkmale.

Bei den Untersuchungen über die Vererbung quantitativer Merkmale nehmen die theoretisch-statistischen Arbeiten über die Grundlagen der

Polygenie und die Möglichkeiten ihrer Erforschung einen breiten Raum ein. Das Ziel ist es jeweils, die für die Bestimmung der Anzahl der beteiligten Gene, ihrer Dominanzverhältnisse und ihrer Wirkungsweise geeigneten Formeln auszuarbeiten.

In einer zusammenfassenden Darstellung gibt WRICKE (1) einen guten Überblick über die bisher zur Verfügung stehenden Methoden und ihre mathematisch-statistischen Grundlagen, der geeignet sein wird, diese bisher in der deutschsprachigen Literatur nur wenig berücksichtigte Arbeitsrichtung bekannt zu machen.

Unter den neueren Bestrebungen für die Untersuchung der Genetik quantitativer Merkmale stehen zwei Richtungen im Vordergrund, die von verschiedenen experimentellen Möglichkeiten ausgehen. Wenn mehrere homozygote Linien, die sich im zu untersuchenden Merkmal unterscheiden, als Ausgangspunkt für die Kreuzungen zur Verfügung stehen, können schon aus der F_1 weitgehende Aufschlüsse über die oben gezeigten Fragen erhalten werden, wenn der Versuch als diallele Kreuzung angesetzt wird. Dies besagt, daß alle Linien geselbstet und miteinander gekreuzt werden, so daß $1/2 \cdot n \cdot (n-1)$ F_1-Populationen neben den Elternlinien zur Verfügung stehen. Mit der statistischen Theorie der Auswertung der auf diese Weise gewonnenen Versuchsdaten befaßt sich HAYMAN, während von JINKS (1) am Beispiel verschiedener Eigenschaften von *Nicotiana rustica* ihre Anwendung gezeigt wird.

Eine andere Methode wird angewendet, wenn es nicht möglich ist, die Kreuzung vieler Linien durchzuführen, sondern darauf ankommt, Aussagen über die genetischen Differenzen zwischen zwei bestimmten Linien zu machen. In diesen Fällen sind außer der F_1 zwischen diesen Eltern, die möglichst in beiden Richtungen gekreuzt werden sollen, auch die F_2 und eine größere Anzahl von F_3-Familien zu untersuchen. Die Analyse wird erleichtert, wenn neben den Selbstungsgenerationen noch Rückkreuzungen der F_1 und F_2 mit den Eltern und biparental-Nachkommenschaften zur Verfügung stehen. Die letzteren werden dadurch erhalten, daß aus der F_2 je zwei beliebig ausgewählte Pflanzen miteinander gekreuzt werden, wobei die Auswahl je nach den Möglichkeiten des Materials zufallsgemäß erfolgt oder jede Pflanze einer Zufallsgruppe nach Art der diallelen Kreuzungen mehrfach als Vater- oder Mutterpflanze verwendet wird. Schließlich können noch in Form von Maternal-Nachkommenschaften die einzelnen F_2-Pflanzen durch freies Abblühen auf einem isolierten Versuchsfeld mit der Gesamtheit der F_2 gekreuzt werden. Die für diese verschiedene Struktur des Versuchsmaterials zur Verfügung stehenden Methoden werden diskutiert und in verschiedenen Versuchen angewendet, oft mit praktischer Zielsetzung der Ertragssteigerung in der Züchtung, so z. B. für die Faserfestigkeit der Baumwolle (SELF u. HENDERSON).

Diallele Kreuzungen wurden auch von KALTON u. LEFFEL verwendet, um bei *Dactylis glomerata* festzustellen, welche Sorten die meisten wirksamen Allele für die untersuchten Eigenschaften aufweisen. Als Beispiel für die Auswertung dialleler Kreuzungen mit freier Bestäubung seien die Untersuchungen über den Samenertrag an *Trifolium repens* genannt (BRIGHAM u. WILSIE).

Alle diese Auswertungen stellen an die genetische Struktur des Materials bestimmte Anforderungen, die erfüllt sein müssen, wenn die

Ergebnisse Anspruch auf Exaktheit erheben sollen. Hierzu gehört u. a. die Verwendung einer Meßskala für die Erhebungen der untersuchten Eigenschaft, auf der sich die Wirkung der einzelnen Gene des polygenen Systems additiv darstellt. Wenn diese Forderung nicht erfüllt werden kann, sondern komplizierte Wechselwirkungen zwischen den Genen auftreten, oder Wechselwirkungen zwischen Genotyp und Umwelt vorhanden sind in der Weise, daß die einzelnen Genotypen eine verschiedene Umweltvarianz aufweisen, sind weitere Teste nötig, um diese Struktur des Materials aufzuzeigen. Die theoretischen Grundlagen wurden bearbeitet von HAYMAN u. MATHER und LOWRY, während neben der Ableitung der Formeln auch die praktische Anwendung gezeigt wird an *Soja hispida* (JOHNSON, ROBINSON u. COMSTOCK) und durch GOTOH an *Solanum melongena*, sowie durch ROBINSON, COMSTOCK u. HARVEY an Mais, wobei die letztere Arbeit besonders auf Fragen der Dominanz und Überdominanz der Polygene eingeht.

Einen etwas anderen Weg zur Schätzung des Anteils der genetischen Komponente an der Gesamtvariabilität gehen KELLER u. LIKENS bei der Untersuchung einer Reihe quantitativer Merkmale bei *Humulus lupulus* durch den Vergleich verschiedener Klone in einem mehrjährigen Versuch, wobei durch die Verwendung der Korrelationen zwischen den verschiedenen Merkmalen trotz des Fehlens von Kreuzungsdaten Aussagen über die erblichen Differenzen möglich sind. Mit den Möglichkeiten einer Voraussage des wahrscheinlichen Züchtungserfolges befaßt sich A. ROBERTSON. Diese Frage wird auch in mehreren der zitierten Arbeiten angeschnitten.

Die Untersuchungen über die Genetik der Samengröße bei *Phaseolus* ergaben eine Bestätigung und Erweiterung der bisherigen Befunde, wonach es bei diesem Objekt nur Gene für das Größenwachstum des Samens in verschiedenen Richtungen gibt, aber keine eigentlichen Formgene vorhanden sind (FRETS).

3. Physiologische Merkmale.

Für einige physiologische Merkmale konnte die genetische Grundlage geklärt werden, so für indische Reis-Stämme (*Oryza sativa*). Die photoperiodische Abhängigkeit ist durch ein Gen bedingt mit Dominanz von Kurztagsverhalten gegenüber tagneutral (CHANDRARATNA). Demgegenüber stehen die Befunde an *Arabidopsis thaliana*, die zeigen, daß hier der Unterschied winterannuell : sommerannuell zwar durch ein Gen bedingt ist, daß aber bei den sommerannuellen Formen durch weitere genische Differenzen ein Unterschied des Kältebedürfnisses besteht, der sich in der Ausbildung von früh- und spätblühenden Rassen äußert. Die Verhältnisse werden erklärt, wenn man annimmt, daß jeder Teilprozeß des Vernalisationsvorgangs durch ein anderes Gen gesteuert wird (NAPP-ZINN). Eine physiologische Eigenschaft anderer Art, die Fluorescenz der Spelzen beim Hafer (*Avena sativa*), ist durch zwei komplementäre Gene bedingt, so daß nur die doppelt-recessiven Pflanzen keine Fluorescenz zeigen. Über die Natur dieser Stoffe, die diese Eigenschaft bedingen und deren Bildung durch die Gene kontrolliert wird, ist nichts bekannt. Die beiden Gene sind nicht gekoppelt mit den Loci, die auf die Resistenz gegen zwei Rost-Rassen einwirken (FINKNER *et al.*). Untersuchungen über den Fermentgehalt verschiedener

Genotypen beim Mais zeigten, daß Stärke-, Zucker- und Wachsmais sich durch die Spezifität ihrer Phosphorylasen unterscheiden (TANAKA).

Mit einer neuen Methode der sterilen Kultur in Petrischalen gelang es bei *Arabidopsis thaliana*, eine Reihe von biochemischen Mutanten zu isolieren, die eine Störung der Plastidenbildung oder Chlorophyllsynthese oder Entwicklungsstörungen aus anderen Ursachen zeigen (LANGRIDGE). Mit dieser Methode können wahrscheinlich Stoffwechselstörungen auf genetischer Grundlage bei höheren Pflanzen besser als bisher analysiert werden.

4. Pleiotropie.

Die verschiedenen, bis jetzt bekannten „*vivipara*"-Mutanten beim Mais, die sich durch die vorzeitige Keimung am Kolben ohne Samenruhe auszeichnen, haben alle eine pleiotrope Wirkung und lassen sich nach diesem Wirkungsmuster in zwei große Gruppen einordnen. Die drei Mutanten der Gruppe 1 zeigen neben der vorzeitigen Keimung und einigen anderen Störungen keinen Einfluß auf die Bildung von Carotinoiden und Chlorophyll, während die fünf Mutanten der Gruppe 2 auch eine Veränderung des Gehalts an diesen Farbstoffen in Endosperm und Keimling erkennen lassen, so daß blasse Sämlinge entstehen. Interessant an diesen Untersuchungen sind einmal die Technik der Lokalisation der Mutanten mit Hilfe von Translokationen der *B*-Chromosomen, dann aber die Möglichkeiten, die sich für die Untersuchung der Keimungsphysiologie ergeben, da in allen Fällen die vorzeitige Keimung nur von der genetischen Konstitution des Embryos, nicht aber vom Endosperm abhängt (D. S. ROBERTSON).

Die Untersuchungen von Ährenmerkmalen bei der Gerste, für die bisher der Verdacht bestand, daß sie pleiotrop auch auf die Ausbildung der Körner und damit auf den Ertrag einwirken, ergab, daß eine sehr enge Koppelung des Behaarungsgens mit einem oder mehreren Loci, die auch den Ertrag beeinflussen, angenommen werden muß, da vereinzelte Stämme beobachtet wurden, die eine Kombination von Behaarung und Ertrag zeigen, die nur durch crossing-over entstanden sein kann (EVERSON u. SCHALLER). Diese Gene liegen im Chromosom *V* zwischen den Loci *R* und *S*. Die Grannenlosigkeit wird meist durch ein recessives Gen bedingt, ebenso die Ausbildung hinfälliger Grannen (Typ Ogra). Die überall festzustellende Korrelation zwischen geringem Ertrag und Grannenlosigkeit beruht aber nicht auf einer Koppelung entsprechender Loci, sondern auf einer pleiotropen Wirkung der Allele für Grannenlosigkeit, die dadurch entsteht, daß der Granne eine wesentliche physiologische Funktion zukommt (SCHULTE).

Die Frage, ob eine Korrelation zwischen der Homozygotie für bestimmte Gene und physiologischen Merkmalen auf Koppelung von Genen mit verschiedener Wirkung oder auf Pleiotropie beruht, ist auch für die Aufblühzeit der Himbeere untersucht. Für einige Gene (Gelbfrüchtigkeit) ließ sich Koppelung mit anderen Loci als Ursache für die Beeinflussung des Blühtermins bei den Homozygoten nachweisen, während die Ursache des späteren Blühens der Homozygoten für

Sepaloidie oder Gelbblättrigkeit gegenüber den Normalformen ungeklärt bleiben mußte und hier auch eine pleiotrope Wirkung möglich ist. Andererseits müssen eigene Faktoren, die wahrscheinlich ein polygenes System bilden, für den Blühbeginn vorhanden sein (HASKELL).

5. Resistenz.

Die Untersuchungen über die Genetik der Krankheitsresistenz nehmen allmählich einen so breiten Raum ein, daß jetzt die allgemeinen Zusammenhänge sich herausbilden. Bei *Soja* u. a. Leguminosen wurde bisher aus Rassenkreuzungen geschlossen, daß die Resistenz gegen die Infektion mit Knötchenbakterien (*Rhizobium japonicum*) durch mehrere quantitativ wirkende Gene bedingt wird. Jetzt konnte eine Mutante nachgewiesen werden, die keine Knötchen bildet und sich von der Ausgangsrasse dann nur durch ein mendelndes Gen unterscheidet (WILLIAMS u. LYNCH). In vielen anderen Fällen ist die Empfindlichkeit für bestimmte Erreger ebenfalls monogen bedingt, meist mit Recessivität von Resistenz, so besonders von Weizen gegen *Erysiphe graminis* (RAY, HEBERT u. MIDDLETON). Bei Gerste ist dagegen Resistenz gegen *Puccinia graminis* dominant (MILLER u. LAMBERT). Unvollständige Dominanz des Resistenzallels wurde für die Netzfleckenkrankheit der Gerste gefunden (SCHALLER).

Alle die Fälle, in denen die Genetik der Krankheitsresistenz auf die Wirkung von zwei oder wenigen Faktoren hinweist, lassen sich in drei Gruppen eingliedern. Zunächst kommt es vor, daß die Resistenz durch zwei komplementäre Gene bedingt ist. Dies ist der Fall bei der Resistenz von *Melilotus alba* gegen *Ascochyta caulicola* (GORZ) und von Flachs (*Linum usitatissimum*) gegen *Fusarium* (KNOWLES u. HOUSTON). Bei der zweiten Gruppe, für die diesmal nur eine neue Beobachtung vorliegt, wirken zwar mehrere Gene zusammen, von denen jedes für sich jedoch bereits eine Teilresistenz bedingt und die erst durch ihre Kombination in der mehrfach-recessiven Pflanze eine vollständige Resistenz erzeugen (Flugbrand beim Weizen: HEYNE u. HANSING). Die dritte Gruppe umfaßt die Fälle, bei denen mehrere Loci vorhanden sind, von denen jeweils ein Allel eine Teilresistenz gegen die Infektion bewirkt, und die sich gegenseitig verstärken, dabei aber die Besonderheit aufweisen, daß mehrere dieser Loci mehr oder weniger eng miteinander gekoppelt sind [Resistenz von *Hordeum* gegen *Erysiphe graminis*: SCHALLER u. BRIGGS (1); *Avena* gegen *Puccinia graminis*: KOO *et. al.*; *Triticum* gegen *Tilletia caries*: SCHALLER u. BRIGGS (2)]. In einzelnen Fällen kann die Koppelung so eng sein, daß von Pseudo-Allelen gesprochen werden kann. Einen interessanten Genwirkungsmechanismus ergab die Untersuchung der Resistenz von *Sorghum* gegen *Colletotrichum graminicolum*. Durch diesen Pilz werden zwei verschiedene Krankheiten hervorgerufen, eine Anthracnose der Blätter und die Rotfäule des Stengels. Es besteht keine allgemeine Resistenz gegen die Infektion durch den Pilz, aber wohl gegen den Ausbruch der Krankheitssymptome in bestimmter Form. Für Widerstandsfähigkeit gegen beide Erkrankungen sind zwei mit einem crossing-over von etwa 9% gekoppelte Loci verantwortlich, so daß die doppelt-recessiven Pflanzen nicht erkranken, andere Stämme dagegen immer den gleichen Erkrankungstyp aufweisen (COLEMAN u. STOKES).

In den Fällen, in denen die Resistenz durch das Zusammenwirken vieler Gene entsteht, sind die beiden theoretischen Möglichkeiten auch vertreten, nämlich eines oder weniger Majorgene für die Resistenz, die durch ein System von Minorgenen oder Modifikatoren verändert wird, so die durch die Blattbehaarung bedingte Jassiden-Resistenz bei *Gossypium* (KNIGHT) und von *Nicotiana* gegen *Thielavia basicola* (CLAYTON), während andererseits sehr häufig eine kontinuierliche Variabilität der Infektionsfähigkeit in spaltenden Aufzuchten nach Kreuzung von resistenten mit anfälligen Sorten auftritt, die auf die Wirkung echter polygener Systeme hinweist. In diese Gruppe gehören die Untersuchungen über die Resistenz von *Sorghum sudanense* gegen *Helminthosporium turicum* (DROLSOM), von Mais gegen *Helminthosporium maydis* (PATE u. HARVA), *Lespedeza stipulacea* gegen Nematoden der Gattung *Meloidogyne* (HANSON, ROBINSON u. WELLS) sowie schließlich von Tomaten gegen *Phytophtora* (GALLEGLY u. MARVEL) und Tabakmosaikvirus (HOLMES).

Diese ganze Gruppe von Untersuchungen läßt erkennen, daß der Vererbung der Krankheitsresistenz sehr verschiedenartige genetische Systeme zugrunde liegen können. Bei der großen Anzahl von Untersuchungen, die auf diesem Gebiet ständig durchgeführt werden, ist es aber auffällig, daß praktisch in keinem Fall etwas über die physiologischen Ursachen der Resistenz bekannt ist, also über die Wirkungsweise der beteiligten Gene, so daß über die Feststellung der Dominanzverhältnisse hinaus keine Angaben gemacht werden können.

6. Geschlechtsvererbung.

Über die Geschlechtsvererbung liegen nur wenige Versuche vor, von denen diejenigen an Spinat (*Spinacia oleracea*) zu einer Klärung der komplizierten Verhältnisse der Mono-Diöcisten beitragen [JANICK u. STEVENSON (1,2)]. In den diözischen Rassen ist der Unterschied zwischen ♀ und ♂ durch einen X-Y-Mechanismus bestimmt, mit Heterozygotie der ♂. Es besteht eine geringe phänotypische Variabilität der Blütenbildung, wodurch vereinzelt Blüten des anderen Geschlechts an diesen Pflanzen beobachtet werden und eine Selbstung der beiden Typen möglich ist. Die ♀ ergeben dabei erwartungsgemäß rein weibliche Nachkommenschaften, während die ♂ sowohl ♀ (XX) wie ♂ (XY) abspalten, die beide wieder die Variabilität der Ausgangsform zeigen. Daneben treten die erwarteten YY-Pflanzen auf, die ♂ sind, aber ohne zwittrige Blüten, und bei Kreuzung mit ♀ rein männliche Nachkommenschaften von XY-Pflanzen ergeben. Die in den anderen Rassen auftretende Diözie ist bedingt durch ein Allel X^m, so daß die Geschlechtsausbildung durch eine Serie von drei multiplen Allelen bestimmt wird. Beim Hanf (*Cannabis sativa*) ließen sich die Geschlechtsverhältnisse durch Selektion verändern, ohne daß dabei neue Erkenntnisse über die Art der Geschlechtsbestimmung gewonnen werden konnten (CRESCINI).

Ein anderes Gebiet wird behandelt in den Untersuchungen zur Aposporie von *Potentilla* (RUTISHAUSER u. HUNZIKER), in denen nachgewiesen wird, daß sowohl die generative wie die somatische Aposporie genetisch bedingt ist.

7. Selbststerilität.

Die genetischen Studien über die Selbststerilität konzentrieren sich auf zwei Fragen. Eine betrifft den Mechanismus, durch den Selbstfertilität nach Polyploidisierung selbststeriler Arten entsteht. Die Versuche an mehreren Arten der Gattung *Trifolium* führten zu der Vorstellung, daß in den diploiden Pollenkörnern durch das Zusammenwirken der verschiedenen S-Allele nicht genügend Antigene gebildet werden, um die Selbststerilitätsreaktion im Griffelgewebe auszulösen [*Trifolium repens*: BREWBAKER (1, 2); *T. nigrescens*: BREWBAKER (3)].

Die andere Richtung befaßt sich mit der phylogenetischen Entstehung und Bedeutung der Selbststerilität. D. LEWIS (1) bringt in einem Sammelreferat einen Überblick über den heutigen Stand der Untersuchungen über die Selbststerilität mit besonderer Berücksichtigung der Entstehung selbstfertiler Formen, während BATEMAN die Befunde an Cruciferen zusammenfaßt und hierbei besonders auf die Entwicklung der sporophytisch bedingten Selbststerilität in dieser Familie eingeht. Die Verbreitung der selbststerilen und -fertilen Arten innerhalb der Familie weist daraufhin, daß für die Erhaltung einer bestimmten Gruppe beide Formen der Fortpflanzung von Bedeutung sind. Entsprechende Untersuchungen an *Oenothera* (CROWE) zeigen, daß hier die S-Allele auf dem Hintergrund eines polygenen Systems wirken. Dieses muß zuerst im Laufe der Phylogenie aufgebaut sein, bevor sich die Selbststerilität entwickelt hat, während die heute feststellbare Selbstfertilität einiger Arten sekundär durch ein mutativ entstandenes Fertilitätsallel bedingt ist. Hier wie auch bei den anderen Gattungen, in denen Selbststerilität vorkommt, muß die Entwicklung in dieser Richtung sehr früh in der Stammesgeschichte erfolgt sein, da sonst die einheitliche Reaktion großer systematischer Gruppen und die Homologie der S-Allele nicht erklärbar ist.

Bei *Antirrhinum* (HARRISON u. DARBY) und *Tomaten* (McGUIRE u. RICK) zeigten Artkreuzungen zwischen selbstfertilen und -sterilen Arten in beiden Gattungen die gleiche Reaktion einer Hemmung der Pollenschläuche der selbstfertilen Arten im Griffel der anderen, so daß bei der Entstehung der sekundären Selbstfertilität in diesen Gattungen nur die Griffelreaktion verändert sein muß.

Sporophytisch bedingte Selbststerilität wurde auch bei *Theobroma cacao* nachgewiesen (KNIGHT u. ROGERS). Im Gegensatz zu den Compositen und Cruciferen erfolgt hier keine Hemmung der Pollenschlauchkeimung nach Selbstung, sondern die Selbstschläuche wachsen normal und befruchten die Eizellen, es erfolgt aber keine Teilung der Zygote. Diese Hemmung scheint durch Stoffe hervorgerufen zu werden, die nur im Plasma der Eizelle und des Pollenschlauches vorkommen und unter der genetischen Kontrolle des Sporophyten gebildet werden.

Untersuchungen über die Selbststerilität und Pseudofertilität von *Medicago sativa* (WHITEHEAD u. DAVIS) ergaben, daß hier eine ziemlich komplizierte Vererbungsweise vorliegen muß, die nicht ganz geklärt werden konnte. Es sind wahrscheinlich mehrere Faktoren beteiligt, die z. T. auch auf den Samenansatz der pseudofertilen Blüten einwirken. In umfangreichen Untersuchungen konnte ERNST die Untersuchungen über die Genetik der Heterostylie bei *Primula* weiterführen (1) und neue Ergebnisse über die Selbstfertilität der monomorphen Formen mitteilen (2). Da besonders die letztere Arbeit eine ausführliche Zusammenfassung der früheren Ergebnisse enthält, sei hier auf sie verwiesen.

8. Multiple Allele und Pseudoallelie.

Die Untersuchungen über multiple Allele sind so eng mit denjenigen über die Pseudoallelie verknüpft, daß die sich hieraus ergebenden Fragen im Zusammenhang besprochen werden können. Eine schon länger bekannte, aber bisher noch nicht genauer beschriebene Serie multipler Allele für die Blattzeichnung bei *Trifolium repens* wurde gleichzeitig von zwei verschiedenen Arbeitsgruppen untersucht. Beide stimmen im wesentlichen überein in der Beschreibung der Allele und Dominanzverhältnisse. Die Allele zeigen untereinander intermediäre Wirkung oder Mosaikdominanz, mit Ausnahme des Allels *v* (ohne Zeichnung), das gegen alle anderen recessiv ist. Die Unterschiede der Ergebnisse liegen darin, daß CARNAHAN et. al. 7 Allele annehmen und eine, allerdings sehr lockere Koppelung mit dem *S*-Locus feststellen (crossing-over 42%), während BREWBAKER (4) 8 Allele und freie Rekombination mit dem Gen für Selbststerilität findet.

Bei diploiden *Kartoffeln* wurde von DODDS die *B*-Serie untersucht, die auf die Farbverteilung an der Pflanze einwirkt. Der Locus ist sehr eng gekoppelt mit *F* und *I*, die beide ebenfalls die Anthocyanverteilung beeinflussen, sich aber durch crossing-over von *B* abtrennen lassen. Ein sehr kleines Chromosomenstück enthält hier also drei sehr eng benachbarte Loci, die alle an der Ausbildung des Farbmusters beteiligt sind.

Eine besondere Bearbeitung erfuhr wiederum die *A*-Serie von *Mais*. Die früher bereits diskutierte Möglichkeit, daß es sich um eine Duplikation handelt, ist durch weitere Kreuzungsergebnisse als bewiesen anzusehen. Beide Teile des *A*-Locus sind aber nicht völlig gleichartig, und auch die α-Komponenten verschiedener geographischer Herkünfte scheinen nicht immer identisch zu sein. Durch ungleiches crossing-over können die α- und β-Komponente wiederum verdoppelt oder in ihrer Reihenfolge vertauscht werden, so daß hierdurch neue Allele entstehen können, die eine unterschiedliche Wirkung als Folge eines Positionseffekts zeigen [LAUGHNAN (1, 2)].

Die Zusammenfassung der bisherigen Untersuchungen über die Pseudoallelie [STEPHENS (1)] ergibt in Ergänzung hierzu neue Ansatzpunkte für die Diskussion über die Natur des Gens, die aber nur im Zusammenhang mit den entsprechenden Untersuchungen an Tieren zu verstehen sind (GREEN, E. B. LEWIS, STORMONT), die gleichzeitig auf einem Symposium über „Pseudoallelie und die Theorie des Gens" vorgetragen wurden. Diese Untersuchungen an diploiden Organismen, zu denen zum Vergleich einige Befunde an Pilzen hinzugezogen werden, gehen von der Funktion des Gens aus und zeigen, daß die Pseudo-Allele sich nicht nur als genetische crossing-over-Einheiten unterscheiden, sondern auch funktionelle Verschiedenheiten aufweisen, während echte Allele funktionell und genetisch gleichartig sind. Bisher wurde kein Fall bekannt, in dem bei postulierten Allelen funktionelle Verschiedenheit mit gleichartigem crossing-over-Verhalten oder umgekehrt funktionelle Gleichheit mit genetischer Differenz zusammentrifft. Für die ähnliche, aber nicht gleichartige Wirkung ist eine Erklärung dadurch gegeben, daß es sich um Duplikationen kleinster Chromosomenteile handelt, die als Positionseffekt eine unterschiedliche Funktion angenommen haben. Die Annahme des Gens als räumlicher funktioneller Einheit bleibt also auch nach Einbeziehung der Pseudo-Allele bestehen, und es ist nicht nötig, das mutierende und das physiologische Gen als verschiedene Einheiten anzusehen.

D. Koppelung und crossing-over.

Eine Methode zur Berechnung der crossing-over-Werte unter Verwendung mehrerer Versuche der Koppelungs- und Abstoßungsphase gibt LAMPRECHT (5), während FISHER die verschiedenen Möglichkeiten der Berechnung des mehrfachen crossing-over diskutiert unter Berücksichtigung der Komplikationen, die aus verschiedenen Störungen der Spaltungszahlen entstehen können.

Eine eingehende Bearbeitung erfuhren wiederum die *Leguminosen*. Bei *Melilotus alba* sind Cumaringehalt und Fleckung der Samenschale, durch die die Wasserpermeabilität ermöglicht wird, je monogen bedingt. Die Loci sind nicht miteinander gekoppelt (DOWNEY et al.). Für *Phaseolus vulgaris* konnte ein Gen für die Ausbildung der Caruncula-Warze nachgewiesen und einer Koppelungsgruppe zugeordnet werden [LAMPRECHT (4)]. Bei *Pisum* sind von den fast 40 Genen für Chlorophyllbildung erst sehr wenige lokalisiert. In neuen Kreuzungen war es möglich, das Gen Xa_1 (*xantha*, gelbe Kotyledonen) der Koppelungsgruppe VII zuzuweisen, während für ein anderes neues Chlorophyllgen, *albina-terminalis*, nur festgestellt werden konnte, daß es nicht der 1. oder 5. Gruppe zugehört [LAMPRECHT (3)].

Auch die Koppelungsgruppen II, IV und VII von *Pisum* konnten durch neu aufgefundene oder neu lokalisierte Gene erweitert werden [LAMPRECHT 1, 5, 7)]. Entsprechende Untersuchungen für die Koppelungsgruppe VI wurden von WELLENSIEK u. ROELANDS durchgeführt, so daß für diese Chromosomen jetzt genaue Genkarten mit zahlreichen Loci vorliegen.

Von ROBERTSON et al. wurden die Koppelungsuntersuchungen an Gerste zusammengefaßt und für dieses Objekt die neuesten Genkarten aufgestellt. Daneben finden sich auch Angaben über die bisher nachgewiesenen freien Spaltungen zwischen je zwei Genen, so daß nicht nur die positiven, sondern auch die negativ ausgegangenen Koppelungsversuche dargestellt sind, was für die Beurteilung der Sicherheit, die der Lokalisation und den Chromosomenkarten zukommt, besonders wichtig ist. Weitere Versuche mit Lokalisation neuer Gene wurden auch an *Tomaten* (ROBINSON u. RICK) und *Baumwolle* (*Gossypium*) durchgeführt [BHAT u. DESAI, STEPHENS (2)], wobei nur die letzte Arbeit insofern auf grundsätzliche Fragen eingeht, als hier durch die Prüfung des doppelten Austausches und der Interferenz festgestellt wird, daß das crossing-over in beiden Chromosomenarmen unabhängig voneinander vor sich geht und je Chromosomenarm wahrscheinlich sehr selten mehr als ein Chiasma vorkommt. Keine der Untersuchungen gibt aber grundsätzlich neue Aufschlüsse über das Problem des crossing-over.

E. Heterosis.

Die Diskussion über die Heterosis konzentriert sich auf zwei Punkte, nämlich die genetischen Grundlagen dieser Erscheinung und die Frage nach dem Wirkungsmechanismus, durch den, unabhängig von den jeweils gegebenen genetischen Ursachen, die Heterosis zum Ausdruck kommt. Nach wie vor stehen die schon früher diskutierten Möglichkeiten offen. Durch die Anwendung neuerer statistischer Untersuchungsmethoden für die Erfassung von quantitativen Merkmalen gelingt es jedoch jetzt, nicht nur die genetisch bedingte Variabilität von der Umweltvarianz abzutrennen, sondern die erstere in mehrere Komponenten zu zerlegen, so daß die Wirkung der Dominanz, der Überdominanz und die genetische Wechselwirkung zwischen verschiedenen, nichtallelen Genen getrennt erfaßt werden können. Hierbei zeigt es sich daß in vielen Fällen die Kombination additiv wirkender Gene aus beiden Eltern mit einfacher Dominanz der wirksamen Allele als Erklärung für die Heterosis ausreicht (ROBINSON, COMSTOCK u. HARVEY). In vielen anderen dagegen ist mit Sicherheit anzunehmen, daß die Wechselwirkung zwischen nicht-allelen Genen im Sinne der Komplementärwirkung einen wesentlichen Anteil an der Entstehung der Heterosis hat (MALINOWSKI). Meist sind in einer Art an der Heterosis viele Eigenschaften beteiligt, für die jeweils verschiedene Verhältnisse vorliegen. Bei einer größeren Anzahl von Objekten konnte JINKS (2) nachweisen, daß entweder mit einfacher Dominanz oder für andere Merkmale mit genetischen Wechselwirkungen gerechnet werden muß. Überdominanz konnte in keinem Falle nachgewiesen werden, da immer eine der beiden genannten Ursachen ausreicht, läßt sich aber auch aus den genannten Gründen nicht ausschließen, wenn ihr Einfluß auch sicher kleiner als der der Komplementärwirkung ist. In allen diesen Fällen sind die dominanten Allele auf beide Eltern verteilt, können aber wegen des Fehlens des Komplementärgens nicht zur Wirkung gelangen. Der Wirkungsanstieg bei steigendem Heterozygotiegrad ist dann nicht linear wie bei additiver Genwirkung, sondern zeigt eine gekrümmte Regressionslinie. In diese Richtung weisen auch die Beobachtungen, daß diese Krümmung der Leistungskurve sich um so stärker bemerkbar macht, je größer die Steigerung gegenüber dem leistungsstärksten Elter ist.

Die entscheidende Frage ist aber immer noch, ob auch die Heterozygotie an sich bereits einen Entwicklungsanreiz darstellt, der zur Heterosis führen kann (MATHER). Dies läßt sich mit den bisher angewendeten Mitteln weder genetisch noch statistisch oder entwicklungsgeschichtlich entscheidend beantworten, da es in keinem Falle möglich ist, die komplementäre Genwirkung von der Heterozygotiewirkung zu unterscheiden. Auch wenn scheinbar alles für die letztere spricht, muß immer noch damit gerechnet werden, daß es sich um die Komplementärwirkung von extrem eng gekoppelten Genen handelt, die als Pseudoallele anzusprechen sind, und durch crossing-over doch noch die Möglichkeit besteht, beide wirksamen Allele in einem Genom zu vereinigen (Pontecorvo). Die Diskussion hierüber scheint damit auf einem Punkte angelangt zu sein, an dem keine Entscheidung zwischen den beiden Möglichkeiten mehr getroffen werden kann und grundsätzlich jeder Fall, für den einfache Dominanzwirkung oder Komplementärwirkung nicht gekoppelter Gene nicht ausreicht, beide Erklärungen zuläßt.

Überdominanz eines Chlorophyllgens wurde bei *Arabidopsis* nachgewiesen [Wricke (2)]. Wie schwierig es aber ist, auch scheinbar eindeutige Fälle einer monohybriden Heterosis sicher zu entscheiden, zeigen die Versuche am *Mais*. Hier wurden zunächst die anscheinend heterotischen Bastarde verglichen mit den Eltern, von denen angenommen wurde, daß sie sich in nur einem Allel unterscheiden. Zur Kontrolle wurden dann die in den Nachkommenschaften der F_1 herausspaltenden Recessiven mit der Ausgangsform verglichen. Es zeigten sich sehr große Unterschiede, die darauf zurückzuführen sind, daß die Eltern sich in einem polygenen System unterscheiden, das für die Wirkung des mutierten Allels von entscheidender Bedeutung ist und großen Einfluß auf die untersuchte Eigenschaft hat. Auch bei diesem zuerst scheinbar eindeutigen Fall einer vermuteten Heterozygotiewirkung muß also die Wirkung komplementärer Gene als Ursache für die Heterosis in Betracht gezogen werden (Schuler).

In vielen Arbeiten, in denen diese Frage angeschnitten und auf die Unmöglichkeit einer Entscheidung hingewiesen wird, verlagert sich das Gewicht auf den Wirkungsmechanismus, der zur Heterosis führt und unabhängig von einer Entscheidung über die genetischen Grundlagen untersucht werden kann. Meist läßt sich feststellen, daß die Heterosis sich erst im Laufe der Ontogenie herausbildet und vor allem an Eigenschaften sichtbar wird, die erst relativ spät auftreten (*Mais:* Leng; *Baumwolle:* Christidis; Harris u. Loden), während sehr frühzeitig angelegte Merkmale unbeeinflußt bleiben, so der Blühbeginn bei *Tomaten* (Burdick) oder die Prokambiumbildung beim *Mais* (Weaver). Die größere Entwicklungsgeschwindigkeit der Bastarde gegenüber den Eltern ist nicht so sehr auf ein an sich verstärktes Wachstum zurückzuführen, als vielmehr darauf, daß die Bastarde eine größere Stabilität der Entwicklungsvorgänge gegenüber der Umwelt besitzen. Diese zunächst als Arbeitshypothese geäußerte Vermutung (Haskell u. Brown) wird bestätigt durch Versuche, die Bastarde zusammen mit den Eltern unter verschiedenartigen, konstanten oder schockartig variierenden Umweltbedingungen zu ziehen, und die allgemein zeigten, daß einmal die schnellere Entwicklung der Bastarde unter konstanten Bedingungen wie auch die schnellere Erholung und günstigere Reaktion nach den Schockwirkungen sich aus der Kombination dominanter

Allele für günstige Eigenschaften beider Eltern erklären lassen [*Tomaten:* D. Lewis (2)].

In anderen Fällen tritt jedoch eine weitere Komplikation dadurch auf, daß sich eine Wechselwirkung zwischen Genotyp und Umwelt herausstellt und die Bastarde sich von den Eltern vor allem in ihrer Reaktion auf die Außenbedingungen unterscheiden (*Mais:* Sentz, Robinson u. Comstock). Die Heterozygotie an sich ist hier nicht die Ursache der größeren Entwicklungsstabilität der Bastarde, sondern die Herstellung eines gegen Schwankungen der Umwelt durch die Kombination von Elternallelen ausbalancierten Systems (*Nicotiana* u. *Drosophila:* Jinks u. Mather). Daß diese Wechselwirkungen auch zu Ungunsten des Bastards ausfallen können, zeigen andere Versuche, in denen die F_1 und die Eltern nicht in Reinkultur, sondern im Konkurrenzversuch mit Testrassen geprüft wurden, wobei sich die Eltern deutlich überlegen zeigten (*Hordeum:* Sakai u. Gotoh).

Im ganzen liegen so viele neue Ansatzpunkte für Untersuchungen vor, daß bis jetzt jedes neue Objekt und jeder neue Versuch Probleme aufwerfen und von einer vollständigen Erklärung der Heterosis noch nicht gesprochen werden kann.

F. Mutationsforschung.

1. Somatische Mutation.

Bei den Untersuchungen zur Mutationsforschung sind zunächst diejenigen über somatische Mutationen zu nennen. Eine ausführliche Betrachtung über die Bedeutung dieser Vorgänge für die Entstehung von Chimären gibt Bergann. Vor allem bei vegetativer Vermehrung von Kulturpflanzen sind Periklinalchimären sehr häufig, die durch Mutationen einzelner Zellen im Gewebe des Vegetationskegels entstehen. Auch die bereits erwähnte Mutante *Curl* der Tomate trat zunächst als einzelner Zweig an einer Mosaikpflanze auf und muß durch somatische Mutation entstanden sein (Young). Der Vorgang der somatischen Mutation wird auch in der experimentellen Mutationsforschung benutzt für die Bestimmung der Dosisabhängigkeit der Wirkung von Dauerbestrahlung von Co^{60} anhand der dominanten Farbmutanten der Epidermis bei *Nelken* (Richter u. Singleton). Die Reaktion ist für einzelne Mutationen sehr verschiedenartig. Einige treten in einer Häufigkeit auf, die auf eine Mehrtrefferkurve hinweist, während andere deutliche Abweichungen davon zeigen, die schwer zu interpretieren sind.

2. Labile Gene.

Für eine Reihe von variablen Merkmalen konnte nachgewiesen werden, daß labile Gene als Ursache für die Musterbildung angenommen werden müssen, so für die blau-rosa-Scheckung der Blüten von *Delphinium ajacis* (Dawson). Es liegt eine Serie von drei Allelen vor, von denen die beiden Endglieder für rosa und blaue Blütenfarbe stabil sind, das Allel für Scheckung dagegen labil ist und zu den beiden anderen Allelen mutieren kann. Die Mutationen laufen sowohl somatisch wie in den generativen Geweben ab.

Für die grün-gelb-Scheckung der *Zierkürbisse* ist eine komplizierte, genetisch-entwicklungsphysiologische Grundlage gegeben. Die *B*-Serie enthält labile Allele. Für jeden Genotyp ist eine bestimmte Variationsbreite charakteristisch, deren Veränderung auf Mutationen der labilen Allele zurückzuführen ist. Die Scheckung selber entsteht durch einen verfrühten Abbau des Chlorophylls in bestimmten Fruchtteilen und wird durch das Zusammenwirken der Allele des *B*-Locus mit dem übrigen Genotyp bestimmt. Besonders in den Heterozygoten *Bb* entsteht eine Labilität der Entwicklungsvorgänge (nicht der Allele!), wodurch in den verschiedenen Früchten einer Pflanze das Scheckungsmuster nicht genau identisch ist (SHIFRISS).

Während diese beiden Untersuchungen sich mit dem Zusammenhang zwischen Labilität des Allels und dem Phänotyp befassen, steht bei den Versuchen am *Mais* die Frage nach der Ursache der genischen Labilität im Vordergrund. In zwei Publikationen werden die früheren Versuche über den *P*-Locus fortgesetzt. Zwischen den reinen Linien und ihren F_1-Bastarden fanden sich keine Unterschiede in der Mutabilität von P^{VV} zu P^{RR}, die nicht durch die Wirkung von dominanten Modifikatoren, die die Mutabilität beeinflussen, zu erklären wären. Wenn die F_1 unter ungünstigen Bedingungen kultiviert wurde, fand sich dagegen eine Herabsetzung der Mutationsrate im Perikarp, die an der Streifung abgelesen werden kann, auf etwa $^1/_2$ des normalen. Es besteht also kein allgemeiner Zusammenhang zwischen der Wachstumsintensität der Pflanzen und der Mutationsrate von *P*, wohl aber ein Umwelteinfluß von dem beide Vorgänge abhängen (VAN SCHAIK). Die Untersuchungen über die Wirkung des Modulators *M* auf die Mutabilität des *P*-Locus brachten weitere Hinweise darauf, daß beim Mais außergenische Einheiten für die Labilität bestimmter Loci verantwortlich sind (BRINK). Bereits früher wurde festgestellt, daß der Modulator, wenn er sich an den *P*-Locus anlagert, P^{RR} (rot) in P^{VV} (mittlerer Scheckungsgrad) verwandelt. Da der Modulator nicht fest an den *P*-Locus gebunden ist, kann er sich an andere Chromosomenstellen anlagern (transposed modulator, tr-M). Ein zusätzlicher Modulator zu P^{VV} ergibt schwachbuntes Perikarp, wobei tr-M und P^{VV} mit etwa 25% crossing-over gekoppelt sind. Die Anwesenheit noch eines dritten Modulators an einer anderen Stelle des Genoms läßt einen sehr hellen Scheckungstyp entstehen. Die abschwächende Wirkung der zusätzlichen Modulator-Einheiten auf die Scheckung beruht auf einer Herabsetzung der Mutationsrate von P^{VV} zu P^{RR}, die proportional der Anzahl der vorhandenen *M* ist. Dieser Modulator hat in seiner Wirkung eine weitgehende Ähnlichkeit mit dem von MCCLINTOCK nachgewiesenen Aktivator Ac (BARCLAY u. BRINK).

Die Mutabilität des *a*-Locus beim *Mais* wird, wie schon wiederholt untersucht wurde, durch die *Dt*-Loci, von denen bisher drei in verschiedenen Chromosomen nachgewiesen wurden, beeinflußt. Bei

Kombination von *a* im Endosperm mit einer verschiedenen Anzahl von *Dt*-Allelen wird die Mutabilität gesteigert, wobei die Wirkung der Anzahl der *Dt*-Allele an den verschiedenen Loci proportional ist. Es ist aber noch unklar, ob es sich um eine lineare oder exponentielle Wirkungskurve handelt (NUFFER, SUTÔ).

Die Frage der Konversion, also der gerichteten Mutation eines Allels in Heterozygoten in Richtung auf das andere Allel, wurde von REIMANN-PHILIPP wieder aufgegriffen und mit Hilfe der Tetradenanalyse an *Salpiglossis* untersucht. Für ein Blütenfarbgen traten nur normale Spaltungen auf, während für ein Blütenformgen (*appendicata*) neun abweichende Tetraden gefunden wurden. Dabei war jeweils nur ein Chromatid mutiert, und zwar 8 mal von dominant zu recessiv und einmal in umgekehrter Richtung. Da in den reinen Elternlinien keine besondere Mutabilität dieser Allele vorliegt, muß echte Konversion oder Dominanzwechsel angenommen werden.

3. Experimentelle Mutationsauslösung.

In den Untersuchungen, die sich mit dem Vorgang der Mutationsauslösung befassen, liegt das Schwergewicht auf den Faktoren, die bei gegebener Strahlendosis die Mutationsrate beeinflussen. Eine Zusammenfassung der bisherigen Kenntnisse über die Möglichkeiten, durch Vorbehandlung die Strahlenempfindlichkeit zu verändern, gibt RILEY (3) in einem Sammelreferat. An Gerste wird die Abhängigkeit der Strahlenwirkung vom Wassergehalt untersucht [EHRENBERG (1)], wobei nicht nur die Mutationsrate, sondern in erster Linie die F_1-Störungen in Betracht gezogen werden. Die weiteren Arbeiten über die physiologischen Veränderungen in den bestrahlten Samen und den daraus gezogenen Sämlingen stehen zwar nicht in direktem Zusammenhang mit der genetischen Nachkommenschaftsprüfung, geben aber Anhaltspunkte für die Deutung der Vorgänge bei der Mutationsauslösung [EHRENBERG (2, 3)], vor allem im Hinblick auf die indirekte Strahlenwirkung.

Die Untersuchungen an den Mutanten, die durch die Strahlung von Atombomben entstanden sind, zeigten, daß bei *Gerste* sehr häufig mehrere Eigenschaften gleichzeitig verändert sind. Für die Kombination von gelb-grünen Sämlingen mit Teilsterilität konnten chromosomale Störungen als gemeinsame Ursache nachgewiesen werden (MOH, NILAN u. ELLIOTT), während die Merkmale elfenbeinfarbige Sämlinge und Teilsterilität der Eizellen nicht auf einen einzigen Mutationsvorgang zurückgehen, da sie verschiedenen Loci (crossing-over 7%) zugewiesen werden konnten (NILAN u. MOH).

Durch die Anwendung von Röntgenstrahlen und radioaktivem Material in der Züchtung wurde schon eine große Anzahl von Mutationen erzeugt. Über die Entwicklung der Mutationszüchtung und neue Methoden der Verwendung von Co^{60} für kurzfristige und Dauerbestrahlung berichtet SINGLETON. Mit γ-Strahlung aus Co^{60} ist eine kurze Bestrahlung von 1 Tag mit relativ hoher Dosis (1300 r) für die Auslösung von Mutationen günstiger, als eine langfristige Bestrahlung während der ganzen Entwicklung mit geringerer Dosis je Tag.

Die durch Bestrahlung erzielten Mutanten an Kulturpflanzen wurden von mehreren Autoren beschrieben (*Avena:* FREY, *Hordeum:* SCHOLZ, *Arachis hypogaea:* GREGORY). Von *Lupinus*-Arten wurde eine Reihe verschiedener neuer Mutanten beschrieben, die spontan oder nach Röntgenbestrahlung aufgetreten sind. Die Veränderungen betreffen Blattfarbe, Hülsen- und Wuchsmerkmale (HACKBARTH; HACKBARTH u. TROLL). Für *Linum* wird eine Reihe von Mutanten beschrieben, die auftraten in Samen, die nach Vorbehandlung mit Schwermetallsalzen mit hohen Röntgendosen bestrahlt wurden (HOFFMANN u. ZOSCHKE).

G. Außerkaryotische Vererbung.

1. Plasmon.

Die bisherigen Kenntnisse über die plasmatische Vererbung, unter besonderer Berücksichtigung von Epilobium wurden von MICHAELIS in mehreren größeren Sammelreferaten (1—7) zusammengefaßt. Diese enthalten eine ausführliche Darstellung der Versuche und Probleme, so daß hier auf sie verwiesen werden kann. Die wichtigsten neuen Erkenntnisse sind einmal, daß das Plasmon keine Einheit darstellt, sondern aus mehreren genetisch und physiologisch selbständigen Teilen besteht, von denen jeder in zwei oder mehreren Formen auftreten kann, und zum anderen der Hinweis auf die Mutabilität und die Umkombinationen der plasmatischen Erbeinheiten. Von anderer Seite wird eine grundsätzlich verschiedene Ansicht über die genetische Natur der Entwicklungsstörungen bei Epilobium vertreten und die Wirkung bestimmter Hemmungsgene angenommen (LEHMANN; LEHMANN u. PRIOR).

Der Plasmoneinfluß auf die Geschlechtsausbildung wurde bei mehreren Arten weiter verfolgt. Für die plasmatisch bedingte Pollensterilität beim Mais wurde bisher angenommen, daß sie durch das Zusammenwirken von Plasmon und zwei komplementären Genen zustande kommt. Die Kreuzungen zwischen einer pollensterilen Linie des „kys"-Typs und nordamerikanischen Maissorten zeigte, daß entweder alle geprüften Stämme das „sterile" Plasmon besitzen müssen, oder daß die Pollensterilität nur durch einen bestimmten Genotyp ohne Zusammenwirken mit einem besonderen Plasmon entsteht (LENG u. BAUMANN). Weitere Kreuzungen mit südamerikanischen Rassen zeigten jedoch, daß die plasmatische Komponente vorhanden ist, die Sterilitätsallele aber weit verbreitet sind und daher nur die Sorten nach Kreuzung mit dem pollensterilen Typ eine Wiederherstellung der Fertilität bewirken, die die entsprechenden Fertilitätsallele enthalten (EDWARDSON). Im südamerikanischen Maissortiment sind diese häufiger (über 50%) als bei den nordamerikanischen Sorten (etwa 10%). Bei den südafrikanischen Rassen sind die Fertilitätsallele ebenfalls in etwa 10% der geprüften Sorten enthalten (JOSEPHSON), so daß bei Kreuzung auf die plasmatisch pollensterilen Stämme nur in wenigen Fällen die F_1 voll fertil ist. Die beiden für die Kreuzungen verwendeten Pollensterilen sind in ihrer genetischen Konstitution nicht identisch, da eine Erhöhung der Fertilität nicht nach Kreuzung mit den gleichen Sorten erfolgt. Neben der plasmatischen Komponente ist also eine komplizierte genische Grundlage der Pollensterilität anzunehmen.

Die Pollensterilität bei *Sorghum* tritt auf in der F_2 nach Kreuzung der Sorten *milo* $\times$ *kafir*. Sie entsteht, wenn *kafir*-Gene in das Plasmon der Sorte *milo* eingelagert werden. Es muß eine größere Anzahl von Genen beteiligt sein (STEPHENS u. HOLLAND).

Die Nachkommenschaften von Kreuzungen zwischen *Solanum rybinii* und *chacoense* wurden in Rückkreuzungen weiter bearbeitet. Das Auftreten der Blüten mit Mißbildungen der Antheren ist darauf zurückzuführen, daß eine Unverträglichkeit zwischen dem Plasmon von *rybinii* und dem *chacoense*-Genom besteht. Die entsprechenden Untersuchungen am reziproken Bastard *S. chacoense* $\times$ *rybinii* zeigten ähnliche Anomalien der Blüten, so daß nicht eine besondere ♂ Tendenz eines Plasmons angenommen werden kann, sondern eine Verschiedenheit der Plasmone beider Arten, die bei Kombination mit Genen der anderen Art zu Entwicklungsstörungen der Blüten führt [KOOPMANNS (1, 2)].

Bei Tomaten ist das Auftreten der "rogues" durch ein Zusammenwirken von plasmatischen und nucleären Faktoren mit Umwelteinflüssen bedingt [D. LEWIS (3)]. Auch bei Artkreuzungen in der Gattung *Tragopogon* fanden sich eindeutige Hinweise auf ein Mitwirken plasmatischer Komponenten (OWNBEY u. MCCOLLUM).

2. Genetische Bedeutung der Plastiden.

Über die Bedeutung der Plastiden als selbständige genetische Einheiten liegt eine Reihe von Untersuchungen vor. In einigen Fällen ist es nicht zu entscheiden, ob die genetischen Differenzen im Plasmon oder in den Plastiden verankert sind, so bei *Plantago major* (KAPPERT (1)] und *Fragaria* (WILLIAMS). Bei *Oenothera* sind die Plastiden sicher genetisch selbständig (SCHÖTZ, STUBBE (1)]. Sie führen im Zusammenwirken mit einem bestimmten Genom nicht nur zu blassen Formen, sondern auch durch sehr früh einsetzende Störungen in manchen Kreuzungen zu einem Absterben der Bastardembryonen (KISTNER).

Daneben kommen häufig Störungen der Entwicklung der Plastiden oder ihrer Farbstoffe vor, die durch einen bestimmten Genotyp hervorgerufen werden. Eine Zusammenstellung der verschiedenen Möglichkeiten gibt STUBBE (2). Eine genauere Untersuchung über die Wirkungsweise derartiger Chlorophyllfaktoren bei *Dactylis* und *Solanum lycopersicum* ergibt, daß hier nicht die Chlorophyllbildung unmöglich ist, sondern daß nur die zur Chlorophyllsynthese führenden Reaktionen verlangsamt sind (BRIX). In anderen Fällen betrifft die genetische Störung nicht die Plastidenentwicklung und Chlorophyllbildung, sondern die Photosynthese, was erst sekundär zu einer Plastidendegeneration führt (STUBBE u. V. WETTSTEIN).

H. Genetische Untersuchungen zur Frage der Artbildung.

1. Artkreuzungen.

Die Versuche, durch Kreuzungsanalyse zu einer Klärung der systematischen Beziehungen zwischen verschiedenen Gruppen zu gelangen, wurden an neuen Gattungen fortgesetzt. Bereits früher hatten sie zu der Erkenntnis geführt, daß die natürliche Variabilität bestimmter

Populationen zum großen Teil auf Bastardierung zurückgeht. Innerhalb der Artengruppe *Helianthus giganteus* lassen sich die Arten gut kreuzen und ergeben in der F_1 und den folgenden Generationen Formen, die in den Grenzgebieten der Arten beobachtet und zum Teil als selbständige Arten beschrieben wurden (LONG). Das gleiche gilt innerhalb der Gattung *Galium* für die Artengruppe *rubrum-pumilum* (EHRENDORFER) und für die weißblühenden amerikanischen *Viola*-Arten (RUSSELL). Bei *Eucalyptus* dagegen müssen die Gene für die Wachsausscheidung auf den Blättern in den verschiedenen Arten mindestens zweimal unabhängig voneinander mutiert sein, da Kreuzungsschranken zwischen den Untergattungen einen Genaustausch verhindern (BARBER). In umfangreichen Kreuzungsserien wurde versucht, die Verwandtschaftsverhältnisse innerhalb der Gattung *Festuca* durch Artkreuzungen und durch Bastardierung mit anderen Gattungen zu klären [JENKIN (1, 2)].

Durch Kreuzung tetraploider Formen von *Brassica oleracea* und *Br. campestris* konnten Formen erzielt werden, die mit *Br. napus* ssp. *rapifera* übereinstimmen und so einmal die Entstehung dieser Art erklären und es zum andern ermöglichen, durch derartige Kreuzungen Gene aus den beiden Arten in *Br. napus* überzuführen (OLSSON et al.).

Daß auch eine große phänotypische Variabilität, die zur Aufstellung verschiedener Rassen und Unterarten Anlaß gegeben hat, nicht immer eine genetische Grundlage besitzt, zeigen die Untersuchungen an *Poa pratensis* (JUHL-NOODT). Bei dieser Art ist die Labilität gegen Umwelteinflüsse so groß, daß im Züchtungsversuch die Nachkommen oft einer anderen systematischen Einheit zugeordnet werden können als die Ausgangspflanze und unter dem Einfluß von Kulturbedingungen die Rassenmerkmale sich völlig verschieben können.

Bei einer Reihe von weiteren Artkreuzungen liegt die Ursache für das Mißlingen der Bastardierung ebenfalls nicht in einer Unverträglichkeit der Entwicklungstendenzen der beiden kombinierten Genome, sondern in einer Diskrepanz zwischen Embryo und Endosperm, wie die Kultur der Embryonen zeigt, die oft zu fertilen Pflanzen herangezogen werden können (SMITH; WEBSTER). In der Gattung *Cucurbita* wurde ebenfalls durch Embryokultur die Anzucht von verschiedenen Artbastarden ermöglicht [WEILING (1)]. Allerdings kann hier durch die eingeschränkte Fertilität der Bastarde auch mit diesen Methoden die Artgrenze nicht überbrückt werden. Bei *Gossypium* liegt eine Kreuzungsbarriere dadurch vor, daß komplementäre Gene zweier Arten letale Kombinationen ergeben, die zum Absterben der Bastarde führen (GERSTEL).

Die Gattung *Melilotus* zeichnet sich dadurch aus, daß drei Artgruppen zu unterscheiden sind. Innerhalb der Gruppe A sind alle Arten kreuzbar und liefern fertile Bastarde. Innerhalb der Gruppe B entstehen nach Artkreuzung blaßgrüne Pflanzen, während aus Kreuzungen zwischen Arten der beiden Gruppen chlorophylldefekte Sämlinge hervorgehen, die nur durch Propfung auf grüne Pflanzen weiter gezogen werden können. Die C-Gruppe, *M. officinalis*, liefert mit keiner der übrigen Arten keimfähige Samen. Die Embryonen können aber im Alter von 10—15 Tagen präpariert und in steriler Kultur aufgezogen werden. Die Untersuchung dieser verschiedenen Bastarde und ihres weiteren Kreuzungsverhaltens ergab, daß zwischen den Arten jeweils mehrere, genetisch bedingte Barrieren vorhanden sind, von denen jede für sich bereits zur Isolierung der Arten genügen würde (Smith). Die Kreuzungsversuche zwischen 13 einjährigen und ausdauernden Arten der Gattung *Lespedeza* (Leguminosae) zeigt, daß nur 4 Arten miteinander reife Samen ergeben und sich dadurch von den übrigen abtrennen lassen. Bei den anderen Kreuzungen erfolgt zwar eine Befruchtung, aber die Embryonen degenerieren (Hanson u. Cope).

Die Artbildung bei Kulturpflanzen ist immer noch eine Frage, bei der neue Erkenntnisse gewonnen werden können. Eine ausführliche Zusammenfassung der Geschichte der Kulturgersten erübrigt es, hier näher darauf einzugehen (Takahashi). Für Weizen ist eine Aufstellung der neuen Ergebnisse und der bearbeiteten Probleme im Wheat Information Service gegeben (Kihara, Lilienfeld u. Yamashita).

2. Mutationen und Artbildung.

Von *Digitalis* [Weiling (2)], *Matthiola* [Kappert (2)] und *Linaria maroccana* (Schwanitz u. Schwanitz) wurden Mutanten beschrieben, die durch Umbildungen der Blüten Merkmale entstehen lassen, die über den Bereich der Art hinausgehen. Auf die phylogenetische Bedeutung wird von allen drei Autoren hingewiesen. Wie schon früher an Antirrhium u. a. gezeigt wurde, ist es also durchaus möglich, daß auf diese Weise Eigenschaften auftreten, die zur Entstehung neuer systematischer Gruppen führen können. Alle diese Mutationen sind aber von der Art, daß sie erst in Kombination mit neuen Mutationsschritten zu stabilen, neuen Formen werden können.

Von einer anderen Seite her wird die Bedeutung der Mutationen bei den phylogenetischen Differenzierungsvorgängen beleuchtet durch Kreuzungsergebnisse bei *Gossypium*. Bei der Baumwolle trat ein neues Merkmal auf, *yellow-green*, das durch zwei komplementär wirkende Gene bedingt ist und in Kreuzungen in den entsprechenden Spaltungszahlen sichtbar wird. Es ist nicht mit dem schon früher bekannten *virescent-yellow* identisch und unterscheidet sich auch phänotypisch von dieser Form. Die crossing-over-Analyse läßt die Lokalisation eines der beiden Gene in einer bekannten Koppelungsgruppe zu. Die grünen Formen unterscheiden sich von *yellow-green* in einem oder in beiden Loci. Mindestens einer der beiden für die Ausbildung des Merkmals verantwortlichen Loci muß also bereits früher mutiert sein und sich in der Art *Gossypium hirsutum* weit verbreitet haben, während seine Anwesenheit erst durch die Kombination mit dem komplementären Gen erkannt werden kann. Da die gelb-grünen Keimlinge in der Nachkommenschaft einer Kreuzung zwischen nur sehr entfernt verwandten Rassen von *G. hirsutum* beobachtet wurden, tritt die Frage auf, ob die Mutation des einen Locus neu entstanden ist und sich durch die günstige Kombination mit dem komplementären Allel des anderen Locus manifestieren konnte, oder ob beide Loci in den gekreuzten Rassen früher mutiert sind und dies erst nach der Rekombination in der Bastardnachkommenschaft sichtbar gemacht wurde (Rhyne).

I. Anhang: Ursachen für Störungen der erwarteten Spaltungszahlen.

Bei Kreuzungen zwischen *Oenothera Berteriana* und *odorata* sind durch Rekombination zwischen den verschiedenen Chromosomenringen im Bastard in der Nachkommenschaft neue Komplexe zu erwarten. Es treten jedoch nur die alten

Komplexe in der Nachkommenschaft auf. Die Austauschgonen entstehen zwar, gehen aber zugrunde (HUBER; LEUCHTMANN). Mit dieser Elimination bestimmter Genotypen ist eine weitere Ursache für Störungen der zu erwartenden Spaltungszahlen aufgedeckt.

Literatur.

BANDLOW, G.: Züchter **25**, 104—122 (1955). — BARBER, H. N.: Evolution (Lancaster, Pa.) **9**, 1—14 (1955). — BARCLAY, P. C., and R. A. BRINK: Proc. Nat. Acad. Sci. USA **40**, 1118—1126 (1954). — BARTON, D. W., L. BUTLER, J. A. JENKINS, C. M. RICK and P. A. YOUNG: J. Hered. **46**, 22—26 (1955). — BATE-SMITH, E. C., T. SWAIN and C. C. NÖRDSTROM: Nature (London) **176**, 1016—1018 (1955). — BATEMAN, A. J.: Heredity (London) **9**, 53—68 (1955). — BEADLE, G. W.: Fortschr. Chem. organ. Naturstoffe **12**, 466—484 (1955). — BERGANN, F.: Z. Pflanzenzücht. **34**, 113—124 (1955). — BHAT, N. R., and N. D. DESAI: Current Sci. **24**, 170—171 (1955). — BREWBAKER, J. L.: Genetics **39**, 307—316 (1954); **40**, 137—152 (1955); Hereditas (Lund) **41**, 367—375 (1955); J. Hered. **46**, 115—123 (1955). — BRIGHAM, R. D., and C. P. WILSIE: Agron. J. **47**, 125—127 (1955). — BRINK, R. A.: Genetics **39**, 724—740 (1955). — BRIX, K.: Züchter **25**, 246—252 (1955). — BURDICK, A. B.: Genetics **39**, 488—505 (1954). — BURDICK, A. B., and T. R. MERTENS: J. Hered. **46**, 267—270 (1955).

CARNAHAN, H. L., H. D. HILL, A. A. HANSON and K. G. BROWN: J. Hered. **46**, 109—114 (1955). — CHANDRARATNA, M. F.: J. of Genetics **53**, 215—223 (1955). — CHAVAN, V. E., G. P. ARGIKAR, R. S. Hattiangadi and M. S. SALANKI: Current Sci. **24**, 314 (1955). — CHRISTIDIS, B. G.: J. of Genetics **53**, 224—231 (1955). — CHROMETZKA, P.: Z. Vererbungslehre **87**, 267—297 (1955). — CIFERRI, R.: J. Hered. **46**, 81—83 (1955). — CLAYTON, E. E.: J. Hered. **45**, 273—277 (1954). — COLEMAN, O. H., and J. E. STOKES: Agron. J. **46**, 61—63 (1954). — CRESCINI, F.: Caryologia (Pisa) **7**, 415—419 (1955). — CROWE, L. K.: Heredity (London) **9**, 293—332 (1955).

DAWSON, G. W. P.: Heredity (London) **9**, 409—412 (1955). — DEMEREC, M.: Amer. Naturalist **89**, 5—20 (1955). — DODDS, K. S.: Nature (London) **175**, 394 bis 395 (1955). — DODDS, K. S., and D. H. LONG: J. of Genetics **53**, 136—149 (1955). — DOWNEY, R. K., J. E. R. GREENSHIELDS and W. J. WHITE: Canad. J. Agricult. Sci. **34**, 514—527 (1954). — DROLSOM, P. N.: Agron. J. **46**, 329—322 (1954).

EDWARDSON, J. R.: Agron J. **47**, 457—461 (1955). — EHRENBERG, L.: Hereditas (Lund) **41**, 123—147 (1955); Sv. kem. Tidskr. **67**, 207—224 (1955); Bot. Notiser **108**, 184—215 (1955). — EHRENDORFER, F.: Österr. bot. Z. **102**, 196—234 (1955). — ERNST, A.: Arch. Klaus-Stiftg. Vererbungsforsch. usw. **30**, 13—137 (1955); Genetica ('s Gravenhage) **27**, 391—448 (1955). — EVERSON, E. H., and C. W. SCHALLER: Agron. J. **47**, 276—279 (1955).

FINKNER, R. E., H. C. MURPHY, R. E. ATKINS and D. W. WEST: Agron. J. **46**, 270—274 (1954). — FISHER, R. A.: Caryologia (Pisa) **6**, 227—231 (1955). — FRETS, G. P.: The heredity of the size and the shape of the seeds of Phaseolus vulgaris. 's Gravenhage 1955. — FREY, K. J.: Agron. J. **47**, 207—210 (1955).

GALLEGLY, M. E., and M. E. MARVEL: Phytopathology **45**, 103—109 (1955). — GERSTEL, D. U.: Genetics **39**, 628—639 (1954). — GORZ, H. J.: Agron J. **47**, 379—383 (1955). — GOTOH, K.: Jap. J. Genetics **29**, 89—97 (1954). — GREBENSČIKOV, I.: Kulturpflanze **2**, 145—154 (1954). — GREEN, M. M.: Amer. Naturalist **89**, 65—71 (1955). — GREGORY, W. C.: Agron J. **47**, 396—399 (1955).

HACKBARTH, J.: Z. Pflanzenzücht. **34**, 375—390 (1955). — HACKBARTH, J., u. H. J. TROLL: Z. Pflanzenzücht. **34**, 409—420 (1955). — HANSON, C. H., and W. A. COPE: J. Hered. **46**, 233—238 (1955). — HANSON, C. H., H. F. ROBINSON and J. C. WELLS: Agron. J. **46**, 446—448 (1954). — HARRIS, H. B., and H. D. LODEN Agron. J. **46**, 492—495 (1954). — HARRISON, B. J., and L. A. DARBY: Nature (London) **176**, 982 (1955). — HARTE, C.: Naturwiss. **42**, 199—206 (1955). — HASKELL, G.: Genetica ('s Gravenhage) **27**, 377—390 (1955). — HASKELL, G., u. A. G. BROWN: Euphytica **4**, 147—162 (1955). — HAYMAN, B. J.: Genetics **39**, 789—809 (1954). — HAYMAN, B. J., and K. MATHER: Biometrics **11**, 69—82 (1955). — HEYNE, E. G., and E. D. HANSING: Phytopathology **45**, 8—10 (1955). — HOFFMANN, W., u. U. ZOSCHKE: Züchter **25**, 199—206 (1955). — HOLLANDER, W. F.: J. Hered. **46**, 222—225 (1955). — HOLMES, F. O.: Phytopathology **44**, 640—642 (1954). — HUBER, H.: Z. Vererbungslehre **86**, 459—479 (1955).

JANICK, J., and E. C. STEVENSON: Proc. Amer. Soc. Horticult. Sci. 63, 444—446 (1954). — JANICK, J., and E. C. STEVENSON: Genetics 40, 429—437 (1955). — JENKIN, T. J.: J. of Genetics 53, 81—130 (1955); 53, 379—486 (1955). — JENKINS, J. A., and G. MACKINNEY: Genetics 40, 715—720 (1955). — JINKS, J. L.: Genetics 39, 767—788 (1954). — JINKS, J. L.: Heredity (London) 9, 223—238 (1955). — JINKS, J. L., and K. MATHER: Proc. Roy. Soc. (London) Ser. B 143, 561—578 (1955). — JOHNSON, H. W., H. F. ROBINSON and R. E. COMSTOCK: Agronomy J. 47, 314—318 (1955). — JONES, J. W., and N. F. JENSEN: Agron. J. 46, 78—80 (1954). — JORGENSEN, E. C., and T. A. GEISSMANN: Arch. of Biochem. 54, 72—82 (1955). — JOSEPHSON, L. M.: Empire J. Exper. Agricult. 23, 1—10 (1955). — JUHL-NOODT, H.: Züchter 25, 80—86 (1955).

KAPPERT, H.: Ber. dtsch. bot. Ges. 66, 123—133 (1953); 68, 413—422 (1955). — KALTON, R. R., and R. C. LEFFEL: Agron. J. 46, 370—373 (1954). — KELLER, K. R., and S. T. LIKENS: Agron. J. 47, 518—521 (1955). — KIHARA, H., F. A. LILIENFELD and K. YAMASHITA: Wheat Information Service Kyoto 1954, 1955. — KISTNER, G.: Z. Vererbungslehre 86, 521—544 (1955). — KNIGHT, R. L.: J. of Genetics 53, 150—153 (1955). — KNIGHT, R., and M. H. ROGERS: Heredity (London) 9, 69—77 (1955). — KNOWLES, P. F., and B. R. HOUSTEN: Agron. J. 47, 131—135 (1955). — KOO, F. K. S., M. B. MOORE, W. M. MYERS and B. J. ROBERTS: Agron. J. 47, 122—124 (1955). — KOOPMANS, A.: Genetica ('s Gravenhage) 27, 273—285 (1954), 465—471 (1955). — KORMOS, J.: Hungar. Acad. Scient. 22, 253—259 (1954).

LAMPRECHT, H.: Agri Hort. Genetica 13, 37—84 (1955); 13, 103—114 (1955); 13, 115—120 (1955); 13, 143—153 (1955); 13, 154—172 (1955); 13, 194—197 (1955); 13, 214—229 (1955). — LANGRIDGE, J.: Nature (London) 176, 260—261 (1955). — LAUGHNAN, J. R.: Proc. Nat. Acad. Sci. USA 41, 78—84 (1955); Amer. Naturalist 89, 91—103 (1955). — LEHMANN, E.: Z. Vererbungslehre 85, 20—27 (1953). — LEHMANN, E., u. J. PRIOR: Flora (Jena) 140, 175—204 (1953). — LENG, R.: Agron. J. 46, 502—506 (1954). — LENG, R., and L. F. BAUMANN: Agron. J. 47, 189—191 (1955). — LEUCHTMANN, G.: Z. Vererbungslehre 86, 480—497 (1955). — LEWIS, D.: Science Prog. Nr. 172, 593—605; Proc. Roy. Soc. (London) B 144, 178—185 (1955); Heredity (London) 7, 337—359 (1953). — LEWIS, E. B.: Amer. Naturalist 89, 73—89 (1955). — LINDEGREN, C. C.: Nature (London) 176, 1244 bis 1245 (1955). — LONG, R. W.: Amer. J. Bot. 42, 769—777 (1955). — LOWRY, D. C.: Biometrics 11, 136—148 (1955).

MALINOWSKI, E.: Bull. Acad. Pol. Sci Cl. 2, 3, 181—188 (1955). — MANGELSDORF, P. C.: Genetics 40, 1—4 (1955). — MATHER, K.: Proc. Roy. Soc. (London) B, 144, 143—150 (1955). — McGUIRE, D. C., and C. M. RICK: Hilgardia (Berkeley, Calif.) 23, 101—124 (1954). — MICHAELIS, P.: Acta biotheor. 11, 1—26 (1953); Z. Vererbungslehre 85, 282—296 (1953); Biol. Zbl. 73, 353—399 (1954); Z. Vererbungslehre 86, 101—112 (1954); Adv. in Genetics 6, 287—401 (1954); Handbuch der Pflanzenzüchtung, 2. Aufl., Bd. 1. Berlin 1955; Züchter 25, 209—221 (1955). — MILLER, J. D., and J. W. LAMBERT: Agron. J. 47, 373—377 (1955). — MOH, C. C., R. A. NILAN and F. C. ELLIOTT: J. Hered. 46, 35—40 (1955).

NAPP-ZINN, K.: Naturwiss. 42, 650 (1955). — NELSON, O. E., and S. N. POSTLETHWAIT: Amer. J. Bot. 41, 739—748 (1954). — NICKERSON, N. H., and E. E. DALE: Ann. Missouri Bot. Garden 42, 195—214 (1955). — NILAN, R. A., and C. C. MOH: J. Hered. 46, 49—52 (1955). — NUFFER, M. G.: Science (Lancaster, Pa.) 121, 399—400 (1955).

OLSSON, G., A. JOSEFSSON, A. HAGBERG u. S. ELLERSTRÖM: Hereditas (Lund) 41, 241—249 (1955). — OWNBEY, M., and G. D. McCOLLUM: Amer. J. Bot. 40, 788—796 (1953).

PATE, J. B., and P. H. HARVEY: Agron. J. 46, 442—445 (1954). — PELTON, J. S.: Butler Univ. Bot. Stud. 11, 192—199 (1954). — PHINNEY, B. O., and R. E. KAY: Hilgardia (Berkeley, Calif.) 23, 185—196 (1954). — PONTECORVO, G.: Proc. Roy. Soc. (London) B, 144, 171—177 (1955). — PRYM V. BECHERER, L.: Züchter 25, 1—14 (1955).

RAY, D. A., T. T. HEBERT and G. K. MIDDLETON: Agron. J. 46, 379—383 (1954). — REED, S. C.: J. Hered. 45, 225—230 (1954). — REIMANN-PHILIPP, R.: Z. Vererbungslehre 87, 187—207 (1955). — RHYNE, C. L.: Genetics 40, 235—245

(1955). — RIBEREAU-GAYON, P., P. SUDRAUD et P. M. DURQUETY: Rev. Gén. Bot.
62, 667—674 (1955). — RICHTER, A., and W. R. SINGLETON: Proc. Nat. Acad. Sci.
USA 41, 295—300 (1955). — RILEY, H. P.: J. Hered. 46, 65—66 (1955); Amer.
Biol. Teacher 17, 7—9 (1955); Trans. Kentucky Acad. Sci. 15, 93—111 (1954). —
ROBERTSON, A.: Biometrics 11, 95—98 (1955). — ROBERTSON, D. S.: Genetics 40,
745—759 (1955). — ROBERTSON, D. W., G. A. WIEBE and R. G. SHANDS: Agron. J.
47, 418—425 (1955). — ROBINSON, H. F., R. E. COMSTOCK and P. H. HARVEY:
Genetics 40, 45—60 (1955). — ROBINSON, R. W., and C. M. RICK: J. Hered. 45,
241—247 (1954). — RUSSELL, N. H.: Amer. J. Bot. 41, 679—686 (1954). — RUTIS-
HAUSER, A., u. H. R. HUNZIKER: Arch. Jul. Klaus-Stiftg. Vererbungsforsch. usw.
29, 223—233 (1954). —

SAKAI, K., and K. GOTOH: J. Hered. 46, 139—143 (1955). — SANDAL, P. G.:
Agron. J. 47, 147—148 (1955). — SCHAIK, T. V.: J. Hered. 46, 100—104 (1955). —
SCHALLER, C. W.: Phytopathology 45, 174—176 (1955). — SCHALLER, C. W., and
F. N. BRIGGS: Genetics 40, 421—428 (1955). — SCHALLER, C. W., and F. N. BRIGGS:
Agron. J. 47, 181—186 (1955). — SCHIEMANN, E.: Züchter 25, 65—67 (1955). —
SCHÖNINGER, G.: Züchter 25, 86—89 (1955). — SCHÖTZ, F.: Planta (Berlin) 43,
182—240 (1954). — SCHOLZ, F.: Kulturpflanze 3, 69—89 (1955). — SCHULER, J. F.:
Genetics 39, 908—922 (1954). — SCHULTE, H. K.: Z. Pflanzenzücht. 34, 157—196
(1955). — SCHWANITZ, F. u. H. SCHWANITZ: Beitr. Biol. Pflanzen 31, 473—497
(1955). — SELF, F. W., and M. T. HENDERSON: Agron. J. 46, 151—154 (1954). —
SENTZ, J. G., H. F. ROBINSON and R. E. COMSTOCK: Agron. J. 46, 514—520 (1954)—
SEYFFERT, W.: Züchter 25, 275—287 (1955); Z. Vererbungslehre 87, 311—334
(1955). — SHIFRISS, O.: J. Hered. 46, 213—222 (1955). — SINGH, D.: Current Sci.
24, 237—238 (1955). — SINGLETON, R.: Agron. J. 47, 113—117 (1955). — SIRKS,
M. J.: J. Roy. Horticult. Soc. 80, 214—219 (1955). — SMITH, W. K.: Genetics 39,
266—279 (1954). — STEPHENS, J. C., and R. F. HOLLAND: Agron. J. 46, 20—23
(1954). — STEPHENS, S. G.: Amer. Naturalist 89, 117—122 (1955); Genetics 40,
903—917 (1955). — STORMONT, C.: Amer. Naturalist 89, 105—116 (1955). —
STUBBE, W.: Z. Vererbungslehre 85, 180—209 (1953); Photographie u. Wissenschaft 4, 3—8 (1955). — STUBBE, W., u. D. V. WETTSTEIN: Protoplasma (Wien)
45, 241—250 (1955). — SUTO, T.: Jap. J. Bot. 14, 169—186 (1953).

TAKAHASHI, R.: Adv. in Genetics 7, 227—266 (1955). — TANAKA, K.: Memoirs
Osaka University B, Nr. 3, 99—107 (1954). — TOMES, M. L., F. W. QUACKENBUSCH
and M. McQUISTAN: Genetics 39, 810—817 (1954). — TWAMLEY, B. E.: Canad. J.
Agricult. Sci. 35, 461—476 (1955).

WEAVER, H. L.: Amer. J. Bot. 42, 105—108 (1955). — WEBSTER, G. T.:
Agron. J. 47, 138—142 (1955). — WEILING, F.: Züchter 25, 33—57 (1955); Ber.
dtsch. bot. Ges. 68, 397—407 (1955). — WELLENSIEK, S. J.: Züchter 25, 229—230
(1955). — WELLENSIEK, S. J., and C. G. ROELANDS: Genetica 27, 449—452 (1955).
WERCKMEISTER, P.: Züchter 25, 315—319 (1955). — WHITEHEAD, W. L., and
R. L. DAVIS: Agron. J. 46, 452—456 (1954). — WILLIAMS, H.: J. of Genetics 53,
232—243 (1955). — WILLIAMS, L. F., and D. L. LYNCH: Agron. J. 46, 28—29 (1954). —
WRICKE, G.: Züchter 25, 262—274 (1955); Z. Vererbungslehre 87, 47—64 (1955).

YAMAURA, A.: Jap. J. Genet. 29, 85—86 (1954). — YOUNG, P. A.: J. Hered.
46, 243—244 (1955).

c) Genetik der Bakterien.

Von REINHARD W. KAPLAN, Frankfurt a. M.

Der Beitrag folgt in Band XIX.

17. Cytogenetik.

Von JOSEPH STRAUB, Köln/Rhein.

Der Beitrag folgt in Band XIX.

18. Wachstum.

Von Jakob Reinert, Tübingen

Der Beitrag folgt in Band XIX.

19 a. Entwicklungsphysiologie.

Von Anton Lang, Los Angeles, Californien (USA).

Mit 2 Abbildungen.

1. Determination, Differenzierung und Organisation in der Entwicklung.

Die Rolle von Kern und Cytoplasma in der Entwicklung. (*1*) Am Anfang dieses Abschnittes und am Anfang unseres diesjährigen Berichtes wollen wir eine Reihe von Arbeiten besprechen, die aus der Entwicklungsphysiologie der Tiere stammen. Ihre Bedeutung ist aber so groß und so allgemein, daß sie auch bei einer Besprechung der Entwicklungsphysiologie der Pflanzen nicht übergangen werden dürfen. Vor allem auf Grund des Kernteilungsmechanismus, welcher eigens dazu geschaffen scheint, eine absolut gleichmäßige Verteilung des genetischen Materials auf die Tochterzellen zu garantieren, haben die Entwicklungsphysiologen der Auffassung zugeneigt, daß die Konstitution des Kernes im Laufe der ontogenetischen Entwicklung eines Organismus keine qualitativen Veränderungen erfährt und daß die Differenzierungsvorgänge das Cytoplasma betreffen. Versuche von Briggs und King zwingen uns nun dazu, diese Auffassung zu revidieren [siehe Briggs u. King (1, 2); King u. Briggs (1, 2)]. Diesen Forschern gelang es, Zellkerne aus der Blastula und der Gastrula des Frosches *(Rana pipiens)* in entkernte Eier derselben Art zu transplantieren. Wenn die Kerne aus der undifferenzierten Blastula stammten, so machte das Ei eine normale, vollständige Entwicklung durch. Wurden jedoch Kerne aus der Endodermis oder anderen Partien der späten Gastrula verwendet, so fand zwar noch normale Furchung statt, aber die Entwicklung blieb auf späteren Stadien stecken oder führte zur Bildung von Abnormitäten, und nach im einzelnen noch unveröffentlichten Versuchen sind Eier, deren Kerne aus noch späteren Entwicklungsstadien des Embryos stammen, auch nicht mehr imstande, eine Furchung durchzumachen. Der Kern macht also offensichtlich mit fortschreitender Entwicklung des Organismus eine progressive Spezialisierung durch und büßt dabei einen Teil seiner Potenzen ein. Man kann von einer Differenzierung des Kernes selbst sprechen. Obgleich die technischen Schwierigkeiten nicht zu verkennen sind, wäre es ungemein interessant, entsprechende Experimente bei Pflanzen zu versuchen. Bei Tieren findet im allgemeinen die gesamte Differenzierung auf sehr frühen Stadien der Entwicklung statt; bei den Pflanzen bleiben gewisse Gewebe während des ganzen Lebens im meristematischen, also embryonalen Zustand erhalten. Bei Pflanzen hat sich auch fast ohne Ausnahme gezeigt, daß auch eine weitgehend spezialisierte Zelle, wenn sie überhaupt zur Entdifferenzierung und Regeneration gebracht werden kann, imstande ist, ein neues, vollständiges Individuum zu regenerieren. Es scheint also denkbar, daß zwischen Pflanzen und Tieren hinsichtlich der „Differenzierung" des Kernes im Laufe der Ontogenese zum mindesten große quantitative Unterschiede bestehen.

(2) Unter den Pflanzen, die für das Studium der Rolle des Kernes in der Entwicklung geeignet sind, nimmt die Alge *Acetabularia* nach wie vor den ersten Platz ein. Die Arbeit an diesem Objekt ist in verschiedenen Richtungen fortgesetzt worden. Zu den auf die ersten Arbeiten HÄMMERLINGs zurückreichenden Transplantations- und Regenerationsversuchen kommen jetzt stoffwechselphysiologische, größtenteils mit Hilfe von radioaktiven Isotopen ausgeführte Untersuchungen hinzu, die uns gestatten, die Befunde über die Rolle des Kernes einschließlich ihrer Grenzen und über die Wechselbeziehungen zwischen Kern und Cytoplasma zu konkretisieren. In einer zusammenfassenden Betrachtung gelangt HÄMMERLING (3) zu der Auffassung, daß für den normalen Ablauf der Morphogenese bei *Acetabularia* zunächst drei Voraussetzungen erfüllt sein müssen: 1. Polarität; 2. ausreichende Produktion morphogenetischer Substanzen, wobei nach Untersuchungen von BETH hinzugesetzt werden kann, daß die verschiedenen Morphogeneseprozesse sich in ihrem Energiebedarf unterscheiden; 3. Proteinsynthese. Was über diese Voraussetzungen Neues bekannt geworden ist, soll nun nacheinander besprochen werden. Eine ausführlichere, auch die älteren Befunde umfassende Diskussion ist bei HÄMMERLING (1) zu finden; obgleich schon vor 3 Jahren geschrieben, enthält sie auch die meisten Ergebnisse aus später veröffentlichten Arbeiten.

(3) *Polarität.* Nach Untersuchungen von HÄMMERLING (3) ist die Polarität des *Acetabularia*-Keimlings offenbar schon durch die polare Struktur der Zygote prädeterminiert: der Geißelpol wird zum Rhizoidpol, und eine Umstimmung durch Licht ließ sich bisher wenigstens noch nie erreichen. Jedoch ist die polare Differenzierung zunächst labil und kann relativ leicht verändert werden. Wie zufällige Kernverlagerungen zeigen und wie durch Transplantation eines isolierten Kernes in die apikale Schnittfläche eines kernlosen Teiles bestätigt werden kann, entsteht das Rhizoid immer dort, wo sich der Kern befindet. Es scheint sich um eine echte Polaritätsumkehr und nicht um eine bloße Überkompensation der ursprünglichen Polarität, wie sie etwa bei höheren Pflanzen durch einen inversen Wuchsstoffgradienten erzwungen werden kann, zu handeln. Eine der morphogenetisch wichtigen Konsequenzen der Polarität scheint, wie auch neue Untersuchungen von WERZ implizieren, die ungleichmäßige Verteilung morphogenetischer Substanzen zu sein; so nimmt die Menge der die Hutgestaltung regelnden Substanzen vom Hinter- zum Vorderende zu.

(4) Morphogenetische Substanzen. Nach dem früher bewiesen worden war, daß sowohl die Anlegung als auch die Ausgestaltung des Hutes von *Acetabularia* durch kernabhängige Substanzen bestimmt werden (vgl. Fortschr. Bot. **12**, 380), wird nun gezeigt, daß die Ausbildung der Einzelmerkmale des Hutes von spezifischen Substanzen abhängig ist (WERZ). Der Beweis läßt sich durch Vergleich der Merkmale bei den Regenerationshüten von mehrkernigen Transplantaten, welche entweder nur Kerne einer Art oder aber solche von zwei verschiedenen Arten enthalten, führen. Solche Transplantate — die schon früher verwendet worden waren; *l. c.* — lassen sich durch wiederholte Pfropfung herstellen. Durch Zusammenpfopfen der kernhaltigen Hinterstücke von *Acetabularia crenulata* und *A. mediterranea* kann z. B. ein Transplantat mit je einem Kern dieser beiden Arten gewonnen werden *(cren$_1$ med$_1$)*. Wenn dies Transplantat einen Stiel regeneriert, kann dieser amputiert und auf den Stumpf ein weiteres, kernhaltiges *crenulata-* oder *mediterranea*-Hinterstück gepfropft werden, so daß nun ein dreikerniges Transplantat mit zwei *crenulata-* und einem *mediterranea*-Kern *(cren$_2$-med$_1$)* bzw. umgekehrt *(cren$_1$med$_2$)* entsteht, usw. WERZ konnte insgesamt folgende Formen vergleichend untersuchen: *cren$_4$med$_0$, cren$_3$med$_1$, cren$_2$med$_1$, cren$_2$med$_2$, cren$_1$med$_2$, cren$_1$med$_3$, cren$_0$med$_4$*. Der Gesamthabitus des Hutes entspricht in allen Fällen dem Verhältnis der Kernzahl, aber in den Einzelmerkmalen kann der Einfluß der einen oder der anderen der beiden Arten auch dann prävalieren, wenn ihr Kernanteil relativ klein ist. Die einzelnen Merkmale sind also in ihrer Ausbildung voneinander unabhängig; man kann von Merkmalsstoffen sprechen. Diese Stoffe sind kernabhängig, aber wie schon für die Hutbildung als ganzes bekannt, ist die dauernde Anwesenheit des Kernes für die Morphogenese nicht erforderlich; der Hut wird in der für die gegebene Kernkombination typischen Weise ausgebildet, auch wenn die Kerne des Transplantats nach einer gewissen Zeit entfernt werden.

(5) Energiebedarf der Morphogeneseprozesse. Wie BETH (1, 2) zeigt, bildet *Acetabularia* um so kürzere Stiele, je mehr Licht die Pflanzen bekommen. Bei *A. wettsteinii* können Pflanzen entstehen, die praktisch nur aus Rhizoid und Hut bestehen (Stiel nur 1 mm lang). Umgekehrt bleibt bei manchen Arten in schwachem Licht die Hutbildung vollständig aus, und es werden Cysten im Stiel gebildet. Für die Hutbildung ist also nicht die Länge des Stieles maßgebend, sondern die Menge morphogenetischer Substanzen, und die Produktion dieser Substanzen der Hutbildung — oder ihrer Vorstufen; vgl. auch Fortschr. Bot. **16**, 348 — erfordert mehr Licht als die für das Stielwachstum verantwortlichen Prozesse. Das Licht wirkt höchstwahrscheinlich auf dem Wege über die Photosynthese, denn es ist gleichgültig, ob mehr Licht in Form einer höheren Intensität oder einer längeren täglichen Belichtungszeit geboten wird. Der unterschiedliche Lichtbedarf spiegelt also einen unterschiedlichen Energiebedarf der verschiedenen an der Morphogenese der Pflanze beteiligten Prozesse wieder.

(6) Protein- und Nucleinsäuresynthese. Differenzierung scheint allgemein mit der Synthese neuer Proteine (darunter offenbar solchen

organspezifischer Art) verbunden zu sein, und Proteinsynthese hängt ihrerseits von der Anwesenheit von Ribosenucleinsäure ab. Bei *Acetabularia* erweist es sich nach Untersuchungen von HÄMMERLING u. STICH, STICH (2) und BRACHET und Mitarbeitern (BRACHET u. CHANTRENNE; CHANTRENNE, BRACHET u. BRYGIER; VANDERHAEGHE; BRACHET, CHANTRENNE u. VANDERHAEGHE; VANDERHAEGHE u. SZAFARZ), daß sowohl Protein- und Nucleinsäuresynthese als auch verschiedene andere Stoffwechselprozesse (Phosphoraufnahme, Atmung, Trockensubstanzzunahme) auch in Abwesenheit des Kernes weitergehen. Besonders eindrucksvoll ist der Nachweis der adaptativen Bildung eines Enzyms, der Katalase, in kernlosen Teilen. Protein- und Ribosenucleinsäuresynthese können sogar, wenigstens im Anfang, in kernlosen Teilen schneller verlaufen als in kernhaltigen. Dies dürfte darauf beruhen, daß in jenen der Wettbewerb des Kerns um gemeinsame Bausteine der Proteine und der Nucleinsäuren ausgeschaltet ist. Der Befund dürfte auch geeignet sein, die von BETH festgestellte Tatsache zu erklären, daß die Hutbildung bei kernlosen Teilen schneller stattfinden kann als bei intakten Pflanzen (siehe Fortschr. Bot. **16**, 348). Der Kern spielt also bei *Acetabularia* vornehmlich die Rolle eines Initiators; für die Ausführung der von ihm grundsätzlich kontrollierten Prozesse ist seine dauernde Anwesenheit nicht nötig. In dieser Hinsicht, d. h. in ihrem Vermögen, Synthese- und Entwicklungsprozesse auch in Abwesenheit des Kerns weiterzuführen, nimmt *Acetabularia* eine Extremstellung ein. In keinem anderen Falle, in dem Entkernungsversuche durchgeführt werden konnten, weder bei Amöben noch bei befruchteten Seeigeleiern, wurde ein auch nur annähernd ähnliches Vermögen gefunden (für Einzelheiten und Literatur vgl. BRACHET, CHANTRENNE u. VANDERHAEGHE 1955). Dennoch besteht kein Zweifel, daß die bei *Acetabularia* gefundenen Verhältnisse sich von denen bei anderen Organismen nur graduell und nicht prinzipiell unterscheiden und daher als allgemeines Modell für die Wirkungsweise des Kernes in Entwicklungsprozessen dienen können, ein Modell, von dem es ohne Zweifel viele individuelle Varianten gibt. — Proteinsynthese findet nach noch unveröffentlichten Versuchen von WERZ auch in älteren Teilen der *Acetabularia*-Zelle statt, die ihre Differenzierung abgeschlossen haben. Proteinsynthese führt also nicht etwa automatisch zur Differenzierung, und dies spricht nach HÄMMERLING dafür, daß außer den oben genannten drei Voraussetzungen der Differenzierung (§ 2) noch ein weiterer, vierter Faktor vorhanden ist. In einem Zusatz stellt HÄMMERLING (3) fest, daß für dies Postulat inzwischen experimentelle Beweise gefunden werden konnten.

(7) In einem gewissen, zum mindesten scheinbaren Widerspruch zur These der Entbehrlichkeit des Kernes für die Vollendung der ontogenetischen Entwicklung bei *Acetabularia* steht die Feststellung HÄMMERLINGs (2), daß die Regenerationsfähigkeit der Alge vollständig verlorengeht, sobald der Primärkern sich in die Sekundärkerne aufteilt. Wird der Hut einer Pflanze, die in einem frühen Stadium der Sekundärkernbildung steht und bei der die weitaus meisten dieser Kerne sich noch im Stiel befinden, amputiert, so findet keine Regeneration eines

neuen Hutes statt. Das beruht nicht auf Veränderungen im Cytoplasma, denn wird auf eine sekundärkernhaltige Pflanze ein Rhizoid mit einem Primärkern gepfropft, so kann sofort wieder Regeneration stattfinden. Auch wenn, wie es bisweilen geschieht, ein oder mehrere Sekundärkerne sich direkt, ohne Cysten-, Gameten- und Zygotenbildung, in Primärkerne umwandeln, findet sogleich Regeneration von Tochterpflanzen auf der Mutterpflanze statt, wobei mehrkernige Pflanzen entstehen können. Der Verlust des Morphogenesevermögens bei Sekundärkernbildung beruht also auf der Veränderung des Kernes selbst. Nur der Primärkern kann Regenerationsprozesse in Gang setzen; selbst die Gesamtheit der Sekundärkerne vermag ihn nicht zu ersetzen. Das ist überraschend insofern, als, wie in den vorstehenden Absätzen wieder betont, der Ablauf der Entwicklungsprozesse bei *Acetabularia* von der dauernden Anwesenheit des Kerns unabhängig ist. Man könnte meinen, daß die „Entfernung" des Primärkerns durch die Sekundärkernbildung das Regenerationsvermögen der Zelle ebenso wenig beeinflussen sollte wie eine operative Beseitigung. Jedoch sind in einer normal entwickelten Pflanze vielleicht alle Differenzierungsprozesse schon abgeschlossen, wenn die Sekundärkernbildung beginnt; insbesondere sind die morphogenetischen Substanzen vielleicht völlig aufgebraucht, so daß die zweite der drei ersten, für Morphogeneseprozesse notwendigen Voraussetzungen nicht mehr existiert. Es wäre sehr interessant, die Versuche mit in schwachem Licht aufgewachsenen, hutlosen Pflanzen zu wiederholen. Bei solchen Pflanzen kann, wie oben besprochen (§ 5), Cysten-, d. h. Sekundärkernbildung ohne Hutbildung stattfinden; andererseits können solche Pflanzen, in Starklicht übertragen, jederzeit Hüte bilden.

(8) Während in den vorstehenden Absätzen Einflüsse des Kerns auf das Cytoplasma und ihre Reichweite behandelt wurden, können bei *Acetabularia* auch in eindrucksvoller Weise Einflüsse des Plasmas auf den Kern nachgewiesen werden. Schon früher war gezeigt worden, daß Aufpfropfung älterer, kernloser Teile auf junge Pflanzen bei diesen vorzeitige Sekundärkernbildung auslöst; dies findet auch in interspezifischen Kombinationen statt [vgl. HÄMMERLING (1)]. Vom Cytoplasma gehen also Einflüsse aus, die die Entwicklung des Kerns regulieren; diese Einflüsse sind nicht artspezifisch. Nicht minder interessant ist die von WERZ festgestellte Tatsache, daß die Gesamtentwicklung eines Regenerats von der Zahl der darin vorhandenen Kerne nicht beeinflußt wird, auch wenn bei Transplantaten mit Kernen von mehreren Arten, wie besprochen, die Ausbildung der Merkmale vom Verhältnis der Kerne bestimmt wird, also alle Kerne funktionieren. Kern- und Nucleolengröße sind bei mehrkernigen Transplantaten reduziert. Es besteht also ein regulativer Mechanismus, welcher bei Anwesenheit von mehr als einem Kern die Wirkung des einzelnen Kerns auf das Cytoplasma herabsetzt. Außerdem hängt die Kerngröße vom stoffwechselphysiologischen Zustand der Zelle ab. Bei starker Plasmavermehrung ist der Kern unabhängig von der Zellgröße groß. Wird die synthetische Aktivität der Zelle durch Verdunkelung oder durch reversible Hemmung mit Enzymgiften unterdrückt, so sinkt die Kerngröße herab; bei

Beseitigung dieser Einflüsse geht sie wieder herauf, und dieser Wechsel kann mehrfach wiederholt werden [STICH (1, 2)] .

(9) *Acetabularia* weist für Untersuchungen über die Bedeutung von Kern und Cytoplasma in der Entwicklung einzigartige Vorzüge auf. Bei anderen Pflanzen sind bei ähnlichen Versuchen weit größere methodische Schwierigkeiten zu überwinden, und es liegen keinerlei Ergebnisse vor, die denen an *Acetabularia* auch nur annähernd zu vergleichen sind. Aber es ist doch interessant, festzustellen, daß gewisse Beobachtungen wenigstens in die gleiche Richtung deuten und, wenn sie auch noch nicht beweisend sind, vielleicht als Ansatzpunkte für die weitere Analyse dienen werden. BOPP findet in den Caulonemen des Mooses *Funaria hygrometrica* eine sehr enge zeitliche Beziehung zwischen einem bestimmten Differenzierungsprozeß, der Bräunung der Zellwände, und einer auffälligen Vergrößerung des Kernes. WARIS stellt bei *Micrasterias* umgekehrt fest, daß wahrscheinlich ganz bestimmte Einflüsse seitens des Plasma, und zwar eine Acidifizierung desselben, die zum Übertritt schwacher Säuren in den Kern führen dürfte, die Teilung des Kernes auslösen. Da Kernteilung die Voraussetzung vieler Differenzierungsprozesse ist — man denke an die Produktion von Spezialzellen in inäqualen Zellteilungen —, wäre solche Beeinflussung auch von großem entwicklungsphysiologischem Interesse.

Polarität. (*10*) Einen interessanten und wichtigen, wenn auch negativen Beitrag zum Problem der Induktion der Polarität liefern Versuche von JAFFE (2). Bei der Polarisierung der *Fucus*-Eier (und ebenso der Moossporen) ist bekanntlich ein positiver Gruppeneffekt zu beobachten, d. h. wenn die Eier (oder Sporen) in einer Gruppe zusammenliegen, werden die Rhizoiden zum Zentrum derselben hin gebildet. Da die Eier atmen, herrscht im Inneren der Gruppe zweifellos eine relativ höhere Kohlendioxydspannung als außerhalb. Dies und andere Beobachtungen hatten WHITACKER zu der Annahme geführt, daß die Polarität ganz allgemein durch einen CO_2- oder p_H-Gradienten determiniert würde, indem der Rhizoidpol sich stets in Richtung auf die höhere CO_2-Konzentration oder die dort herrschende höhere Acidität bilde. JAFFE zeigt jedoch, daß der Gruppeneffekt auch bei photosynthetisch aktiven Eiern — die CO_2 verbrauchen und Sauerstoff abgeben und dementsprechend umgekehrte Gradienten dieser Gase schaffen wie Eier, bei denen die Atmung überwiegt — positiv bleibt und daß er durch eine 500fache Änderung des Pufferungsvermögens des Mediums nicht beeinflußt wird. Die Determination der Polaritätsachse beruht also weder auf einem Gradienten der CO_2-Konzentration, noch der Acidität, noch der O_2-Konzentration.

(*11*) Polare Differenzierung führt zu den verschiedenartigsten Gradienten im Organismus, und solche Gradienten können für die Morphogenese von ausschlaggebender Bedeutung sein. Gradienten in der Verteilung kernabhängiger morphogenetischer Substanzen bei *Acetabularia* wurden in *§ 3* besprochen. Gradienten der Fähigkeit zur

Zellteilung und zum Verwachsen des Gewebes weist BALL in der Sproß-spitze von *Lupinus albus* nach. Wird dieselbe 5—10 mm tief längs-gespalten, so schreiten die dadurch im Corpus ausgelösten Zellteilungen von der Spitze des Sprosses zur Basis des Einschnittes hin fort, während die Wiederverwachsung der Wundflächen in umgekehrter Richtung ver-läuft. Das Meristem selbst verwächst nie, sondern seine beiden Hälften bilden normal gestaltete und voneinander unabhängige Sproßspitzen aus. Die Auslösung von Zellteilungen im Corpus ist insofern bemerkens-wert, als dies Gewebe für wenig teilungsfähig gehalten wurde. Interessant ist auch die Beobachtung, daß das Cytoplasma der meristematischen und der zur Differenzierung übergehenden subapikalen Zellen sich in seinem Zustand sehr weitgehend unterscheidet. In jenen ist es gelartig und fließt aus angeschnittenen Zellen nicht aus, steht also unter keinem Druck; in diesen ist es flüssig und fließt bei Anschneiden sofort aus, befindet sich also offensichtlich unter ziemlich starkem Druck.

Die morphogenetische Rolle des Spitzenmeristems beim Sproß. *(12)* Aus diesem Problemkreis liegen neue Beiträge vor allem zu zwei Aspekten vor: zur Bedeutung der Ernährung und damit der Größe des Spitzenmeristems für seine morphogenetische Aktivität, und zum Problem der Determination der Blätter. Die Bedeutung der Meristemgröße für die Sproßmorphogenese, die schon von F. O. BOWER (1930) klar formuliert worden war und die in den letzten Jahren mehr-fach experimentell bestätigt wurde, zeigt sich auch in Versuchen von CUTTER (1) an 1 Jahr lang unter Hungerbedingungen gehaltenen Rhizom-stücken von *Dryopteris aristata*. Mit abnehmender Größe des Meristems verläuft die Blattanlegung langsamer, und auch die Größe der Blatt-primordien nimmt ab, wenn auch weniger rasch als die des Meristems selbst. Infolge dieser differentiellen Reduktion der Meristem- und der Primordiengröße kehrt die Blattstellung zu der für Keimpflanzen typischen zurück. Das Leitsystem bleibt eine Dictyostele, doch ist die Zahl der Meristelen in Achse und Blättern reduziert.

(13) Für die Anlegung der Blattprimordien am Sproßscheitel wird all-gemein bestätigt: nicht die Blattspur ist für die Anlegung des Primordiums bestimmend, sondern umgekehrt. Horizontale Einschnitte in das Spitzenmeristem, durch die das präsumptive Blattprimordium „unter-schnitten" wird — und zwar in einem Entwicklungsstadium, in welchem noch keinerlei zu ihm führende Blattspuren vorhanden sind —, ändern an seiner Ausbildung und Entwicklung nichts, weder bei Farnen [*Dryopteris:* WARDLAW (3)], noch bei Blütenpflanzen (*Solanum tuberosum:* SUSSEX). Wenn andererseits, wie es nach verschiedenen operativen Eingriffen geschehen kann (s. u.), ein schon angelegtes junges Blattprimordium von *Dryopteris* sein Wachstum einstellt und sich zu Parenchym umwandelt, so entsteht weder eine Blattspur, noch eine Blattlücke [WARDLAW u. CUTTER (2)].

(14) Hinsichtlich der Determination der Blätter bestehen zwischen den neuen Ergebnissen oder ihrer Interpretation noch gewisse Unstimmig-keiten. Weder das präsumptive, noch auch das schon ausgebildete

junge Primordium sind determiniert. Durch allseitige „Isolierung“ mittels vier tiefer, ein Rechteck bildender Einschnitte und andere operative Eingriffe kann bei *Dryopteris* zuweilen noch das 3. sichtbare Primordium dazu veranlaßt werden, sich statt als Blatt als Sproß zu entwickeln [CUTTER (2); vgl. Fortschr. Bot. 17, 728, *§ 19*]. Bei Blütenpflanzen kann wenigstens das jüngste sichtbare Primordium zwar nicht zu einem Sproß, aber zu einem zentrisch (radiär-symmetrisch) gebauten Gebilde mit einer Siphono- oder Solenostele werden (s. u.). Beim jungen, aber determinierten Blattprimordium wächst die adaxiale (d. h. dem Meristemscheitel zugewandte) Seite langsamer als die abaxiale. Das legt den Gedanken nahe, daß die Determination der Dorsiventralität des Primordiums und damit vermutlich des Blattcharakters schlechthin auf einer Hemmwirkung des Spitzenmeristems beruhe, die die adaxiale Seite stärker trifft als die abaxiale. Nach Versuchen von WARDLAW (2, 3) und WARDLAW u. CUTTER (1, 2) scheint jedoch die Situation zum mindesten bei Farnen nicht ganz so einfach zu sein. Die wichtigsten experimentellen Befunde, die alle an *Dryopteris aristata* gemacht wurden und auf denen die Autoren jene Schlußfolgerung begründen, sind wie folgt (vgl. hierzu Abb. 15): 1. Anstechen der Scheitelzelle unterbindet die Anlegung weiterer Primordien nicht, doch ist ihre Orientierung

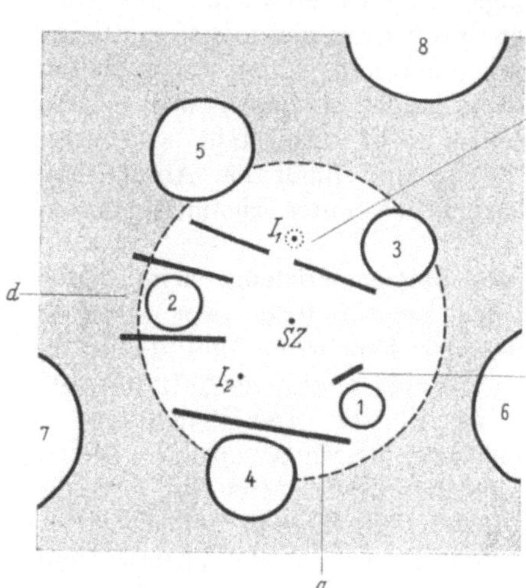

Abb. 15. Illustration verschiedener operativer Eingriffe am Sproßscheitel von *Dryopteris aristata*. Aus C.W.WARDLAW: Ann. of Bot. N.S. 19, 389—399 (1955), Abb.1 (S.392), mit freundlicher Erlaubnis von Verfasser, Herausgeber und Verleger; etwas verändert. *SZ* Scheitelzelle; *1, 2, 3,* … sichtbare Blattprimordien zunehmenden Alters; I_1 Ort des nächsten, I_2 des übernächsten Blattprimordiums; weiß die meristematische Region des Sproßscheitels. *a* breiter adaxialer Einschnitt; *b* schmaler adaxialer Einschnitt; *c* 2 adaxial-tangentiale Einschnitte; *d* 2 radiale Einschnitte. Die Operationen sind der Übersichtlichkeit halber an jeweils einem verschiedenen Blatt illustriert; die Eingriffe erfolgten in Wirklichkeit gewöhnlich an I_1 oder *1*.

oft verändert, und ein Teil von ihnen kann sich zu Sprossen entwickeln, besonders dann, wenn ein relativ großer Teil des Meristemscheitels ausfällt. 2. Wenn der Ort des nächsten Blattes oder das jüngste Primordium (I_1 bzw. P_1) durch einen tiefen und breiten adaxialen Einschnitt von der direkten Verbindung mit der Scheitelregion abgeschnitten werden (Abb. 15, *a*), so entwickeln sie sich zu Sprossen. Ein tiefer, aber schmaler Einschnitt (Abb. 15 *b*) hat keine solche Wirkung (also Entwicklung zum Blatt). Ist der Einschnitt aber zwar sowohl tief wie auch weit, jedoch direkt hinter dem Primordium unterbrochen, so daß zwischen Primordium und Meristemscheitel eine schmale Gewebebrücke bleibt (Abb. 15 *c*), so findet Entwicklung zum Sproß statt, jedenfalls bei lebhaft wachsenden Sprossen. 3. Wird durch tiefe, radiale Einschnitte die Verbindung des jungen Primordiums mit dem seitlich angrenzenden Gewebe durchgetrennt (Abb. 15 *d*), so wächst das Primordium schneller als die benachbarten älteren Primordien. Dasselbe tritt dann ein, wenn durch einen ungefähr horizontal geführten tiefen, abaxialen Einschnitt die Verbindung mit dem unterhalb des Primordiums liegenden Gewebe durchschnitten wird; das dann entstehende Blatt ist durch besonders rasches Wachstum ausgezeichnet und besitzt eine vergrößerte Basis. 4. Seichte Einschnitte, die das prävasculare Gewebe nicht durchtrennen, haben dagegen im allgemeinen keinen wesentlichen Einfluß auf den Ablauf der Morphogenese; höchstens führen sie dazu, daß das operierte Primordium nicht weiterwächst und sich zu parenchymatischem Gewebe umwandelt.

(*15*) WARDLAW und CUTTER ziehen aus diesen Ergebnissen ungefähr folgende Schlüsse: 1. Der Meristemscheitel, vermutlich vor allem die Scheitelzelle selbst, spielt in der Morphogenese am Spitzenmeristem eine zentrale und entscheidende Rolle und determiniert Orientierung und Symmetrie der Blätter. 2. Diese Wirkung läßt sich aber nicht mit der einfachen Annahme erklären, daß die Scheitelregion einen Hemmstoff produziert, welcher das Wachstum der Primordien auf der dem Scheitel zugekehrten Seite reduziert. Vielmehr ist die Beteiligung einer ganzen Reihe von Substanzen an der Morphogenese im Spitzenmeristem anzunehmen. Die Scheitelregion produziert wahrscheinlich Substanzen, welche das Wachstum der unmittelbar benachbarten Zellen hemmen und deren embryonalen Charakter bewahren; erst wenn eine Zelle genügend weit von der Scheitelzelle entfernt ist, kann sie schneller wachsen und eine Differenzierung durchmachen. Außerdem kommen aber Substanzen — Nährstoffe und Regulatoren — von der subapikalen Region und den älteren Teilen der Pflanze her und bestimmen gemeinsam mit den von der Scheitelregion beigesteuerten Substanzen den Gang der Morphogenese. Die Blattprimordien und auch die Scheitelregion stehen um die morphogenetischen Substanzen in Konkurrenz. Wird die Scheitelregion abgetötet, so sind Verteilung und Verbrauch dieser Substanzen tiefgreifend verändert, und dies, aber nicht der bloße Fortfall eines von der Scheitelregion produzierten Hemmstoffes für die Primordien ist für die Änderungen im Gang der Morphogenese verantwortlich. Die Scheitelregion übt also ihre Wirkung auf die Morphogenese durch das Wachstum und die Organisation des Spitzenmeristems als Ganzes aus. 3. Die Bahn, in welcher die von den subapikalen Teilen der Pflanze kommenden Substanzen zum Spitzenmeristem geleitet werden, scheint das prävasculare Gewebe zu sein. Wird dies Gewebe zwischen einer jungen und den benachbarten älteren Primordien durchschnitten, so ist die konkurrierende Wirkung der letztgenannten um jene Substanzen ausgeschaltet, und die Entwicklung des jungen Primordiums ist gefördert[1].

---

[1] In einer weiteren Arbeit diskutiert WARDLAW (1) in allgemeiner Weise die Bedeutung chemischer Faktoren und chemischer Prozesse in der Morphogenese der Pflanzen. Seine Ausführungen basieren weitgehend auf der Theorie von TURING (Fortschr. Bot. **17**, 717 fe., *§ 9* und *10*). Aus Raumgründen können solche theoretischen Diskussionen, so interessant sie sein können, hier nicht wiedergegeben werden.

(*16*) Sussex gelangt in Versuchen am Sproßscheitel von *Solanum tuberosum* dagegen zu der Auffassung, daß Dorsiventralität und Orientierung der Blätter durch direkte Einflüsse seitens des Scheitelmeristems determiniert werden (vgl. Abb. 16). Wird die direkte Gewebeverbindung zwischen der Region des nächsten Blattes (I_1) und dem Scheitelmeristem durchgetrennt, so entsteht anstelle des Blattes ein zentrisches

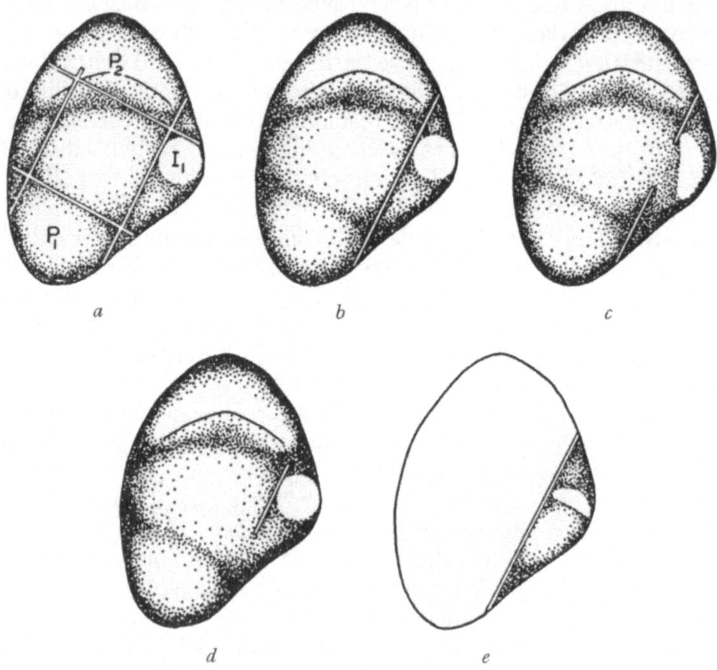

Abb. 16. Schematische Illustration verschiedener operativer Eingriffe am Sproßscheitel von *Solanum tuberosum* und ihrer Ergebnisse. Aus I. M Sussex: Phytomorphology **5**, 286—300 (1955), Abb. 1 (S. 287), zum Teil. Mit freundlicher Genehmigung des Verfassers und des Herausgebers. P_1 und P_2 jüngstes und zweitjüngstes sichtbares Blattprimordium, I_1 ältestes präsumptives Primordium. In *a*, *b* und *d* entwickelte sich I_1 zu einem zentrischen Gebilde, in *c* und *e* zu einem normalen (dorsiventralen) Blatt, welches sich auf das Scheitelmeristem zu orientierte. In *e* war gleichzeitig mit der Operation an I_1 das Scheitelmeristem entfernt worden, worauf ein neues regeneriert wurde.

blattartiges Gebilde, welches ein für Sproßorgane typisches Leitgewebesystem (Soleno- oder Siphonostele) haben kann (siehe Abb. 16*a*, *b*, *d*). Wenn dagegen eine wenn auch nur schmale Gewebeverbindung zwischen dem präsumptiven Primordium und dem Meristem gelassen wird (Abb. 16*c*, entsprechend Abb. 15*c*), oder wenn nach Entfernung des ursprünglichen ein neues Meristem regeneriert wird (Abb. 16*e*), so entsteht ein normales dorsiventrales Blatt, welches sich jedoch mit seiner Transversalebene stets rechtwinklig zum Meristem hin orientiert.

(*17*) M. u. R. Snow (1, 2) konnten allerdings bei *Solanum* die Ergebnisse von Sussex nicht reproduzieren; sie bekamen keine Bildung zentrischer Blätter, was freilich an der Verwendung verschiedener Varietäten liegen könnte. Bei *Epilobium hirsutum* ließen sich zentrische

Blätter dagegen leicht induzieren. Jedoch entstanden sie hier auch dann, wenn das Primordium nur durch radial-vertikale Einschnitte „isoliert" worden war (also ähnlich dem Fall d in Abb. 15), mit dem Scheitelmeristem also noch in direkter Gewebeverbindung stand. Die Verfasser sind daher der Auffassung, daß zentrische Blätter dann entstehen, wenn der für die Anlegung eines Primordiums zur Verfügung stehende Raum an der Flanke des Spitzenmeristems abnorm klein ist. In einer anderen Arbeit stellen M. u. R. Snow (3) fest, daß durch Anstechen des Meristemscheitels von *Lupinus albus* der für die Anlegung eines Blattprimordiums erforderliche Minimalraum an der Meristemflanke von mindestens 130 Bogengraden auf 90 Bogengrade herabgesetzt wird. Sie deuten dies dahin, daß das Spitzenmeristem die Anlegung eines Blattprimordiums solange hemmt, bis durch seine Wachstumstätigkeit ein freies Areal an seiner Flanke geschaffen ist, welches weit genug vom Meristem ist, um seiner Hemmwirkung zu entgehen, und gleichzeitig groß genug, um die für die Ausbildung des Primordiums nötige Energie aufzubringen. Auf diese Weise läßt sich die von den Verfassern entwickelte, auf Hofmeister zurückgehende Hypothese, wonach ein neues Blattprimordium im ersten verfügbaren Raum am Sproßmeristem entsteht, dieser Raum aber eine gewisse Mindestgröße haben muß, auf eine konkretere physiologische Grundlage stellen. Mit den neuen Vorstellungen von Wardlaw (§ *15*) weist diese Deutung insofern eine Übereinstimmung auf, als in beiden Fällen postuliert wird, daß das Spitzenmeristem Differenzierungen erst in einer gewissen Entfernung zuläßt. Allerdings sind die Versuchsergebnisse von M. u. R. Snow mit der Annahme einer direkten Wirkung des Meristemscheitels durchaus vereinbar.

(*18*) In neuen Untersuchungen über die Blattstellung von *Rhoeo discolor* kommt M. Snow entgegen einer früheren Arbeit (siehe Fortschr. Bot. 15, 410) zu dem Ergebnis, daß auch bei diesem Objekt die Hypothese des ersten verfügbaren Raumes Gültigkeit hat und keine Abstoßungskräfte zwischen den Blattprimordien angenommen zu werden brauchen. Zwischen Mono- und Dikotylen bestehen also keine prinzipiellen Unterschiede in den die Blattherstellung determinierenden Kräften. Die teilweise recht komplizierten Untersuchungen und Deutungen müssen in der Originalarbeit nachgelesen werden. Loiseau (1—5) findet, daß durch verschiedene operative Eingriffe am Sproßmeristem von *Impatiens roylei* die Bildung von 2- und von 4- und mehrzähligen anstelle der normalen 3-zähligen Blattwirtel hervorgerufen werden kann, aber niemals von 1-zähligen (d. h. spiraliger Blattstellung). Selbst wenn das Scheitelmeristen durch vertikale Schnitte so weit wie nur möglich reduziert wird, bildet es, sobald es weiterwächst, gleichzeitig 2 Blattprimordien. Es scheint also irgendein Faktor zu existieren, welcher die simultane Bildung von mindestens 2 Primordien erzwingt. Der Autor deutet seine Ergebnisse im Sinne der Theorie der „multiplen Blattschrauben" von Plantefol, ohne daß damit irgendeine kausale Erklärung gegeben wäre.

(*19*) Ball hatte 1946 gezeigt, daß nur der äußerste apikale Teil des Sproßmeristems von *Lupinus albus* imstande ist, in isoliertem Zustand eine ganze Pflanze zu regenerieren (siehe Fortschr. d. Bot. 12, 371). Lee zeigt bei *L. hartwegii*, daß dasselbe schon für den reifen Embryo gilt. Nur die Apikalregion mit dem Spitzenmeristem entwickelt sich in isoliertem Zustand zu einem Sproß und bildet bei Anwesenheit von Auxin im Medium auch Wurzeln. Die subapikale Region der Plumula bildet einen Callus, während die Hypokotyl- und die die Wurzelspitze enthaltende Zone die für diese Teile der Pflanze typische Organisation ausbilden, aber keine neuen Organe regenerieren. Wetmore u. Sorokin bestätigen die

Ergebnisse von Camus und von Jacobs, wonach Sproßknospen bzw. Auxin Leit-
bündeldifferenzierung induzieren (siehe Fortschr. Bot. 12, 372 ff., und 15, 422).
Einpfropfung von Sproßknospen und Implantation von Auxinagarstücken rief
in *in vitro* wachsendem Callusgewebe von *Syringa*, das normalerweise nur unorgani-
sierte Nester von Leitelementen bildet, die Entstehung von geordneten Leit-
bündeln hervor. Merkwürdig ist, daß das im Medium enthaltene Auxin keine
leitbündelinduzierende Wirkung ausübt. Die Autoren halten eine Polarität des
Callusgewebes für denkbar, wenn auch für wenig wahrscheinlich. Es erscheint
aber auch möglich, daß die Induktionswirkung des Auxins nur bei strikt
lokalisierter Applikation, durch die ein steiler Gradient hergestellt wird, zur
Geltung kommt.

Die Weiterentwicklung von Sproß und Wurzel. (Verzweigung,
apikale Dominanz, Lang- und Kurztriebe, Blattform). (*20*) Libbert
(1, 2) zeigt in Fortsetzung seiner Untersuchungen über korrelative
Hemmung (Fortschr. Bot. 17, 736, § *30*), daß die Vorstufe des
Korrelationshemmstoffes außer in der Wurzel auch in den grünen,
aber nicht in etiolierten Blättern vorkommt und daß der Korrelationshemmstoff selbst wahrscheinlich ein Komplex der Vorstufe mit Indolylessigsäure ist. Gefolgert wird dies aus folgenden Versuchsergebnissen:
1. Entfernung der Wurzeln und der grünen Blätter schwächt die
auxininduzierte Seitenknospenhemmung bei *Pisum*-Sämlingen, während
Entfernung der Blätter bei etiolierten Sämlingen keinen solchen Effekt
hat; 2. die den Korrelationshemmstoff enthaltende Fraktion liefert bei
Hydrolyse einen saueren Wuchsstoff, sehr wahrscheinlich Indolylessigsäure (wobei Indolacetaldehyd als Quelle ausgeschlossen werden
kann), die die Korrelationshemmstoff-Vorstufe enthaltende Fraktion
dagegen nicht; 3. Behandlung der letztgenannten Fraktion mit Indolylessigsäure setzt ihre Hemmwirkung herauf, wenn auch nur in geringem
Maße. Es wäre allerdings erwünscht, auch den Nachweis zu führen, daß
bei der Hydrolyse der Korrelationshemmstoffraktion außer Auxin die
Korrelationshemmstoff-Vorstufe wieder auftritt. In seinen früheren
Arbeiten hatte Libbert die Ansicht vertreten, daß die Vorstufe Cumarin
oder eine verwandte Substanz sei, eine Annahme, die durch den Nachweis von Cumarin und Cumarinderivaten in Wurzeln bestärkt wird
(z. B. Goodwin u. Pollock, Mothes u. Kala). Eine Verbindung von
Cumarin mit Indolylessigsäure ist bisher aber nicht nachgewiesen
worden, so daß entweder auch dieser Punkt der Bestätigung bedarf, oder
aber die Idee, die Korrelationshemmstoff-Vorstufe sei mit einem Cumarin
identisch, revidiert werden muß.

(*21*) Torrey hatte angenommen, daß für die Verzweigung von
Wurzeln eine Substanz verantwortlich sei, die vom Samen und von den
älteren Teilen der Wurzel geliefert würde und die mit Indolylessigsäure
nicht identisch sei (vgl. Fortschr. Bot. 15, 425, § 25). Geissbühler
kann diese Auffassung aber nicht bestätigen. Torreys Beweise bestanden u. a. darin, daß isolierte *Pisum*-Wurzeln in der Originalkultur auf
Decapitation hin Seitenwurzeln bilden, in der 1. Passage aber nicht, und
daß die Zahl der Seitenwurzeln um so größer war, je länger ein Wurzel-
stück vor seiner Isolierung und Decapitierung mit der Wurzelbasis in
Verbindung gestanden hatte. Geissbühler kann an größerem Material

von *Vicia sativa* keine dieser Beobachtungen bestätigen; er ist der Ansicht, daß die Verzweigung einer Wurzel durch eine Hemmwirkung seitens der Primärspitze bestimmt wird, also einen einfachen Fall apikaler Dominanz darstellt.

LIBBERT (3) findet, daß Wurzeln von *Pisum*-Sämlingen, die entweder durch Entfernung der Primär- und Seitentriebe auxinarm gemacht, oder durch Zufuhr von Indolylessigsäure mit Auxin angereichert worden waren, weniger bzw. mehr Hemmstoff enthalten. Er baut darauf die — recht weitgehende — Hypothese auf, daß das Wurzelwachstum durch einen Hemmstoff gesteuert würde, welcher gegenüber schwachen Auxinkonzentrationen als Antagonist wirke, das Wurzelwachstum also fördere, während durch höhere Auxinkonzentrationen seine Produktion aus der Vorstufe gefördert und das Wurzelwachstum infolgedessen gehemmt würde.

(22) In Fortführung der Arbeiten von GUNCKEL, WETMORE u. THIMANN (Fortschr. Bot. **15**, 423) an *Gingko* weisen TITMAN u. WETMORE nach, daß auch bei *Cercidiphyllum japonicum* der entscheidende Faktor, der die Entwicklung der Seitentriebe zu Kurztrieben bestimmt, das Auxin des Haupttriebes ist. Die Hemmwirkung ist bei *Cercidiphyllum* stärker als bei *Gingko*. Ebenso wie bei *Gingko* ist das Zentrum der Auxinproduktion eines Sprosses die in Streckung befindliche Region der Achse. In der Sproßspitze wie in den wachsenden Blättern ist kein Auxin nachzuweisen; da aber Entfernung dieser Organe den Auxingehalt des Sprosses reduziert, liefern sie offenbar Auxinvorstufen. Andererseits hat das Auxin der Seitentriebe einen Einfluß auf das Wachstum des Muttertriebes: werden seine Achselknospen entfernt, so wird ein Trieb wesentlich länger als normal und wirft das oberste Internodium samt der Triebspitze (wie bei *Cercidiphyllum* typisch) später ab, und dieser Effekt läßt sich durch Auxinapplikation unterdrücken.

(23) JONES (1, 2) untersucht die für die Ausbildung der Blattform bei untergetauchten und schwimmenden Trieben von *Callitriche* verantwortlichen Faktoren. Die untergetauchten Triebe haben linealische, die schwimmenden eiförmige (ovate) Blätter. Durch Untertauchen ovatblättriger Sprosse in strömendes Wasser werden dieselben zur Ausbildung linealischer Blätter veranlaßt, wobei hohe Lichtintensität, lange Lichtdauer und tiefere Temperaturen diese Umwandlung begünstigen, während hohe Temperatur (25°) sie völlig unterdrückt. Die am schwächsten wachsenden Sprosse machen die Umwandlung am schnellsten durch. Umgekehrt läßt sich an linealisch-blättrigen Sprossen durch Einbringen in 30%iges Meerwasser die Ausbildung ovater Blätter veranlassen; allerdings haben diese im Gegensatz zu den unter natürlichen Bedingungen gebildeten nur einen und nicht drei Nerven. Besonders die Bedingungen der Umwandlung linealisch → ovat legen den Gedanken nahe, daß bei der Blattausgestaltung am Vegetationspunkt von *Callitriche* ähnlich wie bei der Ausbildung von Land- und Wasserformen bei *Marsilea* (ALLSOPP, siehe Fortschr. Bot. **17**, 735, § *29*) die osmotischen Verhältnisse eine Rolle spielen, insbesondere vermutlich die Turgorverhältnisse im Spitzenmeristem. Bemerkenswert ist, daß ovate Blätter, und zwar die experimentell induzierten ebenso wie die „natürlichen", auf der Oberseite wesentlich mehr Stomata ausbilden als die linealischen.

Stoffliche Regulation der Entwicklung. a) Kinetin und Kinine.
(*24*) Nachdem es Skoog und Mitarbeitern gelungen war, die
Existenz eines speziellen Regulators der Zellteilung in Pflanzengeweben nachzuweisen (Fortschr. Bot. **17**, 745, *§ 43*), konnte dieselbe
Arbeitsgruppe jetzt einen solchen Regulator aus Desoxyribosenucleinsäure herstellen, seine Struktur vollständig aufklären und durch
Synthese bestätigen [Miller, Skoog, von Saltza u. Strong; Miller,
Skoog, Okumura, von Saltza u. Strong (1, 2)]. Die Substanz ist
6-Furfurylaminopurin (siehe nachstehende Formel). Sie erhielt den

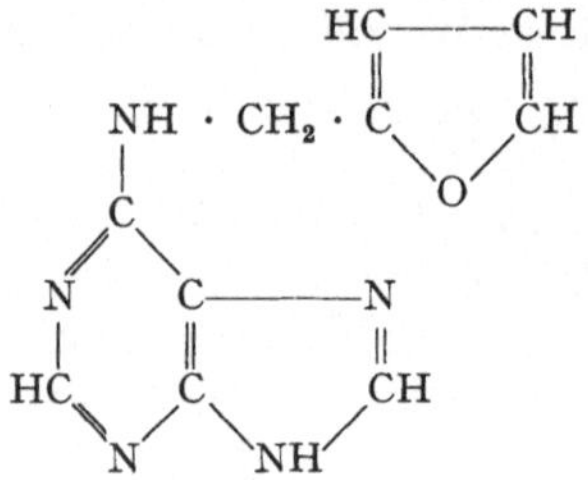

$$NH \cdot CH_2 \cdot C \quad \begin{array}{c} HC \text{---} CH \\ \| \quad \quad \| \\ C \quad \quad CH \\ \diagdown O \diagup \end{array}$$

Kinetin I

Namen „Kinetin I" und dürfte Vertreter einer neuen Klasse von
Pflanzenwachstumsregulatoren, der „Kinine", sein. Ob das Kinetin ein
natürliches Produkt ist — seine Beziehung zur Desoxyribosenucleinsäure
ist in diesem Zusammenhang jedenfalls von größtem Interesse —, ob es
das Derivat eines natürlichen Produktes ähnlichen chemischen Charakters darstellt, oder ob chemisch ganz andersartige Substanzen als
Kinine in Pflanzen fungieren, muß noch offengelassen werden. Die
Kinine der Cocosmilch scheinen mit Kinetin nicht identisch zu sein.
Den Untersuchungen über die physiologische Bedeutung des Kinetins,
die bereits in vollem Gange sind, darf man mit der größten Spannung
entgegensehen.

b) Regulatoren der Embryonalentwicklung. (*25*) Rijven hatte
früher gefunden, daß junge isolierte Embryonen von *Capsella bursa-pastoris*
Glutamin als Stickstoffquelle ausgezeichnet verwerten können, durch
Asparagin aber im Gegenteil gehemmt werden (vgl. auch Fortschr. Bot.
16, 362, *§ 35*). Er untersucht dies Phänomen weiter und gelangt zu der
Auffassung, daß die *Capsella*-Embryonen Glutamotransferase, aber keine
Aspartotransferase besitzen. Asparagin scheint Glutamin als competiti-
ver Inhibitor zu hemmen. Diese Befunde — wenn sie sich bestätigen —
sind von allgemeinem Interesse insofern, als sie dafür sprechen, daß
ein junger Embryo nicht imstande sein kann, einen ganz bestimmten
Stoffwechselprozeß vorzunehmen, daß aber sein Stoffwechselapparat
sonst komplett ist. Die Embryonen verschiedener Arten dürften sich
in dieser Hinsicht ganz spezifisch unterscheiden. Es ist unter diesen
Umständen zweifelhaft, ob es irgendwelche allgemeinen Regulatoren
des Embryonalwachstums bei Blütenpflanzen gibt; vielmehr können die
verschiedensten Substanzen von Fall zu Fall als solche „Regulatoren"
auftreten.

GORTER findet, daß wachstumsfördernde Faktoren für *Cyclamen*-Embryonen nicht nur in Cocosmilch und Hefeextrakt vorkommen, sondern auch in Torf, welcher für die Keimung von *Cyclamen*-Samen verwendet wird.

c) **Regulation der vegetativen Entwicklung.** *(26)* Einige Arbeiten unterstreichen die wechselseitigen stofflichen Beziehungen zwischen den verschiedenen Teilen der sich entwickelnden Pflanze. HOWELL u. SKOOG finden, daß Adenin und Cocosmilch das Wachstum von *Pisum*-Hypokotylen fördern, und zwar gemeinsam mehr als jedes für sich. Diese Wirkung wird aber vor allem dann deutlich, wenn das Hypokotyl Wurzeln regeneriert. Dieser Befund stützt also die Anschauung, daß die Wurzeln für das Sproßwachstum wichtige Substanzen (Caulocaline) liefern. Adenin kann ein Bestandteil des Caulocalinkomplexes sein, ist aber — entgegen GALSTON u. HAND — nicht das Caulocalin schlechthin. — Während isolierte *Pisum*-Wurzeln mit Aneurin (Thiamin, Vitamin B_1) und Niacin (Nicotinsäure) versorgt werden müssen, brauchen isolierte und im Dunkeln kultivierte *Pisum*-Keimlinge nach FRIES (2) Aneurin und Pyridoxin (Adermin, Vitamin B_6). Wenigstens unter diesen Umständen stehen die beiden Organe der jungen Pflanze miteinander hinsichtlich bestimmter für das Wachstum notwendiger Substanzen in einer Art symbiontischen Verhältnisses. SCHOPFER u. LOUIS hatten früher gefunden, daß Sproßspitzen von *Pisum*, auf isolierte Wurzeln derselben Pflanze gepfropft, nicht zur Weiterentwicklung kommen (s. Fortschr. d. Bot. **16**, 355, *§ 23*). Damals waren Sproßspitzen von intakten Sämlingspflanzen verwendet worden. Jetzt können dieselben Autoren zeigen, daß die Spitzen von Sprossen, die einige Zeit *in vitro* kultiviert worden waren, nach Pfropfung auf isolierte Wurzeln zur Weiterentwicklung gebracht werden können. Aus dem älteren Befund war gefolgert worden, daß das Wachstum der Endknospe des Sprosses von Substanzen abhängen kann, die in älteren Sproßteilen, aber nicht in der Wurzel gebildet werden. Nach dem neuen Ergebnis müßte man annehmen, daß die Sproßspitze unter bestimmten Bedingungen die Fähigkeit erlangen kann, diese Substanzen selbst zu produzieren. Auf eine interessante, nicht alltägliche Weise machen PRICE u. GAINOR die Existenz eines anscheinend spezifischen Faktors der Wurzelbildung in den Blättern von *Kalanchoë daigremontiana (Bryophyllum daigremontianum)* wahrscheinlich. Sie beobachten, daß die Bildung von durch *Agrobacterium tumefaciens* hervorgerufenen Tumoren (,,Wurzelhalsgallen") mit der Bildung von Adventivwurzeln verbunden ist. Die Zahl dieser Wurzeln ist der Zahl der vorhandenen Blätter proportional, und Entfernung der Blätter unterbindet die Anlegung neuer und das Wachstum etwa schon vorhandener Wurzeln. Auxin ,,ersetzte" die Blätter nicht. Da das Wachstum der Tumoren von der Zahl und der Anwesenheit von Blättern weitgehend unabhängig war, scheint die Wirkung der Blätter auch nicht auf der Lieferung von Assimilaten zu beruhen.

(27) STEWART, CAPLIN u. SHANTZ finden, daß wäßrige Extrakte aus *Agrobacterium*-verursachten Tumoren das Wachstum von *Daucus-carota*-Gewebe in ähnlicher, wenn auch nie ganz so starker Weise fördern wie

Cocosmilch. Diese Extrakte enthalten weder Aminosäuren noch Auxin; ihre Wirkung entspricht also der Wirkung der noch nicht näher bekannten Wachstumsregulatoren (Kinine) der Cocosmilch. Die Autoren spekulieren, daß die geordnete Entwicklung der Pflanzen ganz allgemein vom Gleichgewicht zwischen zwei Regulatorentypen abhängig ist; solchen, die das Wachstum, speziell die Zellteilung, fördern, und anderen, die der Wirksamkeit der ersten entgegenarbeiten und gleichzeitig vielleicht die Differenzierung beschleunigen. Tumoren entstünden dann, wenn das Gleichgewicht zugunsten der Regulatoren der ersten Gruppe verschoben würde. Einige Beobachtungen von KEHR und von TRYON stimmen mit dieser Idee überein: diese Autoren fanden, daß gewisse, zellteilungsfördernde Substanzen (Kinine) enthaltende Materialien bei steril kultivierten Sämlingen von *Nicotiana*-Arten die Bildung von Tumoren hervorrufen können. Bei *Nicotiana affinis* entstanden die Tumoren an den Wurzeln und wurden durch Malz- *plus* Hefeextrakt oder Auxin *plus* Hefeextrakt (aber keinen dieser 3 Faktoren allein) verursacht (TRYON); bei *Nic. glauca* und *Nic. alata* bildeten sie sich an der Sproßbasis und unter dem Einfluß von Cocosmilch und Hefeextrakt (KEHR). Es ist möglich, daß die wirksamen Substanzen Auxin und Kinetin sind (Kinetin wirkt anscheinend ganz allgemein nur bei gleichzeitiger Anwesenheit von Auxin). Die Hypothese von STEWARD u. Mitarb. vermag allerdings, auch wenn man von ihrem sehr allgemeinen und daher selbstverständlichen Charakter absehen will, den irreversiblen Charakter vieler Tumoren nicht verständlich zu machen. Der Tumorcharakter der Wurzelhalsgallen bleibt auch in Abwesenheit des Erregers im allgemeinen unverändert erhalten, und die von KEHR und TRYON gefundenen Tumoren behielten, in isoliertem Zustande kultiviert, ebenfalls die undifferenzierte, callusartige Wachstumsweise bei, selbst dann, wenn das Medium frei von Cocosmilch, Hefeextrakt oder Malzextrakt war. GYÖRFFY, RÉDEI u. RÉDEI weisen nach, daß die fördernde Wirkung der „Maismilch" — des jungen Endosperms von *Zea mays* — auf das Wachstums von Pflanzengeweben auf ihren Gehalt an Aminosäuren und Auxin beruht.

(*28*) Die Existenz eines neuen Wachstumsregulatorenkomplexes für Mycorrhizapilze ist nach Untersuchungen von MELIN und MELIN u. RAMA DAS wahrscheinlich. Die Wurzeln verschiedener Pflanzen scheiden eine Substanz oder Substanzen aus, die das Wachstum von *Boletus-*, *Rhizopogon-*, *Russula-* und anderen Arten ermöglichen oder begünstigen. Die Substanzen scheinen weder mit den bekannten Vitaminen, noch mit Aminosäuren, Purinen oder Pyrimidinen identisch zu sein. Für sie wird zunächst die Bezeichnung „M-Faktor" vorgeschlagen. Die Produktion dieses Faktors ist keineswegs auf die Wirtspflanzen der betreffenden Pilze beschränkt (*Pinus sylvestris*), sondern konnte auch bei den verschiedensten anderen Pflanzen nachgewiesen werden (u. a. *Lepidium sativum*, *Medicago sativa*, *Lycopersicum esculentum*). Manche der Pilze wachsen nur bei Anwesenheit des M-Faktors (d. h. bei Anwesenheit einer Wurzel im Kulturmedium), sind also für diesen Faktor heterotroph (z. B. *Russula xerampelina*); andere werden nur gefördert, sind also partiell autotroph (*Boletus variegatus*, *Rhizopogon roseolus*).

   d) **Regulation der Blütenbildung und Fruchtentwicklung.** (*29*) Nachdem es vor einigen Jahren PURVIS u. GREGORY gelungen war, einen die Blütenbildung fördernden Extrakt aus vernalisierten Embryonen des

Roggens *(Secale cereale)* zu gewinnen (vgl. Fortschr. Bot. **16**, 358, *§ 28*; seither ist über dies Ergebnis nichts weiter veröffentlicht worden), berichtet nun auch HIGHKIN über einen ähnlichen Erfolg bei Erbsen *(Pisum)*. Diffusate aus gequollenen Samen beschleunigten bei gewissen „kältebedürftigen" Varietäten die Blütenbildung in ähnlicher Weise wie eine Kältebehandlung der angequollenen Samen, die 1. Blüte wurde 2—3 Knoten früher angelegt als bei den Kontrollpflanzen. Es war allerdings gleichgültig, ob das Diffusat in Kälte oder in der Wärme hergestellt wurde (bei 4° bzw. bei 23°). Da aber der Effekt der Kälte bei *Pisum* relativ gering ist — sehr viel geringer als etwa bei Winterroggen —, so ist es denkbar, daß blütenfördernde Stoffe in Kälte wie in Wärme produziert werden und die geringfügigen quantitativen Unterschiede sich durch den verwendeten Test nicht erfassen lassen. Möglich erscheint es auch, daß die blütenfördernden Stoffe in Kälte und Wärme mit derselben Geschwindigkeit entstehen, daß aber in höheren Temperaturen in der Pflanze Hemmstoffe gebildet werden, welche jedoch der Extraktion entgehen.

(30) PATON u. BARBER zeigen, daß in Pfropfungen einer späten *Pisum*-Varietät („Telephon") auf eine frühe („Massey") die Blütenbildung des Reises beschleunigt, in der reziproken Kombination dagegen verzögert wird. Kontrollpfropfungen sowie Entfernung der Kotyledonen haben bei Massey auf die Blütenbildung keine Wirkung, bei Telephon beschleunigen dagegen beide Maßnahmen dieselbe, wenn auch weit weniger als die Pfropfung auf Massey. Diese letztgenannten Beobachtungen, d. h. die Wirkung von Kontrollpfropfungen und der Entfernung der Kotyledonen, sind mit der Annahme von blühfördernden Substanzen in Massey nicht zu erklären. Die Autoren nehmen daher an, daß in den Kotyledonen von Telephon ein Blühhemmstoff vorhanden ist, der in den Sproß transportiert wird und dort die Blütenbildung hinauszögert. Die Wirkung der Kontrollpfropfungen wird damit erklärt, daß der Nachschub des Stoffes zeitweilig unterbrochen wird.

(31) Allerdings lassen gewisse neue Ergebnisse von HAUPT doch noch eine andere Deutung als möglich erscheinen. HAUPT zeigt, daß alle Maßnahmen, welche das vegetative Wachstum zeitweilig beeinträchtigen, wie wiederholte Stecklingskultur oder Pfropfung auf *Soja*, nach welcher das Wachstum erst nach längerer Zeit wieder aufgenommen wird, bei *Pisum* dazu führen, daß die 1. Blüte an einem früheren Knoten erscheint. Es handelt sich offenbar um keine echte Förderung der Blütenbildung, sondern um eine Verschiebung des Gleichgewichtes zwischen den für das Wachstum und für die Blütenanlegung verantwortlichen Prozessen in der Pflanze. Unter diesen Umständen scheint die Annahme eines blühfördernden Stoffes bei Massey in den Versuchen von PATON u. BARBER vorerst noch ebenso wahrscheinlich, wie die Deutung, welcher diese Autoren selbst den Vorzug geben.

Auch die Beobachtung LIBBERTs (4), daß an korrelativ gehemmten Trieben von *Pisum* die 1. Blüte an einem relativ früheren Knoten gebildet wird, ist mit den Ergebnissen von HAUPT ohne weiteres zu erklären und spricht nicht, wie LIBBERT meint, dafür, daß sein „Korrelationshemmstoff (vgl. *§ 20*) an der Blütenbildung beteiligt ist, entweder direkt oder in seiner Eigenschaft als Auxinantagonist".

(*32*) In einer sehr hübschen Untersuchung zeigt OEHLKERS, daß die Menge blütenbildender Substanzen in verschiedenen Teilen eines Blattes verschieden sein kann. Die Versuche wurden an unifoliaten *Streptocarpus*-Arten und -Artbastarden ausgeführt. Diese Pflanzen bilden Blüten nach der Einwirkung tiefer Temperatur. Werden nun Stücke des Blattes einer kältebehandelten Pflanze als Stecklinge kultiviert, so regenerieren Stücke aus den Außenpartien vegetative Pflanzen, die nur nach erneuter Kältebehandlung blühen; Stücke aus den mittleren Partien bilden vornehmlich Pflanzen, die ohne neue Kältebehandlung blühen, und Stücke aus der Basis (der Nähe der Inflorescenzachse der Mutterpflanze) schließlich bilden direkt Inflorescenzen. Im Blatte besteht also ein positiver Blühstoffgradient von den Randpartien zum Ansatz der Inflorescenzachse hin.

(*33*) Wirkungen von Auxin auf die Kälte- oder die photoperiodische Induktion der Blütenbildung sollen im Zusammenhang mit diesen Phänomenen besprochen werden (s. *§§ 74 u. 75*). Hier seien nur zwei Beobachtungen über Wirkungen auxinartiger Substanzen — oder Substanzen, bei denen eine Beziehung zu Auxin vermutet wird — besprochen. GOWING u. LEEPER konnten bei *Ananas sativus* Blütenbildung durch Behandlung mit β-Oxyäthylhydrazin ($H_2N \cdot NH \cdot CH_2 \cdot \cdot CH_2OH$) auslösen. Die Substanz scheint keine Auxinwirkungen zu haben, könnte aber ein Auxinantagonist sein. TEUBNER u. WITTWER fanden, daß N-m-Tolylphthalaminsäure, anscheinend ein Auxinantagonist, bei Tomaten *(Lycopersicum esculentum)* die Zahl der Blüten je Inflorescenz und den Fruchtansatz erhöht, während die Zahl der vegetativen Knoten unbeeinflußt bleibt.

(*34*) Wie KUDRJAVZEV feststellt, führt eine Reduktion der Lichtintensität während der Blütenentwicklung, besonders während der Ausbildung junger Pollenkörner, bei der Tomate zu Störungen in der Ausbildung von Blüte und Frucht. Da Beschattung der Inflorescenz allein wirksam ist, liegt kein allgemeiner Effekt auf die Photosynthese der Pflanze vor. In den Antheren der behandelten Pflanzen tritt im Gegensatz zu den Kontrollen kein Chlorophyll auf. Diese Chlorophyllbildung in Blütenorganen, obgleich viel zu gering für eine nennenswerte Photosynthese, scheint also für die Blüten- und Fruchtentwicklung irgendwie von Bedeutung zu sein. SAGROMSKY zeigt, daß bei begrannten Getreidevarietäten die Anwesenheit der Granne für die normale Entwicklung des Kornes von Bedeutung ist. Da bei einer Mutante mit grünen Grannen, aber weißen Spelzen die Entgrannung besonders wirksam war, handelt es sich hier offenbar, im Gegensatz zu den Befunden KUDRJAVZEVS, um einen Photosyntheseeffekt; man muß annehmen, daß die photosynthetische Tätigkeit der Grannen und der Spelzen für die Kornentwicklung wichtig ist. Bei Varietäten mit kleinen oder vergänglichen Grannen hatte Entgrannung auf die Kornentwicklung keine nachteilige Wirkung. — Nach Versuchen von GIMESI führt Entfernung des Fruchtknotens in den Blüten von *Yucca filamentosa* zu einem verstärkten Wachstum der Antheren. Da Fruchtknoten und Antheren Auxin produzieren, kann man an einen Wettbewerb um aus dem Blütenstiel kommende Auxinvorstufen denken; aber auch eine direkte Hemmwirkung des Fruchtknotens auf die Antheren erscheint nicht ausgeschlossen.

(*35*) Nachdem NITSCH früher gezeigt hatte, daß die Nüßchen der *Fragaria*-Frucht das für das Wachstum der Scheinfrucht notwendige

Auxin liefern (s. Fortschr. Bot. **15**, 468, *§ 63*), bestätigt er dies nunmehr durch direkte Auxinanalysen. In den Nüßchen lassen sich nicht weniger als 7 Auxine nachweisen, und es können sogar noch mehr sein. Eines davon ist Indolylessigsäure, zwei weitere wahrscheinlich deren Nitril und Äthylester, während der Rest unbekannter Natur ist. Im Fruchtfleisch ist sehr wenig Auxin nachzuweisen; dagegen enthält es größere Mengen an freiem Tryptophan, welches als Vorstufe für die Auxinsynthese in den Früchtchen fungieren könnte. De Capite (2) konnte *Fragaria*-Früchte *in vitro* großziehen; sie waren jedoch kleiner als *in situ*, was für das Fehlen eines unbekannten Faktors für das Fruchtwachstum im Nährmedium spricht.

Der Einfluß von Außenfaktoren auf die Differenzierung von Geweben. (*36*) Die Bedeutung, die Außenfaktoren für die Entwicklung eines Gewebes haben können, wird durch Untersuchungen von Clausing u. Karstens und von de Capite (1) an Gewebekulturen illustriert. Der Neuzuwachs an Markgewebefragmenten von *Sambucus nigra* besteht, wenn er sich in Luft entwickelt, aus einem kleinzelligen Callus mit isolierten Cambialnestern, welche Leitgewebeelemente produzieren. Befindet er sich aber im Kontakt mit dem Medium, so stellt er ein homogenes Gewebe aus größeren, dünnwandigen Zellen ohne jede Differenzierungen dar (Clausing u. Karstens). De Capite (1) beobachtete, daß *Daucus-carota*-Gewebe, 32 min lang in Wasser von 4° eingetaucht, sich ganz anders entwickelte als üblich, nämlich in Form eines glatten, kompakten, kugeligen Callus. Diese Beobachtung ist besonders bemerkenswert, da hier eine sehr kurzfristige Einwirkung einen zum mindesten sehr lange anhaltenden Effekt hatte.

2. Atypische Entwicklung.

Entdifferenzierung. (*37*) Interessante Fälle von spontanem Verlust der normalen Organisation beobachteten Steeves, Sussex u. Partanen bei Prothallien von *Pteridium aquilinum* in steriler Kultur. Zwei offenbar prinzipiell verschiedene Typen lassen sich unterscheiden. Den 1. bilden Aberranten, die ein filamentöses, nadelkissenförmiges oder coralloides Wachstum besitzen. Sie bilden noch Sexualorgane und können auch noch nach längerer Kultur normal gestaltete Prothallien hervorbringen. Dieser Typ stellt wahrscheinlich Prothallienkolonien dar, deren Organisation zwar abnorm geworden, aber nicht völlig abhanden gekommen ist. Die Aberranten des zweiten Typus, Calli filamentöser oder parenchymatischer Struktur, bilden keine Sexualorgane und mit zunehmender Passagenzahl auch keine normalen Prothallien mehr; bei ihnen kann es sich um echte Tumoren handeln. Die Aberranten des ersten Typs haben überwiegend normal-diploide Zellen, die des zweiten auch Zellen mit bis zu 3n oder 4n Chromosomen (Partanen, Sussex u. Steeves). Die Ursachen für die Entdifferenzierung und den Organisationsverlust bei diesen Prothallien sind vorerst unbekannt, doch scheint sich das Material für das experimentelle Studium dieser Probleme vortrefflich zu eignen.

Pfropfung. (*38*) Bajda konnte Reiser von *Lycopersicum esculentum* auf etiolierten Sprossen aus Kartoffelknollen (*Solanum tuberosum*) in völliger Dunkelheit kultivieren. Wenn die ursprüngliche Unterlage nach einiger Zeit mittels Anplattpfropfung durch eine neue ersetzt wurde, ließen sich die Reiser bis zur Bildung von Blüten und reifen Früchten am Leben erhalten. Der Autor gibt an, daß besonders bei wiederholter Pfropfung die Etiolierung der Reiser verschwinden konnte. — Bergann gelangen sowohl bei *Kalanchoë*-Arten als auch beim Apfel (*Pirus malus*) Inverspfropfungen. Bei *Pirus* treibt bei solchen Pfropfungen im allgemeinen nur die apikalste (jetzt also der Unterlage nächste) Achselknospe des Reises aus, während an seiner Basis (jetzt also der Spitze der Pfropfung) ein Callus entsteht. Die ursprüngliche Polarität des Gewebes ist also „überkompensiert", aber natürlich keineswegs aufgehoben.

(*39*) Vor allem aus der gärtnerischen Forschung wie Praxis weiß man seit langem, daß gewisse Varietäten von Obstbäumen mit bestimmten Unterlagen „unverträglich" sind. Zum mindesten sehr oft ist in solchen Pfropfungen die Verwachsung mangelhaft, und die schlechte Entwicklung wurde auf Störungen in der wechselseitigen Nährstoffversorgung zurückgeführt. SAX (1) zeigt aber, daß die Entwicklung auch dann nicht besser wird, wenn ein mit beiden Partnern verträgliches Zwischenreis eingeschaltet wird; die „Unverträglichkeit" beruht somit auf irgendwelchen spezielleren Reaktionen zwischen Reis und Unterlage. (Hierbei könnte an spezifische, für das Wurzelwachstum nötige Faktoren zu denken sein, wie sie DE STIGTER in gewissen Cucurbitaceen-Pfropfungen nachweisen konnte; siehe Fortschr. Bot. **15**, 425, *§ 25*). Ebenfalls aus der gärtnerischen Erfahrung wissen wir, daß Maßnahmen, welche das vegetative Wachstum hemmen, wie Ringelung oder Verwendung bestimmter, „verzwergender" Unterlagen, die Blütenbildung des Reises fördern, so daß im Extremfall früh- und reichblühende Zwergformen resultieren. SAX (2) zeigt, daß dasselbe Ziel auf zwei weiteren Wegen zu erreichen ist: durch Bestrahlung einer Stammpartie mit solchen Röntgendosen, die die Zellteilung unterdrücken, das Gewebe aber nicht abtöten, und durch Inversion eines Rindenstückes, wobei im letztgenannten Falle der Grad der Verzwergung durch die Größe der invertierten Region kontrolliert werden kann.

Bakterieninduzierte Tumoren. (*40*) Bei der Induktion von Tumoren durch *Agrobacterium tumefaciens* sind drei Faktoren erforderlich: 1. Verwundung, durch die die Zelle in eine „Stimmung" versetzt wird, welche für die Transformation in eine Tumorzelle notwendig ist; 2. das von den Bakterien produzierte „tumorinduzierende Prinzip" (TIP), das die eigentliche Transformation bewirkt; und 3. Auxin, welches von den Bakterien und vielleicht auch von den transformierten Zellen selbst und von benachbartem Gewebe produziert wird und die transformierte Zelle zum Wachstum stimuliert und damit erst zur eigentlichen Tumorzelle werden läßt (vgl. Fortschr. Bot. **16**, 358 fe., *§ 29* fe., und früher). In einem ebenso eingehenden wie anregend geschriebenen Übersichtsbericht führen KLEIN u. LINK für die Stadien, in denen die beiden ersten Faktoren ihre Wirkung ausüben, die Namen „Umstimmungs- (conditioning)" und „Induktionsphase" ein; im folgenden Stadium unterscheiden sie zwei Abschnitte, die „Promotionsphase", in der Zelle größer wird und bestimmte cytologische und biochemische Veränderungen erfahren kann, und die „Vollendungs- (completion)phase", in der sie sich zu teilen beginnt. Diese gesamte Periode, während welcher die Anwesenheit der Bakterien nötig ist, während sie nachher gleichgültig ist, wird „primäre Transformationsperiode" genannt. Es folgt darauf die Vermehrungsperiode, während welcher normale Zellen zu Tumorzellen umgewandelt werden können („sekundäre" oder „appositionelle Transformation"; vgl. Fortschr. Bot. **12**, 370), und schließlich die „Organisations- und Differenzierungs-" sowie die „Senescenz- und Absterbeperiode". Etwas schematisiert und vereinfacht, läßt sich der Entwicklungsgang des Bakterientumors folgendermaßen wiedergeben:

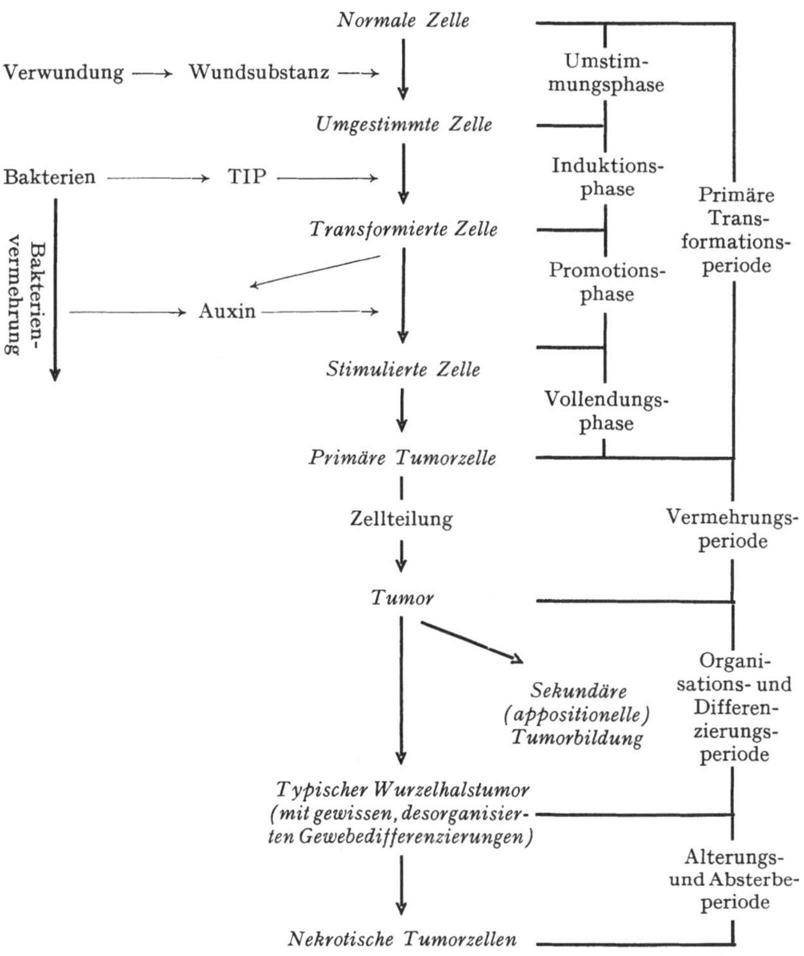

(*41*) KLEIN selbst zeigt, daß außer den im vorigen Absatz genannten drei primären Faktoren der Tumorgenese ein weiterer Faktor existieren kann. Bei der Mohrrübe *(Daucus carota)* sind die Wurzeln verschiedener Individuen (auch solcher ein und derselben Varietät) gegenüber Tumorbildung durch *Agrobacterium tumefaciens* sehr verschieden empfindlich. Preßsaft aus dem jungen sekundären Phloëm empfindlicher Wurzeln fördert nun die Tumorbildung bei unempfindlichen Wurzeln, während Preßsaft von unempfindlichen Wurzeln weder bei diesen selbst noch bei den empfindlichen einen Einfluß auf diesen Prozeß hat. Auch in Rüben von *Brassica* und *Beta* und in anderen Pflanzen ist der neue Faktor zu finden. Der Faktor ist nicht dialysabel, aber hitzestabil, ist also eine hochmolekulare Substanz, aber kein Protein. Da in früheren Untersuchungen keinerlei Hinweise dafür gefunden werden konnten, daß an der Umstimmung der Zellen durch Verwundung (s. oben)

übertragbare Substanzen beteiligt sind, so ist es unwahrscheinlich, daß der neue Faktor für diese Phase der Tumorgenese verantwortlich ist. Er dürfte vielmehr an irgendeinem anderen, früheren Stadium dieses Prozesses angreifen. Im Xylem ist der neue Faktor nicht vorhanden; in älterem Phloëm ist ein relativ hitzelabiler Hemmstoff für Tumorbildung enthalten. — Das jüngere Sekundärphloëm der Mohrrübenwurzel läßt sich als Testmaterial für quantitative Studien der Tumorgenese und -entwicklung verwenden; je nach dem Zweck kann man stärker oder schwächer empfindliche Wurzeln verwenden (die Wurzeln können nach einer vorläufigen Bestimmung des Reaktionsgrades längere Zeit aufbewahrt werden) (KLEIN u. TENENBAUM).

Ovarialtumoren bei Datura. (*42*) RAPPAPORT, SATINA und BLAKESLEE hatten vor einigen Jahren tumorartige Gewebe in den Samenanlagen von *Datura*-Arten nach bestimmten Artkreuzungen gefunden. Diese Ovarialtumoren produzieren eine Substanz, die das Wachstum *in vitro* kultivierter *Datura*-Embryonen hemmt (vgl. Fortschr. Bot. **15**, S. 431, § *31*). RIETSEMA, SATINA u. BLAKESLEE zeigen jetzt — entgegen einer früheren Annahme —, daß dieser Hemmstoff wenigstens in einem bestimmten Falle, bei *Datura inoxia* × *discolor*, höchstwahrscheinlich mit Auxin (β-Indolylessigsäure) identisch ist. Ob Auxin auch für die Hemmung der Embryonen in den tumorhaltigen Samenanlagen selbst verantwortlich ist, kann noch nicht mit Sicherheit gesagt werden. Es ist auch noch ungewiß, ob Auxin auch der Hemmstoff der Tumoren in anderen Kreuzungen ist, zumal die Tumoren in der *D. inoxia* × *discolor*-Kombination wesentlich verschieden von denen in anderen Kreuzungen sind.

3. Aktivitätswechsel und Entwicklung.

Endogene Rhythmik und Wachstum. (*43*) Einige Autoren zeigen, daß die Licht-Dunkel-Rhythmik einen außerordentlich großen Effekt auch auf das vegetative Wachstum von Pflanzen haben kann, und führen dies mit BÜNNING auf die Existenz endogen-rhythmischer Vorgänge zurück. HIGHKIN u. HANSON finden, daß Tomaten (*Lycopersicum esculentum*) in 6:6- und 24:24-Std.-Zyklen sehr viel schlechter wachsen als in 12:12-Std-Zyklen und dabei ähnliche Schädigungen zeigen wie bei Kultur in Dauerlicht (die von Tomaten bekanntlich, jedenfalls unter relativ hohen Temperaturen, nicht vertragen wird). Auch Unterbrechung der Dunkelphase von 24stündigen Zyklen beeinträchtigt das Wachstum, wenn auch nicht sehr stark. BONDE (1), (2) stellt fest, daß Tomaten am besten in Zyklen von 6:6 Sekunden wachsen; dann folgen solche von 5:5 Minuten, 4:4 Std. und 1:1 min. In allen diesen war das Wachstum besser als in 12:12-Std.-Zyklen, während es in 1:1-, 2:2- und 6:6-Std.- und besonders in 30:30-min-Zyklen schlechter war. Bei *Xanthium* waren 1:1-min-Zyklen für das vegetative Wachstum am besten; dann folgten Zyklen von 6:6 sec, 1:1 Std. und 12:12 Std., während andere den 12:12-Std.-Zyklen unterlegen waren. BONDE folgert aus seinen Ergebnissen, daß es in den Pflanzen außer den endogenen Rhythmen, deren Periodenlänge in der Nähe von 24 Std. liegt, auch Rhythmen mit wesentlich kürzeren Perioden geben muß. Die physiologischen Grundlagen der endogenen Rhythmen sind noch in keinem Falle bekannt. — Siehe auch *§ 70*.

Allgemeine Physiologie des Aktivitätswechsels. *(44)* Einige Arbeiten gestatten es, sich wenigstens gewisse allgemeine Vorstellungen über die Wirkungsweise bestimmter Außenfaktoren bei der Induktion und der Beendigung von Ruhezuständen zu machen. VEGIS veröffentlicht die Ergebnisse seiner Versuche über die Bedeutung von Licht und Temperatur für die Bildung von Ruheknospen bei *Hydrocharis morsus-ranae* in größerer Ausführlichkeit. Wie schon in Fortschr. Bot. **16**, 347, *§ 12* besprochen, wird Ruheknospenbildung durch höhere Temperaturen und Dunkelheit gefördert, so daß mit zunehmender Temperatur immer kürzere Dunkelphasen für die Anlegung von Ruheknospen genügen. Besonders in relativ hoher Temperatur (25°) sind allerdings mittlere Tageslängen für Ruheknospenbildung förderlicher als sehr kurze. Diese fördernde Wirkung des Lichts beruht aber offenbar nur auf der Photosynthese, denn mit Zucker gefütterte Pflanzen bilden Ruheknospen sogar in Dauerdunkel. VEGIS vergleicht die Verhältnisse bei der Ruheknospenbildung von *Hydrocharis* eingehend mit der Tageslängenwirkung auf die Blütenbildung und deren Temperaturabhängigkeit. Trotz gewisser Unterschiede ist die Situation so ähnlich, daß die grundsätzliche Deutung in beiden Fällen die gleiche sein dürfte: Der Entwicklungsvorgang (Ruheknospen- bzw. Blütenanlegung) hängt von einer Reihe von Einzelprozessen ab, darunter solchen fördernden und anderen hemmenden Charakters, die ihrerseits wieder verschiedene Licht- und Temperaturabhängigkeit aufweisen. Über die Natur dieser Prozesse läßt sich allerdings in beiden Fällen noch immer nichts Definitives sagen, wenn auch im Falle der Blütenbildung wenigstens gewisse Anhaltspunkte vorhanden sind (vgl. Fortschr. Bot. **17**, 767 fe., *§ 76 fe.*). Bei der Ruheknospenbildung kann man, ebenso wie bei Induktion anderer Ruhezustände, an die Bildung von Wuchs- und Hemmstoffen denken. Da bei *Hydrocharis* Ruheknospenbildung durch geeignete Außenbedingungen zu jeder Jahreszeit ausgelöst werden kann, ist eine Beteiligung endogen-rhythmischer Aktivitätsschwankungen wenigstens in diesem Falle unwahrscheinlich.

(45) Auch sehr gründliche Untersuchungen SCHANDERs (1)—(3) über die Wirksamkeit der Temperatur bei der Nachreifung und Keimung von Äpfel- *(Pirus-malus-)* und anderen Kernobstsamen zeigen viele überraschend große Übereinstimmungen mit der Blütenbildung auf, hier vor allem mit der Wirkung tiefer Temperaturen bei „kältebedürftigen" Pflanzen, wie den zweijährigen Varietäten von *Hyoscyamus niger* (LANG 1951, s. Fortschr. Bot. **15**, 441 fe., *§ 40*), und machen es auch hier wahrscheinlich, daß wir es mit einem grundsätzlich gleichen „Mechanismus" zu tun haben. (Der Verfasser selbst macht auf diese Übereinstimmungen nicht aufmerksam.) Hier wie dort nimmt die Wirksamkeit der Temperatur mit zunehmender Behandlungsdauer zu (Anstieg des

Keimprozentes bzw. schnellere Blühreaktion), wobei sich, ganz wie bei *Hyoscyamus*, das Optimum von höheren zu tieferen Temperaturen (z. B. von 7° nach 3°) verschiebt. Hier wie dort aber scheinen bei ausreichend langer Einwirkungszeit alle Temperaturen, die überhaupt wirksam sind, schließlich dieselbe maximale Reaktion (hier 100% Keimung) zu bewirken. Höhere Temperaturen scheinen auch bei den Kernobstsamen die Wirksamkeit vorangegangener tiefer Temperaturen zu reduzieren, wenn auch diese Frage noch weitere Untersuchungen bedarf. Hat eine relativ tiefe Temperatur eine Zeitlang eingewirkt, so geht die Keimung auch in solchen Temperaturen weiter, in denen sie bei Dauerbehandlung überhaupt nicht möglich wäre. Es lassen sich offenbar zwei Keimungsperioden unterscheiden: 1. eine ,,Vorkeimperiode'' (= Nachreife, Ruheperiode, Stratifikation u. a.), in welcher nur Temperaturen eines relativ engen Bereiches wirksam sind (von unter 0° bis zu, je nach Varietät, 7—10°), und 2. eine ,,Hauptkeimperiode'', in welcher die Keimung auch in Temperaturen von 10—20° weitergeht. Auch diese Situation könnte den Verhältnissen bei der Vernalisation und verwandten Erscheinungen entsprechen, in denen die Kältewirkung allmählich ,,stabilisiert'' wird[1]. — VISSER untersucht die Bedeutung von Samenschale und Endosperm bei Nachreifung und Keimung von Äpfelsamen. Entgegen anderen Autoren (LUCKWILL, s. Fortschr. Bot. **16**, 346; DE HAAS u. SCHANDER 1952) findet er keine Anzeichen für die Abgabe von wachstumshemmenden Stoffen durch das Endosperm oder für eine spezifische regulierende Funktion desselben bei der Nachreifung. Alle Einflüsse des Endosperms — seine Entfernung beschleunigt die Nachreifung sowie die Keimung von nur partiell oder gar nicht nachgereiften Samen — lassen sich vielmehr auf die Behinderung der Sauerstoffversorgung des Embryos durch das Endosperm zurückführen.

(*46*) Die Bedeutung von Wuchs- und Hemmstoffen bei der Ruhe und dem Austreiben von Kartoffelknollen *(Solanum tuberosum)* wird von HEMBERG sowie von BLOEMMART weiter untersucht (vgl. Fortschr. Bot. **12**, 343; **15**, 404 fe., § 7). Nach HEMBERG wird das zu Beginn der Ruhezeit in den Knollen reichlich vorhandene freie Auxin in zunehmendem Maße in eine immer stärker gebundene Form übergeführt. Vor dem Austreiben geht der Auxingehalt zuerst im Inneren der Knolle herauf; von dort wird das Auxin in freier oder gebundener (,,Vorstufen-'')Form in die Außenschichten transportiert. Die saueren Hemmstoffe, deren Menge mit dem Ruhezustand besonders eng korreliert ist, finden sich dagegen durchweg vornehmlich in der Rindenschicht. BLOEMMART weist unter Verwendung papierchromatographischer Methoden in den

---

[1] Warum der Verf. darauf bestanden hat, seine klaren Ergebnisse mit einer überaus komplizierten und ganz unnötigen formalistischen Terminologie zu verschleiern, ist nicht einzusehen; es ist ihm aber einzuräumen, daß er in diesem Bestreben durchaus erfolgreich gewesen ist. Der Referent jedenfalls verlor im Dickicht der ,,kürzesten'', ,,mittleren'' und ,,längsten Keimzeiten'', der ,,Keimdichten'', ,,mittleren Keimdichten'' und ,,Keimspannen'', der ,,Temperatur-Zeit-'' und ,,Zeit-Temperatur-Kurven'', der ,,Kurvenfamilien'', ,,Kurvenbewegungen'', ,,Wendekurven'' und ,,temperaturabhängigen Kurvenbewegungen'' immer wieder den Faden.

Außenschichten der Kartoffelknolle folgende Wachstumsregulatoren nach: 1. Indolylessigsäure und wahrscheinlich Indolylbuttersäure, außerdem vielleicht auch Indolylbrenztraubensäure; 2. einen saueren Hemmstoff, welcher mit Fortschreiten der Ruheperiode verschwindet, während gleichzeitig ein weiterer, mit den unter 1. genannten nicht identischer Wuchsstoff, möglicherweise Indolylacetonitril, auftritt; 3. einen neutralen Hemmstoff(komplex?), welcher auch nach Ende der Ruhe erhalten bleibt. Die Ergebnisse stimmen also mit denen von HEMBERG sehr gut überein, allerdings hält HEMBERG zum mindesten die direkte Umwandlung des saueren Hemmstoffes in einen Wuchsstoff für unwahrscheinlich.

In den ruhenden Blütenknospen des Pfirsichs (*Prunus persica*) stellen HENDER-SHOTT u. BAILEY eine Substanz fest, die das Wachstum von Epicotylcylindern von etiolierten *Pisum*-Sämlingen vollständig hemmt. Der Gehalt nimmt mit fortschreitender Ruheperiode zu, bei deren Beendigung dagegen abrupt ab, um jedoch bald darauf wieder auf das maximale Niveau anzusteigen. Ob dieser Hemmstoff in enger Beziehung zum Ruhezustand steht, ist angesichts dieser Verhältnisse also zum mindesten noch unbewiesen.

Sporenkeimung bei Pilzen. (*47*) Aus einer interessanten Arbeit von DARBY u. MANDELS geht hervor, daß die Lebensfähigkeit von Pilzsporen (*Myrothecium verrucaria*) sehr stark von der Zusammensetzung des Nährmediums abhängen kann, auf welchem der Organismus seine Sporen produzierte. Da auch die Reaktion der endogenen Atmung der Sporen auf Enzymgifte (Azid) je nach der Herkunft der Sporen verschieden war, scheint das Enzymkomplement der Sporen durch das Nährmedium des Muttermycels tiefgreifend beeinflußt zu werden, und dies dürfte die Grundlage der Unterschiede in der Lebensdauer darstellen. Unterschiede in der Intensität der endogenen Atmung und der Geschwindigkeit der Trockensubstanzabnahme während der Lagerung reichen nicht aus, um die Differenzen der Lebensdauer zu erklären, wenn auch der Substanzverlust bei längerlebigen Sporen gradueller erfolgt als bei kürzerlebigen.

(*48*) GASSNER u. NIEMANN (1) zeigen, daß die Sporen des Zwergsteinbrandes (*Tilletia brevifaciens*) zur Keimung gleichzeitig der Einwirkung von tiefen Temperaturen und Licht bedürfen. Das Lichtbedürfnis ließ sich durch verschiedene Chemikalien, darunter besonders solche oxydierenden Charakters, wie Kaliumpermanganat, „ersetzen", das Kältebedürfnis dagegen bisher nicht [GASSNER u. NIEMANN (2)]. Die Wirksamkeit der Außenfaktoren wie der Chemikalien ist größer, wenn die Sporen schon einige Zeit vor der Behandlung ins Keimbett gebracht werden; offenbar machen sie eine „Sensibilisierungsperiode" durch, bevor sie auf die keimungsauslösenden Einflüsse ansprechen können.

(*49*) ALLEN zeigt, daß die Uredosporen von *Puccinia graminis* f. sp. *tritici* einen flüchtigen Hemmstoff abgeben, der ihre eigene Keimung beeinträchtigt. Nach FORSYTH dürfte es sich um Trimethyläthylen handeln.

Samenkeimung. (*50*) Einen wichtigen Beitrag zum Problem keimungsfördernder und keimungshemmender Stoffe bei Samen liefert eine Arbeit von GRIMM. Wäßrige Extrakte aus den Samen von *Digitalis* wie von anderen Species hemmen die Keimung derselben wie auch anderer Samen. Gehemmt sind allerdings nicht die keimungsauslösenden Prozesse, sondern das Wachstum der hervortretenden Wurzel. Infolge bakterieller Tätigkeit (vor allem *Bacterium herbicola*) kann die hemmende Wirkung der Extrakte aber nach einiger Zeit in eine fördernde übergehen. Die Hemmung beruht vor allem auf der Anwesenheit von Gerbstoffen sowie Aminosäuren und Amiden in den Extrakten, und zwar auf deren reduzierender Wirkung, durch die die Sauerstoffversorgung der keimenden Samen beeinträchtigt wird. Der durch Bakterien verursachte Umschlag andererseits beruht, wenigstens im Anfang, nicht auf Zerstörung oder Verbrauch der hemmenden Substanzen, sondern ist eine Folge des vergrößerten Redoxpotentials der Extrakte. Diese Befunde haben eine große Bedeutung für die Interpretation vieler Untersuchungen über das Vorkommen von biogenen keimungsfördernden und -hemmenden Stoffen in Samen und über die Wirkung verschiedener Stoffe auf das Wurzelwachstum. — KUGLER findet, daß Samen von *Sinapis alba* während der Quellung keimungshemmende fluorescierende Substanzen abgeben und daß nicht keimfähiges Saatgut wesentlich mehr dieser Substanzen enthält als voll keimfähiges. Die Substanzen entstehen nicht während der Quellung, sondern sind schon im lufttrockenen Samen vorhanden, vor allem im Embryo, aber auch in der Testa. Nach ihren Eigenschaften scheint es möglich, daß es sich um Cumarine handelt. — POLJAKOFF-MAYBER u. MAYER zeigen, daß Cumarin, ein offenbar weit verbreiteter biogener Hemmstoff von Pflanzen, bei der Samenkeimung ebenso wie *in vitro* die Fettspaltung blockiert. Ob seine Wirkung im Samen oder in der Pflanze damit erklärt ist, bleibt allerdings unentschieden.

(*51*) Zu der umstrittenen Frage, ob Auxin (sowie Ascorbinsäure) die Samenkeimung fördert, liefert eine Arbeit von SÖDING u. WAGNER einen Beitrag. Das Ergebnis mehrjähriger Versuche mit *Poa annua* ist, daß eine Erhöhung des Keimprozentes nicht stattfindet, weder bei nachgereiften noch bei unvollständig nachgereiften Samen; dagegen kann bei den letztgenannten die Geschwindigkeit der Keimung beschleunigt sein, allerdings um nur etwa einen halben Tag.

4. Alterserscheinungen.

Ursachen des Alterns. (*52*) Zum Problem der inneren Ursachen des Alterns von Pflanzenorganen liefert eine Arbeit von WANGERMANN u. LACEY einen interessanten Beitrag. Bei *Lemna* wurde eine inverse Relation zwischen der Lebensdauer des einzelnen Sproßgliedes und der Atmungsintensität festgestellt. In Stickstoffmangel-Kulturen, die die schwächste Atmung haben, erreichen die individuellen Sproßglieder das höchste Alter; auf N-reichem Medium läßt sich ihre Lebensdauer durch Anaerobiose verlängern. Es ist wahrscheinlich, wenn auch natürlich noch nicht zwingend bewiesen, daß zwischen Atmungsintensität und Lebensdauer ein kausaler Zusammenhang besteht. — Siehe auch § 47.

(*53*) Von mehr praktischem Interesse sind Untersuchungen von BARTON (1, 2) und WEIBULL. Sie zeigen, daß die Erhaltung der Keimfähigkeit der Samen bei vielen Pflanzen (Waldbäume der gemäßigten Zonen, viele Zierpflanzen und Gemüsearten) durch Lagerung in Temperaturen unter dem Gefrierpunkt begünstigt wird.

Verwendet wurden teils Temperaturen von —4°, teils solche von —18° oder —20°, und fast immer war die tiefste verwendete Temperatur die beste, während 0° oft nicht besser war als Zimmertemperatur. Bei der praktischen Anwendung sind allerdings immer erst Vorproben nötig, denn die Keimfähigkeit einiger Samen, z. B. der Petersilie (*Petrosilenum sativum*), geht bei — 20° rasch verloren, und bei Samen von Pflanzen wärmerer Gegenden dürfte dies noch häufiger sein. Wichtig ist auch daß die Aufbewahrung in gut verschlossenen Gefäßen erfolgt (niedrige Feuchtigkeit!).

Abwerfung von Organen (Physiologie der Trennzonen). (*54*) Eine neue Hypothese der Regulation der Abwerfung von Organen, in erster Linie von Blättern, schlagen ADDICOTT, LYNCH u. CARNS vor (s. auch ADDICOTT u. LYNCH). Solange sich die Trennzone in einem relativ steilen, von distal nach proximal (d. h. vom Blatt zum Blattstiel oder Sproß) hin abfallenden Auxingradienten befindet, bleibt das Organ erhalten. Sinkt dieser Gradient ab, oder wird er gar umgekehrt, so wird es abgeworfen, bei inversem Gradienten besonders rasch. Diese Hypothese ist auf folgenden Tatsachen begründet: 1. Seit LAIBACH (1933—1934) und LaRUE (1936) ist bekannt, daß distale Zufuhr von Auxin (z. B. zum Stumpf des Blattstiels eines abgeschnittenen Blattes) die Abwerfung eines Organs verhindert oder hinauszögert. 2. Das relativ junge Blatt enthält wesentlich mehr diffusibles Auxin als ein alterndes. 3. Auxinantagonisten beschleunigen die Abwerfung (WEINTRAUB, BROWN, NICKERSON u. TAYLOR). 4. Die Blattabwerfung beschleunigende handelsübliche Präparate führen zu einer Reduktion des Auxingehaltes in der Spreite (SWEETS u. ADDICOTT). 5. Wird Auxin einer Trennzone proximal zugeführt, so wird die Abwerfung beschleunigt. (Dies letzte wurde in eleganten Versuchen mit ,,isolierten'' Trennzonen, d. h. eine Trennzone enthaltenden Explantaten, von *Phaseolus-vulgaris*-Blättern nachgewiesen.) — Zu ähnlichen Vorstellungen gelangt auch JACOBS, der die fördernde Wirkung junger Blätter auf die Abwerfung von älteren, die bei *Coleus* beobachtet worden ist, auf das von jenen her, also proximal, ankommende Auxin zurückführt. Für die Beteiligung von Äthylen an der Regulation der Blattabwerfung, die sowohl JACOBS als auch andere Autoren früher angenommen hatten (vgl. Fortschr. Bot. **16**, 364, *§ 39*), konnte keine Bestätigung gefunden werden. Die für seinen Nachweis verwendeten Methoden sind unzuverlässig, und seine Beteiligung an der Blattabwerfung ist um so unwahrscheinlicher, als Äthylen ein Produkt von Alterungsprozessen und nicht ihr Initiator zu sein scheint (BIALE, YOUNG u. OLMSTEAD)[1].

(*55*) In einer interessanten Arbeit zeigt OSBORNE dagegen, daß neben dem Auxin doch noch ein weiterer — nicht gasförmiger, also mit Äthylen nicht identischer — Faktor an der Regulation der Blattabwerfung

---

[1] GAUR u. LEOPOLD glauben, die Hypothese von ADDICOTT und Mitarbeitern widerlegt zu haben. Sie geben an, daß niedrige Auxinkonzentrationen die Blattabwerfung fördern und höhere sie hemmen, während die Richtung der Zufuhr (distal oder proximal) gleichgültig sei, außer daß proximale Zufuhr stets viel schwächer wirke. Jedoch scheint die statistische Signifikanz der Versuchsergebnisse äußerst fragwürdig. Zum Beispiel wird aus einem Unterschied von 15% gegenüber 8% bei *12* Parallelen, d. h. offenbar 2 gegenüber 1 positiven Fall, auf eine Förderung geschlossen!

beteiligt sein kann. Dieselbe wird nämlich durch Diffusate von alternden oder abgeworfenen Blättern beschleunigt, und zwar gleichermaßen bei distaler wie bei proximaler Zuführung. (Die Arbeit wurde ebenfalls an explantierten Trennzonen ausgeführt.) Sowohl arteigene als auch artfremde Diffusate sind wirksam; bei *Phaseolus* waren Diffusate aus *Ulmus-, Aesculus-, Pirus-, Ligustrum-* und *Rhododendron*-Blättern ebenso wirksam wie solche aus den Blättern von *Phaseolus* selbst. Bei den immergrünen Species (Liguster und Rhododendron) lieferten nur 2 oder 3 Jahre alte Blätter ein wirksames Diffusat. Der neue Faktor wirkt der Abwerfungsverzögerung durch distal appliziertes Auxin entgegen; ob seine Wirkung direkt ist oder über das Auxin erfolgt, läßt sich aber noch nicht sagen.

(*56*) Nach STEYER führt Abschneiden oder Beschädigung der Narbe bei der *Coleus*-Blüte ebenso wie Bestäubung zur Abwerfung des Griffels und der Corolla, während Auxin, auf den Griffelstumpf aufgetragen, die Abwerfung verzögert. Offenbar produziert die intakte Narbe ein Auxin; die Situation scheint derjenigen bei der Blattabwerfung zu entsprechen. Dagegen führen nach HACCIUS bei *Limnophyla heterophylla*, einer zu den Scrophulariaceen gehörigen Sumpfpflanze, 2,4-Dichlorphenoxyessigsäure und andere typische Auxine zu Abtrennungsprozessen im Sproß, während Auxinantagonisten, gleichzeitig appliziert, dem entgegenwirken. Die Situation scheint hier also genau umgekehrt zu sein wie bei der Blattabwerfung. Jedoch scheint es durchaus möglich, daß es sich bei *Limnophyla* um einen Prozeß wesentlich anderen Charakters handelt. Die Pflanze hat keine sichtbaren Trennzonen; die Durchtrennung erfolgt im Parenchym in der Region der Knoten und ist auf die Rinde beschränkt, so daß der Sproß, wenn kein aktiver Zug ausgeübt wird, intakt bleibt; die biologische Bedeutung des Prozesses ist unbekannt.

5. Die Kontrolle von Entwicklungsprozessen durch Außenfaktoren[1].

Temperatur. a) Vernalisation und verwandte Erscheinungen. (*57*) TASHIMA zeigt, daß bei vernalisiertem Rettich *(Raphanus sativus)* Blütenbildung in Dauerlicht, Kurztag und auch in Dauerdunkel stattfindet, und zwar nach vollständiger Vernalisation (35 Tage) gleich schnell (nach etwa 8 Knoten), während unvernalisierte Pflanzen nur in Langtag (Dauerlicht) zur Blüte kommen. Hier scheint eine ähnliche Situation vorzuliegen, wie sie später von VLITOS u. MEUDT (1955, s. Fortschr. Bot. **17**, 754, *§ 55*) bei Spinat *(Spinacia oleracea)* gefunden wurde, nämlich Reduktion der kritischen Tageslänge durch die Vernalisation. Nur ist der Effekt bei Rettich noch extremer, indem nach optimaler Vernalisation die photoperiodische Empfindlichkeit völlig aufgehoben zu sein scheint.

(*58*) Nach Untersuchungen von ZENKER reagieren auch physiologische Varietäten von *Arabidopsis thaliana*, die in der Natur als Sommerannuelle wachsen, auf eine Samenvernalisation mit beschleunigter Blütenbildung, und zwar bei Kultur in Langtag besonders deutlich, in gewissem Ausmaße aber auch in Kurztagkultur. Bei winterannuellen

---

[1] Besprochen werden diesmal die Arbeiten vornehmlich deskriptiven Charakters. Die — wenig zahlreichen — Arbeiten, welche sich mit dem „Wirkungsmechanismus" von Temperatur und Licht befassen, wurden für den nächsten Bericht zurückgestellt.

Varietäten kommt die Wirksamkeit der Vernalisation nur bei nachfolgender Langtagbehandlung zur Geltung. Hohe Temperaturen wirken devernalisierend, und auch eine Behandlung unvernalisierter Samen mit solcher Temperatur (30°, 3 Tage) hat eine Verzögerung der Blütenbildung zur Folge. ZENKER kommt zu dem allgemeinen, anderen Deutungen der Kinetik der Vernalisation ähnlichen Schluß, daß bei behandelten und unbehandelten Pflanzen dieselben Prozesse ablaufen, jedoch mit verschiedenen Geschwindigkeiten. Der Vernalisationseffekt blieb auch bei Wiedereintrocknung und Lagerung der Samen (mindestens bis zu 44 Tagen lang) voll erhalten. *Arabidopsis hirsuta* erwies sich als perenne Pflanze, die jedes Jahr mit Kälte behandelt werden muß. Samen lassen sich bei dieser Art nicht vernalisieren.

(*59*) Bei kältebedürftigen Varietäten von *Chrysanthemum morifolium* müssen die Basaltriebe einer kältebehandelten Pflanze erneut mit Kälte behandelt werden, bevor sie Blüten bilden können. Es scheint also, daß sie unter dem Einfluß des Hauptprozesses eine Art Devernalisation durchmachen. SCHWABE stellt fest, daß hohe Temperaturen, selbst bei langer Einwirkungsdauer (35° bis zu 30 Tagen lang) und bei unvollständiger Kälteinduktion, die Wirkung der Kältebehandlung bei *Chrysanthemum* weder annullieren noch auch nur reduzieren. Dagegen haben niedrige Lichtintensitäten eine starke „devernalisierende" Wirkung, und zwar auch dann noch, wenn die Pflanze sich nur kurz vor der Ausbildung sichtbarer Inflorescenzprimordien befindet. Ob dieser Faktor für die „Devernalisation" der Basaltriebe maßgebend ist, kann allerdings noch nicht entschieden werden. — Siehe auch *§§ 29, 32, 44* und *45*.

b) Thermoperiodizität. (*60*) DE CAPITE (1) stellt fest, daß auch *in vitro* wachsende Gewebekulturen (Normalgewebe von *Parthenocissus tricuspidatus* und *Daucus carota*, Tumorgewebe von *Helianthus annuus*) eine ausgeprägte tägliche Thermoperiodizität aufweisen. Das Wachstum war optimal unter natürlichen Lichtbedingungen und bei 26° Tages- und 20° Nachttemperatur (8 bzw. 16 Std.). Unterhalb von 26° ist die Temperatur für das Wachstum limitierend, oberhalb sind es Licht und Temperatur. Das Interessante an diesen Resultaten ist, daß die Optimaltemperaturen wesentlich höher sind als bei den intakten Pflanzen. Das Wachstum der Pflanze als Ganzes und dasjenige isolierter Gewebe wird offenbar durch verschiedene Prozesse limitiert.

Licht. a) Photoperiodische Kontrolle der Blütenbildung. (*61*) Die Kinetik der photoperiodischen Reaktion von Langtagpflanzen untersucht TAKIMOTO an *Silene armeria*. Wenn die Lichtphasen 12 Std. oder kürzer sind, wird die Blütenbildung schon durch relativ kurze Dunkelphasen gehemmt; betragen die Lichtphasen aber 14 Std. oder mehr, so haben selbst Dunkelphasen von 24 oder 36 Std. Länge auf die Blütenbildung kaum noch eine Wirkung. Der Autor gelangt zu folgenden Schlußfolgerungen: 1. Die zur Blütenbildung führenden Reaktionen laufen nur in Licht ab. 2. Sie lassen zwei Abschnitte unterscheiden: in den ersten 12 Std. finden Veränderungen statt, die durch anschließende Dunkelheit annulliert werden können; danach erfolgen andere Veränderungen, welche gegenüber anschließender Dunkelheit „unempfindlich" sind. Diese Schlußfolgerungen sind denen von LANG u. MELCHERS (1943) und anderen Autoren sehr ähnlich (vgl. Fortschr. Bot. **12**, 412 fe., sowie LANG 1952). Hier wie dort wird angenommen, daß Dunkelphasen in bezug auf die Blütenbildung hemmend wirken, daß bei den zur Blütenbildung führenden Prozessen zwei Schritte zu unterscheiden sind, und daß Dunkelheit nur das Ergebnis des ersten dieser Schritte, aber nicht das des zweiten zunichte machen kann. Der einzige Unterschied liegt darin, daß nach LANG u. MELCHERS das Licht in den „positiven" Prozessen keine direkte Funktion hat (höchstens durch Bereitstellung von Assimilaten wirkt), daß der entscheidende Faktor also nicht die Anwesenheit von Licht, sondern die Abwesenheit der Dunkelheit ist. Da *Hyoscyamus niger* nach Entfernung der Blätter, die bei dieser Pflanze offenbar der Hauptsitz der Hemmwirkung der Dunkelphasen sind, Blüten sogar in völliger Dunkelheit anlegt, ist diese Interpretation nach wie vor die wahrscheinlichere.

(*62*) Eine ganze Reihe weiterer japanischer Arbeiten machen uns mit einer **Kurztagpflanze**, *Pharbitis nil*, der Japanischen Trichterwinde, bekannt, die in ihrer photoperiodischen Empfindlichkeit und der Brauchbarkeit für photoperiodische Untersuchungen unserem Standardobjekt, *Xanthium*, nicht nachsteht [IMAMURA; IMAMURA u. TAKIMOTO (1)]. Blütenbildung wird schon durch einen einzigen Kurztag induziert. Die kritische Dauer der Dunkelphasen beträgt 8—9 Std. Die Zahl der Blüten (die Pflanze bildet 1 Blüte je Knoten), die Zahl der Knoten (Blätter) bis zur 1. Blüte und bei stärkerer Induktionsbehandlung die Zahl von Pflanzen, die terminale Blüten anlegen, können als quantitative Maßstäbe des Induktionseffektes dienen. Ähnlich wie bei *Xanthium* hält die Wirkung einer Induktion sehr lange an; auch wenn die während der Kurztagbehandlung selbst vorhanden gewesenen Blätter und ihre Achselknospen entfernt werden, fährt eine stark induzierte Pflanze fort, Blüten zu produzieren. Im Gegensatz zu *Xanthium* scheint das gerade voll ausgewachsene Blatt für die photoperiodische Induktion am empfindlichsten zu sein, und schon die Kotyledonen scheinen empfindlich zu sein.

(*63*) In Untersuchungen an *Pharbitis* werden verschiedene an anderen Objekten gewonnene Feststellungen über die Kinetik der photoperiodischen Reaktion von Kurztagpflanzen bestätigt und erweitert, u. a. daß einer induktiven Dunkelphase eine Lichtphase mit Licht relativ hoher Intensität vorausgehen muß. Besonders hübsch sind Versuche zur Bestimmung der Transportgeschwindigkeit des Blühimpulses (Blühhormons) [IMAMURA u. TAKIMOTO (2)], die nachstehend etwas eingehender besprochen seien. Durch Decapitation des Epikotyls werden Pflanzen mit 2 Sprossen erhalten. Bei den „Versuchspflanzen" (VP) werden alle Blätter und alle Knospen entfernt, außer dem 2. Blatt an dem einen und der Achselknospe desselben Blattes an dem anderen Trieb. Das Blatt dient als „Spender", aus der Knospe entwickelt sich der „Empfängertrieb". Die VP bekommen sofort nach Präparation 5 Kurztage. Bei mehreren anderen Gruppen von Pflanzen, den „Zeitmesser-Pflanzen" (ZMP), wird dagegen ein Blatt — dem Spenderblatt der VP entsprechend — mitsamt seiner eigenen Achselknospe belassen. Ein Teil der ZMP kommt sofort nach Präparation in Kurztag (ZMP-0), ein anderer aber erst nach 1, 2 oder mehr Tagen (ZMP-1, -2 usw.). Bestimmt wird, an welchem Knoten des Empfängertriebes die 1. Blüte erscheint. In einem der Versuche wurde z. B. folgendes Bild gefunden:

Gruppe	1. Blüte nach . . . Knoten (Mittelwerte)
VP	4,23
ZMP-0	2,53
ZMP-1	3,73
ZMP-2	5,14

Bei den VP erreichte der Blühimpuls den Empfängertrieb also später als bei den ZMP-0 und -1, aber früher als bei den ZMP-2. Durch Interpolation läßt sich bestimmen, wann die Induktion der ZMP hätte beginnen müssen, um sie genau gleichzeitig mit dem VP zur Blütenanlegung zu bringen; diese Zeit beträgt in unserem Beispiel 32,5 Std. Wenn man nun die zusätzliche Strecke kennt, die der Impuls bei den VP im Vergleich zu den ZMP bis zum Empfängertrieb passieren muß — in unserem Falle waren es 121,9 mm —, so hat man die Transportgeschwindigkeit: 121,9/32,5 = 3,8 mm/Std. Die in mehreren Versuchen gefundenen Werte lagen zwischen 2,6 und 3,8 mm/Std. oder etwa 6—9 cm/24 Std. ČAJLAHJAN hatte 1940 bei *Perilla* in im Prinzip ähnlichen, in der Ausführung verschiedenen Versuchen für den Sproß Werte von etwa 2 cm/24 Std. erhalten (s. Fortschr. Bot. **10**, 297), so daß die größenordnungsmäßige Übereinstimmung recht bemerkenswert genannt werden kann. In gepfropften Pflanzen (nach erfolgter Verwachsung) wurden dieselben Werte gefunden [2,4—2,8 mm/Std.: IMAMURA u. TAKIMOTO (3)]. Die Pfropfstelle beeinträchtigt den Transport also offenbar nicht. In allen diesen Berechnungen muß zunächst natürlich angenommen werden, daß die Transportgeschwindigkeit des Impulses in Sproß und Blattstiel und basipetal und akropetal gleich ist.

(*64*) Versuche, etwas über die während der photoperiodischen Induktion in der Pflanze stattfindenden Prozesse zu erfahren, haben NAKAYAMA sowie METZNER unternommen. NAKAYAMA gibt an, daß — wiederum bei *Pharbitis nil* — Eintauchen der Blätter in Cyanid, Azid und Fluorid während der Dunkelphasen einer 3tägigen Induktion die Blühreaktion je nach der Konzentration des Giftes partiell oder vollständig unterdrückte, während Malonat sogar bei optimalem p_H ganz unwirksam war. Er schließt daraus, daß an den Induktionsreaktionen metallhaltige Enzyme (CN- und Azidwirkung), Phosphorylierungsprozesse (Azid-Wirkung) und Glykolyse (F-Wirkung) beteiligt seien, dagegen nicht der Citronensäurecyclus (keine Malonatwirkung). Es wäre allerdings erwünscht, etwas über den Zustand der Pflanzen nach der Behandlung zu wissen; in der sehr kurzen Arbeit wird darüber nichts gesagt. Aber auch wenn die Ergebnisse einwandfrei sind, ist es etwas zweifelhaft, ob sie uns helfen können, den eigentlichen Induktionsprozessen auf die Spur zu kommen, denn jeder energiebedürftige Prozeß in der Pflanze wird in irgendeiner Weise mit der Atmung in Zusammenhang stehen, und die Wirkung der meisten Enzymgifte ist zu allgemein, um uns die exakte Berührungsstelle zu zeigen. METZNER stellt fest, daß photoperiodische Induktion bei *Kalanchoë blossfeldiana* zu verschiedenen Veränderungen in der Aminosäurenzusammensetzung der Proteine der Blätter wie der Sproßspitzen führt, von denen die ersten schon in den ersten Tagen der Induktion auftreten.

Die bei allen solchen Untersuchungen auftauchende große Frage vermag uns METZNER allerdings auch nicht zu beantworten: sind diese Veränderungen die Ursache der Induktion oder sind sie eine Folge der ersten, eigentlichen, unbekannten Induktionsprozesse? Solange wir dies nicht sagen können, kann man über den Nutzen dieser — mit bewunderungswürdigem Fleiß ausgeführten — Arbeit und aller ähnlichen Untersuchungen geteilter Meinung sein.

b) **Lichtwirkungen bei der Samen- und Sporenkeimung.** *(65)* ISIKAWA u. Mitarb. untersuchten Samen einer großen Zahl verschiedener Species, um einen Überblick über die Reichweite des „Lichtbedürfnisses" und seine Variabilität zu gewinnen. Das Lichtbedürfnis von Samen kann sehr verschieden sein (s. ISIKAWA u. SHIMOGAWARA): Bei manchen Arten genügt 1 min Licht von 1000 Lux, um maximale Keimung zu induzieren (Varietäten von *Nicotiana tabacum*; *Silene armeria, Oenothera parviflora, Alnus firma*). Bei anderen sind es etwa 1 Std. *(Plantago major, Oenothera lamarckiana)* oder etwa 24 Std. *(Epilobium cephalostigma, Paulownia tomentosa, Leptandra sibirica)*, und bei einer ganzen Reihe von Arten ist maximale Keimung nur durch mehrere Tage lange Wiederholung der Lichtbehandlung zu erreichen. In dieser letzten Klasse wirkt bei einigen Arten Dauerlicht ebenso gut wie kürzere tägliche Lichtzeiten *(Hypericum erectum, Spiraea japonica)*, bei anderen aber ist es solchen Lichtzeiten mehr oder weniger unterlegen. Man kann also von Langtag- und von Kurztagsamen sprechen. Die optimale Tageslänge von Kurztagsamen kann sehr verschieden sein: bei *Eragrostis ferruginea* beträgt sie 21 Std., bei *Hottuynia cordata* 15 Std., aber bei den „Dunkelkeimern" *Nigella damascena* und *Eschscholtzia californica* fördern 1—10 min schwachen Lichts täglich die Keimung, während längere Lichtzeiten sie hemmen.

(66) Bei Farnsporen finden sich ähnliche Verhältnisse (ISIKAWA u. OOHUSA). Die meisten Arten haben hier „Langtagsporen", wobei die maximale Keimung bei sehr verschiedenen Tageslängen erreicht werden kann (zwischen 3 und 21 Std. bei 10 Lux); die Sporen von *Cyathea boninsimensis* und *Lepisorus thunbergianus* haben aber Kurztagcharakter (Keimungsoptimum bei 9 bzw. 3—9 Std. Licht täglich). Weder bei den photoperiodischen Samen noch den Sporen hat die Lichtintensität im allgemeinen einen wesentlichen Einfluß auf die Reaktion, außer daß sie bei manchen Langtagsporen die für maximale Keimung nötige Mindesttageslänge modifizieren kann und daß bei *Cyathea boninsimensis* höhere Intensitäten die Keimung besonders bei längeren, bei einigen *Dryopteris*-Arten dagegen gerade bei kürzeren Lichtzeiten reduzieren.

(*67*) Arbeiten von BLACK u. WAREING und MOHR einerseits, von BÜNNING, CHAUDRI u. UL ABIDIN andererseits vertiefen die Analyse in mehreren verschiedenen Richtungen. BLACK u. WAREING untersuchen an *Betula-pubescens*-Samen die Kinetik der Tageslängenwirkung sowie die Qualität der wirksamen Strahlung. *Betula*-Samen können auf zweierlei verschiedene Weise zur Keimung gebracht werden: nach einer Kältebehandlung (1—5°) keimen sie im Dunkeln; bei 15 und 20° benötigen sie eine Lichtbehandlung, deren Wirksamkeit bis zu einer Dauer von 8 Tagen ansteigt. Wenigstens bei 15° besitzen sie dabei einen, wenn auch schwachen, Kurztagcharakter im Sinne von ISIKAWA, denn Dauerlicht ist etwas weniger günstig als 20 Std.-Tag. Bezüglich der Kinetik der Lichtwirkung finden BLACK u. WAREING, daß die Reaktion — also der Grad der Keimung — vor allem von der Länge der Dunkelphase bestimmt wird, und zwar nimmt sie mit zunehmend langen Dunkelphasen ab. Jedoch ist höhere Temperatur in den Dunkelphasen für die Keimung günstiger als tiefe. Daraus ist zu schließen, daß die Dunkelphasen keine aktive Hemmwirkung irgendeiner Art ausüben, sondern daß ihre Wirkung passiv ist und darauf beruht, daß ein in der vorangehenden Lichtphase gebildetes Produkt zerfällt. Höhere Temperatur scheint andererseits eine Art Stabilisierung dieses Produktes zu begünstigen und so die Keimung zu fördern. Warum Dauerlicht weniger günstig sein kann als etwas kürzere Tage, läßt sich noch nicht sagen.

(*68*) Bezüglich der Qualität der wirksamen Strahlung zeigen BLACK u. WAREING, daß Rot fördert und daß seine Wirkung durch das langwellige, an der Grenze des sichtbaren Bereiches befindliche Tiefrot aufgehoben werden kann. Ganz offensichtlich ist in den *Betula*-Samen dasselbe Pigmentsystem operativ, das von BORTHWICK, HENDRICKS u. Mitarb. in *Lactuca*- und *Lepidium*-Samen nachgewiesen wurde und das auch an einer ganzen Reihe anderer morphogenetischer Lichtwirkungen bei Pflanzen beteiligt ist (vgl. Fortschr. Bot. **17**, 757 fe., *§ 61* fe., und früher).

(*69*) Die Untersuchungen von MOHR machen es darüber hinaus sehr wahrscheinlich, daß das gleiche Pigmentsystem auch in den lichtbedürftigen Farnsporen funktioniert. Die Keimung der Sporen von *Dryopteris filix-mas* wird durch rotes Licht induziert und kann durch anschließende Bestrahlung mit dem langwelligen Rot wieder unterdrückt werden. Allerdings waren im langwelligen Bereich noch solche Wellenlängen wirksam (bis zu 10000 Å), die bei *Lactuca* und *Lepidium* nicht mehr zu wirken scheinen, und ebenfalls im Gegensatz zu diesen Objekten hatte auch kurzwelliges Licht von ungefähr 4000—5000 Å eine starke, dem Rot antagonistische Wirkung. MOHR nimmt an, daß dies Licht durch Carotinpigmente absorbiert wird und daß diese ein zweites Pigmentsystem der Sporen darstellen, welches neben dem für die Absorption der langwelligen Strahlungen verantwortlichen Pigmentsystem funktioniert. Da aber anscheinend die Wirkung des kurzwelligen Lichts ihrerseits durch anschließende Bestrahlung mit Rot wieder aufgehoben werden kann, scheint diese Deutung nicht möglich, jedenfalls nicht dann, wenn man an der Idee festhält, daß Rot und langwelliges Rot durch zwei verschiedene Formen ein und desselben Pigments absorbiert werden.

(70) BÜNNING u. Mitarb. stellen fest, daß die Aufteilung einer Lichtperiode in zwei die Keimung bei *Oenothera biennis* fördert, und führen dies auf die Beteiligung endogen-rhythmischer Prozesse zurück. Ähnliche Beobachtungen machten auch ISIKAWA (4) bzw. ISIKAWA u. OOHUSA bei den Samen von *Epilobium cephalostigma* und den Sporen von *Dryopteris crassirhizoma*. Bei *Epilobium* wurde gefunden, daß die 1. Lichtperiode relativ wenig Licht braucht (1 min, 1000 Lux) und daß ihre Wirkung temperaturunabhängig zu sein scheint. In der 2. Lichtperiode ist wesentlich mehr Licht erforderlich (für maximale Wirkung 500 min und 1000—10000 Lux), und tiefe Temperaturen wirken hemmend. BÜNNING folgend kann man annehmen, daß die 1. Lichtperiode die endogene Rhythmik in Gang setzt, während in der 2. spezifische, die Keimung fördernde Prozesse stattfinden. Bei *Capsella bursa-pastoris*, bei welcher die Samenkeimung durch Kälte gefördert wird, wurden endogen-rhythmische Schwankungen dieser Kältewirkung gefunden, die einem 24-Std.-Rhythmus zu folgen scheinen; die Zeiten maximaler Kältewirkung entsprechen Zeiten hoher Atmungsintensität. (BÜNNING u. Mitarb.).

(71) Soweit das vorhandene experimentelle Tatsachenmaterial ein Urteil zuläßt, ist die Lichtwirkung auf die Keimung bei allen untersuchten Samen und Farnsporen in ihren prinzipiellen Zügen identisch; die Unterschiede, obwohl teilweise sehr groß, scheinen quantitativer und nicht qualitativer Natur zu sein. Infolgedessen ist es wahrscheinlich, daß die Feststellungen, welche bei den eingehender untersuchten Fällen — also den Samen von *Betula* und *Oenothera biennis* und den Sporen von *Dryopteris filix-mas* — gemacht werden konnten, qualitativ auch für alle anderen Fälle gültig sind. Gestützt wird diese Auffassung noch durch den Befund, daß die Empfindlichkeit der Samen auf Belichtung oft sehr stark von der Quellungsdauer abhängt und im allgemeinen zuerst ansteigt, später abfällt [u. a. ISIKAWA (1), (2) für *Nicotiana tabacum*, ISIKAWA u. SHIMAGOWARA für *Plantago major*]. Dies entspricht ganz der bei *Lactuca* und *Lepidium* gefundenen und eingehender analysierten Situation. Zusammenfassend darf daher wohl festgestellt werden, daß die in den vorstehenden Absätzen geschilderten Lichtwirkungen bei der Keimung von Samen und Farnsporen auf demselben prinzipiellen Mechanismus beruhen, daß vor allem die Lichtabsorption überall durch ein und dasselbe Pigmentsystem erfolgt, daß die beobachteten Unterschiede quantitativen Charakter tragen und wahrscheinlich auf Unterschieden der allgemeinen Empfindlichkeit und insbesondere der relativen Empfindlichkeit für Rot und langwelliges Rot beruhen, und daß schließlich die Beteiligung endogen-rhythmischer Aktivitätsschwankungen möglich erscheint.

c) Photoperiodische Kontrolle vegetativer Entwicklungsprozesse.
(72) KRÖNER untersucht die Wirkung der Tageslänge auf die Brutpflanzenbildung an den Blättern von *Kalanchoë-(Bryophyllum-)*Arten. Die Ergebnisse von MEYER und von GÖTZ (Fortschr. Bot. **17**, 786) werden im allgemeinen bestätigt. In gewissen Punkten ergaben sich allerdings Differenzen, denen der Autor, obgleich sie kaum

als prinzipieller Natur betrachtet werden können, sehr viel Raum und Worte widmet[1] (vgl. Abschnitt **19b**, S. 344). Vgl. auch *§ 43).*

d) **Lichtwirkungen in der Entwicklung von Algen.** *(73)* Bei der Entleerung der Gametangien von *Pelvetia fastigiata* (Fucaceae) liegt nach JAFFE (1) eine Art Kurztagreaktion vor. Wenn abgeschnittene, an der Luft getrocknete und in der Kälte aufbewahrte Receptakeln der Pflanze wieder in Wasser gebracht werden, so findet Entleerung der Gametangien nur dann statt, wenn die Receptakeln zuerst Licht und dann Dunkelheit bekommen. Die Lichtzeit muß mindestens 4 Std. lang sein; als Dunkelperiode haben schon 3 min eine große Wirkung. Wird nur eine Hälfte eines belichteten Receptaculums verdunkelt, so kann, besonders bei relativ niedriger Temperatur (9°), Entleerung auch in dem im Licht gelassenen Teil stattfinden. Es ist also möglich, daß ein übertragbares Agens beteiligt ist. — Nach LEAGUE u. GREULACH wird die Gametangienbildung bei *Vaucheria sessilis* durch Langtag gefördert. Doch scheint es sich hier um einen photoquantitativen, wahrscheinlich auf der Photosynthese beruhenden Effekt und um keine photoperiodische Reaktion zu handeln, da Nachtunterbrechung ohne Wirkung blieb und da Gametangienbildung durch zusätzliche Fütterung mit Pepton im Kurztag gefördert werden konnte. Gametangien werden immer nur dann gebildet, wenn es in den Filamenten zu einer starken Anreicherung von Fetttröpfchen gekommen ist. Die Bildung und Keimung von Zoosporen sowie die Keimung der Oosporen wird durch das Lichtregime nicht beeinflußt, dagegen durch tiefe Temperaturen begünstigt. — *Oedogonium-cardiacum-*Kulturen produzieren einen wachstums- und sporulationshemmenden Stoff; die Produktion ist in den Lichtphasen eines 12:12-Std.-Zyklus stärker als in den Dunkelphasen (BÜHNEMANN).

Auxin und Kälte- sowie photoperiodische Induktion der Blütenbildung. *(74)* Wie im vorigen Bericht (Fortschr. Bot. 17, 770 fe., *§§ 78—86)* ausführlich besprochen, reduziert Auxin die Wirksamkeit der photoperiodischen Induktion bei Kurztagpflanzen und kann auch die Wirksamkeit der Kälteinduktion bei kältebedürftigen Pflanzen beeinflussen, dies allerdings bei verschiedenen Objekten in ganz verschiedener Weise. Einige neue Arbeiten zeigen, daß Auxin sowohl bei Kurztagpflanzen als auch bei anderen physiologischen Typen eine fördernde Wirkung auf die Blütenbildung haben kann. SALISBURY bestätigt bei *Xanthium,* daß Auxin, während der eigentlichen Induktionsbehandlung und auch noch einige Zeit danach geboten, nämlich solange sich der Blühimpuls noch im Blatt befindet, eine Reduktion der Blühreaktion hervorruft. Wird es aber erst appliziert, nachdem der Impuls das Blatt verlassen hat, so erhöht es, besonders wenn sich die Pflanze in relativ schwachem Licht befindet, die Blühreaktion, und darüber hinaus veranlaßt es solche Knospen, die soeben aus dem Ruhezustand zum Austreiben gebracht worden waren und die normalerweise auf die Induktion noch

---

[1] In dieser Hinsicht stellt freilich die Arbeit KRÖNERs keineswegs den extremsten Fall in der neueren deutschen botanischen Literatur dar. Die Krone dürfte einer Arbeit von SCHEIBE u. MÜLLER gebühren, in welcher auf über 40 Seiten nicht eine einzige neue oder bemerkenswerte Tatsache mitgeteilt wird. Man hört von deutschen Autoren wiederholt die Klage, daß ihre Arbeiten von ihren Kollegen des englischen Sprachkreises nicht beachtet werden. Objektiv betrachtet, ist daran leider viel Wahres. Aber subjektiv gesprochen kann der Referent nur sagen, daß nach der Lektüre der genannten Arbeit ihn für mehrere Wochen der Mut verließ, eine weitere deutsche botanische Publikation zur Hand zu nehmen. — Sehr irritierend ist es auch, daß KRÖNER die Bezeichnungen ,,Kurz-'' und ,,Langtag*pflanzen''* für in Kurztag bzw. Langtag kultivierte *Individuen* derselben Species verwendet. Diese Namen sollten stets für den genetisch determinierten Reaktionstyp der Pflanze reserviert bleiben.

nicht reagieren, zur Anlegung von Blüten. SIRCAR u. KUNDU finden, daß eine einwöchige Behandlung mit β-Indolyl- oder α-Naphthyl-essigsäure in relativ hohen Konzentrationen (500 bzw. 300 mg/l) bei einer Kurztagvarietät des Reises *(Oryza sativa* var. *„Rupsail")* die Anlegung von Inflorescenzen und das Ährenschieben im Langtag zeitlich erheblich förderte (das Ährenschieben um 20—30 Tage) und auch die Blattzahl reduzierte, wenn auch dies in geringerem Ausmaße (um etwa 2). Nach DE ZEEUW u. LEOPOLD (2) führt Auxinapplikation vor der photoperiodischen Induktion bei *Soja* und bei *Xanthium* zu einer Erhöhung der Zahl der Blüten bzw. Inflorescenzen je Pflanze, und bei *Xanthium* ist auch Applikation n a c h der Induktion wirksam, wogegen Applikation w ä h r e n d derselben bei keiner der beiden Pflanzen eine Wirkung auf die Blütenzahl hatte. In einer anderen Arbeit zeigen dieselben Autoren [DE ZEEUW u. LEOPOLD (1)], daß bei Rosenkohl *(Brassica oleracea* var. *gemmifera)* Auxinbehandlung die Pflanzen in einem früheren Alter (9 gegen 11 Wochen) für Kältebehandlung empfindlich macht.

(75) Obgleich das Problem sicher noch vieler Untersuchungen bedarf, scheint es möglich, die bisherigen Beobachtungen mit der Annahme zu erklären, daß das Auxin 3 verschiedene Effekte in bezug auf die Blütenbildung haben kann: Erstens scheint es das „Altern" von Pflanzen zu beschleunigen, und die Empfindlichkeit vieler Pflanzen gegenüber die Blütenbildung induzierenden Behandlungen (Kälte wie Tageslänge) nimmt, jedenfalls bis zu einem gewissen Punkte, mit dem Alter zu. Zweitens hemmt Auxin die im Blatt stattfindenden Prozesse der photoperiodischen Induktion, zum mindestens bei Kurztagpflanzen. Drittens hat es eine „stabilisierende" Wirkung auf den Blühimpuls außerhalb des Blattes. [Bei dieser letztgenannten Wirkung handelt es sich nicht um die von LOCKHART u. HAMNER entdeckte „Stabilisierungs-reaktion", da dieselbe im Blatt erfolgt (s. Fortschr. Bot. **17**, 763, *§ 68*), sondern um einen Prozeß ähnlich der von CARR postulierten „Stabilisierung" in der Knospe (s. Fortschr. Bot. **16**, 358); die Knospe wäre aber an der „Stabilisierung" nicht direkt beteiligt, sondern fungierte als Quelle des dabei erforderlichen Auxins.] Die relative Stärke der 3 Auxineffekte kann von Pflanze zu Pflanze verschieden sein; deshalb und je nach dem Zeitpunkt der Applikation kann die Wirkung des Auxins auf die Blühreaktion bei verschiedenen Species verschieden stark und sogar gegensätzlich sein. — Siehe auch *§ 33*.

6. Methodisches

(Gewebe- und Organkultur. Sterile Kultur).

(76) Im Anschluß an den 8. Internationalen Botanikerkongreß, Juli 1954 in Paris, wurde in Briançon, Frankreich, ein Colloquium über Pflanzengewebekultur abgehalten. Die dort gehaltenen Vorträge sind samt den Diskussionen in L'Année biol. [58 (Ser. 3, Bd. 30), Nr. 7—10, 261—460 (1954); 59 (Ser. 3, Bd. 31), Nr. 1—4, 1—241 (1955)] abgedruckt; in ihrer Gesamtheit vermitteln sie einen so gut wie vollständigen Überblick über alle Aspekte der Pflanzengewebekultur (Methodik, Anwendung, Problematik), die gegenwärtig auf der ganzen Welt bearbeitet werden. DeRopp gelang es, kleine, im Extremfall aus nur 10—15 Zellen bestehende Gewebe-fragmente aus dem inneren von Gewebekulturen zu neuen Kulturen heranzuziehen. Obgleich das Ausgangsmaterial aus weitestgehend identischen Zellen bestand, wiesen

die daraus hervorgehenden Gewebekolonien die für Gewebekulturen typische, ungeordnete Differenzierung auf: Sie wuchsen von meristematischen Zentren aus und gaben unter anderen nach außen hin vacuolisierte Zellen ab, in denen keine Teilungen mehr stattfinden und die auch in isoliertem Zustand nie zur Teilung gebracht werden konnten. Ebenso macht nach Untersuchungen von SEVENSTER u. KARSTENS das aus sehr gleichförmigen Zellen zusammengesetzte Markgewebe von *Helianthus tuberosus*, in isoliertem Zustand kultiviert, Differenzierungen durch, wobei auch verschiedene Polaritäten auftreten (Basis — Spitze in bezug auf das Medium, außen — innen). Es scheint also immer mehr, daß die Herstellung wirklich homogener, aus nur einem Zelltypus zusammengesetzter Gewebekulturen bei Pflanzen nicht möglich ist. Durch das Wachstum im Verband entstehen zwischen den Zellen zwangsläufig Verschiedenheiten (zum Beispiel Lage innen oder außen), die die Zellen zur Entwicklung in verschiedenen Richtungen veranlassen.

(*77*) Während isolierte Pflanzengewebe bisher entweder auf Agarnährmedien oder in auf dem Klinostaten rotierenden Glasröhrchen, vom flüssigen Medium intermittierend bespült, kultiviert wurden, zeigen MELCHERS u. ENGELMANN, daß auch Kultur im stehenden flüssigen Medium bei dauernder Belüftung möglich ist und daß der dabei erhaltene Zuwachs den besten mit den anderen Methoden erhaltenen Werten nicht nachsteht. — *In vitro* kultiviertes Gewebe von *Picea glauca* (normales wie Tumorgewebe) beginnt sich nach einiger Zeit zu bräunen, und das anfänglich gute Wachstum klingt ab. REINERT zeigt, daß sich dies durch Zusatz von Tyrosin und Fortlassung von Kupfer im Medium vermeiden läßt; er nimmt an, daß Cu-haltige Enzyme (Phenoloxydasen) für die Wachstumshemmung verantwortlich sind. SCHROEDER gelang es, in isolierten Gewebestücken aus dem Pericarp der Frucht von *Persea gratissima* (Avocado) Zellteilungen zu erhalten. Es scheint dies der erste Fall erfolgreicher *in-vitro*-Kultur von Fruchtgewebe zu sein. Vielleicht hängt der Erfolg damit zusammen, daß in der Avocadofrucht Zellteilungen wesentlich länger als in den meisten Früchten stattfinden. Differenzierungen wurden bisher nicht beobachtet.

(*78*) ROBERTS u. STREET gelang es, zum ersten Male isolierte Wurzeln einer Monokotyle, des Roggens (*Secale cereale* „Petkus II"), unbegrenzt am Wachstum zu erhalten. (Die älteren Angaben McCLARYs über unbegrenzte Kultur von *Zea-mays*-Wurzeln — siehe Fortschr. Bot. **11**, 277 — konnten in der Zwischenzeit offenbar von niemandem bestätigt werden.) Der Trick bestand darin, dem Medium geringe Mengen von Auxin (β-Indolylessigsäure) zuzusetzen. Es scheint, daß Roggenwurzeln ihren Auxinbedarf nicht selbst zu decken vermögen. Die Indolylessigsäure ließ sich durch relativ größere Mengen Tryptophan ersetzen, doch mußte dieses zusammen mit dem Medium autoklaviert und durfte dem autoklavierten Medium nicht nachträglich aseptisch zugesetzt werden. Es wird also durch den Sterilisationsprozeß „aktiviert"; die aktive Komponente verhielt sich aber weder wie Indolylessigsäure noch wie deren Nitril. Das endogene Auxin der Roggenwurzeln braucht also mit Indolylessigsäure nicht identisch zu sein, und das Tryptophan stellt offenbar die Vorstufe für mehrere Auxine dar. — RÉDEI u. RÉDEI (1, 2) konnten Fruchtknoten von *Triticum* 2—6 Tage nach der Bestäubung isolieren und *in vitro* kultivieren. Wenn die Embryonen, die während dieser Kultur zwar wenig wuchsen, aber in ihrer Differenzierung fast wie normal fortfuhren, nach 8—10 Tagen aus den Ovarien isoliert und auf neues Medium übertragen wurden, entwickelten sie sich zu normalen Pflanzen. 2—4 Tage nach Bestäubung befindet sich der Weizenembryo im Proembryostadium. Dies ist der erste Fall (von einer einmaligen und seither· offenbar nicht wiederholten Beobachtung VAN OVERBEEKs abgesehen), daß Proembryonen, von der Mutterpflanze abgetrennt — wenn auch nicht in völlig isoliertem Zustand — zur Weiterentwicklung gebracht und zu normalen Pflanzen großgezogen werden konnten.

(*79*) Als Kuriosum sei zum Schlusse unseres Beitrags vermerkt, daß nach einer Beobachtung von FRIES (1) verschiedene Moose, die 10 Jahre lang ohne Wechsel des Mediums in steriler, artreiner Kultur gehalten worden waren, sich nach Übertragung auf frisches Medium voll lebensfähig erwiesen. Die Kultur erfolgte in sog. Freudenreich-Kolben, bei denen der Gasaustausch im wesentlichen nur durch ein enges Glasrohr erfolgen kann. Die dadurch möglich gewesene Erhaltung einer gewissen Feuchtigkeit dürfte für das Überleben der Pflanzen entscheidend gewesen sein.

Literatur.

ADDICOTT, F. T., and RUTH S. LYNCH: Ann. Rev. Plant Physiol. 6, 211—238 (1955). — ADDICOTT, F. T., R. S. LYNCH, and H. R. CARNS: Science (Lancaster, Pa.) 121, 644—645 (1955). — ALLEN, P. J.: Phytopathology 45, 259—266 (1955). — BAJDA, H. S.: Agrobiologija 1955, Nr. 6, 65—73. — BALL, E.: Amer. J. Bot. 42, 509—520 (1955). — BARTON, LELA V.: Contrib. Boyce Thompson Inst. 17, 87—103 (1953); 18, 21—24 (1954). — BERGANN, FR.: Flora (Jena) 142, 639—640 (1955). — BETH, K.: (1) Z. Naturforsch. 10b, 267—276 (1955).— (2) Z. Naturforsch. 10b, 276—281 (1955). — BIALE, J. B., R. W. YOUNG, and A. J. OLMSTEAD: Plant Physiol. 29, 168—174 (1954). — BLACK, M., and P. F. WAREING: Physiol. Plantarum (Copenh.) 8, 300—316 (1955). — BLOEMMAERT, K. L. J.: Nature (London) 174, 970 (1954). — BONDE, E. K.: Physiol. Plantarum (Copenh.) 8, 913—923 (1955); 9, 51—59 (1956).— BOPP, M.: Planta (Berlin) 45, 573—590 (1955). — BRACHET, J., et H. CHANTRENNE: Nature (London) 168, 950 (1951). — BRACHET, J., H. CHANTRENNE et F. VANDER-HAEGHE: Biochim. et biophysica Acta (Amsterdam) 18, 544—563 (1955). — BRIGGS, R., and T. J. KING: (1) Proc. Nat. Acad. Sci. USA 38, 445—463 (1952). — (2) J. of exper. Zool. 122, 485—506 (1953). — BÜHNEMANN, FR.: Arch. f. Mikrobiol. 23, 14—27 (1955).— BÜNNING, E., I. I. CHAUDRI, u. ZAIN UL ABIDIN: Ber. dtsch. bot. Ges. 68, 41—45 (1955).

CAPITE, L. DE: (1) Amer. J. Bot. 42, 869—873 (1955). — (2) Ric. Sci. 25, 532—538 (1955). — CHANTRENNE, H., J. BRACHET, et J. BRYGIER: Arch. internat. de Physiol. 61, 419—421 (1953). — CLAUSING, C. A. (née MELCHIOR), and W. K. H. KARSTENS: Acta bot. neerl. 4, 193—198 (1955). — CUTTER, ELIZABETH G.: (1) Ann. of Bot. N. S. 19, 485—499 (1955). — (2) Ann. of Bot. N. S. 20, 143—163 (1956).

DARBY, R. T., and G. R. MANDELS: Plant Physiol. 30, 360—366 (1955). — DEROPP, R. S.: Proc. roy. Soc. (London) B 144, 86—93 (1955).

FORSYTH, F. R.: Canad. J. Bot. 33, 363—373 (1955). — FRIES, N.: (1) Bot. Not. (Lund) 1954, 53—54. — (2) Experientia (Basel) 11, 232 (1955).

GASSNER, G., u. E. NIEMANN: (1) Phytopath. Z. 21, 367—394, — (2) Phytopath. Z. 23, 121—140 (1955). — GAUR, B. K., and A. C. LEOPOLD: Plant Physiol. 30, 487 bis 490 (1955). — GIMESI, N. I.: Acta bot. (Budapest) 1, 37—45 (1954). — GEISS-BÜHLER, H.: Ber. schweiz. bot. Ges. 63, 27—90 (1953). — GOODWIN, R. H., and B. POLLOCK: Amer. J. Bot. 41, 516—520 (1954. — GORTER, CHR. J.: Proc. Kon. nederl. Akad. Wetensch. C 58, 377—385 (1955). — GOWING, D. P., and R. W. LEEPER: Science (Lancaster, Pa.) 122, 1267 (1955). — GRIMM, H.: Z. Bot. 41, 405—444 (1953). — GYÖRFFY, B., G. RÉDEI and G. RÉDEI: Acta bot. (Budapest) 2, 57—76 (1955).

HAAS, P. G. DE, u. H. SCHANDER: Z. Pflanzenzücht. 31, 457—512 (1952). — HACCIUS, BARBARA: Beitr. Biol. Pflanz. 31, 207—231 (1955). — HÄMMERLING, J.: (1) Internat. Rev. of Cytol. 3, 475—498 (1953). — (2) Biol. Zbl. 74, 420—427 (1955). — (3) Biol. Zbl. 74, 545—554 (1955). — HÄMMERLING, J., u. H. STICH: Z. Naturforsch. 9b, 149—155 (1954). — HAUPT, W.: Planta (Berlin) 46, 403—407 (1955). — HEMBERG, T.: Physiol. Plantarum (Copenh.) 6, 312—322 (1954). — HENDERSHOTT, C. H., and L. F. BAILEY: Proc. Amer. Soc. horticult. Sci. 65, 85—89 (1955). — HIGHKIN, H. R.: Plant Physiol. 30, 390 (1955). — HIGHKIN, H. R., and J. B. HANSON: Plant Physiol. 29, 301—302 (1954). — HOWELL, R. W., and F. SKOOG: Amer. J. Bot. 42, 356—360 (1955).

IMAMURA, SH.: Proc. Japan Acad. 29, 368—373 (1953). — IMAMURA, SH., and A. TAKIMOTO: (1) Bot. Mag. (Tokyo) 68, 235—239 (1955). — (2) Bot. Mag. (Tokyo) 68, 260—266 (1955). — (3) Bot. Mag. (Tokyo) 69, 23—29 (1956). — ISIKAWA, S.: (1) Bot. Mag. (Tokyo) 65, 257—262 (1952). — (2) Bot. Mag. (Tokyo) 66, 37—42 (1953). — (3) Bot. Mag. (Tokyo) 67, 51—56 (1954). — (4) Bot. Mag. (Tokyo) 68, 173—179 (1955). — ISIKAWA, S., and S. ARAKI: J. Jap. Forestry Soc. 37, 485—487 (1955). — ISIKAWA, S., and T. OOHUSA: (1) Bot. Mag. (Tokyo) 67, 193—197 (1954). — (2) Bot. Mag. (Tokyo) 69, 132—137 (1956). — ISIKAWA, S., and G. SHIMOGAWARA: J. Jap. Forestry Soc. 36, 318—323 (1954).

JACOBS, W. P.: Amer. J. Bot. 42, 594—604 (1955). — JAFFE, L.: (1) Nature (London) 174, 743 (1954). — (2) Proc. Nat. Acad. Sci. USA 41, 267—270 (1955). — JONES, H.: (1) Ann. of Bot. N. S. 19, 225—245 (1955). — (2) Ann. of Bot. N. S. 19, 369—388 (1955).

KEHR, A.: Science (Lancaster. Pa.) 121, 869—870 (1955). — KING, T. J., and R. BRIGGS: (1) J. of Embryol. and exper. Morphol. 2, 78—80 (1954). — (2) Proc. Nat. Acad. Sci. USA 41, 321—325 (1955). — KLEIN, R. M.: Proc. Nat. Acad. Sci. USA 41, 271—274 (1955). — KLEIN, R. M., and G. K. K. LINK: Quart. Rev. Biol. 30, 207—277 (1955). — KLEIN, R. M., and IDA L. TENENBAUM: Amer. J. Bot. 42, 709—712 (1955). — KRÖNER, E.: Flora (Jena) 142, 400—465 (1955). — KUDRJAVZEV, V. A.: Dokl. Akad. Nauk SSSR, N. S. 102, 1035—1038 (1955). — KUGLER, IDA: Beitr. Biol. Pflanz. 31, 313—332 (1955).

LANG, A.: Ann. Rev. Plant Physiol. 3, 265—306 (1952). — LEAGUE, ELIZABETH A., and V. A. GREULACH: Bot. Gaz. 117, 45—51 (1955). — LEE, A. E.: Bot. Gaz. 116, 359—364 (1955). — LIBBERT, E.: (1) Flora (Jena) 142, 619—628 (1955). — (2) Planta (Berlin) 46, 256—271 (1955). — (3) Naturwiss. 42, 158—159 (1955). — (4) Naturwiss. 42, 610—611 (1955). — LOISEAU, J. E.: (1) C. r. Acad. Sci. (Paris) 238, 149—151 (1954). — (2) C. r. Acad. Sci. (Paris) 238, 385—387 (1954). — (3) C. r. Acad. Sci. (Paris) 238, 1259—1261 (1954). — (4) C. r. Acad. Sci. (Paris) 240, 1715—1717 (1955). — (5) C. r. Acad. Sci. (Paris) 241, 571—573 (1955).

MELCHERS, G., u. URSULA ENGELMANN: Naturwiss. 42, 564—565 (1955). — MELIN, E.: Sv. bot. Tidskr. 48, 86—94 (1954). — MELIN, E., and V. S. RAMA DAS: Physiol. Plantarum (Copenh.) 7, 851—858 (1954). — METZNER, H.: Planta (Berlin) 45, 493—534 (1955). — MILLER, C. O., F. SKOOG, M. H. VON SALTZA, and M. F. STRONG: J. Amer. chem. Soc. 77, 1392 (1955). — MILLER, C. O., F. SKOOG, F. S. OKUMURA, M. H. VON SALTZA and F. M. STRONG: (1) J. Amer. chem. Soc. 77, 2662 (1955). — (2) J. Amer. chem. Soc. 78, 1375—1380 (1956). — MOHR, H., Planta (Berlin) 46, 534—551 (1956). — MOTHES, K., u. H. KALA: Naturwiss. 42, 158 (1955).

NAKAYAMA, SH.: Bot. Mag. (Tokyo) 68, 61—62 (1955). — NITSCH, J. P.: Plant Physiol. 30, 33—39 (1955).

OEHLKERS, F.: Z. Naturforsch. 10 b, 158—160 (1955). — OSBORNE, DAPHNE J. Nature (London) 176, 1161—1163 (1955).

PARTANEN, C. R., I. M. SUSSEX and T. A. STEEVES: Amer. J. Bot. 42, 245—256 (1955). — PATON, D. M., and H. N. BARBER: Austral. J. Biol. Sci. 8, 231—240 (1955). — POLJAKOFF-MAYBER, ALEXANDRA, and A. M. MAYER: Physiol. Plantarum (Copenh.) 6, 287—292 (1955). — PRICE, W. C., and C. GAINER: Phytopathology 44, 107—109 (1954).

RÉDEI, G., and G. RÉDEI: (1) Experientia (Basel) 11, 387—388 (1955). — (2) Acta bot. (Budapest) 2, 183—186 (1955). — REINERT, J.: Naturwiss. 42, 18—19 (1955). — RIETSEMA, J., S. SATINA, and A. F. BLAKESLEE: Proc. Nat. Acad. Sci. USA 40, 424—431 (1954). — RIJVEN, A. H. G. C.: Proc. Kon. nederl. Akad. Wetensch. C 58, 368—376 (1955). — ROBERTS, E. H., and H. E. STREET: Physiol. Plantarum (Copenh.) 8, 238—262 (1955).

SAGROMSKY, H.: Z. Pflanzenzücht. 33, 267—284 (1954). — SALISBURY, F. B.: Plant Physiol. 30, 327—334 (1955). — SAX, K.: (1) Proc. Amer. Soc. horticult. Sci. 64, 156—158 (1954). — (2) J. Arnold Arboret. 35, 251—258 (1954). — SCHANDER, H.: (1) Z. Pflanzenzücht. 34, 421—440 (1955). — (2) Z. Pflanzenzücht. 35, 89—97 (1955). — (3) Z. Pflanzenzücht. 35, 179—198 (1955). — SCHEIBE, A., u. M. MÜLLER: Beitr. Biol. Pflanz. 31, 431—472 (1955). — SCHOPFER, W. H., et R. LOUIS: Experientia (Basel) 11, 149 (1955). — SCHROEDER, C. A.: Science (Lancaster, Pa.) 122, 601 (1955). — SCHWABE, W. W.: J. of exper. Bot. 6, 435—450 (1955). — SEVENSTER, P., and W. K. H. KARSTENS: Acta bot. neerl. 4, 188—192 (1955). — SIRCAR, S. M., and MAYA KUNDU: Nature (London) 176, 840—841 (1955). — SNOW, MARY: Philosophic. Trans. roy. Soc. (London) B 239, 45—88 (1955). — SNOW, MARY, and R. SNOW: (1) Nature (London) 173, 644 (1954). — (2) Nature (London) 174, 352—353 (1954). — (3) Proc. roy. Soc. (London) B 144, 222—229 (1955). — SÖDING, H., u. MARGARETE WAGNER: Planta (Berlin) 45, 557—572 (1955). — STEEVES, T. A., I. M. SUSSEX, and C. R. PARTANEN: Amer. J. Bot. 42, 232—245 (1955). — STEYER, G.: Beitr. Biol. Pflanz. 31, 15—26 (1955). — STEWARD, F. C., S. M. CAPLIN and E. M. SHANTZ: Ann. of Bot. N. S. 19, 29—47 (1955). — STICH, H.: (1) Z. Naturforsch. 6b, 319—326 (1951). — (2) Z. Naturforsch. 8b, 36—44 (1953). — SUSSEX, I. M.: Phytomorphology (Delhi) 5, 286—300 (1955). — SWETS, W. A., and F. T. ADDICOTT: Proc. Amer. Soc. horticult. Sci. 65, 291—295 (1955).

TAKIMOTO, A.: Bot. Mag. (Tokyo) **68**, 308—314 (1955). — TASHIMA, Y.: Proc. Japan. Acad. **29**, 271—273 (1953). — TEUBNER, F. G., and S. H. WITTWER: Science (Lancaster, Pa.) **122**, 74—75 (1955). — TITMAN, P. W., and R. H. WETMORE: Amer. J. Bot. **42**, 364—372 (1955). — TRYON, KATHARINE: Amer. J. Bot. **42**, 604—611 (1955).

VANDERHAEGHE, F.: Biochim. et biophysica Acta (Amsterdam) **15**, 281—287 (1954). — VANDERHAEGHE, F., et D. SZAFARZ: Arch. internat. de Physiol. **63**, 267—268 (1955). — VEGIS, A.: Symbolae Bot. upsaliensis **14**, Nr. 1, 175 S. (1955). — VISSER, T.: Proc. Kon. nederl. Akad. Wetensch. C **57**, 175—185 (1954).

WANGERMANN, ELISABETH, and H. LACEY: New Phytologist **54**, 182—198 (1955). — WARDLAW, C. W.: (1) New Phytologist **54**, 302—310 (1955). — (2) Ann. of Bot. N. S. **19**, 389—399 (1955). — (3) Ann. of Bot. N. S. **20**, 121—132 (1956). — WARIS, H.: Physiol. Plantarum (Copenh.) **9**, 82—101 (1956). — WEIBULL, G.: Agri hort. Genet. **13**, 121—130 (1955). — WEINTRAUB, R. L., J. W. BROWN, J. C. NICKERSON and K. N. TAYLOR: Bot. Gaz. **113**, 348—362 (1952). — WERZ, G.: Planta (Berlin) **46**, 113—153 (1955). — WETMORE, R. H., and S. SOROKIN: J. Arnold Arboret. **36**, 305—317 (1955).

ZEEUW, D. DE, and A. C. LEOPOLD: (1) Science (Lancaster, Pa.) **122**, 925—926 (1955). — (2) Amer. J. Bot. **43**, 47—50 (1956). — ZENKER, A. M.: Beitr. Biol. Pflanz. **32**, 135—170 (1955).

19b. Physiologie der Fortpflanzung und Sexualität.

Von Hansferdinand Linskens, Köln.

Mit 1 Abbildung.

Allgemeines.

Auf einem Symposion über die Sexualität der Mikroorganismen hat Lewin (3) einen Bericht über die Sexualität einzelliger Algen gegeben und dabei die Hartmannsche These von der allgemeinen bipolaren Zweigeschlechtlichkeit und bisexuellen Potenz der isogamen, homothallischen Algen als theoretisch-anthropomorphe Konzeption abgelehnt. Darüber hinaus wird die Existenz von geschlechtsspezifischen Stoffen (Gamonen) und das Vorkommen von relativer Sexualität angezweifelt. Inzwischen wurde von Hartmann (1, 2) eine kritische Berichtigung vorgenommen, die vor allem auch auf den neuen experimentellen Befunden von Cleveland, Raper sowie Förster und Wiese (vgl. Fortschr. Bot. 17, 1955) basiert. Bei allen Objekten, an denen eine genaue Analyse durchgeführt werden konnte, hat es sich gezeigt, daß der Erfolg der Befruchtung von dem quantitativ abgestimmten Zusammenspiel der sich gegenseitig beeinflussenden Gamone abhängt. In der Wirkung der Gamone kann daher die allgemeine physiologische Grundlage der Befruchtungsvorgänge erblickt werden. Die Hartmannsche Sexualitätshypothese konnte mit dem experimentellen Nachweis der Befruchtungsstoffe auf ihre chemische Grundlage zurückgeführt werden und hat so entscheidende Stützen erhalten [Hartmann (3)]. Sexualvorgänge sind also Prozesse von hoher biologischer Spezifität. Eine Integration der verschiedenartigen Mechanismen wird erst durch Erarbeitung neuen Tatsachenmaterials erleichtert werden (Raper).

Nach Resende (1) ist die Erscheinung der Zweihäusigkeit bei den Spermatophyten bedingt durch das Nichtmendelieren der Tetrade. Aus den Sporen dieser heterozygoten Tetraden ergeben sich 4 Individuen mit gleichem Geschlecht. Es handelt sich also um einen speziellen Fall von Subdiöcie der Gametophyten, auf den wohl Resende hier hinweist: das sexuelle Milieu der Sporophytengeneration überdeckt die genetischen Konstitutionen der gametophytischen Generationen im bezug auf die Geschlechtsausbildung.

1. Physiologische Differenzierung der Geschlechter.

Immer wieder wird von verschiedenen Autoren ein Zusammenhang zwischen der Carotinoid-Synthese und der sexuellen Vermehrung angenommen (Haxo). Er soll besonders bei den *Mucoraceen* vorhanden sein. Dabei werden zwei verschiedene Annahmen gemacht: 1. Die Carotine spielen innerhalb der Stoffwechselprozesse der sexuellen Fortpflanzung eine Rolle, weil sie in den Gametangien sowohl der homothallischen, als auch der heterothallischen Formen vorkommen. Hohe

Carotin-Produktion ist begleitet von starker sexueller Aktivität, die an der Zygotenproduktion abgelesen werden kann. 2. Unterschiedliche Carotin-Mengen werden oft von den beiden Fortpflanzungstypen des gleichen Stammes, bzw. den beiden Geschlechtern bei anderen Organismen synthetisiert. Daraus wird nun der Analogieschluß gezogen, welcher Fortpflanzungstyp mit dem männlichen und welcher mit dem weiblichen Geschlecht homolog ist.

Eine Prüfung dieser Vorstellungen war nach den biochemischen Untersuchungen der Carotinoid-Synthese durch die Schule von GOODWIN (GARTON-GOODWIN-LIJINSKY, GOODWIN-LIJINSKY, GOODWIN, GOODWIN-WILLMER) durch BURNETT bei *Phycomyces blakesleeanus* möglich: Zwar kann durch Modifizierung des C/N-Verhältnisses, der Stickstoffquelle, der Wasserstoffionenkonzentration und Zugabe von Diphenylamin eine Beeinflussung der Carotin-Synthese im Sinne GOODWINs erzielt werden. Die Korrelation zwischen β-Carotin-Synthese und geschlechtlicher Vermehrung ist jedoch auf die Änderung des C/N-Verhältnisses beschränkt und wird durch die anderen Versuchsbedingungen nicht erhärtet. Ein Zusammenhang zwischen der Carotinmenge und der Sexualität scheint nicht zu bestehen.

Im Sinne GOODWINs sind jedoch die Beobachtungen von CANTINO und HORENSTEIN zu deuten: Zwischen den orange gefärbten Schwärmern einer Mutante und den farblosen des Wildstammes von *Blastocladiella* erfolgt keine Fusion, wohl aber die Bildung einer temporären Plasmabrücke und Austausch von Plasmapartikeln, die auf den Wildstamm-Schwärmer färbend und zugleich vermännlichend wirken. Danach wäre die Männlichkeit nicht genotypisch bedingt, sondern durch zufällige Verteilung von Plasmapartikeln oder durch Übertragung von Partikeln über eine Plasmabrücke bestimmt.

Bei der Untersuchung der biochemischen Differenzierung der Geschlechter von *Allomyces javanicus* und *Chara fragilis* fanden CHODAT und TURIAN, daß die weiblichen Gametangien bzw. Oosphären Vitalfarbstoffe stärker reduzieren, als die männlichen Organe. Die Reduktionsorte sind lipoide Granula, die sich auf Grund des Verhaltens gegenüber OsO_4 als Phosphatide ausweisen. Die Färbungen sind bei Differenzierung der Gametangien noch diffus, während sich die Granula bei Beginn der Gametenbildung um die Kerne der Gameten-Energiden ringförmig herumlegen. Die freien Gameten besitzen einen basophilen paranucleären Körper („Kernkappe"), der RNS enthält. Größe und Basophilie desselben ist im weiblichen Gameten beträchtlicher als im männlichen [TURIAN (4)]. Im Cytoplasma der Spermatozoiden von *Chara* werden Granula gefunden und als Mitochondrien interpretiert (SATÔ). Im Ei-Nucleus von *Chara* und im reifen Embryosack von *Aloe daviana* ist die Feulgen-Färbung negativ (KRUPKO-DENLEY). Da eine Maskierung der DNS unwahrscheinlich gemacht werden konnte, ist ein wirkliches Fehlen nachweisbarer Mengen von DNS anzunehmen, während sie im männlichen Nucleus vorhanden ist.

Die von UTIGER veröffentlichte Methode zur geschlechtlichen Charakterisierung von *Phycomyces blakesleeanus*-Stämmen wurde von

BRUCKER (1, 2) auf breiter Basis nachgeprüft. Dabei zeigte sich, daß die als Kriterium für Minus-Stämme angegebene Farbstoffbildung nach Zugabe von 30% NaOH auch bei Plus-Stämmen verschiedener Herkunft auftreten kann. Im Laufe der Versuche wurde sogar eine Mutante beobachtet, die die Fähigkeit zur Zygotenbildung verlor, also von plus zu indifferent umschlug, aber unveränderte Farbstoffausbildung aufwies. Für *Absidia glauca* findet sich bei Verwendung von Glucose als C-Quelle in beiden Geschlechtern eine Farbreaktion, während bei Maltose lediglich der (—)-Stamm Farbstoffbildung zeigt (RITTER).

Auf der Suche nach der Ursache der vorübergehend auftretenden Farbstoffbildung konnten Polyphenole vom Typ der Gallussäure gefunden werden. In stark alkalischem Milieu färbten sich diese infolge Oxydation mit Luftsauerstoff vorübergehend rot. Das Geschlecht spielt jedoch für die Höhe der Phenolbildung keine Rolle; sie ist daher nicht als sekundäres Geschlechtsmerkmal zu betrachten [BRUCKER (3)].

Ein weiterer Versuch zur biochemischen Differenzierung der Geschlechter bei diözischem *Asparagus officinalis* wird von HAYASE und KOMOCHI mit Hilfe von Kaliumchlorat gemacht: Bei 0,1%iger Einwirkung werden die Chladophylle und Sproßspitzen des weiblichen Geschlechtes in jeder Altersstufe gebleicht, während diejenigen des männlichen Geschlechts nur in bestimmten Stadien geschädigt werden können.

2. Geschlechtsverschiedener Stoffwechsel.

Bei den *Zygomyceten* finden sich nur wenige physiologische Eigenschaften, die eine allgemeine Differenzierung der Geschlechter erlauben. Das (—)-Geschlecht hat durchschnittlich höhere Erntegewichte und einen höheren ökonomischen Koeffizienten, während der (+)-Stamm einen höheren P-Gehalt des Mycels aufwies. Die Geschlechter reagieren auch unterschiedlich auf Aneurin-Gaben (RITTER).

Der Blühvorgang ist mit tiefgreifenden chemischen Veränderungen verbunden, die sich nicht auf die reproduktiven Organe beschränken, sondern auch in den vegetativen nachweisbar sind. Bei verschiedenen diözischen Rassen von *Cannabis sativa* ergab sich, daß die männlichen Pflanzen bei optimaler N-Versorgung durch die Wurzel bedeutend früher abstarben, als die weiblichen Pflanzen; auch sind sie ärmer an Gesamt-N und Eiweiß-N. Im Jahresgang des Stickstoffumsatzes bestehen bei den einzelnen Organen der beiden Geschlechter Übereinstimmungen; hingegen sind die Termine maximalen Eiweißgehaltes und des Zusammenbruches des N-Haushaltes verschoben: Die männlichen Pflanzen sistieren ihre N-Aufnahme mit der Vollblüte. Ausstäuben der Pollen, Abfallen der Blätter und Auslaugung durch Regen reichen zur alleinigen Erklärung nicht aus, so daß auch Rückwanderung in den Boden und Entbindung von gasförmigem, molekularem N angenommen werden kann. Die weiblichen Pflanzen hingegen nehmen bis zur Reife der Früchte Stickstoff auf; sie zeigen als ganze und in ihren Teilen eine lange fortdauernde Jugendlichkeit. Mit der Blüte tritt keine Störung im N-Stoffwechsel auf. Diese Befunde von MOTHES und ENGELBRECHT vermögen die Beobachtung der Depression des synthetischen Stoffwechsels bei zwittrigen Pflanzen während des Blühens zu erklären: die nachher wieder einsetzende und bis zur völligen Reife der Früchte anhaltende Erholung ist dann im Prinzip der gleiche Ausdruck des Wirkens geschlechtlicher Unterschiede, wie sie bei zweihäusigen Pflanzen zu beobachten war. In gleicher Richtung liegen Beobachtungen über den Chlorophyllabbau beim Hanf: bei männlichen und hermaphroditen Pflanzen setzt er bei der Blüte schlagartig ein. Dabei wird vor allem Chlorophyll a angegriffen. Man kann die Vermutung aussprechen, daß dabei das durch Hydrolyse abgespaltene Phytol bei Sexualvorgängen eine Rolle spielt (CHEUVART). Neben zellphysiologischen Unterschieden bei den Geschlechtern diözischer Pflanzen (NAUGOL'NYH und BURKOVA) wurden bei *Mercurialis annua* in exakten Versuchen im Freien und im Phytotron der Universität Lüttich bedeutende Wachstumsunterschiede gefunden [TROUPIN (1, 2)]: Die männlichen Pflanzen vermindern ihr Wachstum mit Beginn der Anthese und sterben dann bedeutend früher ab als weibliche Exemplare der gleichen Aussaat. Der primäre sexuelle Dimorphismus ist also begleitet von einem sekundären, der jedoch vom Erscheinen der Geschlechtsorgane abhängig ist.

3. Gamonwirkung.

Die Charakterisierung der chemischen Natur der bei *Chlamydomonas* auftretenden Gamone als Carotinoide, wie sie von MOEWUS vorgenommen wurde, hat nicht bestätigt werden können. In sorgfältigen Versuchsreihen, z. T. in Anwesenheit von MOEWUS in amerikanischen Laboratorien während eines 16 monatigen Aufenthaltes, wurden alle Resultate nachgeprüft [RYAN (1, 2)]. In 28 l Kulturfiltrat von *Chlamydomonaseugametos*-Kulturen wurde die vollständige Abwesenheit von Crocin spektroskopisch nachgewiesen [HARTMANN (1)]. Vielmehr ergab sich bei der Nachuntersuchung an *Chlamydomonas reinhardi* durch FÖRSTER und WIESE, daß es sich bei den Gamonen der Algen um hochmolekulare Eiweißstoffe handeln muß. Nach Hydrolyse wurde in der ausgesalzenen, dialysierten, hochmolekularen Fraktion eine Zuckerkomponente erfaßt [HARTMANN (1)]. Das wirksame Prinzip ist also ein Glucoproteid und gehört damit chemisch in die Nähe des ebenfalls agglutinierenden Gynogamons II der Seeigel und Forellen. Für *Chl. reinhardi* ließ sich in sicherer Weise eine Induktion der Gruppenbildung durch Filtrate des entgegengesetzten Geschlechts feststellen.

Neuerdings konnte die Frage entschieden werden, ob die Isoagglutination durch Verklebung der ganzen Zellkörper oder der Geißel oder anderer bestimmter Zellpartikel bedingt wird. Bereits LEWIN (1, 2) konnte die wichtige Rolle der Geißel beim Gruppenbildungsprozeß nachweisen: Mutierte Stämme, bei denen die Flagellen defekt sind, verhalten sich vollständig asexuell. Es zeigte sich, daß die kugelförmigen Gruppen durch die nach Innen gerichteten Geißeln an ihren Enden seitlich untereinander verklebt sind. Elektronenoptische Untersuchungen lassen vermuten, daß die Geißelenden mit den Gamonpartikelchen, die eine Größenordnung von etwa 0,1 μ haben, besetzt sind und daß diese die geschlechtsspezifische Verklebung der Geißeln bewirken (FÖRSTER und FRANK). In diesem Zusammenhang ist es interessant, daß auch LEWIN und MEINHART bei Geißelstudien an *Chl. moewusii* ein Stadium gefunden haben, bei dem das vordere Geißelende mit Partikeln besetzt ist, die in Größenordnung und Form den Gamonpartikeln bei *eugametos* entsprechen. Die biologische Wirkung der Gamone bestünde somit in einer Oberflächenverklebung der Zellen bzw. ihrer Geißeln, um die geschlechtsverschiedenen Partner zur Paarung aneinander zu heften.

Daß bei der normalen Kopulation und Gruppenbildung der Gameten Oberflächenreaktionen eine Rolle spielen geht auch aus Beobachtungen an *Ulva lactuca* hervor (LEVERING). Durch oberflächenaktive Netzmittel kann die Kopulation unterdrückt werden. Interessant ist dabei, daß offensichtlich nur die Oberfläche des weiblichen Gameten mit den Molekülen des Fettalkoholsulfonates reagiert. Die Oberflächen der männlichen und weiblichen Gameten müssen also in gewisser Hinsicht verschiedene Strukturen aufweisen. Gleichzeitig wird eine Umkehr der phototaktischen Reaktion und eine Erhöhung der Atmung im Gefolge der Aktivierung gewisser Enzymsysteme beobachtet. Auch bei den Fortpflanzungszellen von *Chaetomorpha* findet sich eine interessante Koppelung zwischen phototaktischem und sexuellem Verhalten (HIROSE). Normale Gameten sind positiv, die Zoosporen vorwiegend negativ phototaktisch.

Offensichtlich ist das Prinzip der Stoffausscheidung zur Anlockung und Gruppenbildung in verschiedenen Varianten auch bei anderen Arten verbreitet. Für *Chl. pseudoginatea* konnte GEITLER echte Oogamie nachweisen. Dabei werden die Spermien ebenfalls angelockt. Eine koloniebildende Substanz wurde ferner für *Pediastrum duplex* nachgewiesen (MONER). Nach einer Latenzperiode von 3—7 Tagen, in der sich die Zellen vermehren und offensichtlich ein gruppenbildendes Prinzip ausscheiden, wird eine Schwellenkonzentration erreicht, die eine aktive Periode von 3—4 Tagen für die Koloniebildung einleitet. Aus diesen Versuchen ergibt sich, daß von den Algen eine wachstumshemmende, stärker hitzelabile und eine zweite gruppenstimulierende, aber weniger hitzeempfindliche Substanz gebildet wird. Die Länge der Latenzperiode wird bestimmt durch die Zeit. die notwendig ist, um die Schwellenkonzentration für die koloniebildende Substanz zu erreichen. Hier liegt eine starke Ähnlichkeit mit den von LEVEFRE, JACOB und NISBET gefundenen Stoffen „Pandorinin" und „Scenedesmin" vor, die sowohl autantagonistische, als auch heteroantagonistische Wirkungen haben.

Die Analyse des Chemotropismus der Antheridien bei den *Saprolegniaceen* ist in eindrucksvoller Weise FISCHER und WERNER gelungen. Die beiden Wirkungen der Oogonien: die Auslösung der Antheridien-Bildung und ihre gerichtete Anlockung kommen durch Ausscheidung von Aminosäuren zustande. Aus dem Oogonium dringen zu einem bestimmten Zeitpunkt der Entwicklung durch Diffusion Eiweißspaltstücke heraus. Dadurch wird in gleicher Weise wie bei gewöhnlichen Hyphen positiver Chemotropismus ausgelöst. Es zeigte sich, daß mindestens 5—7 L-Aminosäuren notwendig sind, um alle Erscheinungen des Chemotropismus hervorzurufen. Keine bestimmte Aminosäure ist für die Auslösung des chemotropischen Effektes unentbehrlich; Leucin, Glutaminsäure, Methionin und Cystein vervollständigen am wirksamsten die Kombination. Die „unnatürlichen" D-Säuren vermögen den Effekt der L-Stereoisomeren nicht zu bewirken. Durch Agar-Türmchen mit Casein-Hydrolysaten ließ sich im Modellversuch diese Wirkung ebenfalls erzielen. Weitere Beobachtungen zeigten, daß auch während der Oosporenbildung aus den Oogonien Aminosäuren heraustreten: Die Anlockung und das Sessilwerden der Zoosporen wird durch die kombinierte Wirkung von Aminosäuren und Alkalichloriden hervorgerufen. Durch die Versuche von FISCHER und WERNER scheint also eine Identifizierung der Hormone C und D des RAPERschen Hormonalmechanismus bei *Achlya* gelungen zu sein. Auch unter natürlichen Bedingungen dürften die gefundenen Reaktionen ablaufen. Die *Saprolegniaceen* scheiden proteolytische Enzyme aus, da sie auch in sterile Lösung hochmolekulare Proteine zu assimilieren vermögen. Die häufig beobachtete gerichtete Krümmung zu zerfallenden oder verletzten Oogonien findet so ihre Erklärung.

Auch bei *Mucor mucedo* konnte die positiv zygotropische Reaktion zwischen (+)- und (—)-Zygophoren als Chemotropismus erklärt werden. Die Phänomene lassen sich durch die Annahme von Diffusionsgradienten zweier flüchtiger Hormone deuten, die das Wachstum der Zygophoren bei gleichem Kopulationstyp fördern, bei verschiedenem aber hemmen (BANBURY 1, 2).

4. Determination des Generationswechsels.

Zur Frage der Determination des Generationswechsels liegen bei den Rotalgen *(Callithamnion corymbosum)* und Braunalgen *(Chordaria flagelliformis)* nur neue beschreibende Darstellungen vor. CARAM konnte bei *Chordaria* keine Gametenverschmelzung beobachten. Die weiblichen Gameten sind zur parthenogenetischen Entwicklung fähig. *Callithamnion* wurde durch HASSINGER-HUIZINGA 9 Generationen hintereinander in Kultur beobachtet. Dabei erwies sich der Generationswechsel als antithetisch, die Geschlechtsbestimmung ist haplogenotypisch, die Reduktionsteilung findet bei der Tetrasporenbildung statt. Es treten verschiedene Formen von Zwittern auf, die sich im Laufe der Entwicklung verändern. Gleichsinnige Angaben werden von *Antithamnion spirographidis* gemacht (DREW).

Die experimentelle Beeinflussung des heterophasischen Generationswechsels bei den Pilzen wurde von SOST in Angriff genommen. Von BENEKE und WILSON sowie WHIFFEN war durch Beobachtung an polyploiden Formen wahrscheinlich gemacht, daß die Art der Generation vom Genomsatz abhängig sei. Durch Colchicinierungsversuche bei *Allomyces arbuscula* konnte SOST di- und tetraploide Gametophyten sowie tetra- und oktoploide Sporophyten züchten und zeigen, daß die Ausbildung der geschlechtlichen bzw. ungeschlechtlichen Generation von der Kernphase unabhängig ist. Es besteht bei diesem Objekt kein kausaler Zusammenhang zwischen Generationsart und Genomzahl, obgleich normalerweise das Auftreten von Gametophyt und Sporophyt streng an den Wechsel zwischen haploidem und diploidem Chromosomensatz geknüpft ist. Die Entwicklungsrichtung hängt von einem Startzustand ab, der einerseits nach der Reifeteilung, andererseits nach der Befruchtung festgelegt wird. Der Generationswechsel ist demnach kein Problem des genetischen Bedingtseins, sondern ein reines Determinationsproblem. Die einmal eingeschlagene Entwicklungsrichtung wird streng eingehalten, die Determination ist sehr starr. Sie konnte durch äußere Einwirkung bisher nicht geändert werden.

5. Fruchtkörperbildung der Ascomyceten.

Nach RAPER sind Sexualhormone „spezifische Stoffe, die von der Pflanze selbst produziert werden und die Einleitung und Koordinierung des gesamten Sexualprozesses oder einzelner Stadien auf einem Individuum oder zwischen Individuen der gleichen Art bewirken". Ein Sexualhormon in diesem Sinne glauben DRIVER und WHEELER bei *Glomerella* gefunden zu haben: Bringt man eine nahezu selbststerile Mutante (2—3% Perithezien) mit dem Wildtyp (fertile Perithezien 100%) zusammen, von dem sie sich nur in einem Genpaar unterscheidet, so tritt eine Erhöhung des Fertilitätsgrades der Mutante an der Berührungslinie ein. Durch Zusatz des sterilen Kulturfiltrates (0,5 ml nach optimaler Inkubation von 10—15 Tagen) von Wildtypen kann ebenfalls eine Erhöhung der Mutanten-Fertilität auf 69% veranlaßt werden. Die Induktion war nur bei Kultivierung auf Haferflocken-Dekokt und bei 1—4 Tagen alten Mutanten-Kulturen möglich. Die Autoren schließen auf ein Sexualhormon, da die Mutante einen partiellen oder totalen genetischen Block in der Reaktionskette hat, die für die Vollendung des Geschlechtsprozesses notwendig ist (WHEELER). Man darf wohl die Möglichkeit einer Freisetzung induzierender Stoffe aus dem komplexen Substrat durch das Kulturfiltrat nicht außer Betracht lassen.

Der Einfluß verschiedener C- und N-Quellen auf die Fruchtkörperbildung von *Collybia* (ASCHAN, ASCHAN and NORKRANS, PLUNKETT) und *Coprinus* [BILLE-HANSEN (1, 2)] wurde untersucht. Licht schwacher Intensität ist für die Auslösung notwendig. Bei *Neurospora* hängt die Ausbildung der Protoperithezien vom C/N-Verhältnis ab. Parallel zur Fertilität findet sich Pigmentierung der Protoperithezien durch Melanin. Tyrosinase-Inhibitoren unterdrücken gleichzeitig die Melanin- und Protoperithezienbildung. Ein Kausalzusammenhang kann daher vermutet werden [HIRSCH (1, 2)].

Bei *Sordaria* bewirkt Borsäurezusatz mit steigender Dosierung Hemmung: 0,005—0,01% erzeugen Mißbildung der Ascosporen in den Asci, 0,01—0,02% bewirken Hemmung der Fruchtkörperbildung während Konzentrationen über 0,02% auch das vegetative Mycelwachstum behindern. Ein Zusatz von 0,002—0,001% stimuliert die Perithezienbildung um rund 100% [TURIAN (1, 2)]. Physiologisch wirkt Borsäure als Antagonist von Biotin, das ein unentbehrlicher Faktor für Wachstum und regelmäßige Sporulation ist. Unter Ausnutzung der kopulationshemmenden Wirkung von 0,01 % Borsäure läßt sich die haploide gametophytische Phase von *Allomyces javanicus* isolieren und dauerhaft auf synthetischem flüssigem Nährmedium kultivieren [TURIAN (3)]. Allgemeine Gesetzlichkeiten für die Auslösung der Fruchtkörper, die über das bereits Bekannte hinausgehen, lassen sich noch nicht erkennen. Eine gewisse Mindestzeit scheint notwendig, die sich auch unter optimalen Bedingungen nicht verkürzen läßt [WEHMEYER (1, 2)].

6. Sporenabschleuderung.

Die Sporenabschleuderung bei den *Ascomyceten* wurde an *Daldinia concentrica* untersucht (INGOLD u. COX). Dabei zeigte sich, daß der Licht-Dunkel-Wechsel für die Auslösung der Periodizität ausschlaggebend ist. Im Dauerdunkel schwingt der Abschleuderungsrhythmus mit einem Maximum der Ausschüttung um Mitternacht und einem Minimum um die Mittagszeit nach. Im Dauerlicht wird die Sporenausschleuderung nach 2—3 Tagen eingestellt, setzt aber bei Einschalten eines 12:12 Licht-Dunkel-Wechsels sofort wieder ein. Ungelöst blieb die Frage, welche Faktoren nach Abbrechen der Lichtperioden das Weiterschwingen des Abschleuderungsrhythmus bedingen.

Der Mechanismus der Abschleuderung der Basidiosporen konnte durch MÜLLER mit Hilfe von Filmaufnahmen bei *Sporobolomyces samonicolor* beobachtet werden. Wirksam ist hier ein Tropfenmechanismus: Die Basidiospore wird durch einen Tropfen, der am Hilum des Sterigmas aus der turgeszenten Basidie austritt, mitgerissen. Der Tropfen muß also die Spore treffen, um die Abschleuderung zu bewirken. Entgegen der bisherigen Auffassung erfolgt also kein Ausspritzen, sondern der abgeschleuderte Tropfen muß die Spore mitreißen, also abspritzen.

7. Pollenphysiologie.

a) Pollenentwicklung.

Ein entscheidender Schritt zur Analyse der meiotischen Teilung in der Anthere, die im sporogenen Gewebe zur Ausbildung der haploiden Pollenmutterzellen führt, ist die Einführung der Gewebekultur. Dazu werden von *Trillium erectum* aus den Rhizomen Blütenknospen steril entnommen (SPARROW, POND und KOJAN). Hier ergeben sich jedoch erhebliche Schwierigkeiten für den weiteren Ablauf der Differenzierungsprozesse nach dem Abtrennen von der Pflanze. Die günstigsten Wachstumsbedingungen waren bei einem komplexen Medium gegeben, dessen entscheidender Bestandteil für eine Antherenkultur der Zusatz von 25—50% Cocosnußmilch ist. Werden die Antheren in den verschiedenen Stadien der Prophase der Pollenmeiose entnommen, so erreichen 78% der PMZ die Mitose, während bei Zusatz von Casein-Hydrolysat, Hefeextrakt oder Glutaminsäure nur 27% der PMZ die Mitose erreichen. Werden die Antheren jedoch nach der Diakinese exstirpiert, so erreichen sie auch auf synthetischem Medium noch eine Überlebensrate von 67%. Der von SHANTZ und STEWARD in der Cocosnußmilch entdeckte Wachstumsfaktor scheint also weitgehend die normalerweise benötigten Eigennährstoffe der Antherenentwicklung an intakten Pflanzen zu ersetzen. Da die chemische Konstitution des aktiven Prinzips der Cocosnußmilch nicht genau bekannt ist, wird die Erklärung ihrer Wirkung in einer Beeinflussung des Nucleinsäurehaushaltes gesucht werden können. In dieser Richtung deuten auch Messungen von SPARROW, MOSES und STEELE: Ein merklicher Anstieg des DNS-Gehaltes vollzieht sich zwischen Pachytän und Diplotän, während bei der ersten und zweiten Teilung keine weitere Zunahme zu verzeichnen ist. Daraus wird geschlossen, daß geringe Überlebenszahlen bei früher Entnahme der Antheren bzw. bei Kultur ohne Cocosnußmilch durch die noch unvollständig abgelaufene DNS-Synthese in diesen Stadien bedingt sind. Nach dem Diplotän ist jedoch die meiotische DNS-Synthese vollendet, so daß dann die weiteren Teilungsvorgänge ohne Mangelerscheinungen ablaufen können. Eine andere Erklärung suchen TAYLOR sowie TAYLOR und McMASTER auf Grund von autoradiographischen und mikrophotometrischen Untersuchungen an *Lilium longiflorum*. Hier ist nämlich die DNS-Bildung bereits im sporogenen Gewebe vor dem Leptotän abgeschlossen. Bei *Lilium* scheint also die DNS nicht direkt für den normalen Ablauf der Pollenteilungen in Gewebekultur verantwortlich zu sein. Hingegen sind die Teilungen der Tapetumzellen bei *Lilium* erst im frühen Diplotän abgeschlossen. Hier scheint also die unvollständige Tapetumentwicklung im Pachytän der kritische begrenzende Faktor für die Pollenentwicklung zu sein. Ähnliche Beobachtungen liegen auch bei *Idesia polycarpa* vor (CORTI).

Aus diesen Untersuchungen wird wiederum die Bedeutung der Pollenernährung durch das Tapetum klar. Hier werden künftige biochemische Untersuchungen einen geeigneten Ansatz finden können.

Kurz vor der Anthese gehen im Pollen noch physiologische Änderungen vor sich, die die Befruchtungswahrscheinlichkeit entscheidend beeinflussen: Kohlenhydratgehalt und die Gesamtmenge an löslicher Substanz sowie der osmotische Wert steigen an, während diese physiologischen Zustandsgrößen im Griffel bereits früher ihren Endwert erreicht haben [HAYASE (3)].

Das Aufplatzen der Anthere kann bei den verschiedenen systematischen Arten mit unterschiedlicher Geschwindigkeit erfolgen (PERCIVAL), auch innerhalb einer Blüte werden Abstände von wenigen Minuten *(Alisma, Aquilegia)* bis zu 26 Tagen *(Helleborus)* beobachtet. Außeneinflüsse wirken steuernd: durch tiefe Temperaturen (Minimum 4,5 bis 5,0° C) und hohe Feuchtigkeit wird die Anthese verhindert, während hohe Lichtintensitäten und Temperaturen beschleunigend wirken. Die Variabilität der Pollenkorngröße in Abhängigkeit von der Wasserversorgung und Ernährung der Gesamtpflanze sind auffallend gering gegenüber den Veränderungen der Gesamtpflanze (WAGENITZ). Das Volumen diploider Pollenkörner ist hingegen im Vergleich mit haploidem um rund 100% erhöht, während die Oberfläche der Pollen bei doppelter Valenz nur um 50—60% erhöht wird. Die „relative Oberfläche" ist also verringert. 2n-Pollen reagieren auf erhöhte N-Zufuhr wesentlich schwächer als haploide. Da die Zelloberfläche die Grundlage wichtiger stoffwechselphysiologischer Prozesse ist, kann hier eine Ursache für die Herabsetzung der Sexualität bei Polyploiden gesucht werden (SCHWANITZ). Die Keimung von n und 2n-Pollen bei *Tradescantia paludosa* war gleich. Während jedoch die Mitose im normalen Pollen 15 Std. nach der

Aussaat eintrat, konnte in diploidem einkernigem Pollenschlauch keine
Kernteilung beobachtet werden. Der 2. Kern im Pollen hat offensichtlich
eine Funktion für die Auslösung der Pollenschlauchmitose (BISHOP u.
McGOWAN). Bei unverändertem Genomsatz hat die Pollenkorngröße
keinen Einfluß auf die Befruchtung von *Larix*-Arten (WETTSTEIN und
NIKLAS).

b) Pollenfarbstoffe.

Die Farbstoffe des Pollens sind in die Pollenwand (Sporoderm) eingelagert. Diese ist nach den neuen elektronenmikroskopischen Bildern
von MÜHLETHALER trotz großer Formenmannigfaltigkeit auf einen

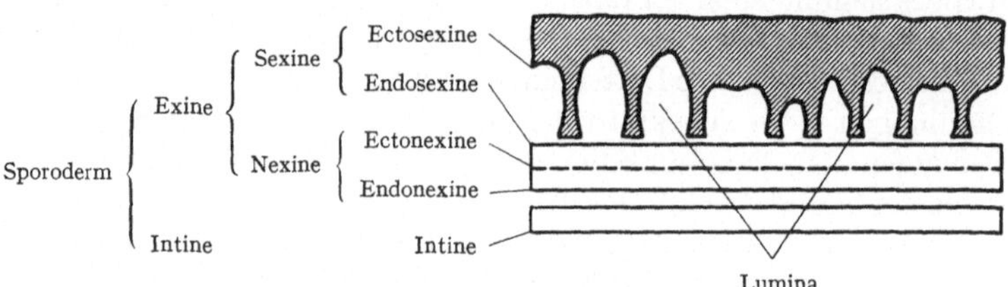

Abb. 17. Struktur der Pollenwand (nach MÜHLETHALER, verändert).

Grundtyp zurückzuführen, der sich nach der Nomenklatur von ERDT-
MAN in Sexine (Abkürzung für „skulpturierte Exine"), Nexine (Abkürzung für „nichtskulpturierte Exine") und Intine (Abb. 17) gliedert.
Die Ectonexine besteht aus zwei granulären Komponenten: Sporo-
pollenin und einem weiteren säurelöslichen Anteil (AFZELIUS). Die
Zwischenräume zwischen den zahlreichen Säulchen (Intervakularräume)
sind besonders bei den reticulanten, punctitegillaten und striaten Sporo-
dermtypen mit Farbstoffen in fettig-öliger Konsistenz angefüllt. Es
wird sogar die Vermutung ausgesprochen, daß diese Ölan- und einlage-
rungen beim Verlust der Keimfähigkeit der Pollen eine Rolle spielen
(PFEIFFER). Die Analyse der Farbstoffe wurde besonders von TAPPI
(1, 2), TAPPI und MENZIANI (1, 2), TAPPI und MONZANI (1, 2), TAPPI,
SPADA und CAMERONI weitergeführt (Tab. 1). Die Mannigfaltigkeit der
gefundenen Verbindungen erscheint weit größer, als man bisher angenommen hat. Auffällig ist das Auftreten eines Trisaccharides, des iso-
Rhamnetins in der Pollenwand von *Lilium candidum*. Eine Interpretation der Bedeutung der Pollenfarbstoffe gibt ASBECK (1, 2): er sieht in
diesen einen Strahlenschutz zur Abschirmung der hochgradig ultra-
violettempfindlichen Chromosomen der Pollenkerne gegenüber dem
UV-B (280—320 mμ) des Sonnenspektrums. Die Gelbfärbung der Exine
wird als chromatisches Filter angesehen, die beobachtete Verschiebung
der Exinefarbe zum langwelligeren Bereich (orange, rotorange, rot) als
Erhöhung der Filterwerte gegenüber UV gedeutet. Der weiße Pollen
hingegen, bei dem der chromatische Extinktionseffekt entfällt, fluoresciert. Auf diese Weise wird bei Fehlen einer streu-reflektierenden, licht-
undurchlässigen Exine das nucleoproteidschädliche Frequenzband durch
absorptive Umwandlung unschädlich gemacht.

Tabelle 1. *Pollenfarbstoffe nach* TAPPI *u. Mitarb.*

	Leucojum vernum	Acacia dealbata	Lilium mantchiuricum	Lilium candidum	Anemone coronaria
α-Carotin	×	×			
β-Carotin	×	×	×		
Xanthophyll	×	×			
Xanthophyll-Epoxyd . .	×	×			
Flavon-Glucoside	×	×		×	
α-Carotin-Epoxyd . . .		×			
Flavoxanthin		×			
Violaxanthin			×		
Capsanthin			×		
Capsorubin			×		
Antheraxanthin			×	×	
Delphinidin					×
Malvidin					×
Cyanidin					×
Pelargonidin					×
Quercetin		×			
Acetylnaringenin		×			
Isorhamnetin				×	
Phytocosan				×	
Phytofluen				×	
γ-Sitosterol.				×	

c) Pollenkeimung.

Untersuchungen der Pollenkeimung dienten einerseits zur Kontrolle der Lebensfähigkeit unter bestimmten Außenbedingungen, andererseits zur Gewinnung erster Einblicke in die physiologischen Mechanismen von Kreuzungshindernissen. Bei *Gramineen* wurde ein bisher übersehenes Phänomen beschrieben (WATANABE), daß nämlich der Pollen 10—30 sec nach dem Berühren der Narbenoberfläche eine warzenförmige Anschwellung bekommt, die mit der Ausscheidung einer farblosen Flüssigkeit einhergeht. Diese bewirkt eine Anheftung an die Narben. Nur keimfähige Pollen weisen diesen Mechanismus auf. Kurze Zeit nachdem der Pollen seine ursprüngliche Form wiedererlangt hat, findet erst das Auswachsen des Schlauches statt. Das optimale Medium für die Keimung ändert sich mit dem Pollenalter. Unreifer Pollen von *Cucurbita* wird vor der Anthese stärker durch eigenen oder fremden Antherensaft gehemmt, als reifer (HAYASE und HIRAIZUMI). Auch die Temperaturverhältnisse v o r der Anthese wirken stark modifizierend auf die Keimkraft des reifen Pollens (HAYASE). Die Pollenausschüttung von *Pinus* ist bei 50% relativer Luftfeuchtigkeit am größten. Temperatur und Feuchtigkeit beim Stäuben beeinflussen ebenfalls die nachfolgende Keimung (DUFFIELD). Nach Aufbewahrung bei —75 bis —80° C im Vakuum wird optimale Keimung erst erreicht, wenn eine 5—7 tägige Lagerung bei erhöhter Luftfeuchtigkeit und Temperatur eingeschoben wird. Einzellige Pollen scheinen nicht in dem Maße die Fähigkeit zu haben, extremen Außenbedingungen zu widerstehen, wie Sporen und Samen (PFEIFFER). Allerdings behält er bei *Pinus densiflora,* wo Bestäubung und Befruchtung

mehrere Monate auseinander liegen, über ein Jahr lang gleiche
Keimkraft bei (TANAKA). Cytomorphologische Beobachtungen (HART-
MANN-DICK und MÜLLER-STOLL) zeigen, daß chemotropische und
thigmotropische Reize im Substrat für das gerichtete Wachstum entscheidend sein können. Darüber hinaus lassen sich die häufig in vitro
auftretenden Gestaltanomalien bei gehemmtem Wachstum auch auf
überoptimale Substratkonzentrationen zurückführen. Die an den gehemmten Schläuchen häufig zu beobachtende blasige Anschwellung kann
durch plasmatische Degeneration bedingt sein.

Neben der Aufnahme von Kohlenhydraten aus dem Leitgewebe
(O'KELLEY, LINSKENS) wird jedoch bei Keimung in starken Zucker-
lösungen auch eine Stärkebildung im Pollenschlauch nachgewiesen
(IWANAMI, TANAKA). Normalerweise wird die im Pollen gespeicherte
Reservestärke bei der Reife bereits zu löslichen Zuckern abgebaut. Bei
Corchorus oblitorius setzt die Auflösung der Stärkekörner mit der Ein-
leitung der Prophase ein (DATTA). Ein echter Zuckerverbrauch muß
auch daraus geschlossen werden, daß reife Pollen von *Tradescantia*
leichter zu plasmolysieren sind, als unreife [IWANAMI (3)]. Als wesent-
lichster Energielieferant kommt Saccharose in Frage, während andere
Zucker und Kohlenhydrate mehr oder weniger stark hemmend wirken
(O'KELLEY).

Nach TANAKA soll Stärke jedoch im Innern des Pollenschlauches auftreten, wenn der wachsende Pollenschlauch nach Hemmung des Wachstums infolge Zuckerdefizit in eine frische Zuckerlösung übertragen wird.
Die Pollenschlauchspitze soll nach O'KELLEY und CAN keine fibrilläre
Struktur der Zellulose aufweisen, also dünner als im rückwärtigen Abschnitt sein. Bei Wasseraufnahme und gehemmtem Wachstum tritt daher zwangsläufig eine Anschwellung der Spitze auf. Dies erscheint durch
ähnliche Bildungen bei Schläuchen, die durch 2,4-D im Wachstum gehemmt wurden, bestätigt [FUJII and IWANAMI, IWANAMI (1)]. Plasmotypse
und Spitzenverzweigung können auf gleiche Weise erklärt werden.

TULECKE (1, 2) gelang es erstmalig, aus Pollen von *Gingko biloba* auf
einem White-Hefe-Substrat ein Gewebe in Kultur unter aseptischen
Bedingungen zu gewinnen. An der Bildung waren die spermatogene
Zelle und die Schlauchzelle des Gametophyten beteiligt. Das über viele
Passagen geführte Gewebe ist zunächst haploid, wird jedoch später
polyploid.

8. Wechselwirkung von Pollenschläuchen.

In den letzten Jahren haben besonders russische Forscher, zum Teil unter
ideologischen Aspekten, die physiologische Wechselwirkung verschiedener Pollen-
arten untersucht. Dabei ist zu unterscheiden zwischen einer Wechselwirkung bei
der Keimung, beim Pollenschlauchwachstum durch das Leitgewebe des Griffels,
sowie beim eigentlichen Befruchtungsprozeß.

Bei Versuchen in vitro ließ sich zeigen (BORRIS und KROLOP), daß *Compositen*-
pollen bei genügend starker Beisaat sowohl die Keimung, als auch das Schlauchwachstum artfremder Partner hemmt. Durch Zusatz von 0,001% Borsäure ließ
sich der Hemmeffekt nicht aufheben. Bei schwächerer Beisaat tritt hingegen eine
Förderung auf. Es ließen sich gewisse Beziehungen zur systematischen Stellung der
einzelnen Partner bei der Hemmung erkennen. Noch weiter geht GOLUBINSKI: Er

kommt zur Überzeugung, daß Pollenkeimung und Schlauchwachstum stets gefördert wird, wenn Arten kombiniert werden, die der gleichen natürlichen Assoziation angehören oder in Pflanzengemeinschaften der Kulturlandschaft zusammen wachsen.

Diese Wechselwirkungen zwischen Pollen verschiedener systematischer Arten gewinnen darüber hinaus an Interesse durch Angaben, die über eine günstige Wirkung von Pollengemischen bei Kreuzungen systematisch entfernt stehender Partner gemacht werden [BABADSHANJAN, TURBIN (1, 2)]. Die Übertragung von Erbmerkmalen zweier Vatersorten auf die Nachkommen durch doppelte Befruchtung nach Anwendung von Pollengemischen (AWAKJAN u. JASTREB, FEIGINSON, TER-AWANESSJAN, TURBIN und BOGDANOWA) kann von ZAMOTAJLOV nicht bestätigt werden. Der Effekt, daß größere Pollenmengen eine bessere Befruchtung und höhere Vitalität der Embryonen bedingen (PREZENT, USTINOVA), scheint sich durch eine Beeinflussung des Wuchsstoffhaushaltes erklären zu lassen. Man muß annehmen, daß die Bestäubung unreifer Narben die Bildung von Stoffen anregt, die sodann erhöhte Fertilität bedingen. Jedenfalls ließ sich bei Baumwolle zeigen, daß die Bestäubung kastrierter, unreifer Griffel mit fremden Pollen den Samenersatz der nachfolgenden Bestäubung signifikant erhöht, wobei allerdings der fremde Pollen nicht zur Befruchtung kommt (LODEN, LEWIS and RICHMOND, FINKNER).

9. Physiologie des Befruchtungsvorganges.

Ebenfalls von russischen Untersuchern wird mit großer Intensität die Frage der Übertragung von Merkmalen auf die Nachkommenschaft durch zusätzliche nichtcellulare Partikel bearbeitet. In Analogie zum Desintegrationsprozeß der Tapetumzellen sollen die befruchteten Eizellen und die jungen Embryonen Stoffe aus zusätzlich zum Embryosack gelangten Pollenschläuchen aufnehmen, die in die sich entwickelnden Zygoten eingehen. Der zytologische Beweis zu dieser Vorstellung wird zu führen gesucht (NAWASCHIN und GERASSIMOVA-NAWASCHINA und JAKOWLEW). Neuerdings werden zur Stützung dieser Tatsachen auch Untersuchungen mit radioaktiven Isotopen herangezogen (POLJAKOV-DMITRIEVA, POLJAKOV). Bei *Nicotiana tabacum, N. rustica, N. affinis, Petunia violacea* und *Zea Mays* werden Mischbestäubungen mit nicht markierten eigenen Pollen und mit ^{32}P- oder ^{35}S-markierten fremden Pollen durchgeführt. Da die eigenen Pollenschläuche normalerweise bei 24—26° C innerhalb einer bestimmten Zeit den Griffel durchwachsen, ist der Befruchtungsvorgang durch den eigenen, nicht markierten Pollen bereits vollzogen, ehe der fremde, markierte aber langsamer wachsende Pollenschlauch den Embryosack erreicht. Durch genetische Analyse der Nachkommen läßt sich nachweisen, daß tatsächlich — mit geringen Ausnahmen — die Befruchtung durch den nicht markierten Pollen erfolgte. Demgegenüber zeigt die Analyse der Samen auf den Gehalt an ^{32}P und ^{35}S, daß nach der eigentlichen Befruchtung noch Stoffe aus dem zusätzlichen, fremden, markierten Pollen in die Entwicklung des Samens eingehen. Daß es sich dabei nicht um eine einfache Diffusion handeln kann, wird dadurch erhärtet, daß markierter, aber abgetöteter Pollen keine Wirkung auf den Samen zeigt. Außerdem kann man zeigen, daß ein großer Teil des Phosphors in der Lipoproteid-Fraktion vorliegt und daher schwer diffusibel ist (POLJAKOV). Berechnungen und Schätzungen führen zu der Annahme, daß in den einzelnen Samen radioaktives Material von 4—7 Pollenkörnern hineingelangt. Damit werden Messungen einer schwedischen Forschergruppe (EKLUNDH-EHRENBERGER,

v. Euler und Hevesy) aus den Jahren 1944/46 bei *Fraxinus* bestätigt. Diese hatte je Samen die 8,3 bzw. 8,8fache Aktivitätsmenge eines Pollens wiedergefunden und daraus geschlossen, daß nicht nur das Material des zur Befruchtung gelangten Pollens an der Bildung des Samens teilnimmt, sondern darüber hinaus die Substanz von 7 weiteren Pollenkörnern.

Die Bedeutung dieser „Zusatzbefruchtungen" scheint darin zu liegen, daß die Vitalität der Embryonen erhöht wird, da innerhalb der morphologischen Artcharakteristika lediglich modifikatorische Merkmale wie Pflanzenhöhe, Zahl der Blätter und Seitentriebe, Trockengewicht, Samenzahl und -gewicht vergrößert werden. Gegenüber einer „reinen" Befruchtung wird die vitale Potenz der Nachkommenschaft erhöht. Inwieweit auch plasmonische Komponenten übertragen werden können, bleibt bei den bisherigen Ergebnissen offen.

Die Empfängnisfähigkeit des Griffels von *Lilium formosamnum* bleibt außerordentlich lange erhalten: selbst nach Abfallen der Petalen und Braunfärbung der Narbenlappen kann nach Bestäubung mit funktionsfähigen Pollen ein hoher Prozentsatz Samen erzielt werden (Cave and Brown).

10. Ungeschlechtliche Fortpflanzung.

a) Zoosporenbildung.

Die von Rieth bei *Vaucheria dichotoma* beobachteten „vegetativen Durchwachsungen" konnten bei *V. sessilis* auf Grund der Einwirkung von Indolylessigsäure in den Konzentrationen 10^{-8} bis 10^{-9} g/ml auf 49% erhöht werden (v. Denffer und Hustede). Es liegt hier also eine wuchsstoffbedingte Umstimmung von der sexuellen zur vegetativen Entwicklung vor, die im Extremfall bis zur Synzoosporenbildung führt.

Die Zoosporenbildung wird von Bühnemann (1, 2, 3, 4, 5) in umfangreichen Versuchen bei *Oedogonium cardiacum* untersucht. Die wirksamen Faktoren für die Auslösung der Sporenbildung sind Wechsel der Beleuchtungsverhältnisse, der Temperatur, der Nährlösung und ihrer Zusätze. Von den *Oedogonium*zellen wird in Abhängigkeit vom Kulturalter ein Sporulationshemmstoff in die Kulturlösung ausgeschieden, der in alten Kulturen die Sporenbildung unterbindet. Durch Einsaat in frische Nährlösung wird in einem bestimmten Prozentsatz der Zellen die Sporenbildung möglich. Die tatsächlich ausgelöste Sporenbildung hängt von der endogenen Tagesrhythmik der „sporogenen Stimmung" der Zellen ab. Diese wird durch den vorausgegangenen Licht-Dunkel-Wechsel eingesteuert und den Zeitpunkt der Induktion zur Sporulation festgelegt [Bühnemann (2)]. Vgl. den Abschnitt „Zellphysiologie und Protoplasmatik.

b) Konidienbildung.

Bei *Penicillum*-Arten ist eine Konidien-Bildung entgegen den früheren Ansichten nicht nur an der Berührungslinie gegen Luft, unter ungünstigen Ernährungsbedingungen und bei physiologischer Alterung möglich, sondern auch in Submerskultur. Durch Änderung der Zusammensetzung des Nährmediums läßt sich die Ausbildung von Submers-Konidien beeinflussen. Zink, das die Fruktifikation in Oberflächenkultur unterdrückt, bleibt ohne Einfluß (GROSSER, KUNDTNER-SCHWARZKOPF und BERNHAUER). Farblose Mutanten bilden Submers-Konidien erst bei Ersatz der Saccharose durch Fructose und Maltose, bzw. Galaktose (ROMBAUT). Aus zahlreichen Beobachtungen ist bekannt, daß Licht die Konidienbildung beeinflußt (SAGROMSKY, TATARENKO). Die Wirkung ist von der Beleuchtungsstärke und der spektralen Zusammensetzung abhängig. Bei *Alternaria brassicae* läßt sich zeigen (v. WITSCH und WAGNER), daß die Induktion der Sterigmenbildung durch Licht bestimmter Wellenlänge erfolgt, während für die Entwicklung der Konidien an den Sterigmen die Einschaltung einer Dunkelphase notwendig ist. Die Autoren sehen im „Impfeffekt" bei der Konidienbildung einen Hinweis für eine stoffliche Grundlage bei der Auslösung der Sterigmenbildung.

Allgemeine Gesetzmäßigkeiten lassen sich bisher noch nicht erkennen, da bei noch geringem Beobachtungsmaterial sowohl fördernde, als auch hemmende Wirkungen des Lichtes bekannt wurden.

c) Vegetative Vermehrung bei Blütenpflanzen.

Bei der Stecklingsgewinnung von *Rubus ideaeus* ist für den Erfolg der Bewurzelung primär der Jahresrhythmus der mütterlichen Pflanzen entscheidend: Werden die Stecklinge im Oktober/November geschnitten, so zeigen sie eine geringere Überlebensrate als solche, die im März gewonnen wurden, wenn sie im Freien, bei niedriger Temperatur ausgepflanzt werden. Erfolgt die Vermehrung jedoch im Warmhaus, so ist der optimale Zeitpunkt der Stecklingsgewinnung Februar/April (HUDSON). Auch bei *Populus* ist die Bewurzelungsfähigkeit stark von den Umweltbedingungen abhängig (REINDERS-GOUWENTAK). Dieses Fluktuieren der Regenerationskapazität wird ebenfalls von *Armoracia rusticana* berichtet (DORE). Sie scheint in einem antagonistischen Zusammenhang mit der Blühwilligkeit des Stecklingsspenders zu stehen. Darauf deutet auch die starke korrelative Wachstumsförderung bei Brutzwiebelanlagen in den Bulbillenständen von *Allium scorodoprasum* auf Kosten der Anzahl und Fertilität der Blütenknospen hin (HELM). Auch thermoperiodisch läßt sich die Zwiebelbildung beeinflussen: niedrige Temperatur (5°C) begünstigt die Zwiebelbildung unterschiedlich stark, je nachdem, in welchem Abschnitt der Dunkelperiode sie geboten wird (CHAUDHRI-BÜNNING-HAUPT). Bei *Poa alpina vivipara* erfolgt die Bulbillenbildung nur im sommerlichen Langtag, während Kurztag Blütenbildung auslöst. Frost fördert die Reproduktionsbereitschaft (SCHWARZENBACH). Für die Entfaltung der Brutknospen sind die Voraussetzungen artverschieden. Bei *Bryophyllum crenatum* ist sie eine natürliche Altersrestitution und an alten Blättern unabhängig von der Tageslänge. Bei *B. tubiflorum* wird sie auch an jungen Blättern durch Langtag induziert, die sich somit in einem „physiologischen Reifezustand" befinden (SAHMANN). Im Dunkeln unterbleibt die Ausbildung der Bulbillen bei *B. daigremontianum*. Dies läßt sich durch Stockung der normalen Wuchsstoffableitung in basaler Richtung deuten (VIANA). Werden die Pflanzen jedoch in schwachem Licht herangezogen und nach einigen Wochen wieder in normales Licht des Kurztages zurückgebracht, so entwickeln sie Brutknospen. Bei blühenden Pflanzen sind diese Brutknospen trotz des in der Pflanze existierenden Blühzustandes vegetativ. Blühende Brutknospen entwickeln sich aber im Normallicht auf Bracteen und Blättern, wenn man die Infloreszenzen abtrennt und die sich daraufhin bildenden Achselknospen fortgesetzt entfernt [Resende (2)]. Umgekehrt hemmt geförderte Blütenbildung die vegetative Entwicklung (Haupt).

Wichtige Beiträge zum Photoperiodismus der vegetativen Vermehrung lieferte Kröner bei dem gut untersuchten Objekt *Kalanchoe*. Durch Preßsäfte aus Kurztagpflanzen ließ sich nach Infiltration in Langtagblättern eine Hemmung der Brutknospenbildung erzielen. Damit ist ein Hinweis auf die Existenz eines spezifischen Hemmungsfaktors der Proliferation gegeben. Auch zur Aufklärung des physiologischen Mechanismus liegen in den Experimenten Kröners Ansätze vor. Mit zunehmender Proliferation ist eine Abnahme des p_H-Wertes des Preßsaftes verbunden. Abnehmender Säuregrad und zunehmendes Proliferationsvermögen entsprechen einander. Die Brutknospenentwicklung geht bei photoperiodisch reagierenden Arten mit Verschiebung des Säurestoffwechsels infolge Kurz- bzw. Langtag-Behandlung parallel.

Literatur.

Afzelius, B. M.: Bot. Not. (Lund) **108**, 141—143 (1955). — Asbeck, F.: (1) Strahlenther. **93**, 602—609 (1954). — (2) Naturwiss. **42**, 632 (1955). — Aschan, K., and Norkrans: Physiol. Plantarum (Copenh.) **6**, 564—574 (1953). — Aschan, K.: Physiol. Plantarum (Copenh.) **7**, 571—591 (1954). — Awakjan, A. A., u. M. Jastreb: Agrobiologie H. 5, 58—69 (1948).

Babadshanjan, G. A.: Nachr. Akad. Wiss. SSSR, Biol. Ser. **4**, 455—469 (1949).— Banbury, G. H.: (1) Nature (London) **173**, 499 (1954); (2) J. exper. Bot. **6**, 235—244 (1955). — Beneke, E. S., and E. L. Wilson: Mycologia (N. Y.) **42**, 519—522 (1950). — Bille-Hansen, E.: (1) Bot. Tidskr. **50**, 81—90 (1953). — (2) Physiol. Plantarum (Copenh.) **6**, 523—536 (1953). — Bishop, C., and L. J. McGowan: Amer. J. Bot. **40**, 658—659 (1953). — Borris, H., u. H. Krolop: Naturwiss. **42**, 301—302 (1955). — Brucker, W.: (1) Naturwiss. **41**, 309 (1954). — (2) Arch. Protistenkde. **100**, 339—350 (1955). — (3) Flora (Jena) **142**, 343—346 (1955). — Bühnemann, F.: (1) Ber. dtsch. bot. Ges. **67** (1954). — Biol. Zbl. **74**, 1—54 (1955). — (3) Biol. Zbl. **74**, 681—705 (1955). — (4) Z. Naturforsch. **10b**, 305—310 (1955). — (5) Planta (Berlin) **46**, 227—255 (1955). — Burnett, J. H.: New Phytologist **55**, 45—49 (1956).

Cantino, E. C., and E. A. Horenstein: Amer. Naturalist **88**, 143—154 (1954). — Caram, B.: Sv. bot. Tidsskr. **52**, 18—36 (1955). — Cave, M. S., and S. W. Brown: Amer. J. Bot. **41**, 455—469 (1954). — Chaudhri, J. J., E. Bünning u. W. Haupt: Beitr. Biol. Pflanz. **32**, 219—224 (1956). — Cheuvart, C.: Bull. Acad. roy. Belgique, Cl. Sci. 5. Ser. **40**, 1152—1168 (1954). — Chodat, F., et G. Turian: Bull. Soc. bot. Suisse **65**, 519—524 (1955). — Corti, R.: Atti Accad. Naz. Lincei, Ser. VIII, **6**, 343—346 (1949).

Datta, R. M.: Caryologia (Firenze) **8**, 188—193 (1955). — Denffer, D. von, u. H. Hustede: Flora (Jena) **142**, 489—492 (1955). — Dore, J.: Nature (London) **172**, 1189 (1953). — Drew, K. M.: Nature (London) **175**, 813—814 (1955). — Driver, C. H., and H. E. Wheeler: Mycologia (N. Y.) **47**, 311—316 (1955). — Duffield, J. W.: Z. Forstgenetik **3**, 39—45 (1954).

Eklundh-Ehrenberger, C., H. v. Euler u. G. Hevesy: Ark. Kemi **23B**, Nr. 5, 1—5 (1947). — Erdtman, G.: Pollenmorphology in Plant Taxonomy of Angiosperms. Stockholm 1952.

FEIGINSON, N. I.: Agrobiologie H. 1, 92—108 (1948). — FINKNER, M. D.: Agronomy J. 46, 124—128 (1954). — FISCHER, F. G., u. G. WERNER: Z. physiol. Chem. 300, 211—236 (1955). — FÖRSTER, H., u. L. WIESE: Z. Naturforsch. 19 b, 91—92 (1955). — FÖRSTER, H., u. H. FRANK, Zeiss-Werkz. 4, H. 20, 32—34 (1956). — FUJII, T., and Y. IWANAMI: Agr. a. Hort. 26, 1093—1094 (1951).

GARTON, J. A., T. W. GOODWIN and W. LIJINSKY: Biochemic. J. 48, 154—163 (1951). — GEITLER, L.: Österr. bot. Z. 102, 570—578 (1955). — GOODWIN, T. W.: Biochemic. J. 50, 550—558 (1952). — GOODWIN, T. W., and W. LIJINSKY: Biochemic. J. 50, 268—273 (1951). — GOODWIN, T. W., and J. S. WILLMER: Biochemic. J. 51, 213—217 (1952). — GOLUBINSKI, I. N.: Dokl. Akad. Nauk SSSR 76 (1951) — GROSSER, A., H. KUNDTNER-SCHWARZKOPF u. K. BERNHAUER: Arch. Mikrobiol. 15, 247—252 (1950).

HARTMANN, M.: (1) Biol. Zbl. 74, 311—334 (1955). — (2) Amer. Naturalist 89, 321—346 (1955). — (3) in „Gestalter unserer Zeit" 4, 158—182 (1955). — HARTMANN-DICK, U., u. W. MÜLLER-STOLL: Österr. bot. Z. 102, 273—300 (1955). — HASSINGER-HUIZINGA, H.: Arch. Protistenkde 98, 91—124 (1952). — HAUPT, W.: Planta (Berlin) 46, 403—407 (1955). — HAYASE, H.: (1) Jap. J. of Breeding 3, 41—46 (1954). — (2) Jap. J. of Breeding 5, 143—148 (1955). — HAYASE, H., and S. KOMOCHI: Res. Bull. Hokkaido Nat. Agric. Exper. Stat. 66, 85—91 (1954). — HAYASE, H., and Y. HIRAIZUMI: Jap. J. of Breeding 5, 51—60 (1955). — HAXO, F. T.: Fortschr. Chem. 12, 169—197 (1955). — HELM, J.: Flora (Jena) 140, 288—297 (1953). — HIROSE, H.: Cytologia (Tokyo) 19, 358—370 (1954). — HIRSCH, H.M.: (1) Bacteriological Proc. 1954, M 116. — (2) Physiol. Plantarum 7, 72—97 (1954). — HUDSON, J. P.: Nature (London) 172, 411—412 (1953).

INGOLD, C. T., and V. J. COX: Ann. Bot. N. s. 19, 201—209 (1955). — IWANAMI, Y.: (1) Kagaku 22, 149—150 (1952). — (2) Bot. Mag. (Tokyo) 67, 134—137 (1954). — (3) Bot. Mag. (Tokyo) 69, 91—95 (1956).

KRÖNER, E.: Flora (Jena) 142, 400—465 (1955). — KRUPKO, S., and A. DENLEY: Nature (London) 177, 92—93 (1956).

LEVEFRE, M. H., H. JAKOB et M. NISBET: Ann. Stat. Centr. Hydrobiol. appl. 4, 1952; zit. bei MONER. — LEVERING, T.: Bot. Not. (Lund) 108, 40—45 (1955). — LEWIN, R. A.: (1) Biol. Bull. 102, 74—79 (1952). — (2) J. Gen. Microbiol. 6, 233 bis 248 (1952). — (3) in: "Sex in Microorganisms" 100—133, Washington 1954. — LEWIN, R. A., and J. O. MEINHARD: Canad. J. Bot. 31, 711—717 (1953). — LINSKENS, H. F.: Z. Bot. 43, 1—44 (1955). — LODEN, H. D., C. E. LEWIS and T. R. RICHMOND: Agronomy J. 42, 560—564 (1950).

MONER, J. G.: Biol. Bull. 197, 236—246 (1954). — MOTHES, K., u. L. ENGELBRECHT: Flora (Jena) 139, 1—27 (1952). — MÜHLETHALER, K.: Planta (Berlin) 46, 1—13 (1955). — MÜLLER, D.: Friesia (Københ.) 5, 65—74 (1954).

NAUGOL'NYH, V. N., u. T. N. BURKOVA: Izv. Akad. Nauk SSSR. Ser. Biol. 4, 132—138 (1951). — NAWASCHIN, M. S., J. N. GERASIMOWA-NAWASCHINA u. M. S. JAKOWLEW: Nachr. Akad. Wiss. SSSR, Biol. Ser. 5, 7—32 (1952); deutsch in: Sowjetwiss. 7, 725—752 (1954).

O'KELLEY, J.: Amer. J. Bot. 42, 322—327 (1955). — O'KELLEY, J., and P. H. CAN: Amer. J. Bot. 41, 261—264 (1954).

PERCIVAL, M. S.: New Phytologist 54, 353—368 (1955). — PFEIFFER, N. E.: Contr. Boyce Thompson Inst. 18, 153—158 (1955). — PLUNKETT, B. E.: Ann. Bot. N. s. 17, 193—199 (1953). — POLYAKOV, I. M.: Conference Akad. Sci. USSR on the peaceful uses of atomic energy, Div. of Biol. Sci. 139—144 (1955). — POLJAKOV, I. M., u. A. N. DMITRIEVA: Z. obšč. Biol. 16, 3—22 (1955). — PREZENT, I. I.: Izv. Akad. Nauk SSSR., Ser. Biol., Nr. 1, 59 (1954).

RAPER, J. R.: In "Biological Specifity and Growth" 119—140. Princeton 1955. — REINDERS-GOUWENTAK, C. A.: Proc. Kon. Ned. Akad. Wetensch. Ser. C, 56, 202—205 (1953). — RESENDE, F.: (1) Bol. Soc. Portug. Cienc. Nat. 3, 270—272 (1951). — (2) Vortr. a. d. Kongr. f. Photobiol. Amsterdam Par. 17, 1954. — RIETH, A.: Flora (Jena) 142, 156—182 (1955). — RITTER, R.: Arch. Mikrobiol. 22, 248—284 (1955). — ROMBAUT, J.: Ann. pharmac. franç. 12, 214—226 (1954). — RYAN, F. J.: (1) Science (Lancaster, Pa.) 122, 470 (1955). — (2) Mimeographic Description No. 621 (1955).

SAGROMSKY, H.: Flora (Jena) 139, 300—313 (1952). — SAHMANN, I. A.: Diss. Tübingen 1955. — SATÔ, S.: Cytologia (Tokyo) 19, 329—335 (1954). — SCHWANITZ, F.: Züchter 20, 53—57 (1950). — SCHWARZENBACH, F. H.: Experientia (Basel) 9, 96 (1953). — SHANTZ, E. M., and F. C. STEWARD: J. Amer. Chem. Soc. 74, 6133—6135 (1952). — SOST, H.: Arch. Protistenkde 100, 541—546 (1955). — SPARROW, A. H., M. J. MOSES and R. STEELE: Brit. J. Radiology 25, 182—188 (1952). — SPARROW, A. H., V. POND and S. KOJAN: Amer. J. Bot. 42, 384—394 (1955).

TANAKA, K.: Sci. Rep. Tohoku Univers., 4. Ser. (Biol.), 21, 185—198 (1955). — TAPPI, G.: (1) Atti Accad. Sci. Torino 83, 1—8 (1948/49). — (2) Atti Accad. Sci. Torino 84, 1—11 (1949/50). — TAPPI, G., e E. MENZIANI: (1) Atti Soc. Naturisti e Matematici Modena 85, 28—31 (1954). — (2) Gazz. chim. ital. 85, 694—702 (1955).— TAPPI, G., e A. MONZANI: (1) Gazz. chim. ital. 85, 725—731 (1955). — (2) Gazz. chim. ital. 85, 732—736 (1955). — TAPPI, G., A. SPADA e R. CAMERONI: Gazz. chim. ital. 85, 703—713 (1955). — TATARENKO, E. S.: Mikrobiologija 23, 29—33 (1954); zit. bei v. WITSCH u. WAGNER. — TAYLOR, J. H.: Exper. Cell Res. 4, 169—179 (1953). — TAYLOR, J. H., and R. D. McMASTER: Chromosoma 6, 489 bis 521 (1954). — TER-AWANESSJAN, D. W.: Agrobiologie H. 4 (1949). — TROUPIN, G.: (1) Arch. Inst. Bot. Univ. Liège 18, 46—97 (1945). — (2) Growth 10, 343—359 (1946). — TULECKE, W. R.: (1) Science (Lancaster, Pa.) 117, 599—600 (1953). — (2) Diss. Abstr. 14, No. 7749 (1954). — TURBIN, N. V.: (1) Uspechi Sovrem Biol. 34, 291—306 (1952). — (2) Priroda (Leningrad) 1953, H. 2, 101—104. — TURBIN, N. V., u. J. N. BOGDANOWA: Nachr. Akad. Wiss. SSSR, Biol. Ser. Nr. 4, 432—454 (1949). — TURIAN, G.: (1) Experientia (Basel) 10, 183 (1954). — (2) Phytopath. Z. 25, 181—189 (1955). — (3) C. r. Acad. Sci. (Paris) 240, 1005—1007 (1955). — (4) C. r. Acad. Sci. (Paris) 240, 2343—2345 (1955).

USTINOVA, E. I.: Izv. Akad. Nauk SSSR, Ser. Biol., Nr. 5, 74—87 (1954).

VIANA, M. J.: Portugal. Acta Biol., Ser. A 3, 195—210 (1951).

WAGENITZ, G.: Ber. dtsch. bot. Ges. 68, 297—302 (1955). — WATANABE, K.: Bot. Mag. (Tokyo) 68, 40—44 (1955). — WEHMEYER, L. E.: (1) Bot. Gaz. 115, 297—310 (1954). — (2) Mycologia (N. Y.) 47, 163—176 (1955). — WETTSTEIN, W., u. L. NIKLAS: Österr. bot. Z. 102, 520—523 (1955). — WHEELER, H. E.: Phytopathology 44, 342—345 (1954). — WHIFFEN, A. J.: Mycologia (N. Y.) 43, 635—644 (1951). — WITSCH, H. VON, u. F. WAGNER: Arch. Mikrobiol. 22, 307—312 (1955).

ZAMOTAJLOV, S. S.: Izv. Akad. Nauk SSSR, Ser. Biol., Nr. 2, 103—121 (1955).

20. Bewegungen.

Von Erwin Bünning, Tübingen.

Mit 11 Abbildungen.

Dieser Bericht berücksichtigt im wesentlichen Arbeiten aus den Jahren 1953 bis 1955.

I. Phototropismus.

1. Avenakoleoptile.

Die Frage nach den für die wirksame Strahlungsabsorption entscheidenden Pigmenten ist weiterbearbeitet worden. Die Vorstellung Kögls über eine durch Carotinoide sensibilisierte Auxininaktivierung kann nicht aufrecht erhalten werden, einmal weil das Köglsche Auxin „aufgegeben" werden mußte, und ferner, weil die Inaktivierung des tatsächlichen Wuchsstoffes Indolylessigsäure durch Licht nicht mit Carotinoiden sensibilisiert werden kann [Reinert (2)]. Da andererseits die Photooxydation von Auxin (Indolylessigsäure = IES) durch Riboflavin schon in vitro stark sensibilisiert wird (vgl. L. u. M. Brauner und die dort zitierte Literatur), lag die Vermutung nahe, daß die entscheidende Strahlungsabsorption in diesem Pigment vollzogen wird. Das ergab aber eine Schwierigkeit. Das Aktionsspektrum des Phototropismus der

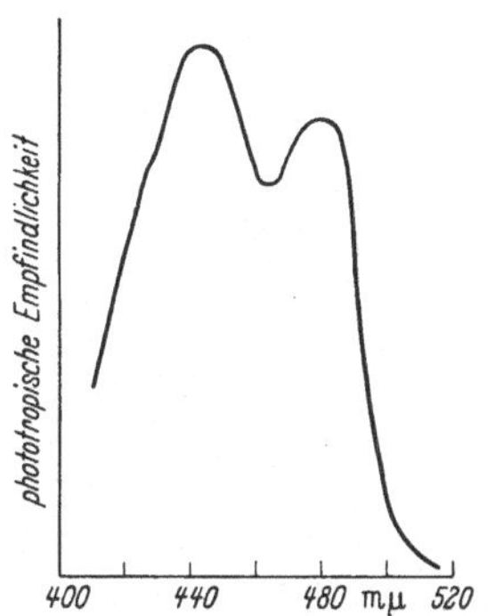

Abb. 18. Aktionsspektrum des Phototropismus (Spitzenreaktion) der *Avena*koleoptile (Abb. 18—21 halbschematisch).

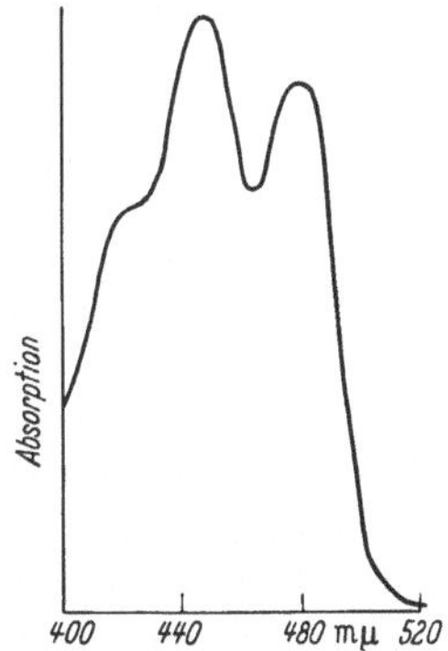

Abb. 19. Absorptionskurve von Lutein (Ähnlichkeit mit dem Aktionsspektrum des Phototropismus, vgl. Abb. 18).

*Avena*koleoptile ähnelt, namentlich durch seine Mehrgipfligkeit, dem Absorptionsspektrum von Carotinoiden und entspricht daher nicht ganz dem Absorptionsspektrum des Riboflavins (Abb. 18—20). Diese Schwierigkeit läßt sich durch die Annahme beheben, daß das Carotinoid der Spitzenzone für ein ausreichendes Gefälle der Lichtabsorption in der Koleoptilspitze sorgt. Je stärker dieses Gefälle ist, um so stärker muß die Differenz der Absorption im Riboflavin auf Licht- und Schatten-seite werden [Reinert (2), Bünning, Dorn, Schneiderhöhn u. Thorning]. Diese „Schattenspendertheorie“ entspricht Vorstellungen, wie sie namentlich durch Buder und Mitarbeiter schon früher für Sporangienträger von Pilzen entwickelt worden sind (vgl. unten). Für die *Avena*koleoptile könnte so vielleicht zugleich die bevorzugte Spitzen-empfindlichkeit erklärt werden (nur die Spitze enthält Carotinoid, während Riboflavin natürlich in allen Koleoptilzellen vorkommt). Mit dieser Deutung stimmt überein, daß die nicht auf ein solches Gefälle

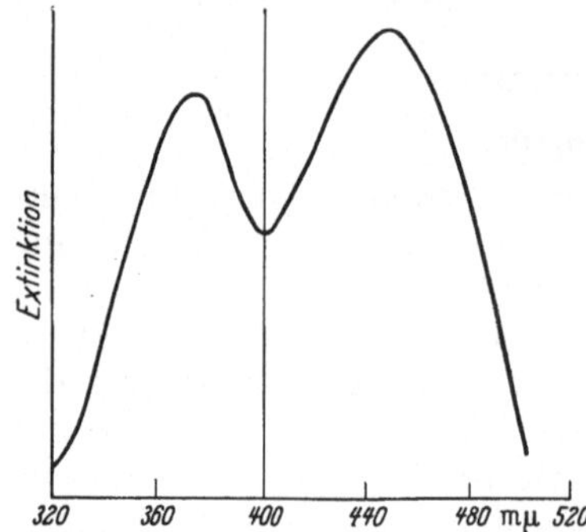

Abb. 20. Extinktionskurve von Riboflavin, in Was-ser gelöst (im Bereich des Sichtbaren eingipflig).

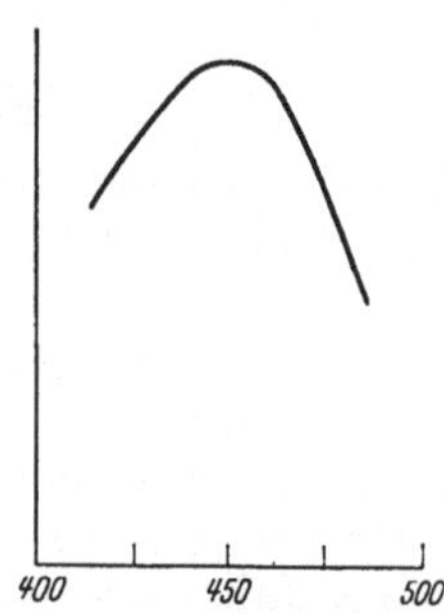

Abb. 21. Aktionsspektrum der Licht-Wachstums-Reaktion der *Avena*koleoptile (vgl. mit der Extinktionskurve von Riboflavin, Abb. 20).

angewiesene Licht-Wachstums-Reaktion ein Aktionsspektrum zeigt (Abb. 21, einfaches Maximum um 445—450 mμ), das der Absorptionskurve von Riboflavin entspricht und sich dadurch vom Aktionsspektrum des Phototropismus (ein Maximum bei ungefähr 445 mμ, ein zweites bei ungefähr 480 mμ) unterscheidet (Thorning). Die Carotinoidmenge in der Koleoptilspitze (ungefähr 65 γ Lutein je Gramm Trockengewicht) reicht aus, um die genannte wirksame Schattenbildung zu ermöglichen [Bünning (2)]. Die carotinoidfreie Basis der Koleoptile enthält ein anderes Pigment mit starker Absorption im Violett, welches das früher von Haig gefundene besondere Aktionsspektrum der Basisreaktion durch entsprechende Schattenbildung mit diesem Pigment erklären könnte [Bünning (2)].

Wenn dem Lutein der Koleoptilspitze diese Schattenspender-funktion zugeschrieben wird, können wir also einmal erklären, daß das Aktionsspektrum trotz gleicher entscheidender photochemischer Reak-tion beim Phototropismus und bei der Lichtwachstumsreaktion ver-schieden ist. Wir können weiter aber auch eine früher von Beyer betonte scheinbar unüberwindliche Schwierigkeit für die Blaauwsche Theorie beheben: Bei dekapitierten Koleoptilen ist (vgl. Bünning, Dorn, Schneiderhöhn u. Thorning) zwar der Phototropismus aus-geschaltet; die Lichtwachstumsreaktionen bleiben aber möglich.

So könnte es also tatsächlich berechtigt sein, die namentlich von Galston und von Brauner untersuchte Photoinaktivierung der IES bei der Gegenwart von Riboflavin als allgemein entscheidenden Vorgang anzusehen. Übrigens läßt sich auch das phototropische Verhalten der *Avena*koleoptile im langwelligen UV mit dieser Annahme vereinbaren: Im Bereich von 250—400 mμ wirkt Strahlung um 350 mμ am stärksten (MILL u. SCHRANK). Das Riboflavin hat dort bekanntlich ein Absorptionsmaximum (Abb. 20). Die Tatsache, daß diese Reaktion weniger scharf auf die Spitze begrenzt ist als die Reaktion auf sichtbares Licht, würde wieder für die dominierende Rolle der auf die Spitze beschränkten Carotinoide beim Phototropismus im sichtbaren Licht sprechen, d. h. die Auffassung unterstützen, daß diese Rolle nur in der Ermöglichung stärkerer Schattenbildung besteht.

Die Frage, ob man die bevorzugte Spitzenempfindlichkeit wirklich in der genannten Weise erklären kann, wird von BRAUNER (2) eingehend geprüft. Wird die ganze Koleoptillänge beleuchtet, so zeigt sich im Sinne der „Schattenspendertheorie" eine Begünstigung der phototropischen Krümmung bei Füllung des Koleoptilhohlraumes mit Tusche, während Wasserfüllung eine Abschwächung der Reaktion zur Folge hat. Das Primärblatt beeinflußt die phototropische Krümmung auch günstig, aber (vielleicht wegen seines mechanischen Biegungswiderstandes) schwächer als Tusche. Auch die Prüfung verschiedener Farbstofflösungen mit abgestuftem Extinktionsvermögen erhärtete die Rolle der Schattenbildung. Ferner konnte durch Füllung mit Tusche die Differenz in der Reaktionsstärke der obersten und der anschließenden 5 mm-Zone von ungefähr 53% auf 4% erniedrigt werden. Überhaupt wird durch die Tuschefüllung in erster Linie die Reaktion auf Beleuchtung der basalen Zonen verstärkt. Schließlich wurde noch gefunden, daß die (allein carotinoidhaltige!) Schmalseite der Koleoptile phototropisch empfindlicher ist als die Breitseite. BRAUNER weist jedoch zugleich nach, daß für die bevorzugte Spitzenempfindlichkeit zusätzlich noch andere Faktoren verantwortlich sein müssen. Die Spitze (d. h. hier die obere 5 mm-Region) ist nämlich auch bei völligem Ausgleich der Absorptionsdifferenz durch Tuschefüllung noch empfindlicher als die anschließende 5 mm-Zone. Außerdem läßt sich (ähnlich wie früher durch BOYSEN-JENSEN) zeigen, daß bei einer Trennung der Spitzenhälften durch Glasplättchen Beleuchtung in der Richtung des Spaltes viel stärkere Reaktion bedingt als Beleuchtung senkrecht zum Spalt. Das würde wieder für eine Rolle der oft diskutierten Transversalverschiebung von Wuchsstoff n e b e n dessen Zerstörung sprechen. Man könnte hier aber auch eine von MEYER u. POHL vorgeschlagene Erklärung diskutieren. Diese Autoren fanden, daß Koleoptilcylinder, die bei Wuchsstoffgegenwart allseitig beleuchtet worden sind, in anschließender Dunkelheit (bei erneuter Wuchsstoffzufuhr) ein gehemmtes Wachstum zeigen. Sie erklären das durch das Auftreten von Photolyseprodukten der IES. Auch in vitro photolysierte IES zeigte solche Hemmwirkung. MEYER u. POHL nehmen nun an, diese Hemmung beruhe auf einer Unterdrückung des Wuchsstofftransportes. — Jedoch sollte diese Interpretation wohl ebenso wie jede andere Art der Annahme einer Ablenkung des Hormonstromes solange noch als ungewiß betrachtet werden, bis wirklich einmal nachgewiesen worden ist, daß bei einseitiger Beleuchtung in einer Flanke mehr Wuchsstoff transportiert wird als in der anderen. BÜNNING, REISENER, WEYGAND, SIMON und KLEBE haben versucht, eine solche Ablenkung mit radioaktiver IES nachzuweisen. Jedoch konnte (an allerdiugs verletzten) Avenakoleoptilen keine gesicherte Differenz der Radioaktivität auf Licht- und Schattenseite gefunden werden.

Aus den weiter oben wiedergegebenen Beobachtungen über die Funktion der Carotinoide ergibt sich, daß ein Phototropismus grundsätzlich auch ohne Carotinoide möglich ist, wie er von LABOURIAU u. GALSTON für Albino-Gerste und carotinfreien *Phycomyces* [für diesen auch schon von REINERT (1)] beschrieben worden ist. Allerdings ist es nach WENT zweifelhaft, ob die Koleoptilen der Albinoformen wirklich ganz carotinfrei sind.

Die große Rolle, die hiernach dem Riboflavin bei der Aufnahme von Lichtreizen zufällt, ist besonders interessant, weil auch in tierischen Lichtsinnesorganen Riboflavin häufig nachgewiesen worden ist (vgl. z. B. DANNEEL u. ESCHRICH).

2. Pilze.

Nach diesen Ergebnissen gewinnen nun die Arbeiten von BUDER und Mitarbeitern an Pilzen besondere Bedeutung. Leider sind mehrere dieser Arbeiten nur schwer zugänglich und haben daher bisher nicht die verdiente Beachtung gefunden. Hierher gehört zunächst die nur in Maschinenschrift veröffentlichte Dissertation PAUL (außerdem die noch schwerer zugänglichen Dissertationen SCHNEIDER u. SEEMANN). Bei *Pilobolus crystallinus* zeigen die Sporangienträger nach PAUL positive Licht-Wachstums-Reaktion, d. h. Wachstumsförderung durch Licht und positiven Phototropismus. Bei *P. kleinii* und *P. sphaerosporus* haben junge Träger negative Licht-Wachstums-Reaktion, zeigen also Wachstumshemmung durch Licht; es kommt aber trotzdem zum positiven Phototropismus. Der Grund für diese scheinbare Unverträglichkeit der Ergebnisse bei diesen beiden Objekten ist in folgendem zu sehen: Durch die Linsenwirkung des Trägers kann die Licht-Wachstums-Reaktion auf der lichtabgewandten Seite stärker werden. Das erklärt den positiven Phototropismus von *P. crystallinus* bei positiver Licht-Wachstums-Reaktion; denn bei dieser Art ist die lichtempfindliche Spitzenzone farblos, so daß die Linsenwirkung voll zur Geltung kommt. Bei *P. kleinii* und *P. sphaerosporus* aber wird die Linsenwirkung des Trägers dadurch illusorisch, daß in der lichtempfindlichen Spitzenzone viel Carotinoid vorhanden ist; die (wie gesagt negative) Licht-Wachstums-Reaktion ist hier also auf der beleuchteten Seite stärker und so kommt es auch hier zur positiv phototropischen Krümmung. Interessant wäre es natürlich zu wissen, ob die Korrelation zwischen der Art der Licht-Wachstums-Reaktion und dem Carotingehalt der Spitzenregion zufällig ist oder auf einem ursächlichen Zusammenhang beruht. Bemerkenswert ist jedenfalls noch, daß sich der Charakter der Licht-Wachstums-Reaktion ändern kann. Bei *P. kleinii* und *P. sphaerosporus* haben nur junge Träger die negative Licht-Wachstums-Reaktion. Bei alten Trägern wird die Reaktion positiv. Die Entscheidung dieser Frage wird mit der Prüfung der Wuchsstoffwirkung auf das Wachstum der Sporangienträger einhergehen müssen. BANBURY fand bei *Phycomyces* keine Wachstumsbeeinflussung durch Indolylessigsäure. Jedoch müßte gerade im Anschluß an das genannte Verhalten von *Pilobolus* doch sehr die Möglichkeit geprüft werden, daß der Wuchsstoff im Träger u. U. schon in überoptimaler Konzentration vorliegt. Das könnte sowohl die positive Licht-Wachstums-Reaktion als auch das Ausbleiben der Wachstumsförderung durch experimentell zugeführte Wuchsstoffe erklären. Für andere Fälle (bei negativer Licht-Wachstums-Reaktion) müßte man dann eine unteroptimale Wuchsstoffkonzentration postulieren.

Jedenfalls könnten wir auch für *Pilobolus* vermuten, daß die entscheidende Lichtabsorption im Riboflavin stattfindet und das Carotin nur als Schattenspender wirkt, es als solches aber in den genannten Fällen unerläßlich ist. Bei *P. kleinii* und *P. sphaerosporus* liegt auch die Grenze des Aktionsspektrums zum Langwelligen ähnlich wie bei *Avena*, nämlich ungefähr zwischen 550 und 570 mμ. Jedoch gibt PAUL für *P. crystallinus* eine Empfindlichkeit bis 625 oder 630 mμ an. Vielleicht können also doch noch andere Pigmente die photochemische entscheidende Strahlungsabsorption vollziehen.

Zu der Vorstellung, daß beim Phototropismus der Sporangienträger von *Phycomyces* die Linsenwirkung des Trägers eine entscheidende Rolle spielt, paßt auch die Untersuchung BANBURY: *Phycomyces blakesleeanus* zeigt nicht die normale positive, sondern eine negative phototropische Krümmung, wenn ein feiner Lichtstrahl auf eine Seite der Wachstumszone gerichtet wird.

Als Fortsetzung der Arbeit PAULs darf die auch von BUDER angeregte Untersuchung GETTKANDTs gelten. Bei mehreren parasitischen Pilzen wurde negativer Phototropismus der Keimmycelien gefunden. Wirksam ist wieder die kurzwellige Strahlung. Überraschenderweise lag aber die Grenze der Empfindlichkeit für *Puccinia triticina* und *dispersa* schon zwischen 450 und 480 mμ. Diese Beschränkung der Aktivität auf das UV, Violett und Blau ist mit der Vorstellung einer entscheidenden Absorption im Riboflavin nicht leicht vereinbar. Die Licht-Wachstums-Reaktion ist negativ (d. h. sie besteht in einer Wachstumshemmung); durch die Linsenwirkung kommt aber auch hier trotzdem ein negativer Phototropismus zustande, weil die phototropisch empfindlichen Spitzen frei von Carotin sind. Auch die bekannte Inversion zu positivem Phototropismus in Paraffinum liquidum gelingt hier.

Lichtempfindlich ist nach GETTKANDT bei den genannten *Puccinia*-Arten nur die äußerste Spitzenregion. Schon 4 μ unterhalb der Spitze ist keine Empfindlichkeit mehr nachweisbar.

II. Phototaxis.

1. Flagellaten.

Die Grundlagen der phototaktischen Reaktionen erinnern in mancher Hinsicht an die eben besprochenen Grundlagen der phototropischen Bewegungen. Die Carotinoide des Augenflecks, dessen Bedeutung für die Phototaxis oft genug begründet wurde, haben offenbar die schon von älteren Autoren betonte Rolle der periodischen Verdunkelung einer lichtempfindlichen Region im Bereich der Geißelbasis. Bekräftigt wird diese Annahme durch die Beobachtungen HARTSHORNEs an einer augenfleckfreien Mutante eines *Chlamydomonas*. Diese Form ist nicht etwa unempfindlich für Licht; aber eindeutig gerichtete Bewegungen vermag sie nicht mehr auszuführen. In die gleiche Richtung weisen Beobachtungen an *Euglena gracilis* (BÜNNING u. SCHNEIDERHÖHN). Das Aktionsspektrum der positiv phototaktischen Reaktion hat sein Maximum bei etwa 490 bis 500 mμ (Abb. 22), was dem Absorptionsmaximum der Carotinoide des Stigmas entspricht (Abb. 23). Für die negativ phototaktische Reaktion aber liegt das Maximum des Aktionsspektrums bei etwa 415 mμ (Abb. 24). So ist die positiv phototaktische Reaktion offenbar durch periodische Verdunkelung einer lichtempfindlichen Substanz im Bereich der Geißelbasis bedingt und sie ist daher nicht nur von der Lichtabsorption in dieser lichtempfindlichen Substanz abhängig, sondern auch von der Stärke der (periodischen) Ausschaltung dieser Absorption, und eben dieses Ausmaß ist um so größer, je mehr Licht der Schattenspender, also das Stigma, fortnimmt. Bei der negativ phototaktischen

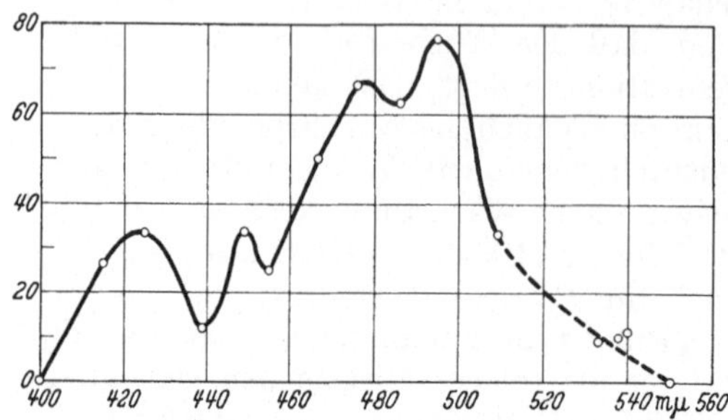

Abb. 22. Relative Wirksamkeit der einzelnen Spektralbereiche bei der positiv phototaktischen Reaktion von *Euglena gracilis*. Nach BÜNNING und SCHNEIDERHÖHN.

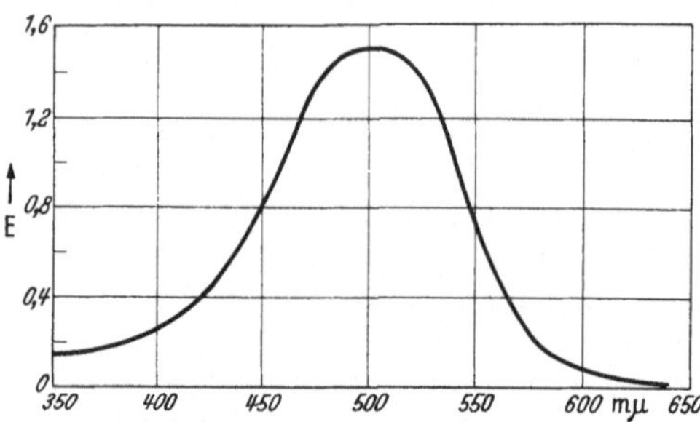

Abb. 23. Extinktionskurve eines der Stigmacarotinoide (Astacin, gelöst in Pyridin). Nach BÜNNING und SCHNEIDERHÖHN.

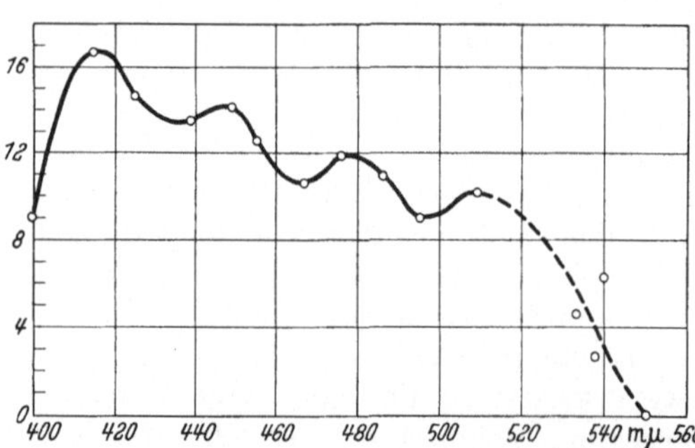

Abb. 24. Relative Wirksamkeit der einzelnen Spektralbereiche bei der negativ phototaktischen Reaktion von *Euglena gracilis*. Nach BÜNNING und SCHNEIDERHÖHN.

Reaktion aber, die einen reinen phobischen Charakter kundtut, ist diese periodische Verdunklung nicht notwendig, so daß das Aktionsspektrum dieser Reaktion rein der Absorption in der lichtempfindlichen Substanz entsprechen kann. Für diese Deutung spricht, daß bei $\lambda \sim 400$ mμ, wo die Stigmacarotinoide nur sehr wenig absorbieren, nur die negativ phototaktische Reaktion eintrat. Es kann also bei *Euglena* ganz ähnlich wie in der *Avena*koleoptile ein Aktionsspektrum resultieren, das der Absorptionskurve von Carotinoiden entspricht, obwohl die eigentlich lichtempfindliche Substanz ein deutlich verschiedenes Absorptionsspektrum hat.

Bei allen phototaktischen Untersuchungen mit *Euglena* zeigt sich die „Launenhaftigkeit" dieses Objekts. In einer Untersuchung von BRUCKNER wird einer der hierfür verantwortlichen Faktoren aufgedeckt. Bei *Lepocinclis texta* nahm die Sensibilität, gemessen an der (stets positiven) Phototaxis mit zunehmendem Tageslicht ab, mit abnehmendem zu. Dafür war die Kohlensäurekonzentration entscheidend. Nimmt diese im Medium ab, so sinkt die Empfindlichkeit sehr stark. BRUCKNER möchte daher für solche Phänomene nicht die Bezeichnung „Adaptation" anwenden.

2. Rhodospirillen.

Die entscheidende Rolle der Lichtabsorption im Bakteriochlorophyll für die phototaktische Reaktion von *Rhodospirillum rubrum* ist lange bekannt. Die Verfeinerung der Methode gestattete aber weitere Einblicke. MILATZ u. MANTEN erzeugten im Mikroskop zwei Lichtfelder; eines von ihnen war in Qualität und Intensität variabel. So konnte jeweils ein Wert eingestellt werden, bei dem keine Schockreaktion am Übergang zwischen diesem variablen Feld und dem unveränderten Vergleichsfeld eintrat. Das so ermittelte Aktionsspektrum läßt erkennen, daß außer Bakteriochlorophyll auch einige Carotinoide wirksam sind, jedoch (nach diesen Autoren) nicht Spirilloxanthin. Maxima der phototaktischen Wirkung liegen bei 880, 690, 590, 525, 490, 460 und 400 mμ. Die in den Carotinoiden absorbierte Energie leistete nach THOMAS u. GOEDHEER phototaktisch weniger als sie bei der Photosynthese zu leisten vermag. Ergebnisse CLAYTONs (1) weichen insofern von den genannten ab, als er auch die Absorption im Spirilloxanthin als wirksam fand (Abb. 25).

Die deutliche Beziehung dieser *Rhodospirillen*-Phototaxis zu der photosynthetisch wirksamen Strahlung und Absorption ließ MANTEN vermuten, eine Abnahme der Photosyntheserate sei phototaxisauslösend. CLAYTON (1, 2) hält eine Störung der Reaktionskette bei den photosynthetischen Prozessen für wichtig. Besonders interessant erscheint auch CLAYTONs (3) Vergleich der einzelnen Vorgänge bei der phototaktischen Reaktion mit Reizvorgängen bei anderen Organismen. (Manche dieser Schlußfolgerungen sind allerdings auch schon aus älteren Untersuchungen abgeleitet worden.) Die Erregungen folgen dem Alles-oder-Nichts-Gesetz und es besteht demgemäß ein absolutes Refraktärstadium (etwa 0,25 sec), welches z. B. gemessen werden kann, indem in verschiedenen Zeitabständen durch Übertragung in Dunkelheit gereizt wird. Das Refraktärstadium äußert sich aber z. B. auch darin, daß auf einen Einzelreiz periodische Erregungen folgen können. Die sich dem absoluten Refraktärstadium anschließende Erholungsphase bis zur Wiederherstellung der vollen Empfindlichkeit dauert etwa 3 sec.

Weiter läßt sich das Vorhandensein von Akkomodationsvorgängen nachweisen: Ein plötzlicher Reiz ist wirksamer als ein sich allmählich „einschleichender", der eben Erholungsvorgänge auslöst und dadurch verhindern kann, daß die Erregung stärker wird als die Erholung, d. h. ein solcher allmählich ansteigender Reiz führt schwerer zu einer Reaktion.

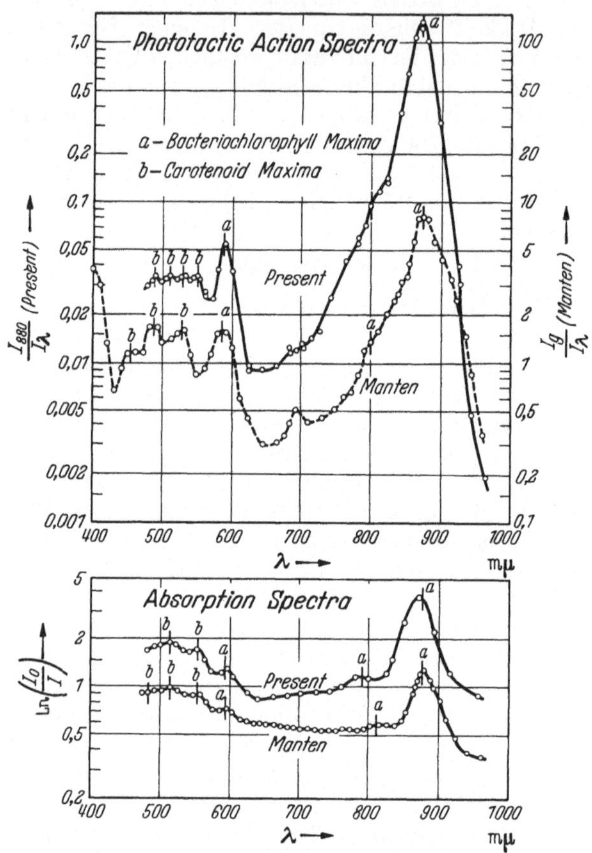

Abb. 25. Absorptionsspektrum und phototaktisches Aktionsspektrum von *Rhodospirillum rubrum*. Present = Autor CLAYTON, Manten = Autor MANTEN. Nach CLAYTON.

3. Chloroplasten.

Mehrere Arbeiten von ZURZYCKA u. ZURZYCKI haben gute Fortschritte in unserer Kenntnis von der Chloroplastenphototaxis ermöglicht. Die komplexe Natur des Phänomens kommt darin zum Ausdruck, daß sich das Aktionsspektrum bei der Apostrophe-Epistrophe-Reaktion (in *Lemna trisulca*) deutlich von dem der Epistrophe-Parastrophe-Reaktion unterscheidet [ZURZYCKA u. ZURZYCKI (1)] (Abb. 26). Mit der Schluß-folgerung der Verfasser, im erstgenannten Fall sei Absorption von Carotinoiden, im zweitgenannten Absorption im Chlorophyll entschei-dend, muß man wohl nach vielen strahlenphysiologischen Erfahrungen der neueren Zeit vorsichtig sein. Die Verschiedenheit der Teilprozesse kommt nicht nur in diesen unterschiedlichen Aktionsspektren, sondern auch in den verschiedenen Temperaturkoeffizienten zum Ausdruck. Die genannten Autoren fanden z. B. für die Epistrophe-Apostrophe-Bewegung einen Q_{10} von etwa 1,5, für die Apostrophe-Epistrophe-Bewegung aber 1,0. Bei *Selaginella martensii* fanden die gleichen Autoren ebenfalls, daß blaues und rotes Licht wirken kann, jedoch scheinen qualitative Differenzen in der Art der Wirkung zu bestehen. Bemerkenswert ist weiter, daß eine starke Reduktion der Atmung (um 70%) oder durch Gifte die phototaktischen Bewegungen

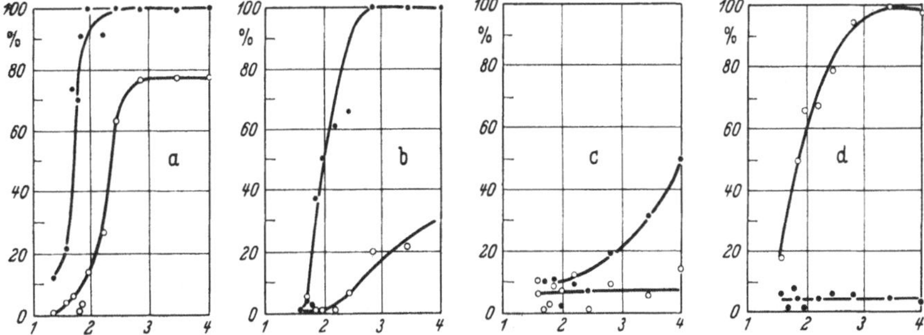

Abb. 26. *a—d*. Bewegung der Chloroplasten in den Zellen von *Lemna trisulca* unter dem Einfluß verschiedenfarbigen Lichts. Nicht ausgefüllte Kreise: Epistrophe-Parastrophe-Reaktion, schwarze Kreise: Apostrophe-Epistrophe-Reaktion; *a* blaues Licht, *b* grünes Licht, *c* gelbes Licht, *d* rotes Licht. Nach ZURZYCKA 1951. Ordinate = Grad der Verlagerung; Abszisse: Logarithmus der relativen Lichtintensität + 2.

nicht ändert [ZURZYCKA u. ZURZYCKI (6)]. Eine Reduktion der Photosynthese hatte auf bestimmte Bewegungsphasen keinen Einfluß, während sie andere völlig unterdrückte.

Auch bei *Begonia multiflora* gibt es eine phototaktische Chloroplastenverlagerung, die nur durch kurzwellige Strahlung (unter 470 mμ) erreicht wird, nämlich der Übergang von ,,Flächenstellung'' zu ,,Flankenstellung'' bei $^1/_2$ stündiger Exposition in vollem Sonnenlicht (SEYBOLD).

III. Tagesperiodische Bewegungen.

Tagesperiodische Bewegungen sind neuerdings mehrfach studiert worden, weil sie wegen der bei vielen Pflanzen festgestellten Beteiligung der endogenen Tagesrhythmik an ihnen ein gutes Mittel zum Studium dieser endogenen Rhythmik sind. Aufschlußreich war die Einführung eines neuen Objekts, nämlich *Kalanchoe blossfeldiana*, durch HARDER u. BÜNSOW [BÜNSOW (1, 2)]. Die Kronblattzipfel dieser Pflanze zeigen vom Licht-Dunkel-Wechsel gesteuerte endogentagesperiodische Öffnungs- und Schließungsbewegungen. Für das Eintreten der Dunkelstarre scheint Erschöpfung des Assimilatvorrats mitverantwortlich zu sein. Rohrzuckerinjektionen verhindern die Amplitudenabnahme (BÜNSOW). Im Dauerlicht zeigten sich Depressionen der Bewegungskurven. Im übrigen gelten hinsichtlich der Regulation durch den Licht-Dunkel-Wechsel ähnliche Regeln wie bei den meist studierten Laubblättern verschiedener Pflanzen. Einem 10:10-, 8:8- und auch 6:6-stündigen Licht-Dunkel-Wechsel vermag die Bewegungsrhythmik zu folgen. Im 4:4- und 2:2-Std. Licht-Dunkel-Wechsel aber zeigten sich die endogen-tagesperiodischen Bewegungen. Eine einmalige, z. B. 4 stündige Dunkel-periode kann die erloschene Bewegungsrhythmik wieder auslösen. In allen diesen Punkten also besteht weitgehend Übereinstimmung mit dem Verhalten von Laubblättern.

Gemeinsam mit den tagesperiodischen Bewegungen sind auch gewisse Beziehungen zu den Wuchsstoffschwankungen (vgl. hierzu auch S. 359). Die Bewegungen, jedenfalls soweit sie noch im Dauer-dunkel ablaufen, können nach BECKER vielleicht durch ein Zusammen-wirken von Wuchsstoff- und p_H-Einfluß erklärt werden. Bemerkenswert sind die mit den Öffnungs- und Schließungsbewegungen parallel gehen-den Schwankungen des Frischgewichts, die ebenfalls von BECKER gefunden wurden. Im geöffneten Zustand ist das Frischgewicht der Blüten wesentlich größer als im geschlossenen. Das könnte auf Schwan-kungen der Wasserbindungskraft von Zellsaftkolloiden hindeuten (vgl. auch S. 360).

Daß bei manchen Laubblättern der Übergang von Licht zu Dunkel-heit stärker reguliert als der Übergang von Dunkelheit zu Licht, hatte schon PFEFFER gefunden. Zu diesem Typ gehört auch *Xanthium* (BÜNNING).

Auch bei Spaltöffnungen sind endogen-tagesperiodische Bewegungen weit verbreitet (vgl. die Hinweise bei WILLIAMS).

IV. Geotropismus.

1. Reizaufnahme.

Die Rolle der ,,Statolithenstärke" ist immer noch umstritten. Einer-seits fand YOUNIS bei Dekapitationsversuchen an *Vicia faba*, daß die äußersten 0,5 mm für den Geotropismus nicht notwendig sind. Erst Dekapitationen, die bis ins Meristem reichen, verhindern die Reaktion. Ein Aufsetzen der Spitze stellt die Empfindlichkeit dann nicht wieder her. Die eigentliche Reizaufnahmezone scheint also nicht mit der Zone der Statolithenstärke identisch zu sein. Andererseits beschreibt BRAIN für *Lupinus polyphyllus* eine enge Korrelation zwischen jahreszeitlichen Schwankungen des Gehaltes an Statolithenstärke und ähnlichen Schwankungen der geotropischen Empfindlichkeit.

Die Untersuchungen PILETS seien hier nur kurz zitiert; der von ihm angenommene Zusammenhang zwischen Auxin und Statolithenstärke bedarf noch weiterer experimenteller Begründung (vgl. die Besprechung bei BRAUNER).

2. Rolle der Wuchsstoffe.

Alle Theorien des Geotropismus rechnen mit der Herstellung einer Wuchsstoffungleichheit auf Ober- und Unterseite der geotropisch ge-reizten Organe. Es muß aber ausdrücklich hervorgehoben werden, daß eindeutige Beweise für eine Herstellung dieser Ungleichheit durch ,,Ver-schiebung" noch fehlen. Die Differenzen könnten also auch durch Vor-gänge wie Freisetzung oder Bindung von Wuchsstoffen bedingt sein.

Einen wichtigen Diskussionsbeitrag liefert ANKER. Dekapitierte oder nichtdekapitierte *Avena*koleoptilen wurden in Wasser oder in Lösungen verschiedener Wuchsstoffe gebracht (IES, Indolacetonitril bzw. Naphthalenessigsäure). Dekapitierte Koleoptilen zeigten im Wasser keine oder nur schwache geotropische Krümmungen. In Wuchsstofflösungen wurde die Reaktionsfähigkeit wiederhergestellt. Dabei wirkte interessanterweise Indolacetonitril am stärksten. Nun ist dieses Nitril aber eine nicht ionisierte Substanz. Das spricht also gegen einen elektrischen Transportmechanismus. Jedoch wird die Auffassung, daß das Nitril erst nach seiner Umwandlung zur Säure wirkt, in der Wuchsstofforschung oft vertreten. In der Beeinflussung des Wachstums der Koleoptilen unterscheiden sich Nitril und Indolylessigsäure nicht.

RUFELT unternahm an Flachs- und Weizenwurzeln Versuche mit Wuchsstoff und mit dem „Antiauxin" d-p-Chlorphenoxyisobuttersäure (PCIB). IES verlängert die Präsentationszeit der geotropischen Krümmung. Das könnte nach RUFELT erklärt werden, weil die geotropisch bedingte ungleiche Wuchsstoffverteilung auf Ober- und Unterseite bei zusätzlicher Wuchsstoffversorgung (gemäß dem WEBERschen Gesetz) naturgemäß größer sein müßte, um eine bestimmte Reaktion zu erreichen. PCIB wirkt nicht als eigentlicher Antagonist. Die normale positive Reaktion kann der Stoff nicht beeinflussen. Die beiden Substanzen beeinflussen in der Wurzel also zwei verschiedene Prozesse. Die einfache Theorie der Wuchsstoffverschiebung im Sinne von CHOLODNY ist somit nicht anwendbar.

3. Geotropismus und Wachstum.

So müssen wir schließen, daß die geotropischen Erscheinungen doch wesentlich komplizierter sind als die einfachen Hypothesen es wahrhaben wollen. Eine Untersuchung von LARSEN gibt dazu manche neuen Hinweise und sie erinnert auch daran, daß schon ältere Beobachtungen eine einfache Erklärung ausschließen. Besonders bemerkenswert aus LARSENs Versuchen an Wurzeln von *Artemisia absinthium* ist wohl, daß bei einer Rotation auf horizontaler Klinostatenachse das Wachstum, verglichen mit dem in der normalen vertikalen Position ablaufenden, relativ wenig beeinflußt wird, sofern eine Umdrehung ungefähr 0,5 bis 2 min dauert. Spontane Krümmungen der Wurzeln („Nutationen") können dann nicht korrigiert werden. Bei langsamer Rotation aber wird die Streckung stark reduziert, z. B. beim Rotieren mit einer Geschwindigkeit von 14—16 min je Umdrehung um 23—27%. Beim schnelleren Rotieren (0,25 min je Umdrehung) ist die Wachstumsreduktion auch stark. Spontane Krümmungen werden korrigiert (scheinbar sog. „Orthotropismus"). Die Schwerkraft kann offenbar beim Eingreifen in der normalen Richtung das Wachstum nicht beeinflussen, sie hemmt das Wachstum aber bei Inversstellung der Wurzeln oder wenn sie im rechten Winkel zu deren Längsachse eingreift. Nur durch eine Fortsetzung solcher Untersuchungen, die deutlich genug zeigen, daß die einfache Hypothese einer Auxinverschiebung nicht genügen kann, ist ein weiterer Aufschluß zu erwarten.

4. Plagiotropismus.

Werden Rhizome von *Aegopodium podagraria* 45 min in Wuchsstofflösung gelegt, so krümmen sie sich aufwärts. Das stützt (nach BALL) eine Erklärung des diageotropischen Verhaltens aus dem Zusammenwirken von zwei gegeneinander wirkenden Hormonen. Der Verfasser meint, es müsse ein Mechanismus bestehen, der eine Ablenkung des zugeführten Wuchsstoffes, ebenso wie des im Rhizom schon befindlichen, auf die Unterseite ermöglicht. Dann aber müsse eben ein dagegenwirkendes Hormon angenommen werden, das normalerweise für die Erhaltung des Gleichgewichts sorgt. Dieser Erklärung könnte man freilich auch andere entgegensetzen.

Auf andere Erklärungsmöglichkeiten deuten schon Untersuchungen von VARDAR über den Plagiotropismus. VARDAR (1) fand an Blattstielen von *Tropaeolum, Coleus* und *Nymphaea*, daß die Spreite als Wuchsstoffquelle dient und für die Ungleichheit des Wachstums die physiologischen Eigentümlichkeiten des Blattstieles selber verantwortlich sind. Beweisend ist dafür vor allem auch, daß bei *Tropaeolum* und *Coleus* schwache Konzentrationen von IES auf die dorsalen Seiten einen stärkeren Effekt ausüben als auf die ventralen. Dafür sind nicht die anatomischen Verhältnisse (Gefäßbündelführung) verantwortlich, sondern das Ansprechen auf Auxin. Für die plagiotropische Gleichgewichtslage der Blattstiele werden von VARDAR die genannte ungleiche Auxinempfindlichkeit und zusätzlich die geisch bedingte ungleiche Auxinverteilung verantwortlich gemacht. Auch eine Untersuchung VARDARs (3) an Blütenstielen von *Cyclamen hiemale, Anagallis arvensis* und *Impatiens balsamina* weist in eine ähnliche Richtung. Die bei diesen Objekten auftretenden Änderungen in der plagiotropischen Lage werden von IES gesteuert. Die Endknospen wirken dabei unter natürlichen Bedingungen als Auxinquelle. Auch hier besteht, ähnlich wie bei den Blattstielen, keine anatomische Voraussetzung für die bessere Auxinzuleitung zu einer der Flanken, und wieder besteht eine deutliche Verschiedenheit der Auxinempfindlichkeit auf dorsaler und ventraler Seite. Die normalen Änderungen in der plagiotropischen Gleichgewichtslage, die während der Weiterentwicklung der Pflanze auftreten, sind einerseits durch allmähliche Empfindlichkeitsänderungen, andererseits auch wohl durch Änderungen des Auxingehalts bedingt.

V. Elektrotropismus.

Das eben für den Phototropismus und Geotropismus kurz angeschnittene Problem der Ablenkung des Wuchsstoffstromes ist auch für elektrotropische Krümmungen wieder diskutiert worden. WEBSTER u. SCHRANK meinen, eine Ablenkung experimentell zugeführter Indolylessigsäure in der *Avena*koleoptile durch einen elektrischen Strom nachgewiesen zu haben. Bemerkenswert ist aber, daß (nach einseitiger Wuchsstoffdarbietung) die elektrisch bedingte Krümmung auch eintritt, wenn der Wuchsstoff erst nach Einwirkung des elektrischen Stromes geboten wird. Es kann sich also nicht so, wie es gelegentlich angenommen wurde, einfach um eine kataphoretische Verlagerung des Wuchsstoffes handeln, sondern der elektrische Strom müßte eine Art Polarisierung in der Koleoptile bedingen, und diese würde zur Ablenkung des Hormonstromes führen.

VI. Mechanismus einiger Turgorbewegungen.

1. Licht und Schwerkraftreaktionen von Blattgelenken.

Als Kriterium dafür, ob eine Bewegung auf Wachstumsänderung oder Turgorschwankung beruht, dient oft die Reversibilität beim Abtöten der Gelenke. VARDAR (2) unternahm solche Untersuchungen an Gelenken von *Phaseolus multiflorus*. Die Abtötung wurde durch Eintauchen in heißes Wasser vorgenommen. Bei den einzelnen Reaktionstypen besteht eine unterschiedliche Reversibilität. Untersucht wurden: Phototropismus, Geotropismus, durch IES-Paste bedingte und bei Rotation am Klinostaten (horizontale Achse) auftretende epinastische Reaktion. Die phototropischen Reaktionen sind am stärksten, oft sogar völlig reversibel. Das hängt offenbar damit zusammen, daß an diesen Reaktionen eine Turgorsenkung entscheidenden Anteil hat. Aber schon bei den phototropischen Reaktionen ist meist doch auch eine irreversible Komponente nachweisbar. Diese ist selbst dann erklärlich, wenn die direkte Lichtreaktion eine Turgorsenkung ist, weil eine solche zwangsläufig eine Saugkrafterhöhung auf der Gegenseite und damit deren Dehnung bedingt. Bei der geotropischen Reaktion spielt offenbar die früher vom Verfasser nachgewiesene Erhöhung der osmotischen Werte auf der Unterseite eine Rolle. Sie führt zu einer Turgorerhöhung und zu teilweise irreversibler Dehnung. Aber auch Auxinanreicherung auf der Unterseite kann durch eine Dehnbarkeitserhöhung der Zellwände für die größere Irreversibilität verantwortlich sein (oft ist nicht viel mehr als die Hälfte der Reaktion reversibel). Bei der geotropischen Reaktion gehen also Turgor- und Wachstumsmechanismus stark ineinander über. Die durch Auxindarbietung oder Epinastie bedingten Krümmungen sind meistens noch weniger reversibel. Generell läßt sich sagen, daß die Reversibilität einer Gelenkreaktion um so geringer ist, je mehr das Auxin an ihr beteiligt ist.

Die Mitwirkung von Auxin an tagesperiodischen Bewegungen ist von FERRI u. CAMARGO wieder betont worden. Die auxinbedingten Gelenkbewegungen können übrigens, wie VENTURA für *Stizolobium aterrimum* fand, durch 2,4-Dinitrophenol gehemmt werden.

2. Seismoreaktionen von Gelenken.

Bei Reaktionen von Gelenken, namentlich von Lichtreaktionen, rechnet man gern mit Permeabilitätsänderungen, die ja auch mehrfach nachgewiesen werden konnten. Auch für Seismoreaktionen wurden solche bekanntlich schon früher erwiesen. Es sind aber mikroskopisch auch weitere kolloidale Veränderungen nachweisbar. WEINTRAUB hatte an Gewebeschnitten von *Mimosa*gelenken das Verschwinden kleiner Vacuolen und das Auftreten neuer bei der Reizung beobachtet. Auf ähnliche Vorgänge der Vacuolenkontraktion bei diesen Bewegungen verweisen die Untersuchungen von TORIYAMA. Er fand verschiedene Typen von Vacuolen im Bewegungsgewebe, die ihr Volumen bei der Reizung ändern. Der in diesen Vacuolen enthaltene Gerbstoff kann nach der Reizung ins Cytoplasma übertreten und ist dort, nach der Meinung TORIYAMAs, für die Änderung des kolloidalen Zustandes des Protoplasmas wichtig. Auch in dem von den Zellen ausgepreßten Saft sind Gerbstoffe und einige andere Substanzen nachweisbar, womit erneut auf einen Zusammenhang der kolloidalen Veränderungen mit den Permeabilitätserhöhungen hingewiesen wird.

3. Spaltöffnungen.

Der zellphysiologische Mechanismus von Vacuolenkontraktionen, Entmischungen usw. der obengenannten Art ist in anderen Abschnitten dieser „Fortschritte" wiederholt besprochen worden. Uns interessiert aber die häufige Anwendung dieser Mechanismen bei pflanzlichen Turgorbewegungen. Sie spielen bei plötzlichen Änderungen der Wasserbindungskraft tatsächlich eine große Rolle. Auch für einzelne Spaltöffnungen ist das schon früher betont worden (IMAMURA). Neuerdings hat WILLIAMS auf diese Möglichkeit hingewiesen. Man rechnete bisher zur Erklärung der Spaltöffnungsbewegungen bekanntlich stark mit folgender Kette von Vorgängen: Verringerung des CO_2-Gehalts durch eingeschaltete Assimilation, dadurch Erhöhung des p_H-Wertes, hierdurch wiederum einerseits Beeinflussung des kolloidalen Zustandes, andererseits direkte oder indirekte Begünstigung der Umwandlung von Stärke zu Zucker. Sowohl durch die kolloidalen Veränderungen, als auch durch die Stärke-Zucker-Umwandlung kommt es zur Turgorerhöhung. Nun gibt es mehrere Beobachtungen, nach denen Spaltöffnungsbewegungen auch ohne Änderung der CO_2-Spannung resultieren können. Namentlich auf neuere Untersuchungen von HEATH u. RUSSEL kann hingewiesen werden. Es mag sehr wohl sein, daß einzelne Komponenten der Spaltöffnungsreaktion im Sinne des obengenannten „klassischen" Schemas erfolgen; aber WILLIAMS rechnet doch stark mit kontraktilen Strukturen, wobei der Übergang von Licht zu Dunkelheit als der aktive Vorgang angesehen wird. Der Kohlenhydratumwandlung würde auch nach diesem Schema nur eine sekundäre stabilisierende Wirkung zukommen. WILLIAMS weist dabei ausdrücklich auf viele Parallelen zu dem Verhalten von Gelenken hin. Auch in einer Untersuchung von MOURAVIEFF wird betont, daß wenigstens bei einigen Pflanzen die Öffnung der Spalten nicht mit einer Erhöhung der osmotischen Werte verknüpft sein muß, also offenbar nicht Neubildung osmotisch wirksamer Substanzen, sondern zunehmende Wasserbindungsfähigkeit des Protoplasten für die zusätzliche Wasseraufnahme der Schließzellen verantwortlich sein muß. Andererseits gibt es auch Spaltöffnungsbewegungen, bei denen die Beziehungen zwischen dem plasmolytisch meßbaren osmotischen Wert und der Öffnungsweite sehr klar ist (STALFELT, Abb. 27).

Eine enge Beziehung zwischen Stärkegehalt und Spaltöffnungsweite haben YEMM u. WILLIS für *Chrysanthemum maximum* beschrieben (Abb. 28). Daß aber Bewegungen grundsätzlich auch dann möglich

sind, wenn die Schließzellen gar keine Stärke bilden können, wurde
wiederholt festgestellt (vgl. SHAW).

So müssen wir also schließen, daß an den Spaltöffnungsbewegungen
tatsächlich verschiedenartige Mechanismen beteiligt sind.

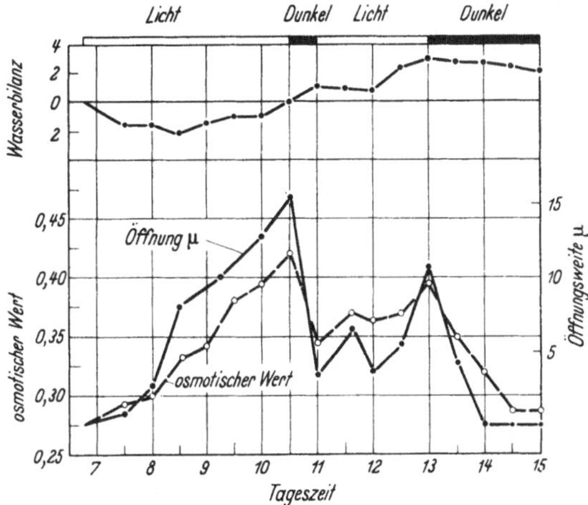

Abb. 27. Beziehung zwischen Spaltöffnungsweite und osmotischem Wert bei verschiedenem Wasserdefizit
der Blätter von *Vicia faba*. Wasserbilanz bedeutet: Zu- oder Abnahme des Wassergehalts der Blätter, ausgedrückt in Prozent des Blattfrischgewichts. Die Öffnungsweite der Stomata ist in μ angegeben, der
osmotische Wert in mol. Rohrzuckerlösung, bei der Plasmolyse beginnt. Die angegebenen Werte sind
Mittelwerte. Nach STALFELT.

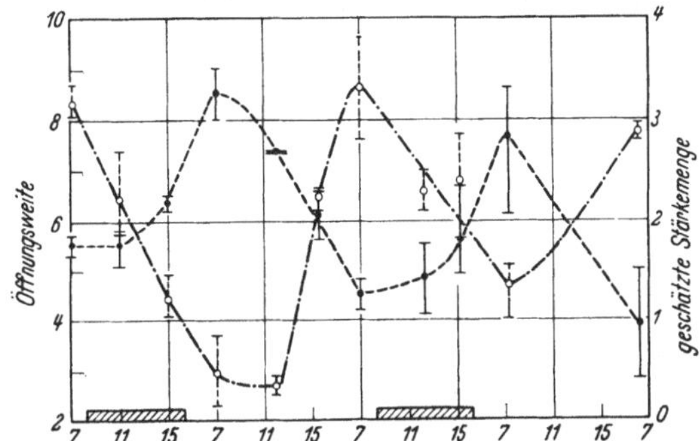

Abb. 28. Schwankungen der Spaltöffnungsweite und des Stärkegehalts in den Schließzellen von *Chrysanthemum maximum* (Mittelwerte). Die senkrechten Striche geben die Variationsbreite an. Schwarze Kreise:
Öffnungsweite, nicht ausgefüllte Kreise: Stärkegehalt. Nach YEMM und WILLIS.

VII. Thermonastie.

Die thermonastischen Bewegungen der *Tulipa*-Blüten wurden erneut
von WOOD untersucht. Bei den Tepalen unterscheiden sich Ober- und
Unterseite durch eine erhebliche Differenz (etwa 10°) in der Lage der
Temperaturoptima. Wichtig ist aber offenbar auch die CO_2-Konzentra-
tion im Gewebe, die bis 5% betragen kann. Die hohe CO_2-Konzentration
scheint die Thermowachstumsreaktion überaus stark zu begünstigen,
indem zunehmende CO_2-Konzentration das Temperaturoptimum des

Wachstums erniedrigt. In gewöhnlicher CO_2-Konzentration liegt das Temperaturoptimum für das Wachstum der Innenseite zwischen 17 und 25°, in einer CO_2-Konzentration von 2% aber bei 15°. Für die Außenseite wird das Optimum unter entsprechenden Bedingungen von 8 bis 15° auf 7,5° erniedrigt.

WOOD findet weiterhin, daß die Bewegungen nicht mit Änderungen der osmotischen Werte, der Acidität oder der Permeabilität verknüpft sind. (Vgl. hierzu jedoch als Ergänzung die vor der Berichtszeit liegende Untersuchung MÜCKSCHITZs über Änderungen in der Plasmolyseform, die auf Änderung der Viscosität hindeuten.)

VIII. Chemotropismus.

Der großen Anzahl bekannter chemotropischer Erscheinungen im Pflanzenbereich steht immer noch die weitgehende Unkenntnis über die wirksamen Stoffe gegenüber. Einen interessanten Beitrag liefert die Untersuchung von FISCHER u. WERNER an *Saprolegnia ferax*. Für den positiven Chemotropismus der Hyphen sind Aminosäuren-Gemische wichtig, und zwar werden 5—7 1-Aminosäuren benötigt, einzelne Aminosäuren für sich wirken nicht. Dieses interessante Phänomen verdient weitere Bearbeitung.

Weiterhin fanden FISCHER u. WERNER, daß dieser Chemotropismus mit mehreren anderen Erscheinungen, z. B. dem Auftreten zusätzlicher Verzweigung und gerichteter Neusprossung verbunden ist. Offensichtlich sind die Krümmungsreaktionen also die Folge tiefgreifender Änderungen in den Hyphen, wozu eben mehrere Aminosäuren assimiliert werden müssen. Die dem Diffusionsstrom zugekehrte Hyphenflanke nimmt die zu ihr kommenden Aminosäuren anscheinend so vollständig auf, daß bei geringeren Konzentrationen zur anderen Flanke nicht mehr viel der chemotropisch wirksamen Substanz gelangen kann, und auch u. U. eine in ihrem „Schatten" liegende Hyphe überhaupt nicht mehr reagiert. Die Assimilation dieser Aminosäuren dürfte zu einer Wachstumshemmung in der betreffenden Seite der Spitzenregion führen. Für diese Hemmung wiederum wird eine Dehnbarkeitsverringerung der Zellwand verantwortlich gemacht.

Mit dem Chemotropismus von *Rhizopus nigricans* beschäftigte sich STADLER (1953). Die im Saft von Rüben, Tomaten, Hefe und anderem Material wirksamen Stoffe sind wasserlöslich und hitzebeständig. Der gleiche Autor (1952) untersuchte auch die als Folge negativ chemotropischer Reaktion aufzufassende "staling reaction", d. h. das bekannte Phänomen, daß die Keimschläuche von Pilzen voneinander fortwachsen. Die hierbei entscheidenden Stoffe sind nach der Entfernung des Mycels in der Nährlösung nicht mehr nachweisbar. STADLER meint, die entscheidende Hemmsubstanz müsse verfestigend auf eine Seite der Spitzenregion der Hyphen wirken und dadurch das Wachstum nach der anderen Richtung erzwingen. (Nach den erwähnten Vorstellungen von FISCHER u. WERNER müsse man allerdings gerade eine Erweichung der Wand annehmen, um den negativen Chemotropismus zu erklären.)

IX. Autonome Nutationsbewegungen.

Über die Ursache für die autonomen Kreisbewegungen von Ranken und windenden Sprossen wissen wir immer noch nichts Näheres. Auch die verwandten Phänomene bei anderen Pflanzen sind ungeklärt. In neuerer Zeit hat sich ARNAL mit diesen Erscheinungen beschäftigt. An Koleoptilen von *Triticum* erreichen die Nutationsbewegungen Amplituden von 5—8 mm. Die Länge einer Periode beträgt etwa 3 Std. ARNAL vermutet rhythmische Schwankungen der Auxinversorgung. Das bedarf jedoch noch einer Überprüfung, und es bleibt ja auch das Problem, wie eine solche Rhythmik ihrerseits entstehen sollte.

Sehr zahlreich sind die Untersuchungen von TRONCHET und Mitarbeitern sowie von BAILLAUD. Für eine zusammenfassende Darstellung eignen sich die zahlreichen gefundenen Einzeldaten noch nicht. Bemerkt sei, daß die Geschwindigkeit der Bewegungen sich mit der Temperatur wesentlich erhöht. An *Cuscuta odorata* hat BAILLAUD für den Temperaturbereich zwischen 10 und 25° einen Q_{10}-Wert von ungefähr 2 gefunden.

Literatur.

ANKER, L.: Proc. Kon. Nederl. Akad. Wetensch. Amsterdam **57**, 304—316 (1954). — ARNAL, L.: Ann. Univ. Saraviensis, Sciences II, 92—105, 186—203 (1953).

BAILLAUD, L.: C. r. Acad. Sci. (Paris) **236**, 1986—1988 (1953). — BALL, N. G.: J. of Exper. Bot. **4**, 349—362 (1953). — BANBURY, G. H.: J. of Exper. Bot. **3**, 77—85 (1952). — BECKER, T.: Planta (Berlin) **43**, 1—24 (1953). — BRAIN, E. D.: New Phytologist **51**, 48—55 (1952). — BRAUNER, L.: (1) Ann. Rev. Plant Physiol. **5**, 163—182 (1954). — (2) Z. Bot. **43**, 467—498 (1955). — BRAUNER, L., u. M. BRAUNER: Z. Bot. **42**, 83—124 (1954). — BRUCKER, W.: Arch. Protistenkde **99**, 294—327 (1954). — BÜNNING, E.: (1) Ber. dtsch. bot. Ges. **67**, 420—430 (1954). — (2) Z. Bot. **43**, 167—174 (1955). — BÜNNING, E., I. DORN, G. SCHNEIDERHÖHN u. I. THORNING: Ber. dtsch. bot. Ges. **66**, 333—340 (1953). — BÜNNING, E., H. J. REISENER, F. WEYGAND, H. SIMON u. J. F. KLEBE: Z. Naturforsch. **11 b**, 363 (1956). — BÜNNING, E., u. G. SCHNEIDERHÖHN: Arch. f. Mikrobiol. **24**, 80—90 (1956). — BÜNSOW, R.: (1) Planta (Berlin) **42**, 220—252 (1953). — (2) Biol. Zbl. **72**, 465—477 (1953).

CLAYTON, R. K.: (1) Arch. f. Mikrobiol. **19**, 107—124 (1953). — (2) Arch. f. Mikrobiol. **19**, 125—140 (1953). — (2) Arch. f. Mikrobiol. **19**, 141—165 (1953). — (4) Arch. f. Mikrobiol. **22**, 204—213 (1955).

DANNEEL, R., u. B. ESCHRICH: Z. Naturforsch. **11 b**, 105—110 (1956).

FERRI, M. G., e L. V. CAMARGO: An. Acad. Bras. Cienc. **22**, 161 (1951). — FISCHER, F. G., u. G. WERNER: Hoppe-Seylers Z. **300**, 211—236 (1955).

GETTKANDT, G.: Wiss. Z. Martin-Luther-Univ. Halle-Wittenberg **3**, 691—710 (1954).

HEATH, O. V. S., and J. RUSSEL: J. of Exper. Bot. **5**, 269—292 (1954).

IMAMURA, S.: Jap. J. Bot. **12**, 251—346 (1943).

LABOURIAU, L. G., and A. W. GALSTON: Plant Physiol. **30**, Suppl. 5 XXII (1955). — LARSEN, P.: Physiol. Plantarum (Copenh.) **6**, 735—774 (1953).

MEYER, J., u. R. POHL: Naturwiss. **43**, 114—115 (1956). — MILATZ, J. M. W., and A. MANTEN: Biochim. et Biophysica Acta **11**, 17—27 (1953). — MILL, K. S., and A. R. SCHRANK: J. Cellul. a. Comp. Physiol. **43**, 39—55 (1954). — MOURAVIEFF, I.: (1) Ann. Univ. Lyon, Sér. 3, Sect. C **8**, 87—115 (1954). — (2) Bull. Soc. Bot. France **101**, 133—136 (1954). — MÜCKSCHITZ, G.: Protoplasma (Wien) **40**, 348—366 (1951).

PAUL, H. L.: Diss. Halle 1950.

REINERT, J.: (1) Naturwiss. **39**, 47—48 (1952). — (2) Z. Bot. **41**, 103—122 (1953). — RUFELT, H.: Physiol. Plantarum (Copenh.) **7**, 141—156 (1954).

Schneider, R.: Diss. Breslau 1942. — Seemann, J. C.: Diss. Breslau 1939. — Seybold, A.: Naturwiss. **43**, 90—91 (1956). — Shaw, M.: New Phytologist **53**, 344—348 (1954). — Stadler, D. R.: Biol. Bull. **104**, 100—108 (1953). — J. Cellul. a. Comp. Physiol. **39**, 449—474 (1952). — Stålfelt, M. G.: Physiol. Plantarum (Copenh.) **8**, 572—593 (1955).

Thomas, J. B., and J. C. Goedheer: Biochim. et Biophysica Acta **10**, 385—390 (1953). — Thorning, I.: Z. Bot. **43**, 175—179 (1955). — Toriyama, H.: Cytologia (Tokyo) **18**, 283—292 (1953). — Tronchet, J.: (1) Ann. Sci. Univ. Besançon 2e Sér. Bot. **1**, 11—17 ,19—24 (1954). — (2) C. r. Acad. Sci. (Paris) **240**, 1259—1261 (1955).

Vardar, Y.: (1) Rev. Fac. Sci. Univ. Istanbul Sér. B XVIII, 317—352 (1953). — (2) Rev. Fac. Sci. Univ. Istanbul Sér. B XIX, 131—167 (1954). — (3) Rev. Fac. Sci. Univ. Istanbul Sér. B XX, 199—224 (1955). — Ventura, M. M.: Phyton **5**, 47—52 (1955).

Webster, W. W., and A. R. Schrank: Arch. of Biochem. a. Biophysics **47**, 107—118 (1953). — Weintraub, M.: New Phytologist **50**, 357—382 (1952). — Went, F. W.: In Radiation Biology (Ed.: A. Hollaender) Vol. III. New York 1956. — Williams, W. T.: J. of Exper. Bot. **5**, 343—352 (1954). — Wood, W. M. L.: J. of Exper. Bot. **4**, 65—77 (1953).

Yemm, E. W., and A. J. Willis: New Phytologist **53**, 373—396 (1954). — Younis, A. F.: J. of Exper. Bot. **5**, 357—374 (1954).

Zurzycka, A.: (1) Acta Soc. Bot. Pol. **21**, 17—37 (1951). — (2) Acta Soc. Bot. Pol. **22**, 299—320 (1953). — (3) Acta Soc. Bot. Pol. **24**, 417—419 (1955). — Zurzycka, A., u. J. Zurzycki: (1) Acta Soc. Bot. Pol. **20**, 665—680 (1950). — (2) Acta Soc. Bot. Pol. **21**, 113—124 (1951). — (3) Acta Soc. Bot. Pol. **22**, 667—678 (1953). — (4) Acta Soc. Bot. Pol. **23**, 279—288 (1954). — (5) Bull. Acad. Pol. Sc. et Lettres Sér. B. 235—251 (1951). — (6) Acta Soc. Bot. Pol. **24**, 663—674 (1955).

21. Viren.

a) Pflanzenpathogene Viren.

Von Erich Köhler, Braunschweig.

Mit 2 Abbildungen.

1. Virusteilchen.

Durch elektronenmikroskopische Messung sind an der Biologischen Bundesanstalt die Partikelgrößen bei einer Reihe weiterer Virusarten festgestellt worden. Es zeigte sich als Regel, daß die Partikellänge bei jeder Virusart um ein Hauptmaximum variiert und daß außerdem noch Nebenmaxima vorhanden sein können. Die oberen Maxima stellen Multiple der unteren vor. Eine bemerkenswerte Ausnahme macht das Rattle-Virus, bei dem zwei bevorzugte Häufigkeitsmaxima vorkommen, wobei das eine nicht ein multiples des anderen ist. Die vorliegenden Ergebnisse der Längenmessungen sind in nachstehender Tab. 1 zusammengefaßt.

Tabelle 1.

Virusart	Bevorzugtes Häufigkeits- maximum bei (mμ)	Nebenmaxima bei etwa (mμ)	Autoren
Tabak-Rattle (= Kartoffel-Stengelbunt) .	70 und 180	320 und 570	Paul u. Bode
Zuckerrüben-Vergilbung	1250	2500, 625 u. 310	Brandes u. Zimmer
S-Virus der Kartoffel .	650	1300	Wetter u. Brandes
X-Virus der Kartoffel .	515	1050	Bode u. Paul
Phaseolus-Virus 1 u. 2 .	750	375	Brandes u. Quantz

Über die Variabilität an Partikellänge der Zuckerrüben-Vergilbung gibt Abb. 29, über die Gestalt der Partikeln selbst Abb. 30 Aufschluß.

Die Messungen wurden vorzugsweise an Exsudaten nach der Methode von J. Johnson ausgeführt.

Sehr klare elektronenmikroskopische in situ-Aufnahmen des Tabakmosaikvirus im Blattgewebe sind Brandes (1956) von Mikrotomschnitten gelungen. Sie machen deutlich, daß das Virus in den befallenen Zellen teils in „diffuser Verteilung", teils in Form von Einschlußkörpern (X-bodies und Kristallen) vorhanden ist. Das Mengenverhältnis der beiden Erscheinungsformen ist vom Infektionsalter abhängig, indem auf eine „diffuse" Anfangsperiode von 8—9 Tagen p. i. eine Zunahme der Masse der Einschlußkörper folgt (bis 12—13 Tage p. i.), woran sich — offenbar infolge Zerfalls von X-bodies — ein vorwiegend „diffuser" Dauerzustand anschließt.

BERCKS und QUERFURTH (1956) fanden, daß die Partikeln des X-Virus in Preßsäften aus alten Tabakblättern im allgemeinen kürzer sind als in denen von jungen und daß sie außerdem Formveränderungen

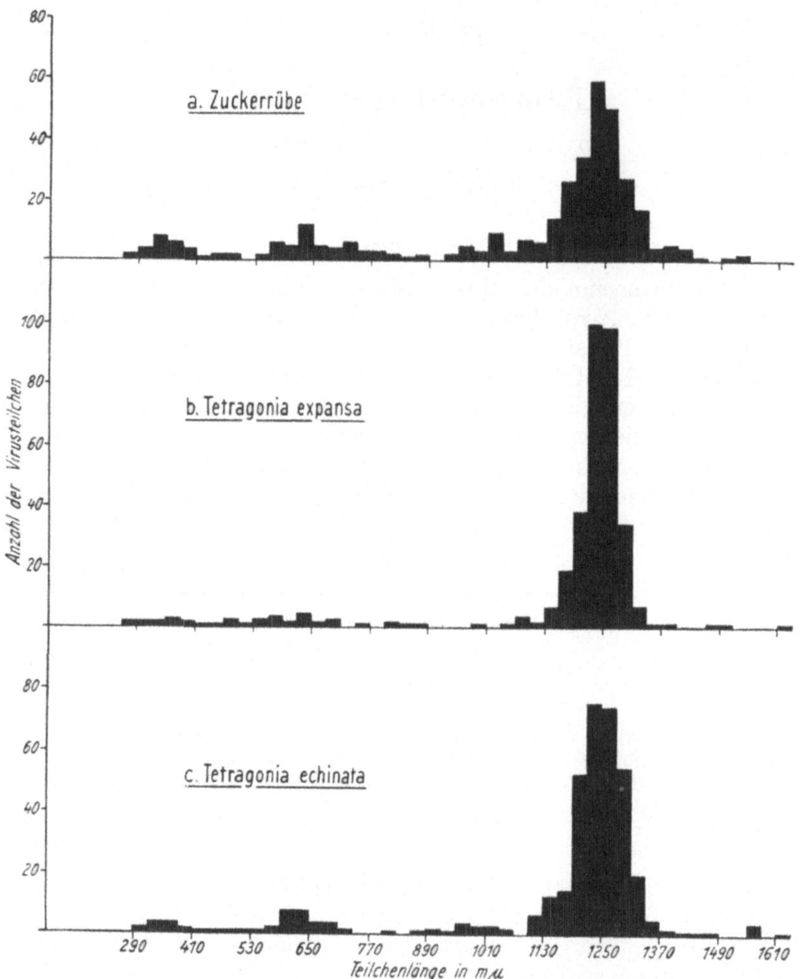

Abb. 29. Variabilität der Partikellängen des Virus der Zuckerrüben-Vergilbung; Säfte von verschiedenen Wirtspflanzen (nach BRANDES u. ZIMMER).

aufweisen, womit eine Abnahme der serologischen Aktivität einhergeht. Bemerkenswert ist, daß solche degenerativen Abweichungen nicht in Erscheinung treten an Partikeln, die in Exsudaten, auch alter Blätter, enthalten sind.

2. Struktur und Chemismus des Virus.

Die Partikeln des Tabakmosaikvirus (TMV) sind — wie bekannt — stabförmig. Sie bestehen aus 94% Protein und 6% Ribosenucleinsäure

(RNS). Ihr „Molekulargewicht" beläuft sich auf etwa 45 Millionen. Ihre Länge beträgt etwa 3000 Å, ihre Dicke etwa 150 Å.

Aus den Untersuchungen von SCHRAMM, SCHUMACHER und ZILLIG (1955), worüber jetzt zwei ausführliche Berichte vorliegen, geht hervor, daß die Stäbchen dieses Virus einen Zentralstrang aus Nucleinsäure

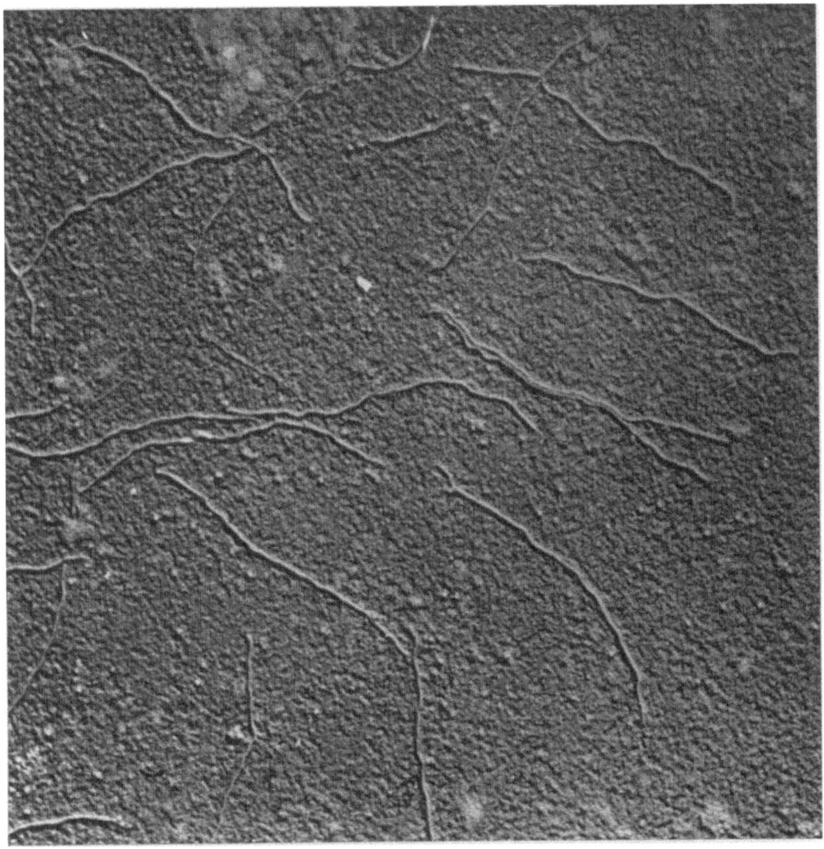

Abb. 30. Partikeln des Virus der Rübenvergilbung; elektronenoptisch (nach BRANDES u. ZIMMER).

besitzen, um den das Protein gesetzmäßig angeordnet ist. Durch milde Behandlung mit Alkali läßt sich der Proteinmantel teilweise oder vollständig von der Nucleinsäure ablösen. Die abgelösten, im Elektronenmikroskop sichtbaren Proteinfragmente gleichen etwa kreisförmigen Scheiben und besitzen in der Mitte ein Loch, das dem Durchmesser des Nucleinsäurefadens entspricht (etwa 34 Å). Nach den röntgenographischen Befunden von WATSON (1954) sind die Scheiben in Wirklichkeit als Bruchstücke einer sehr engen, den Nucleinsäurestrang umwindenden Schraube aufzufassen, die sich aus einer großen Zahl identischer Untereinheiten zusammensetzt. Das Molekulargewicht der Untereinheiten beträgt wahrscheinlich etwa 20000 (zit. CRICK und WATSON). Es kann als endgültig widerlegt gelten, daß das TMV-Partikel einen glatten Cylinder oder ein hexagonales Prisma vorstellt, wie aus früherer elektronenmikroskopischer Betrachtung hervorzugehen schien. Eine röntgenographische Studie über den feineren Bau der Schraube veröffentlichten FRANKLIN und KLUG (1956).

Mit dem chemischen Aufbau des TMV-Proteins befaßten sich SCHRAMM, BRAUNITZER und SCHNEIDER (1954 und 1955) und BRAUNITZER (1956). Es ergab sich dabei u. a., daß das Prolin die Endgruppe in der Peptidkette vorstellt. Auf das Prolin folgen in der Kette Isoleucin und Glutaminsäure.

Das von der Nucleinsäure abgelöste Protein läßt sich (SCHRAMM und ZILLIG) zu stabförmigen Partikeln reaggregieren, die gestaltlich den natürlichen TM-Stäbchen durchaus gleichen, aber nicht infektiös sind. Neuerdings glückte es FRAENKEL-CONRAT und WILLIAMS und unabhängig von ihnen LIPPINCOTT und COMMONER, durch Zusammengeben von TM-Protein und TM-Nucleinsäure Stäbchen aufzubauen, die die Infektiosität des ursprünglichen Virus aufwiesen. Über die erfolgreiche Reaktivierung von partiell abgebautem TMV berichtete HART (1956).

Zuletzt konnten GIERER und SCHRAMM (1956) am TMV zeigen, daß schon die reine, von Protein völlig befreite RNS infektiös ist. Die Infektiosität des Präparates beträgt rund 2% derjenigen einer gleichen Gewichtsmenge an TMV. Die Nucleinsäure ist 100mal weniger wirksam als die an Protein gebundene RNS des nativen TMV. Die Funktion des Proteins besteht offensichtlich in einer Schutzwirkung auf die Nucleinsäure außerhalb der Zelle; vielleicht unterstützt das Protein auch den Infektionsmechanismus. Jedenfalls „ist die Nucleinsäure als diejenige Komponente des Virus anzusehen, die den Reproduktionsvorgang bewirkt". Im Prinzip liegen also ähnliche Verhältnisse vor wie bei den Bakteriophagen, wo nur die im Innern des Phagen konzentrierte Nucleinsäure in die Wirtszelle eindringt und dort die Rekonstruktion und Vermehrung bedingt; das gesamte Protein des Phagen ist für diesen Prozeß unwesentlich und bleibt außerhalb der Zelle zurück.

FRANKLIN verglich die Röntgendiagramme von 3 verschiedenen Stämmen des eigentlichen TMV mit der bekannten, als Gurkenmosaik Nr. 4 (CV_4) bezeichneten, stärker abweichenden Variante des TMV, die neuestens auch als selbständige Virusart aufgefaßt wird (KNIGHT 1955). Dabei bestätigte sie einmal die Angaben von WATSON (1954) über den schraubigen Aufbau der Proteinkomponente, der bei allen 4 Stämmen im wesentlichen übereinstimmt, zum andern stellte sie fest, daß das CV_4 von den eigentlichen TMV-Stämmen etwas verschieden ist. Die geringe Abweichung besteht darin, daß auf drei Umdrehungen der Proteinschraube etwa 36,98 Untereinheiten (mit einem Molekulargewicht von je 30000) entfallen gegenüber von 37,05 bzw. 37,02 bei den eigentlichen TM-Stämmen; das CV_4 ist also etwas lockerer gebaut, womit eine etwas andere Oberflächenstruktur verbunden ist. An Röntgendiagrammen wies CASPAR nach, daß sich auch der Proteinteil des kleinen kugeligen Bushystunt-Virus aus identischen Untereinheiten zusammensetzt, deren

Anzahl ein Multiples von 12 und sehr wahrscheinlich von 60 betragen muß. Nach chemischen Untersuchungen ist anzunehmen, daß die Anzahl = 300 ist.

3. Infektion.

Daß der Infektionserfolg beim Einreiben (mit oder ohne Verwendung von Carborundpuder oder einem anderen „Abrasiv") von verschiedenen Bedingungen in hohem Maße abhängig ist, wird durch eine Reihe älterer Untersuchungen dargetan. Insbesondere wird die Infektionshäufigkeit — gemessen an der Zahl der entstehenden Einzelinfektionsherde — von der jeweiligen Infektionsbereitschaft bestimmt, in der sich das Blatt im Zeitpunkt des Einreibens befindet. Diese Bereitschaft ist sehr veränderlich. Es ist bekannt, daß sie bei Pflanzen, die bis unmittelbar vor der Beimpfung längere Zeit im Dunkeln (BAWDEN und ROBERTS 1947, 1948) oder bei hohen Temperaturen (KASSANIS 1952) gehalten wurden, unter Umständen stark erhöht ist. Bemerkenswert ist u. a. auch die Angabe von MATTHEWS (1953) bezüglich des Tabaknecrosisvirus, daß die Zahl der Infektionen sich verdoppelte, wenn die zuvor im Dunkeln gehaltenen Versuchspflanzen *(Phaseolus)* unmittelbar vor der Impfung der Blätter während 1 min einer Belichtung von etwa 800 f. c.[1] ausgesetzt wurden.

Die infektionssteigernde Wirkung einer Verdunkelung von 1—2 Tagen bei 36° C ließ sich nach neuesten Angaben von BAWDEN (1955) bei allen bisher geprüften Virusarten nachweisen, nämlich: Rothamsted Tabaknecrosis (auf *Phaseolus*), Tomaten-Bushy stunt (auf *Nicotiana glutinosa*), Gurkenmosaik (Tabak), Tabakmosaik (*N. glutinosa*) und Tomaten-Spotted wilt (Tabak). Nach erfolgter Impfung setzt die Wärmebehandlung die Infektionszahlen für gewöhnlich herab, jedoch ist das Ausmaß dieser Wirkung bei den einzelnen Viren sehr verschieden. Eine Beziehung zum spezifischen thermalen Inaktivierungspunkt der Viren besteht dabei nicht.

Eine Erklärung für die hohe Abhängigkeit der Infektionsbereitschaft von Licht und Temperatur ist noch nicht gefunden. Auch den Bemühungen von HUMPHRIES und KASSANIS (1955) war kein eindeutiger Erfolg beschieden, eine kausale Beziehung zwischen der nach Verdunkelung erhöhten Infektionsbereitschaft der Blätter und ihrem veränderten biochemischen Zustand herzustellen. Vielleicht lassen sich aber, wie wir meinen, die verschiedenen Befunde einer gemeinsamen Deutung zuführen, wenn man die neugewonnene Erkenntnis berücksichtigt, daß die Außenwände der Epidermis von zahlreichen Plasmodesmen durchzogen sind, die dicht unter der Cuticula enden (SCHUMACHER 1942, LAMBERTZ 1954). Man darf wohl vermuten, daß Infektionen beim Einreiben vornehmlich dadurch zustande kommen, daß die Viruspartikeln bei abgehobener Cuticula in diese Plasmafortsätze gelangen. Nun ist aber aus den Untersuchungen von LAMBERTZ bekannt, daß diese Plasmafortsätze („plasmatische Tentakel") ausgestreckt und wieder eingezogen werden können. Somit würden sich die Infektionschancen in Abhängigkeit von dem jeweiligen Verhalten dieser Organe, worauf Licht, Temperatur

---

[1] 1 f. c. = 1,07639.10 Lux.

und Tageszeit offenbar einen großen Einfluß ausüben, verändern. Es könnte sich also lohnen, etwaigen Zusammenhängen nachzugehen, zumal nach Befunden von MATTHEWS (1953) die Tageszeit auch auf die Infektionshäufigkeit von großem Einfluß ist.

Einen schädigenden Einfluß des Wassers auf den Infektionsprozeß bei der mechanischen Verimpfung verschiedener Virusarten auf Bohnenblätter stellte YARWOOD (1955) fest. Zwar wird bestätigt, daß das übliche Abspülen der Blätter unmittelbar nach dem Aufreiben der Viruslösung den Infektionserfolg erhöht. Dies gilt aber nur für eine Waschdauer von etwa 10 sec; wird sie auf 20 sec erhöht, so kommen weniger Infektionen zustande als an ungewaschenen Blättern. Durch Zusatz von K_2HPO_4 zur Impflösung wird der schädliche Einfluß des Wassers in der Regel aufgehoben. Zur Erklärung der schädigenden Wirkung wird die Hypothese aufgestellt, daß bestimmte Ionen, die für das erfolgreiche Fußfassen des Virus im Substrat notwendig sind, durch die Wasserbehandlung vermindert oder entfernt werden.

Der Wirkungsmechanismus von Abrasivpartikeln bei der Infektion wurde beim Tabakmosaikvirus von BERAHA, VARZANDEH und THORNBERRY (1955) näher untersucht. Sie fanden, daß nicht die Größe der der Impfflüssigkeit beigemischten Carborundpartikeln, sondern lediglich deren Anzahl für die Infektionshäufigkeit bestimmend ist, daß ferner die Wirkung der Partikeln eine rein mechanische ist und auf der Erzeugung von Verletzungen auf der Oberfläche beruht, daß also die Partikeln nicht etwa dem Virus als Vehikel beim Einreiben dienen.

Die ausschließlich an Primärblättern von *Phaseolus vulgaris* der Sorte „Scotia" angestellten Infektionsversuche erbrachten u. a. noch die folgenden Daten: Wurde die Menge des der Impfflüssigkeit zugesetzten Phosphatpuffers variiert (unter Konstanthaltung der p_H und der Menge des Carborundpuders), so ergab sich ein hohes Optimum der Infektionshäufigkeit bei einer Pufferkonzentration von 0,1 M. (Tab. 2). Wurde andererseits der p_H-Wert der Impflösung variiert, so lag das Optimum bei p_H 7,0, wenn kein Puffer zugesetzt wurde. Bei Zusatz von 0,1 M

Tabelle 2. *Einfluß der Phosphatpuffer-Konzentration auf den Infektionserfolg beim Tabakmosaikvirus.* Verdünnung der Infektionsflüssigkeit $= 1 \times 10^{-3}$; p_H 8,5; Carborundpuder 500 Maschen. Nach BERAHA, VARZANDEH u. THORNBERRY.

Puffer-konzentration, M	Anzahl Einzelherde, Mittelwerte von 48 Blatthälften	$^0/_0$ Infektiosität, wenn 0,1 M Puffer $= 100$
1,0	4 ± 0,87	1,6
0,6	7 ± 1,22	2,0
0,4	16 ± 1,94	6,4
0,2	102 ± 12,67	41,0
0,1	249 ± 20,54	100,0
0,06	143 ± 14,62	57,4
0,04	130 ± 13,36	52,2
0 02	22 ± 12,14	35,7
0,01	6 ± 0,83	2,4
ohne	3 ± 0,16	1,2

Puffer hingegen wurde das Optimum nach 8,5 verschoben. Augenscheinlich ist die Wirkung der Phosphorsalze dahin zu verstehen, daß diese in einem bestimmten Konzentrationsbereich die Infektionsbereitschaft der Zelle erhöhen. Auch die Abhängigkeit des Verdünnungsendpunktes eines

TMV-Saftes von H-Ionenkonzentration, Carborundpuder und Pufferzusatz wurde von den genannten Verfassern untersucht (Ergebnis s. Tab. 3).

Tabelle 3. *Lage des Verdünnungsendpunktes in Abhängigkeit von H-Ionenkonzentration, Pufferzusatz und Carborundzusatz beim Tabakmosaikvirus (Preßsaft).* Nach BERAHA, VARZANDEH und THORNBERRY.

Virus-verdünnung	Ohne Pufferzusatz bei p_H 7,0		Mit Pufferzusatz bei p_H 8,5	
	Mit Carborund	ohne Carborund	Mit Carborund	ohne Carborund
10^{-3}	54 $\pm$ 10,54	126 $\pm$ 13,3	82 $\pm$ 11,32	273 $\pm$ 19,06
10^{-4}	6 $\pm$ 1,03	56 $\pm$ 8,67	10 $\pm$ 2,06	88 $\pm$ 10,94
10^{-5}	1,5 $\pm$ 0,12	5 $\pm$ 0,97	2 $\pm$ 0,85	9 $\pm$ 2,67
10^{-6}	0	1,2 $\pm$ 0,02	0,8 $\pm$ 0,01	5 $\pm$ 1,01
10^{-7}	0	0	0	1,8 $\pm$ 0,06
10^{-8}	0	0	0	0

Obige Ergebnisse lassen zunächst keine Verallgemeinerung zu; bei anderen Wirten und anderen Viren könnten andere Verhältnisse vorliegen.

Von DALE und THORNBERRY (1955) liegt eine Arbeit über den Einfluß einer großen Zahl von Verbindungen und biologischen Substanzen auf das Zustandekommen von Infektionen des Tabakmosaikvirus vor. Testpflanze war *Phaseolus vulgaris* (s. oben). Die Substanzen wurden der Impflösung vor deren Verimpfung auf die Blätter zugesetzt. Es wurde teils fördernde, teils hemmende Wirkung beobachtet, teils waren die Zusätze wirkungslos. Von Farbstoffen übten Acridinrot und Methylgrün eine fördernde, Methylenblau und Phloxin b eine schädigende Wirkung aus, viele andere hatten keine Wirkung. Alle geprüften Enzyme mit Ausnahme von Katalase und Diastase setzten die Infektionshäufigkeit scharf herab. Die zu ein und derselben Stoffklasse gehörigen Substanzen (z. B. Nucleinsäurederivate) verhielten sich im übrigen meist recht uneinheitlich und oft gegensätzlich.

Zur Frage der „Inaktivierung" des TMV durch Substanzen pflanzlicher Herkunft — insbesondere im Hinblick auf die Gewinnung von nicht-infektiösem Kompost — veröffentlichte W. BARTELS (Rostock) eine lange Abhandlung, die keine wesentliche Klärung des Problems bringt.

4. Virusvermehrung und -abnahme.

Die Temperaturabhängigkeit der Viruskonzentration in *Phaseolus*-Blättern nach deren Beimpfung mit dem „Rothamsted Tabaknecrosisvirus" hat BAWDEN mit der Einzelherdmethode untersucht. Wie die folgende Übersicht (Tab. 4) zeigt, liegt bei 22° C ein Maximum der Konzentrationszunahme, die zweifellos auf einer Vermehrung des Virus beruht.

Ob der bei Temperaturen über 22° C sich abzeichnende Abstieg durch eine verlangsamte Virusvermehrung verursacht ist oder dadurch, daß das Virus schneller abgebaut als synthetisiert wird, darüber gibt der vorliegende Versuch keinen Aufschluß. Wohl aber deuten andere von

BAWDEN erwähnte Versuche am Tomaten-Bushy stunt darauf hin, daß der durch die höheren Temperaturen veränderte physiologische Zustand des Wirts einen Virusabbau herbeiführt. Die erste Stufe dieses Abbaus ist durch eine Virusinaktivierung (= Infektiositätsabnahme) charakterisiert, die nicht mit einer Abnahme der Antigenwirksamkeit parallelgeht, erst auf der folgenden Stufe kommt es zu einer Zerstörung des Virusproteins. Allerdings wird das Virus nicht immer restlos inaktiviert; denn nach Zurückbringen der Pflanzen in 20° erscheinen in den folgenden Wochen wieder systemische Symptome am Zuwachs, die darauf schließen lassen, daß das Virus in einigen Zellen doch noch persistierte.

Tabelle 4. *Einfluß der Temperatur auf den relativen Virusgehalt von Phaseolus-Blättern nach Verimpfung des R. Tabaknecrosisvirus.* Nach F. C. BAWDEN.

Temperatur (° C)	Relativer Virusgehalt in Stunden nach der Impfung		
	23 Stunden	47 Stunden	71 Stunden
10	1	3	37
14	2	422	3 935
18	31	3 875	33 750
22	208	19 100	158 000
26	79	3 015	7 550
30	6	97	163

Eine Arbeit von BAWDEN und HARRISON (1955) befaßte sich mit den Anfangsstadien der Vermehrung des Tabaknecrosisvirus (RTNV) in den damit geimpften *Phaseolus*-Blättern. Dabei wurde ein näherer Einblick in die während der latenten Phase[1] sich abspielenden Vorgänge angestrebt. Einleitend wird dazu die Feststellung gemacht, daß die Dauer der latenten Phase je nach Virusart und Wirtspflanze verschieden ist, und es wird ein Befund von HARRISON (1955) zitiert, wonach die Minimum-Latenzzeit beim Rothamsted Necrosisvirus des Tabaks bei 22° C etwa 10 Std. beträgt.

Durch Behandlung der Blätter mit Ribonuclease in den ersten auf die Impfung folgenden Stunden wurde die Infektionshäufigkeit herabgesetzt. Nach dieser Zeit war die Behandlung ohne Wirkung. Die Virus-inaktivierende Wirkung einer UV-Bestrahlung läßt (bei 25°) schon 2 Std. nach der Impfung nach, vielleicht weil die Epidermiszellen dann mehr Substanzen enthalten, die Strahlen von 2537 Å absorbieren. Nach 6 Std. kann die Bestrahlung die Entstehung von einzelnen Infektionsherden nicht mehr verhindern, was darauf schließen läßt, daß neu entstandenes Virus von den infizierten Zellen inzwischen in tieferliegendes Gewebe vorgedrungen ist; dort unterliegt es der Schädigung durch die Bestrahlung nicht mehr.

Die Untersucher heben hervor, daß nach ihren Ergebnissen kein Zwang zu der Annahme besteht, daß das eingedrungene Virus eine spezifische Bindung an das Substrat eingeht, wodurch es vor der Zerstörung geschützt würde. Die Ergebnisse lassen sich vielmehr am einfachsten mit der Annahme erklären, daß die Wirtszellen bei der Impfeinreibung für Teilchen von den Größenordnungen des Virus und der Ribonuclease aufnahmefähig werden, daß sie aber ihre Wunden schnell

---

[1] „Latente Phase" = Zeitspanne von der Impfung bis zum möglichen Nachweis der Viruszunahme.

ausheilen und dann für solche Teilchen wieder unzugänglich sind. (Vgl. Fortschr. Bot. **17**, 827.)

HELMS und POUND fanden, daß der TM-Virusgehalt in Tabakpflanzen bei Zinkmangel herabgesetzt ist, was offenbar auf einer Hemmung der Virusvermehrung beruht. Bemerkenswert ist, daß die Viruskonzentration in der unter Zinkmangel gehemmt wachsenden Pflanze durch zusätzliche Zinkgaben zunächst nicht erhöht wird. Die Pflanze hat sich auf einen suboptimalen Zinkspiegel eingestellt, von dem sie erst später abgeht, womit dann wieder eine Steigerung der Virusproduktion verbunden ist. Vermutlich wirkt das Zink auf die Virussynthese indirekt über den Enzymhaushalt. Die Befunde sind eine Bestätigung der Ergebnisse früherer Untersucher, die gleichfalls zu dem Schluß gelangt waren, daß das Zink eine indirekte Wirkung auf die Virussynthese ausübt.

R. BARTELS (Braunschweig) verfolgte die Veränderungen der Konzentration des X-Virus im Laub sekundärkranker Kartoffelstauden während der Vegetationsperiode auf serologischem Wege. Es zeigte sich, daß der durchschnittliche Virustiter in der Staude zu Beginn des Monats Juli seinen Höchstwert erreicht. Dieser bleibt 4 Wochen annähernd konstant; beim Eintritt der Abreife fällt die Konzentration wieder ab. Bei Blühbeginn stieg der Titer in den oberen Blättern der Haupt- und Nebentriebe unabhängig von Blattanzahl und Triebgröße um das 10- bis 20fache des Durchschnittswertes an. In dieser Hinsicht besteht sonach eine Parallele zu dem von BERCKS (1954) festgestellten Verhalten des X-Virus im Tabak.

5. Wirtsresistenz.

Die Ausbreitungsgeschwindigkeit in der älteren Tabakpflanze wurde beim X- und Y-Virus von KÖHLER vergleichend untersucht. Bei Verimpfung auf untere Blätter erreichte das Y-Virus die Sproßspitze stets bedeutend früher als das X-Virus. Dieser Vorsprung des Y-Virus blieb auch erhalten, wenn die Pflanzen entblättert wurden. Es wird für wahrscheinlich angesehen, daß im Phloem, wo der Ferntransport erfolgt, spezifische, das X inaktivierende Gegenkräfte wirksam sind, von denen je nach den Umständen alle oder ein größerer oder kleinerer Teil der Virusteilchen erfaßt werden. Eine Stütze dieser Vorstellung kann auch in neueren Ergebnissen von HOLMES (1955) erblickt werden, die an TMV-überempfindlichem Tabak gewonnen wurden. Es gelang HOLMES, die Resistenz eines solchen überempfindlichen Tabaks durch Behandlung mit Thiouracil deutlich zu verstärken, wenn die Behandlung vorgenommen wurde, bevor die Infektion mit dem TMV systemisch geworden war. Offenbar wurde die schon durch die natürliche Inaktivierung herabgesetzte Viruskonzentration durch das Thiouracil noch weiter verringert, so daß Gesundung eintrat. Bei vollanfälligen Tabakrassen vermochte die Thiouracilbehandlung wohl die Vermehrung des TMV herabzudrücken, konnte aber den Ausbruch der Krankheit nicht verhindern und auch keine Gesundung herbeiführen.

In einer neuen Mitteilung bestätigt übrigens Matthews (1956) den früher von Jeener und Roseels (1953) geführten Nachweis, daß das Thiouracil in die Ribosenucleinsäure des Virus eingebaut wird.

6. Virusinterferenzen.

Ross (1950) sowie Ross, Rochow und Siegel (1952) hatten in zwei knappen Mitteilungen erstmalig über ihre Entdeckung berichtet, daß die Produktion des X-Virus in der Tabakpflanze eine Steigerung weit über die Norm erfahren kann, wenn die Pflanze gleichzeitig oder zusätzlich noch mit dem Y-Virus infiziert wird. Über weitere Befunde, wonach auch andere Virusarten die Vermehrung des X-Virus in ähnlicher Weise begünstigen und wieder andere gerade das Gegenteil bewirken, wurde bereits in Fortschr. Bot. **17**, referiert.

Neue Veröffentlichungen von Rochow und Ross (1955) sowie von Rochow, Ross und Siegel (1955) bringen ausführlichere Angaben bezüglich der Kombination der Viren X und Y bei Verimpfung auf die Tabakpflanze. Es zeigte sich, daß das Ausmaß der transgredierenden Vermehrung des X-Virus mit dem jeweiligen Krankheitsstadium zusammenhängt. Der 10fache und damit höchste Betrag der X-Zunahme wird im akuten Stadium erreicht, bei dem auch die Schädigung der Blätter am größten ist. Dieses Stadium kommt an Blättern zustande, in die das Virusgemisch einströmt, während sie sich in der Entfaltung befinden. Bei solchen Blättern ist außerdem die transgredierende Vermehrung im Nervengewebe höher als im Intercostalgewebe. In Blättern, die sich erst entwickeln, nachdem die Mischinfektion die Vegetationsspitze bereits erreicht hat, und die das chronische Erkrankungsstadium aufweisen, kommt nur die 3fache X-Konzentration zustande, und an den mit dem Gemisch eingeriebenen Blättern selbst in der Regel die doppelte. Bei der mischinfizierten Pflanze besteht eine direkte Beziehung zwischen dem Gehalt an X-Virus und der Schwere der Symptome.

Werden Pflanzen, die gänzlich vom X-Virus durchdrungen sind, nachträglich mit Y infiziert, so kommt es zur gleichen Steigerung der X-Vermehrung in den mischinfizierten Teilen, wie wenn das Gemisch selbst infiziert wird. Werden aber umgekehrt Y-infizierte Pflanzen später zusätzlich mit dem X infiziert, so kommt es nicht zur akuten Erkrankung und auch nicht zu einer bedeutenderen Steigerung der Produktion von X-Virus. Augenscheinlich ist die transgredierende Vermehrung nur während oder unmittelbar nach der Phase der raschen Vermehrung des Y-Virus möglich und von ihr abhängig. Besonders bemerkenswert ist noch, daß die Konzentration des Y-Virus und seine Verteilung im Gewebe durch die Gegenwart des X-Virus in keiner Weise beeinflußt wird. Die übersteigerte Vermehrung des X-Virus erfolgt also nicht etwa auf Kosten des Y.

Zum Unterschied von den vorstehenden Befunden konnte Bercks (1955) bei seinen gleichfalls am Tabak angestellten Versuchen höchstens eine geringfügige Begünstigung der X-Vermehrung feststellen. Bawden und Kassanis (1941) hatten überhaupt keine Steigerung der X-Vermehrung gefunden. Der Referent hält es für das wahrscheinlichste, daß die Unstimmigkeiten in den Versuchsergebnissen der verschiedenen Autoren in erster Linie auf einer unterschiedlichen Reaktionsweise der zu den Versuchen verwendeten Tabakrassen beruhen; dagegen dürften die Umweltsbedingungen, wie aus den Erfahrungen von Ross (1954) zu schließen ist, dabei nur eine untergeordnete Rolle gespielt haben.

Uschdraweit machte die interessante Entdeckung, daß mit TMV vorinfizierte Tomatenpflanzen durch das 10 Tage später zusätzlich verimpfte Gemisch X+TMV weit weniger geschädigt wurden als gesunde Pflanzen oder solche, die statt mit TM mit X vorinfiziert waren. Dieser Befund läßt sich den oben mitgeteilten Ergebnissen von Rochow und Ross an die Seite stellen: Die Rolle des Y-Virus übernimmt hier das TMV, wie dies nach Untersuchungen von Zachos als sicher anzunehmen ist. Die transgredierende Vermehrung des X-Virus und damit der Eintritt starker Schädigung wäre also an die gleichzeitige, rasche Vermehrung des TMV gebunden. Nun hat aber in der TM-vorinfizierten Pflanze das TMV die Phase seiner raschen Vermehrung längst überschritten, wenn das X im Gemisch hinzutritt und daher ist auch eine starke transgredierende Vermehrung des X nicht zu erwarten; infolgedessen kommt es auch nicht zu so schweren Schädigungen wie bei den andern Kombinationen, bei denen diese transgredierende Vermehrung erfolgen kann. Oder anders ausgedrückt: Die mit TMV infizierte Pflanze („A") ist zwar gegen das TMV des Gemisches prämun, nicht aber gegen dessen X; die mit X infizierte Pflanze („B") ist zwar gegen das X des Gemisches prämun, nicht aber gegen dessen TM. Deshalb vermehrt sich das X in der A-Pflanze und das TM in der B-Pflanze. In der B-Pflanze kommt es unter dem Anreiz des sich rasch vermehrenden TM noch außerdem zu einer transgredierenden Vermehrung des X, während in der A-Pflanze eine transgredierende Vermehrung des TM unterbleibt, weil sich die Vermehrung des TM durch sich vermehrendes X nicht steigern läßt, sie wird im Gegenteil etwas gehemmt. — Eine befriedigende kausale Deutung der transgredierenden Vermehrung ist noch nicht gefunden.

Das Recovery-Phänomen, worunter man die Erscheinung versteht, daß die Krankheitssymptome nach Überstehen eines akuten Anfangsstadiums bis zur völligen Symptomlosigkeit am Zuwachs zurückgehen können, wurde von Bennett an einem neuen Objekt, *Samolus parviflorus*, nach Infektion mit dem Curly top-Virus eingehend studiert. Er stellte fest, daß das Phänomen nicht etwa auf einer Virulenzschwächung des Virus beruhen kann, andererseits bestätigte er auch für dieses Objekt den bekannten Befund, daß die Viruskonzentration in den gesundeten Zuwachsteilen vermindert ist; dabei verhielten sich die verschiedenen starken und schwachen Virusstämme gleichsinnig. Wurde das Virus mittels *Cuscuta californica* aus gesundeten Teilen auf nicht infizierte Pflanzen übergeleitet, so erkrankten diese, ähnlich wie die auf normalem Wege durch Zikaden infizierten, unter schweren akuten Symptomen. Es deutete also nichts darauf hin, daß etwa eine Abwehrsubstanz durch die Cuscuta mit übergeleitet worden wäre.

In der gleichen Arbeit sind dann noch Versuche zur Prämunitätsfrage mitgeteilt. Dabei ergab sich die — nach Meinung des Autors unerwartete — Erscheinung, daß es nicht zur Abwehr eines starken Stammes kam, wenn dieser durch Vektoren auf Pflanzen übertragen wurde, die schon vorher von einem schwachen Stamm befallen gewesen waren. Nach der schon öfter vom Referenten zum Ausdruck gebrachten Meinung [u. a. KÖHLER u. KLINKOWSKI (1954)] ist aber das Zustandekommen einer Abwehr (Prämunität) im vorliegenden Falle nicht zu erwarten gewesen, und zwar deshalb nicht, weil die Superinfektion mit Zikaden *(Circulifer tenellus)* vorgenommen wurde. Da diese Tiere das Phloem anstechen, ist damit zu rechnen, daß sie das Virus auch in das Phloem übertragen, von wo es dann leicht in den Zuwachs gelangt; dort kann es sich in Konkurrenz mit dem ersten Virus vermehren, wie das auch bei Übertragung durch Pfropfung allgemein zutrifft. Es braucht also nicht wunderzunehmen, daß die Superinfektion zustande kam.

Was aber bei den vorliegenden Versuchen besondere Beachtung verdient, ist die Feststellung, daß ein auf gesundete Pflanzen superinfiziertes starkes Virus zunächst schwere Symptome hervorruft, also den bestehenden Zustand der Recovery zunichte macht, um nach einer zunächst starken akuten Erkrankung eine neue Recovery einzuleiten. Danach hat es den Anschein, daß der Mechanismus, auf dem die Recovery beruht, für die einzelnen Virusstämme streng spezifisch ist. Auch dies deutet unseres Erachtens auf die prinzipielle Verschiedenheit von Recovery und Cross immunity hin.

Angesichts des oben erwähnten Verhaltens von Stämmen des Curly-top-Virus bei Superinfektionen muß es überraschen, daß BAERECKE keine Superinfektionen bekam, wenn sie Kartoffelsprosse, die von bestimmten Stämmen des Blattrollvirus befallen waren, durch Blattläuse *(Myzus persicae)*, die gleichfalls das Phloem anstechen, zusätzlich mit anderen Stämmen impfte. Man wird hier vielleicht vermuten dürfen, daß die infolge der relativ kurzen Saugzeit nur geringen superinfizierten Virusmengen in dem kranken Phloem (Phloemnekrose!) steckenblieben und nicht bis in die Knollen vordrangen; vielleicht ist auch das kranke Phloem überhaupt nicht infizierbar.

Man darf vielleicht vermuten, daß auch die von L. O. KUNKEL [Advanc. Virus Res. 3, 251—273 (1955)] bei der Interferenz von Typen des Aster Yellows-Virus beobachtete "Cross protection" auf der Funktionsuntüchtigkeit des kranken Stengelphloems beruht. Dies wird durch einen Befund von SEVERIN [Phytopath. 30, 1049—1051 (1940)] nahegelegt, wonach die Laubtriebe von Kartoffeln, die mit dem Aster Yellows-Virus infiziert waren, in allen Blattachseln stattliche Luftknöllchen entwickelten, was klar auf eine Störung der Transportfunktionen des Stengelphloems hindeutet. Es läge also eine ganz anders geartete Schutzwirkung vor, als sie bei der Cross protection sonst in Frage kommt.

Literatur.

BARTELS, RUPPRECHT: Phytopath. Z. 24, 421—430 (1955). — BARTELS, WOLFGANG: Phytopath. Z. 24, 117—178 (1955); 25, 72—98 u. 113—152 (1955). — BAWDEN, F. C.: J. Roy. Soc. Arts (London) 103, 436—451 (1955). — BAWDEN, F. C. and B. D. HARRISON: J. Gen. Microbiol. 13, 494—508 (1955). — BAWDEN, F. C., and B. KASSANIS: Ann. Appl. Biol. 28, 107—118 (1941). — BAWDEN, F. C., and F. M. ROBERTS: Ann. Appl. Biol. 34, 286—296 (1947); 35, 418—428 (1948). — BAERECKE, M.-L.: Züchter 25, 67—79 (1955). — BENNETT, C. W.: Phytopathology 45, 531—536 (1955). — BERCKS, R.: Phytopath. Z. 22, 215—226 (1954); 24, 407—420 (1955). — BERCKS, R., u. G. QUERFURTH: Phytopath. Z. 26, 35—40

(1956). — Beraha, L., M. Varzandeh and H. H. Thornberry: Virology 1, 141—151 (1955). — Bode, O., u. H. L. Paul: Biochim. et Biophysica Acta 16, 343—345 (1955). — Brandes, J.: Phytopath. Z. 26, 93—106 (1956). — Brandes, J., u. L. Quantz: Naturwiss. 42, 588 (1955). — Brandes, J., u. K. Zimmer: Phytopath. Z. 24, 211—215 (1955). — Braunitzer, G.: Naturwiss. 42, 371 (1955); Biochim. et Biophysica Acta 19, 574—575 (1956).

Caspar, D. L. D.: Nature (London) 177, 475—476 (1956). — Crick, F. H. C., and I. D. Watson: Nature (London) 177, 473—475 (1956).

Dale, J. L., and H. H. Thornberry: Illinois Acad. Sci. Trans. 47, 65—71 (1955).

Franklin, R. E.: Biochim. et Biophysica Acta 19, 203—211 (1956). — Franklin, R. E., and A. Klug: Biochim. et Biophysica Acta 19, 403—416 (1956). — Fraenkel-Conrat, H., and R. C. Williams: Proc. US Nat. Acad. Sci. 41, 690 (1955).

Gierer, A., u. G. Schramm: Z. Naturforsch. 11 b, 138—142 (1956).

Harrison, B. D.: Ph. D. Thesis, University of London 1955. — Hart, R. G.: Virology 1, 402—407 (1955); Nature (London) 177, 130—131 (1956). — Helms, K., and G. S. Pound: Virology 1, 408—423 (1955). — Holmes, F. O.: Virology 1, 1—9 (1955). — Humphries, E. C., and B. Kassanis: Ann. Appl. Biol. 43, 686 bis 695 (1955).

Jeener, R., and J. Roseels: Biochim. et Biophysica Acta 11, 438 (1953).

Kassanis, B.: Ann. Appl. Biol. 39, 358—369 (1952). — Knight, C. A.: Adv. in Virus Res. 2, 153—182 (1954); Virology 1, 262—267 (1955). — Köhler, E.: Phytopath. Z. 25, 147—160 (1956). — Köhler, E., u. M. Klinkowski: Handbuch der Pflanzenkrankheiten, Bd. 2, 6. Aufl. S. 104. Berlin 1954.

Lambertz, P.: Planta (Berlin) 44, 147—190 (1954). — Lippincott, J. A., and B. Commoner: Biochim. et Biophysica Acta 19, 108—109 (1955).

Matthews, R. E. F.: Ann Appl. Biol. 40, 377—383 u. 556—565 (1953); Biochim. et Biophysica Acta 19, 559 (1956).

Paul, H. L., u. O. Bode: Phytopath. Z. 24, 341—351 (1955).

Rochow, W. F., and A. F. Ross: Virology 1, 10—27 (1955). — Rochow, W. F., A. F. Ross and B. M. Siegel: Virology 1, 28—39 (1955).

Schramm, G., G. Braunitzer u. J. W. Schneider: Z. Naturforsch. 9 b, 298 (1954); Nature (London) 176, 456 (1955). — Schramm, G., G. Schumacher u. W. Zillig: Z. Naturforsch. 10 b, 481—492 (1955). — Schramm, G., u. W. Zillig: Z. Naturforsch. 10 b, 493—499 (1955). — Schumacher, W.: Jb. wiss. Bot. 90, 530—545 (1942).

Uschdraweit, H. A.: Angew. Bot. 29, 33—37 (1955).

Watson, J. D.: Biochim. et Biophysica Acta 13, 10—19 (1954). — Wetter, C., u. J. Brandes: Naturwiss. 42, 100—101 (1955); Phytopath. Z. 26, 81—92 (1956).

Yarwood, C. E.: Virology 1, 268—285 (1955).

Zachos, D.: C. r. Acad. Sci. (Paris) 238, 269—270 (1954).

b) Bakteriophagen.

Von Wolfhard Weidel, Tübingen.

Der Beitrag folgt in Band XIX.

Sachverzeichnis.

Die *kursiv* gesetzten Zahlen zeigen die Stellen an, an denen jeweils die Hauptbehandlung eines wichtigen Stichwortes erfolgt.